国外电子与电气工程技术丛书

模拟电子技术基础

系统方法

[美] 托马斯 L. 弗洛伊德（Thomas L. Floyd）
大卫 M. 布奇拉（David M. Buchla） 著

朱杰 蒋乐天 译

Analog
Fundamentals
A Systems Approach

机械工业出版社
CHINA MACHINE PRESS

图书在版编目（CIP）数据

模拟电子技术基础：系统方法 /（美）弗洛伊德（Floyd, T. L.），（美）布奇拉（Buchla, D. M.）著；朱杰，蒋乐天译 . —北京：机械工业出版社，2015.6（2024.11 重印）
（国外电子与电气工程技术丛书）
书名原文：Analog Fundamentals: A Systems Approach

ISBN 978-7-111-50267-8

I. 模… II. ①弗… ②布… ③朱… ④蒋… III. 模拟电路 – 电子技术 – 系统方法
IV. TN710

中国版本图书馆 CIP 数据核字（2015）第 102938 号

北京市版权局著作权合同登记　图字：01-2012-7776 号。

无论是从作者的视角还是教材体系的组织和内容编排上，本书都是一本关于模拟电子技术基础的优秀教材。全书共 15 章，内容包括：二极管及其应用、BJT、FET、多级放大器、RF 放大器、功率放大器、运算放大器、特殊用途放大器、运算放大器响应、基本运算放大器电路、有源滤波器、振荡器、定时器、稳压器、通信电路、数据转换等。全书配有习题和习题答案，便于学生牢固掌握所学知识点。

本书不仅可供工科电子类专业的本科生、专科生使用，而且可供其他相近专业的本科生使用。同时，还可供各相关技术领域的工程技术人员作为自学读物。

出版发行：机械工业出版社（北京市西城区百万庄大街 22 号　邮政编码：100037）

责任编辑：王　颖		责任校对：董纪丽	
印　　刷：北京虎彩文化传播有限公司		版　　次：2024 年 11 月第 1 版第 11 次印刷	
开　　本：185mm×260mm　1/16		印　　张：34.5	
书　　号：ISBN 978-7-111-50267-8		定　　价：129.00 元	

客服电话：（010）88361066　68326294

译 者 序

  本书是一本关于模拟电子技术基础的教材，无论从作者的视角、教材体系的编排和组织还是与电子学其他知识点的穿插和衔接上，本书都有众多特色。

  1）与国内教材不同，本书的内容选材打破了基础课程与专业课程之间清晰的界限，除了系统地介绍模拟电子学基本内容外，还将通信线路、模数转换和接口、模拟信号测量等一些比较专业化的知识提前有机地融入其中，有助于消除基础课程与专业技术课程之间的隔阂，让学生提前了解学习模拟电子学的目的和能够解决的实际问题。

  2）本书特别强调从系统级的高度来审视模拟电子学的基础地位。由于模拟电子学是学生进入专业学习的入门基础课程，所以一般的教材很少能够大量而广泛地将每章节的基本理论与系统实践有机结合，容易造成学生学后印象不深、理论与实际严重脱节的现象。该教材通过每章的"系统说明"、"系统例子"等，详细地将现实生活中使用的技术（如热成像诊断技术、风力涡轮机发电、射频识别（RFID）等）与所学知识融合在一起，视角宽广，从系统的角度来审视各单元的知识点，内容编排有独到之处。

  3）本书简化了繁琐的数学推导过程，强调对过程的物理概念的理解和描述。书中配有各类很详细的习题（自测型、概念辨识型、运算操练型、Multisim仿真演示型），有助于学生全面完整地理解和掌握所学知识点。本书的许多章都包含"故障检测"一节，让学生养成从故障现象中寻找解决方案的习惯。

  本书的阐述深入浅出，物理过程描述详细而清晰，包含了模拟电子学几乎所有基础知识，是该领域中值得推荐的教材或参考书。

  全书由朱杰和蒋乐天翻译，朱杰翻译了其中的8章（第1、2、7、8、9、10、11、12章），蒋乐天翻译了其中的7章（第3、4、5、6、13、14、15章），朱杰教授还对全书做了统一审校。

  由于译者水平有限，加之时间比较仓促，译文中难免有不妥之处，敬请读者不吝指教。

译者

2015年3月于上海交通大学电子信息与电气工程学院

前　言

本书以系统为重点讲解模拟器件和电路，通过分立式线性器件、运算放大器以及重要的模拟集成电路的示例，解释如何将这些器件应用在电子系统中。重要的模拟集成电路包含仪表放大器、隔离放大器、运算跨导放大器、锁相环和模-数转换电路。即便在很多数字系统中，模拟器件依然是至关重要的。因此，很多系统例子都集中在混合系统上。本书还包括模拟器件在开关电路中的应用，并新增了"测量和控制"一章(第15章)，用于讨论传感器和接口方法。

电子学在不断发展和创新，理解系统模块、接口以及输入/输出信号之间的关系的需求在增加。我们通过每章的系统例子(很多都有系统框图)和描述强调了这样的变化。系统例子和系统说明对出现在各章节里的模拟概念进行了补充与说明。许多章还包含故障检测部分，着重于从系统的层面来进行必要的测试和测量。书中有很多Multisim示例和故障检测仿真例子。

本书强调的是运算和应用，而不是分析和设计。不管是分立还是集成的模拟器件，都从实际的角度来展示。数学理论局限于技术人员或者技术专家必须理解的一些基础概念，包括对代数、三角函数的基本理解，而并不需要较深的数学知识(比如微积分)。

在实际的应用和系统中，模拟和数字器件混合使用是非常普遍的。对于特定的系统，这两种技术都有各自的优势。混合系统的例子会在书中合适的地方出现，用于说明这两种技术如何一起使用以产生独特的效果。

本书特点

- 每一章都强调系统，有系统例子和相应阐述。
- 贯穿本书的系统说明突出了重要概念及与系统相关的问题，比如电子噪声。
- 针对一些例题、插图和习题，Multisim的使用为仿真电路和系统以及故障检测提供了实践。
- 书中例题有助于说明分立和集成模拟器件的功能与应用，每一道例题后面的实践练习提供了又一次的实际操练。
- 书中每一章都是以目标开篇。
- 每一章中的每一节都以简介、本节目标开始。
- 对于每一章所包含的大部分器件都提供了厂商在线数据手册的链接。
- 每一节结尾都有一些测试题来回顾该节的主要概念。
- 每一章结尾都有小结、关键术语、重要公式、自测题、故障检测和习题。
- 各节测试题答案、例题中实践练习答案、自测题答案、故障检测测验答案会在每章最后给出。
- 本书最后给出了一个综合术语表。关键术语用楷体标出，并在每章和本书的最后给出定义。其他术语在第一次使用时用楷体给出。
- 奇数编号习题的答案在本书最后给出。
- 带有[⬛ MULTISIM]标识的例题和插图的Multisim文件、Multisim故障检测实践参见网站 www.pearsonhighered.com/floyd。

学生资源

- 《Experiments in Analog Fundamentals：A Systems Approach》(ISBN：0132988674)，David Buchla 著。实验室练习与本书相配套，解题方法在教师资源手册中给出。
- 《Multisim Experiments for DC/AC Digital, and Devices Courses》(ISBN：013211880)，Gary Snyder 与David Buchla 著。学生可以通过测量数据、分析结果、得到结论来仿真实际的实验室操作。

- Multisim 文件在网站上可以获得。与本书相配的电路文件为 Multisim 的 11 和 12 版本，文件参见网站 www. pearsonhighered. com /floyd。以 F 为前缀的电路文件是电路图，以 P 为前缀的是 Multisim 故障检测电路，以 SE 为前缀的是系统例子电路图。

为了使用 Multisim 电路文件，必须安装 Multisim 软件。Multisim 软件可以在网站 www. ni. com / Multisim 上获得。尽管 Multisim 文件是为了补充课堂、课本和实验室的学习，但这些文件对成功使用本书并不是必不可少的。

教师资源⊖

教师资源可以在 Pearson 出版社的教师资源中心获取。
- PowerPoint 幻灯片(ISBN：0132987708)：提供了每一章中的主题。
- 教师资源手册(ISBN：0132988593)：包含书中习题的答案和实验室手册的答案。
- TestGen(ISBN：0132989883)：该电子版本的测试试题库可以用来定制课堂测验、测试和考试。

为了获得补充的在线资料，教师需要申请教师访问码。登录网页 www. pearsonhighered. com /irc 可以注册教师访问码。在注册后的 48 小时之内，你会收到一封确认邮件，里面包含一个教师访问码。一旦收到访问码，在网站上登录就能得到如何下载你想要的资料的完整指南。

其他特点

每章最后包含以下模块：
- 小结
- 关键术语
- 重要公式
- 自测题
- 故障检测测验
- 分节和分类习题
- 各节测试题答案、例题中实践练习答案、自测题答案、故障检测测验答案

本书最后包含以下内容：
- 部分公式的推导
- 奇数编号习题的答案
- 术语表

致学生

任何职业培训都需要努力，在电子学领域也不例外。学习新资料最好的方法就是阅读、思考和操作。本书旨在帮助你完成电子学领域的培训，阐明分立和集成的模拟器件如何在系统(无论大小)中应用。

仔细阅读本书的每一节并且思考你所阅读的内容，有时需要反复阅读某节。在你尝试按例题的方法求解相关习题之前，先一步步地理解例题的解法。在每一节之后完成测试题，在每章最后有相关习题和各节测试题的答案。

回顾每一章的小结、关键术语和重要公式表，回顾系统例子和说明。Multisim 示例有助于你观察电路过程、解答你可能有的"如果……该怎么办"问题。完成多选自测题和故障检测测验，与章末的答案进行核对。最后，完成习题并且将你的答案和书后的奇数编号习题答案进行比较。

一定要彻底理解书中包含的概念的重要性。当你处理复杂的模拟电路和系统的时候就会明白这些概念是非常重要的。如果你熟练掌握了这些概念，那工作单位就能在一些具体细节上培养你。

⊖ 关于教辅资源，仅提供给采用本书作为教材的教师用作课堂教学、布置作业、发布考试等。如有需要的教师，请直接联系 Pearson 北京办公室查询并填表申请。联系邮箱：Copub. Hed@pearson.com。
关于配套网站资源，大部分需要访问码，访问码只有原英文版提供，中文版无法使用。——编辑注

致谢

本书中一系列针对系统的概念应归功于 ITT 学校的高级教学人员以及 Pearson Education 的 Vern Anthony 的建议和讨论。Pearson Education 的员工和其他人的努力工作与奉献使本书得以出版。Rex Davidson 巧妙地指导很多细节阶段的工作,最后创作出你现在看到的作品。开发编辑 Dan Trudden 为本项目提供了有效的全面指导。我们还要向策划编辑 Lindsey Prudomme 致谢。

除了 Pearson 员工的努力工作之外,我们还要感谢 Toby Boydell 的贡献以及对系统说明和系统例子的建议。除了这些优秀的建议之外,Toby 对原稿进行了全审。我们还要感谢 Gary Snyder 编写了全书的 Multisim 练习以及对 Multisim 教程的贡献。最后,要向我们的妻子表示感谢,在我们撰写本书时她们也做出了牺牲。

Tom Floyd

David Buchla

目录

第 1 章

基本模拟概念

目标

- 讨论模拟电子技术的基本特性
- 描述模拟信号
- 分析信号源
- 解释放大器的特性
- 描述电路故障检测的过程

由于计算机和其他数字设备的影响，我们很容易忽视这样一个事实——我们测量到的自然现象的特性(比如，压力、流速和温度)都是来源于模拟信号。在电子学中，常用传感器将这些模拟量转换成电压或者电流。通常需要对这些信号进行放大或者其他处理。根据不同的应用，要么使用数字技术，要么使用模拟技术来处理更为有效。几乎所有电源电路、很多"实时"应用(比如电动机速度控制)以及高频通信系统中都包含模拟电路。但是，当涉及数学运算以及在减少模拟信号处理过程中所带来的噪声时，数字处理过程更有效果，具有很大的优势。总之，电子技术的两个方向(模拟和数字)是互补的，一项有竞争力的技术应该利用这两方面的知识。

1.1 模拟电子学

电子学可以划分成很多的分类来研究。其中最基本的一种分类方式是将信号分成可由二进制数字表示的数字信号和由连续变化量表示的模拟信号。数字电子学包括所有的算术和逻辑运算，如在计算机和计算器中执行的那样。事实上，模拟电子学包括所有其他(非数字)信号，它包括信号处理功能，比如放大、微分和集成等。事实上，当今几乎所有的信号(音频、视频和数据)都是经过数字化后，然后再进行传输和进行其他的处理。但是，我们的确也无法直接接触到数字世界。因此，在现代电子学中模拟机理和模拟器件继续发挥着重要的作用。

学完本节后，你应该掌握以下内容：

- 讨论模拟电子学的基本特性
  - 比较线性元件和非线性元件的特性曲线
  - 解释特性曲线的含义
  - 比较直流电阻和交流电阻并解释它们之间的区别
  - 解释电流方向和电子流之间的区别

现代电子学起源于 1907 年由 Lee deForest 第一次将金属网格插入真空管中并能够在一个电路中控制电流。今天，电子系统还在控制电压和电流，但是采用了固态器件。可以用曲线图来反映一些电子器件(比如电阻、二极管等)的特性，这比直接采用数学方程更为直观。这一节将会用曲线图来表示电阻和二极管。第 3 章将揭示如何采用电路运算的作图方法来解释一个控制元件的加入(像 deForest 网格)。

1.1.1 线性方程

在初等代数中，线性方程代表变量之间的一条直线，通常情况下写成如下的形式：

$$y = mx + b$$

式中，y 是因变量；x 是自变量；m 是斜率；b 是 y 轴上截距。

如果方程的图形经过坐标原点，y 轴上的截距是 0，此时方程简化成如下形式：

$$y = mx$$

这和欧姆定律的形式

$$I = \frac{V}{R} \tag{1-1}$$

一样。

由此可以看出，在欧姆定律中，电流(I)是因变量，自变量是电压(V)，斜率是电阻的倒数($1/R$)。回顾一下电路课程，简单地说，这就是电导(G)。很显然通过变量代换，欧姆定律的线性形式可以更为明显，就是

$$I = GV$$

线性分量是指在在欧姆定律给定的形式中电流的增加正比于所施加的电压的变化。总体来说，能够反映一个器件两个变化特性之间关系的图定义为特性曲线。对于大多数的电子器件，特性曲线是指一幅将电流(I)表示成电压(U)的函数的图形。例如，电阻的电流电压特性曲线是如图 1-1 所示的一条直线。注意，y 轴代表电流，因为它是因变量。

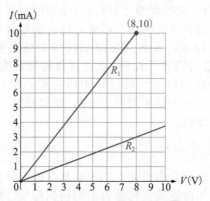

图 1-1 两个电阻的电流电压特性曲线

例 1-1 图 1-1 画出了两个电阻的电流-电压特性曲线，R_1 的电导和电阻各是多少？

解： 通过测量 R_1 的特性曲线的斜率，可以求出电导 G_1，斜率就是 y 的变化量(记为 Δy)除以 x 的变化量(记为 Δx)，等于 $\frac{\Delta y}{\Delta x}$。

从图 1-1 中选择点($x = 8\text{V}$，$y = 10\text{mA}$)和原点($x = 0\text{V}$，$y = 0\text{mA}$)，可以求出斜率，因此电导

$$G_1 = \frac{10\text{mA} - 0\text{mA}}{8.0\text{V} - 0\text{mA}} = 1.25\text{mS}$$

对于一条直线而言，斜率是一个常数，因此可以选择直线上的任意两点来求出电导，电阻是电导的倒数。

$$R_1 = \frac{1}{G_1} = \frac{1}{1.25\text{mS}} = 0.8\text{k}\Omega$$

实践练习

求出 R_2 的电导和电阻。

1.1.2 交流电阻

如你所见，电阻的特性曲线是一条通过坐标原点的直线。直线的斜率是常数，代表电阻器的电导，斜率的倒数表示电阻。直流电阻是指在某些点电压和相应电流的比值。直流电阻的定义满足欧姆定律，$R = V/I$。

在模拟电子学中，很多器件的特性曲线中电流和电压不成正比。这些器件是非线性器件，但由于这些器件采用了连续的输入信号，因此仍然在模拟电子学的研究范围内。

图 1-2 是非线性器件二极管的电流-电压特性曲线（第 2 章将会讨论二极管）。通常情况下，将电压的一个微小变化量除以相应的电流变化量（即 $\Delta V/\Delta I$）的比值定义为模拟器件的交流电阻。

$$r_{ac} = \frac{\Delta V}{\Delta I}$$

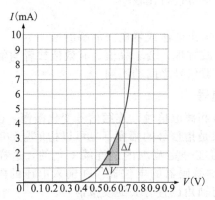

图 1-2　二极管的电流-电压特性曲线

这个内部电阻（用小写的斜体 r 表示）也称为器件的动态小信号电阻或者体电阻。在特性曲线的不同点上测出的交流电阻值是不同的。

对于如图 1-2 所示的二极管特性曲线，曲线的斜率是变化的，需要指定特定的点来测量交流电阻。例如，通过计算电流变化量除以电压变化量的比值，如图 1-2 中的小三角形所示，可以得到点 $x=0.6\text{V}$，$y=2\text{mA}$ 的斜率。电流的变换量 ΔI 等于 3.4mA－1.2mA＝2.2mA 和电压的变化量 ΔV 等于 $0.66\text{V}-0.54\text{V}=0.12\text{V}$。$\Delta I/\Delta V$ 的比值等于 2.2mA/0.12V＝18.3mS，这就是该点的电导 G，内部交流电阻是该值的倒数：$r = 1/g = 1/18.3\text{mS} = 54.5\Omega$。

1.1.3　传统的电流与电子流动

从 DC/AC 电路课程中，我们知道电流是电荷的流动速率。传统的电流是基于 Benjamin Franklin 的理论，它认为电流是一种从正极流向负极的不可见物质。为了便于分析，传统电流理论假设电流从一个电压源的正极流出，经过电路，流入负极。工程师使用此定义，很多教科书上也基于这种理论用带箭头的线来表示电流。

今天，我们知道在固体金属导体中，流动的电荷实际上是带负电的电子。电子从负极移动到正极，这和传统的电流定义相反。电子在导体中的移动称为电子流，很多学校和教科书用从电压源负极流出的箭头来表示电子流。

遗憾的是，关于选用传统的电流理论还是现在的电子流理论来描述电流的争论已经持续了很多年，似乎还要继续持续下去。你采用哪个方向来构成你想象中的电流方向并不重要。实际上，当进行电路测量时，连接直流安培表时只有一个方向是正确的。本书中，当连接正确时，直流仪表会有一个正确的极性偏转。电流方向可以通过特定的条形显示符号来显示，在一个给定的电路中，电流的大小可以通过一个条形图仪表显示对应的数字来表示。

1.1 节测试题

1. 什么是一个器件的特性曲线？
2. 一个大电阻的特性曲线和小电阻的特性曲线相比有什么区别？
3. 直流电阻和交流电阻有什么区别？

1.2   模拟信号

信号是指任何携带信息的物理量，它可以是能被听到、看到或以其他方式表征的信息。在电子学中，信号是指在导体中或在电磁场中由电波携带的信息。

学完本节后，你应该掌握以下内容：

- ● 描述模拟信号
  - ■ 将模拟信号与数字信号进行比较
  - ■ 定义采样和量化
  - ■ 利用正弦波方程，求出电压或者电流的瞬时值
  - ■ 对一个给出的正弦波方程，会求峰值、有效值或者均值
  - ■ 解释时域信号和频域信号之间的不同

1.2.1   模拟信号和数字信号

信号可以分成连续信号和离散信号。连续信号变化缓慢，没有突变。离散信号可以只有有限几个值。连续和离散是指信号的幅度，也可以指信号的时间。

事实上，很多信号的值在一定范围内是连续变化的，这样的信号就是模拟信号。例如，考虑图 1-3a 中用作转轴编码器的电位器。在输入电压的限制下，输出电压的值可以是连续变化的，产生一个与轴角位置有关的模拟信号。

系统说明   如果某个模拟量（例如电压）周期性地或者以某种方式作变化，那它就是模拟信号。一个模拟信号可以是周期性的波形，例如图 SN1-1a 所示的正弦波，或者携带信息（音乐、话语或者其他声音）的连续变化的音频信号，如图 SN1-1b 所示。模拟信号的其他例子，如：幅度调制信号（AM）和频率调制信号（FM），如图 SN1-1c 和 d 所示。在 AM 中，一个低频信号（例如声音）改变一个高频正弦波的幅度。在频率调制中，信号改变正弦波的频率。

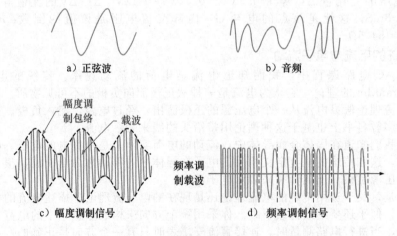

a）正弦波   b）音频

c）幅度调制信号   d）频率调制信号

图   SN1-1

另一方面，转轴编码器还有另外一种类型，它有一些可供选择的数字，如图 1-3b 所示。当数字分配给这些步骤时，结果将是一个数字信号。

通常情况下，模拟电路比较简单，处理速度快，成本低，以及容易模拟出自然现象。它们常用于处理线性函数、波形整形、将电压转换成电流或者将电流转换成电压、做乘法运算以及混频。相反，数字电路有很强的抗噪声性能，没有漂移问题，处理数据快以及能够进行各种运算。在很多电子系统中，需要将模拟信号和数字信号混合运用，这样有助于优化系统整体的性能或代价。

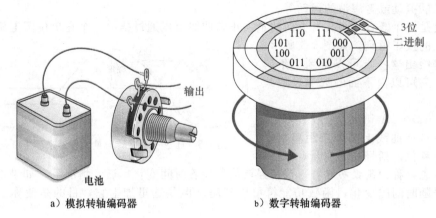

a）模拟转轴编码器   b）数字转轴编码器

图 1-3 模拟和数字轴编码器

很多信号都来自于自然现象，例如压力或温度的测量。事实上，转换器的输出通常是模拟量，例如，一个传声器将模拟信号提供给一个放大器。通常情况下，为了方便存储、处理和传输，把模拟信号转换成数字形式。

将模拟转换成数字的形式有两个步骤：采样和量化。采样是将模拟波形在时间域上进行切分，每个切片大小大致等于原来波形的值，这一过程往往会丢失一些信息。然而，数字系统的优点（去噪、数字存储以及处理）远远大于丢失信息的不足。在采样完成之后，给每个时间片分配一个数字，这样一个过程称为量化，量化生

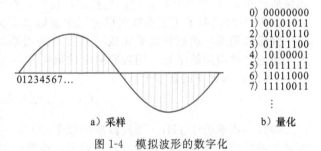

a）采样   b）量化

图 1-4 模拟波形的数字化

成的数字可以交由计算机或者其他数字电路处理。图 1-4 解释了采样和量化的过程。

通常，在最后的应用过程中，数字信号要转换回它们原来的模拟形式。例如，CD 上的数字化声音必须转换成模拟信号，最终由扬声器放出声音。

系统说明 移动电话就是一个既有模拟信号又有数字信号的例子。传声器输入声音，它就是模拟信号，然后将这个模拟声音数据转换成数字信号，再调制在一个模拟的射频载波信号上，通过天线将它传输到一个基站上。

同样，从基站上收到的信号是一个调制在模拟载波上的数字智能信号。它经由一个低噪声放大器（LNA）放大，用一个模拟载波频率进行下变频。这样，数字声音数据就转换成模拟信号送到音频功率放大器，最后通过扬声器输出。

1.2.2 周期信号

为了携带信息，电波的一些特性（如电压或者频率）需要变化。通常，电信号是以一定的时间间隔重复的，重复的波形就称为周期性的。周期（period，T）表示一个周期信号完成一个循环所需要的时间。周期（cycle）是指在波形呈现出另一个完全相同的图案之前波形的完整序列值。可以在逐次循环的波形上的任意两个相应点来测出周期。

周期信号波形在电子学中有着很广的应用。很多实用的电子电路，例如振荡器，就能产生周期波形。大多数振荡器都产生特定形状的波形，或者正弦波，或者非正弦波，如方波、矩形波、三角波或者锯齿波。

正弦波是最基本、最重要的周期波。三角正弦和余弦函数有相同的正弦波形。通常，正弦波形指三角函数。而正弦曲线是指和正弦波有相同形状的波形。正弦波形通常可以由交流发生器或者射频电波产生。正弦波也可以从一些自然的物理现象中得到，如激光生

器、音叉的振动或者海浪的运动等。

向量是一个既有大小又有方向的量。正弦曲线可以通过描绘一个在单位圆上旋转的向量的终点的投影得到，如图 1-5 所示。连续地描绘出这些点可以得到一条周期曲线，它可以由下面的数学表达式表示

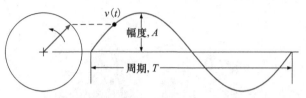

图 1-5　通过一个旋转向量的投影来产生正弦曲线

$$y(t) = A\sin(\omega t \pm \phi) \qquad (1\text{-}2)$$

式中，$y(t)$＝曲线上某个点距离水平轴的垂直移位。括号内的变量(t)是一个可选标志，称为函数功能符，旨在强调信号随着时间变化。通常情况下，如果不是特别强调信号随时间的变化，函数功能符可以省略。但是这里加上它，目的是使你了解这个概念。

A＝幅度。这是与水平轴垂直方向上的最大移位。

W＝旋转向量的角频率，以每秒弧度表示。

t＝时间，以秒表示。

ϕ＝相位，用弧度表示。相位角度表示一个参考波形与同频的波形之间的移动部分。如果曲线在 t＝0 之前开始，相位是正的；反之，在 t＝0 之后开始，相位是负的。

方程(1-2)说明了正弦曲线可以由三个参数来定义，即频率、幅度和相位。

频率和周期　当旋转向量完成一个完整的周期时，它转过了 2π 弧度，频率是指每秒内完成的完整周期的个数。用旋转向量的角频率 ω(rad/s)除以一个周期内的弧度 2π(rad/cycle)可以得到频率的赫兹形式[$\ominus$]。

$$f(\text{Hz}) = \frac{\omega(\text{rad/s})}{2\pi(\text{rad/cycle})} \qquad (1\text{-}3)$$

每秒一周等价于 1Hz。周期波形的频率(f)是一秒内循环的次数，周期 T 是一个循环所经历的时间。所以周期的倒数就是频率，频率的倒数就是周期。即

$$T = \frac{1}{f} \qquad (1\text{-}4)$$

和

$$f = \frac{1}{T} \qquad (1\text{-}5)$$

例如，一个信号每隔 10ms 重复一次，即周期是 10ms，频率就是

$$f = 1/T = 1/10\text{ms} = 0.1\text{kHz}$$

正弦曲线的瞬时值　如果图 1-5 的正弦曲线代表的是一个电压，那么方程(1-2)可以写成如下形式：

$$v(t) = V_p\sin(\omega t \pm \phi)$$

在这个方程中，$v(t)$ 是变化的，代表电压。这常指的是瞬时电压值，因为它随着时间的变化而变化。

正弦曲线的峰值　一个正弦曲线的幅度值是与水平轴的最大偏移，如图 1-5 所示。对于一个电压信号波形，这个幅值称作峰值电压 V_p。当用一个振荡器来测量电压，很容易测量出峰−峰值的电压 V_{pp}，它是峰值的 2 倍。

正弦曲线的平均值　在一个周期内，正弦曲线有相同的正负部分。因此，从数学意义上看，正弦曲线的均值必然为 0。但是，一般情况下，均值是指在一个周期内不考虑正负符号的平均值。也就是说，通常情况下先将负值部分转换成正值然后再取平均来得到均

$\ominus$　在 1960 年以前频率的单位是 cps，但是为了纪念演示了无线电波的德国物理学家亨利希·赫兹，重新定义频率的单位为 hertz(简称 Hz)。之前的单位(cps)对频率的定义更具描述性。

值。用峰值电压来表示均值电压的方程如下：

$$V_{avg} = \frac{2V_p}{\pi}$$

化简得：

$$V_{avg} = 0.637V_p \tag{1-6}$$

平均值在某些实际问题中有很大的利用价值。例如，在电镀中，如果整流正弦波用来沉淀材料，那么沉淀的量和平均电流的关系是：

$$I_{avg} = 0.637I_p$$

正弦曲线的有效值　如果在电阻两端施加一个直流电源，那么电阻消耗的功率将是一个稳定的值。功率可以通过下面的公式来计算：

$$P = IV \tag{1-7}$$

式中，V＝电阻两端的电压（伏特）；I＝流过电阻中的电流（安培）；P＝消耗的功率（瓦特）。

正弦曲线在峰值点处有最大功率，在电压为 0 处功率为 0。为了将交流电压电流与直流电压电流相对比，计算与直流电压电流产生相同的热效应时的交流电压、电流，通过积分可以求出等效的热量，称为方均根电压（rms）或者电流。方均根电压和峰值电压的关系如下：

$$V_{rms} = 0.707V_p \tag{1-8}$$

同理，有效电流或者方均根电流是 $I_{rms} = 0.707I_p$。

例 1-2　由下式给出的电压波形：$v(t) = 15V\sin(600t)$

（a）通过这个表达式，求出电压的峰值和均值，并求出相应的角频率。

（b）求出在 10ms 时的瞬时电压值。

解：

（a）此表达式的形式是：$y(t) = A\sin(\omega t)$

　　峰值和幅度（A）是相等的，$V_p = 15V$

　　利用均值和峰值的关系，$V_{avg} = 0.637V_p = 0.637 \times 15V = 9.56V$

　　角频率 ω 是 600rad/s。

（b）在 10ms 时，瞬时电压值是

$$v(t) = 15V\sin(600t) = 15V\sin(600 \times 10ms) = -4.19V$$

注：负值表示该点的波形在 x 轴的下方。

实践练习

求出例题中信号波形的有效值、频率、周期。

1.2.3　时域信号

迄今为止，你所接触的信号都是随着时间而变化的，同时，很自然地会将时间作为一个独立的变量。一些设备（例如振荡器）是把信号作为时间的函数来记录的，因此时间是一个独立的变量。域是分配给独立变量的取值空间。以时间为变量的信号（如电压、电流、电阻或者其他参量）都是时域信号。

1.2.4　频域信号

有时候考察一个以频率为水平轴、以幅度（通常以对数形式）为垂直轴的信号也是很有价值的。因为频率是一个独立的变量，所以我们就说仪器工作在频域。频谱图是指幅度与频率之间关系的图。频谱分析仪是一个用来观察信号频谱的仪器。在射频测量中，这些仪器在分析电路的频率响应、测试谐波失真、检测传输器的调制程度以及很多其他应用方面起了很大的作用。

你已经明白如何用三个参数来表示一个正弦波，这些参数是频率、幅度、相位。一个连续的正弦波可以看成由这三个参数定义的随时间变化的信号。同样的正弦曲线也可以看成频谱中的一条直线。频域给出了信号的幅度和频率信息，但是它没有给出信号的相位角。正弦波的这两种表示形式的比较如图 1-6 所示，频谱图中谱线的高度就是正弦波的幅度。

谐波　一个非正弦周期波形由一个基频和几个谐频组成。基频是波形基本的重复频率，谐波是更高频率的正弦波，其频率是基频的数倍。有趣的是，这些谐波都是基波的整数倍。

奇次谐波的频率是波形基波频率的奇数倍。例如，一个 1kHz 的

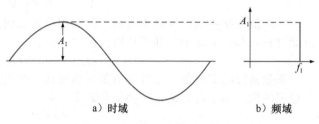

图 1-6　正弦波的时域和频域表示

方波就包含基频 1kHz，奇次谐波 3kHz、5kHz、7kHz 等。这个例子中，3kHz 频率称为 3 次谐波，5kHz 频率称为 5 次谐波，依次类推。

偶次谐波的频率是基波频率的偶数倍。例如，某个波形的基频是 200Hz，二次谐波是 400Hz，4 次谐波是 800Hz，6 次谐波是 1200Hz。

一个纯正弦波的任何变形都会产生谐波。一个非正弦波是基波和多次谐波的组合，有些仅有奇次谐波，有些仅有偶次谐波，有些既有奇次也有偶次谐波。波形的形状取决于它的谐波成分。一般来说，只有基波和低次谐波对波形的形状影响比较重要。例如，方波由基波和奇次谐波构成，如图 1-7 所示。

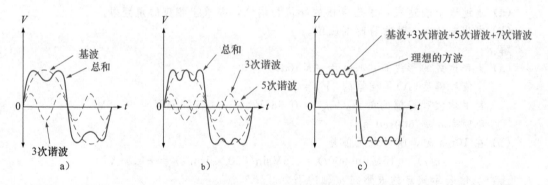

图 1-7　奇次谐波的组合构成方波 [🔳 MULTISIM]

系统说明　在任何一个系统中，信号失真是个不得不考虑的问题。非线性器件造成的谐波失真是失真的一个来源。非线性器件是指输出电流和输入电压的变化不成正比。放大器过载是一个常见的原因。

非线性器件也可能带来另一种失真，叫做互调失真（IMD）。如果一个非线性器件生成两个或者多个频率信号，则会产生基波与多次谐波之间的和或者差，互调失真就会产生，这是一种非常不希望看到的失真。

傅里叶级数　除了正弦波本身之以外，所有周期波形都是一系列正弦波的组合。傅里叶，一名法国数学家，对热传导问题很有兴趣，他在数学上用三角级数表示了周期信号，这个级数就叫做傅里叶级数[⊖]。通过傅里叶级数，人们可以从数学的角度来求出组成复合波的每个正弦波的幅度值。

⊖　虽然傅里叶的工作很重要，他也获得了奖项，但是他的同事对他的工作仍然感觉不踏实。著名的数学家拉格朗日，在法国科学院争论说傅里叶的结论是不可能的。关于傅里叶的更多信息，可以参考《科学美国人》杂志，1989 年 6 月，第 86 页。

由傅里叶发明的频谱图，在 y 轴上通常是以电压或者功率为单位表示的谱的幅度值，在 x 轴上以 Hz 为单位，图 1-8a 表示了一些不同周期信号的幅度谱。值得注意的是，周期信号所有的谱线只在一些基频的谐波处才有。每个频率都可以通过频谱分析仪测出。

非周期信号（例如语音或者其他瞬态波形）同样可以通过频谱来表示。但是，频谱不再是像周期信号频谱那样的一系列线。瞬态波形可以通过另一种方法（傅里叶变换）来计算。一个瞬态信号的频谱包括连续的频率，而不是仅仅在某些离散的谐波点处。一个非周期信号的傅里叶变换对如图 1-8b 所示。

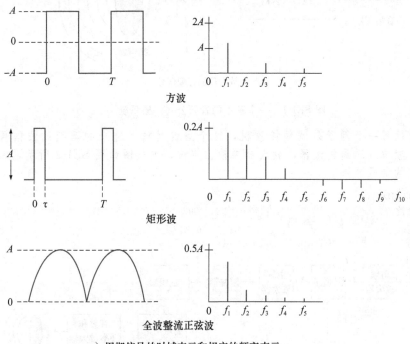

a）周期信号的时域表示和相应的频率表示

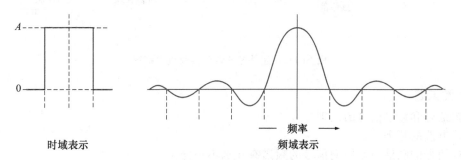

b）一个非周期脉冲信号的频谱

图 1-8 周期信号与非周期信号频谱的比较

系统例子 1-1 模拟系统

模拟系统指仅以模拟形式处理数据的系统，一个例子就是公共广播系统，用来放大声音信号，使其在一个很大的范围内能听到，基本的框图如图 SE1-1 所示。这个框图表示声音信号（本质上是一个模拟信号），通过传声器获取，转换成了一个小的模拟电压信号（称为音频信号），电压随着声音大小和频率的变化而连续变化，再将其通过一个线性放大器，放大器的输出是输入电压的放大，最后送到扬声器。扬声器将放大后的音频信号转换成声音波形，此时的声音波形比开始从传声器处采集到的波形有更大的音量。

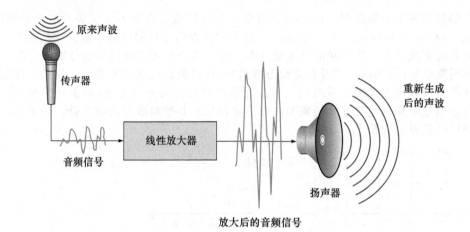

图 SE1-1   一个基本的音频公共广播系统

模拟系统的另一个例子是调频接收机，这个系统对输入进来的调频载波信号进行处理，提取出音频信号送到放大器，放大器再输出声波，方框图如图 SE1-2 所示，其中标出了系统中各点的信号波形。

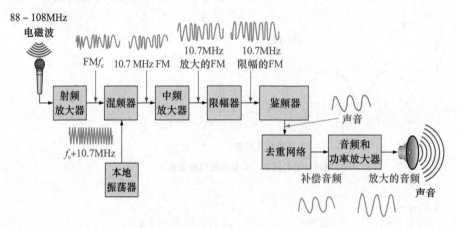

图 SE1-2   超外差式调频接收机方框图

1.2 节测试题

1. 模拟信号和数字信号的区别？
2. 描述方波的频谱。
3. 周期信号的频谱与非周期信号的频谱有什么不一样？

1.3   信号源

回顾一下基本电子学中的戴维南定理，可以用一个电压源串联一个电阻来代替一个复杂的线性电路，这个电路可以看成一个二端口的。同样，根据诺顿定理，可以用一个电流源并联一个电阻来代替一个二端口线性电路。这些重要的理论对于简化和分析很多电路是非常有用的，应该彻底理解。

学完本节后，你应该掌握以下内容：
- 分析信号源
  - 定义两种独立的信号源

- 画出一个直流电阻电路的戴维南或诺顿等效电路
- 掌握如何画出戴维南电路的负载线
- 解释 Q 点的意义
- 解释如何用戴维南等效电路对一个无源传感器进行建模

1.3.1 独立源

信号源可以定义成电压的或者电流的，也可以定义成直流信号源或交流信号源。理想的独立电压源产生的电压与负载电流无关，理想的独立电流源产生的电流也与负载电压无关。

理想的独立信号源的值是固定的，与电路中的所有其他参数都无关。虽然无法实现一个真正理想的信号源，但是在某些情况下（例如稳压电源），它可以很接近理想情况。实际中的信号源可以看成一个理想的源与一个电阻（对交流源而言也可以是其他的无源器件）的组合。

1.3.2 戴维南定理

戴维南定理告诉我们，可以用一个理想的独立电压源串联一个电阻来代替一个复杂的二端口线性电路，如图 1-9 所示。这个信号源可以是直流的也可以是交流的（图 1-9 中是一个直流电源）。戴维南定理是从二端口网络的理论来得出等效电路的。也就是说，原来的电路和戴维南等效电路在任何负载下都有一个完全相同的电压和电流。戴维南定理在分析线性电路中是很有意义的，例如放大器电路，这将在 1.4 节中进行讨论。

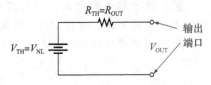

图 1-9 直流电路的戴维南等效电路

戴维南电路仅仅由两个量决定：戴维南电压和戴维南电阻。戴维南电压 V_{TH} 就是原电路的开路电压（无负载，NL），戴维南电阻 R_{TH} 就是从输出端口看进去，把电路内部所有的电压源或电流源用它们的内阻替代后的等效电阻。

例 1-3 求出如图 1-10a 所示的直流电路的戴维南等效电路，输出端用开路表示。

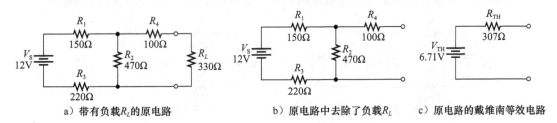

a）带有负载R_L的原电路   b）原电路中去除了负载R_L c）原电路的戴维南等效电路

图 1-10 用戴维南定理来简化电路

解：去除负载后的电路如图 1-10b 所示，通过计算输出端的电压，求出戴维南电压。没有了负载，就没有电流通过电阻 R_4。因此，在 R_4 上没有电流和电压降，输出电压（戴维南电压）和电阻 R_2 上的压降相同。对 R_1、R_2、R_3 应用分压原理，可以求出 R_2 两端的电压：

$$V_{\text{TH}} = V_2 = V_{\text{S}}\left(\frac{R_2}{R_1 + R_2 + R_3}\right) = 12\text{V}\left(\frac{470\Omega}{150\Omega + 470\Omega + 220\Omega}\right) = 6.71\text{V}$$

戴维南电阻是从输出端口看进去，把电路内部所有源用它们的内阻替代后的等效电阻。一个理想电压源的内阻是 0。用 0 电阻替代了电压源后，电阻 R_1 和 R_3 成串联之后再和电阻 R_2 并联，这三个电阻的等效电阻再和 R_4 串联。这样，该电路的戴维南等效电阻是：

$$R_{\text{TH}} = [(R_1 + R_3) \parallel R_2] + R_4 = [(150\Omega + 220\Omega) \parallel 470\Omega] + 100\Omega = 307\Omega$$

戴维南等效电路如图 1-10c 所示。

实践练习

用戴维南电路求出原电路负载电阻 330Ω 两端的电压。

戴维南定理是一种很有效的方法，它用线性电路元件来构成一个等效电路，可以适应任何负载下的情况。戴维南电路的元件必须是线性的，这给戴维南定理的使用带来了一些限制。尽管这样，如果被等效的电路是近似线性的，戴维南定理也可以产生很有用的结果。这就是我们接下来研究的很多放大器电路的情形。

1.3.3 诺顿定理

类似于戴维南电路，诺顿定理提供了另外一种等效电路，诺顿定理同样可以用一个简单的等效电路来等效任一个线性二端口网络。不同于电压源，诺顿等效电路使用电流源并联上一个电阻来等效，如图 1-11 所示。

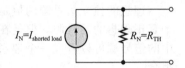

图 1-11　诺顿电路，电流源中的箭头始终指向源的正极

诺顿电流的幅度等于把负载短路后流经端口的电流，诺顿电阻和戴维南电阻的求法一样。

例 1-4　求出图 1-12a 所示的直流电路的诺顿等效电路，输出端用开路表示。

解：通过将负载短路，求出经过负载的电流，此电流就是诺顿电流，如图 1-12b 所示。由于负载短路，此时 R_4 将和 R_2 并联，如图 1-12b 所示。等效电路中的总电流可以通过应用欧姆定律来求得（见图 1-12c）：

$$I = \frac{V_{\text{S}}}{R_{\text{T}}} = \frac{12\text{V}}{R_1 + R_{2,4} + R_3} = \frac{12.0\text{V}}{452.5\Omega} = 26.5\text{mA}$$

被短路掉的负载中的电流可以用 R_2 和 R_4 的分流定律求出，如图 1-12b 所示。

$$I_{\text{SL}} = I_{\text{T}}\left(\frac{R_2}{R_2 + R_4}\right) = 26.5\text{mA}\left(\frac{470\Omega}{470\Omega + 100\Omega}\right) = 21.9\text{mA}$$

被短路掉的负载中流过的电流就是诺顿电流。诺顿电阻和戴维南电路中的电阻是一样的，见例 1-3。注意，诺顿电阻和诺顿电流源是并联的，等效电路如图 1-12d 所示。

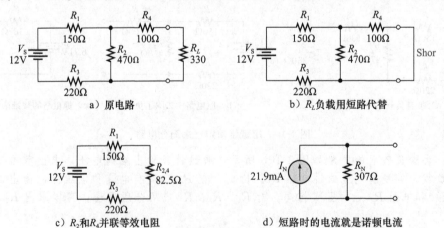

a）原电路　　　　　　　　　　　　b）R_L负载用短路代替

c）R_2和R_4并联等效电阻　　　　　d）短路时的电流就是诺顿电流

图 1-12　用诺顿定理简化电路

实践练习

用诺顿定理求出原电路 330Ω 负载两端的电压。发现用诺顿定理和戴维南定理求出的结果是一样的（见例 1-3 的实践练习）。

1.3.4　负载线

获得一个电路工作概念的一种有趣方法就是采用电路的负载线。这里将介绍负载线，第 3 章将进一步阐述负载线。

想象一下一个线性电路拥有如图 1-13 所示的戴维南等效电路，我们来研究一下不同负载接在输出端时的情形。第一种情况，假设输出端口短路（电阻阻值为 0）。在此情形下，负载两端的电压是 0，电流可以通过欧姆定理求出。

$$I_L = V_{TH}/R_{TH} = 10V/1.0k\Omega = 10mA$$

现在假设负载开路（电阻无穷大）。在此情形下，负载电流是 0，负载两端的电压等于戴维南电压。

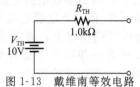

图 1-13　戴维南等效电路

这两种测试对应负载中电流取最大值和最小值时的情况。表 1-1 显示了不同负载下，负载的电压和电流值形成的更多值。将这些数据画出来，如图 1-14 所示，这就是戴维南电路的电流-电压特性（I-V）曲线。因为这个电路是线性电路，所以接在输出端口的任何负载都满足此特性曲线，这条线叫做负载线，描述了激励电路（在此情况下就是戴维南电路），而不是负载本身。因为负载线是直线，所以为了建立这样的直线，一开始的两个计算条件（短路和开路）是需要的。

表 1-1　图 1-13 所示电路在不同负载下的情形

R_L	V_L	I_L
0Ω	0.0V	10.0mA
250Ω	2.00V	8.00mA
500Ω	3.33V	6.67mA
750Ω	4.29V	5.72mA
1.0kΩ	5.00V	5.00mA
2.0kΩ	6.67V	3.33mA
4.0kΩ	8.00V	2.00mA
open	10.0V	0.00mA

在结束讨论负载线这一概念之前，再考虑一个问题。回顾一下，一个电阻（或者其他器件）有自己的特性，可以通过 I-V 特性曲线来描述。电阻的特性曲线反映了该器件所有可能的工作点，而负载线反映了电路所有可能的工作点。结合这些观点，可以叠加一个电阻的 I-V 特性曲线在一个戴维南等效电路的负载线图上。两条线的交点就是结合的工作点。

图 1-15a 显示了一个 800Ω 的负载电阻加载在图 1-13 所示的戴维南电路中。戴维南电路的负载线和电阻 R_1 的特性曲线（见图 1-1）都画在了图 1-15b 中。R_1 现在当做一个负载电阻 R_L，两条直线的交叉点就是工作点，或者叫做静态工作点，通常情况下称为 Q 点。注意，负载电压（4.4V）和负载电流（5.6mA）可以直接从图 1-15 上读出来。在第 3 章中，你将看到这种方法可以拓展到晶体管，或者其他器件，用图形法来理解电路的工作。

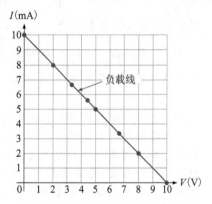

图 1-14　图 1-13 所示电路的负载线

1.3.5　传感器

模拟电路经常与测量联系在一起，传感器是一种将物理量（例如位置、压力或温度）从一种形式转换成另一种形式的器件。对于电子系统，输入传感器将测量出来的物理量转换成电量（电压、电流、电阻），传感器将在第 15 章进一步阐述。

从传感器得到的信号通常情况下都比较小，在进一步处理前需要进行放大。无源传感器（例如应力计）需要一个单独的电源（称为激励）来支持其工作。其他传感器（例如热电偶）是一种有源传感器，它们是自激励器件，能够将一小部分测得量转换成电信号。无论是无源传感器还是有源传感器，为了便于分析，都常简化成戴维南电路或者诺顿电路。

为了选择一个合适的放大器，有必要考虑电源电压的大小，以及戴维南或者诺顿等效电阻的大小。当等效电阻很小时，戴维南等效电路更有用，因为此时的戴维南等效电路近似于一个理想电压源。当等效电阻很大时，诺顿等效电路更有用，因此此时的诺顿等效电路近似于一个理想电流源。当源电阻非常大时，例如 pH 计的情况下，必须采用一个高输入阻抗的放大器。还有一些其他考虑因素，如系统的频率响应、噪声对放大器选择的影响。

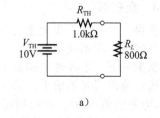

a)

例 1-5　压电晶体用于振动监控器，假设传感器在无负载的情况下输出有效值为 60mV 的正弦波。当用一个输入阻抗为 10MΩ 的示波器接于输出端口时，观测到的电压有效值为 40mV。基于以上观察，画出该传感器的戴维南等效电路。

解： 开路交流电压就是戴维南电压，则 $V_{th} = 60$mV。用分压规则可以直接求出戴维南电阻。把示波器的输入阻抗当作负载 R_L，这种情况下，负载两端的电压是：

$$V_{R_L} = V_{th}\left(\frac{R_L}{R_L + R_{th}}\right)$$

重新整理，得

$$\frac{R_L + R_{th}}{R_L} = \frac{V_{th}}{V_{R_L}}$$

现在，求出 R_{th} 的表达式，并代入给定的数据：

$$R_{th} = R_L\left(\frac{V_{th}}{V_{R_L}} - 1\right) = 10\text{M}\Omega\left(\frac{60\text{mV}}{40\text{mV}} - 1\right) = 5.0\text{M}\Omega$$

传感器的等效电路如图 1-16 所示。

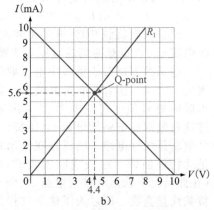

图 1-15　用负载线和电阻的 I-V 特性曲线来得到 Q 点

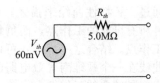

图 1-16　传感器的等效电路

实践练习

画出该传感器的诺顿等效电路。

系统说明　如你所知，模拟量是指有连续取值的量，自然状态下，最常见的量都是模拟的。如果你在一个典型的夏天画温度图，就会得到一条平滑的曲线。传感器可以将温度转换成一种电量(通常情况下是电压)。然后，这个电压将作为模拟量的输入送到一个系统当中。一个气象站可能有很多种类的传感器，每种传感器都有自己的输入，但是都有一个输送到天气监测系统的输出电量。

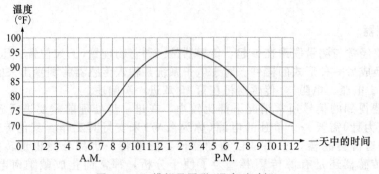

图 SN1-2　模拟量图形(温度对时间)

1.3 节测试题

1. 什么是独立电源？
2. 戴维南电路和诺顿电路的区别？
3. 无源传感器和有源传感器的区别？

1.4 放大器

信号在处理之前，大多数都需要放大。放大器简单地增加了信号的幅度（要么是电压，要么是电流，或者两者），是电子学中最重要的功能之一。在线性电子学中还包括其他的处理：信号发生（振荡器）、波形整形、频率变换、调制和其他的处理。除了严格的数字电路和线性电路外，许多电子线路都是线性电路和数字电路的组合。这其中包括一类很重要的接口电路，它实现模-数转换和数-模转换功能，这些电路将在第 14 章中讨论。

学完本节后，你应该掌握以下内容：

● 阐述放大器的特性
　■ 写出电压增益或者功率增益的方程
　■ 画出放大器的传输曲线
　■ 解释如何用戴维南或者诺顿等效电路来表示放大器的输入和输出电路
　■ 描述如何通过级联来构成放大器
　■ 确定多级放大器中一个放大器对另一个放大器的负载效应
　■ 会用计算器求出一个数的对数或反对数
　■ 计算一个放大器或者电路的电压增益分贝和功率增益分贝

1.4.1 线性放大器

之前有关线性电路的结论可以延伸到放大器上。为了产生一个有用的输出（比如驱动一个扬声器），线性放大器对输入信号进行幅度上的放大。理想放大器是指对信号的放大不带来噪声和失真，输出随着时间而变化，并且是对输入的精确再现。

放大器主要用于放大电压或者功率。对于一个电压放大器，输出信号 $V_{out}(t)$ 正比于输入信号 $V_{in}(t)$。输出电压和输入电压的比值就是电压增益。为了简化增益公式，可以省去功能符 (t)，仅需写出输出电压比上输入电压，如

$$A_v = \frac{V_{out}}{V_{in}} \tag{1-9}$$

式中，A_v＝电压增益；V_{out}＝输出信号电压；V_{in}＝输入信号电压。

评价电路的一种有效方法就是看对于一个给定的输入，其输出的大小。这种曲线称为传输曲线，反映了一个电路的响应。理想放大器的转移曲线应该是一条无限延伸的直线。对于一个实际的线性放大器，在达到饱和值之前，转移曲线应该是一条直线，如图 1-17 所示。从这幅图中，可以根据给定的输入电压直接读出输出电压的值。

所有放大器都有某些限制，超出了极限，它们将不是理想的，图 1-17 所示的放大器转移特性曲线中，最终放大器的输出不遵循输入变换规律。在那些点，放大器将不是线性的。另外，所有放大器必须工作在有能源提供的条件下，通常是直流电源。重要的是，

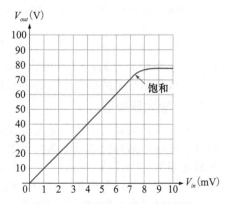

图 1-17　线性放大器的传输曲线

放大器将从电源处得到的一些直流能量转换成信号功率。因此，输出信号比输入信号的功率大。通常，在框图和其他电路图中都省略了电源，但是理解的时候应该考虑此点。

1.4.2 非线性放大器

放大器还常用于输出不一定是输入信号再现的场合。这些放大器是模拟电路中的一个重要组成部分。它们主要分成两类：波形整形和开关。波形整形放大器通常用于改变波形的形状。开关放大器从其他波形中产生出一个矩形输出。它们的输入可以是任何形式的波形，例如，正弦波、三角波或者锯齿波。在很多数字应用场合，矩形波输出常用作控制信号。

例 1-6 如图 1-18 所示，一个线性放大器的输入和输出信号如示波器所示。求出此放大器的电压增益？

解：输入信号的幅度从峰值到峰值是 2.0 格。

$$V_{in} = 2.0\mathrm{div} \times 0.2\mathrm{V/div} = 0.4\mathrm{V}$$

输出信号的幅度从峰值到峰值是 3.2 格。

$$V_{out} = 3.2\mathrm{div} \times 5.0\mathrm{V/div} = 16\mathrm{V}$$

$$A_v = \frac{V_{out}}{V_{in}} = \frac{16\mathrm{V}}{0.4\mathrm{V}} = 40$$

注意，电压增益是电压的比值，因此没有单位。如果用输入和输出的有效值或峰值来计算，得到的电压增益是一样的。

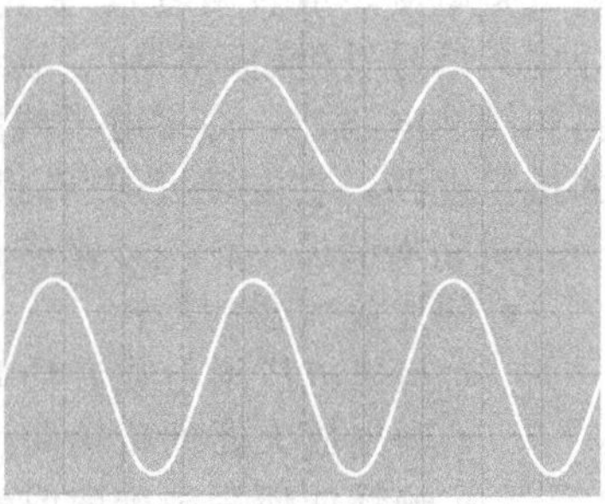

V_{in}:0.2V/div

V_{out}:5.0V/div

5.0ms/div

图 1-18 示波器显示

实践练习

一个放大器的输入是 20mV，如果电压增益是 300，求输出信号的电压值。

另外一个增益参数就是功率增益 A_p，是指信号的输出功率比上输入功率。通常用电压或者电流的有效值来求功率。然而，功率增益仅是一个比值，因此可以用任何两个一致的量来计算。功率增益是时间的函数，表达式形式如下

$$A_p = \frac{P_{out}}{P_{in}} \tag{1-10}$$

式中，A_p = 功率增益；P_{out} = 输出功率；P_{in} = 输入功率。

功率可以用基础电子学中任何标准的功率公式来表示。例如，给出输入和输出的电压和电流，功率增益就可以写成如下形式

$$A_p = \frac{I_{out}V_{out}}{I_{in}V_{in}}$$

式中，I_{out} = 流经负载的信号输出电流；I_{in} = 输入信号电流。

功率也可以用 $P = V^2/R$ 来表示输入和输出功率。

$$A_p = \left(\frac{V_{out}^2/R_L}{V_{in}^2/R_{in}} \right)$$

式中，R_L = 负载电阻；R_{in} = 放大器的输入电阻。

应该根据给出的信息来选择实际的公式。

1.4.3 放大器模型

放大器是负载用来放大信号幅度的器件。尽管放大器内部很复杂，包括晶体管、电阻和其他元件，当分析源和负载特性的时候，这些都是可以简化的。可以认为放大器是源和负载之间的一个接口，如图 1-19a 和 b 所示。可以把在基础电子学课程中学到的等效电路概念运用到复杂得多的放大器中，把放大器作为等效电路，就可以简化性能关系式。

把来自信号源的输入信号送入放大器的输入端，输出来自于另一端（在电路图上端口用开路表示）。放大器的输入端对源呈现出输入阻抗 R_{in}。这个阻抗将影响到放大器的输入电压，因为它与源内阻构成了分压器。

放大器的输出可以画成戴维南源电路或诺顿源电路。如图 1-19 所示，源的幅值取决

于无负载增益(A_v)和输入电压，因此放大器的输出电路(画成了戴维南或诺顿等效电路)包含受控源，这个受控源的值总是依赖于电路其他地方的电压或电流⊖。戴维南或诺顿等效情况下的电压或电流值如图 1-19 所示。

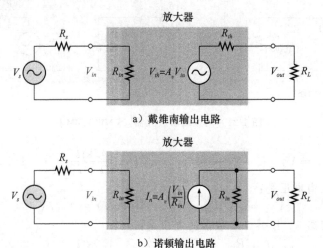

a) 戴维南输出电路

b) 诺顿输出电路

图 1-19　基本放大器模型显示了等效输入电阻和受控的输出电路

1.4.4　级联

为便于分析，戴维南和诺顿电路把放大器简化成了最本质的几块。除了对源和负载而言模型变得简单了，当两级甚至多级组成一个级联放大器时，这种简化的模型还可以用于分析内部负载。考虑图 1-20 所示的两级级联放大器，其总增益和这三个回路中每个回路的负载效应有关。这些回路都是简单的串联电路，因此电压可以通过分压原理很容易地计算出来。

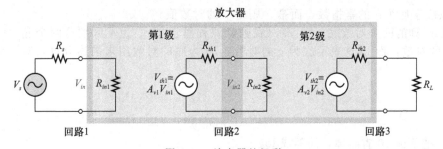

图 1-20　放大器的级联

例 1-7 假设一个传感器的戴维南等效电路的电压源(无负载)是 10mV，戴维南等效电阻 R_s 为 50kΩ，连接到一个两级放大器上，如图 1-21 所示。计算在 1kΩ 电阻两端上的电压值。

解：计算第一级放大器的输入电压，对回路 1 采用分压原理：

$$V_{in1} = V_s \left(\frac{R_{in1}}{R_{in1} + R_s} \right) = 10\text{mV} \left(\frac{100\text{k}\Omega}{100\text{k}\Omega + 50\text{k}\Omega} \right) = 6.67\text{mV}$$

第一级电路的戴维南电压是：

$$V_{th1} = A_{v1} V_{in1} = (35 \times 6.67\text{mV}) = 233\text{mV}$$

重复计算第二级放大器的输入电压，对回路 2 采用分压原理：

⊖　受控源与其控制量之间的关联是无法切断的，将各个源进行单独处理再叠加的理论并不适用于受控源。

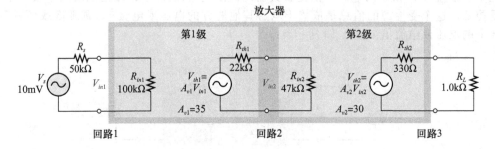

图 1-21　两级级联放大器[▣ MULTISIM]

$$V_{in2} = V_{th1}\left(\frac{R_{in2}}{R_{in2} + R_{th1}}\right) = 233\text{mV}\left(\frac{47\text{k}\Omega}{47\text{k}\Omega + 22\text{k}\Omega}\right) = 159\text{mV}$$

第二级电路的戴维南电压是：

$$V_{th2} = A_{v2}V_{in2} = (30 \times 159\text{mV}) = 4.77\text{V}$$

将分压原理用到回路 3。1.0kΩ 负载上的电压是：

$$V_{R_L} = V_{th2}\left(\frac{R_L}{R_L + R_{th2}}\right) = 4.77\text{V}\left(\frac{1.0\text{k}\Omega}{1.0\text{k}\Omega + 330\Omega}\right) = 3.59\text{V}$$

✎ **实践练习**

假设一传感器的戴维南源电压是 5mV，源电阻是 100kΩ，接到上述相同的放大器，计算负载 1kΩ 电阻两端的电压值。

1.4.5　对数

在电子学中经常用到分贝，而它与对数相关。在定义分贝之前，快速回顾一下对数（有时称为 logs）。对数就是幂，考虑如下方程：

$$y = b^x$$

y 的值取决于底为 b 的幂指数，而幂 x 则是 y 的对数值。

经常用到的两个对数底：10 和 e（在数学课程里学过）。为了区别这两个底，log 表示底为 10 的对数，而 ln 这表示底为 e 的对数，10 为底的对数用来描述分贝，对于以 10 为底，有

$$y = 10^x$$

得：

$$x = \log_{10} y$$

这里可以把下标 10 省略掉，简写成 log。

当需要乘以或者除以很大或很小的数值时，对数就很有用处。两个指数相乘，可以写成它们的幂相加：

$$10^x \times 10^y = 10^{x+y}$$

等效为

$$\log xy = \log x + \log y$$

这个概念用于解决级联放大器的放大或衰减。

例 1-8　(a) 求出 2、20、200 和 2 000 的对数；

(b) 哪些数的对数是 0.5、1.5 和 2.5?

解：(a) 将上述各数输入计算器，然后按 [log] 键，结果是：

log2＝0.301 03　　　　log20＝1.301 03

log200＝2.301 03　　　log2 000＝3.301 03

注意，原数每增加 10 倍，对数增加 1。

(b) 将上述各数输入到计算器，然后按 $\boxed{10^x}$ 键（或 $\boxed{INV}$ $\boxed{log}$），结果如下：

$10^{0.5}=3.162\ 28$ $\qquad$ $10^{1.5}=31.622\ 8$ $\qquad$ $10^{2.5}=316.228$

注意，x 每增加 1，原数就增加 10 倍。

实践练习

(a) 求 0.04、0.4、4 和 40 的对数。

(b) 哪个数的对数是 4.8？

1.4.6 分贝功率比

功率比的数值通常比较大。在早期电话通信系统的开发中，工程师就用分贝值来描述大的增益或衰减。分贝（dB）被定义为功率增益对数的 10 倍：

$$dB = 10\log\left(\frac{P_2}{P_1}\right) \tag{1-11}$$

式中，P_1、P_2 是两个相互比较的功率。

以前，功率增益使用放大器的输出功率和电源提供给放大器的源功率的比值来表示。为了用分贝来表示功率增益 A_p，用上撇符号来表示：

$$A'_p = 10\log\left(\frac{P_{out}}{P_{in}}\right) \tag{1-12}$$

式中，A'_p＝用分贝值表示的功率比；P_{out}＝负载端的功率；P_{in}＝提供给放大器的功率。

分贝值只是一个比值，无量纲。只要两个功率的比值相同，分贝值就相同。比如，500W 和 1W 的比值是 500：1，分贝值为 27dB。而 100mW：0.2mW 的比值也是 27dB。当比值小于 1 时，就存在功率衰耗或衰减。对于功率增加，分贝值是正数；对于功率衰减，分贝值是负数。

功率比为 2：1 是一个很重要的比值。这个比值用来表示仪器、放大器、滤波器等的频率截止频率，把功率比 2：1 代入式(1-11)：

$$dB = 10\log\left(\frac{P_2}{P_1}\right) = 10\log\left(\frac{2}{1}\right) = 3.01dB$$

结果大约为 3dB。

因为 3dB 表示功率是 2 倍，6dB 表示功率是原功率的 2^2 倍（功率比是 4：1），9dB 表示功率比是 2^3 倍，依次类推。如果比值一样而 P_2 比 P_1 小，那么对数值除了符号外是一样的。

$$dB = 10\log\left(\frac{P_2}{P_1}\right) = 10\log\left(\frac{1}{2}\right) = -3.01dB$$

负数表示 P_2 比 P_1 小。

另一个有用的比值是 10：1，因为以 10 为底的对数是 1，10dB 表示功率比是 10：1。记住这个，就可以很快估计某些情况下的总增益（或衰减）。比如，如果信号衰减了 23dB，它可以由两个 10dB 的衰减器和一个 3dB 的衰减器表示。两个 10dB 的衰减器共衰减了 100 倍，而 3dB 衰减器衰减了 2 倍，因此总衰减比为 1：200。

例 1-9 求出例 1-7 中放大器的总功率增益，分别求出功率增益和分贝功率增益。

解：放大器的输入功率是：

$$P_{in1} = \frac{V_{in1}^2}{R_{in1}} = \frac{(6.67\text{mV})^2}{100\text{k}\Omega} = 445\text{pW}$$

负载的功率是：

$$P_{out} = \frac{V_{R_L}^2}{R_L} = \frac{(3.59\text{V})^2}{1.0\text{k}\Omega} = 12.9\text{mW}$$

功率增益 A_p 是 P_{out}/P_{in} 的比值。

$$A_p = \frac{P_{out}}{P_{in1}} = \frac{12.9\,\text{mW}}{445\,\text{pW}} = 29.0 \times 10^6$$

以分贝形式表示：

$$A_p' = 10\log 29.0 \times 10^6 = 74.6\,\text{dB}$$

实践练习

一个放大器的输入功率是 $50\mu\text{W}$，负载功率是 4W，求放大器的功率增益(dB)。

在一些电子学应用中(如：微波传输)，多级级联的增益或衰减是常见的，如果是多级增益或衰减，则总电压是各级增益绝对值的乘积：

$$A_{v(tot)} = A_{v1} \times A_{v2} \times \cdots \times A_{vn}$$

分贝单位在级联增益或衰减中很有用，因为它们可以分解成加法或者减法。分贝值的代数相加等价于绝对值增益的乘积：

$$A_{v(tot)}' = A_{v1}' + A_{v2}' + \cdots + A_{vn}'$$

例 1-10 假设一个雷达的传输功率是 10kW，定向耦合器(一种采集传输信号的器件)的输出端衰减为 -40dB，两个 3dB 的衰减器串联接在输出端上，衰减信号的终端上连接一个 50Ω 的终端(负载电阻)，终端上消耗的功率是多少？

解： 因为

$$\text{dB} = 10\log\left(\frac{P_2}{P_1}\right)$$

所以传输功率共被衰减了 46dB(衰减器的总和)，代入：

$$-46\text{dB} = 10\log\left(\frac{P_2}{10\text{kW}}\right)$$

两边同时除以 10，去掉 log 函数：

$$10^{-4.6} = \frac{P_2}{10\text{kW}}$$

因此：

$$P_2 = 251\text{mW}$$

实践练习

假设去掉一个 3dB 的衰减器。

(a) 总的衰减量是多少？

(b) 负载终端上消耗的新功率是多少？

尽管分贝功率比通常用来比较两个功率值的大小，但是在已知参考功率的情况下，它还可以用来进行功率的绝对测量。虽然不同情况下标准的参考功率值不一样，但是在绝对功率的测量中大多数采用 dBm。dBm 是指在某个假定的负载阻抗上消耗 1mW 的功率作为参考功率时测得的功率。对于射频系统，负载阻值一般为 50Ω；对于音频系统，一般为 600Ω，其定义为：

$$\text{dBm} = 10\log\left(\frac{P_2}{1\text{mW}}\right)$$

dBm 通常用来表示信号发生器的输出功率，或用来简化通信系统中功率的计算。

1.4.7 分贝电压比

由于功率可以表示为 V^2/R，所以分贝功率可以写成

$$\text{dB} = 10\log\left(\frac{V_2^2/R_2}{V_1^2/R_1}\right)$$

式中，R_1、$R_2 = P_1$、P_2 对应的电阻；V_1、$V_2 =$ 电阻 R_1、R_2 上的电压。

如果电阻相等，R_1、R_2 可以约掉：

$$\text{dB} = 10\log\left(\frac{V_2^2}{V_1^2}\right)$$

对数具有如下特性：

$$\log x^2 = 2\log x$$

因此，分贝电压比可以表示为：

$$dB = 20\log\left(\frac{V_2}{V_1}\right)$$

如果对一个放大器，V_2 表示输出电压（V_{out}），V_1 表示输入电压（V_{in}），则放大器电压增益用分贝来表示就是：

$$A'_v = 20\log\left(\frac{V_{out}}{V_{in}}\right) \tag{1-13}$$

式中，A'_v＝以分贝表示的电压增益；V_{out}＝负载上的电压；V_{in}＝输入到放大器的电压。

式（1-13）给出了电压增益的分贝表示形式，幅度比的对数。这个表示形式是从功率分贝表示形式中推导出来的，前提条件是电阻相同（比如在电话系统中）。

在输入和负载电阻相同的时候，分贝电压增益和分贝功率增益的值是相同的。但是在电阻不相同的情况下，也经常采用电压的分贝表示形式。当电阻不相同时，分贝电压和分贝功率的值是不一样的。

比如，在比值是 2∶1 的情况下，电压分贝的比值约为 6dB（因为 20log2＝6），如果是信号衰减了 2 倍（比值＝1∶2），那么分贝电压值就是 −6dB（因为 20log1/2＝−6）。如果幅度比值是 10∶1，那么分贝电压比的值是 20dB（因为 20log10＝20）。

例 1-11　一个放大器的输入电阻是 200kΩ，负载是 16Ω。当输入电压是 100μV 时，输出电压是 18V。计算其分贝功率增益和分贝电压增益。

解： 放大器的输入功率是：

$$P_{in} = \frac{V_{in}^2}{R_{in}} = \frac{(100\mu V)^2}{200k\Omega} = 5 \times 10^{-14}\,W$$

输出功率是：

$$P_{out} = \frac{V_{out}^2}{R_L} = \frac{(18V)^2}{16\Omega} = 20.25\,W$$

分贝功率增益是：

$$A'_p = 10\log\left(\frac{P_{out}}{P_{in}}\right) = 10\log\left(\frac{20.25\,W}{5 \times 10^{-14}\,W}\right) = 146dB$$

分贝电压增益是：

$$A'_v = 20\log\left(\frac{V_{out}}{V_{in}}\right) = 20\log\left(\frac{18V}{100\mu V}\right) = 105dB$$

实践练习

一个视频放大器的输入电阻是 75Ω，负载电阻是 75Ω。

（a）如何比较该放大器的电压增益和功率增益？

（b）如果输入电压是 20mV，输出电压是 1V，其分贝电压增益是多少？

1.4 节测试题

1. 什么是理想放大器？

2. 什么是独立信号源？

3. 什么叫分贝？

1.5　故障检测

工程师必须掌握诊断和修复电路或系统故障的方法。故障检测是采用合乎逻辑的思维方式以便能正确排除电路或系统的故障。本书通篇强调故障检测技能。

学完本节后，你应该掌握以下内容：

- 描述对一个电路进行故障检测的过程
  - 解释对分法的含义
  - 采用一些基本规则来替换一个印制电路板上的某个部件
  - 描述使用基本的测试设备进行故障检测

1.5.1　分析、计划和测量

在进行电路故障检测之前，要做的第一步是分析存在问题的线索（症状），可以从确定几个问题的答案开始分析：电路曾经工作正常吗？如果正常，那么在什么情况下出现了问题？问题的症状是什么？引起这一问题的可能性有哪些？提出这些问题的过程是分析问题的一部分。

在分析了线索之后，故障检测的第二步是制订一个合理的故障排除计划。有计划的操作可以节约大量时间。作为计划的一部分，必须对进行故障排除的电路的工作原理非常熟悉。如果对电路的操作不太熟悉，必须花时间回顾一下电路图、操作说明或其他相关的信息，因为问题很可能不是出在电路上，而是出在操作不当上。一张标有不同测试点处正确电压或波形的电路图非常有助于故障排除。

合乎逻辑的思考对排除故障很重要，但仅靠这一点还不足以解决问题。第三步是通过仔细地测量减少可能出现的故障。这些测量往往可以确定你正考虑的解决方法的方向或指明新的方向，有时可能会找到一个完全出乎意料的结果！

思考过程是分析的一部分，分析和测量最好用一个示例说明。假设将 16 只装饰灯串联接在 120V 电源上，如图 1-22 所示。假设这个电路在某一时间是工作的，移到另一个新位置插上电后灯不亮了。你如何找出故障所在？

你也许会想：因为移动前电路工作正常，问题可能出在新的地方没有电压。或者是移动时接线松动了或被扯断了，也可能是灯泡烧坏了或者松动了，这些因素都是产生故障的原因，应该加以考虑。事实上，电路曾经可以正常工作就排除了原电路没有正确连接的可能性。在串联电路中，同时存在两处开路的可能性不大。分析完问题之后，现在要准备故障检测计划了。

计划的第一步是测量（或测试）新位置的电压。如果有电压，问题可能出在灯泡的连线上；如果

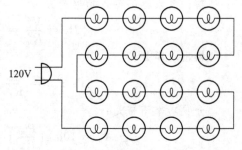

图 1-22　一串灯，它们中有一个开路了吗

没有电压，检查一下家里进线板的电路断路器。在更换断路器之前，还应该考虑一下断路器为什么会跳闸。

计划的第二步是如果电压正常，那就说明接线有问题。断开电源线测量电阻以便将问题独立开来。也可以加上电源测量不同点的电压值。决定测电压还是测电阻，主要取决于测量的简易程度。故障排除计划不可能将所有可能性包含在内，在故障排除的测试过程中常常需要更改计划，你应该做好测量的准备了。

假设手头有一只数字万用表（DMM），可以测得电源电压为 120V，那么可以排除没电压的可能了。由此判定问题出在连线上，可以进行计划的第二步。可以这样考虑：由于电压加载整个线路上，但电路中几乎没有电流（因为灯泡不亮），则说明一定是电路断开了——或者是灯泡或者是连线断开了。为了避免测试每个灯泡，可以将电路在中间分开，测量每一半的电阻。

这便是采用合乎逻辑的思维方式减少测试的次数，这种故障检测方法是种常用的故障排除方法，称为对分法。采用这种方法，可以立刻测出一半灯泡的电阻，从而减少了寻找开路灯泡位置的次数。继续沿着这个思路，再用对分法，就可以用不多的测量次数找到问题的症结。

不过，大多数故障检测都比这里的例子难，但分析和计划对于进行有效的故障排除还是十分重要的。测量的同时要修改计划，有经验的故障排除者通过寻找可能的原因来缩小适合问题症状的搜索范围。

1.5.2 焊接

在修理电路板时，技术人员迟早都要进行焊接。当更换元器件时，需要移掉旧的器件，不要因过力或过热损坏电路板。用电烙铁的尖部易于传热来移去旧的器件。

在焊接新器件前，焊接区域应该是干净的。老的焊点必须彻底清除，并且注意清除时不要因为过热等原因损坏邻近的元件。建议采用脱脂清洁剂或酒精进行清洁，切记，不要将焊剂用在脏的板上。要用树脂类的焊料（酸性焊料不能用于电子线路，甚至不要将此类焊料放在工作台上）。焊料应按在黏结处（而不是电烙铁上），在焊料冷却的过程中应保持不动。好的焊接点应该是光滑发亮的，并且与印刷电路上的线路融合在一起，焊接处看上去很粗糙的就不行。在修理过程中，有可能因为过多的焊料将两个部件或集成电路中的两个引脚短接在一起（如果是机械焊接，则不太可能出现类似的情况），这种现象称为焊桥，工程技术人员在修理线路板时必须警惕出现这样的错误。修理完成后，线路板上的多余焊料必须用酒精或其他清洁剂去除掉。

1.5.3 基本测试仪器

要有效地进行故障排除，工程技术人员必须有一套测试仪器并能熟练地使用它。示波器、数字万用表（DMM）、电源是进行故障检测的基本仪器，如图 1-23 所示。没有一种仪器能适合所有的应用场合，因此掌握手头仪器的使用范围是非常重要的。所有电子测量仪器在测量时都会成为电路中的一部分，因此会对测量本身产生影响（称为仪器负载效应）。另外，仪器一般会有一个频率范围限制，并且如果要得到可信任的读数，还应对仪器进行适当校正，一个专门从事故障检测的人员会在进行电子测量时考虑这些因素。

a）示波器

b）数字万用表

c）电源

图 1-23　基本测试仪器

对于模拟电路的各种故障检测，工程技术人员必须掌握示波器和数字万用表的使用方法。示波器需要有好的双踪通道，能够快速响应信号和噪声，应有×1 和×10 的测量探头，这对于观察大信号或小信号是很有用的（注意，在×1 位置，示波器的带宽变窄了）。

数字万用表是一种多用途的仪器，它的优点是具有很高的输入阻抗。但当电路的频率超过几千赫兹时，可能会产生错误的读数。许多新款的数字万用表还提供了一些其他的性能，比如连续测试、二极管检测、电容和频率测量等。数字万用表是一种较好的测试仪器，而伏-欧-毫安表（VOM）也有它自身的优点（如反映变化趋势比数字表快）。尽管 VOM 不如数字万用表精确，但由于它有一个很小的对地电容，可以将它与线路电压隔离开来，并且 VOM 是一个无源设备，所以在测试中不易将噪声引入电路中。

电路在多数测量状态下需要引入一个测试信号来模拟系统的工作状态，再用示波器或其他仪器观察电路的响应，这种测试方式称为激励-响应测试法，常用于测试完整系统的一部分。对于各种故障处理，函数发生器常用作激励信号。所有函数发生器都可产生正弦波、方波和三角波，有较大的频率变化范围，可以从 $1\mu Hz$ 的低频变到 50MHz 的高频（甚至更高），这取决于发生器本身。更高质量的函数发生器会提供更多的波形（如脉冲、斜坡等），还可能有触发、门输出等其他功能。

基本函数发生器的波形（正弦波、方波、三角波）用于电子电路和设备的许多测试场合。函数发生器最常见的应用的是将正弦波加入电路中来检测电路的响应。信号通过电容连接到电路中，以避免对系统偏置的影响，可以在示波器上观察电路的响应。通过检测正弦波在各点的幅值和形状，就可以很容易地确定出电路是否正常工作，或者可以找到可能存在的问题，如高频振荡等。

对于宽带放大器的一种常用测量方法是在电路中加入一个方波信号，测出它的频率响应。回顾一下，方波是基波和无数个奇次谐波的合成（在 1.2 节中讨论过），将方波加到被测电路的输入端并对输出进行监控，根据输出方波的形状判断是否某段频率选择性地削弱了。

图 1-24 说明了高频或低频被削弱后而产生的方波失真。一个好的放大器应该是对输入信号的高质量重现。如果方波下垂，如图 1-24b 所示，说明电路中低频信号不能正常通过。耸起的边缘部分主要含有较高频率的谐波成分，如果方波在到达峰值之前有一个逐渐上升的过程，如图 1-24c 所示，表明高频被削弱了。测量方波的上升时间就是对电路带宽的间接测量。

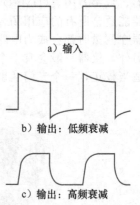

a）输入

b）输出：低频衰减

c）输出：高频衰减

图 1-24　宽带放大器的方波响应

为了测量电路的直流电压或提供能量给测试电路，需要带正、负输出的多输出电源，电源的输出应该在 $0\sim15V$ 之间变化。作为逻辑电路电源或模拟电路的直流源，分立式的低电压源也需要具备。

对于特定的应用情形，需要有特定的测量工具。某些特定的设备专门用于某些特定频率范围和特定应用，因此在这里将不讨论这些设备。数字存储示波器（DSO）已经几乎取代了模拟 CRT 示波器。因为它能够存储来自一个好的单元的波形用于比较，也可以捕获突发的错误，所以这对于故障检测是非常有优势的。它同时能够显示事件触发前后的状态，这一点对于处理间断性的问题是很有价值的。

虽然说最好能有的设备清单可能很长，但是另一个需要具有的设备是脉冲发生器和脉冲跟踪器。这些设备对于短路的跟踪（如电源到地之间的）是很有用的。这些脉冲发生器会产生一系列很窄的脉冲。电流跟踪器能够跟踪电流的路径并发现短路的位置。这些工具对于数字电路和模拟电路都是很有用的。

1.5.4　其他故障检测设备

总体而言，一些设备对于一些常用故障检测是属于必须拥有的。

- 一些电子手工设备，包括尖嘴钳、铁丝钳、剥线、旋具（特别是钟表用的旋具）和小的手电筒。
- 焊接和去焊工具，包括：焊芯、用于检测极细裂缝锡渣的放大镜等。
- 一些备件（电阻、电容、晶体管、极管、开关、IC），在这些分类中，也需要一些额外工具：线夹头、带各种连接器的电缆、香蕉鳄鱼状夹子、热收缩器等。

- 一个有备用电容器和电阻器的盒子，这对于很多测试都是很有用的，如在测试中要改变电路的时间常数。
- 一个吹风机和制冷器用于测试一个电路的热效应。
- 一个防静电手环（如果可能应在无静电的场合工作）来防止静电对敏感电路的损坏。

系统例子 1-2 系统的热成像诊断

所有电子系统和系统中的所有部件，都以一种或几种方式在消耗功率。分立元件、集成电路，甚至导线或者连接其他部分的电路板，都在消耗功率，功率消耗的最主要的结果就是发热。从本质上讲，功率放大器比小信号放大器产生更多的热量。监测系统所产生的热量，能够明显地表征出一个系统内的电路或者子电路是否在所希望的参数范围内工作。围绕这个主题我们讨论能量的辐射。

图 SE1-3 显示的是电磁频谱。电磁能量有连续的频带（包括可见光），但这仅仅是电磁频谱的一小部分。比可见光波长更长的是红外线，红外区域分为近红外、中红外和远红外。我们皮肤的温度敏感神经末梢对温度非常敏感的就是远红外区域，就好像我们直接站在阳光下面或者站在一个热源（如炉子）附近。低于远红外的是微波频率和射频，高于可见光的是紫外线和 X 射线。

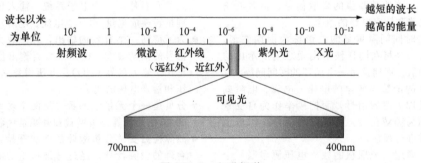

图 SE1-3 电磁频谱

所有物体的表面都会辐射出一些电磁波。你可能会惊讶，为什么所有的物体每时每刻都在发出电磁波？为什么它们不会将所有能量都释放出然后冷却到绝对零度？原因是它们也在不停地从周围环境中吸收能量。如果它们从环境中吸收的能量大于它们所辐射出来的能量，它们的温度将会升高。如果小于，温度就会降低。辐射出的波长取决于物体的温度。如果一个物体足够热，它以可见光谱的方式辐射能量；如果它的温度不是太高，辐射出的能量位于红外线波段。

虽然我们的皮肤对于温度很敏感，但由于受身体条件的限制，我们无法探测出温度产生的位置和量。热成像仪提供了任何目标系统的热辐射图像，增强了我们对系统内的组件所产生热量的定位和量化能力。

辐射图像是一幅热影像，它包含了图像内很多点温度测量的计算。图像显示在屏幕上，图像的颜色与目标系统内器件发出的红外线的量相对应。产生的热量越多，发出的红外线越多。

图 SE1-4 显示了一幅用于评估电子设备的热像仪。该热像仪呈现了在测试中电路内部元件发热所

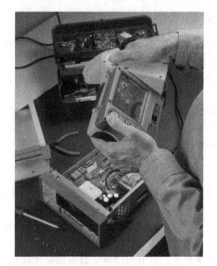

图 SE1-4 热影像仪显示目标系统的温度特性

产生红外能量的伪彩色图像。这使得热像仪成为一个很有用的工具，无论是在研发还是测试过程中，甚至在故障检测中。注意，热像仪不和任何系统相连接，在任何情况下都不会影响被测系统的性能。

所有电子设备在正常工作时，都有一个公认的热特征。与参考热特征的任何差异都反映了一个不正常的情况，这种情况很容易检测，即使眼睛并没有看出存在故障。一个不正常的热特性往往会造成灾难性的损失。在设计进入实施之前，热影像能够显示出一个设计上的错误，或者在一个系统失效之前，它能够诊断出问题。

1.5 节测试题

1. 检测一个电路的第一步是什么？
2. 什么是对分法？
3. 什么是仪器负载？

小结

- 线性元件是其中的电流和电压成正比关系的元件。
- 模拟信号可以在指定的范围内连续取值，而数字信号是只能取某些值的离散信号。很多电路是模拟电路和数字电路的组合。
- 以一定的时间间隔重复的波形称为周期波形。周期（cycle）是指在同样波形出现之前展示出的完整序列值。周期是指一个循环的时间间隔。
- 作为时间的函数而变化的电压、电流、电阻或其他变量称为时域信号，而把频率作为自变量的函数称为频域信号。任何信号既可用时域也可用频域进行观察。
- 戴维南定理用一个理想的独立电压源串联一个电阻来代替一个复杂的线性二端口电路。对于输出端的任何负载而言，戴维南等效电路与原电路的效果是等效的。
- 诺顿定理用一个理想的独立电流源并联一个电阻来代替一个复杂的线性二端口电路。对于输出端的任何负载而言，诺顿等效电路和原电路的效果是等效的。
- 传感器是将物理量从一种形式转换成另一种形式的元器件，对于电子系统，输入传感器将物理量转换成电量（电压、电流、电阻）。
- 为了得到一个有效的输出，理想放大器把输入信号的幅度放大。电压放大器输出信号 $V_{out}(t)$ 正比于输入信号 $V_{in}(t)$。电压增益 A_v 是输出电压和输入电压的比值。
- 分贝是一个无量纲的数，是两个功率比值对数的 10 倍。计算分贝增益和衰减是代数相加。
- 故障检测要从分析故障的症状开始，然后做出合理的检测计划，经过仔细慎重的测量后缩小寻找故障原因的范围，在检测过程中可以修改计划。
- 对于常见的故障检测，速度合理的双踪示波器和数字万用表是主要的测量仪器。最常用的激励仪器是函数发生器和稳压电源。

关键术语

本章中的关键术语和其他楷体术语在本书结束的术语表中定义。

放大器：一种专门设计的具有幅度放大能力的电子线路。

模拟信号：在某个范围内具有连续取值的信号。

衰减：把功率、电流或者电压减小。

特性曲线：一幅描述器件两个变量之间关系的图。对于大多数电子器件，特性曲线表示的是电流作为电压函数的关系。

周期（cycle）：在下一个完全相同的图案出现之前，一个波形呈现的完整序列值。

分贝：一个无量纲的量，是功率比对数的 10 倍，或者电压比对数的 20 倍。

数字信号：具有阶梯离散数值的非连续信号。

频率：在单位时间内周期波形重复的次数。

增益：放大的倍数。增益是输出量和输入量的比值（例如电压增益是输出电压与输入电压的比值）。

负载线：一条直线，反映电流和电压的关系，是外部电路所有可能工作点的汇集。

周期（period, T）：重复波形中一个周期的时间。

相位角（以弧度为单位）：一个波形相对于一个同频率的参考波形的偏移量。

戴维南定理：用来替代一个复杂二端口线性电路的等效电路，由一个独立的电压源串联一个电阻构成。

传感器：将物理量从一种形式转换成另一种形式的器件，例如，传声器将声音转换成电压。

重要公式

(1-1) $I = \dfrac{V}{R}$　欧姆定理

(1-2) $y(t) = A\sin(wt + \phi)$　正弦波的瞬时值

(1-3) $f(\text{Hz}) = \dfrac{\omega(\text{rad/s})}{2\pi(\text{rad/cycle})}$　从角频率转换成赫兹

(1-4) $T = \dfrac{1}{f}$　频率变周期

(1-5) $f = \dfrac{1}{T}$　周期变频率

(1-6) $V_{avg} = 0.637V_p$　正弦波的峰值电压转换成平均电压

(1-7) $P = IV$　功率定律

(1-8) $V_{rms} = 0.707V_p$　正弦波的峰值电压转换成有效电压

(1-9) $A_v = V_{out}/V_{in}$　电压增益

(1-10) $A_p = P_{out}/P_{in}$　功率增益

(1-11) $\text{dB} = 10\log\left(\dfrac{P_2}{P_1}\right)$　分贝的定义

(1-12) $A_p' = 10\log\left(\dfrac{P_{out}}{P_{in}}\right)$　分贝功率增益

(1-13) $A_v' = 20\log\left(\dfrac{V_{out}}{V_{in}}\right)$　分贝电压增益

自测题

1. 线性方程的图像_____。
   (a) 斜率始终是常量　　(b) 始终经过原点
   (c) 必须有正斜率　　　(d)(a)、(b)、(c)都对
   (e) 以上答案都不对

2. 交流电阻的定义是_____。
   (a) 电压除以电流
   (b) 电压的变化除以电流相对应的变化
   (c) 电流除以电压
   (d) 电流的变化除以电压的相对应变化

3. 离散信号_____。
   (a) 平滑地变化　　　(b) 可以取到任何值
   (c) 和模拟信号一样　(d)(a)、(b)、(c)都对
   (e) 以上都不对

4. 给信号分配数值的过程叫_____。
   (a) 采样　　　　　　(b) 复用
   (c) 量化　　　　　　(d) 数字化

5. 一个周期信号的重复时间的倒数是_____。
   (a) 频率　　　　　　(b) 角频率
   (c) 周期　　　　　　(d) 振幅

6. 如果一个正弦波的峰值是10V,那么有效电压是_____。
   (a) 0.707V　　　　　(b) 6.37V
   (c) 7.07V　　　　　 (d) 20V

7. 如果一个正弦波峰峰值是325V,那么有效电压是_____。
   (a) 103V　　　　　　(b) 115V
   (c) 162.5V　　　　　(d) 460V

8. 假设正弦波的方程式是 $v(t) = 200\sin(500t)$,那么峰值电压是_____。
   (a) 100V　　　　　　(b) 200V
   (c) 400V　　　　　　(d) 500V

9. 谐波是指_____。
   (a) 基率的整数倍
   (b) 一个给系统加上噪声的不希望信号

   (c) 一个瞬间信号
   (d) 一个脉冲

10. 戴维南电路包括_____。
    (a) 电流源并联上电阻
    (b) 电流源串联上电阻
    (c) 电压源并联上电阻
    (d) 电压源串联上电阻

11. 诺顿电路包括_____。
    (a) 电流源并联上电阻
    (b) 电流源串联上电阻
    (c) 电压源并联上电阻
    (d) 电压源串联上电阻

12. 负载线是一条描述_____的曲线。
    (a) 负载电阻的 $I\text{-}V$ 特性曲线
    (b) 驱动电路
    (c)(a)、(b)都对
    (d)(a)、(b)都不对

13. $I\text{-}V$ 特性曲线和负载线的交叉点叫做_____。
    (a) 传输曲线　　　　(b) 过渡点
    (c) 负载点　　　　　(d) Q 点

14. 假设功率衰减的值是20dB,那么倍数是_____。
    (a) 10　　　　　　　(b) 20
    (c) 100　　　　　　 (d) 200

15. 假设放大器的分贝电压增益是100dB,那么输出比输入大_____倍。
    (a) 100　　　　　　 (b) 1 000
    (c) 10 000　　　　　(d) 100 000

16. 焊接的一个重要原则是_____。
    (a) 总是采用酸性焊料
    (b) 直接将焊条放在烙铁上而不是放置在焊缝处
    (c) 晃动焊条,让它冷却变坚固
    (d)(a)、(b)、(c)都对
    (e) 以上说法都不对

故障检测测验

参考图 1-22。

● 假设电路连接和工作都很正常，如果去掉一个灯泡。

1. 移去灯泡的插座两端的电压将会_____。
   (a) 增加　　(b) 下降　　(c) 不变

2. 其他灯泡两端的电压将会_____。
   (a) 增加　　(b) 下降　　(c) 不变

3. 电路的电压将会_____。
   (a) 增加　　(b) 下降　　(c) 不变

● 假设将移掉灯泡的插座短路，其他灯泡都在

4. 由于短路，其他灯泡两端的电压将会_____。

　　(a) 增加　　(b) 下降　　(c) 不变

5. 提供给电路的总电压将_____。
   (a) 增加　　(b) 下降　　(c) 不变

6. 其他灯泡的亮度将_____。
   (a) 增加　　(b) 下降　　(c) 不变

● 假设将电路与电源分开，引脚间的电阻可以测量。

7. 如果其中的一个插座短路，总电阻将_____。
   (a) 增加　　(b) 下降　　(c) 不变

8. 如果其中的一个灯泡开路，总电阻将_____。
   (a) 增加　　(b) 下降　　(c) 不变

习题

1.1 节

1. 22kΩ 电阻的电导是多大？

2. 二极管的电阻随着电压增加如何变化？

3. 计算图 1-2 中二极管在点 $V=0.7V$，$I=5.0mA$ 时的电阻。

4. 画出当电压增加而交流电阻随之减少的器件的 I-V 特性曲线。

1.2 节

5. 假设一个正弦波的表达式是 $v(t)=100V\sin(200t+0.52)$。
   (a) 从表达式中得出峰值电压、均值电压和角频率(以 rad/s 为单位)。
   (b) 求出在 2ms 时刻的电压瞬时值(记住：方程中的角度是以弧度为单位的)。

6. 求出习题 5 中正弦波的频率(Hz)和周期(s)。

7. 一个示波器显示一个波形每隔 27μs 重复一次，此波形的频率？

8. 一个数字万用表显示了一个正弦波的有效值。如果数字万用表的读数是 3.5V，你在示波器上观察到的峰峰电压是多少？

9. 任何波形的有效电压和平均电压之比率称为形状系数(有时用来转换仪表的读数)。一个正弦波的形状系数是多少？

10. 一个频率为 500Hz 的三角波的 5 次谐波是多少？

11. 在方波中谐波的唯一形式是什么？

1.3 节

12. 画出图 1-25 所示电路的戴维南等效电路，并在图中标出相应元件的值。

13. 将 1.0kΩ、2.7kΩ 和 3.6kΩ 的电阻依次接在图 1-25 的输出端口，求出每个负载两端的电压值。

14. 画出图 1-25 所示电路的诺顿等效电路，并在图中标出相应元件的值。

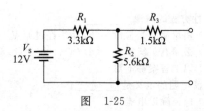

图　1-25

15. 画出图 1-26 所示戴维南等效电路的负载线，并在同一幅图中画出当负载为 150kΩ 时的 I-V 特性曲线，在图中标出 Q 点。

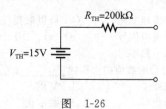

图　1-26

16. 假设当一个传感器在没有负载的情况下输出 10mV 的交流信号，当输出端接上一个 100kΩ 的负载时电压下跌到 5mV。基于以上观察，画出此传感器的戴维南等效电路。

17. 画出习题 16 中传感器的诺顿等效电路。

1.4 节

18. 图 1-17 显示了放大器的传输曲线，在线性区域的电压增益是多少？在饱和前的最大输出是多少？

19. 放大器的输入是 80μV，如果放大器的电压增益为 50 000，信号的输出是多少？

20. 假设传感器的戴维南电压(无负载)电压是 5.0mV，戴维南电阻是 20kΩ，将此接到一个两级放大器上，放大器的参数如下：$R_{in1}=50kΩ$，A_{v1}(无负载)$=50$，$R_{th1}=5kΩ$，$R_{in2}=10kΩ$，A_{v2}(无负载)$=40$，$R_{th2}=10kΩ$。
画出放大器模型，求出 2.0kΩ 负载两端的电压。

21. 求习题 20 中放大器的分贝电压增益。
22. 求习题 20 中放大器的分贝功率增益。
23. 假设你想将信号发生器的输出电压衰减 1 000 倍，需要多大的分贝衰减？
24. (a) 当一个 50Ω 两端的电压是 $20V$ 时消耗的功率是多少？
    (b) 将答案用 dBm 形式表示。
25. 某个设备的输入功率在其内部电阻 50Ω 上的损耗不得超过 $2W$。
    (a) 为了将 $20W$ 的信号源与此设备相连接，需要多大的衰减(dB)？
    (b) 允许的最大输入电压是多大？

1.5 节

26. 图 1-27 显示了一个小系统，包括 4 个传声器，它们连接到一个二通道的放大器上，通过开关(SW1)来选择哪一个通道，或者选择 A 组或者选择 B 组传声器并进行放大。放大器的输出连接到两个扬声器上。放大器由一个独立的直流电源供电，另外两节电池分别供应 A 组和 B 组传声器。
    假设当系统打开时听不到声音，列出一个基本的故障检测计划，准备检测原因，可能是电源、放大器、传声器、传声器电池、开关、扬声器或者其他故障。

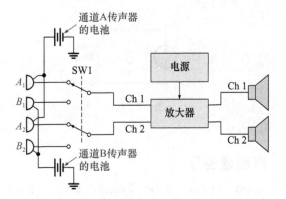

图 1-27　一个含有 4 个传声器和一个二通道放大器的小系统

27. 对于习题 26 中所示的系统，当通道 1 可以正常工作时，通道 2 却听不到声音。列出一个故障检测计划用来隔离出故障所在。(你能想到对分法吗？)
28. 当一个方波校正信号输入到示波器，将能得到什么信息？
29. 当你在工作时，如何防止静电敏感电路损坏？
30. 说出数字存储示波器相对于模拟示波器的两个优点。

各节测试题答案

1.1 节

1. 特性曲线是指一个元件的电压和电流之间关系的曲线。
2. 电阻越大，特性曲线斜率越小。
3. 直流电阻是电压除以电流。交流电阻是电压的变化除以电流的变化。

1.2 节

1. 模拟信号在一个连续范围内取值，数字信号表示信息使用离散的编码数字。
2. 频谱是个线谱图，在基频处有单条线，在其他奇次谐波处也有谱线，如图 1-8a 所示。
3. 对于重复波形的频谱是线谱，而非重复波形的频谱是连续谱。

1.3 节

1. 独立电压源或者电流源是不受任何其他电路参数影响的电源。
2. 任何一个给定负载的复杂电路可用一电压源和一电阻的串联组合来等效置换，称为戴维南电路。任何一个给定负载的复杂电路可用一电流源和一电阻的并联组合来等效置换，称为诺顿电路。
3. 无源传感器需要外加的电源，而有源传感器是能自激励的器件。

1.4 节

1. 理想放大器能产生无噪音或失真的信号，输出信号能及时、准确地再现输入信号。
2. 受控电源是受电路中其他部分的电流或电压控制的电源。
3. 分贝是无量纲的数值，等于两个功率比率的对数的 10 倍。

1.5 节

1. 通过提问问题分析失效的症状：这个电路曾经工作过吗？如果工作过，那么在什么情况下它失效？失效的症状是什么？引起失效的可能原因有哪些？
2. 对分法是将故障检测问题分成两半，决定哪一半电路可能会有问题。
3. 由于将仪器连接到电路中，仪器负载会对电路电压的变化有影响。

例题中实践练习答案

1-1　$G_2 = 375\mu S$，$R_2 = 2.67k\Omega$
1-2　$V_{rms} = 10.6V$，$f = 95Hz$，$T = 10.5ms$
1-3　$V_{RL} = 3.48V$
1-4　$V_{RL} = 3.48V$

1-5 见图 1-28

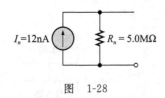

$I_n = 12\text{nA}$ $R_n = 5.0\text{M}\Omega$

图　1-28

1-6　6V

1-7　1.34V

1-8V　(a) log0.04＝－1.398　(b) $10^{4.8} = 63\ 096$
　　　　　log0.4＝－0.398
　　　　　log4.0＝0.602
　　　　　log40＝1.602

1-9　49dB

1-10　(a) －43dB　(b) 503mW

1-11　(a) 分贝功率增益是分贝电压增益的一半。
　　　(b) 34dB

自测题答案

1.(a)　2.(b)　3.(e)　4.(c)　5.(a)　6.(c)　7.(b)　8.(b)　9.(a)　10.(d)　11.(a)
12.(b)　13.(d)　14.(c)　15.(d)　16.(e)

故障检测测验答案

1. 增大　2. 减小　3. 不变　4. 增大　5. 不变　6. 增大　7. 减小　8. 增大

二极管及其应用

目标

- 讨论半导体的基本原子结构
- 描述 pn 结的特性
- 解释如何偏置半导体二极管
- 描述二极管的基本特性
- 分析三种基本的整流电路
- 描述整流滤波器和 IC 稳压器
- 分析二极管限幅电路和钳位电路
- 解释 4 种不同特殊用途二极管的特性
- 解释和使用二极管数据手册
- 电源故障检测的常规方法

本章介绍用于制作二极管、晶体管和集成电路的基本材料。介绍 pn 结在二极管和晶体管的工作中所起的重要作用。介绍二极管的特性，并讲解如何在不同的应用中使用二极管。讨论将交流转化成直流的整流过程，并介绍 IC 稳压器。还将学习二极管限幅电路和直流恢复(钳位)电路。

除了整流二极管之外，本章还将介绍稳压二极管、变容二极管、发光二极管和光敏二极管，并讨论这些特殊用途二极管的应用。

2.1 半导体原子结构

电子器件(如二极管和晶体管)是由一种名叫"半导体"的特殊材料制成的。本节给出了理解半导体器件是如何工作的基础。

学完本节后，你应该掌握以下内容：

- 讨论半导体的基本原子结构
  - 描述原子的轨道模型
  - 讨论硅和锗原子健是如何构成晶体的
  - 比较导体、绝缘体和半导体的电子能级

2.1.1 电子层和轨道

材料的电气性能是由其原子结构来解释的。在经典的玻尔原子模型中，电子仅在一些距原子核不同距离的离散轨道上围绕着原子核运转。原子核包含带正电的质子和不带电的中子。轨道上的电子是带负电的。原子的现代量子力学模型保留了原始玻尔模型中的一些基本概念，但已经用数学上的"物质波"替换了电子"粒子"的概念。然而，玻尔模型提供了一种可以让我们想象原子结构的有用方法。

电子离原子核的距离决定了电子的能量。电子运动在距离原子核越近的轨道上，电子具有的能量越小。电子运动在距离原子核越远的轨道上，电子具有的能量越大。这些离散的轨道意味着在原子中只存在着一定的能级，这些能级称为层。每层能级拥有某一最大允许数量的电子数，在一个层中能级的差异远小于层之间的能级差异。层被标记为 1、2、3、4 等，1 离原子核最近。这个概念可以由图 2-1 给出。

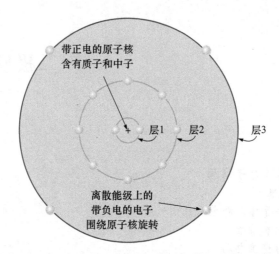

图 2-1   能级随着离原子核距离的增大而增大。电子轨道的半径比率与层数字的平方成正
　　　　 比。图 2-1 中是一个中性硅原子（核中有 14 个电子和 14 个质子）

2.1.2　价电子、传导电子、离子

离原子核越远的轨道上的电子，受原子核的束缚越小；离原子核越近的轨道上的电子，受原子核的束缚越大。这是因为根据库仑定理，带正电原子核和带负电电子之间的吸引力随着它们之间的距离的增加而减小。另外，内层电子把外层电子和原子核也进行了隔离。

最外层上的电子称为价电子，具有最大的能量，并且受到原子核的束缚最小。对图 2-1 中的硅原子，第三层电子是价电子。有时，价电子可以获取足够的能量从而挣脱原子核的束缚而成为自由电子。这种自由电子称为传导电子，因为它们不再受到任何原子核的束缚。当一个带负电的电子挣脱原子的束缚时，剩余的原子就带正电并称为正离子。在一些化学反应中，自由电子将它自己附于一个中性原子上（或一组原子）从而形成负离子。

2.1.3　金属键

在室温下，金属是固体。金属的原子核和内层电子占据固定的晶格位置。外层价电子受到晶体原子的束缚非常小并可以自由移动。这些带负电的大量电子与正离子一起形成金属键。

金属晶体中有大量原子，价电子的离散能级模糊成一个带，这个带称为价带。这些价电子是移动的并且决定金属的导热和导电性能。除了价能带之外，原子中距离原子核的下一个能级（通常被占用）也被模糊成一个能带，成为导带。

图 2-2 比较了三种固体的能级图。注意，对于图 2-2c 所示的导体，能带是重叠的。通过吸收光，电子可以很容易地在价带和导带之间移动。电子在导带和价带之间来来回回的移动形成金属的光泽。

2.1.4　共价键

一些固体材料中的原子形成晶体，通过很强的共价键把这些原子结合在一起形成三维结构。例如，在钻石中，相邻碳原子组成 4 个键，其效果是每个原子周边的 8 个价电子形成一种化学稳定状态。这种共用价电子产生很强的共价键，使得原子之间紧密地结合在一起。

共用电子是不可移动的；每个电子位于晶体原子的一个共价键之内。所以，在价带和导带之间存在很大的能带间隔。因而，像钻石一样的晶体材料在电性能上是绝缘体或非导体。图 2-2a 给出了固体绝缘体的能带。

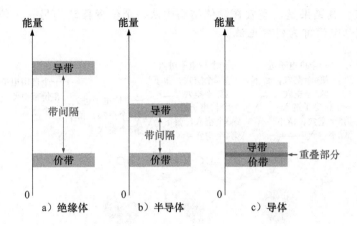

图 2-2 三种材料的能级图。最上面的带是导带，最下面的带是价带

构成电子器件的材料称为半导体。最常见的半导体材料是硅；然而，有时也用锗。在室温下，硅形成共价晶体。其实际原子结构与钻石相似，但是硅中的共价键并没有钻石中的共价键那样强。在硅中，每个原子与它周围的 4 个相邻原子中的每一个原子共用一个价电子。与其他晶体材料情况相同，离散能级模糊为价带和导带，如图 2-2b 所示。

导体与半导体之间最重要的差别是分离导带和价带之间的带间隔。对于半导体，间隔很窄；获得热能以后，电子可以很容易地进入导带。在绝对零度，硅晶体中的电子都处于价带，但是在室温下许多电子有足够的能量进入导带。导带电子不再受到晶体中原子的束缚。

2.1.5 电子电流和空穴电流

当电子跃入导带时，在价带会留下一个空位，这个空位称为空穴。对每个通过热能和光能进入导带的电子，都会在价带留下一个空穴，形成电子-空穴对。当导带电子失去能量并且跌落到价带的空穴中时，这种现象称为复合。

一块本征(纯净)硅在室温下总会带有一定数量的导带(自由)电子，这些电子不附属于任何的原子，并且在材料中无规则地运动。同样，当这些电子跃入导带时，相等数量的空穴也在价带中产生。

当在一块本征硅上施加一个电压时，如图 2-3 所示，导带中由于受热激发而产生的自由电子很容易向正极移动。在半导体材料中，自由电子的移动是电流的一种，称为电子电流。

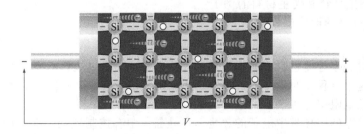

图 2-3 本征硅中由热激发产生的电子电流

另一种类型的电流发生在价带，在价带中由于自由电子的产生而产生空穴。留在价带中的电子仍然附属于它们的原子，它们在晶体结构中不能自由地无规则移动。但是，一个价带电子通过稍微改变一下它的能级就可以移动到附近的空穴，这样就会在它原来的位置

上留下新的空穴。其结果是，空穴在晶体结构中从一个位置移动到另一个位置，其过程如图 2-4 所示。这个电流称为空穴电流。

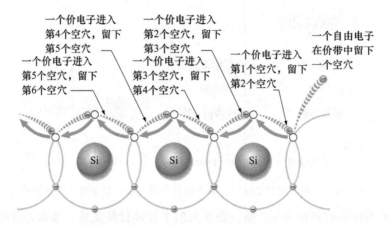

当一个价电子从左向右移动去填补空穴时，会在后面留下另一个空穴，使得空穴从右向左移动。灰色箭头指明空穴的移动方向

图 2-4 本征硅中的空穴电流

2.1节测试题

1. 在一块本征半导体中，自由电子存在于哪个能带中？空穴存在于哪个能带中？
2. 在一块本征半导体中，空穴是如何产生的？
3. 为什么半导体比绝缘体更容易产生电流？

2.2 *pn* 结

本征半导体硅（或锗）的导电性能不好，必须通过增加自由电子或空穴的数量来改善其导电性能。如果在纯净的硅当中加入 5 价杂质，就会形成 *n* 型半导体；如果在纯净的硅当中加入 3 价杂质，就会形成 *p* 型半导体。在制作过程中，如果将这两种材料合在一起，则在它们的交界面处就会形成 *pn* 结。神奇的是，正是 *pn* 结的特性使得二极管和晶体管可以工作。

学完本节后，你应该掌握以下内容：

- 描述 *pn* 结的特性
  - 比较 *p* 型半导体和 *n* 型半导体
  - 给出施主材料和受主材料的例子
  - 描述 *pn* 结的形成过程

2.2.1 掺杂

在纯净（本征）半导体材料中有控制地加入特定的杂质，硅（或锗）的导电性能可以得到很大的提高，这个过程就叫做掺杂。掺杂可以增加载流子（电子和空穴）的数量，从而增强导电性能和降低电阻率。掺杂后的硅分为两类：*n* 型和 *p* 型。

为了增加纯净硅中导带中电子的数量，在硅晶体中有控制地加入 5 价的杂质元素，如砷、磷、锑，这些杂质原子称为施主原子。它们具有 5 个价电子，每个 5 价原子与周围的 4 个硅原子形成共价键，留下一个额外的电子。这个多出的额外电子因为在晶体中没有受到任何原子的束缚，就成为导带（自由）电子。在 *n* 型半导体材料中，自由电子称为多数载流子；空穴称为少数载流子。

为了增加纯净硅中空穴的数量，在硅晶体中加入 3 价的杂质元素，如铝、硼、镓。

这些杂质原子称为受主原子。它们只有 3 个价电子，每个 3 价原子与周围的 4 个硅原子形成共价键。杂质原子的所有 3 个价电子都用于形成共价键，然而，因为形成晶体结构需要 4 个电子，所以每加入一个 3 价原子就会产生一个空穴。在 p 型半导体中，受主原子在价带中产生了额外空穴；在 p 型半导体中，空穴是多数载流子，自由电子是少数载流子。

需要指出的是产生 p 型或 n 型半导体的过程始终是呈电中性的。对 n 型半导体，晶体中多出来的电子被加入的施主杂质原子核的正电荷平衡掉了。

2.2.2　pn 结

在一块本征硅上掺杂，使得硅的一半形成 n 型半导体，另一半形成 p 型半导体，则在交界处会形成 pn 结。在 n 区有很多自由电子(多数载流子)和少量由热激发产生的空穴(少数载流子)。在 p 区有很多空穴(多数载流子)和少量由热激发产生的自由电子(少数载流子)。pn 结形成了基本的二极管，它是所有固态半导体器件的工作基础。二极管是一种只允许电流朝一个方向流动的器件。

耗尽区　当 pn 结形成之后，在结附近的一些导带电子漂移到 p 区并且和 p 区的空穴复合，如图 2-5a 所示。每个电子穿过结并且和空穴复合后，在 n 区靠近结处会留下带一个净正电荷的五价原子。同样，当电子和 p 区的一个空穴复合，一个 3 价原子会带一个净负电荷。因此，结的 n 区会有正离子，p 区会有负离子。正负离子出现在结的相对一侧，在耗尽区处产生势垒电压(V_B)。势垒电压的大小受温度影响。在室温下，一般硅大约为 0.7V，锗为 0.3V。因为锗二极管很少使用，所以在实际应用中势垒电压为 0.7V，本书内容也假设势垒电压为 0.7V。

为了扩散到 p 区，n 区的导带电子必须克服所有正离子的吸力和负离子的斥力。在离子层形成后，结两边的区域中自由电子和空穴的数量会急剧减少，这个区域称为耗尽区，如图 2-5b 所示。电荷穿过交界处的任何运动都需要克服势垒电压。

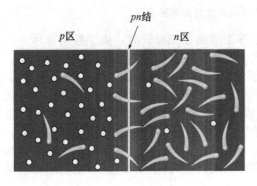
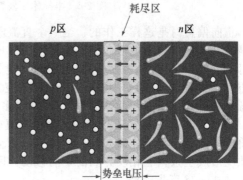

a) 在结形成的瞬间，n 区中靠近 pn 结附近的
自由电子开始扩散并穿过结，与 p 区的空
穴复合

b) 每个扩散并穿过结的电子会与一个空穴复合，
在 n 区留下正电荷，p 区留下负电荷，从而
形成势垒电压 V_B。这种运动会持续到势垒电
压能阻止进一步扩散为止

图 2-5　pn 结的形成

2.2 节测试题

1. 如何形成 n 型半导体?
2. 如何形成 p 型半导体?
3. 什么是 pn 结?
4. 硅的势垒电压是多少?

2.3 半导体二极管的偏置

一个 pn 结就构成一只半导体二极管。平衡时 pn 结中没有电流。半导体二极管的主要用处是它能够根据偏置使得电流只朝着一个方向流动。pn 结有两种偏置条件——正向偏置和反向偏置。这两种偏置都需要在 pn 结上外接合适方向的直流电压。

学完本节后，你应该掌握以下内容：

- 解释如何偏置一个半导体二极管
  - 描述二极管的正向偏置和反向偏置
  - 描述雪崩击穿

2.3.1 正向偏置

在电子学中，术语偏置是指给半导体器件外加固定直流电压的工作条件。正向偏置是允许电流流过 pn 结的条件。

图 2-6 给出了半导体二极管正向偏置时直流电源的极性。电源的负极连接到 n 区（阴极端），电源的正极连接到 p 区（阳极端）。当半导体二极管正向偏置时，二极管的阳极电位比其阴极电位高。[⊖]

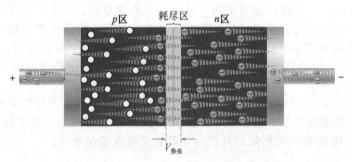

图 2-6　半导体二极管正向偏置时的电子流

正向偏置时是这样工作的：当一个直流电源正向偏置二极管时，由于静电排斥，电源负极推动 n 区的导带电子向结处运动。同样地，电源正极推动 p 区的空穴向结处运动。当外部偏置电压足够可以克服势垒电压时，电子就会有足够的能量进入耗尽区，并穿过 pn 结进入 p 区。进入 p 区的电子会和 p 区的空穴复合。当电子离开 n 区时，更多的电子流从电源负极进入 n 区。因此，通过导带电子（多数载流子）向结的定向移动产生流向 n 区的电流。当导带电子进入 p 区并和 p 区的空穴复合后，这些导带电子就成为价电子。然后，这些价电子向着正阳极连接方向不断地从一个空穴跳到另一个空穴。这些价电子的定向移动本质上形成空穴朝着相反方向的定向移动。因此，通过空穴（多数载流子）朝着结方向的定向运动在 p 区产生电流。

2.3.2 反向偏置

反向偏置是阻止电流流过 pn 结的偏置条件。图 2-7a 给出了反向偏置一个半导体二极管所需的直流电源极性。注意，电源负极连接 p 区，电源正极连接 n 区。当半导体二极管反向偏置时，二极管的阳极电位比其阴极电位低。

反向偏置时是这样工作的：由于相反的电荷相互吸引，电源负极吸引 p 区的空穴离开 pn 结，同时电源正极吸引电子离开 pn 结。由于电子和空穴离开 pn 结，耗尽区的宽度变得越来越大；在 n 区产生越来越多的正离子，在 p 区产生越来越多的负离子。直到势垒电

⊖ 化学家根据电化学池中发生的化学反应类型来定义阳极和阴极。在电化学中，阳极提供电子的电极，阴极是接受电子的电极。

压等于外部偏置电压时，耗尽层的宽度不再增加，如图 2-7b 所示。当二极管反向偏置时，耗尽区实际上相当于位于正离子层和负离子层之间的绝缘体。

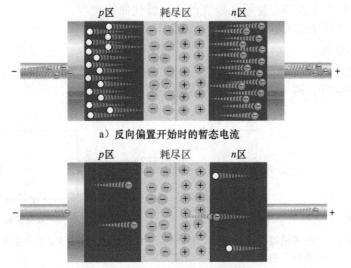

a）反向偏置开始时的暂态电流

b）当势垒电势等于偏置电压时电流停止

图 2-7　反向偏置

峰值反向电压(PIV)　当一个二极管反向偏置时，它必须承受住加在两端之上的最大反向电压，否则二极管会被击穿，二极管的这个最大额定电压称为峰值反向电压(PIV)，所需要的 PIV 值取决于应用场合；在大多数使用普通二极管的情况下，PIV 应该高于反向偏置电压。

反向击穿　当外部反向偏置电压增大到足够大时，会发生雪崩击穿。雪崩击穿是这样产生的：假设少数导带电子从外部电源获得足够大的能量，从而加速它向二极管正极快速运动。在它的运动过程中，它碰撞一个原子并给予这个原子足够的能量使得一个价电子进入导带。这时，就有两个导带电子。每个导带电子又去碰撞原子，使得又有两个价电子被撞入导带。这时，就有 4 个导带电子。接着，这 4 个导带电子又撞击 4 个价电子使它们进入导带。导带电子这种快速的倍增称为雪崩效应，雪崩效应使得反向电流急剧增大。

因为大多数二极管电路并不是为工作在反向击穿条件下而设计的，所以这些二极管工作在反向击穿条件下时可能会损坏。反向击穿也可以不损坏二极管，但是必须限制流过二极管的电流大小，防止温度过高而损害二极管。有一种类型的二极管，即稳压二极管，就是专门为工作在反向击穿而设计的，稳压二极管同样需要进行限流(稳压管在 2.8 节中讨论)。

2.3 节测试题

1. 两种偏置条件分别是什么?
2. 哪种偏置条件会产生多数载流子电流?
3. 什么偏置条件会产生更宽的耗尽区?
4. 什么是雪崩击穿?

2.4　二极管特性

本节学习描述二极管电流-电压关系的特性曲线。讨论二极管的三种模型。因为每个模型具有不同的精度，所以在特定情况下你选择其中最合适的一种使用。在一些情况下，为了简化问题，需要使用精度最低的模型，额外的细节会使情况变得更复杂。在其他情况下，为了把所有的因素考虑进去，需要使用精度最高的模型。

学完本节后，你应该掌握以下内容：

- 描述二极管的基本特性
  - 描述二极管的 I-V 特性曲线
  - 解释如何在示波器上显示二极管的 I-V 特性曲线
  - 描述用来简化二极管电路的三种模型

2.4.1 二极管符号

图 2-8a 给出了通用二极管的标准电路符号。如图 2-8a 所示，二极管的两极是 A 和 K，A 是阳极，K 是阴极。箭头符号总是指向阴极。

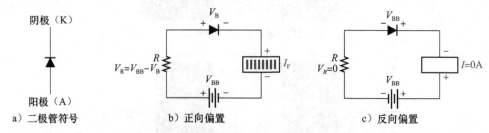

图 2-8 二极管电路符号和偏置电路。V_{BB} 是偏置电池电压，V_B 是势垒电压。电阻将正向电流限制在一个安全值

图 2-8b 给出了正向偏置二极管通过一个电流限制电阻连接到电源时的情况。二极管的阳极相对于阴极电位是正的，使得二极管导通，如电流表指示的那样。记住，当二极管正向偏置时，势垒电压 V_B 一直存在于阳极和阴极之间，如图 2-8b 所示。电阻两端的电压 V_R 等于 V_{BB} 减去 V_B。

二极管的反向偏置如图 2-8c 所示。二极管的阳极相对于阴极电位是负的，二极管不导通，如电流表所指示那样。偏置电压 V_{BB} 全部加在二极管上。因为没有电压降在电阻上，所以电路中没有电流。注意，偏置电压 V_{BB} 与势垒电压 V_B 不相等。

图 2-9 给出了一些典型的二极管封装。字母 A 表示阳极；K 表示阴极。

2.4.2 二极管特性曲线

图 2-10 是二极管的伏安特性曲线。图 2-10 的右上部分表示二极管正向偏置时的情况。如图 2-10 所示，当正向偏置电压(V_F)低于势垒电势时，没有正向电流(I_F)。当正向偏置电压接近势垒电势的值时(通常硅是 0.7V，锗是 0.3V)，流过二极管的电流开始增大。一旦正向偏置电压大于势垒电势，正向电流随着偏置电压增大而急剧增大，必须靠限流电阻来限制电流。正向偏置二极管的端电压几乎等于势垒电势的值，但是会随着正向电流的增大而略微增大。对正向偏置的二极管，通常将势垒电势就作

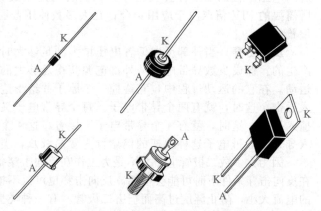

图 2-9 二极管的典型封装和极性标识

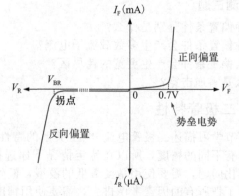

图 2-10 二极管伏安特性曲线

为二极管的管压降。

图 2-10 的左下部分表示二极管反向偏置时的情况。当反向偏置电压小于击穿电压时，随着反向偏置电压朝着左边增大，电流的值接近于零。当二极管被反向击穿时，二极管中会有较大的反向电流产生，如果不对这个反向电流进行限制，二极管将会被损坏。⊖通常，大多数整流二极管的击穿电压都大于 50V，普通二极管的大多数应用都不会运行在反向击穿区域内。

在示波器上显示二极管的伏安特性曲线 按照图 2-11 所示的电路连接方法，可以在示波器上显示二极管的正向特性曲线。信号是峰峰值为 5V 的三角波信号，用来产生一系列过零电压。这使得二极管在正向偏置和反向偏置之间交替。通道 1 探测二极管上的管压降，通道 2 显示与电流成正比的信号。示波器处于 X-Y 模式。信号发生器的公共端绝对不能与示波器共地。通道 2 需要反转来显示正确方向的信号。

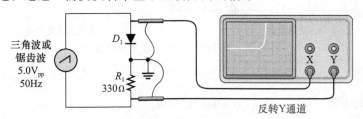

图 2-11 在示波器上显示二极管的伏安特性曲线。示波器设置在 X-Y 模式，并且 Y 通道要反转

2.4.3 用欧姆计或万用表测试二极管

大多数模拟欧姆表中的内置电池都能够对二极管正向偏置或反向偏置做出快速的检测。为了用模拟欧姆表测试二极管，选择 $R \times 100$ 的范围（为了限定流过二极管的电流），将欧姆表的探头联到二极管的两个极上测一次，然后交换欧姆表的探头再测一次。因为表的内置电压源会在某个方向上向二极管施以正偏，在另一个方向上施以反向偏置，所以，其结果就是在某个方向上读取的电阻值要小于另一方向上读取的值。在正向偏置和反向偏置读数的比率中，寻找一个较高的值（通常为 1 000 或更高）。实际读数依赖于欧姆表的内部电压、选择的范围以及二极管的类型。所以，这是一个相对测试。

许多数字万用表具有二极管的测试功能，当一个好的二极管放置在测试引脚上时，万用表会显示正向偏置电压。当测试探头反接时，万用表会显示超载。

2.4.4 二极管的模型

理想模型 模拟二极管原理最简单的方法就是把二极管看成一个开关。理想情况下，当二极管正向偏置时，相当于开关闭合；当二极管反向偏置时，相当于开关断开，特性曲线如图 2-12 所示。注意，在理想情况下，正向管压降和反向电流始终零。当然，这是二极管的理想模型，忽略了势垒电势、内部阻抗和其他的一些影响。然而，在大多数情况下，这种模型已足够精确，尤其是当偏置电压是势垒电势的十倍或者更高倍时。

偏移模型 精度更高一点的模型是偏移模型。偏移模型考虑了二极管的势垒电势。在这个模型中，正向偏置的二极管等效于一个闭合的开关串联一个小"电池"，这个电池的电压值等于势垒电势 V_B 的值（硅是 0.7V），如图 2-13a 所示。等效电池的正极向着电源的阳极。记住，势垒电势并不是一个电压源，不能用电压表去测量；当二极管正向偏置时，等效电池仅仅具有偏移电源的效果，因为二极管的正向偏置电压 V_{BB} 只有克服了势垒电势的作用才能使二极管导电。和理想模型一样，二极管反向偏置时等效于一个断开的开关，如图 2-13b 所示，因为势垒电势并不影响反向偏置的情况。偏移模型的特性曲线如图 2-13c 所示。在本书中，如不特别说明，都使用偏移模型进行分析。

⊖ 当有合适的限流电阻时，工作在反向击穿区不会损坏二极管。

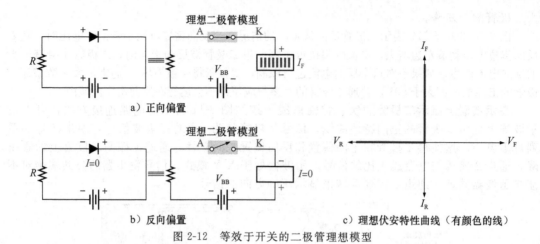

a）正向偏置　　　b）反向偏置　　　c）理想伏安特性曲线（有颜色的线）

图 2-12　等效于开关的二极管理想模型

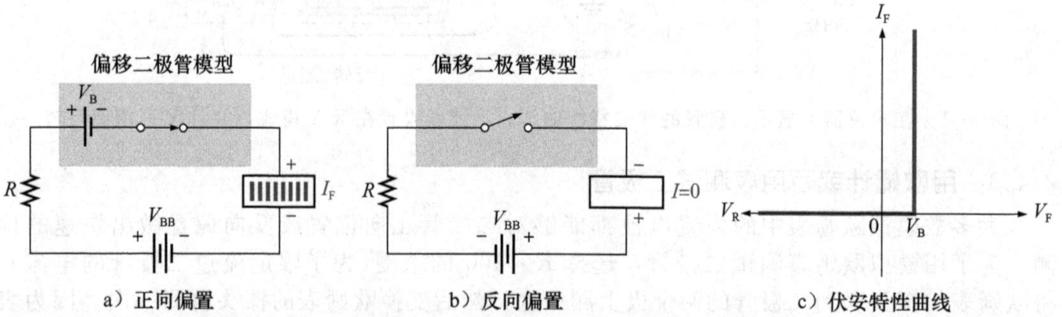

a）正向偏置　　　b）反向偏置　　　c）伏安特性曲线

图 2-13　二极管的偏移模型，此模型考虑了势垒电势

偏移-电阻模型　图 2-14a 给出了正向偏置二极管的等效电路，它由势垒电势和一个较小的正向电阻构成。正向电阻实际上是一个交流电阻（见 1.1 节）。正向电阻的值是变化的（取决于在哪点测试），但是在这个模型中用直线来近似表示。

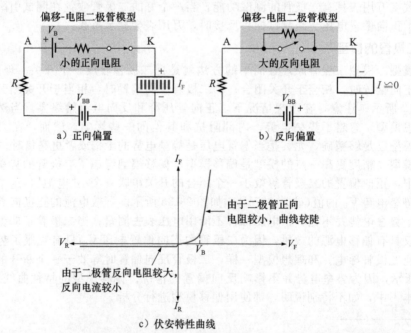

a）正向偏置　　　b）反向偏置

由于二极管正向电阻较小，曲线较陡

由于二极管反向电阻较大，反向电流较小

c）伏安特性曲线

图 2-14　二极管的偏移-电阻模型，此模型考虑了势垒电势和正向交流电阻

在偏移-电阻模型中，反向偏置情况用一个非常大的并联电阻来表示，结果就是产生的反向电流非常小。图 2-14b 表示很大的反向电阻作用在反向偏置模型中，特性曲线如图 2-14c 所示。还有其他的一些较小的影响（如结电容）并没有包括在此模型中，对于这些影响，在计算机建模时通常会考虑。

系统例子 2-1 太阳能系统

pn 结是各种二极管的关键部分，包括用在太阳能系统中的光伏（PV）电池（也称作太阳电池）。太阳电池通过光电效应这种基本的物理过程把阳光转换成电能。阳光包含光子或能量足以在 n 区和 p 区中产生电子-空穴对，在 n 区积累电子，在 p 区积累空穴，从而在电池中引起电势差（电压）。当连接了外部负载时，电子流过半导体材料并向外部负载提供电流。

太阳电池的结构　尽管还有其他类型的太阳电池，并且持续的研究工作保证在将来还会有新的产品研发出来，但是到目前为止，晶体硅太阳电池是使用最为广泛的。硅太阳电池由一块极薄的硅的基材构成，通过掺杂后形成 pn 结。在掺杂过程中可以精确地控制杂质原子的掺杂深度和分布。**直拉单晶法**（Czochralski method）是制造硅锭最常用的方法，然后从硅锭上切割出硅晶片。在这个过程中，把硅晶种浸入融化了的多晶硅中，随着晶种的撤回和旋转，圆柱硅锭就形成了。

从极纯的硅上切下极薄的圆形晶片，然后进行抛光并修剪成面积最大的八角形、六边形或矩形形状以形成一个阵列。在硅晶片中掺杂，使得 n 区比 p 区薄很多，能使光线透过，如图 SE2-1a 所示。

在晶片上采用光致腐蚀剂或丝网等方法沉积出一个网状的、非常薄的导电接触片，如图 SE2-1b 所示。为了收集尽可能多的光能，接触网格必须使暴露在阳光下的硅晶片的表面积尽可能大。

每个单元顶部的导电网格是必不可少的，当连接了外部负载时，电子就能移动较短的距离穿过硅。电子在硅中移动的距离越长，由于阻抗的原因使得能量损失越大。然后，如图 SE2-1 所示，在硅片底部覆盖导电层。为了说明目的，太阳电池的厚度与表面积的比例在图 SE2-1 中被夸大了。

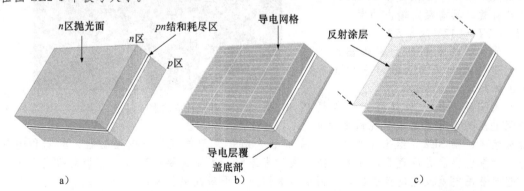

a)　　　　　　　　　　b)　　　　　　　　　　c)

图 SE2-1　光伏太阳电池的基本结构

当包含了导电网格后，在导电网格和 n 区顶部放置一个反射涂层，如图 SE2-1c 所示。通过减少电池表面反射的光能，太阳电池能吸收尽可能多的太阳能。最后，用透明胶将一个玻璃的或者透明的塑料层粘在电池顶部，防止电池受到天气影响。图 SE2-2 是一块完整的太阳电池。

图 SE2-2　光伏太阳电池

太阳电池板　当前，问题是利用充足的太阳能和以合理的成本来满足我们的要求。在阳光充足的气候，大约每平方米的太阳电池板可以产生 100W 能量。即使在有云的时候也能收集到一些能量，但是在夜晚是收集不到任何能量的。

在很多应用中，只使用一块太阳电池是不切实际的，因为它只能产生0.5～0.6V的电压。为了产生更高的电压，许多块太阳电池被串联起来，如图SE2-3a所示。例如，理想情况下，6块串联电池将会产生6×0.5V=3V的电压。因为它们是串联起来的，所以6块电池产生的电流与一块电池产生的电流相同。为了增大电流容量，将串联的电池并联起来，如图SE2-3b所示。假设一块电池能产生2A的电流，12块电池采用串-并连接方式将产生在3V电压下的4A电流。将多块太阳电池连接起来用来产生指定的电能输出就称作**太阳电池板**或**太阳模块**。

太阳电池板通常有12V、24V、36V和48V几种型号。对于特定的应用，也有更高输出的太阳电池板。实际上，为了向一个12V的电池充电并且补偿串联连接引起的压降和其他损耗，一块12V的太阳电池板产生的电压要高于12V（15～20V）。理想情况下，假设一块太阳电池产生0.5V的输出，一块由24块太阳电池组成的太阳电池板产生12V的输出。实际上，一块12V的太阳电池板由30块以上的太阳电池组成。制造商通常指定太阳电池板的输出为一定太阳能辐射下的能量，这个能量称为**太阳辐射峰值**，单位是1 000W/m^2。例如，一块12V的太阳电池板具有17V的额定电压，在峰值太阳辐射下可以提供3.5A的电流给负载，具有额定输出功率：

$$P = VI = 17V \times 3.5A = 59.5W$$

为了获得更高的功率输出，许多太阳电池板可以互联起来构成很大的阵列，如图SE2-4所示。

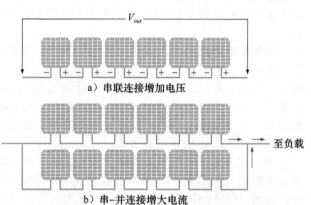

a）串联连接增加电压

b）串-并连接增大电流

图 SE2-3　将太阳电池连接起来形成阵列，称作太阳电池板

图 SE2-4　太阳电池板构成的大阵列（图片来源：NREI. gov）

太阳能系统　可以给交流负载提供电能的太阳能基本系统通常由4部分组成，图SE2-5给出了框图。组成部分分别是太阳能板、充电控制器、电池和逆变器。如果仅供应直流负载，如太阳能仪表和直流灯，则不需要逆变器。一些太阳能系统并不包含备用电池或充电控制器，它们仅当有阳光时用来提供补充的电能。

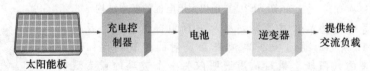

太阳能板　充电控制器　电池　逆变器　提供给交流负载

图 SE2-5　具有备用电池的基本太阳能系统

效率是太阳能系统的重要特征。因为压降、光伏过程和其他因素引起的能量损失是不可避免的，所以在太阳能系统中考虑如何减小损耗是至关重要的。

2.4 节测试题

1. 二极管工作的两种条件是什么?
2. 二极管特性曲线的哪个区域不是普通二极管的工作区间?
3. 二极管最简单的模型是什么?
4. 在二极管偏移-电阻模型中考虑了哪两种近似情况?

2.5 整流器

由于二极管在一个方向上允许电流通过,而在另一个方向上阻止电流通过,因此二极管通常用在电路(整流器)中,把交流电压转换成直流电压。由交流电压源变成直流电压源中都需要整流器,从最简单的电子系统到最复杂的电子系统,电源是它们基本的部分。本节将学习三种基本的整流器——半波整流器、中间抽头全波整流器、全波桥式整流器。

学完本节后,你应该掌握以下内容:

- 分析三种基本类型整流器的工作原理
  - 熟悉半波整流器并解释它是如何工作的
  - 熟悉中间抽头全波整流器并解释它是如何工作的
  - 熟悉全波桥式整流器并解释它是如何工作的

2.5.1 半波整流器

整流器是一个可以把交流转换成脉动直流的电子电路。图 2-15 阐述了半波整流过程。如图 2-15a 所示,在一个半波整流器中,一个交流源与一个二极管和一个负载电阻串联。

当正弦波输入电压为正时,二极管是正向偏置的,流过的电流送到负载电阻上,如图 2-15b 所示。输出电压等于峰值电压减去管压降。

$$V_{p(out)} = V_{p(in)} - 0.7\text{V} \quad (2-1)$$

电流在负载两端产生电压,这个电压与输入电压的正半周期具有相同的形状。当输入电压进入负半周期时变为负值,二极管反向偏置。因为电路中没有电流,所以负载电阻两端的电压为 0,如图 2-15c 所示。最终结果是仅在交流输入电压的正半周期,负载电阻的电压是输入电压减去二极管管压降,使输出成为一个脉动直流电压,如图 2-15d 所示。注意,在负半周期,二极管需要承受住电源的负峰值电压而不被击穿。

在二极管电路中,当所加电压的峰值远远大于势垒电势时,通常可忽略二极管的管压降。这相当于使用二极管的理想模型。

例 2-1 如图 2-16 所示,对于给定的输入电压,确定整流器

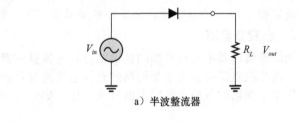

a) 半波整流器

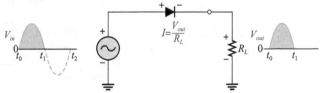

b) 当输入电压处于正半周期时,二极管导通

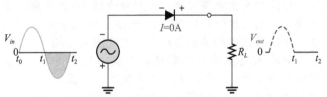

c) 当输入电压处于负半周期时,二极管截止;所以,输出电压为0

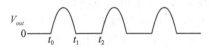

d) 三个输入周期的半波输出电压

图 2-15 半波整流器的工作原理,二极管是理想二极管

的峰值输出电压和峰值反向电压（PIV）。画出二极管和负载电阻端电压的波形图。

解： 峰值半波输出电压为

$$V_p = 5V - 0.7V = 4.3V$$

当二极管反向偏置时，PIV是二极管两端的最大电压。在负半周期，PIV有最大电压。

$$PIV = V_p = 5V$$

图 2-17 给出了波形图。注意，如果将负载电阻端电压和二极管端电压相加，就会得到输入电压。

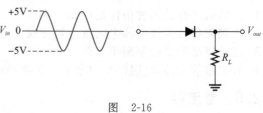

图 2-16

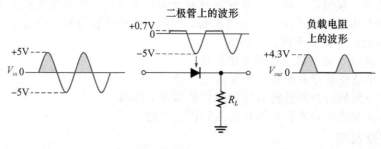

图 2-17

🖊 **实践练习**

确定图 2-16 中的峰值输出电压和整流器的 PIV，假设峰值输入是 3V。

2.5.2 全波整流器

全波整流器和半波整流器的区别就是：全波整流器在整个输入周期允许单向电流流过负载，而半波整流器只在半个周期内允许电流流过负载。全波整流后的结果是一个按照输入电压半个周期的节拍重复输出的直流电压，如图 2-18 所示。

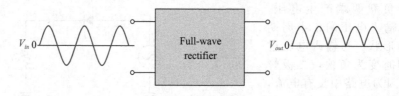

图 2-18　全波整流器

中间抽头全波整流器　中间抽头（CT）全波整流器使用两个二极管连接到一个中间抽头变压器的二次侧，如图 2-19 所示。输入信号通过变压器耦合到二次侧，整个二次电压的一半出现在中间抽头和每个二次绕组端之间。

对输入电压的正半周期，二次电压的极性如图 2-20a 所示。在这种情况下，上面的二极管 D_1 正向偏置，下面的二极管 D_2 反向偏置。电流流过的路径是经过 D_1 和负载电阻，在图 2-20a 中用灰色线标出。

对输入电压的负半周期，次级电压的极性如图 2-20b 所示。在这种情况下，二极管 D_1 反向偏置，二极管 D_2 正向偏置。电流流过的路径是经过 D_2 和负载电阻，在图 2-20b中用灰色线标出。

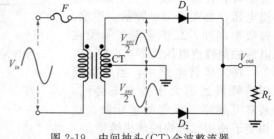

图 2-19　中间抽头（CT）全波整流器

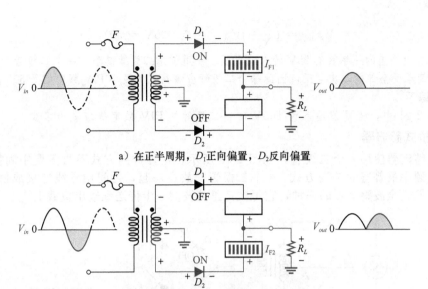

a）在正半周期，D_1正向偏置，D_2反向偏置

b）在负半周期，D_2正向偏置，D_1反向偏置

图 2-20　二次侧中的导通路径用灰色标出

　　因为在输入周期的正半周部分和负半周部分，流过负载的电流具有相同的方向，所以在负载两端产生的输出电压是全波整流直流电压。

　　匝数比对全波输出电压的影响　如果变压器的匝数比是 1，整流输出电压的峰值等于一次输入电压峰值的一半减去二极管压降。这是因为在二次绕组端的一半处输出的电压是输入电压的一半。

　　为了使峰值输出电压等于峰值输入电压（减去势垒电势），应该使用匝数比为 2（1∶2）的升压变压器。在这种情况下，因为整个二次电压是一次电压的 2 倍，所以二次电压在一半处输出的电压等于输入电压。

　　峰值反向电压（PIV）　全波整流器中的每个二极管都交替地处于正向偏置和反向偏置状态。每个二极管需要承受的最大反向电压是整个二次电压的峰值（V_{sec}）。中间抽头全波整流器中每个二极管的峰值反向电压是

$$PIV = V_{p(out)}$$

　　例 2-2　（a）当一次绕组的输入电压是峰值为 25V 的正弦信号时，画出二次绕组和 R_L 上的电压波形。输入信号的波形见图 2-21。

　　（b）二极管的最小 PIV 额定值是多少？

　　解：

　　（a）波形如图 2-22 所示。

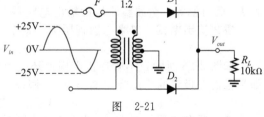

图　2-21

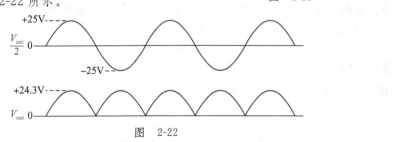

图　2-22

　　（b）二次侧的整个峰值电压为

$$V_{p(sec)} = \left(\frac{N_{sec}}{N_{pri}}\right)V_{p(in)} = 2 \times 25\text{V} = 50\text{V}$$

每个二次绕组的一半具有 25V 的峰值电压。使用理想二极管模型，一个二极管导通，而另一个二极管承受全部的二次电压，因此每个二极管应该具有的最小 PIV 额定值是 50V。

✎ **实践练习**

在图 2-21 中，当峰值输入为 160V 时，二极管的 PIV 额定值应该为多少？

2.5.3 桥式整流器

桥式整流器使用 4 个二极管，如图 2-23 所示，这种排列方式不再需要中间抽头变压器，是电源中最普遍的结构方式。4 个二极管安放在一起，之间用导线连接成桥式结构。桥式整流器是全波整流器的一种，它每次把正弦波的一半传送到输出负载上。

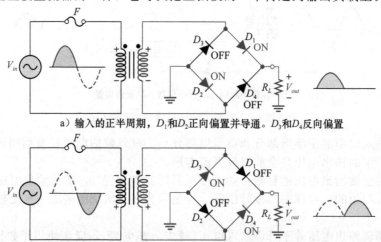

a）输入的正半周期，D_1 和 D_2 正向偏置并导通。D_3 和 D_4 反向偏置

b）输入的负半周期，D_3 和 D_4 正向偏置并导通。D_1 和 D_2 反向偏置

图 2-23　全波整流器的工作原理，二次侧的导通路径用灰色标出

桥式整流器是这样工作的：当输入处于正半周期时，如图 2-23a 所示，二极管 D_1 和 D_2 正向偏置并且导通，电流的流经路径用灰色的线标出。R_L 两端产生电压，电压波形和输入的正半周期相同。这时，二极管 D_3 和 D_4 反向偏置。当输入处于负半周期时，如图 2-23b 所示，二极管 D_3 和 D_4 正向偏置并导通，电流的流经路径在图 2-23b 中用灰色的线标出。R_L 两端又产生电压，电压的方向和正半周期时的相同。在负半周期，二极管 D_1 和 D_2 反向偏置。全波整流器的输出电压是 R_L 的端电压。

桥式输出电压　忽略二极管压降，整个二次电压 V_{sec}，都落在了负载电阻上，因而，

$$V_{out} = V_{sec}$$

如图 2-23 所示，不管在正半周期还是负半周期，两个二极管始终和负载电阻相串联。如果考虑二极管的管压降，输出电压（假设是硅二极管）是

$$V_{out} = V_{sec} - 1.4\text{V} \tag{2-2}$$

峰值反向电压　当 D_1 和 D_2 正向偏置时，反向电压加在 D_3 和 D_4 之上。D_1 和 D_2 相当于短路（理想情况下），峰值反向电压等于二次峰值电压。

$$PIV = V_{p(out)}$$

2.5 节测试题

1. 当输入电压和变压器匝数比相同时，哪种类型的整流器（半波、全波、桥式）具有最大的输出电压？
2. 当输出电压固定时，桥式整流二极管的 PIV 是小于、等于、还是大于中间抽头二极管的 PIV？
3. 当半波整流器具有正的输出时，在输入周期的哪一点上产生 PIV？
4. 对一个半波整流器，电流流过负载的时间大约占输入周期的百分之多少？

2.6 整流滤波器和 IC 稳压器

电源滤波器大大地减小了整流器输出电压的波动，形成了幅度接近恒定的直流电压。滤波的原因是电子电路需要恒定的直流电压源和直流电流源来提供电功率与偏置，使得电路能正常工作。通常使用大电容器来进行滤波，为了改善滤波效果，电容（输入滤波器）后紧跟着稳压器。如今由于集成电路（IC）的发展，有了便宜而有效的稳压器。本节介绍集成稳压器，更详细的内容将会在第 11 章中介绍。

学完本节后，你应该掌握以下内容：

● 描述整流滤波器和集成稳压器的工作原理
  ■ 给出 IC 稳压器的例子，并知道它们是如何连接到整流器的输出端
  ■ 对一个给定纹波抑制和输入纹波的 IC 稳压器，能计算其输出的纹波
  ■ 对一个给定的有负载或无负载的电压，计算其负载变动范围
  ■ 对给定的输入电压变化所引起的输出电压的变化，计算其线性调整率

在大多数电源供电的应用中，标准的 60Hz 交流线性电压源都应转换成幅度接近恒定值的直流电压。半波整流器的 60Hz 脉动直流输出或全波桥式整流器的 120Hz 脉动输出应该经过滤波来减小较大的电压变化。滤波可以通过一个电容器、一个电感器或者它们的组合来完成。迄今为止，电容输入滤波器是最便宜并且广泛应用的类型。

2.6.1 电容输入滤波器

图 2-24 给出了一个带有电容输入滤波器的半波整流器。我们将用半波整流器来阐述滤波的原理，然后推广到全波整流器。

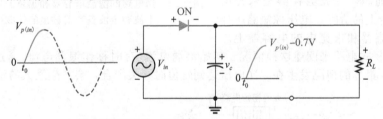

a) 当电源刚开启时，电容开始充电（二极管正向偏置）

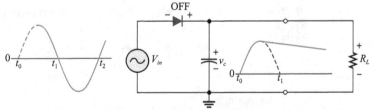

b) 在正周期的峰值电压过后，电容通过 R_L 开始放电，此时二极管处于反向
偏置。放电过程占据的时间段在输入电压中用灰色实线标出

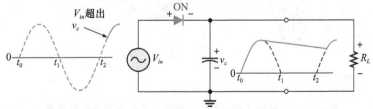

c) 电容又开始充电，达到了输入电压的峰值，此时二极管又处于正向偏置状态。
充电过程持续时间段在输入电压中用灰色实线标出。注意，在第二个充电周期
电容电压在超过它原来的电压前，二极管一直反向偏置

图 2-24 具有电容输入滤波器的半波整流器工作原理

在输入正向的前四分之一周期，二极管正向偏置，在二极管到达输入峰值后开始下降前的这段时间，允许电容进行充电，如图 2-24a 所示。当输入下降到低于其峰值时，如图 2-24b 所示，电容继续充电，二极管开始反向偏置。在这个周期的剩下部分到下一个周期的开始，电容只能通过负载电阻以一定的速率放电，放电速度取决于 RC 时间常数。时间常数越大，电容放电速率就越小。

在下一个周期到达峰值前，如图 2-24c 所示，当输入电压超过电容器电压大约一个二极管管压降时，二极管又重新正向偏置。

纹波电压　正如你看到的一样，电容在一个周期的开始快速地充电，在正峰值以后通过 R_L 慢慢地放电(当二极管反向偏置时)。由于充电和放电会引起电容电压的变化，这种变化会形成纹波电压。纹波电压越小，滤波效果越好。

对给定的输入频率，全波整流器的输出频率是半波整流器输出频率的两倍。所以，对全波整流器进行滤波更容易，因为两个峰值之间的间隔时间更短。当进行滤波时，对于相同的负载电阻和滤波电容器，全波整流电压的纹波要小于半波整流电压。因为两个全波脉冲间的间隔越短，电容放电越少，所以电压纹波也越小，如图 2-25 所示。

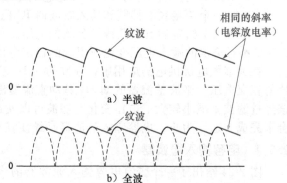

图 2-25　当电路的滤波电容器和正弦波输入相同时，半波和全波整流器输出的纹波电压的比较

电容输入滤波器的浪涌电流　当电源刚开始接通时，滤波电容器是未充电的。当开关合上的瞬间，电压像短路一样直接加到整流器和未充电的电容器上。图 2-26a 中用桥式电路来阐述这种情况。初始浪涌电流(有时称作浪涌电流)通过正向偏置的二极管产生。最坏的情况发生在二次电压达到峰值时开关闭合，会产生最大的浪涌电流。

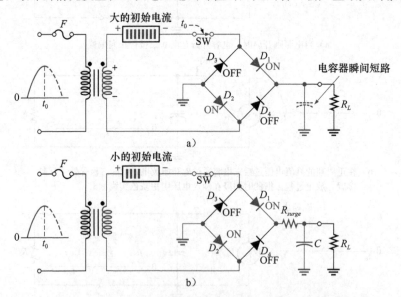

图 2-26　电容输入滤波器中的浪涌电流沿着灰色的路径流动

浪涌电流很可能损坏二极管，因此通常会连接一个浪涌限制电阻器 R_{surge}，如图 2-26b 所示。为了避免在电阻器上产生很大的压降，电阻器的值必须要小。同样，二极管必须具有正向额定电流从而使它能够承受瞬间的浪涌电流。

系统说明 热敏电阻广泛应用在需要测试温度的系统中。通常用 NTC(负温度系数)热敏电阻来控制浪涌电流。热敏电阻是阻抗随温度变化而急剧变化并且可以预知变化值的电阻器,关于热敏电阻的更多内容将在第 15 章中讨论。冷 NTC 热敏电阻阻抗值较大。浪涌电流加热热敏电阻,使得热敏电阻的阻抗值减小,直到热敏电阻的端电压可以忽略为止。

限制浪涌电流的 NTC 热敏电阻有初始电阻值,从 0.2Ω 到 200Ω。初始电阻值选为多少取决于系统需求。系统断电后热敏电阻的冷却或恢复都是需要时间的,使得热敏电阻值能增大到足以控制下一次的浪涌电流。取决于设备的额定和散热装置,典型的恢复时间大约是 1 分钟。对一些在很短时间内可能关闭和开启的系统,就需要一些主动的电流限制措施。

2.6.2 IC 稳压器

当滤波器可以将电源的纹波降低到很小时,最有效的滤波器是将电容输入滤波器和 IC 稳压器组合起来运用。通常,IC(集成电路)是在一个小的硅芯片上构建的功能完整的电路。IC 稳压器是一块连接到整流器输出端的 IC,即使输入、负载电流或温度发生变化,它也能始终保持输出电压(或电流)的恒定。电容滤波器使得稳压器的输入纹波降低到了一个合适的值。一个大电容和一个 IC 稳压器的组合价格不贵,但能有助于产生一个很好的小电源。

最流行的 IC 稳压器具有三个端——输入端、输出端和参考端(或调节端)。电容器首先对稳压器的输入进行滤波,使纹波减小到<10%,然后稳压器可以将纹波减少到可以忽略的水平。此外,大多数稳压器具有内部参考电压、短路保护和热切断电路。它们可以用在各种正、负极性输出的电压中,并且可以用最少的外部元件设计成可变输出。典型地,IC 稳压器可以提供具有很强纹波抑制能力的 1 至数安培电流的输出。超过 5A 负载电流的 IC 稳压器也可用。

为了稳定输出电压而设计的三端稳压器只需要连接外部电容器就可以完成对电源的稳压调整,如图 2-27 所示。滤波是通过在输入电压和地之间的大容量电容器来完成的。有时,为了防止振荡,当滤波电容器与 IC 稳压器并不是很靠近的时候,再并联一个较小的输入电容器,这个电容器需要靠近 IC 稳压器。最后,为了改善暂态响应,将一个输出电容器(典型值为 $0.1\sim1\mu F$)并联在其输出端。

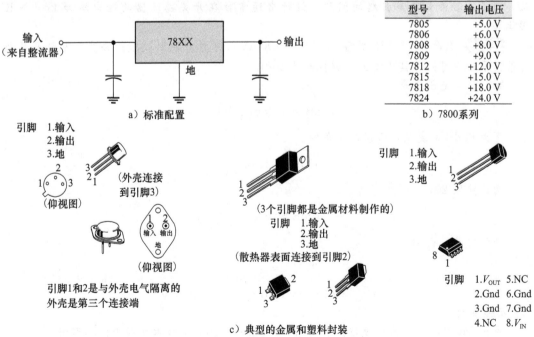

型号	输出电压
7805	+5.0 V
7806	+6.0 V
7808	+8.0 V
7809	+9.0 V
7812	+12.0 V
7815	+15.0 V
7818	+18.0 V
7824	+24.0 V

a) 标准配置

b) 7800系列

c) 典型的金属和塑料封装

图 2-27 7800 系列三端固定正电压稳压器

　　固定三端稳压器的例子有 78XX 和 79XX 系列稳压器，这些系列具有各种输出电压并且能够提供达到 1A 的负载电流（散热充分）。型号的最后两个数字表示输出电压，因此，7812 具有＋12V 的输出。相同稳压器的负输出电压版本记为 79XX 系列，因此 7912 具有－12V 的输出。这些稳压电路的输出电压在正常值的 1.5%～4% 之间，不管输入电压或输出负载如何变化，它们能保持几乎接近恒定的电压输出。图 2-28 是一个通过 7805 稳压器输出恒定＋5V 的基本电源。78XX 和 79XX 系列稳压器的数据手册参见 www.onsemi.com。

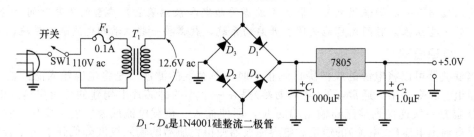

图 2-28　基本的＋5.0V 电源

　　作为一个例子，用 7812 稳压器来减小纹波。注意，数据手册中的纹波抑制参数是 RR。7812 的典型纹波抑制参数是 60dB（分贝请参阅 1.4 节），这就意味着输出纹波比输入纹波要小 60dB，这是一个非常大的降低，在下一个例题中将会详细阐述。

　　系统说明　本章讨论的所有电源设计都是线性电源。如今，许多系统使用开关电源（SMPS），开关电源使用开关电压稳压器（见 11 章）而不是本节所述的 IC 稳压器。与线性电源相比，SMPS 有许多优点也有缺点。SMPS 更轻、更有效，但也更复杂，调试和检测也更加困难。由于稳压器的高速开关作用，它们会产生大量的 EMI（电磁干扰），通常在 50kHz 到 1MHz 之间。

　　开关电源还会导致较低的功率因子和配电网中的高次谐波。由于几乎所有计算机都使用 SMPS，这个问题越来越严重。在一些地区，特别是在欧洲，SMPS 必须包含功率因子校正电路。尽管存在这些缺点，在许多系统中 SMPS 已经比线性电源用得更为普及。为了减轻开关噪声引起的问题，设计者通常会在开关稳压器的输出端加上一个 IC 稳压器。

　　例 2-3　假设 MC7812B 的输入纹波是 100mV，典型的输出纹波是多少？从该稳压器的数据手册中可知，其典型的纹波抑制是 60dB。

　　解：分贝电压比是

$$dB = 20\log\left(\frac{V_{out}}{V_{in}}\right)$$

因为 60dB 是衰减，所以它是负的。

$$-60dB = 20\log\left(\frac{V_{out}}{V_{in}}\right)$$

两边除以 20，

$$-3.0dB = \log\left(\frac{V_{out}}{100mV}\right)$$

消除对数，得到

$$10^{-3.0} = \frac{V_{out}}{100mV}$$

$$V_{out} = (100mV)1.0 \times 10^{-3} = 100\mu V$$

实践练习

　　求出 MC7805B 的输出纹波，使用 www.onsemi.com 上数据手册中的典型值。

　　另一种类型的三端稳压电路是一种可调的稳压电路，图 2-29 给出了具有可调输出的电源电路，输出可以通过可变电阻 R_2 控制。注意，R_2 的取值可以在 $0\sim1.0\text{k}\Omega$ 之间变化。LM317 稳压器在输出和调节端之间保持 1.25V 的恒定电压，这使得在 R_1 中产生一个恒定电流，电流大小为 $1.25\text{V}/240\Omega=52\text{mA}$。如果我们忽略调节端的微小电流，则流过 R_2 的电流和流过 R_1 的电流相等，在 R_2 和 R_1 所产生的输出可以从下式获得，

$$V_{out} = 1.25\text{V}\left(\frac{R_1+R_2}{R_1}\right)$$

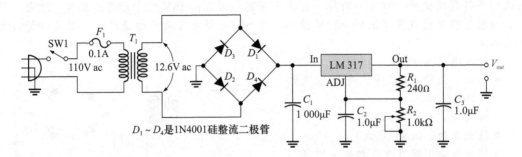

图 2-29 具有可变输出（$1.25\sim6.5\text{V}$）的基本电源 [MULTISIM]

注意，电源的输出电压等于稳压器的 1.25V 乘以电阻的比率。在图 2-29 中，当 R_2 的值设置为最小（零）电阻时，输出是 1.25V。当 R_2 的值设置为最大电阻时，输出近似为 6.5V。

2.6.3 百分比调整率

用表示成百分比的度量数值来描述稳压器的性能好坏。百分比调整率可以用输入（线路）调整率或负载调整率来表示。线路调整率规定为给定的输入电压变化引起多少输出电压变化。它通常定义为输出电压变化和相应输入电压变化的百分比。

$$\text{线路调整率} = (\Delta V_{\text{OUT}}/\Delta V_{\text{IN}})\times100\% \tag{2-3}$$

负载调整率规定为负载电流在一定范围内变化时，输出电压的变化有多大。负载电流变化范围通常从最小电流（空载，NL）到最大电流（满载，FL）。它通常表示成百分比，一般可以用下面的公式可以计算：

$$\text{负载调整率} = \left(\frac{V_{\text{NL}}-V_{\text{FL}}}{V_{\text{FL}}}\right)\times100\% \tag{2-4}$$

式中，V_{NL} 是空载时输出电压，V_{FL} 是满载（最大负载）时输出电压。线性调整率和负载调整率将在 11.1 节进一步讨论。

例 2-4 假设一个 MC7805B 稳压器在空载时的输出电压为 5.185V，满载时输出电压为 5.152V，表示成百分比的负载调整率是多少？这是否在制造商的指标之内？

解：

$$\text{负载稳压} = \left(\frac{V_{\text{NL}}-V_{\text{FL}}}{V_{\text{FL}}}\right) = \left(\frac{5.185\text{V}-5.152\text{V}}{5.152\text{V}}\right)\times100\% = 0.64\%$$

MC7805B 的参数表指明了其最大的输出电压变化是 100mV（当负载电流从 5mA 变化到 1.0A），这表明了最大的负载调整率是 2%（典型值是 0.4%），因此测得的百分比调整率处于指标之内。

✍ 实践练习

如果稳压器空载时输出电压是 24.8V，满载时输出电压是 23.9V，则用百分比表示的负载调整率是多少？

前面的讨论主要集中在广泛使用的三端稳压器上。三端稳压器可以用于各种特殊的应用或需求，如电流源或自动关机、电流限定等。对其他的一些应用（大电流、高效率、高

电压），可用集成电路和分立式晶体管构成更复杂的稳压电路。第 11 章将更详细地讨论这些应用。

系统例子 2-2　线性电源

　　电源是大多数电子系统中的重要部分，因为电源为系统中其他电路的工作提供必要的直流电压和电流。典型的电源将交流电源转换成恒定的直流电压。在这个系统例子中我们将了解一些设计准则，即使是基本线性电源这样简单的系统也必须考虑这些准则。系统将分成两个阶段来说明。在第一阶段，计算不采取稳压器的 16V 输出所需的器件。在第二阶段，稳压后将输出电压降低到＋12V 输出。图 SE2-6 给出了最初的设计图。假设初始设计准则如下：

- 输入电压是 120V @ 60Hz
- 在第一阶段，DC 输出电压应该为 ＋16V±10％
- 负载电流：250mA（最大）
- 纹波系数：0.03（最大）
- 熔丝应该安装在变压器的一次侧
- 成本应该尽可能低

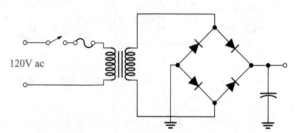

图 SE2-6　具有滤波电容的线性电源

　　变压器　桥式整流的直流输出电压应该是 16V±10％，因此峰值变压器二次电压应为±16V 加上桥臂二极管压降。变压器用电压有效值评估，因此需要计算二次电压的有效值。选择变压器时需要考虑许多因素，变压器应该要有必要的匝数比，并且能够承受最大负载电流。如果它价格不高，应该购买现成的。

　　熔丝　选择熔丝需要考虑许多因素。它应该有足够高的额定电流，使得最大负载电流流过或当电容器充电时产生的浪涌电流都不会烧断熔丝。它也必须有足够低的额定电流，使得当过载电流产生时，变压器、桥式整流管、负载能受到保护。因为熔丝安装在变压器的一次侧，所有计算都基于一次电流。

　　桥式整流电路　桥式整流电路是由 4 个分开的整流二极管或一个封装组成的 IC 组成。IC 桥式整流电路是最佳选择，因为合在一起的一只器件比起用单个器件来组装成本会更低。当选择 IC 桥式整流电路时，必须先确定最大正向电流和 PIV 值。

　　滤波电容器　滤波电容器和负载电阻决定了纹波电压，为了确定在 0.03 纹波系数下的滤波电容器的最小值，需要进行一些计算。

　　纹波系数（r）

$$r = \frac{V_{r(pp)}}{V_{DC}}$$

式中，$V_{r(pp)}$ 是纹波峰峰电压，$V_{r(pp)}$ 可以近似为

$$V_{r(pp)} = \left(\frac{1}{fR_LC}\right)V_{p(rect)}$$

式中，f＝整流器的脉动直流电压的频率，$V_{p(rect)}$＝整流器的峰值未滤波输出电压。

　　变换 $V_{r(pp)}$ 方程，求得 C 的最小值，发现 4 700μF 电容器能够满足纹波系数的要求，同样需要考虑电容器的额定电压。注意，R_L 的值由直流输出电压和最大负载电流决定。

　　稳压后的直流电源　这是电路设计的第二个阶段，加入了稳压器和用来显示电源接通的 LED 指示器。电源应该提供＋12V$_{dc}$ 的恒定输出电压，最大负载电流应保持一致。图 SE2-7 给出了电路设计图。

　　稳压电路　对这个电路，简单的 78XX 系列线性稳压器是最佳选择。因为 78XX 系列的最后两位数字表示输出电压，所以选择 MC7812，假定散热是理想的。这个成本很低，并且能够增加稳压器的稳定性和预期寿命。

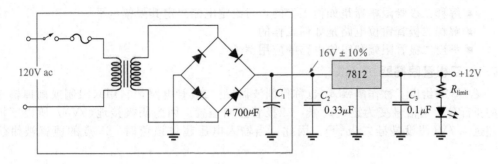

图 SE2-7 稳压后的线性电源

从 78XX 的数据手册中可以看到制造商推荐用一个 $0.33\mu F$ 的电容器连接输入端和地，并且建议用另一个电容器连接输出端和地来改善瞬态响应。输入电容有助消除高频振荡。你可能会想为什么把小电容器并联到大的滤波电容器上？理由是大的电解电容器内部有等效的串联电阻和一些电感，它们会影响电路的高频响应。反过来，需要保证电容器具有恰当的额定电压。

LED 电路 LED 需要限流电阻。红色的 LED 通常选作"ON"指示符。限流电阻的值通过数据手册中的测试电流范围来计算。也需要确定电阻的额定功率。

电路仿真 在构造电路前先用 Multisim 或其他仿真软件对电路进行仿真是明智的。

制造原型和测试 一旦完成了仿真测试，就可以搭建电路并进行测试。必须设计 PCB 并安装各类器件。图 SE2-8 给出了一种可能的电路板布局。最后，对电路进行评估以确保它满足所有的电路设计参数，并计算出最终的生产成本。你可以看到即使是设计像这样简单的电路，判断、计算和测量都是必不可少的。

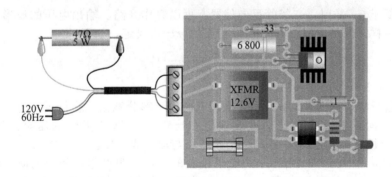

图 SE2-8 有 12V 稳压电源的印制电路板 [🔊 **MULTISIM**]

2.6 节测试题

1. 什么造成了电容输入滤波器输出端的纹波电压？
2. 减小电容滤波全波整流器的负载电阻会对纹波电压有什么影响？
3. 三端稳压器的优点是什么？
4. 输入 (线路) 稳压和负载稳压的区别是什么？

2.7 二极管限幅电路和钳位电路

有时用称为限幅器或削波器的二极管电路来对信号电压高于或低于某值的部分进行限幅。另一种称为钳位器的二极管电路常用来将直流电平还原成电信号。

学完本节后，你应该掌握以下内容：

● 分析二极管限幅器和钳位器的工作原理

- 解释二极管限幅器是如何工作的，对给定电路决定其限幅电平
- 解释二极管钳位电路是如何工作的
- 举出二极管限幅和钳位电路的应用例子

2.7.1　二极管限幅器

图 2-30a 给出了称作限幅器（也称作削波器）的二极管电路，它用来限制或削掉输入信号的正部分。当信号变为正的时候，二极管正向偏置。因为阴极接地（0V），所以阳极不能超过 0.7V（假设是硅二极管）。因此，当输入电压超过该值时，A 点的值就被钳位在 +0.7V。

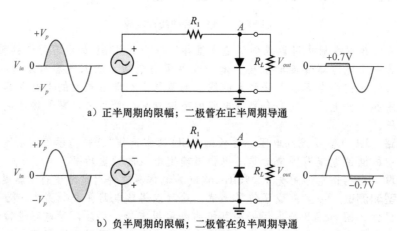

a）正半周期的限幅；二极管在正半周期导通

b）负半周期的限幅；二极管在负半周期导通

图 2-30　二极管限幅电路（削波电路）

当输入低于 0.7V 时，二级管反向偏置，可以看作开路。输出电压的波形与输入电压的负半部分一样，但是幅值由 R_1 和 R_L 构成的分压器决定，如下：

$$V_{out} = \left(\frac{R_L}{R_1 + R_L} \right) V_{in}$$

如果 R_1 远小于 R_L，则 $V_{out} \approx V_{in}$。

把二极管反转，如图 2-30b 所示，则输入的负半部分被钳位在接近 0 电位。当输入为负时二极管正向偏置，A 点处的电压恒定在 −0.7V，即二极管的压降。当输入大于 −0.7V 时，二极管不再正向偏置；R_L 的端电压与输入成正比。

限幅器的应用　图 2-31 给出了一个限幅器的应用。假设你想使用电源线将计算机操作与交流线路同步。如图 2-31 所示，一个半波整流器连接到变压器的 6.3V 输出端，整流器的峰值信号大约为 9V，对计算机输入来说太大了。计算机和其他逻辑电路在设计时均不能超过规定电压的最大值（典型值 +5.0V），这样不会有严重损坏计算机的风险。图 2-31所示的限幅器防止输入到计算机的信号超过 4.7V。

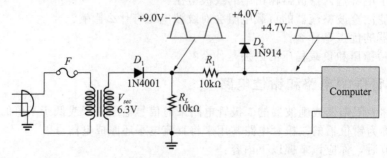

图 2-31　对输入计算机的信号进行限幅

例 2-5　如图 2-32 连接的示波器上，你期望能看到什么？示波器的时基设置为一个半周期。

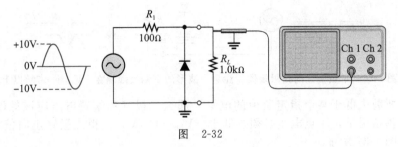

图　2-32

解：当输入电压小于 -0.7V 时，二极管正向偏置并导通。所以，针对 R_L 两端产生的峰值输出电压的负限幅器可以有下式来确定：

$$V_{p(out)} = \left(\frac{R_L}{R_1 + R_L}\right)V_{p(in)} = \left(\frac{1.0\text{k}\Omega}{1.1\text{k}\Omega}\right) \times 10\text{V} = 9.1\text{V}$$

示波器的输出波形如图 2-33 所示。

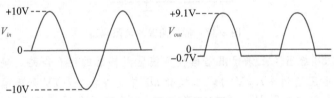

图 2-33　图 2-32 的波形

✎ 实践练习

如果 R_L 变为 680Ω，描述图 2-32 的输出波形。

限幅电平的调节　为了调节对信号电压进行限幅的电平大小，可以将一个偏置电压与二极管串联，如图 2-34 所示。在二极管变为正向偏置和导通前，A 点电压应等于 $V_{BB}+0.7\text{V}$。一旦二极管开始导通，A 点电压就限幅在 $V_{BB}+0.7\text{V}$，于是所有高于这个值的输入电压都将被限幅，如图 2-34 所示。

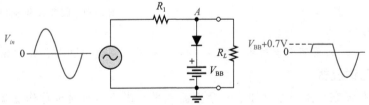

图 2-34　带正偏置的正限幅器

如果偏置电压增大或减小，则限幅电平会相应地进行变化，如图 2-35 所示。如果偏置电压的极性反向，如图 2-36 所示，高于 $-V_{BB}+0.7\text{V}$ 的电压被限幅，输出波形如图 2-35 所示。只有当 A 点电压小于 $-V_{BB}+0.7\text{V}$ 时，二极管才反向偏置。

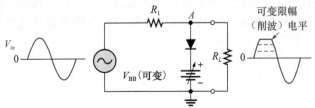

图 2-35　有可变正向偏置的正限幅器

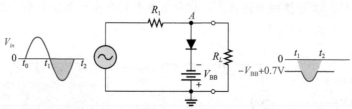

图 2-36 带负偏置的正限幅器，注意，波形的正侧被限幅在 $-V_{BB}+0.7V$ 以上

如果需要剪去低于某个指定负值的电平，那么二极管和偏置电压应该像图 2-37 那样连接。在这种情况下，A 点电压必须要低于 $-V_{BB}-0.7V$，使得二极管正向偏置并开始限幅工作，如图 2-37 所示。

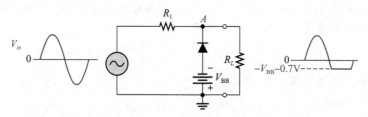

图 2-37 带负偏置的负限幅器

例 2-6 图 2-38 给出了正偏置限幅器和负偏置限幅器的组合电路，确定其输出波形。

解：当 A 点电压达到 $+7.7V$ 时，二极管 D_1 导通并在 $+7.7V$ 处限幅波形。二极管 D_2 并未导通直到电压到达 $-7.7V$。所以，高于 $+7.7V$ 的正电压和低于 $-7.7V$ 的负电压都会被限幅，输出波形如图 2-39 所示。

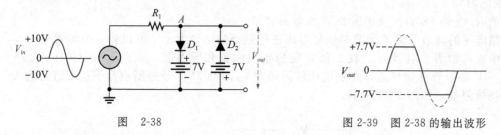

图 2-38

图 2-39 图 2-38 的输出波形

📝 **实践练习**

在图 2-38 中，如果两个直流电源都是 10V，输入的峰值为 20V，确定输出波形。

2.7.2 二极管钳位器

二极管钳位器在交流信号上加了一个直流电平。钳位器有时也称作直流分量还原器。图 2-40 是一个二极管钳位器，它在输出波形插入了一个正直流电平。为了理解这种电路的工作原理，先考虑输入电压的负半周期。当输入开始为负时，二极管正向偏置，允许电容器充电到接近输入峰值（$V_{p(in)}-0.7V$），如图 2-40a 所示。一旦越过了负峰值，二极管变成反向偏置，这是因为电容器通过充电将阴极维持在 $V_{p(in)}$。

钳位的实际效果是电容电量大约维持在输入峰值减去二极管压降。电容电压本质上相当于一个与输入信号串联的电源，如图 2-40b 所示。电容器的直流电压通过叠加的方式加到交流输入电压上，如图 2-40c 所示。

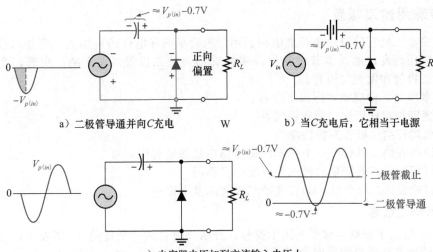

a) 二极管导通并向C充电　　　　　W　　　　　b) 当C充电后，它相当于电源

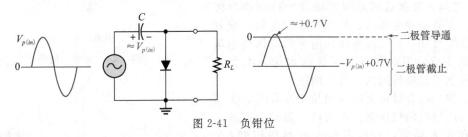

c) 电容器电压加到交流输入电压上

图 2-40　正钳位，二极管允许电容器快速充电，电容只能通过 R_L 放电

图 2-41　负钳位

例 2-7　如图 2-42 所示的钳位电路中 R_L 两端的输出电压是怎样的？假设 RC 足够大，能够防止严重的电容放电。

解： 理想情况下，负直流值等于输入峰值减去钳位电路插入的二极管的压降。

$$V_{DC} \approx -(V_{p(in)} - 0.7\text{V}) = -(24\text{V} - 0.7\text{V}) = -23.3\text{V}$$

实际上，在峰值之间电容会有少许的放电，所以，输出电压的平均值要比前面估计的稍小一些。输出波形比地大约高出 0.7V，如图 2-43 所示。

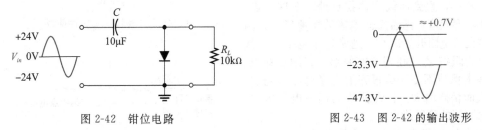

图 2-42　钳位电路　　　　　　　　图 2-43　图 2-42 的输出波形

实践练习

在图 2-42 中，如果二极管极性和电容极性都反向，在 R_L 两端观察到的输出电压是什么？

2.7 节测试题

1. 讨论二极管限幅器和二极管钳位器在功能上有什么差异。
2. 在限幅器中如果二极管反向会发生什么？
3. 当输入峰值是＋10V 时，为了将正限幅器的输出限制到＋5V，偏置电压应为多少？
4. 钳位电路中的什么元件作用相当于电源？

2.8　特殊用途二极管

前面关于二极管的讨论主要集中在利用二极管单向导电性的应用上。有些二极管是为其他一些应用而设计的。本节将学习许多特殊用途的二极管，如齐纳二极管、变容二极管、光敏二极管和发光二极管。

学完本节后，你应该掌握以下内容：
- 阐述四种特殊用途二极管的特性
  - 描述齐纳二极管的特性曲线
  - 说明齐纳二极管在一个基本的稳压器中是如何起作用的
  - 解释变容二极管是如何成为可变电容器的
  - 讨论发光二极管(LED)和光敏二极管的基本原理

2.8.1　齐纳二极管

图 2-44 给出了齐纳二极管的图示符号。齐纳二极管是一个硅的 pn 结器件，与整流二极管不同的地方在于它的反向击穿区的设计。市场上常见的齐纳二极管的反向击穿电压在 $1.8\sim200\text{V}$ 之间。在制造时是通过精细地控制掺杂浓度来设置其击穿电压的。从 2.4 节讨论的二极管特性曲线可知，当二极管反向击穿时，即使电流在急剧变化，但电压仍几乎保持常量。图 2-45 再次显示了二极管的伏安特性曲线。

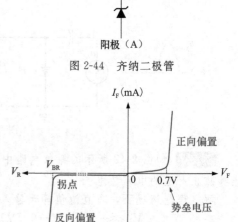

图 2-44　齐纳二极管

图 2-45　二极管伏安特性曲线

齐纳二极管最重要的应用是用作参考电压和小电流应用时的稳压器。作为稳压器时，齐纳二极管存在着局限：它没有集成电路稳压器（在 2.6 节中讨论）那么高的波动抑制能力，并且也不能应付大负载电流的变化。通过把齐纳二极管和晶体管或运算放大器相结合，就能构造出性能更好的稳压器。

图 2-46 给出了齐纳二极管反向特性曲线部分。注意，随着反向电压(V_R)的增加，反向电流(I_R)始终保持非常小，直到曲线到达拐点处。在这一点，开始出现击穿效应；随着反向电流的快速增大，内部的齐纳交流电阻开始减小。通常这个电阻在参数表中表示为阻抗 Z_z。在拐点的底部，齐纳击穿电压(V_Z)基本保持不变，尽管齐纳击穿电压会随着 I_Z 的增大而稍微增大。特性曲线的恒定电压区表明齐纳二极管的稳压能力。

要使齐纳二极管工作在稳压状态，必须不能低于其反向电流 I_{ZK}。从图 2-46 中的曲线可以看到，当反向电流减小到低于拐点处时，电压将急剧减小，稳压功能也就失去了。同样，也存在最大电流 I_{ZM}，超过这个电流值二极管可能会损坏。因而，基本情况上，当通过齐纳二极管中的反向电流在 $I_{ZK}\sim I_{ZM}$ 范围内变化时，其端电压几乎保持恒定。数据手册中的额定齐纳电压 V_{ZT} 是指反向电流处于 I_{ZT}（称为齐纳测

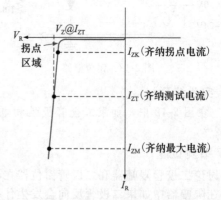

图 2-46　齐纳二极管反向特性，V_Z 通常对应于测试电流 I_{ZT}，并指定为 V_{ZT}

试电流)时所对应的电压值。

齐纳等效电路 图 2-47a 给出了齐纳二极管反向击穿时的理想近似。它被简化成了一个电池,其电压值就是额定齐纳电压。图 2-47b 表示齐纳二极管的实际等效电路,其中包含齐纳阻抗(Z_Z)。因为实际的电压曲线并不是理想垂直的,所以齐纳电流的变化(ΔI_Z)会引起齐纳电压有微小的变化(ΔV_Z),如图 2-47c 所示。

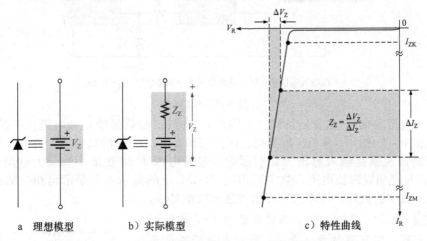

a 理想模型　　b)实际模型　　c)特性曲线

图 2-47　齐纳二极管等效电路和 Z_Z 的图示化特性曲线

根据欧姆定理,ΔV_Z 和 ΔI_Z 的比等于齐纳阻抗,公式如下:

$$Z_Z = \frac{\Delta V_Z}{\Delta I_Z} \tag{2-5}$$

通常,Z_Z 指定为在齐纳测试电流 I_Z 处的值。大多数情况下,在齐纳电流值的整个线性范围内,可以假定 Z_Z 是个常量。

例 2-8 某齐纳二极管在特性曲线 $I_{ZK} \sim I_{ZM}$ 间的线性部分段,当其电流 I_Z 产生 2mA 变化时,V_Z 出现了 50mV 的变动,则这个齐纳二极管的齐纳阻抗是多少?

解:

$$Z_Z = \frac{\Delta V_Z}{\Delta I_Z} = \frac{50\text{mV}}{2\text{mA}} = 25\Omega$$

实践练习

如果齐纳电流变化 15mA 时,对应的齐纳电压变化 120mV,计算齐纳阻抗。

齐纳稳压器 如前所述,齐纳二极管在一些简单的应用中可以作为稳压器。图 2-48 图示了一个齐纳二极管是如何把变化的直流输入电压稳定在一个恒定值上的。前面学过,这个过程称为线路调整率(见 2.6 节)。

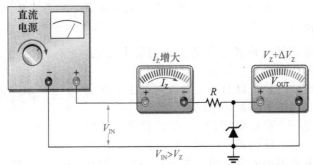

a)在输入电压增大时,输出电压几乎保持恒定($I_{ZK} < I_Z < I_{ZM}$)

图 2-48　输入电压改变时的齐纳稳压

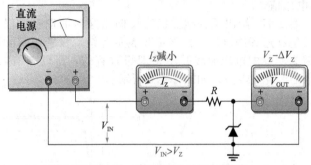

b）在输入电压减小时，输出电压几乎保持恒定（$I_{ZK} < I_Z < I_{ZM}$）

图 2-48　（续）

当输入电压变化时（在满足条件的范围内），齐纳二极管的输出端电压几乎保持恒定。然而，随着 V_{IN} 变化，I_Z 将相应地变化。因此在满足 $V_{IN} > V_Z$ 的条件下，齐纳二极管能起稳压作用的前提就是输入电压变化引起的二极管电流 I_Z 须在最小和最大电流值（I_{ZK} 和 I_{ZM}）之间。R 是串联限流电阻。数字万用表（DMM）上的显示条会显示出相应的值和变化趋势。除了数字读数外，许多数字万用表还有模拟显示。

例 2-9　图 2-49 是一个输出端稳压值为 10V 的齐纳二极管稳压器。假设齐纳阻抗是 0，齐纳电流范围是从最小 4mA（I_{ZK}）到最大 40mA（I_{ZM}）。那么在该电流范围下，最小和最大输入电压是多少？

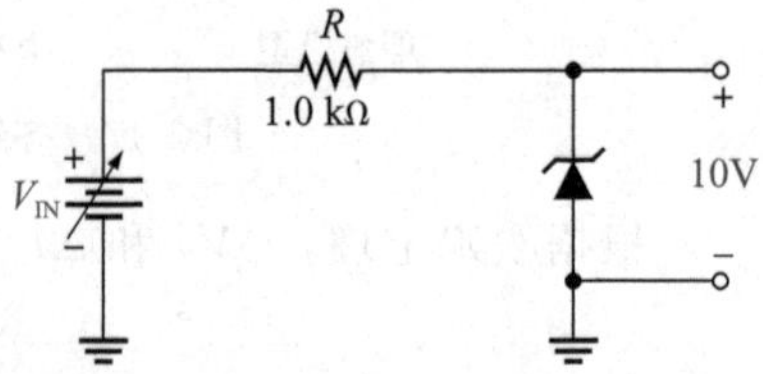

解：对最小电流，1.0kΩ 电阻上的电压为

$$V_R = I_{ZK}R = 4\text{mA} \times 1.0\text{k}\Omega = 4\text{V}$$

因为 $V_R = V_{IN} - V_Z$，所以

$$V_{IN} = V_R + V_Z = 4\text{V} + 10\text{V} = 14\text{V}$$

对最大齐纳电流，1.0kΩ 电阻上的电压为

$$V_R = 40\text{mA} \times 1.0\text{k}\Omega = 40\text{V}$$

所以，

$$V_{IN} = 40\text{V} + 10\text{V} = 50\text{V}$$

你可以看到，对一个在 14～50V 之间变化的输入电压，齐纳二极管可以提供线路稳压，并且维持接近 10V 的输出。因为齐纳阻抗，输出会在这个值上有略微的变化。

图 2-49　例 2-9 图

实践练习

图 2-50 中，如果齐纳最小电流（I_{ZK}）是 2.5mA，最大电流（I_{ZM}）是 35mA，试确定该齐纳二极管可以稳定的最小和最大输入电压。

图 2-50　实践练习图

2.8.2　变容二极管

因为结电容会随着反向偏置电压的大小而发生变化，变容二极管故又称为可变电容二极管。变容器是专门为利用可变电容特性而设计的。可以通过改变反向电压来改变电容。这些器件主要用于通信系统中的电子调谐电路。

变容器本质上是一个反向偏置的 pn 结，它利用耗尽层固有的电容特性。由于反向偏置时所产生的耗尽层不导电，因此它充当了电容器中的电介质。而 p 区和 n 区是导电的，充当了电容器的极板，如图 2-51 所示。

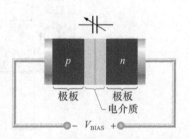

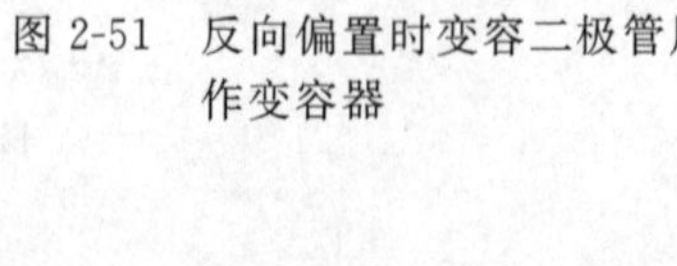

图 2-51　反向偏置时变容二极管用作电容器

回想一下，电容是由极板面积（A）、介电常数（ε）和电解质厚度（d）决定的，公式如下：

$$C = \frac{A\varepsilon}{d}$$

当反向偏置电压增大时，耗尽层变宽，等效于增加了电解质的厚度，所以减小了电容。当反向偏置电压减小，耗尽层变窄，所以增大了电容。图 2-52a 和 b 反映了这种作用。通常的电容-电压曲线如图 2-52c 所示。

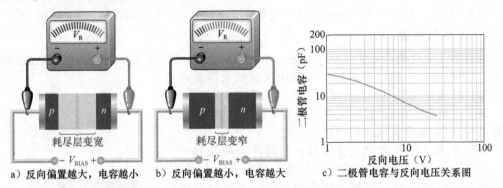

a）反向偏置越大，电容越小　　b）反向偏置越小，电容越大　　c）二极管电容与反向电压关系图

图 2-52　变容二极管的容量随反向偏置电压变化

变容二极管的电容参数可以通过耗尽层中掺杂的方法、二极管构造的大小和形状进行控制。变容器电容的范围通常从几皮法到几百皮法。

图 2-53a 给出了变容二极管的通用符号，图 2-53b 是其简化的等效电路。内部反向串联电阻记为 r_s，可变电容标记为 C_V。

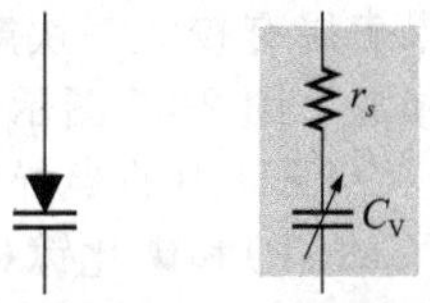

系统说明　变容二极管主要应用于许多通信系统中的调谐电路。例如，电视机中的电子调谐器和其他一些商用接收机中，变容二极管是其中的元件。在调谐电路中，变容二极管作为可变电容器使用，所以可以通过调节电压来调整调谐频率。如图 SN2-1 所示，两个变容二极管在一个并联谐振电路中提供了总的可变电容。V_C 是可变直流电压，用于控制反向偏置电压，也就控制了变容二极管的电容。

a）符号　　b）等效电路

图 2-53　变容二极管

回顾一下，谐振电路的谐振频率为

$$f_r \approx \frac{1}{2\pi \sqrt{LC}}$$

当 $Q > 10$ 时，这个近似等式有效。

例 2-10　某个变容二极管的电容可以从 5pF 变到 50pF。二极管所应用的调谐电路与图 SN2-1 相似。当 $L = 10\text{mH}$ 时，试确定电路的调谐范围。

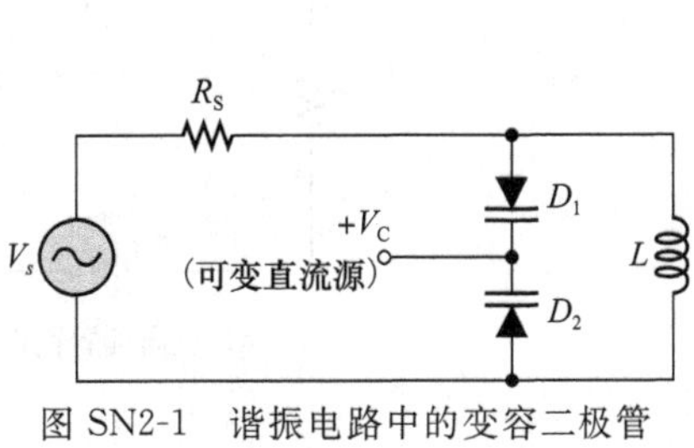

解： 图 2-54 是其等效电路。注意，变容二极管的电容是串联的；总的最小电容是各个电容器最小值的乘积除以它们的和。

图 SN2-1　谐振电路中的变容二极管

$$C_{T(min)} = \frac{C_{1(min)} C_{2(min)}}{C_{1(min)} + C_{2(min)}} = \frac{5\text{pF} \times 5\text{pF}}{5\text{pF} + 5\text{pF}} = 2.5\text{pF}$$

所以，最大调谐频率是

$$f_{r(max)} = \frac{1}{2\pi \sqrt{LC_{T(min)}}} = \frac{1}{2\pi \sqrt{(10\text{mH})(2.5\text{pF})}} \approx 1\text{MHz}$$

总的最大电容是

$$C_{T(max)} = \frac{C_{1(max)} C_{2(max)}}{C_{1(max)} + C_{2(max)}} = \frac{50pF \times 50pF}{50pF + 50pF} = 25pF$$

所以，最小谐振频率为

$$f_{r(min)} = \frac{1}{2\pi \sqrt{LC_{T(max)}}} = \frac{1}{2\pi \sqrt{10mH \times 25pF}} \approx 318kHz$$

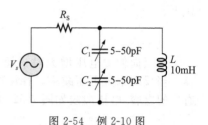

实践练习

图 2-54 中，如果 $L=2.7mH$，试确定调谐范围。

图 2-54　例 2-10 图

2.8.3　发光二极管

顾名思义，发光二极管(LED)就是一个光发射器；LED 可用作指示器(例如在逻辑探头中)，用于显示，例如许多数字时钟中常见的七段显示器，也用作光纤通信系统中的源。红外发光二极管是 LED 中的一种，用于光耦合应用(如将病人身上的心电图传感器与测量仪器隔离)和一些远程控制应用中。

LED 的基本工作原理是这样的：当器件正向偏置时，n 区电子穿过 pn 结并和 p 区的空穴复合。这些自由电子处于导带并且比价带中的空穴处于更高的能级。当复合发生时，复合电子以光和热的方式释放出能量。这样的半导体材料如果表层有较大一块露出在外，就能允许光子以可见光的形式释放。图 2-55 图示了这个称为电致发光的过程。

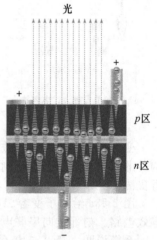

图 2-55　LED 的电致发光

LED 中的半导体材料是砷化镓(GaAs)、砷化镓磷化物(GaAsP)和磷化镓(GaP)。并没有使用硅和锗，因为它们是会发热的材料，发光性能会很差。GaAsLED 能释放红外(IR)辐射，它是不可见的。GaAsP 要么释放红色要么释放黄色的可见光，而 GaP 能释放红色或绿色的可见光，释放蓝色光的发光二极管也是有的。LED 的图示符号如图 2-56 所示。

如图 2-57a 所示，当正向电流(I_F)足够大时 LED 发光。转换成光的输出功率直接与正向电流大小成正比，如图 2-57b 所示。典型的 LED 特性如图 2-57c 和 d 所示。

图 2-56　LED 的图示符号

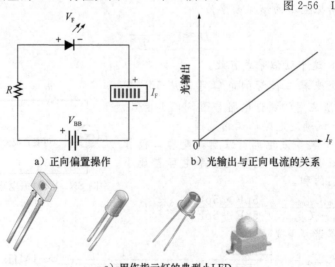

a) 正向偏置操作　　　　　b) 光输出与正向电流的关系

c) 用作指示灯的典型小LED

图 2-57　LED 的使用

Helion公司12V的　　120V，3.5W螺旋　　120V，1W小螺旋　　6V，卡口灯座
顶灯插座和模块　　座低照明度　　座烛台风格　　手电筒式

d）典型的照明LED

图 2-57 （续）

2.8.4 LED 应用

标准 LED 用于各种各样仪器上的指示灯和读出显示，从消费类电子产品到科学仪器。使用 LED 的一类常见显示器件是七段显示器。如图 2-58 所示，以段的组合形成十进制数，显示的每段是一个 LED。通过正向偏置段的选择性组合，可以形成任何十进制数字和小数点。如图 2-58 所示，两种 LED 电路接法是共阳极和共阴极。

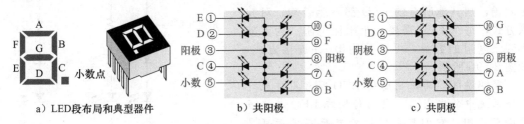

a）LED段布局和典型器件　　　　b）共阳极　　　　c）共阴极

图 2-58 七段 LED 显示器

系统例子 2-3　棒球计数系统

红外 LED 和检测器可以应用于许多计数系统中。如 SE2-9 给出了一个棒球计数系统，它用于统计沿着斜槽进入一个盒子的棒球数量。当每个球通过斜槽时，LED 发出的红外光束中断。这由光敏二极管（后面进行介绍）探测，并由检测电路探测出电流的变化。电子电路在光束每中断一次时计数，并且当通过斜槽的棒球数量达到预设的值时，"停止"机制启动，阻止棒球继续进入斜槽，直到新的一个空盒子自动移动到传送带上的接收位置。当下一个盒子准备就绪时，"停止"机制解除，棒球又开始进入盒子。这种方法同样可以用于其他类型产品的库存和打包。

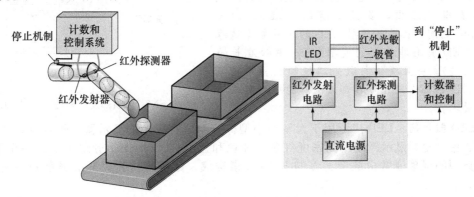

图 SE2-9　计数和控制系统的基本概念与框图

2.8.5　高亮度 LED

在许多应用中，如交通红绿灯、汽车照明、室内和室外广告与信息招牌、家居照明

灯，需要 LED 产生出比标准 LED 大得多的光。

交通红绿灯 在交通信号应用中，LED 正在快速取代传统的白炽灯。微小的 LED 阵列构成交通灯单元中的红灯、黄灯和绿灯。与传统白炽灯相比，LED 阵列具有三个主要的优点：更亮、使用寿命更长（LED 阵列有几年的寿命，而传统白炽灯只有几个月），并且能量消耗更低（减少了大约 90%）。

LED 交通灯由透镜阵列构成，它能优化并引导光输出。图 2-59a 说明了使用红色 LED 的交通灯阵列的概念，用一个较低密度的 LED 阵列来进行说明。一个交通灯里实际 LED 的数量和间隔取决于交通灯的半径、透镜的类型、颜色和所需的光强度。使用恰当的 LED 密度和透镜，一个 8 英寸或 12 英寸的交通灯就基本形成了，如同一个纯色的光圈。

阵列形式的 LED 通常用串-并或并联方式。串联方式并不实用，因为如果其中一个 LED 出了问题，则其他所有的 LED 都不能启动。对并联方式，每个 LED 需要一个限流电阻。为了减小限流电阻的数量，可以采用串-并连接方式，如图 2-59b 所示。

系统说明 特殊用途的 LED 通常用作光纤电信系统中的发射器，它们与传统 LED 在许多方面有不同。它们只发射红外光而不发射可见光，并且为了更好地耦合光缆，它们只在一个非常窄的发射角度（发射模式）上发射。这就是光纤系统中使用 LED 发射光的方式。

根据 LED 的发光方式，可将 LED 分为两种类型。传统 LED 是表面发射，它们从顶部发光。发射面积大，但即使这种类型 LED 的输出可以很高，能耦合到光纤中的光也很少。边缘发射 LED 从它们的边缘上发射光，并且光圈很小，通常在 $30 \sim 50 \mu m$ 之间。这使得它们可以很好地耦合到多模光缆中，多模光缆的直径在 $50 \sim 62.5 \mu m$ 之间。称为超辐射 LED 的一种新型边缘发射 LED 具有非常窄的发射频谱（中心波长的 $1\% \sim 2\%$），并且提供与激光二极管相当的功率电平。图 SN2-2 给出了顶部发射和边缘发射二极管的对比。

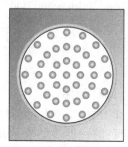

a）LED 阵列

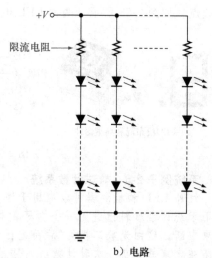

限流电阻

b）电路

图 2-59 LED 交通灯

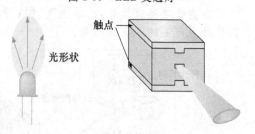

光形状

触点

图 SN2-2 顶部发射和边缘发射 LED

LED 显示器 LED 广泛用于大型和小型标志与留言板中的显示器，颜色可以是多色或全彩色。全彩显示屏使用高密度红色、绿色和蓝色 LED 的微小分组来形成一个像素。一个典型的屏幕通常由成千上万的 RGB 像素构成，像素的精确数量由屏幕和像素大小决定。

红色、绿色和蓝色（RGB）是三原色，通过不同的组合方式可以形成可见光谱中的任意颜色。图 2-60 给出了由三个 LED 形成的一个基本像素。通过改变正向电流的大小，其中每个二极管发出的光能够独立地变化。在一些电视机显示屏应用上，黄色也被加入到三原色（RGBY）中。

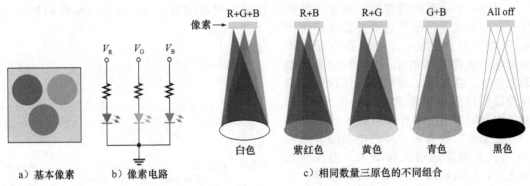

a) 基本像素　　　b) 像素电路　　　　　c) 相同数量三原色的不同组合

图 2-60　RGB 像素用于 LED 显示屏的概念

其他应用　高强度 LED 在汽车尾灯照明、刹车灯、拐弯信号、备用照明、室内应用中用得越来越多。在汽车照明中，希望用 LED 阵列来替代白炽灯。最终，车头大光灯同样会被白色 LED 阵列替代。在天气较差时，LED 的可见度更好，并且使用寿命是白炽灯的 100 倍。

在室内和商业照明应用中，LED 同样有巨大的应用前景。白色 LED 阵列最终会替代家庭和工作场所的白炽灯与荧光灯。大多数白色 LED 使用蓝色 GaN（氮化镓）LED，它由淡黄色荧光涂层覆盖，这种涂层使晶体磨成粉状并制成黏性胶黏剂。因为黄光刺激眼睛的红、绿色感受器，所以蓝光和黄光的混合会呈白色。

2.8.6　OLED

有机 LED（OLED）是涂有两层或三层涂层材料的 LED 器件，这些涂层材料由施加电压会发光的有机分子或聚合物构成。OLED 通过电致磷光过程而发光。光的颜色依赖于发射层中有机分子的类型。一个两层 OLED 的基本结构如图 2-61 所示。

当阴极和阳极之间存在电流时，电子从导电层向发射层移动。电子离开导电层后会留下空穴。来自发射层的电子会和来自导电层的空穴在两层的 pn 结附近重新复合。当这种复合发生时，能量以光的方式透过透明的阴极材料进行释放。如果阳极和衬底同样由透明的材料制成，光就会在两个方向上发射。这使得 OLED 在类似悬挂显示器这样的应用上非常有用。

OLED 可以如同油墨印在纸上一样涂在衬底上。喷墨技术大大降低了 OLED 的制造成本，可以使 OLED 涂在很大面积的薄膜上构成大的显示屏，如 80 英寸的电视机屏或电子广告牌。

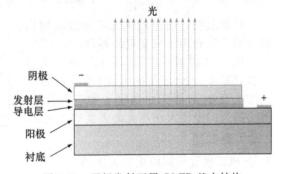

图 2-61　顶部发射两层 OLED 基本结构

系统说明　OLED 技术是由 Eastman Kodak 发明的，它正在开始替代像 PDA 和手机等手持设备中使用的 LCD（liquid crystal display，液晶显示器）技术。OLED 比传统 LED 或 LCD 更亮、更薄、更快、更轻。它们消耗的能量也更少，并且制造也更便宜。

2.8.7　光敏二极管

光敏二极管是一个工作在反向偏置状态下的 pn 结器件，如图 2-62 所示，其中 I_λ 是反向电流。注意光敏二极管的图示符号。光敏二极管有一个小的透明窗允许光能照射到 pn 结。

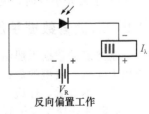

反向偏置工作

图 2-62　光敏二极管

回顾一下，反向偏置时，整流二极管具有很小的反向漏电流，光敏二极管的情况一样。反向电流是耗尽层内受热激发产生的电子-空穴对产生的，反向电压在结上产生的电场使得这些电子-空穴对定向移动形成电流。在整流二极管中，反向漏电流随着温度的升高而增大，因为电子-空穴对的数量随着温度的升高而增多。

在光敏二极管中，反向电流随着照在 pn 结上光强度的增大而增大。当没有入射光时，反向电流（I_λ）几乎可以忽略，并且这个电流称为暗电流。光能量的增加（用每平方米的流明数来度量，lm/m^2）会使得反向电流变大，如图 2-63a 所示。对一个给定的反向偏置电压，图 2-63b 给出了光敏二极管的一组典型特性曲线。

从图 2-63b 所示的特性曲线可知，在反向电压为 $-3V$ 时，这个二极管的暗电流约为 $35\mu A$。所以，这个器件在没有入射光时的反向电阻为

$$R_R = \frac{V_R}{I_\lambda} = \frac{3V}{35\mu A} = 86k\Omega$$

在 $25\,000 lm/m^2$ 时，$-3V$ 时的电流约为 $400\mu A$。此时的电阻为

$$R_R = \frac{V_R}{I_\lambda} = \frac{3V}{400\mu A} = 7.5k\Omega$$

计算表明，通过控制光的强度就可以将光敏二极管用于可变电阻器件。

图 2-64 说明了当没有入射光时，光敏二极管基本上没有反向电流（除了非常小的暗电流外）。当光束照射光敏二极管时，流过的反向电流大小与光的强度成正比。

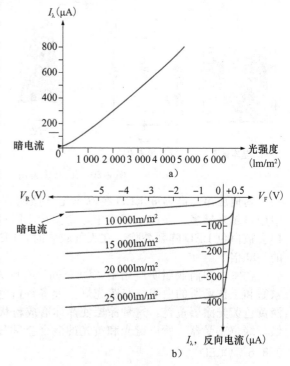

图 2-63 典型的光敏二极管特性

2.8 节测试题

1. 齐纳二极管是如何正常工作的？
2. 参数 I_{ZM} 指什么？
3. 变容二极管的用途是什么？
4. 根据图 2-53c 中的曲线，当反向电压增大时，二极管电容会怎么变化？
5. 列出一些用于 LED 的半导体材料。
6. 当处于无光条件时，光敏二极管中只有很小的电流。这个电流叫什么？

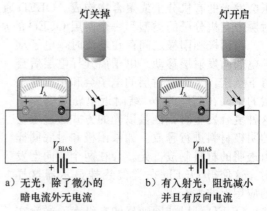

a) 无光，除了微小的
暗电流外无电流

b) 有入射光，阻抗减小
并且有反向电流

图 2-64 光电二极管的工作原理

2.9 二极管数据手册

制造商的数据手册给出了一个器件的详细信息，使得这个器件能够更合适地在具体的应用中使用。典型的数据手册提供最大额定值、电气特性、机械参数和各种参数的图表。

学完本节后，你应该掌握以下内容：

- 解释并使用二极管数据手册
  - 识别最大额定电压和电流

- 确定二极管的电气特性
- 分析图形数据
- 对于一组给定的指标，选择合适的二极管

表 2-1 给出了某一系列整流二极管的最大额定值。1N4001～1N4007 系列二极管的参数表可以在 www.onsemi.com 上找到。这些值是绝对最大值，二极管低于这些值工作时不会损坏。为了最安全和更长的使用寿命，二极管应该低于这些值工作。通常，最大额定值是指在 25℃时的，并且当温度更高时这些值应该向下调整。

表 2-1

额定值	符号	1N4001	1N4002	1N4003	1N4004	1N4005	1N4006	1N4007	单位
峰值重复反向电压 工作峰值反向电压 直流阻断电压	V_{RRM} V_{RWM} V_R	50	100	200	400	600	800	1 000	V
不重复峰值反向电压	V_{RSM}	60	120	240	480	720	1 000	1200	V
反向电压有效值	$V_{R(rms)}$	35	70	140	280	420	560	700	V
平均整流正向电流（单相，阻性负载，60Hz，$T_A=75℃$）	I_O	1.0							A
不重复峰值浪涌电流（浪涌用于额定负载条件）	I_{FSM}	30(for 1 cycle)							A
工作和存储结温范围	T_J, T_{stg}	−65 to +175							℃

表 2-1 中一些参数的解释如下。

V_{RRM}　二极管可重复的最大反向峰值电压。注意，在这种情况下，1N4001 是 50V，1N4007 是 1kV。与 PIV 额定值相同。

V_R　二极管的最大反向直流电压。

V_{RSM}　二极管的不重复（一个周期）最大反向峰值电压。

I_O　60Hz 整流正向电流的最大平均值。

I_{FSM}　不重复（一个周期）的正向电流的最大峰值。图 2-65 中的曲线图在 25℃和 175℃扩展了这个参数，显示了多周期的参数，虚线表示失效时的典型值。注意，低一些的实线是出现 10 个周期后的 I_{FSM} 值。极限是 15A 而不是一个周期时的 30A。

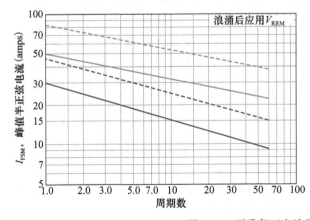

图 2-65　不重复正向浪涌电流能力

表 2-2 列出了 1N4001～1N4007 系列二极管电气特性的典型值和最大值。这些值不同

于最大额定值，最大额定值并不是通过设计来选择的，而是二极管在指定条件下的使用结果。这些参数简短的解释如下。

v_F　　当正向电流为 1A 和 25℃ 时，正向偏置二极管的瞬时电压。图 2-66 给出了正向电压随正向电流变化的曲线。

$V_{F(avg)}$　在整个周期上平均的最大正向压降（在一些数据手册中也表示为 V_F）。

I_R　　当二极管用直流电压反向偏置时的最大电流。

$I_{R(avg)}$　一个周期上的平均最大反向电流（用交流电压反向偏置时）

T_L　　引线温度

表 2-2　电气特性

特性和条件	符号	典型值	最大值	单位
最大瞬时正向压降（$I_F = 1A$, $T_J = 25℃$）	v_F	0.93	1.1	V
最大全周期平均正向压降（$I_O = 1A$, $T_L = 75℃$, 1in 引线）	$V_{F(avg)}$	—	0.8	V
最大反向电流（额定直流电压） $T_J = 25℃$ $T_J = 100℃$	I_R	 0.05 1.0	 10.0 50.0	μA
最大全周期平均电流（$I_O = 1A$, $T_L = 75℃$, 1in 引线）	$I_{R(avg)}$	—	30.0	μA

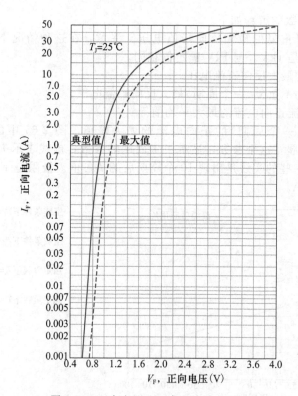

图 2-66　正向电压（V_F）与正向电流（I_F）

图 2-67 给出了一系列整流二极管的 I_O、I_{FSM} 和 V_{RRM} 额定值。

V_{RRM} (V)	I_O,平均整流正向电流(A)					
	0.1	1.5	3.0			6.0
	59-03 (DO-41) 塑料 	59-04 塑料 	60-01 金属 	267-03 塑料 	267-02 塑料 	194-04 塑料 
50	1N4001	1N5391	1N4719	MR500	1N5400	MR750
100	1N4002	1N5392	1N4720	MR501	1N5401	MR751
200	1N4003	1N5393 MR5059	1N4721	MR502	1N5402	MR752
400	1N4004	1N5395 MR5060	1N4722	MR504	1N5404	MR754
600	1N4005	1N5397 MR5061	1N4723	MR506	1N5406	MR756
800	1N4006	1N5398	1N4724	MR508		MR758
1000	1N4007	1N5399	1N4725	MR510		MR760
I_{FSM} (A)	30	50	300	100	200	400
T_A@额定I_O (℃)	75	$T_L=70$	75	95	$T_L=105$	60
T_C@额定I_O (℃)						
T_J(Max) (℃)	175	175	175	175	175	175

V_{RRM} (V)	I_O,平均整流正向电流(A)										
	21	20	24	25	30		40	50	25	35	40
	245A-02 (DO-203AA) Metal 	339-02 Plastic 	193-04 Plastic 		43-02 (DO-21) Metal 		42A-01 (DO-203AB) Metal 	43-04 Metal 	309A-03 	309A-02 	
50	MR1120 1N1199,A,B	MR2000	MR2400	MR2500	1N3491	1N3659	1N1183A	MR5005	MDA2500	MDA3500	
100	MR1121 1N1200,A,B	MR2001	MR2401	MR2501	1N3492	1N3660	1N1184A	MR5010	MDA2501	MDA3501	
200	MR1122 1N1202,A,B	MR2002	MR2402	MR2502	1N3493	1N3661	1N1186A	MR5020	MDA2502	MDA3502	MDA4002
400	MR1124 1N1204,A,B	MR2004	MR2404	MR2504	1N3495	1N3663	1N1188A	MR5040	MDA2504	MDA3504	MDA4004
600	MR1126 1N1206,A,B	MR2006	MR2406	MR2506			1N1190A		MDA2506	MDA3506	MDA4006
800	MR1128	MR2008		MR2508					MDA2508	MDA3508	MDA4008
1000	MR1130	MR2010		MR2510					MDA2510	MDA3510	
I_{FSM} (A)	300	400	400	400	300	400	800	600	400	400	800
T_A@额定I_O (℃)											
T_C@额定I_O (℃)	150	150	125	150	130	100	150	150	55	55	35
T_J(Max) (℃)	190	175	175	175	175	175	190	195	175	175	175

图 2-67　基于 I_O、I_{FSM} 和 V_{RRM} 最大额定值的部分整流二极管

2.9 节测试题

1. 列出二极管数据手册中的三类典型的额定值。

2. 给出下面几个参数的定义：V_F、I_R 和 I_O。

3. 定义 I_{FSM}、V_{RRM} 和 V_{RSM}。

4. 从图 2-67 中选出满足下列参数的二极管：$I_O = 3A$，$I_{FSM} = 300A$，$V_{RRM} = 100V$。

2.10　故障检测

电源是几乎所有电子电路的支柱，许多种类的电路失效都与电源有关。本节通过分析特定电源的失效和影响来扩展以前我们对故障检测的认识。然后，我们将通过更多的例子来检测稳压电源的故障。

学完本节后，你应该掌握以下内容：

● 用已知技术来检测电源故障
　■ 讨论形成故障检测方案的步骤
　■ 解释故障分析
　■ 描述各种失效的症状

如 1.5 节所述，故障检测的第一步是分析失效的线索（症状）。这些线索会引导你制订一个故障检测逻辑计划。一个从没有运行过的电路的检测方案与一个一直在运行中的电路的检测方案是不一样的。过去的故障或一个相似电路中曾经的故障，同样可以作为故障分析的线索。

对有故障的电路有很好的理解和有张电路图对故障检测始终是很有用的。不存在对所有情况都适用的方案；使用哪种方案取决于电路或系统的类型和复杂度、问题的特征和各种相关技术。

2.10.1　故障检测计划

有效的故障检测需要逻辑思维和非常快地找出简单的问题所在（如熔断的熔丝）。例如，在工作中一个电源失效了，考虑下面的故障检测计划。

第一步：要求工作人员报告问题。什么时候失效的？（是在刚插入的时候？是在运行两小时达到最大电流时？）你怎么知道它失效了？（冒烟？电压低？）

第二步：检查电源，确保电源线已经接上，并且熔丝没有烧断。检查控件是否设置为正确的操作。一些简单的事情往往引起问题。很可能操作者并没有理解这些控件的正确设置。

第三步：感官检测，不仅仅是电源检测，最简单的故障检测方法是凭介感官，通过观察来检查出明显的错误。移除电源、开启电源，对于损坏的连线、较差的焊接连接、烧断的熔丝等进行可视化检查。同样地，当一些元件失效时，如果你刚好在那里，你可以闻闻烟的味道。因为一些故障是与温度有关的，所以有时你可以使用你的触觉（小心！）去检测元件是否过热。

第四步：把故障隔离出来。把电源放在凳子上给它供电，然后跟踪电压。如 1.5 节所述，你可以从电路的中间开始，采用对分法或从输入端开始进行连续测试电压，直到你得到不正确的电压值。一些问题比简单地找出没有电压更困难，但是跟踪可以把问题和区域与其他元件隔离出来。

回顾故障检测计划，我们重新回到了故障分析。当你发现了一个症状，你下一步应该问，如果 X 元件在电路中失效，症状该是什么？当你找出不正确的电压或波形时，你可以采用故障分析法。例如，假设你观察到输入到稳压器的电压有很大的波动。从你的电路知识，你可以推测出一个无效的或不匹配的电容器可能是罪魁祸首。下面的讨论描述了四类可能的故障，并给出了故障分析的更多例子。

2.10.2 断开熔丝或断路器

过流保护装置是所有电子设备必不可少的。当电路故障或过载时，这些装置防止损坏设备，并且降低灾难性破坏的概率。过载保护装置包括熔丝、断路器、固态电流限制装置和热过载装置。不能指望交流电路的断路器只有当电流为 15A 或更大时断开来保护电子设备，对大多数电子设备来说这个保护值太高了。

如果使用单个熔丝，它通常用于变压器的一次侧，并且额定电压为 115 或 AC230V，使得产生的电流与电源的最大额定功率保持一致。通常，保护设备也可能包含在二次侧，尤其当一个变压器有多个输出端时。熔丝用于一直传送额定电流（典型地，如果运载额定电流的 120%，可以承受几个小时）。熔丝有快和慢熔断两种，当过载时，快熔断熔丝在几毫秒就断开；慢熔断熔丝在瞬时过载中可以继续工作，例如电源第一次使用时。大多数情况下，慢熔断熔丝应当用于电源电路的输入侧。

断开熔丝的测试相对比较简单，玻璃熔丝可以用欧姆表检测（确保电源断开）。如果电源是合上的，一个熔断的熔丝在它两端会产生电压（假设在这条支路上没有其他开路，如开关）。通常，一个熔丝断开说明了有短路或过载的发生；然而，熔丝会有疲劳故障，那可能就是电路中存在的唯一问题了。

在更换一个熔断的熔丝之前，技术员需要首先检测原因。如果熔丝是简单的断开，它可能是疲劳故障。如果熔丝被严重烧断（看线的内部是否完全损坏），它很可能是由其他原因引起的断开，那就要用欧姆表来寻找电路中发生短路的地方，它可能是负载、滤波电容器或其他元件短路。找到任何过热或损坏元件的种种迹象。如果要更换熔丝，用制造商指定的相同型号和额定电流的熔丝很重要。错误的熔丝会造成进一步的损坏，并有安全风险。

2.10.3 二极管断路

考虑图 2-68 中的全波、中间抽头整流器。假设二极管 D_1 失效断开，这使得二极管 D_2 只在负周期导通。在输出端接一个示波器，如图 2-68a 所示，你将会观察到一个频率为 60Hz 而不是 120Hz 的大于正常情况的纹波电压。断开滤波电容器，你会观察到一个半波整流电压，如图 2-68b 所示。

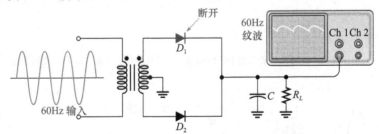

a）纹波应该更小并且是120Hz的频率。现在频率为60Hz而且幅度更大

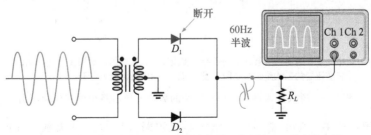

b）去掉C，输出应该是120Hz的全波信号。现在是60Hz的半波电压

图 2-68 全波、中间抽头整流器中二极管断开的症状

对于电路中的滤波电容器，半波信号允许它比在全波信号下放电更多，这就导致了更大的电压波动。一般而言，二极管 D_2 开路时会也会看到相似的情况。

桥式整流器中的一个二极管断开将会产生与前面讨论的中间抽头整流器相似的现象。如图 2-69 所示，在输入的半周期期间，断开的二极管将阻止电流流过 R_L（该情况对应的是负半周期）。所以，如同前面讨论过的，输出波形就是半波输出、60Hz 并且电压波动明显增加。

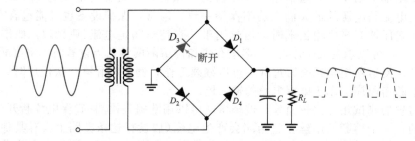

图 2-69 桥式整流器中二极管断开的影响，会造成半波、60Hz 且电压纹波增加

一般来说，全波电源中二极管断路的最简单测试方法是测量纹波频率。如果波动频率和输入交流频率相同，则寻找二极管断路或二极管的连接问题（如破裂）。

2.10.4 二极管短路

短路二极管是失效的二极管，它两个方向上都具有非常低的阻抗。如果桥式整流器中的一个二极管突然短路，正常情况下熔丝会熔断或其他的电路保护会启动。如果电源没有受到熔丝保护，二极管短路会使得变压器损坏或引起其他串联二极管开路，如图 2-70 所示。

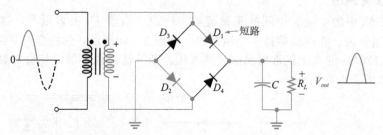

a）正半周期：短路二极管相当于正向偏置，所以负载电流正常。D_3 和 D_4 反向偏置

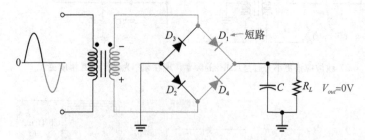

b）负半周期：短路二极管让 D_4 的正向电流流过了二次绕组，结果使得 D_1、D_4，或者变压器的二次绕组被烧断，或者熔丝（图中没画出）断开

图 2-70 桥式整流器中二极管短路的影响，导通路径用灰色标注出

图 2-70a 中，在第一个正半周期，电流通过短路二极管流过负载，如同它正向偏置。在负半周期，短路电流流过了 D_1 和 D_4，如图 2-70b 所示。过电流会导致变压器的二次绕组损坏。因此，当发现有短路二极管时，最好检查一下其他元器件是否失效。

2. 10. 5 滤波电容器的短路或泄漏

当电解电容器故障时它们会出现短路(或有大的"泄漏"电流)。故障的一个原因是电解电容产生了短路症状,这是在新制造电路板中电解电容器装反导致的错误。如同二极管短路一样,通常的症状是因为过电流熔丝会熔断。电容泄漏是电容器部分故障的表现形式,它可以表示成与电容器并联的泄漏阻抗,如图 2-71a 所示。泄漏阻抗的作用是减小放电时间常量,引起输出端波动电压增大,如图 2-71b 所示。泄漏电容器可能会过热,电容器从不会显示出过热症状。对一个无熔断熔丝电源,由于过电流短路电容器很可能引起一个或多个二极管或变压器的开路。在任何一种情况下,在输出端都不会有直流电压输出。

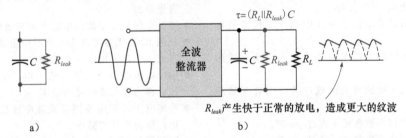

图 2-71 全波整流器输出端滤波电容器泄漏的影响。电容器具有直流路径,以模拟负载的并联阻抗

当更换一个失效的电容器时,观察工作电压参数和电容器大小是很重要的。如果实际电压超出了工作电压参数,更换后很可能会再次失效。此外,观察电容器极性相当重要,一个装反了的电解电容器理论上会爆裂。

2. 10. 6 稳压电源的故障诊断

如本节开始所述,检修任何电子设备的计划都要依赖于所观察的症状。假设你有一个如图 2-28 所示的电源,当它连接到一块印制电路板时,它的熔丝立刻就断了。你可能会这样想:"电源工作得好好的直到我接入了这块板,也许是我超过了电源的电流限制。"这里,你已经考虑了条件和假设了可能的原因。然后,第一步是去掉负载,测试电源,看看是否能让这个问题清晰。如果能,然后检查电路板对电流的要求,看看连接上电路板是否需要很大的电流。如果不需要,则问题就出在电源。

电源完全失效但是熔丝是好的,这是什么情况?在这种情况下,开始跟踪电压来隔离问题。例如,可以检查变压器的一次电压;如果有电压,再测试二次电压。如果一次侧没有电压,检查交流通路——开关和到变压器的连接。如果在交流线路的串接中只要有一处断开,则整个交流电压就出现在开路处。

假设你发现变压器在一次绕组端有交流但是在二次绕组端没有电压。这说明变压器开路,或者在一次绕组处或者在二次绕组处,用欧姆表可以得出结论。在更换它之前,你应该想想为什么会发生故障。如果正常操作,变压器很少会出问题。很可能是电路中其他元器件短路了,看看短路的是不是二极管或电容器,这才是元凶。

如前所述,故障检测的精确策略依赖于每步检查后的发现、实际测试的难度和故障的可能原因。关键是技术人员使用一系列逻辑测试简化问题得出真正的原因。

2. 10 节测试题

1. 如果图 2-29 中电源的 R_1 断开,你会看到什么?
2. 你正在检测一个 60 Hz 的全波桥式整流器,观察到它有 60 Hz 纹波电压输出。你怀疑可能什么地方故障了?
3. 你观察到一个全波整流器的输出纹波比正常情况下大很多,但是频率仍是 120 Hz。你怀疑什么元器件可能有问题?

小结

- 原子的玻尔模型：原子是由原子核以及绕核轨道运行的带负电的电子构成，而原子核由带正电的质子和不带电的中子组成。
- 原子层是能带状的，最外层所包含的电子是价电子。
- 硅是使用最普遍的半导体材料。
- 半导体晶格中的原子通过共价键紧密结合在一起。
- 热量会产生电子-空穴对。
- p 型半导体是在本征半导体中加入 3 价杂质形成的。
- n 型半导体是在本征半导体中加入 5 价杂质形成的。
- 耗尽层是 pn 结的结合区域，其中不含多数载流子。
- 正向偏置允许多数载流子流过 pn 结。
- 反向偏置阻止多数载流子流过 pn 结。
- pn 结又称为二极管。
- 当反向偏置电压超出规定的值时会发生反向击穿。
- 有三种类型的整流器：半波整流器、中间抽头全波整流器、桥式整流器。中间抽头全波整流器和桥式整流器都是全波整流器。
- 在半波整流器中，单个二极管的导通占输入周期的一半，在整个周期中都有电流输出。输出频率与输入频率一样。
- 在中间抽头全波整流器和桥式整流器中，每只二极管的导通占输入周期的一半，但合成了一个完整的输出电流。输出频率是输入频率的 2 倍。
- PIV(反向峰值电压)是二极管反向偏置时的最大电压。
- 电容输入滤波器提供了一个接近于输入峰值的直流输出。
- 纹波电压是由于滤波电容器的充放电造成的。
- 三端 IC 稳压器可以将一个不稳定的直流输入稳定成一个几乎恒定的直流输出。
- 输出电压的调压范围与输入电压的变化范围之比，称为输入或线路调整率。
- 输出电压的调压范围与负载电流的变化范围之比，称为负载调整率。
- 限幅器(也称作削波器)二极管可以将超过或低于指定电平的削掉。
- 钳位二极管加上直流变成交流信号。
- 齐纳二极管工作在反向偏置状态。
- 齐纳电流在一个规定的变化范围内时，齐纳二极管能维持一个几乎恒定的电压值。
- 齐纳二极管用来建立参考电压和基本的稳压电路。
- 变容二极管在反向偏置时可以作为可变电容器。
- 可变电容器的电容与反向偏置电压成反比。

齐纳二极管　　发光二极管

光敏二极管　　变容二极管

关键术语

本章中的关键术语和其他的楷体术语在本书结束的术语表中定义。

偏置：将直流电压应用在二极管或者其他电子器件上，使其处于期望的工作模式中。

钳位电路：为交流信号添加直流电平的一种电路，也叫做直流还原器。

二极管：只允许电流单向通过的一种电子器件。

电子：物体中带有负电荷的基本粒子。

能量：做功的能力。

滤波器：一种电子电路，可以让某些频率通过而阻止其他的频率。

正向偏置：能让 pn 结流过电流的条件。

集成电路(IC)：所有元器件都构建在单块微型硅片上的一种电路。

限幅器：将波形中高于或者低于规定电平的部分移除的一种电路，也叫做削波器。

pn 结：p 型材料和 n 型材料之间的边界。

整流器：将交流转换成直流的一种电子电路。

反向偏置：让 pn 结阻止电流通过的条件。

半导体：导电性能介于导体和绝缘体之间的一种材料，例如硅和锗。

重要公式

(2-1) $V_{p(out)} = V_{p(in)} - 0.7\text{V}$ 　半波和全波整流器峰值输出电压

(2-2) $V_{out} = V_{sec} - 1.4\text{V}$ 　桥式整流器峰值输出电压

(2-3) 线路调整率 $= \left(\dfrac{\Delta V_{OUT}}{\Delta V_{IN}} \right) \times 100\%$ 　线路调整率的百分比表示

(2-4) 负载调整率 $= \left(\dfrac{V_{NL} - V_{FL}}{V_{FL}} \right) \times 100\%$ 　负载调整率的百分比表示

(2-5) $Z_Z = \dfrac{\Delta V_Z}{\Delta I_Z}$ 　齐纳阻抗

自测题

1. 当一个中性原子失去或者得到一个价电子时，原子变成了_____。
   - (a) 共价的
   - (b) 一种金属
   - (c) 一种晶体
   - (d) 一个离子

2. 半导体晶体里的原子由_____结合在一起。
   - (a) 金属键
   - (b) 亚原子粒子
   - (c) 共价键
   - (d) 价带

3. 自由电子存在于_____中。
   - (a) 价带
   - (b) 导带
   - (c) 最低的带
   - (d) 复合带

4. 空穴是_____。
   - (a) 价带中的空位
   - (b) 导带上的空位
   - (c) 正电子
   - (d) 导带电子

5. 价带和导带之间最大的能隙存在于_____中。
   - (a) 半导体
   - (b) 绝缘体
   - (c) 导体
   - (d) 真空

6. 将杂质原子加入纯净半导体材料的过程称为_____。
   - (a) 复合
   - (b) 结晶化
   - (c) 结合
   - (d) 掺杂

7. 在半导体二极管中，pn 结附近由正负离子组成的区域称为_____。
   - (a) 中性区
   - (b) 复合区域
   - (c) 耗尽区
   - (d) 扩散区

8. 在半导体二极管中，两种偏置情况是_____。
   - (a) 正和负
   - (b) 阻塞和非阻塞
   - (c) 开和闭
   - (d) 正向和反向

9. 正向偏置的硅二极管电压大约为_____。
   - (a) 0.7V
   - (b) 0.3V
   - (c) 0V
   - (d) 取决于偏置电压

10. 在图 2-72 中正向偏置的二极管是_____。
    - (a) D_1
    - (b) D_2
    - (c) D_3
    - (d) D_1 和 D_3

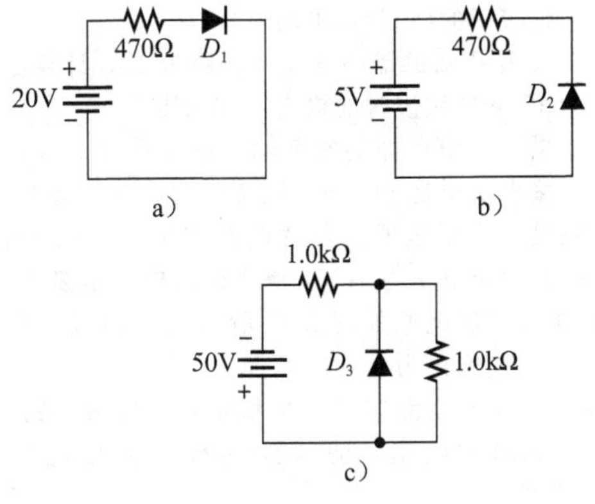

图 2-72

11. 当欧姆表的正表棒接二极管的负极，负表棒接二极管的正极，仪表读数显示_____。
    - (a) 很低的电阻
    - (b) 无限大的电阻
    - (c) 开始是高电阻，然后减少至 100Ω 左右
    - (d) 电阻逐渐增加

12. 一个 60Hz 正弦输入的全波整流器的输出频率是_____。
    - (a) 30Hz
    - (b) 60Hz
    - (c) 120Hz
    - (d) 0Hz

13. 如果一个中间抽头全波整流器中有一个二极管开路，则输出是_____。
    - (a) 0V
    - (b) 半波整流后的波形
    - (c) 幅度减小后的波形
    - (d) 不受影响的

14. 在桥式整流器输入信号的正半周期内，_____。
    - (a) 一个二极管是正向偏置的
    - (b) 所有二极管都是正向偏置的
    - (c) 所有二极管都是反向偏置的
    - (d) 两个二极管是正向偏置的

15. 将一个半波或者全波整流电压转化成直流电压的过程叫做_____。
    - (a) 滤波
    - (b) 交流直流转换
    - (c) 衰减
    - (d) 纹波抑制

16. 假设一个实际的 IC 稳压器将输入纹波衰减 60dB，输出纹波被衰减的倍数是_____。
    - (a) 60
    - (b) 600
    - (c) 1 000
    - (d) 1 000 000

17. 在 IC 稳压器的输出端并接上一个小电容的目的是_____。
    - (a) 改善瞬时响应
    - (b) 把输出信号耦合到负载
    - (c) 对交流进行滤波
    - (d) 保护 IC 稳压器

18. 一个二极管限幅电路_____。
    - (a) 移去波形的一部分
    - (b) 加入一个直流电平
    - (c) 产生与输入的平均值相等的输出
    - (d) 增大输入的峰值

19. 一个钳位电路也是一个_____。
    - (a) 平均电路
    - (b) 倒相器
    - (c) 直流还原器
    - (d) 交流还原器

20. 齐纳二极管运行于_____状态。
    - (a) 齐纳击穿
    - (b) 正向偏置
    - (c) 反向偏置
    - (d) 雪崩击穿

21. 齐纳二极管广泛应用于_____。
    (a) 限流器　　　　(b) 配电器
    (c) 稳压器　　　　(d) 可变电阻
22. 变容二极管广泛用做_____。
    (a) 可变电阻　　　(b) 可变电流源
    (c) 可变电感　　　(d) 可变电容
23. LED 基于的原理是_____。

    (a) 正向偏置
    (b) 电致发光
    (c) 光子灵敏度
    (d) 电子空穴复合
24. 在光敏二极管中，光产生_____。
    (a) 反向电流　　　(b) 正向电流
    (c) 电致发光　　　(d) 暗电流

故障检测测验

参考图 2-76a。
● 如果将电源电压设置为 10V 而不是 12V，
　1. 输出的正峰值电压将会_____。
　　(a) 增大　　(b) 减小　　(c) 不变
　2. 输出的负峰值电压将会_____。
　　(a) 增大　　(b) 减小　　(c) 不变
　3. 在 2.2kΩ 电阻上的电压将会_____。
　　(a) 增大　　(b) 减小　　(c) 不变

参考图 2-77a。
● 如果二极管开路，
　4. 输出的峰峰电压将会_____。
　　(a) 增大　　(b) 减小　　(c) 不变
　5. 输出波形的中央将会_____。
　　(a) 增大　　(b) 减小　　(c) 不变

● 如果电容是短路的，
　6. 输出的峰峰电压将会_____。
　　(a) 增大　　(b) 减小　　(c) 不变
　7. 输出波形的中央将会_____。
　　(a) 增大　　(b) 减小　　(c) 不变
参考图 2-85。
● 如果电容小于 1 000μF，
　8. 纹波频率将会_____。
　　(a) 增大　　(b) 减小　　(c) 不变
　9. 纹波电压的幅度会_____。
　　(a) 增大　　(b) 减小　　(c) 不变
● 如果齐纳二极管是开路的，
　10. 输出电压将会_____。
　　(a) 增大　　(b) 减小　　(c) 不变

习题

2.5 节

1. 负载电流和电压的波形图如图 2-73 所示，指出其峰值。

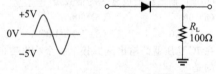

图　2-73

2. 确定图 2-74 中传递给 R_L 的峰值电压和峰值功率。

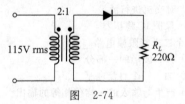

图　2-74

3. 考虑图 2-75 中的电路。

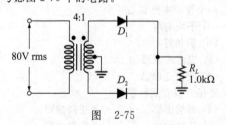

图　2-75

(a) 这是什么类型的电路？
(b) 线圈二次侧的总峰值电压是多少？
(c) 找出线圈二次侧一半处的峰值电压？
(d) 画出 R_L 两端的电压波形。
(e) 经过每个二极管的峰值电流是多少？
(f) 每个二极管的反向峰值电压（PIV）是多少？

4. 指出如何连接中间插头整流器中的二极管，使得负载电阻上产生负向的全波电压。

5. 为了使桥式整流器的平均输出电压为 50V，二极管的额定 PIV 要求是多少？

2.6 节

6. 一个电容输入滤波器的理想直流输出电压是输入整流后的（峰值，平均值）。

7. 7805 稳压器的最小波纹抑制是 68dB。计算输入为 150mV 纹波时的输出纹波电压。

8. 如果一个稳压器的空载输出电压是 15.5V，满载输出电压是 14.9V，则负载调整率是多少？

9. 假设一个稳压器的负载调整率是 0.5%。如果空载输出电压为 12V，满载输出电压是多少？

10. 可变输出电源如图 2-29 所示，R_2 设置为多少可以使输出为 5.0V？

11. 可变输出电源如图 2-29 所示，如果 R_2 替换成 1.5kΩ 的电阻，能得到的最大输出电压是多少？

2.7 节

12. 画出图 2-76 中每个电路的输出波形。

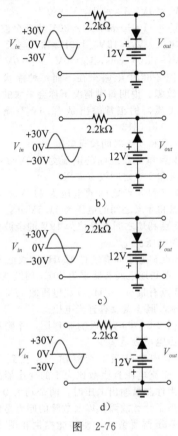

图 2-76

13. 画出图 2-77 中每个电路的输出波形。假设 RC 时间常数远大于输入波形的周期。

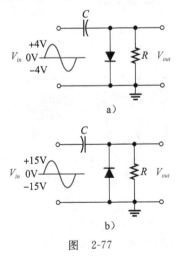

图 2-77

2.8 节

14. 如图 2-78 所示，一个齐纳二极管稳压器的输出电压稳定在 5.0V。假设齐纳电阻是 0，齐纳电流范围为最小 2mA（I_{ZK}）至最大 30mA

（I_{ZM}）。那么这些电流对应的输入源电压的最大值和最小值是多少？

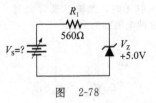

图 2-78

15. 某一齐纳二极管在某一电流条件下 $V_Z=7.5V$，$Z_Z=5\Omega$。画出等效电路。

16. 在图 2-79 中电阻 R 必须调节至多少才能使 $I_Z=40mA$？假设电流为 30mA 时 $V_Z=12V$，$Z_Z=30\Omega$。

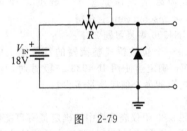

图 2-79

17. 假设齐纳稳压器电路的输出电压从空载时 8.0V 降到 500Ω 负载时的 7.8V，负载调整率是多少？

18. 图 2-80 是某一变容二极管反向电压与电容的曲线。确定如果 V_R 从 5V 变化至 20V 时电容的变化。

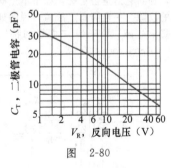

图 2-80

19. 如图 2-80 所示，确定当电容为 25pF 时 V_R 的值。

20. 如图 2-81 所示，为了使谐振频率为 1MHz，每个变容二极管的电容值应该是多少？

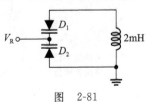

图 2-81

21. 在习题 20 中如果变容二极管有如图 2-80 所示的特性曲线，控制电压的值必须设置为多少？

22. 当图 2-82 中的开关闭合时，微安表的读数会增大还是减小？假设 D_1 和 D_2 是光耦合的。

23. 没有入射光时，光敏二极管会有一些反向电流，这种电流称为什么？

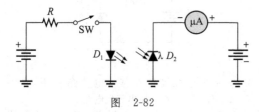

图　2-82

2.9 节

24. 从数据手册中确定 IN4933 二极管能承受的最大反向峰值电压是多少？数据手册可以在 www.onsemi.com 上获得。

25. 对 IN4936 重复习题 24。

26. 如果一个全波桥式整流器的峰值输出电压是 50V，确定当使用 IN4933 二极管时，涌浪限制电阻的最小值应该是多少？

2.10 节

27. 从图 2-83 中仪表读数中，确定最有可能出现的问题。说明你怎样快速隔离出故障的准确位置。

28. 图 2-84 中每一张图均为整流器输出电压的示波器显示波形。确定在每种情况下整流器是否在正常工作。如果不在正常工作，最可能的故障是什么？假设所有显示波形都设为相同的时间/每格。

29. 对图 2-85 中所标的 1、2、3 点处的每组测量电压，判断它们是否正确，如果不正确指出最可能的故障。一旦隔离了故障，说明如果你将如何修正故障。IN5349 二极管的特性可以在 www.onsemi.com 上获得。

(a) $V_1 = 110\text{V rms}$，$V_2 \approx 30\text{V dc}$，$V_3 \approx 12\text{V dc}$
(b) $V_1 = 110\text{V rms}$，$V_2 \approx 30\text{V dc}$，$V_3 \approx 30\text{V dc}$
(c) $V_1 = 0\text{V}$，$V_2 = 0\text{V}$，$V_3 = 0\text{V}$
(d) $V_1 = 110\text{V rms}$，$V_2 \approx 30\text{V}$ 峰值全波 120Hz 电压，$V_3 \approx 12\text{V}$，120Hz 脉动电压
(e) $V_1 = 110\text{V rms}$，$V_2 = 0\text{V}$，$V_3 = 0\text{V}$

30. 确定图 2-86 中电路板在下面每种症状下最可能的故障。说明每种情况下你会采取的改正措施。变压器的正常输出是 12.6V 交流，稳压器（IC1）是 7812。
(a) 1 点和 6 点之间没有电压。
(b) 1 点和 6 点之间的电压为 110Vrms，但 2 点和 5 点之间没有电压。
(c) 1 点和 6 点之间的电压为 110Vrms，但 2 点和 5 点之间的电压为 11.5Vrms。
(d) 3 点和地之间有峰值为 19V 的全波整流脉动电压。
(e) 3 点和地之间有超过 120Hz 的纹波电压。
(f) 3 点和地之间有频率为 60Hz 的纹波电压。
(g) 3 点有带有 120Hz 纹波电压的 17V 直流电压，但 4 点没有直流电压。

31. 画出图 2-87 中电路板的原理图，并确定正确的输出电压会是多少。

32. 图 2-87 中电路板的交流输入连接到工作在 110V 交流电源且匝数比为 1 的变压器的二次侧。当你测量输出电压时，两个均为 0。你认为出现了什么故障？以及故障的原因是什么？

33. 选择变压器匝数比，使其能提供和图 2-90 电路板兼容的二次电压。

34. 在图 2-90 中，V_{OUT2} 为 0，且 V_{OUT1} 正确。这种情况的原因是什么？

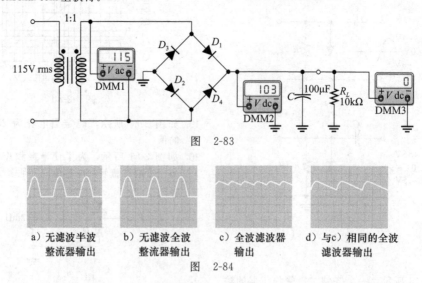

图　2-83

a) 无滤波半波　　b) 无滤波全波　　c) 全波滤波器　　d) 与 c) 相同的全波
整流器输出　　　整流器输出　　　输出　　　　　　滤波器输出

图　2-84

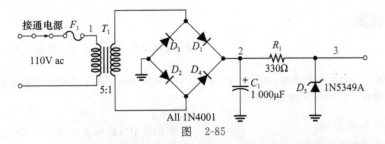

图 2-85

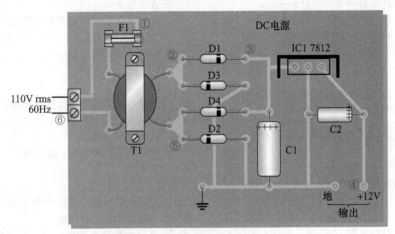

图 2-86

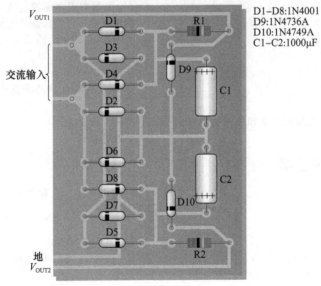

图 2-87

MULTISIM 故障检测问题 [🔲 MULTISIM]

35. 打开文件 P02-35 并且确定故障。
36. 打开文件 P02-36 并且确定故障。
37. 打开文件 P02-37 并且确定故障。

各节测试题答案

2.1节

1. 导带；价带。

2. 电子因受热升高至导带在价带留下空位（空穴）。

3. 半导体中价带和导带之间的间隙比绝缘体中的间隙窄。

2.2节

1. 通过向半导体材料中掺入5价的杂质。

2. 通过向半导体材料中掺入5价的杂质。

3. p 型材料和 n 型材料之间的边界。

4. 0.7V

2.3节

1. 正向，反向

2. 正向

3. 反向

4. 在二极管上施加足够的反偏电压时，电流会急剧增加

2.4节

1. 正向偏置和反向偏置

2. 反向击穿区

3. 作为一个开关

4. 势垒和正向（体）电阻

2.5节

1. 电桥

2. 较少

3. 负峰值的变化

4. 50%（没有滤波器）

2.6节

1. 电容的充电和放电

2. 增加纹波

3. 更好的波纹抑制、线路调整率和负载调整率以及热保护

2.7节

4. 线路调整率：对于变化的输入电压，输出恒定电压

   负载调整率：对于变化的负载电流，输出恒定电压

2.7节

1. 限幅器削掉或移去波形的一部分，钳位器插入一直流电平。

2. 二极管反向会使限幅器削掉波形的另外一边。

3. 偏置电压必须是 5V−0.7V＝4.3V。

4. 电容的作用相当于电池。

2.8节

1. 击穿

2. 超过最大电流，二极管可能被损坏。

3. 它是一个可变电容器。

4. 二极管的电容减小。

5. 砷化镓、磷化砷化镓、磷化镓。

6. 暗电流。

2.9节

1. 二极管数据手册中的三个额定类别是最大额定值、电特性和机械数据。

2. V_F 是最大瞬间正向电压降，I_R 是反向电流，I_O 峰值平均正向电流。

3. I_{FSM} 是最大正向涌浪电流，V_{PRM} 是最大反向峰值重复电压，V_{RSM} 是最大反向峰值非重复电压。

4. 1N4720 二极管的 $I_O=3.0A$，$I_{FSM}=300A$，$V_{PRM}=100V$。

2.10节

1. 输出不随电位器的变化而变化，它的值略大于 1.25V。

2. 开路二极管。

3. 滤波电容器。

例题中实践练习答案

2-1 2.3V，3.0V

2-2 320V

2-3 39.8μV

2-4 3.7%

2-5 峰值电压降到 8.7V 和 −0.7V。

2-6 输出被限制在 +10.7V 和 −10.7V 之间。

2-7 输出会是一个幅度在 −0.7～+47.3V 之间的正弦波。

2-8 8Ω

2-9 6.8V 和 28.9V

2-10 612kHz 到 1.94MHz

自测题答案

1. (d) 2. (c) 3. (b) 4. (a) 5. (b) 6. (d) 7. (c) 8. (d) 9. (a) 10. (d) 11. (b)

12. (c) 13. (b) 14. (d) 15. (a) 16. (c) 17. (a) 18. (a) 19. (c) 20. (a) 21. (c) 22. (d)

23. (b) 24. (a)

故障检测测验答案

1. 减小 2. 不变 3. 增大 4. 不变 5. 增大 6. 不变 7. 增大 8. 不变 9. 增大 10. 增大

目标

- 描述 BJT 的基本构造和工作原理
- 解释四种基本 BJT 偏置电路的工作原理
- 讨论晶体管参数和特性以及对晶体管电路进行分析
- 理解和分析共发射极放大器的工作原理
- 理解和分析共集电极放大器的工作原理
- 理解和分析共基极放大器的工作原理
- 解释如何将晶体管作为开关使用
- 认识各种不同类型晶体管的封装
- 晶体管电路中各种故障的检修

双极结型晶体管(BJT)和场效应管(FET)是两种基本类型的晶体管。本章将介绍第一种类型——双极结型晶体管。本章首先讨论直流工作原理以及偏置电路，然后将会介绍各种偏置电路如何工作以及基本类型的分立放大器如何在线性和开关应用中进行工作，也将学习如何阅读厂商的数据手册。

3.1 BJT 的结构

双极结型晶体管(BJT)的基本结构决定了它的工作特性。本节将介绍半导体材料如何形成 BJT，以及标准晶体管符号，也将讲述通过对基本晶体管电路应用负载线来设置合适的直流电流和电压。

学完本节后，你应该掌握以下内容：

- 描述 BJT 的基本构造和工作原理
  - 区分 npn 和 pnp 晶体管
  - 定义 BJT 电流以及解释它们之间的关系
  - 解释 BJT 的特性曲线
  - 解释如何构造晶体管电路的直流负载线
  - 定义截止和饱和

BJT 包括三个掺杂半导体区域：发射区、基区和集电区。这三个区域被两个 pn 结分隔开。图 3-1 所示为两种不同类型的双极型晶体管。第一种类型由被一个薄的 p 区分隔开的两个 n 区组成(npn)，第二种类型由被一个薄的 n 区分隔开的两个 p 区组成(pnp)。这两种类型都广泛使用，但是，因为 npn 型更加普遍，所以接下来将多以这种类型为例进行讨论。

连接基区和发射区的 pn 结称为发射结，连接基区和集电区的 pn 结称为集电结，如图 3-1b 所示。这些 pn 结类似于第 2 章讨论的二极管结，因此也经常称为发射结二极管和集电结二极管。从每个区都引出一个电极，分别将从发射区、基区和集电区引出的电极标为 E、B 和 C。尽管发射区和集电区由同种类型的材料制成，但它们的掺杂浓度和其他特性不尽相同。

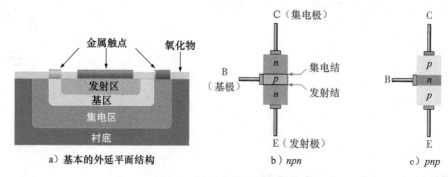

图 3-1　双极结型晶体管结构

图 3-2 给出了 npn 和 pnp 两种 BJT 的电路符号(可以看到 npn 晶体管上的箭头并不指向里)。术语双极指在晶体管结构中空穴和电子都是载流子。

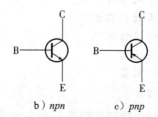

图 3-2　BJT 的标准符号

系统说明　所有行业都在尽力减少对环境的影响。在半导体制造行业，一个主要的问题是重金属的使用，特别是铅(Pb)。许多公司现在都开始制造无铅器件。对半导体设备的无铅设计有两个基本要求：首先，无铅焊接有更高的熔解温度，无铅器件必须能够承受最高 260℃ 的温度；其次，无铅设计要求含铅量不能超过 1 000ppm。其他重金属(如汞、镉和铬)也都不能超过 1 000ppm。

3.1.1　晶体管工作原理

为了使晶体管正常工作，两个 pn 结必须由外部提供直流偏压来设置合适的工作状态。图 3-3 给出了 npn 型和 pnp 型两种晶体管的合适偏置。在两种情况下，发射结(BE)为正向偏置而集电结(BC)为反向偏置，这称为正向-反向偏置。通常 npn 型和 pnp 型晶体管都使用正向-反向偏置，但偏置电压的极性和电流方向在两种类型中是相反的。

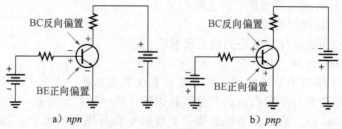

图 3-3　BJT 的正向-反向偏置

为了说明晶体管如何工作，首先来了解一下当晶体管为正向-反向偏置时，在 npn 晶体管内部发生了什么(pnp 晶体管具有相同的情况，只要将极性进行反置)。基极到发射极的正向偏置使 BE 耗尽区变窄，而基极到集电极的反向偏置使 BC 耗尽区变宽，如图 3-4 所示。重掺杂的 n 型发射区充满了自由电子，这些电子能够很容易地越过正向偏置的 BE 结而扩散进入 p 型基区，就像正向偏置二极管中的情况一样。

基区掺杂浓度较低，并且非常窄，以至于其中的空穴数量非常有限。因此通过 BE 结流过来的自由电子只有很少一部分会与基区中的空穴复合。这些数量相对较少的被复合的电子作为价电子流出基极，形成一个非常小的基极电流，如图 3-4 所示。

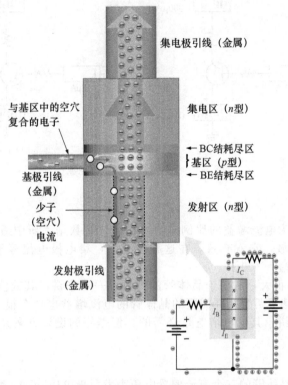

图 3-4 BJT 工作原理，其中给出了电子流

从发射区流入基区的大多数电子没有被复合，而是继续扩散到 BC 耗尽区。一旦进入该区域，它们就会在该区域中正离子和负离子形成的电场作用下越过反向偏置的 BC 结。实际上，也可以认为这些电子在集电极电源电压的吸引下越过反偏的 BC 结。此时电子越过集电区、流过集电极、进入外部直流电源的正端，因此形成了集电极电流，如图 3-4 所示。集电极电流的大小取决于基极电流的大小，而与集电极直流电压无关。

重点是：一个小的基极电流可以控制一个大的集电极电流。因为控制元素是基极电流，并且它能够控制一个较大的集电极电流，所以 BJT 本质上是一个电流放大器。利用小控制元素来控制大电流的概念类似于 1.1 节中所提到的 deForest 控制栅。

3.1.2 晶体管电流

基尔霍夫电流定律（KCL）指出进入结的总电流必须等于流出该结的总电流。将该定律应用到 npn 和 pnp 晶体管可以看到发射极电流（I_E）是集电极电流（I_C）和基极电流（I_B）之和，如下所示：

$$I_E = I_C + I_B \tag{3-1}$$

与 I_E 或 I_C 相比，基极电流 I_B 非常小，因此可以近似得到 $I_E \approx I_C$，在分析晶体管电路时，这是一个非常有用的假设。图 3-5a 和 b 分别给出了 npn 和 pnp 小信号晶体管的例子，其中电表上给出了表示的电流。可以看到在 npn 和 pnp 晶体管中，安培表和电源电压的极性相反。大写字母下标表示直流值。

3.1.3 直流 $\beta(\beta_{DC})$

当晶体管在一定的限制条件下工作时，集电极电流与基极电流成比例。晶体管的电流增益直流 β 为直流集电极电流与直流基极电流之比。

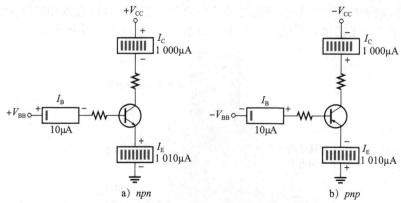

a) *npn*　　　　　　　　　　b) *pnp*

图 3-5　小信号晶体管中的电流

$$\beta_{DC} = \frac{I_C}{I_B} \tag{3-2}$$

直流 $\beta(\beta_{DC})$ 是称为电流增益的比例常数，在晶体管数据手册中通常表示为 h_{FE}。只要晶体管工作在线性区域，它就有效。在这种情况下，集电极电流等于 β_{DC} 乘以基极电流。在图 3-5 的例子中，$\beta_{DC} = 100$。

β_{DC} 的值变化范围很大，取决于晶体管的类型。一般来讲，其数值可以从 20（功率管）到 200（小信号管）。甚至两个相同类型的晶体管的电流增益也会有很大的差别。尽管对于晶体管用作放大器来讲，其电流增益是必需的，但是好的设计方案并不依赖于特定的 β_{DC} 值来进行工作。

3.1.4　晶体管电压

图 3-6 中给出的晶体管的三个直流偏置电压为发射极电压 (V_E)、集电极电压 (V_C) 和基极电压 (V_B)。这些单下标电压表示以地为参考点的电压。集电极电源电压 V_{CC} 用两个重复的下标字母表示。因为发射极接地，所以集电极电压等于直流电源电压 V_{CC} 减去 R_C 两端的电压。

$$V_C = V_{CC} - I_C R_C$$

基尔霍夫电压定律(KVL)指出一个闭环回路的电压之和为 0。上面的式子就是该定律的一个应用。

如前所述，当晶体管处于一般工作状态时，发射结二极管为正向偏置。正向偏置的发射结二极管压降 V_{BE} 近似等于 0.7V。这意味着基极电压比发射极电压大一个二极管压降，表示为：

$$V_B = V_E + V_{BE} = V_E + 0.7V$$

在图 3-6 所示的电路中，发射极是参考端，因此 $V_E = 0V$，$V_B = 0.7V$。

图 3-6　偏置电压

例 3-1　如图 3-7 所示，求 I_B、I_C、I_E、V_B 和 V_C，其中 β_{DC} 为 50。

解：因为 V_E 接地，所以 $V_B = 0.7V$。R_B 两端的压降为 $V_{BB} - V_B$，因此 I_B 可以通过下式计算得到：

$$I_B = \frac{V_{BB} - V_B}{R_B} = \frac{3V - 0.7V}{10k\Omega} = 0.23mA$$

接下来可以求得 I_C、I_E 和 V_C。

$$I_C = \beta_{DC} I_B = 50 \times 0.23mA = 11.5mA$$

$$I_E = I_C + I_B = 11.5mA + 0.23mA = 11.7mA$$

$$V_C = V_{CC} - I_C R_C = 20V - 11.5mA \times 1.0k\Omega = 8.5V$$

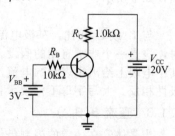

图 3-7　例 3-11 图 [**MULTISIM**]

实践练习

如图 3-7 所示电路中有 $R_B = 22 \text{k}\Omega$，$R_C = 220\Omega$，$V_{BB} = 6\text{V}$，$V_{CC} = 9\text{V}$，$\beta_{DC} = 90$，求 I_B、I_C、I_E、V_{CE} 和 V_{CB}。

3.1.5　BJT 的特性曲线

基极−发射极特性　发射结的 I-V 特性曲线如图 3-8 所示。可以看到，它与一般的二极管的 I-V 特性曲线相同。因此可以用第 2 章中给出的三种二极管模型中的任何一个来对发射结建立模型。在大多数情况下，该模型足够精确。这意味着，如果要对一个 BJT 电路进行检修，可以通过查看发射结（正向偏置）两端的压降是否为 0.7V 来确定晶体管是否导通。如果电压为 0，则晶体管不导通；如果远大于 0.7V，则很有可能该晶体管的发射结开路。

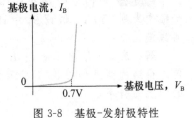

图 3-8　基极−发射极特性

集电极特性　已经知道集电极电流与基极电流成比例（$I_C = \beta_{DC} I_B$）。如果没有基极电流，则集电极电流为 0。为了画出集电极特性，必须选择一个基极电流并保持固定不变。图 3-9a 所示的电路可以用来产生一组集电极 I-V 曲线来表示在给定基极电流的情况下 I_C 如何随 V_{CE} 变化而变化。这些曲线称为集电极特性曲线。

在电路图中可以看到直流电源电压 V_{BB} 和 V_{CC} 都是可调整的。如果将 V_{BB} 设置为产生一个特定的 I_B 值，V_{CC} 设为 0，那么 $I_C = 0$，$V_{CE} = 0$。此时，随着 V_{CC} 逐渐增大，V_{CE} 将增大，I_C 也将增大，如图 3-9b 中 A 点和 B 点之间的曲线所示。

当 V_{CE} 达到 0.7V 时，集电结变为反偏，I_C 达到其最大值 $I_C = \beta_{DC} I_B$。理想情况下，随着 V_{CE} 继续增大，I_C 基本保持固定不变。这如图 3-9b 中 B 点右边曲线所示。实际上，随着 V_{CE} 增大 I_C 会稍微增大，这主要因为集电结耗尽区宽度会变宽，从而导致基区中复合的空穴更少。I_C 上升的陡峭程度由一个称为正向厄尔利电压（因 J. M. Early 而得名）的参数决定。

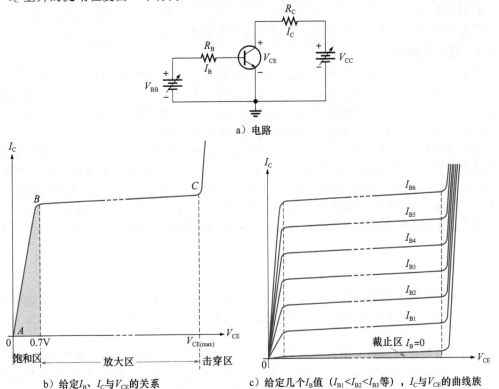

a）电路

b）给定 I_B、I_C 与 V_{CE} 的关系　　　　c）给定几个 I_B 值（$I_{B1} < I_{B2} < I_{B3}$ 等），I_C 与 V_{CE} 的曲线族

图 3-9　集电极特性曲线

将 I_B 设置为其他固定值，就可以产生 I_C 与 V_{CE} 之间的其他曲线，如图 3-9c 所示。这些曲线组成了特定晶体管的集电极曲线族，使得晶体管三个变量之间的相互作用关系变得可视化。保持其中一个变量（I_B）固定，就可以看到其他两个变量（I_C 对 V_{CE}）之间的关系。

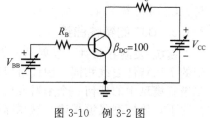

例 3-2 如图 3-10 所示，I_B 从 $5\mu A$ 开始以 $5\mu A$ 为步幅增大到 $25\mu A$。假设 $\beta_{DC}=100$，画出该电路集电极曲线族。

图 3-10　例 3-2 图

解： 表 3-1 给出了利用 $I_C = \beta_{DC} I_B$ 计算得到的 I_C 值。得到的曲线如图 3-11 所示。为了说明正向厄尔利电压，所得到的曲线具有如前讨论的向上的斜率。

表 3-1　I_B 与 I_C 值

I_B	I_C
$5\mu A$	0.5mA
$10\mu A$	1.0mA
$15\mu A$	1.5mA
$20\mu A$	2.0mA
$25\mu A$	2.5mA

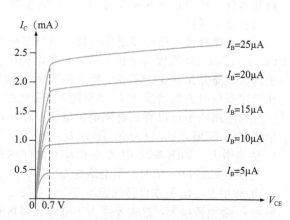

图 3-11　集电极曲线族

实践练习

理想情况下，当 $I_B=0$ 时曲线位于图中的什么位置？

3.1.6　截止和饱和

当 $I_B=0$ 时，晶体管处于截止状态，此时集电极电流几乎为 0，除了一个非常小的集电极泄漏电流 I_{CEO}，不过该泄漏电流通常可以忽略。在截止状态，发射结和集电结都反向偏置。当对处于截止状态的晶体管进行故障检测时，可以假定集电极电流为 0；因此，集电极电阻上没有电压降。集电极和发射极之间的电压几乎等于电源电压。

现在考虑相反情况。当图 3-9 中的发射结变为正向偏置并且基极电流增大时，则集电极电流也增大，R_C 两端的电压降增大，因此 V_{CE} 减少。根据基尔霍夫电压定律，如果 R_C 两端的电压增大，则晶体管两端的压降势必减少。理想情况下，当基极电流足够高时，电压 V_{CC} 全部加在 R_C 两端，而集电极和发射极之间没有电压。该工作状态称为饱和状态。当电源电压 V_{CC} 是集电极电路的总电阻 R_C 两端的电压时产生饱和状态。这种组态下饱和电流为：

$$I_{C(sat)} = \frac{V_{CC}}{R_C}$$

一旦基极电流足够高以至于产生饱和状态，进一步增大基极电流并不会影响集电极电流，式子 $I_C = \beta_{DC} I_B$ 也不再成立。当 V_{CE} 达到饱和值 $V_{CE(sat)}$ 时，集电结变为正向偏置。理想情况下，$V_{CE(sat)}$ 为 0。

进行晶体管电路故障检测时，对截止或饱和状态进行快速检查可以提供有用的信息。必须牢记，当晶体管处于截止状态时，集电极和发射极之间的电压几乎就是整个电源电压。饱和晶体管在集电极和发射极之间实际上存在一个非常小的电压降（一般为 0.1V）。

3.1.7 直流负载线

从 1.3 节已经知道戴维南电路可以画成一个电压源与一个电阻的串联。考虑图 3-12a 所示的电路，集电极电压源 V_{CC} 和集电极电阻 R_C 组成一个戴维南电源，晶体管为负载。该电源能够提供的最小和最大电流分别为 0 和 V_{CC}/R_C。当然，这就是前面所定义的截止值和饱和值。注意，饱和点和截止点仅取决于戴维南电路，晶体管对此没有影响。截止点和饱和点之间所画的一条线段定义了该电路的直流负载线，如图 3-12b 所示。该线段给出了该电路所有可能的直流工作点。

任何类型负载的 I-V 曲线都可以作为直流负载线加到相同的图形中来得到电路工作的图形化表示，如 1.3 节所示。图 3-12c 给出了一条直流负载线，它叠加在一系列理想集电极特性曲线上。只要保持直流工作状态，任何 I_C 值以及相应的 V_{CE} 值都将位于这条直线上。

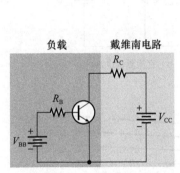
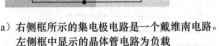

a）右侧框所示的集电极电路是一个戴维南电路。
　　左侧框中显示的晶体管电路为负载

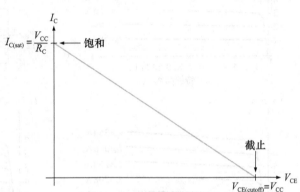

b）a）中戴维南电路的直流负载线

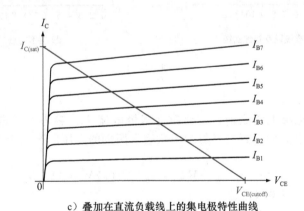

c）叠加在直流负载线上的集电极特性曲线

图 3-12　直流负载线

现在介绍如何运用直流负载线和晶体管特性曲线来说明晶体管的工作属性。假定有一个晶体管，它具有如图 3-13a 所示的特性曲线，并将它安装在图 3-13b 所示的直流测试电路中。通过画出直流负载线，可以用图解法求得电流和电压。首先，在负载线上确定截止点。当晶体管截止时，本质上没有集电极电流，因此集电极与发射极之间的电压和电流为：

$$V_{CE(cutoff)} = V_{CC} = 12V, \quad I_{C(cutoff)} = 0mA$$

然后，确定负载线上的饱和点。当晶体饱和时，V_{CE} 近似为 0。因此，R_C 两端的压降为 V_{CC}，对集电极电阻应用欧姆定律可求得集电极电流的饱和值 $I_{C(sat)}$ 为：

$$I_{C(sat)} = \frac{V_{CC}}{R_C} = \frac{12V}{2.0k\Omega} = 6.0mA$$

该值为 I_C 的最大值。在没有改变 V_{CC} 或 R_C 时，该值不可能变得更大。

接下来，在特性曲线的同一个图上画出截止点和饱和点，并在两者之间画出一条线段，即负载线。这表示该电路所有可能的工作点。图 3-13c 在同一幅图上给出了负载线以及该晶体管的特性曲线。

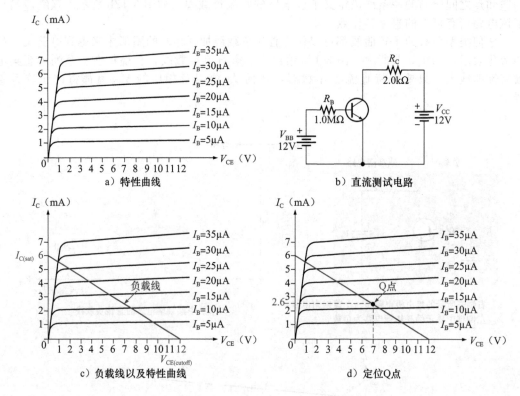

图 3-13

3.1.8 Q点

在求得实际集电极电流之前，需要建立基极电流 I_B。参考原始电路，显然基极电源 V_{BB} 是基极电阻 R_B 和正向偏置的发射结串联组合两端的电压。这意味着基极电阻两端的电压为：

$$V_{R_B} = V_{BB} - V_{BE} = 12V - 0.7V = 11.3V$$

应用欧姆定律可以求得基极电流

$$I_B = \frac{V_{R_B}}{R_B} = \frac{11.3V}{1.0M\Omega} = 11.3\mu A$$

基极电流与负载线的交叉点为电路的静态点或 Q 点。通过在 $10\mu A$ 和 $15\mu A$ 基极电流线之间插值可以在图 3-13 上求得 Q 点。Q 点的坐标就是 I_C 和 V_{CE} 值，如图 3-13d 所示。从图 3-13 上读出这些值，可以求得 I_C 值近似为 2.6mA，V_{CE} 近似为 7.0V。

图 3-13d 中的图形完全说明了该放大器电路的直流工作状态。进行故障检测时不需要画出负载线，而是要学会对电路应用基本数学知识来得到给定电路的工作情况。但是，负载线为描述晶体管的直流工作提供了一种非常有用的图形描述。

3.1 节测试题

1. 三种 BJT 电流分别称为什么？

2. 解释饱和和截止的差别。

3. β_{DC} 的定义是什么？

3.2 BJT 偏置电路

本节将给出 BJT 的偏置方法。偏置是为了使晶体管正确工作而加的合适的直流电压。这可以通过一些基本电路来实现。偏置电路的选择很大程度上取决于应用。本节将介绍 4 种偏置方法，以及它们的优缺点。

学完本节后，你应该掌握以下内容：

- 解释 4 种 BJT 偏置电路的工作原理
  - 描述基极偏置电路
  - 描述集电极反馈偏置电路
  - 描述分压式偏置电路
  - 描述发射极偏置电路

对于线性放大器，信号必定在正负两个方向上摆动，而晶体管工作电流只能在一个方向上摆动。为了使晶体管放大交流信号，该交流信号必须叠加在设置工作点的直流电平上。偏置电路将直流电平设置为该工作点，这样就允许交流信号在正负两个方向上变化，而不会使晶体管进入饱和与截止状态。

3.2.1 基极偏置

最简单的偏置电路是基极偏置。对于 npn 晶体管，如图 3-14a 所示，在基极和电压源之间连接一个电阻(R_B)。注意，这与图 3-9a 中所介绍的用来生成特性曲线的电路本质上相同。唯一的区别是基极和集电极电源被合并成单个电源(称为 V_{CC})。尽管这种偏置方法很简单，但对于线性放大器而言，这不是一种好方法，下面讨论原因。

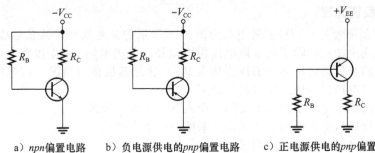

a) npn 偏置电路   b) 负电源供电的 pnp 偏置电路   c) 正电源供电的 pnp 偏置电路

图 3-14 基极偏置电路

pnp 晶体管可以使用负电源来实现偏置，如图 3-14b 所示；或者如图 3-14c 所示，在发射极上加上一个正电源来实现偏置。这两种偏置方法都通过发射结为基极电流提供回路。反过来，该基极电流产生大小为基极电流 β_{DC} 倍的集电极电流(假定线性工作)。因此，在线性工作条件下，集电极电流为：

$$I_C = \beta_{DC} I_B$$

流过基极电阻 R_B 的电流为基极电流 I_B。根据欧姆定律，替换 I_B 并得到

$$I_C = \beta_{DC} \left(\frac{V_{R_B}}{R_B} \right)$$

$$I_C = \beta_{DC} \left(\frac{V_{CC} - V_{BE}}{R_B} \right) \tag{3-3}$$

只要晶体管不处于饱和状态，在给定基极偏置下，该式就给出了集电极电流。由于该式在没有发射极电阻的情况下推导得到，因此只能应用于此种偏置组态。

如前所述，晶体管有不同的电流增益。相同类型的典型晶体管的 β_{DC} 值可以有 3 倍的

差距。此外，电流增益还受到温度影响，随着温度升高，基极-发射极电压减小，β_{DC} 的值增大。因此，在基极偏置的相似电路中，集电极电流可能相差很大。不能期望依赖于特定 β_{DC} 的电路工作在恒定状态。出于这个原因，基极偏置很少用在线性电路中。

因为只使用单一电阻来进行偏置，故基极偏置在开关应用中是很好的选择，此时晶体管始终工作在饱和或者截止状态。对开关放大器，式(3-3)并不成立。

例 3-3 制造商给出的 2N3904 型晶体管的 β_{DC} 的范围为 100～300（在图 3-25 中给出）。假设 2N3904 工作在如图 3-15 所示的基极偏置电路中。根据该指标计算集电极电流的最大值和最小值。（注意，这实际上与图 3-13 中用负载线分析方法求解的电路相同，不同之处在于现在只有一个电源。）

解：发射结正向偏置，因此管压降为 0.7V。R_B 两端的电压为：
$$V_{R_B} = V_{CC} - V_{BE} = 12V - 0.7V = 11.3V$$

对基极电阻应用欧姆定律可求得基极电流为
$$I_B = \frac{V_{R_B}}{R_B} = \frac{11.3V}{1.0M\Omega} = 11.3\mu A$$

由于是线性工作，因此集电极电流是基极电流的 β_{DC} 倍。于是，集电极电流的最小值为：
$$I_{C(min)} = \beta_{DC} I_B = 100 \times 11.3\mu A = 1.13mA$$

最大集电极电流为：
$$I_{C(max)} = \beta_{DC} I_B = 300 \times 11.3\mu A = 3.39mA$$

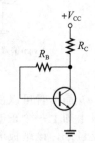

图 3-15　例 3-3 图

可以看到 β_{DC} 上 300% 的变化将导致集电极电流上 300% 的变化。

 实践练习

如果在图 3-15 所示电路中，测得集电极电流为 2.5mA，则该晶体管的 β_{DC} 值为多少？

3.2.2　集电极反馈偏置

对于 npn 型晶体管的另一种偏置组态为图 3-16 所示的集电极反馈偏置电路。（pnp 型晶体管工作原理完全相同，除了负电源电压供电以外。）基极电阻 R_B 连接在集电极，而不是像在之前讨论的基极偏置电路中那样连接在 V_{CC}。比起基极偏置情况，该基极电阻的值更小，因为集电极电压比一般工作情况下的 V_{CC} 要小。

集电极反馈用到了电子学中很重要的一个概念——负反馈来获得稳定性。负反馈将部分输出返回到输入来抵消可能出现的变化。负反馈连接提供了相对稳定的 Q 点。

下面来看一下负反馈是如何起作用的。在图 3-16 中，集电极电压为发射结提供偏置。负反馈产生补偿效果来保持 Q 点稳定。假设 β_{DC} 由于温度增加而增加，这导致 I_C 增大，反过来，R_C 上的电压降就加大。随着 R_C 两端的电压降增大，V_C 减少，这反过来也意味着它将提供更少的偏置电流。这种补偿行为正是负反馈产生的作用。关于负反馈的其他应用接下来会一一介绍。

图 3-16　集电极反馈偏置

集电极反馈偏置中的集电极电流通过应用基尔霍夫电压定律(KVL)推导得到。写出基极电路的回路方程，可以推导出集电极电流公式为：
$$I_C = \frac{V_{CC} - V_{BE}}{R_C + R_B/\beta_{DC}} \tag{3-4}$$

对 npn 型和 pnp 型晶体管，该式都是成立的（需要注意符号）。接下来的例子中会应用式(3-4)来说明如何通过反馈补偿不同的 β_{DC} 值产生的影响。

例 3-4 如前所述，2N3904 晶体管的 β_{DC} 值变化范围为 100～300。假设 2N3904 用在如图 3-17 所示的集电极反馈偏置电路中。计算该例中集电极电流的最小值和最大值。

解: 将 $\beta_{DC} = 100$ 代入式(3-4),有:

$$I_{C(min)} = \frac{V_{CC} - V_{BE}}{R_C + R_B/\beta_{DC}} = \frac{12V - 0.7V}{2.0k\Omega + 150k\Omega/100} = 3.2mA$$

同上,将 $\beta_{DC} = 300$ 代入,可得:

$$I_{C(max)} = \frac{V_{CC} - V_{BE}}{R_C + R_B/\beta_{DC}}$$

$$= \frac{12V - 0.7V}{2.0k\Omega + 150k\Omega/300} = 4.5mA$$

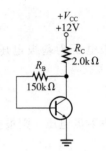

注意,β_{DC} 上 300% 的变化只使集电极电流产生 40% 的变化,相对例 3-3 中的基极偏置电路而言,这是一个很可观的改进。

✎ 实践练习

图 3-17　例 3-4 图 [MULTISIM]

根据上面例题中给定的 β_{DC} 范围计算 V_{CE} 的最小值和最大值。注意,$V_E = 0$,因此 $V_{CE} = V_C$。

如例 3-4 所示,集电极反馈偏置比具有相同数量器件的基极偏置能够提供更高的稳定性。然而,对于很多线性电路,它并没有提供最高程度的稳定性。对单电源供电方式而言,分压式偏置电路具有最高的稳定性。

3.2.3　分压式偏置

前面已经看到,基极偏置的主要缺点在于它对 β_{DC} 值的依赖。集电极反馈偏置比基极偏置提供了较高的稳定性,但分压式偏置可以提供更高的稳定性。分压式偏置是使用最广泛的偏置方式,因为它只需要一个供电电压,而且提供的偏置本质上不受 β_{DC} 的影响。事实上,观察分压式偏置的方程可以发现公式中既没有 β_{DC} 也没有其他任何晶体管参数。本质上,好的分压器设计与所使用的晶体管无关。

分压器原理是基本直流/交流电路课程中最有用的原理之一,利用它可以计算电路中任意串联电阻两端的电压。图 3-18a 描述了一个基本的分压器。求出输出电阻与总电阻的比值,再乘以输入电压,就可以计算出输出电压。

$$V_{OUT} = \left(\frac{R_2}{R_1 + R_2}\right)V_{IN}$$

根据分压器原理,计算比值时,分子为输出电阻(本例中为 R_2),分母为总电阻值。

如图 3-18b 所示,当分压器输出端接负载电阻时,由于负载效应则输出电压会减小。只要负载电阻值比分压电阻值大很多,负载效应就可以忽略不计。

分压式偏置如图 3-19 所示。在该电路图中,R_1、R_2 两个电阻构成分压器,使基极电压对任何要求极小电流的负载几乎保持不变。该电压使发射结正向偏置,产生一个极小的基极电流。在分压式偏置下,晶体管相当于分压器上的一个高阻负载。这使得基极电压比无负载时的值要略小一些。在实际的分压式偏置电路中,这种效应通常很小,所以负载效应可以忽略。在任何情况下,通过选择合适的 R_1 和 R_2 可以使负载效应达到最小。根据经验,当使用的晶体管具有不同的 β_{DC} 参数值时,这些电阻中的电流至少应该十倍于基极电流才能避免基极电压的变化。这称为刚性偏置,因为基极电压与基极电流相对无关。

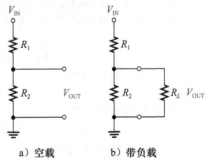

a) 空载　　　　b) 带负载

图 3-18　分压器

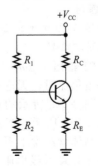

图 3-19　分压式偏置

计算分压式偏置电路参数的步骤是直接利用分压器原理和欧姆定律。基于没有负载效应的假设，可以运用之前提到的分压器原理来计算基极电压。对图 3-19 应用分压器原理可得：

$$V_B = \left(\frac{R_2}{R_1 + R_2}\right)V_{CC} \tag{3-5}$$

发射极电压为基极电压减去二极管压降。（对 pnp 型晶体管，为基极电压加上二极管压降。）

$$V_E = V_B - V_{BE}$$
$$V_E = V_B - 0.7\text{V} \tag{3-6}$$

已知发射极电压，则根据欧姆定律可求得发射极电流为：

$$I_E = \frac{V_E}{R_E}$$

集电极电流近似等于发射极电流：

$$I_C \approx I_E$$

此时可以求得集电极电压。集电极电压为 V_{CC} 减去集电极电阻两端的压降，该压降可以通过欧姆定律求得。写出该式为：

$$V_C = V_{CC} - I_C R_C \tag{3-7}$$

从集电极电压 V_C 中减去发射极电压 V_E 得到集电极-发射极电压 V_{CE}。

$$V_{CE} = V_C - V_E$$

例 3-5 给出了求电路直流参数的过程。

例 3-5 求图 3-20 所示电路中的 V_B、V_E、I_E、I_C 和 V_{CE}。

解： 首先利用分压器原理求基极电压：

$$V_B = \left(\frac{R_2}{R_1 + R_2}\right)V_{CC} = \left(\frac{3.9\text{k}\Omega}{27\text{k}\Omega + 3.9\text{k}\Omega}\right) \times 18\text{V} = 2.27\text{V}$$

发射极电压为基极电压减去二极管压降：

$$V_E = V_B - V_{BE} = 2.27\text{V} - 0.7\text{V} = 1.57\text{V}$$

接下来，利用欧姆定律求发射极电流

$$I_E = \frac{V_E}{R_E} = \frac{1.57\text{V}}{470\text{k}\Omega} = 3.34\text{mA}$$

由于 $I_C \approx I_E$，则有

$$I_C = 3.34\text{mA}$$

现在求集电极电压：

$$V_C = V_{CC} - I_C R_C = 18\text{V} - 3.34\text{mA} \times 2.7\text{k}\Omega = 8.98\text{V}$$

集电极-发射极电压为：

$$V_{CE} = V_C - V_E = 8.98\text{V} - 1.57\text{V} = 7.41\text{V}$$

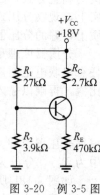

图 3-20 例 3-5 图

实践练习

对于图 3-20 中的电路，如果由于错误导致电源电压变为 +12V，求 V_B、V_E、I_E、I_C 和 V_{CE}。

图 3-21 给出了 pnp 型晶体管的两种分压式偏置组态。在基极偏压时，无论是正负电源电压都可用来偏置。当使用如图 3-21a 所示的负电压供电时，电压加到集电极。如图 3-21b 所示，当正电源电压供电时，电压加到发射极。晶体管经常上下颠倒绘制以使电源电压位于上方，这意味着发射极电阻也位于上方。npn 型晶体管的公式也可用于 pnp 型，但要注意正负号。

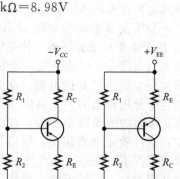

a) 负电源供电　　b) 正电源供电

图 3-21 pnp 晶体管的分压式偏置

例 3-6 求图 3-22 所示电路中的 V_B、V_E、I_E、I_C 和 V_{CE}。

解： 首先利用分压器原理求基极电压：

$$V_B = \left(\frac{R_2}{R_1 + R_2}\right)V_{CC} = \left(\frac{4.7\text{k}\Omega}{27\text{k}\Omega + 4.7\text{k}\Omega}\right) \times (-12\text{V})$$
$$= -1.78\text{V}$$

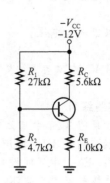

V_E 的式子与 npn 晶体管中使用的式子相同，但需注意符号。对于正向偏置的 pnp 晶体管，发射极电压为基极电压加上二极管压降：

$$V_E = V_B - V_{BE} = -1.78\text{V} - (-0.7\text{V}) = -1.08\text{V}$$

接下来，利用欧姆定律求发射极电流

$$I_E = \frac{V_E}{R_E} = \frac{-1.08\text{V}}{1.0\text{k}\Omega} = -1.08\text{mA}$$

图 3-22 例 3-6 图 [**MULTISIM**]

由于 $I_C \approx I_E$，则有

$$I_C = -1.08\text{mA}$$

现在求集电极电压：

$$V_C = V_{CC} - I_C R_C = -12\text{V} - (-1.08\text{mA}) \times 5.6\text{k}\Omega = -5.96\text{V}$$

集电极-发射极电压为：

$$V_{CE} = V_C - V_E = -5.96\text{V} - (-1.08\text{V}) = -4.88\text{V}$$

注意，对于 pnp 电路 V_{CE} 为负。

实践练习

对于图 3-22 中的电路，如果 R_E 变为 $1.2\text{k}\Omega$，求 V_B、V_E、I_E、I_C 和 V_{CE}。

3.2.4 发射极偏置

发射极偏置是非常稳定的偏置形式，它使用正负电源和单个偏置电阻，在通常的电路配置中，该偏置电阻会使基极电压接近地电势。这种偏置用于大多数集成电路放大器。

npn 型和 pnp 型发射极偏置电路如图 3-23 所示。如同其他偏置电路一样，npn 型和 pnp 型电路的最主要差别是电源电压的极性相反。

对稳定的偏置而言，所选基极电阻上的压降只有几十分之一伏。对 npn 型晶体管而言，由于 R_B 两端的压降很小，而正向偏置的发射结压降为 0.7V，因此发射极电压大约为 -1V。对 pnp 型而言，发射极的电压大约为 $+1\text{V}$。检测故障时，快速查看发射极电压可以看出晶体管是否导通以及偏置电压是否正确。

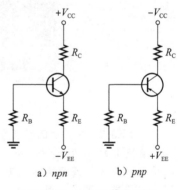

a) npn b) pnp

图 3-23 发射极偏置电路

根据欧姆定律可以计算出发射极电流。由于 $I_C \approx I_E$，因此可以计算集电极电压，并根据下式求得集电极电压：

$$V_C = V_{CC} - I_C R_C$$

例 3-7 对于图 3-24 中的发射极偏置电路，求 V_E、I_E、I_C 和 V_{CE}。

解： 首先近似得到 $V_E \approx -1\text{V}$。这表明 R_E 两端的电压为 11V。对发射极电阻应用欧姆定律。

$$I_E = \frac{V_{R_E}}{R_E} = \frac{11\text{V}}{15\text{k}\Omega} = 0.73\text{mA}$$

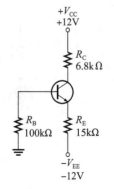

图 3-24 例 3-7 图

集电极电流近似等于发射极电流。

$$I_C \approx 0.73\text{mA}$$

现在求集电极电压。

$$V_C = V_{CC} - I_C R_C = 12\text{V} - 0.73\text{mA} \times 6.8\text{k}\Omega = 7.0\text{V}$$

从 V_C 中减去 V_E 求得 V_{CE}。

$$V_{CE} = V_C - V_E = 7.0\text{V} - (-1\text{V}) = 8.0\text{V}$$

实践练习

如果图 3-24 中晶体管的基极接地，求 V_E。

系统例子 3-1   温度控制系统

图 SE3-1 中温度控制系统的作用是保持容器中液体的温度为特定值。水箱中的温度由一个热敏电阻进行监测，该传感器的阻值随温度变化。热敏电阻的阻值最终转化为与该阻值成比例的电压值。然后将该电压加到一个阀门接口电路中，该电路可以通过调节阀门控制流入燃烧器的燃料。如果容器中的温度超过了规定值，进入燃烧器的燃料就会减少，从而使温度降低。如果容器中的温度降低到了规定值以下，进入燃烧器的燃料就会增加，从而使温度上升。

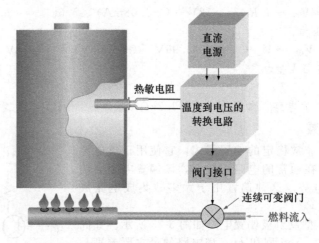

图 SE3-1   温控系统

图 SE3-2a 中所示的分压式偏置放大器用于温度到电压的转换电路。热敏电阻作为分压式偏置电路中的一个电阻。热敏电阻具有正温度系数，因此其阻值与容器中液体的温度成正比。晶体管基极电压随热敏电阻值的变化成比例变化。晶体管输出电压与基极电压成反比，即当温度降低时，输出电压增大，使得更多燃料进入燃烧器。

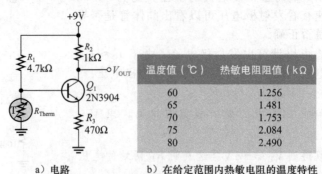

温度值（℃）	热敏电阻阻值（kΩ）
60	1.256
65	1.481
70	1.753
75	2.084
80	2.490

a）电路   b）在给定范围内热敏电阻的温度特性

图 SE3-2   温度-电压转换电路

为了说明该电路，假设温度要保持在 (70±5)℃。图 SE3-2b 中的表格给出了在给定温度范围内热敏电阻阻值的变化情况。图 SE3-3 中的 Multisim 仿真给出了温度-电压转换电路的工作情况。

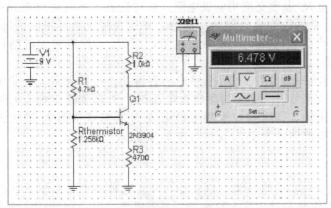

a）电路在60℃时的输出电压

R_{therm}=1.481kΩ　　R_{therm}=1.753kΩ　　R_{therm}=2.084kΩ　　R_{therm}=2.490kΩ

b）电路在65℃、70℃、75℃和80℃时的输出电压

图 SE3-3　温度-电压转换电路的工作情况

3.2 节测试题

1. 说出 BJT 的 4 种偏置电路。
2. 在刚性分压式偏置下，求 V_{CE} 的步骤是什么？
3. 对于 pnp 晶体管，在发射极偏置下，发射极电压应为多少？

3.3　数据手册中的参数及交流分析

　　模拟电子的主干是线性放大器，一种能够从较小信号的副本产生较大信号的电路。上一节介绍了如何利用偏置为晶体管的工作提供必要的直流条件。本节将介绍影响交流信号的因素。

　　学完本节后，你应该掌握以下内容：
- 讨论晶体管参数并利用这些参数对晶体管电路进行分析
  - 比较直流量和交流量的标注
  - 讨论厂商数据手册中给出的 BJT 主要特性
  - 解释耦合电容和旁路电容的作用
  - 解释放大器如何产生电压增益

3.3.1　直流和交流量

　　在本章第一部分中，利用直流量来建立晶体管的工作状态。这些直流电压和电流量用标准的斜体大写字母加上正体大写字母下标来表示，如 V_E、I_E、I_C 和 V_{CE}。小写斜体下标用来表示交流量方均根值、峰值、峰峰电压和电流，如 V_e、I_e、I_c 和 V_{ce}。瞬态量用斜体小写字母以及斜体小写下标标注，如 v_e、i_e、i_c 和 v_{ce}。

除了电流和电压以外，从交流角度和直流角度来比较，电阻往往具有不同的值（参考1.1 节中直流电阻值与交流电阻值的对比）。小写斜体下标用来标识交流电阻值。例如，R_C 代表直流集电极电阻，而 R_c 表示交流集电极电阻。在讨论放大器时可以看到进行这种区分的必要性。内部电阻是晶体管等效电路的一部分，并经常写成小写斜体字母（有时还加一个撇）和下标。例如，r'_e 代表内部交流发射极电阻，而 $R_{in(tot)}$ 代表放大电路作为信号源负载呈现的总交流电阻值。

对直流和交流电路不同的一个参数是 β。电路中的直流 $\beta(\beta_{DC})$ 如前定义为集电极电流 I_C 和基极电流 I_B 的比值。交流 $\beta(\beta_{ac})$ 定义为集电极电流的小变化量除以相应的基极电流变化量。用 ac 表示这一变化量，同时它也是集电极电流 I_c 和基极电流 I_b 的比值（注意，用小写斜体下标）。在厂商的数据手册中 β_{ac} 通常写作 h_{fe}。公式表示为：

$$\beta_{ac} = \frac{I_c}{I_b} \tag{3-8}$$

对于给定的晶体管，β_{ac} 和 β_{DC} 的值通常差别很小，并且这种差别是由于特性曲线上微小的非线性而引起的。对大多数设计而言，这些差别并不重要，但是在阅读数据手册时需要理解。

3.3.2　厂商数据手册

图 3-25 给出了 2N3903 和 2N3904 npn 型晶体管的部分数据参数。可以看到集电极-发射极最大电压（V_{CEO}）为 40V。下标中的"O"代表电压是在基极开路（O）时从集电极（C）到发射极（E）之间测量得到的结果。在本书中，为了明确起见，使用 $V_{CE(max)}$。同时也可以看到最大集电极电流为 200mA。

在该数据表中，直流电流增益（β_{DC}）用 h_{FE} 给出。h_{FE} 的最小值列在数据手册的"导通特性"下面。注意，直流电流增益并不是一个常数，而是随着集电极电流变化。该电流增益也随温度变化而变化，如图 3-26 所示。其中画出了某典型晶体管 β_{DC}、I_C 和温度三个变量的曲线族。保持结温度不变，增大 I_C 会使 β_{DC} 逐渐增大到最大值。超过最大点后继续增大 I_C，β_{DC} 将开始减小。如果在 I_C 保持不变的情况下改变温度，β_{DC} 将会直接随着温度变化而变化。

通常晶体管数据手册中会指明特定 I_C 值下的 β_{DC} 值。即便在确定的 I_C 值和温度下，给定晶体管的 β_{DC} 在不同的设备中也会彼此不同。在给定 I_C 值时给出的 β_{DC} 通常是最小值 $\beta_{DC(min)}$，但是有时也会给出最大值和典型值。

任何器件的直流功率都是电流和电压的乘积。对晶体管而言，V_{CE} 和 I_C 的乘积就是晶体管的功率。像其他任何电子元件一样，晶体管也有其工作极限。这些极限值以最大额定值的形式给出，并且通常会在制造商的数据手册中给出。一般来讲，会给出集电极-发射极电压（V_{CE}）、集电极-基极电压（V_{CB}）、发射极-基极电压（V_{EB}）、集电极电流（I_C）和功耗（P_D）这些参数的最大额定值。V_{CE} 和 I_C 的乘积一定不能超过最大额定功率。V_{CE} 和 I_C 不能同时达到各自的最大值。如果 V_{CE} 达到最大值，可以计算得到 I_C 为：

$$I_C = \frac{P_{D(max)}}{V_{CE}}$$

如果 I_C 达到最大值，V_{CE} 可以计算如下：

$$V_{CE} = \frac{P_{D(max)}}{I_C}$$

对给定的晶体管，最大功率曲线可以在集电极特性曲线中画出，如图 3-27a 所示。图 3-27b 中列出了这些数值。对于该晶体管，$P_{D(max)}$ 为 500mW，$V_{CE(max)}$ 为 20V，$I_{C(max)}$ 为 50mA。该曲线也表明晶体管不能工作在图表的阴影区域。$I_{C(max)}$ 是 A、B 两点之间的极限额定值，$P_{D(max)}$ 是 B、C 两点之间的极限额定值，$V_{CE(max)}$ 是 C、D 两点之间的极限额定值。

最大额定值

额定值	符号	数值	单位
集电极-发射极电压	V_{CEO}	40	V dc
集电极-基极电压	V_{CBO}	60	V dc
发射极-基极电压	V_{EBO}	6.0	V dc
集电极电流—连续	I_C	200	mA dc
设备总功耗 @ T_A = 25℃，25℃以上每摄氏度降低	P_D	625 5.0	mW mW/℃
设备总功耗 @ T_C = 25℃，25℃以上每摄氏度降低	P_D	1.5 12	W mW/℃
工作和储存结温度范围	T_J、T_{stg}	$-55\sim+150$	℃

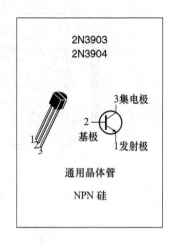

2N3903
2N3904

3 集电极
2 基极
1 发射极

通用晶体管

NPN 硅

热力学特性

特性	符号	最大值	单位
结到壳之间的热阻	$R_{\theta JC}$	83.3	℃/W
结到连接环境的热阻	$R_{\theta JA}$	200	℃/W

电学特性（T_A＝25℃，除非特别说明）

特性	符号	最小值	最大值	单位

截止特性

特性	符号	最小值	最大值	单位
集电极-发射极击穿电压(I_C=1.0mA dc, I_B=0)	$V_{(BR)CEO}$	40	—	V dc
集电极-基极击穿电压(I_C=10μA dc, I_E=0)	$V_{(BR)CBO}$	60	—	V dc
发射极-基极击穿电压(I_E=10μA dc, I_C=0)	$V_{(BR)EBO}$	6.0	—	V dc
基极截止电流(V_{CE}=30V dc, V_{EB}=3.0V dc)	I_{BL}	—	50	nA dc
集电极截止电流(V_{CE}=30V dc, V_{EB}=3.0V dc)	I_{CEX}	—	50	nA dc

导通特性

特性	符号	最小值	最大值	单位
直流电流增益	h_{FE}			—
(I_C=0.1mA dc, V_{CE}=1.0V dc)　　2N3903		20	—	
2N3904		40	—	
(I_C=1.0mA dc, V_{CE}=1.0V dc)　　2N3903		35	—	
2N3904		70	—	
(I_C=10mA dc, V_{CE}=1.0V dc)　　2N3903		50	150	
2N3904		100	300	
(I_C=50mA dc, V_{CE}=1.0V dc)　　2N3903		30	—	
2N3904		60	—	
(I_C=100mA dc, V_{CE}=1.0V dc)　　2N3903		15	—	
2N3904		30	—	
集电极-发射极饱和电压 (I_C=10mA dc, I_B=1.0mA dc) (I_C=50mA dc, I_B=5.0mA dc)	$V_{CE(sat)}$	— —	 0.2 0.3	V dc
基极-发射极饱和电压 (I_C=10mA dc, I_B=1.0mA dc) (I_C=50mA dc, I_B=5.0mA dc)	$V_{CE(sat)}$	 0.65 —	 0.85 0.95	V dc

图 3-25　2N3903 和 2N3904 *npn* 型晶体管的部分数据表

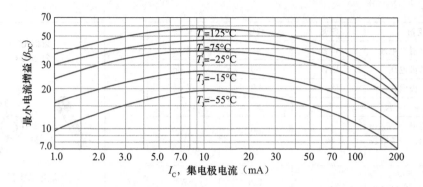

图 3-26 在不同温度下 β_{DC} 随 I_C 变化

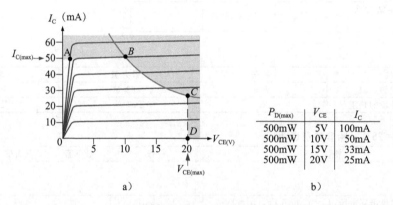

$P_{D(max)}$	V_{CE}	I_C
500mW	5V	100mA
500mW	10V	50mA
500mW	15V	33mA
500mW	20V	25mA

a)   b)

图 3-27 最大功率曲线

例 3-8 图 3-28 中的晶体管有如下最大额定值：$P_{D(max)} = 800\text{mW}$，$V_{CE(max)} = 15\text{V}$，$I_{C(max)} = 100\text{mA}$，$V_{CB(max)} = 20\text{V}$，$V_{EB(max)} = 10\text{V}$。求不超过任何额定值的情况下 V_{CC} 能够达到的最大值。首先会超过哪个额定值？

解： 首先求 I_B，这样可以确定 I_C。

$$I_B = \frac{V_{BB} - V_{BE}}{R_B} = \frac{5\text{V} - 0.7\text{V}}{22\text{k}\Omega} = 195\mu\text{A}$$

$$I_C = \beta_{DC} I_B = 100 \times 195\mu\text{A} = 19.5\text{mA}$$

I_C 远小于 $I_{C(max)}$，而且不会随 V_{CC} 改变，它只取决于 I_B 和 β_{DC}。

R_C 两端的压降为：

$$V_{R_C} = I_C R_C = 19.5\text{mA} \times 1.0\text{k}\Omega = 19.5\text{V}$$

现在可以确定当 $V_{CE} = V_{CE(max)} = 15\text{V}$ 时 V_{CC} 的最大值：

$$V_{R_C} = V_{CC} - V_{CE}$$

因此有

$$V_{CE(max)} = V_{CE(max)} + V_{R_C} = 15\text{V} + 19.5\text{V} = 34.5\text{V}$$

图 3-28 例 3-8 图

在现有情况下，V_{CC} 可以在达到 $V_{CE(max)}$ 前增大到 34.5V。但是，在该点还不知道是否会超过 $P_{D(max)}$。

$$P_D = V_{CE(max)} I_C = 15\text{V} \times 19.5\text{mA} = 293\text{mW}$$

因为 $P_{D(max)}$ 为 800mW，所以当 $V_{CC} = 34.5\text{V}$ 时，并未超过该值。也就是说，在该例中 $V_{CE(max)} = 15\text{V}$ 为极限额定值。如果移除基极电流导致晶体管关闭，那么就会超过 $V_{CE(max)}$，因为电源电压 V_{CC} 会全部作用在晶体管上。

实践练习

假设图 3-28 中晶体管有如下最大额定值：$P_{D(max)} = 500mW$，$V_{CE(max)} = 25V$，$I_{C(max)} = 200mA$，$V_{CB(max)} = 30V$，$V_{EB(max)} = 15V$。在不超过任何额定值的情况下确定 V_{CC} 的最大值。首先会超过哪个额定值？

3.3.3　交流和直流等效电路

在 3.2 节中，你已经解决了设置晶体管正常工作所必需的直流偏置条件。分析或检测任何晶体管放大器故障的第一步是求直流工作状态。在确定直流电压正确后，下一步就是检查交流信号。交流等效电路与直流电路有很大差别。例如，电容能够阻碍直流通过，因此，它在直流电路中相当于开路；但对于大多数交流信号而言相当于短路。出于这个原因，需要区别对待直流和交流等效电路。

回忆直流/交流电路课程，运用叠加原理可求得线性电路中在单个电压或电流源单独作用下任何地方的电压和电流，可以通过将其他所有电源置 0 来达到这个目标。为了计算交流参数，可以用短路来替换直流电源将它设为 0，然后计算交流参数，就如同只有交流源单独作用。用短路替换电源是指 V_{CC} 实际上对于交流信号而言相当于地电势，这称为交流地。该接地点概念指的是交流信号地而不是直流地，这是个全新的概念。只要记住交流地是交流信号的公共参考点。

3.3.4　耦合电容和旁路电容

图 3-29 所示为一个基本的 BJT 放大器。该电路与图 3-19 中的电路的差别在于加入了一个交流信号源、三个电容和一个负载电阻。另外，发射极电阻一分为二。

交流信号通过电容（C_1 和 C_3）进出放大器，这些电容称为耦合电容。如前所述，电容对交流信号而言相当于短路，而对直流信号来说相当于开路。这意味着耦合电容能够通过交流信号，同时阻碍直流电压。输入耦合电容 C_1 将交流信号从信号源输入到基极，同时将信号源与直流偏置电压进行隔离。输出耦合电容 C_3 将信号输出到负载，同时将负载与电源电压进行隔离。注意，这些耦合电容串联连接在信号通路上。

电容 C_2 则不同，它与其中的一个发射极电阻并联。这使得交流信号从发射极电阻的旁路

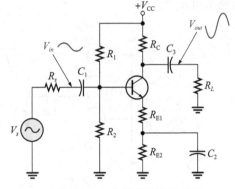

图 3-29　基本的晶体管放大器

通过，因此称为旁路电容。旁路电容的作用是增大放大器增益，其原因稍后会讲述。因为旁路电容为交流短路，所以电容的两端都为交流接地。无论电容的哪一端接地，另一端对交流信号而言也为接地端。检测故障时一定要记住这一条，你不应该在旁路电容的任意端查找交流信号。如果你能找到，那么该电容可能是开路的。

3.3.5　放大

图 3-29 中的信号源 V_s 引起基极电流的变化，相应地，在 Q 点附近发射极和集电极电流产生了更大的变化，并且与基极电流相位相同。但是，当集电极电流增大时，集电极电压减小，反之亦然。因此，集电极–发射极电压在 Q 点值上下按正弦变化，相位与基极电压相位差 $180°$。晶体管基极信号和集电极信号始终反相。因为基极电流上一个很小的变化能够在集电极电压上产生较大的变化，所以产生放大作用。

3.3 节测试题

1. 晶体管的 β_{DC} 随温度增大还是减小？

2. 通常 I_C 的增加会对 β_{DC} 产生什么影响？

3. 如何计算晶体管上消耗的直流功率？

4. 当 $V_{CE} = 8V$ 时，如果 $P_{D(max)} = 320mW$，晶体管中允许的集电极电流为多大？

5. 解释耦合电容和旁路电容的差别。

3.4 共发射极放大器

共发射极(CE)是 BJT 放大器的一种组态，其中发射极是输入信号和输出信号的公共端。本节将介绍特定的 CE 放大器，并用它来说明一些交流参数。

学完本节后，你应该掌握以下内容：

● 理解和分析共发射极放大器的工作原理

■ 画出 CE 放大器的交流等效电路

■ 计算 CE 放大器的电压增益、输入电阻和输出电阻

■ 讨论交流负载线和直流负载线的区别

■ 画出 CE 放大器的交流负载线，并求 Q 点

共发射极(CE)放大器是 BJT 放大器中使用最广泛的类型，它的发射极作为输入和输出信号的参考端。图 3-30a 给出了一个 CE 放大器，它能够在负载电阻上产生一个放大和反相的输出信号。输入信号 V_{in} 通过电容 C_1 耦合到基极，并导致基极电流在其直流偏置值上下波动。该基极电流的波动相应地产生了集电极电流的波动。由于晶体管的电流增益，集电极电流的变化量要远大于基极电流的变化量。这就产生了在集电极电压上一个更大的变化量，并且与基极信号电压反相。集电极电压的这个变化量又被电容耦合到负载上，产生输出电压 V_{out}。

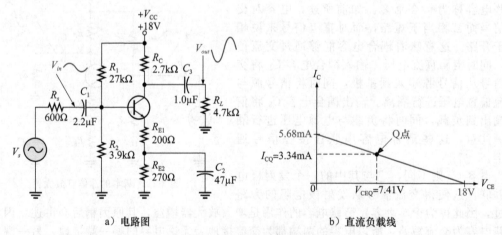

a) 电路图　　　　　　　　　　　　b) 直流负载线

图 3-30　基本的共发射极放大器

现在来仔细研究图 3-30a 中的放大器，并检查它的直流和交流参数。直流参数已经在例 3-5(图 3-20)中算出，这里简要回顾一下方法。注意，初始的 470Ω 发射极电阻现在包含两个串联电阻 R_{E1} 和 R_{E2}，其和为 470Ω。这对直流电流和电压没有影响，但由于旁路电容 C_2 的存在，发射极电路的交流电阻值会不同。

这里存在分压式偏置，因此首先利用分压原理计算直流基极电压。由于发射结二极管压降，发射极电压为基极电压减去 0.7V。接下来，对发射极电阻利用欧姆定律计算出发射极电流。计算得到发射极电流为 3.34mA，近似等于集电极电流；因此，R_C 两端的电压降也可以通过欧姆定律计算得到。从例 3-5 得到的结果可以知道 V_C 为 8.98V，V_{CE} 为 7.41V。我们知道 I_C 和 V_{CE} 确定了电路的 Q 点。由于这些 I_C 值和 V_{CE} 值是 Q 点处的值，因此它们有专门的标记：分别为 I_{CQ} 和 V_{CEQ}。

刚刚复习过的参数图能够帮你直观了解这些直流参数。可以通过计算电路的饱和电流和集电极-发射极截止电压来确定负载线。我们知道饱和电流是集电极-发射极电压近似为零时的电流。因此有：

$$I_{C(sat)} = \frac{V_{CC}}{R_C + R_{E1} + R_{E2}} = \frac{18V}{2.7k\Omega + 200\Omega + 270\Omega} = 5.68mA$$

在截止点处没有电流，因此整个电源电压 V_{CC} 就是集电极到发射极两端的电压。利用饱和点和截止点可以画出直流负载线，如图 3-30b 所示。其中给出了所有可能的工作点，但没有交流信号。Q 点位于前面计算得到的负载线上。

3.4.1 交流等效电路

由于各种原因，交流信号电路与直流源电路大不相同。如果在图 3-30a 所示电路图中应用叠加原理，并且将电容视为短路，那么你可以从交流信号的角度重新画出 CE 放大器电路图，如图 3-31 所示。电源用交流地替换（用灰色给出）。电容用短路代替，由于 C_2 的旁路作用，因此可以将 R_{E2} 删除。

交流等效电路也给出了发射结二极管中的内部电阻（使用 2.4 节所描述的补偿电阻模型）。该内部电阻记为 r'_e，在增益及放大器的输入阻抗中

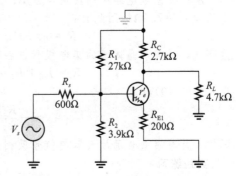

图 3-31　图 3-30a 电路的交流等效电路

发挥作用，因为它通常包含在交流等效电路中。因为它是一个交流电阻，所以有时也称为动态发射极电阻。该交流电阻值与直流发射极电流有关：

$$r'_e = \frac{25mV}{I_E} \tag{3-9}$$

该公式推导见附录。

例 3-9　计算图 3-30a 所示电路图中的动态发射极电阻 r'_e。

解： 求得发射极电流为 3.34mA（见例 3-5）。代入式(3-9)，得

$$r'_e = \frac{25mV}{I_E} = \frac{25mV}{3.34mA} = 7.5\Omega$$

实践练习

对于某晶体管，其发射极电流为 $100\mu A$，计算 r'_e。

3.4.2 电压增益

CE 放大器的电压增益 A_v 为输出信号电压与输入信号电压之比 V_{out}/V_{in}。输出电压 V_{out} 在集电极端测量得到，输入电压 V_{in} 在基极端测量得到。由于发射结正向偏置，因此发射极的信号电压近似等于基极端信号电压，即 $V_b = V_e$，则电压增益为：

$$A_v = -\frac{V_c}{V_e} = -\frac{I_c R_c}{I_e R_e}$$

由于 $I_c \approx I_e$，因此电压增益化简为交流集电极电阻与交流发射极电阻之比：

$$A_v \approx -\frac{R_c}{R_e} \tag{3-10}$$

增益公式中的负号表示反相，指的是输出信号与输入信号相位相反。注意，该增益写作两个交流电阻的比值，在其他放大器组态中也会见到类似的情况。

该增益公式是快速确定共发射极放大器电压增益有效而简单的方法。检测故障的时候，你需要知道期望的信号是什么样，记住，计算增益时，集电极和发射极电阻都是交流总电阻。下面总结一下这些概念。

● **发射极交流电路** 在发射极电路中，需要包含内部发射结二极管电阻 r'_e 和没有被

电容旁路的固定电阻。在交流发射极电路中，内部电阻 r_e' 与未被旁路的发射极电阻串联。顺便提及，在图 3-30a 中这个未被旁路的电阻是 R_{E1}，该电阻在确定增益和保持增益稳定性方面具有重要作用。稍后会看到，它同时提高了放大器的输入电阻。因为它趋向于扩大 r_e' 的不确定值，所以有时候也称它为扩量程电阻。

- **集电极交流电路**　从集电极的角度来看，集电极电阻和负载电阻是并联的。因此，集电极的交流电阻 R_c 为 $R_C \parallel R_L$。用一个例子来说明这个问题。

例 3-10　求图 3-30a 所示电路的 A_v。[**MULTISIM**]

解： 发射极电路中的交流电阻 R_e 由电阻 r_e' 和未被旁路的电阻 R_{E1} 串联而成。从例 3-9 中已知 $r_e' = 7.5\Omega$。因此有：

$$R_e = r_e' + R_{E1} = 7.5\Omega + 200\Omega = 207.5\Omega$$

接下来，计算从晶体管的集电极看进去的交流电阻。

$$R_c = R_C \parallel R_L = 2.7\text{k}\Omega \parallel 4.7\text{k}\Omega = 1.7\text{k}\Omega$$

代入式 (3-10)，

$$A_v \approx -\frac{R_c}{R_e} = -\frac{1.71\text{k}\Omega}{207.5\Omega} = -8.3$$

同样，负号用来表示放大器使信号反相。

实践练习

假定图 3-30a 中的旁路电容开路，则它会对增益产生什么影响？

3.4.3　输入电阻

放大器的输入电阻 $R_{in(tot)}$ 在 1.4 节和图 1-19 中已经介绍过了。当存在电容效应或电感效应时该电阻也称作输入阻抗。它是一个交流参数，其作用类似于一个与电源的内阻串联的负载。只要输入电阻远大于电源电阻，大部分电压就将呈现在输入端，并且负载效应微乎其微。如果输入电阻与电源的电阻相比很小，那么电源电压会主要作用于其自身的串联电阻，只留下极少的电压被放大器进行放大。

CE 放大器的一个问题是其输入电阻受 β_{ac} 值影响。就像你看到的那样，该参数的变化范围非常大，因此在不知道 β_{ac} 值的情况下，无法准确计算出给定放大器的输入电阻。尽管如此，还是可以通过在发射极电路中增加扩量程电阻来增大总的输入电阻以及最小化 β_{ac} 的影响。这样就可以获得输入电阻的一个合理估计值，进而确定给定的放大器是否符合任务要求。

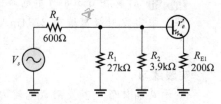

图 3-32　图 3-30a 中 CE 放大器的交流等效输入电路

图 3-30a 中 CE 放大器的输入电路重画在图 3-32 中，该图略去了输出电路。由于集电结反向偏置，因此 R_C 不是输入电路的一部分。对交流输入信号而言，它与地之间有三条并联通路。从电源端看进去，三条通路由 R_1、R_2 和经过晶体管基极-发射极电路的通路组成。正是这三条并联支路构成电路的输入电阻。将这个电阻定义为 $R_{in(tot)}$，因为它表示了包括偏置电阻在内的总输入电阻值。但是，基极-发射极支路由于晶体管电流增益的作用而与 β_{ac} 相关。由于电流增益的原因，等效电阻 R_{E1} 和 r_e' 在基极电路中比在发射极电路中大。发射极电路中的电阻必须乘以 β_{ac} 才能得到其在基极电路中的等效电阻值。因此，总输入电阻为：

$$R_{in(tot)} = R_1 \parallel R_2 \parallel [\beta_{ac}(r_e' + R_{E1})] \tag{3-11}$$

例 3-11　计算图 3-30a 所示电路中的 $R_{in(tot)}$。假设 β_{ac} 为 120。

解： 在例 3-9 中已经计算得到交流发射极内部电阻 r_e' 为 7.5Ω。代入式 (3-11)，可得：

$$R_{in(tot)} = R_1 \parallel R_2 \parallel [\beta_{ac}(r_e' + R_{E1})] = 27\text{k}\Omega \parallel 3.9\text{k}\Omega \parallel [120 \times (7.5\Omega + 200\Omega)] = 3.0\text{k}\Omega$$

实践练习

计算图 3-30a 所示电路中的 $R_{in(tot)}$。假设 β_{ac} 为 200。

3.4.4 输出电阻

回忆 1.4 节的放大器模型，该模型包含一个驱动串联电阻的戴维南电压源或者一个驱动并联电阻的诺顿电流源。在这两种模型中，电阻都一样。它是放大器的等效输出电阻。

为了计算任意 CE 放大器的输出电阻，从图 3-33 所示的输出耦合电容往回看过去。晶体管相当于一个电流源与集电极电阻并联。这与图 1-11 和图 1-19b 中的等效诺顿电路是一样的。

已经知道理想电流源的内部电阻为无穷大。只要记住这点，你就很容易看到 CE 放大器的输出电阻就是集电极电阻 R_C。

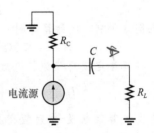

图 3-33　CE 放大器等效交流输出电路

3.4.5 交流负载线

对于大多数故障检测工作，能够快速估计电路的电压值和电流值非常有用。尽管技术人员在日常工作中很少使用负载线，但它是理解晶体管工作原理的一个非常有用的工具，同时也能帮助你了解电路的极限值（比如限幅电平）。

如 3.1 节讨论过的，可以画出由串联集电极电阻 R_C 和电压源 V_{CC} 组成的基本晶体管电路的直流负载线。如图 3-12a 所示，该串联组合构成一个戴维南电路，它在图 3-12b 中用与 y 轴在饱和点交叉的直流负载线来表示。注意，图 3-12b 中的负载线与作为负载的晶体管无关。

对交流而言，由于存在电容和发射极内电阻 r_e'，因此戴维南电阻要更加复杂。在高频电路中，电感也可能发挥作用。即使 r_e' 是晶体管内部电阻，也要将其看作戴维南电阻的一部分。耦合电容和旁路电容也会存在于大多数实际的交流电路中。对交流信号而言，电容一般被当成短路，这意味着集电极-发射极电路的交流电阻 R_{ac} 会减小。例 3-12 解释了这个概念。

图 3-34 中同时给出了电容耦合放大器的直流和交流负载线。对两条负载线而言，Q 点是相同的，因为当交流信号减小到零的时候，必然会在 Q 点工作。可以看到交流饱和电流要比直流饱和电流大（由于交流电阻较小）。此外，交流集电极-发射极截止电压比直流集电极-发射极截止电压要小。对交流信号而言，交流负载线给出了任何可能的工作点（集电极电流对集电极-发射极电压）。

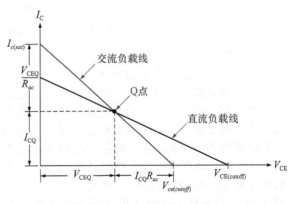

图 3-34　直流和交流负载线

在交流负载线上可以计算出交流饱和点和交流截止点。交流负载线与 y 轴的交点为 $I_{c(sat)}$。可以通过直流 Q 点（I_{CQ}）加上包含集电极-发射极电路的交流电阻 R_{ac} 的一项，计算得到该点，如图 3-34 所示。交流饱和公式如下：

$$I_{c(sat)} = I_{CQ} + \frac{V_{CEQ}}{R_{ac}}$$

交流负载线与 x 轴交点为 $V_{ce(cutoff)}$。也可以通过直流 Q 点（V_{CEQ}）加上包含交流电阻 R_{ac} 的一项得到。交流截止公式如下：

$$V_{ce(cutoff)} = V_{CEQ} + I_{CQ}R_{ac}$$

例 3-12 画出图 3-30a 所示电路的交流负载线。

解： 图 3-30b 中已经给出过该电路的直流负载线，在图 3-35 中给出以便参考。Q 点坐标为 $V_{CEQ}=7.41V$，$I_{CQ}=3.34mA$。

在确定交流负载线位置前，需要知道集电极-发射极电路的交流电阻。发射极电路中包含串联电阻 $r_e' + R_{E1}$。集电极电路中包含并联电阻组合 $R_C \parallel R_L$。集电极-发射极电路总的交流电阻为：

$$R_{ac} = r_e' + R_{E1} + (R_C \parallel R_L)$$

在例 3-9 中，已计算得到 r_e' 为 7.5Ω。将该值和其他确定电阻代入上式得到：

$$R_{ac} = 7.5Ω + 200Ω + (2.7kΩ \parallel 4.7kΩ) = 1.92kΩ$$

现在，计算集电极交流饱和电流，

$$I_{c(sat)} = I_{CQ} + \frac{V_{CEQ}}{R_{ac}} = 3.34mA + \frac{7.41V}{1.92kΩ} = 7.20mA$$

接下来，计算集电极-发射极交流截止电压。

$$V_{ce(cutoff)} = V_{CEQ} + I_{CQ}R_{ac} = 7.41V + 3.34mA \times 1.92kΩ = 13.8V$$

最终，通过集电极交流饱和电流、Q 点、集电极-发射极交流截止电压确定一条直线。现在可以画出交流负载线，如图 3-35 所示。

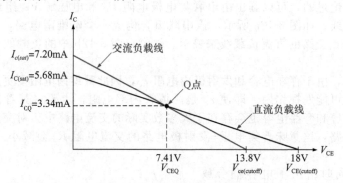

图 3-35　图 3-30a 所示电路的直流和交流负载线

✎ **实践练习**

如果负载电阻从 4.7kΩ 变为 2.7kΩ，则 Q 点和交流负载线会如何变化？

了解放大器工作原理的一个有趣方法就是在交流负载线上叠加晶体管的一系列特性曲线。图 3-36 中给出了一个典型晶体管的这些曲线，并可用于图 3-30a 中的 CE 放大器。从基极电流的峰值与 I_C 轴的交点映射出的两条线以及从交流负载线映射到 V_{CE} 轴的两条线给出了集电极电流和集电极-发射极电压峰峰值的大小，如图 3-36 所示。对于本例中的电阻，如果输入信号使基极电流在 $13\sim18\mu A$ 的范围内变化，那么集电极输出电流将在 $2.9\sim3.9mA$ 的范围内变化。此外，对相同的信号而言，V_{CE} 的变化范围为 $6.3\sim8.1V$。交流负载线也清晰地给出了当信号超过放大器的线性范围时，电流和电压的变化范围。

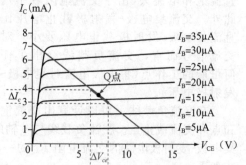

图 3-36　叠加在典型晶体管特性曲线上的交流负载线

3.4 节测试题

1. CE 放大器的哪一端为输入端？哪一端为输出端？
2. 放大器中高输入电阻的优点是什么？
3. CE 放大器中的增益如何确定？

3.5　共集电极放大器

　　共集电极（CC）放大器通常也称为射极跟随器，是三种基本放大器组态中的第二种。输入加在基极，而输出端为发射极。CC 放大器提供电流增益，电压增益近似等于 1。由于其输入电阻较高，因此常常用作缓冲器或驱动器。

　　学完本节后，你应该掌握以下内容：
- 理解和分析 CC 放大器的工作原理
  - 画出 CC 放大器的交流等效电路
  - 解释为什么 CC 放大器的电压增益近似等于 1
  - 计算 CC 放大器的电流增益、输入电阻和输出电阻
  - 解释为什么达林顿管有非常高的 β 值

　　图 3-37a 给出一个分压式偏置的共集电极（CC）电路。集电极直接接在直流电源上，它是一个交流地。注意，输入加在基极，输出从发射极取出。输出信号与输入信号相位相同。从输入耦合电容往基极看，交流等效电路包含偏置电阻和发射极电路中的电阻，如图 3-37b 所示。

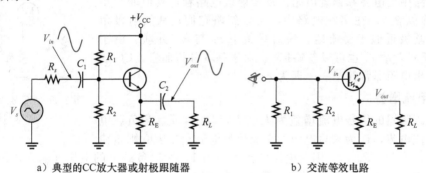

a）典型的CC放大器或射极跟随器　　　　b）交流等效电路

图 3-37　CC 放大器及其交流等效电路

3.5.1　电压增益

　　将并联发射极和负载电阻合并为一个等效电阻（$R_E \parallel R_L$）可以简化图 3-37b 中的交流电路，如图 3-38 所示。该电路图用来分析 CC 极放大器的电压增益。

　　如同所有线性放大器一样，CC 放大器的电压增益为 $A_v = V_{out}/V_{in}$。分析该增益时，偏置电阻并没有包含在其中，因为它们不会直接影响输入信号（但是它们会对电源产生负载效应）。注意，图 3-38 中输入电压作用在 r'_e 和 $R_E \parallel R_L$ 的串联电路上，而输出电压只作用在 $R_E \parallel R_L$ 两端。只要 r'_e 与 $R_E \parallel R_L$ 相比非常小，就可以忽略 r'_e 两端很小的电压降。这意味着输入电压和输出电压几乎相同。因此有：

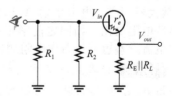

图 3-38　CC 放大器的交流输入等效电路

$$A_v \approx 1 \tag{3-12}$$

　　因为 r'_e 两端有一个小的压降，所以实际增益要稍小于 1。在实际电路中，这点差别并不重要。如果你用示波器查看一个 CC 放大器的输入和输出端，可以看到几乎一样的信

号。因为发射极输出电压跟随输入电压变化，所以 CC 放大器通常也称为射极跟随器。共集电极放大器不会进行信号反相。

你可能想知道，如果 CC 放大器具有单位电压增益，那么它的价值何在？答案在于它有电流增益。当需要驱动低阻抗负载（如扬声器）时，就要用到 CC 放大器。为了求得电流增益，首先需要分析输入和输出交流电阻。

3.5.2　输入电阻

射极跟随器的特点是有很高的输入电阻，这使其成为非常有用的电路。由于输入电阻很高，当一个电路驱动另一个电路的时候，射极跟随器可以用作缓冲器来减小负载效应。从基极看进去，输入电阻的推导与 CE 放大器的推导相同。从电源看过去，CC 放大器与具有分压式偏置的 CE 放大器有相同的并联通路，如图 3-38 的等效电路所示。但是，在本例中，发射极电路没有旁路电容。总的输入电阻公式与 CE 相似但有一个不同的发射极交流电阻（$R_E \parallel R_L$）。

$$R_{in(tot)} = R_1 \parallel R_2 \parallel [\beta_{ac}(r'_e + R_E \parallel R_L)] \tag{3-13}$$

在大多数实际电路中，r'_e 远小于 $R_E \parallel R_L$，因此在计算中可以忽略。此外，晶体管发射极电路的交流电阻通常远大于偏置电阻（由于 β_{ac}）。对于总输入电阻的快速近似，可以只计算 R_1 和 R_2 的并联电阻。

3.5.3　输出电阻

图 3-39 中给出了从输出耦合电容往回看过去的 CC 放大器交流等效输出电路。R_{base} 代表基极电路中的电源和偏置电阻。从发射极电路看，其值非常小（其值需要除以 β_{ac}）。在实际电路中，可以忽略它们；从发射极角度来看，基极近似于交流地。最后只留下 r'_e 与 R_E 并联。由于 R_E 远大于 r'_e，故 r'_e 也可以忽略掉⊖。对于基本分析而言，CC 放大器的输出电阻非常简单——即为 r'_e！

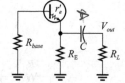

图 3-39　CC 放大器的交流等效输出电路

3.5.4　电流增益

射极跟随器的信号电流增益为 I_{load}/I_s，其中，I_{load} 为负载电阻中的交流电流，I_s 为来自电源的交流信号电流。I_s 由欧姆定律计算得到，为 $V_{in}/R_{in(tot)}$。因为电压增益近似为 1，所以负载上的电压即输入电压。于是，负载电流为 V_{in}/R_L。计算电流比例就得到电流增益：

$$A_i = \frac{I_{load}}{I_s} = \frac{V_{in}/R_L}{V_{in}/R_{in(tot)}}$$

$$A_i = \frac{R_{in(tot)}}{R_L} \tag{3-14}$$

这是非常有用的结果，可见对于有负载的 CC 放大器而言，电流增益 A_i 即为总输入电阻与负载电阻之比。如同之前学习的电压增益公式，电流增益也可以写作电阻的比值。

例 3-13　计算图 3-40 中射极跟随器的总输入电阻 $R_{in(tot)}$ 以及近似的电压增益和到负载的电流增益。假设 β_{ac} 为 140。

解：尽管在计算总输入电阻时 r'_e 可以忽略，但复习一下 r'_e 的计算方法是有用的。因为 r'_e 的值由 I_E 决定，所以第一步是计算直流状

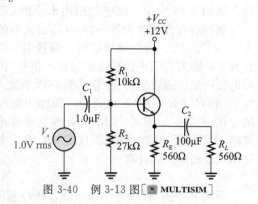

图 3-40　例 3-13 图 [MULTISIM]

⊖ 注意，由于并联的发射极电阻很大，所以这个很小的等效串联基极电阻被忽略，验证了简化的假设。

态。由分压器原理计算得到基极电压为：

$$V_B = \left(\frac{R_2}{R_1 + R_2}\right)V_{CC} = \frac{27k\Omega}{10k\Omega + 27k\Omega} \times 12V = 8.76V$$

发射极电压近似为 $V_B - V_{BE} = 8.06V$。用欧姆定律求得发射极电流为：

$$I_E = \frac{V_E}{R_E} = \frac{8.06V}{560\Omega} = 14.4mA$$

r_e' 的值为：

$$r_e' = \frac{25mV}{I_E} = \frac{25mV}{14.4mA} = 1.7\Omega$$

由于其值与发射极和负载电阻相比非常小，故可以忽略。

总输入电阻为：

$$R_{in(tot)} = R_1 \| R_2 \| [\beta_{ac}(R_E \| R_L)] = 10k\Omega \| 27k\Omega \| [140 \times (560\Omega \| 560\Omega)] = 6.15k\Omega$$

忽略 r_e'，可得电压增益为：

$$A_v = 1$$

电流增益（到负载）为

$$A_i = \frac{R_{in(tot)}}{R_L} = \frac{6.15k\Omega}{560\Omega} = 11$$

实践练习

假设 R_1 和 R_2 值变为原值的两倍，这会如何影响电压增益？如何影响电流增益？

3.5.5　达林顿管

使用 CC 放大器的一个原因是它能够提供很高的输入电阻。CC 放大器的输入电阻受到偏置电阻大小和晶体管 β_{ac} 值的限制。如果 β_{ac} 可以更高，则更大值的偏置电阻仍然可以提供必需的基极电流，并且晶体管的输入电阻也将更高。

一种增大输入电阻的方法是使用达林顿管，如图 3-41 所示。达林顿管由两个晶体管级联而成，它们的集电极端连接在一起，第一个晶体管的发射极驱动第二个晶体管的基极。这种组态实现了 β_{ac} 的成倍增加。实际上，达林顿管是一个"超级 β"晶体管，它看起来就像单个晶体管，但其 β 值等于两个晶体管的 β 值相乘。

$$\beta_{ac} = \beta_{ac1}\beta_{ac2}$$

达林顿管的主要优势是其电路可以获得很高的输入电阻和很高的电流增益。达林顿管可以用在任何需要很高 β 值的电路中。与其他晶体管类似，达林顿晶体管可以以单个封装形式得到。例如，2N6426 是一个具有 β 最小值为 30 000 的小信号达林顿晶体管。

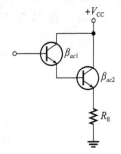

图 3-41　达林顿管

系统例子 3-2　达林顿反馈稳压器

几乎任何一种类型的电子系统都需要一个或多个内部直流电压以使系统能够正常工作。虽然输入电压（线性稳压）和负载要求（负载稳压）会变化，但是直流电压需要保持合理的稳定值。第 2 章已经介绍过如何用齐纳二极管来实现稳压，也介绍了 78XX 系列 IC 稳压器（一种更加高级的稳压方法）。

78XX 系列稳压器是一个集成在单芯片上的相对复杂的电路。它可能包含超过 20 个 BJT（NPN 型和 PNP 型），两个或两个以上齐纳二极管以及其他各种电阻、电容和传统的 pn 结二极管。除了实现稳压之外，IC 可能也包含输入电压过载保护电路、温度过载保护电路以及输出短路保护电路。但是，IC 稳压器的核心是一个围绕齐纳二极管和一个或多个 BJT 构建的相对简单的电路。该电路为全通晶体管稳压器。该名字来源于这样一个事实，所有负载电流都必须通过该串联晶体管。最基本的全通晶体管稳压器形式如图 SE3-4 所示。

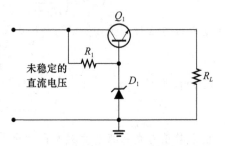

该电路的工作原理非常简单。电阻 R_1 限制齐纳二极管中的电流。Q_1 基极电压由于齐纳二极管的作用保持在相对固定的值。这意味着负载电压将等于齐纳电压值减去 Q_1 基极一发射极压降，公式如下：

$$V_L = V_Z - V_{BE}$$

如果负载电压减小，V_{BE} 值就会增大，并导致 Q_1 导通电压增加。这就增加了负载电流，于是补偿了负载电压的减小。如果负载电压增大，V_{BE} 就会减小。随着 V_{BE} 减小，晶体管导通电压减小，因此负载电流也将会减小。

图 SE3-4　基本的全通晶体管稳压器

将单个全通晶体管替换为一个达林顿管可以改善这个基本电路，如图 SE3-5 所示。达林顿管使电流增益增大意味着由于负载要求的变化而引起的齐纳电流的变化范围减小。这样就使得齐纳电压更加稳定，并且具有更好的稳压特性。此时可求得负载电压为：$V_L = V_Z - 2V_{BE}$。

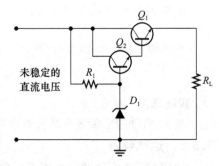

通过在输出端加入一个分压器作为误差检测电路并加入另外一个晶体管，可以进一步改善达林顿全通晶体管稳压器性能，如图 SE3-6 所示。如果负载电压增大，Q_3 基极电压也会增大，这会导致晶体管更难导

图 SE3-5　达林顿全通晶体管稳压器

通。随着 Q_3 的导通电压增加，Q_3 的 V_{CE} 减小，Q_2 的基极电压也减小。这意味着 Q_1 流到负载的电流减小，因此负载电压减小来补偿最初的增加。如果负载电压减小，则会出现相反的情况。第 11 章将会更加详细地介绍稳压电路。

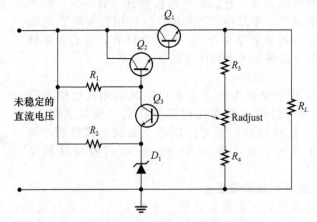

图 SE3-6　达林顿反馈稳压器

3.5 节测试题

1. CC 放大器的另一个名字是什么？
2. CC 放大器电压增益的最大理想值是多少？
3. CC 放大器最重要的特性是什么？
4. 与单个全通晶体管相比，达林顿串联全通晶体管在稳压器中的优点是什么？

3.6 共基极放大器

第三种基本的放大器组态为共基极(CB)放大器。CB 放大器能够提供高电压增益,但输入电阻较小。由于这个原因,其应用并不像其他两种那样广泛,但会在某些高频应用和称为差分放大器的电路中使用,该差分放大器将在第 6 章中讨论。

学完本节后,你应该掌握以下内容:

● 理解和分析 CB 放大器的工作原理
  ■ 画出 CB 放大器的交流等效电路
  ■ 计算 CB 放大器的电压增益、输入电阻和输出电阻

图 3-42a 为分压式偏置的典型共基极(CB)放大器。由于存在 C_3,所以基极为信号地(交流地),输入信号加在发射极。输出通过 C_2 从集电极耦合到负载电阻。图 3-42b 给出了其交流等效电路。电容和直流电源用短路代替,这使得偏置电阻在等效电路中也被短路。该电路与共发射极电路的基本差别在于信号如何加入放大器中。

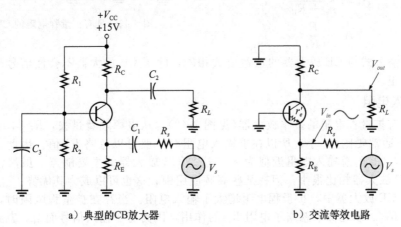

a) 典型的CB放大器　　　　b) 交流等效电路

图 3-42　CB 放大器及其交流等效电路

3.6.1 电压增益

如同 CE 与 CC 放大器,CB 放大器的电压增益也为 V_{out}/V_{in}。对于 CB 放大器而言,V_{out} 为集电极交流电压 V_c,V_{in} 为发射极交流电压 V_e。记住这点,就可以得到电压增益为:

$$A_v = \frac{V_c}{V_e} = \frac{I_c(R_C \parallel R_L)}{I_e(r_e' \parallel R_E)}$$

集电极交流电流和发射极交流电流几乎相同,因此二者可以互相抵消。因为 $R_E \gg r_e'$,所以可以将 $r_e' \parallel R_E$ 近似为 r_e'。此外,$R_C \parallel R_L$ 表示集电极交流电阻 R_c。因此,电压增益仍然是电阻之比。

$$A_v = \frac{R_C \parallel R_L}{r_e' \parallel R_E}$$

或者为

$$A_v \approx \frac{R_c}{r_e'}$$

该式说明电压增益近似等于集电极交流电阻和发射极内部交流电阻的比值。在本例中,发射极电阻仅由 r_e' 组成。更普通的情况是在发射极电路中增加扩量程电阻,下面将会介绍。

存在扩量程电阻的电压增益　图 3-42 中的基本 CB 放大器的一个问题是它会使较大的信号产生失真,因为输入端只有一个电阻 r_e',它在一定程度上与信号幅度相关。一个较大

的信号会引起 r'_e 的变化，从而改变增益。图 3-43 所示为基本放大器的改进，其中给出了针对小信号晶体管的一些典型值。通过增加具有较小值的扩量程电阻 R_{E1}，并将其与 r'_e 串联来进行改进。如同在 CE 放大器中，额外增加的固定电阻会产生更高的增益稳定性并增大输入电阻，但是以降低增益为代价。对 CB 放大器来说，它也可以显著改善其线性性质，因为扩量程电阻是与信号幅度无关的定值。

因为扩量程电阻与 r'_e 串联，所以其值与 r'_e 相加得到交流发射极电阻的近似值（忽略并联的 R_{E2}，因为它的值非常大）。CB 放大器的电压增益仍为交流集电极电阻 R_c 除以交流发射极电阻 R_e，但现在包含扩量程电阻。

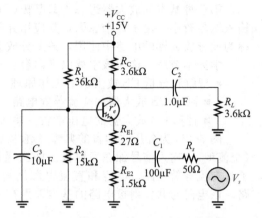

图 3-43　具有扩量程电阻的 CB 放大器

$$A_v \approx \frac{R_C \parallel R_L}{r'_e + R_{E1}}$$

$$A_v \approx \frac{R_c}{R_e} \tag{3-15}$$

注意，该增益公式与 CE 放大器的增益公式相同，除了 CB 放大器不会使信号反相，因此增益符号为正。

3.6.2　输入电阻

对于没有扩量程电阻的基本放大器（见图 3-42），从电源端看过去，R_E 与 r'_e 并联。但是，因为 r'_e 通常要比 R_E 小，所以在求输入电阻时一般可以忽略 R_E 值。因此，在没有扩量程电阻时，CB 的总输入电阻近似为 r'_e。这是 CB 放大器的主要缺点。虽然该输入电阻与 CE 和 CC 放大器相比很小，但在某些高频应用中，这也可以成为其优势。

如同在 CE 放大器中，扩量程电阻增大了输入电阻。当存在扩量程电阻时，输入电阻近似为 $r'_e + R_{E1}$。该近似中忽略了电阻 R_{E2} 的作用，因为对于输入信号而言，其处于一个值较大的并联通路上。因此有：

$$R_{in(tot)} \approx r'_e + R_{E1} \tag{3-16}$$

3.6.3　输出电阻

CB 放大器的输出电路与 CE 放大器的相同，因此，其输出电阻也一样（见 3.4 节的讨论）。从输出耦合电容往回看，CB 和 CE 放大器的输出电阻都为集电极电阻 R_C。

$$R_{out} = R_C$$

例 3-14　计算图 3-43 中 CB 放大器的总输入电阻和电压增益。

解： 为了求得 r'_e，首先计算 I_E。根据分压原理求得基极直流电压。

$$V_B = \left(\frac{R_2}{R_1 + R_2}\right) V_{CC} = \left(\frac{15k\Omega}{36k\Omega + 15k\Omega}\right) \times 15V = 4.41V$$

发射极电压为基极电压减去二极管压降。

$$V_E = V_B - V_{BE} = 4.41V - 0.7V = 3.71V$$

根据欧姆定律，发射极电流为

$$I_E = \frac{V_E}{R_E} = \frac{3.71V}{1.53k\Omega} = 2.43mA$$

现在求得 r'_e 值为

$$r'_e = \frac{25mV}{I_E} = \frac{25mV}{2.43mA} = 10.3\Omega$$

从输入耦合电容看进去，总输入电阻为扩量程电阻与 r'_e 之和

$$R_{in(tot)} = r'_e + R_{E1} = 10.3\Omega + 27\Omega = 37.3\Omega$$

信号电压增益为集电极交流电阻与发射极交流电阻之比。集电极交流电阻 R_c 等于 $R_C \parallel R_L$。发射极交流电阻等于 $r'_e + R_{E1}$。因此，电压增益为

$$A_v \approx \frac{R_c}{R_e} = \frac{R_C \parallel R_L}{r'_e + R_{E1}} = \frac{3.6\text{k}\Omega \parallel 3.6\text{k}\Omega}{10.3\Omega + 27\Omega} = 48$$

实践练习

如果耦合电容上的输入电压是峰峰值为 50mV 的正弦波，求输出电压。

3.2 节介绍的偏置方法也可以用于 CB 放大器。发射极偏置需要较少的元件但需要双电源。当 CB 放大器采用发射极偏置时，基极可以直接接地而不需要通过电容，而且也没有偏置电阻。例 3-15 给出了 pnp 型晶体管 CB 放大器发射极偏置的情况。在看解答之前，请估计直流参数和增益大小。

例 3-15 计算图 3-44 中 CB 放大器的总输入电阻和电压增益。

解： 因为基极接地，所以发射极电压为 0.7V。它的计算如下

$$V_E = V_B - V_{BE} - 0\text{V} - (-0.7\text{V}) = +0.7\text{V}$$

用欧姆定律计算得到发射极电流为

$$I_E = \frac{V_{R_E}}{R_E} = \frac{V_{EE} - V_E}{R_E} = \frac{15\text{V} - 0.7\text{V}}{10\text{k}\Omega} = 1.43\text{mA}$$

r'_e 为

$$r'_e = \frac{25\text{mV}}{I_E} = \frac{25\text{mV}}{1.43\text{mA}} = 17.5\Omega$$

因为电路中没有扩量程电阻，所以总输入电阻（从输入耦合电容看过去）就是 r'_e。故总输入电阻为

$$R_{in(tot)} = r'_e = 17.5\Omega$$

从输入耦合电容到负载电阻的信号电压增益为

$$A_v \approx \frac{R_c}{R_e} \approx \frac{R_C \parallel R_L}{r'_e} = \frac{5.6\text{k}\Omega \parallel 10\text{k}\Omega}{17.5\Omega} = 205$$

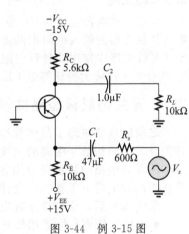

图 3-44 例 3-15 图

实践练习

对于图 3-44 中所示的电路，可以观测到什么样的集电极直流电压？

系统说明 CB 放大器有两个主要的系统应用。在一些系统中，CB 放大器的缺点实际上也可以转化为优点。CB 放大器的低输入电阻对于移动线圈传声器来讲可以是一个很好的阻抗匹配器，并经常用于传声器的前置放大器中。具有低输入电阻的放大器比起高输入电阻的放大器具有更好的抗噪能力。这在移动线圈传声器的应用中非常重要，因为它们输出的信号电平很低。

CB 放大器最常见的应用是在甚高频系统和特高频系统中。基极接地可以使发射极输入和集电极输出隔离。这意味着几乎没有反馈，从而增加了稳定性并减少了振荡的可能。CB 放大器比等效的 CE 放大器具有更大的带宽。对于发射极上的输入来讲，这种组态比 CE 放大器更不易受到内部晶体管结电容的影响。发射结和集电结间的这些内部电容限制了放大器的高频响应，特别是在类似于 CE 放大器的反相放大器中。

3.6.4 CE、CC 和 CB 放大器的交流参数总结

表 3-2 总结了这三种基本电压放大器的重要交流特性。同时也给出了一些相对值来对放大器进行比较。输入电阻依赖于特定的电路，包括偏置类型。假定所有放大器都为分压式偏置，并且在 CE 和 CB 组态中存在未被旁路的发射极电阻（R_{E1}）。这些组态与之前讨论过的情况相同。

表 3-2　放大器交流参数比较，假定所有放大器都为分压式偏置，
并且在 CE 和 CB 组态中存在未被旁路的发射极电阻

	CE	CC	CB
电压增益	$A_v \approx -\dfrac{R_c}{R_e}$ 高	$A_v \approx 1$ 低	$A_v \approx \dfrac{R_c}{R_e}$ 高
输入电阻	$R_{in(tot)} = R_1 \parallel R_2 \parallel [\beta_{ac}(r'_e + R_{E1})]$ 低	$R_{in(tot)} = R_1 \parallel R_2 [\beta_{ac}(r'_e + R_E \parallel R_L)]$ 高	$R_{in(tot)} = r'_e + R_{E1}$ 很低
输出电阻	R_C 高	$\approx r'_e$ 低	R_C 高

3.6 节测试题

1. CB 放大器能否获得与 CE 放大器相同的电压增益？
2. CB 放大器的输入电阻很低还是很高？
3. CB 放大器中使用扩量程电阻的优点是什么？
4. 为什么 CB 放大器比等效 CE 放大器具有更高的频率响应？

3.7　开关型双极型晶体管

　　之前的章节讨论了晶体管作为线性放大器的应用，其另一个主要应用是在数字系统中作为开关。最初数字电路的大规模应用是在电话系统中。现在，计算机成为使用集成电路(IC)的开关电路的最重要应用领域。当需要提供比从 IC 上能够获得的更高的电流或者需要在不同的电压下工作时，会使用分立晶体管开关电路。

　　学完本节后，你应该掌握以下内容：
- 解释怎样将晶体管用作开关
  - 计算晶体管开关的饱和电流
  - 解释一个具有迟滞的晶体管开关电路如何改变状态

　　图 3-45 说明了晶体管用作开关的基本工作原理。开关是具有打开或关闭两种状态的设备。在图 3-45a 中，晶体管处于截止状态，因为发射结没有正向偏置。在该状态下，集电极和发射极之间理想情况下为开路，可以用一个打开的开关来等效。在 3-45b 中，晶体管处于饱和状态，因为发射结正向偏置，并且基极电流大到足以使集电极电流达到其饱和值。在该状态下，集电极和发射极之间理想情况下为短路，可以等效为闭合的开关。实际上，当处于饱和状态时，晶体管上一般会有一个几十分之一伏大小的压降。

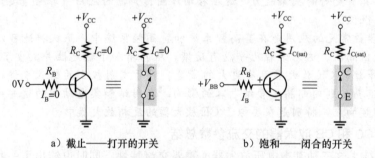

a) 截止——打开的开关　　　　　　　　b) 饱和——闭合的开关

图 3-45　晶体管的理想开关特性

3.7.1　截止状态

　　如前所述，当发射结没有正向偏置时，晶体管处于截止状态。忽略泄漏电流，总电流为零，V_{CE} 等于 V_{CC}。

$$V_{CE(cutoff)} = V_{CC}$$

3.7.2　饱和状态

当发射结正向偏置且有足够的基极电流来产生最大集电极电流时，晶体管处于饱和状态。因为 V_{CE} 在饱和状态下非常小，所以整个电源电压都作用在集电极电阻上。集电极电流近似为

$$I_{C(sat)} \approx \frac{V_{CC}}{R_C}$$

能够产生饱和的最小基极电流为

$$I_{B(min)} \approx \frac{I_{C(sat)}}{\beta_{DC}}$$

I_B 应该远大于 $I_{B(min)}$ 才能使晶体管较好地保持在饱和状态，而且满足不同晶体管的不同 β 值。

例 3-16　(a) 对于图 3-46 中的晶体管开关电路，当 $V_{IN}=0V$ 时，V_{CE} 为多少？

(b) 假设 $V_{CE(sat)}=0V$，$\beta_{DC}=200$，那么使晶体管处于饱和状态所需的最小 I_B 值为多少？

(c) 当 $V_{IN}=5V$ 时，计算 R_B 的最大值。

解：

(a) 当 $V_{IN}=0V$ 时，晶体管处于截止状态（相当于开关打开），$V_{CE}=V_{CC}=10V$。

(b) 因为 $V_{CE(sat)}=0V$，所以

$$I_{C(sat)} \approx \frac{V_{CC}}{R_C} = \frac{10V}{1.0k\Omega} = 10mA$$

$$I_{B(min)} = \frac{I_{C(sat)}}{\beta_{DC}} = \frac{10mA}{200} = 0.05mA$$

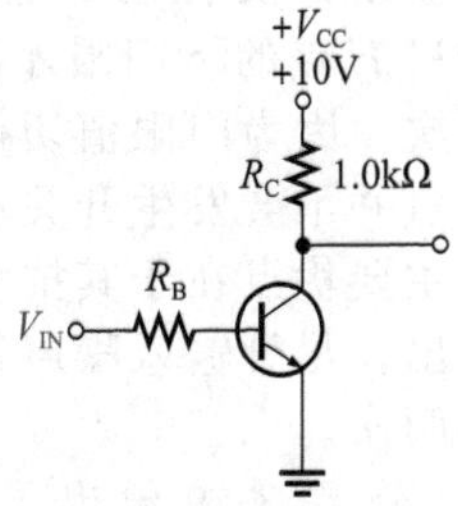

图 3-46　例 3-16 图

这就是能够使晶体管到达饱和点的 I_B 值。继续增大 I_B 将使晶体管进入更深程度的饱和状态，但不会增大 I_C。

(c) 当晶体管饱和时，$V_{BE}=0.7V$。R_B 上的电压为

$$V_{R_B} = V_{IN} - V_{BE} = 5V - 0.7V = 4.3V$$

根据欧姆定律计算得到允许 I_B 取得最小值 0.05mA 时的最大 R_B 值为：

$$R_B = \frac{V_{R_B}}{I_B} = \frac{4.3V}{0.05mA} = 86k\Omega$$

实践练习

图 3-46 中，假设 β_{DC} 为 125，$V_{CE(sat)}$ 为 0.2V；计算使晶体管进入饱和状态的最小 I_B 值。

系统说明　BJT 开关电路广泛应用在数字系统中。两种主要类型的 BJT 逻辑门为晶体管-晶体管逻辑电路(TTL)和发射极耦合逻辑电路(ECL)。在这两者当中，TTL 应用更加广泛。虽然 COMS 是现在最广泛应用的数字电路技术，但直到 1990 年前后，TTL 一直是中小规模集成电路中的佼佼者。TTL 有一点优于 COMS。因为 TTC IC 与 CMOS 芯片相比不易受到静电的干扰，所以 TTC IC 在实验室工作和原型机应用中更加实用。

3.7.3　单晶体管开关电路的改进

图 3-45 所示的基本开关电路通过门限电压控制其工作状态从开到关或从关到开变化。遗憾的是，该门限并不是一个绝对点，因为晶体管能够在截止和饱和之间的状态工作，这种状态在开关电路中是不希望出现的。加入第二个晶体管可以显著改善开关动作，提供一个更陡的门限电压。该电路如图 3-47 所示，其中用发光二极管(LED)作为输出显示，这

样就可以观察开关行为了。该电路工作状况如下。当 V_{IN} 很小时，因为电路并不能提供足够的基极电流，所以 Q_1 截止。Q_2 处于饱和状态，因为它能够通过 R_2 获得足够的基极电流，并且 LED 会发光。随着 Q_1 基极电压增大，Q_1 开始导通。当 Q_1 接近饱和时，Q_2 基极电压突然下降，导致它迅速从饱和状态切换到截止状态。Q_2 的输出电压降低，LED 灭掉。

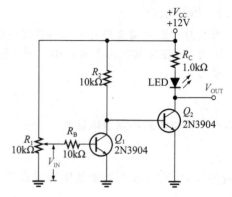

图 3-47 具有陡门限的两晶体管开关电路

基本切换电路的另一个改进是增加迟滞。对开关电路而言，迟滞意味着有两个门限电压值，这取决于输出电压是高还是低。图 3-48 说明了这种情况。当输入电压增大时，它必须跨过上门限值才能使开关发生切换动作。它不会在 A 点或 B 点发生切换，因为下门限不起作用。当信号在 C 点跨过上门限时，输出发生切换，门限也瞬间变为小的阈值。输出并没有在 D 点切换回来，而是必须跨过 E 点的下门限才能返回最初的状态。再一次，因为门限值切换到上门限值，所以在 F 点并不会发生开关动作。开关电路中迟滞的主要优点在于其抗噪能力。从本例中可以看出，尽管输入噪声很强，但是输出仅改变了两次。

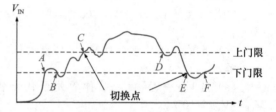

图 3-48 迟滞导致电路在 C 点和 E 点发生变换，在其他各点不发生变换

图 3-49 给出了具有迟滞的晶体管电路图。随着电位计往一个方向调整，输出会切换一次，即使电位计具有噪声。当输出切换时，共发射极电阻 R_E 使门限电压发生改变。这由两个晶体管不同的饱和电流所引起。当输出处于截止和饱和状态时，会有不同的门限值。

系统例子 3-3 安全报警系统

晶体管开关电路可以用于监测强行进入建筑物的报警系统中。在其最简单的形式中，报警系统会安装在具有任意数量门窗的 4 个区域中。它也可以扩展并覆盖其他区域。在本系统例子中，一个区域为一所房子或其他建筑物中的房间。每扇门窗上的传感器可以是机械式开关、电磁式开关或光学传感器。检测到闯入后，系统可以产生报警声或者产生一个信号通过电话线传至监控设备。

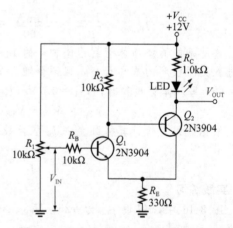

图 3-49 具有迟滞的分立晶体管开关电路

设计电路 图 SE3-7 给出了系统的基本框图。每个区域中的传感器都连接到开关电路，开关电路的输出端连接到声音报警电路或者电话拨号电路。本例的关注点在于晶体管开关电路。

区域传感器监测窗子或门是否打开。通常它们处于关闭状态并串联连接到一个直流电压源，如图 SE3-8a 所示。当窗子或门打开时，相应的传感器产生开路状态，如图 SE3-8b 所示。这些传感器用开关符号表示。

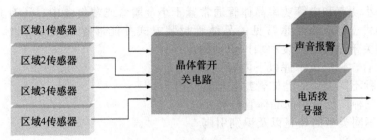

图 SE3-7　安全报警系统框图

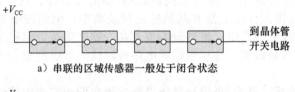

a）串联的区域传感器一般处于闭合状态

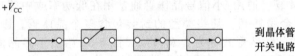

b）闯入某个区域会导致传感器开路

图 SE3-8　区域传感器组态

　　一个区域的电路图如图 SE3-9 所示。它由两个 BJT Q_1 和 Q_2 构成。只要区域传感器处于闭合状态，Q_1 就处于导通状态（饱和状态）。Q_1 集电极上极低的饱和电压使 Q_2 保持截止状态。注意，Q_2 的集电极没有连接负载。这使得 4 个区域的电路输出可以捆绑在一起，在外部连接一个普通负载来驱动报警或者拨号电路。当任何区域中的传感器打开时，意味着有闯入行为发生，Q_1 截止，其集电极电压变为 V_{CC}。这又使 Q_2 导通并导致进入饱和状态。然后 Q_2 的导通状态又会激活声音报警器和电话拨号电路。

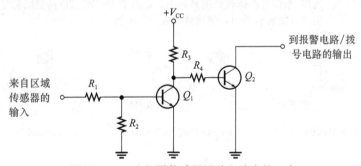

图 SE3-9　4 个相同传感器开关电路中的一个

3.7 节测试题

1. 什么时候将晶体管当成开关设备？其两种工作状态是什么？
2. 什么时候集电极电流达到其最大值？
3. 什么时候集电极电流近似为零？
4. 什么时候 V_{CE} 等于 V_{CC}？
5. 在开关电路中迟滞指什么？

3.8　晶体管封装及端口

　　晶体管有各种封装形式以应用于各种不同场合。那些带有安装螺栓或散热器的通常是功率晶体管。小功率和中等功率晶体管通常置于小金属盒或塑料盒中。还有其他用于高频设备的封装形式。你应该熟悉常见的晶体管封装方式并能够鉴别出发射极、基极和集电极。本节就是关于晶体管封装和端口识别的。

学完本节后，你应该掌握以下内容：
- 识别各种不同类型的晶体管封装形式
  - 列出三种广泛应用的晶体管分类
  - 认识不同类型的外壳以及识别引脚

3.8.1 晶体管分类

生产商通常将其生产的 BJT 分为三类：通用/小信号器件、功率器件和 RF（射频/微波）器件。虽然每种在很大程度上都有其独特的封装类型，但仍能够发现某些类型的封装方式用在不止一种器件分类之中。虽然分类中存在一定的重叠，但接下来我们来看三种分类中的每一种晶体管封装形式，这样当你看电路板时就能够识别出一个晶体管，并知道它属于哪一大类。

通用/小信号晶体管 通用/小信号晶体管通常用在低功率或中等功率放大器或开关电路中。通常是塑料或金属外壳。某些类型的封装包含多个晶体管。图 3-50 给出了常见的塑料外壳。图 3-51 中的封装形式称为金属封装，图 3-52 给出了多晶体管封装。多晶体管封装中的一些（如 DIP 和 SO）与许多集成电路的封装是一样的。其中也给出了典型的引脚，这样你可以认识发射极、基极和集电极。

a）TO-92或TO-226AA b）TO-92或TO-226AE c）SOT-23或TO-236AB

图 3-50 通用/小信号晶体管的塑料封装。给出了 JEDEC TO 的新旧标号。
引脚可能有所不同，请始终检查数据手册

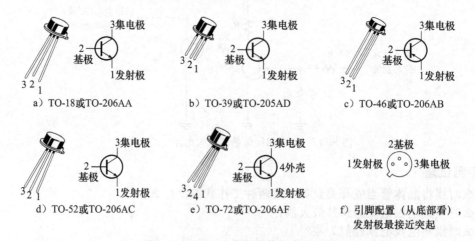

a）TO-18或TO-206AA b）TO-39或TO-205AD c）TO-46或TO-206AB

d）TO-52或TO-206AC e）TO-72或TO-206AF f）引脚配置（从底部看），
发射极最接近突起

图 3-51 通用/小信号晶体管金属封装

功率晶体管 功率晶体管用来处理大电流（通常大于 1A）或大电压场合。例如，立体声系统中最后的音频级会使用一个功率晶体管放大器来驱动扬声器。图 3-53 给出了一些常见的封装形式。在大多数应用中，金属突起或金属外壳通常是集电极而且通常连接到散热器来进行散热。在图 3-53g 中可以看到小的晶体管芯片如何安装在较大的封装当中。

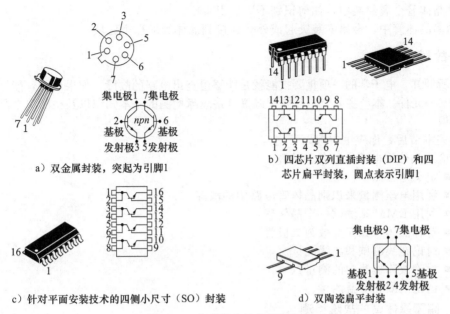

a）双金属封装，突起为引脚1

b）四芯片双列直插封装（DIP）和四芯片扁平封装，圆点表示引脚1

c）针对平面安装技术的四侧小尺寸（SO）封装

d）双陶瓷扁平封装

图 3-52 典型的多晶体管封装

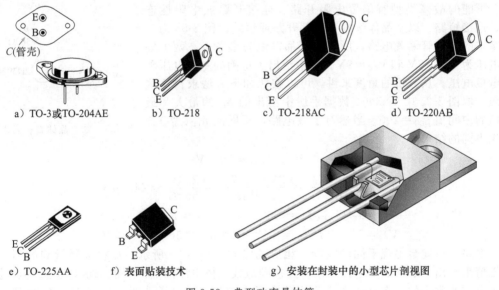

a）TO-3或TO-204AE　　b）TO-218　　c）TO-218AC　　d）TO-220AB

e）TO-225AA　　f）表面贴装技术　　g）安装在封装中的小型芯片剖视图

图 3-53 典型功率晶体管

射频晶体管　射频晶体管用于频率非常高的工作情况中，通常用在通信系统和其他高频应用中。为优化某些高频参数，它们的形状和引脚都经过特殊设计。图 3-54 给出了一些例子。

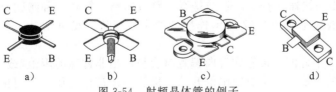

a）　　　　b）　　　　c）　　　　d）

图 3-54 射频晶体管的例子

3.8 节测试题

1. 列出 BJT 的三种分类。

2. 在单晶体管金属封装中，如何识别不同的引脚？

3. 在功率晶体管中，金属安装突起或外壳连接到晶体管的那个区域？

3.9 故障检测

众所周知，电子学的一项重要技能就是能够检查出电路的故障，如果可能，能够将故障定位在某一元件。本节主要介绍晶体管偏置电路故障检测的基本知识以及检测单个晶体管的基本知识。

学完本节后，你应该掌握以下内容：

- 检测晶体管电路中的各种故障
  - 定义悬空点
  - 利用电压测量来识别晶体管电路中的故障
  - 利用 DMM 来测试一个晶体管
  - 解释晶体管如何等效为二极管
  - 讨论在线测试和离线测试
  - 讨论故障检测中的测量点
  - 讨论泄漏和增益测量

3.9.1 偏置晶体管的故障检测

在一些简单的晶体管偏置电路中可能会产生不同类型的故障。可能的故障类型有偏置电阻开路、连接开路或电阻性连接、连接短路，以及晶体管本身内部开路或短路。图 3-55 为一个基本的晶体管偏置电路，所有电压都以地为参考点。两个偏置电压为 $V_{BB}=3V$ 和 $V_{CC}=9V$。其中给出了正确的基极电压和集电极电压。从分析的角度来讲，可以按照如下方法求得这些电压。取图 3-25 中 2N3904 数据手册中给出的 h_{FE} 的最大和最小值的中间值 $\beta_{DC}=200$。当然对于该电路，不同的 $h_{FE}(\beta_{DC})$ 会产生不同的结果。

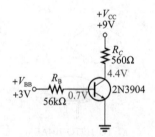

图 3-55 基本晶体管偏置电路

$$V_B = V_{BE} = 0.7V$$

$$I_B = \frac{V_{BB} - V_{BE}}{R_B} = \frac{3V - 0.7V}{56k\Omega} = \frac{2.3V}{56k\Omega} = 41.1\mu A$$

$$I_C = \beta_{DC} I_B = 200 \times 41.1\mu A = 8.2mA$$

$$V_C = V_{CC} - I_C R_C = 9V - 8.2mA \times 560\Omega = 4.4V$$

电路中可能会出现不同的故障，相应的症状如图 3-56 所示。症状以测量到的不正确电压值来给出。悬空点指电路中没有连接到地或实体电压的点。一般来讲，在悬空点处可以观测到非常小的、有时还会波动的微伏到毫伏范围的电压。图 3-56 中给出的都是典型的故障，但并不表示所有故障都可能发生。

3.9.2 利用 DMM 测试晶体管

DMM 可以用来快速检查晶体管结是否开路或短路。针对这种测试，可以把 *npn* 型和 *pnp* 型晶体管都看成是如图 3-57 所示连接的两个二极管。集电结是一个二极管，发射结是另一个二极管。

已经知道：一个好的二极管在反向偏置时会呈现出非常高的阻值(或开路)，而正向偏置时具有非常小的阻值。一个有缺陷的开路二极管不论是正向还是反向偏置都具有很高的电阻值。一个有缺陷的短路或电阻式二极管在正向和反向偏置下电阻为 0 或电阻值非常小。二极管开路是最常见的故障形式。由于晶体管的 *pn* 结就相当于二极管，因此具有相同的基本特性。

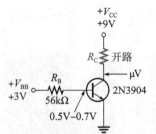

a) 故障：基极电阻开路。

症状：由于悬空点缘故在基极上读到微伏到几毫伏的电压。由于晶体管处于截止状态，因此集电极上有9V电压

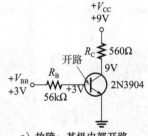

b) 故障：集电极电阻开路。

症状：由于悬空点缘故在集电极读到微伏到几毫伏的电压。由于发射结上的正向电压降，在基极上有0.5～0.7V的电压。

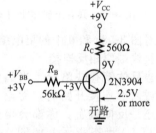

c) 故障：基极内部开路。

症状：由于晶体管处于截止状态，因此在基极端有3V电压，集电极有9V电压

d) 故障：集电极内部开路。

症状：由于发射结上的正向电压降，基极端有0.5～0.7V的电压。由于开路阻断了集电极电流，因此集电极电压为9V

e) 故障：发射极内部开路。

症状：基极端电压为3V，因为没有集电极电流，所以集电极电压为9V。发射极电压为正常的0V。

f) 故障：接地端开路。

症状：基极电压为3V，因为没有集电极电流，所以集电极电压为9V。由于发射结上的正向电压降，所以发射极的电压为2.5V或更大值。测量电压表通过其内部电阻提供了正向电流通路

图 3-56　基本晶体管偏置电路中的典型故障和故障现象

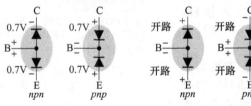

a) 正向偏置时，两个结都应该为0.7V ± 0.2V

b) 反向偏置时，理想情况下两个结都应为开路

图 3-57　将晶体管看成两个二极管

DMM 二极管测试位置　很多数字万用表(DMM)都有一个方便检测晶体管的二极管检测位置。典型的 DMM 如图 3-58 所示，用一个小的二极管符号来标示该功能开关的位置。当设定在二极管检测位置时，万用表提供一个足以使晶体管结正向偏置和反向偏置的内部电压。该内部电压在不同的 DMM 中可能各不相同，但其典型值通常在 2.5～3.5V 范围之内。万用表会显示电压读数来指明测试晶体管结的状态。

当晶体管没有缺陷时　在图 3-58a 中，万用表 VΩ(正极)端连接到 npn 型晶体管的基极，COM(负极)端连接到发射极使发射结正向偏置。如果该结是好的，那么应该得到 0.5～0.9V 范围内的读数，对于正向偏置，0.7V 为典型值。

在图 3-58b 中，接线使发射结反向偏置。如果晶体管工作正常，应该得到开路(OL)状态的指示。OL 表示该结具有极高的反向电阻。

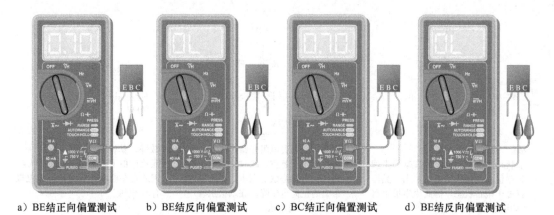

| a）BE结正向偏置测试 | b）BE结反向偏置测试 | c）BC结正向偏置测试 | d）BE结反向偏置测试 |

图 3-58　具有正确功能的 npn 型晶体管的典型 DMM 测试。对 pnp 型，引脚相反连接

对图 3-58c 和 d 中的集电结重复刚才的过程。对于 pnp 晶体管，在每次测试中，万用表的接线端要相反连接。

当晶体管有缺陷时　当晶体管结开路或内部连接开路时，无论是正向偏置还是反向偏置，你都会得到一个开路（OL）状态指示，如图 3-59a 所示。如果结短路，则无论正向偏置还是反向偏置，万用表的读数都为 0V，如图 3-59b 所示。有时，出现故障的结也有可能在两种偏置下都会呈现一个很小的电阻值而不是纯粹的短路。在本例中，万用表显示的电压值要远小于正确的开路电压。例如，电阻结可能在两种偏置下有 1.1V 的读数，而不是正确的正向读数 0.7V 和反向读数 OL。

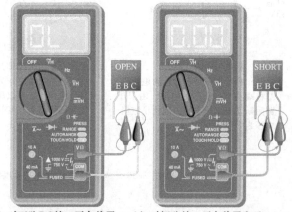

| a）对开路BC结，正向偏置和反向偏置测试读数相同（OL为典型值） | b）对短路结，正向偏置和反向偏置测试得到的读数相同，均为0V |

图 3-59　检测一个有故障的 npn 晶体管；对 pnp，连线相反连接

有些 DMM 在其面板上有检测晶体管 h_{EF}（β_{DC}）值的测试用插座。如果晶体管没有正确地插入插座或者由于内部连接或结点出现故障导致不能正常工作，典型的万用表会闪烁显示一个 1 或者显示一个 0。对于特定晶体管，如果显示的 β_{DC} 值在正常范围之内，则器件功能正确。β_{DC} 的正常值范围可以从数据手册中了解到。

用欧姆档测试晶体管　如果 DMM 没有二极管测试位置或 h_{EF} 插口，可以将功能切换到欧姆档来检测二极管是否开路或短路。对于一个好的晶体管 pn 结进行正向偏置测试时，可以得到一个取决于万用表内部电池而变化的电阻读数。许多 DMM 在欧姆档没有足够的电压来使一个结完全正偏，可能会得到一个从几百到几千欧姆的读数。

对于一个好的晶体管的反向偏置检测，在大多数 DMM 上会得到一个超出范围的读数，因为反向电阻太大而无法测量。

尽管你可能无法在 DMM 上得到准确的正向和反向电阻值读数，但这些相对读数足以指出晶体管的 pn 结是否正常工作。如你所期望的，超出范围的电阻值表明反向电阻非常高。正向偏置时几百到几千的读数表明正向电阻与反向电阻相比非常小。

3.9.3　晶体管测试仪

可以利用如图 3-60 所示的晶体管曲线绘图仪来对晶体管进行全面测试。曲线绘图仪可以显示出各种类型晶体管以及其他固态器件的特性曲线。它可以测量这些器件的大多数重要参数。一些高级的曲线绘图仪可以自动进行这些测量，还可以实现自动启动、按一定顺序进行测量、数据存储、直接生成并输出测量文件。

测量器件的特性有很多原因。在工程中，知道特定的参数对于完全理解电路的性能非常有用。器件制造商测量这些特性来开发更好的产品以及进行大规模生产。有时候曲线测绘仪可以用来进行来货测试、质量控制以及器件分类。当然，还有教学方面的原因来研究各种不同有源器件的参数。

尽管曲线测绘仪是最好的晶体管测试仪器，但最好在电路中测试晶体管，特别是在焊接好的电路中。好的检测手段表明你无须分离某个器件，除非你非常确定该器件已经损坏或者是你无法用其他方法将故障进行隔离。不能工作的电路也可能存在好的或坏的晶体管，如下面两种情况的简化电路所示。

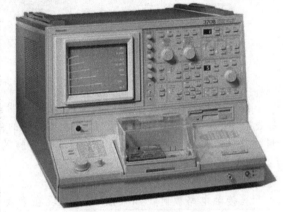

图 3-60　晶体管曲线测绘仪
（Copyright © Tektronix 公司，经许可转载）

情况 1　如果检测发现晶体管失效了，就应该用一个好的晶体管进行替换。替换器件最好进行离线检测，确保它是好的晶体管。可以将晶体管插入晶体管测试仪插孔中进行离线测试。

情况 2　如果检测到晶体管是好的而电路还是不能正常工作，则需要仔细检查电路板上的集电极是否存在连接松动的情况或者是否存在连接断裂。不好的焊点往往会导致开路或电阻很高的触点。可以用电压测量方法确定问题所在。在这种情况下，实际测量电压的物理位置非常重要。例如，当集电极引脚处存在外部开路时，如果检查集电极端就会得到一个悬空点。如果测量连接焊迹或 R_C 引脚，则会得到 V_{CC} 读数。这种情况如图 3-61 所示。

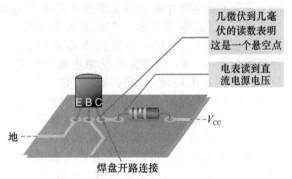

图 3-61　当开路位于外部电路时，开路指示取决于测量位置

故障检修中测量点的重要性　在上面的情况 2 中，如果在晶体管引脚处进行了初始的测量而且晶体管内部开路（如图 3-62 所示），你将测量到 V_{CC} 的值。这表明在使用检测仪之前就可以确定晶体管已失效。这个简单概念强调了在某些故障检测情况下测量点的重要性。

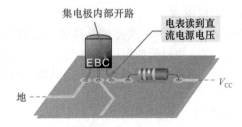

图 3-62　内部开路的说明。与图 3-61 进行比较

例 3-17 图 3-63 中的测量值说明产生了什么故障？（其中给出了三个不同位置的探针。）

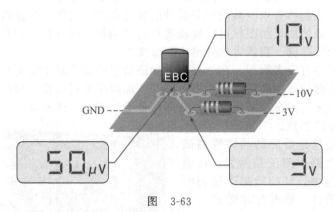

图　3-63

解： 集电极引脚处测量得到 10V 电压表明晶体管处于截止状态。通过悬空点测量可以知道在 PCB 上而不是晶体管引脚处呈现 3V 的基极偏置电压。这表明在晶体管外部两个被测的基极点之间开路。检查 PCB 上基极引脚的焊点。如果内部开路，那么在基极引脚处应有 3V 的电压。

📝 **实践练习**

当接触电路板时，如果图 3-63 中现在读数为 3V 的电表指示一个悬空点，那么最有可能是什么故障？

3.9.4 泄漏测量

在所有晶体管中都会存在非常小的泄漏电流，并且在大多数情况下可以忽略（通常为纳安级）。当晶体管如图 3-64a 所示连接时，同时基极开路（$I_B = 0$），则它处于截止状态。理想情况下 $I_C = 0$，但实际上从集电极到发射极上存在很小的电流，如前所述，该电流称为 I_{CEO}（当基极开路时集电极到发射极的电流）。对硅来说，该泄漏电流通常为纳安级。如果晶体管存在故障，则晶体管通常可能会有较大的泄漏电流，可以在晶体管检测仪（如图 3-64a 所示，接入一个电流计）中测量。另

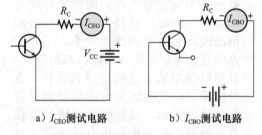

a) I_{CEO} 测试电路　　b) I_{CBO} 测试电路

图 3-64　检测电路中的泄漏电流

一种晶体管泄漏电流为反向集电极到基极电流 I_{CBO}。如图 3-64b 所示，将发射极开路可以测量这个电流。如果电流过大，则很有可能是集电结短路。

3.9.5 增益测量

除了泄漏测量外，典型的晶体管测试仪也能检测 β_{DC}。加入一个已知的 I_B，然后测量相应的 I_C 值。通过读数可以得到 I_C/I_B 的比值，但在某些单元中只给出了相对读数。大多数检测设备还提供 β_{DC} 的在线检测，以便在检测时不需要将怀疑有问题的器件从电路中拿下来进行测试。

3.9 节测试题

1. 如果怀疑电路板中某个晶体管出现了故障，你会怎么做？

2. 比如，在如图 3-55 所示的晶体管偏置电路中，如果 R_B 开路则会发生什么情况？

3. 比如，在如图 3-55 所示的电路中，如果在发射极和地之间存在外部开路，则基极和发射极电压为多少？

511327890123456790

小结

- 双极结型晶体管(BJT)由三个区域组成：发射区、基区和集电区。术语"双极"指两种类型的电流：电子电流和空穴电流。
- BJT 的三个区域被两个 pn 结分隔开。
- 双极晶体管的两种类型是 npn 型和 pnp 型。
- 在正常工作中，发射(BE)结为正向偏置，集电(BC)结为反向偏置。
- BJT 中的三个电流为基极电流、发射极电流和集电极电流。它们由公式 $I_E = I_C + I_B$ 互相关联。
- BJT 的集电极特性曲线为对于一组给定基极电流时 I_C 对 V_{CE} 的一族关系曲线。
- 当 BJT 处于截止状态时，本质上没有集电极电流，除了一个非常小的集电极泄漏电流 I_{CEO}，此时 V_{CE} 取得最大值。
- 当 BJT 处于饱和状态时，存在由外部电路决定的最大集电极电流。
- 负载线表示电路所有可能的工作点，包括截止点和饱和点。实际基极电流线和负载线的交点是电路的静态点或 Q 点。
- 基极偏置在电源和基极端之间使用单个电阻。
- 集电极反馈偏置在集电极和基极端之间使用单

个电阻。
- 分压式偏置是非常稳定的偏置形式，它在基极电路中使用两个电阻来构成分压器。
- 发射极偏置也是非常稳定的偏置形式，它同时使用正负电源，在基极和地之间使用一个电阻。
- 直流值用大写字母正体下标表示，交流值用小写字母斜体下标表示。
- 制造商的数据手册通常会给出最大电压值、电流值以及各种参数下的额定功率。
- 耦合电容与交流信号串联连接，以使交流信号进入和离开放大器。
- 旁路电容与一个电阻并联连接，以在该电阻旁边提供一条交流通路。
- 共发射极(CE)、共集电极(CC)、共基极(CB)指的是交流信号的公共端。
- CE、CC、CB 放大器的电压增益可以用交流电阻值的比值来求得。
- 达林顿管由两个晶体管构成，并可以等效为一个高 β 值的晶体管。
- 在开关电路中，晶体管工作在截止状态或饱和状态，等效为开关的断开或闭合。

关键术语

本章中的关键术语以及其他楷体术语在书后的术语表中定义。

交流 β (β_{ac})：在 BJT 中集电极电流的变化量与相应的基极电流的变化量的比值。

基区：BJT 中的一个半导体区域。

双极结型晶体管(BJT)：由三个掺杂半导体区域构成的晶体管，这三个区域被两个 pn 结分隔开。

集电区：BJT 中的一个半导体区域。

共基极(CB)：BJT 放大器的一种组态，其中基极是交流信号的公共端或地。

共集电极(CC)：BJT 放大器的一种组态，其中集

电极为交流信号的公共端或地。

共发射极(CE)：BJT 放大器的一种组态，其中发射极为交流信号的公共端或地。

截止：晶体管的非导通状态。

直流 β (β_{DC})：BJT 中集电极电流与基极电流的比值。

发射区：BJT 三个半导体区域中的一个。

反馈：将一部分输出信号返回到输入端的过程，该过程可以抵消输入端可能发生的变动。

饱和：BJT 的一种状态，其中集电极电流达到最大值并且与基极电流无关。

重要公式

(3-1) $I_E = I_C + I_B$　重要的晶体管电流关系

(3-2) $\beta_{DC} = \dfrac{I_C}{I_B}$　β_{DC} 的定义

(3-3) $I_C = \beta_{DC}\left(\dfrac{V_{CC} - V_{BE}}{R_B}\right)$　基极偏置下的集电极电流

(3-4) $I_C = \dfrac{V_{CC} - V_{BE}}{R_C + R_B/\beta_{DC}}$　集电极反馈偏置下的集电极电流

(3-5) $V_B = \left(\dfrac{R_2}{R_1 + R_2}\right)V_{CC}$　分压式偏置下的基极电压

(3-6) $V_E = V_B - 0.7V$　分压式偏置下的发射极电压

(3-7) $V_C = V_{CC} - I_C R_C$　CE 和 CB 放大器的集电极电压

(3-8) $\beta_{ac} = \dfrac{I_c}{I_b}$　β_{ac} 的定义

(3-9) $r'_e = \dfrac{25mV}{I_E}$　交流发射极电阻

(3-10) $A_v \approx -\dfrac{R_c}{R_e}$　CE 放大器的电压增益

(3-11) $R_{in(tot)} = R_1 \parallel R_2 \parallel [\beta_{ac}(r'_e + R_{E1})]$　分压式偏置时 CE 放大器的输入电阻(R_{E1} 没有被旁路)

(3-12) $A_v \approx 1$ CC 放大器的电压增益

(3-13) $R_{in(tot)} = R_1 \parallel R_2 \parallel [\beta_{ac}(r'_e + R_E \parallel R_L)]$ 采用分压式偏置以及带负载电阻时 CC 放大器的输入电阻

(3-14) $A_i = \dfrac{R_{in(tot)}}{R_L}$ CC 放大器的电流增益

(3-15) $A_v \approx \dfrac{R_c}{R_e}$ CB 放大器的电压增益

(3-16) $R_{in(tot)} \approx r'_e + R_{E1}$ 具有扩量程电阻的 CB 放大器的输入电阻

自测题

1. npn 型 BJT 中 n 型区域是_____。
   - (a) 集电区和基区
   - (b) 集电区和发射区
   - (c) 基区和发射区
   - (d) 集电区、基区和发射区

2. pnp 型晶体管中的 n 型区域是_____。
   - (a) 基区
   - (b) 集电区
   - (c) 发射区
   - (d) 外壳

3. npn 型晶体管正常工作时，基极必须_____。
   - (a) 断开
   - (b) 相对发射极为负
   - (c) 相对发射极为正
   - (d) 相对集电极为正

4. β 是下面_____的比值。
   - (a) 集电极电流与发射极电流
   - (b) 集电极电流与基极电流
   - (c) 发射极电流与基极电流
   - (d) 输出电压与输入电压

5. 在正常工作时几乎相等的两种电流是_____。
   - (a) 集电极和基极
   - (b) 集电极和发射极
   - (c) 基极和发射极
   - (d) 输入和输出

6. 如果处于未饱和状态的晶体管基极电流增大，那么集电极电流_____。
   - (a) 增大，并且发射极电流减少
   - (b) 减小，并且发射极电流减少
   - (c) 增大，并且发射极电流不变
   - (d) 增大，并且发射极电流增大

7. 处于饱和状态的晶体管可通过_____鉴别。
   - (a) 集电极和发射极之间电压非常小
   - (b) 集电极和发射极之间的电压为 V_{CC}
   - (c) 基极发射极电压降为 $0.7V$
   - (d) 没有基极电流

8. 共发射极 (CE) 放大器的电压增益可用_____的比值表示。
   - (a) 交流集电极电阻与交流输入电阻
   - (b) 交流发射极电阻与交流输入电阻
   - (c) 直流集电极电阻与直流发射极电阻
   - (d) 以上都不是

9. 共集电极 (CC) 放大器的电压增益为_____。
   - (a) 与输入信号有关
   - (b) 与晶体管 β 值有关
   - (c) 近似于 1

   - (d) 以上都不是

10. 在 CE 放大器中，从发射极到地的电容称为_____。
    - (a) 耦合电容
    - (b) 去耦电容
    - (c) 旁路电容
    - (d) 调谐电容

11. 如果将 CE 放大器中发射极到地之间的电容移除，电压增益会_____。
    - (a) 增大
    - (b) 减小
    - (c) 没有影响
    - (d) 不确定

12. 当 CE 放大器的集电极电阻值增大时，电压增益会_____。
    - (a) 增大
    - (b) 减小
    - (c) 没有影响
    - (d) 不确定

13. CE 放大器的输入电阻受_____影响。
    - (a) 偏置电阻
    - (b) 集电极电阻
    - (c) (a) 和 (b)
    - (d) (a) 和 (b) 都不对

14. CB 放大器的输出信号始终_____。
    - (a) 与输入信号同相
    - (b) 与输入信号不同相
    - (c) 比输入信号大
    - (d) 等于输入信号的幅度

15. CC 放大器的输出信号始终_____。
    - (a) 与输入信号同相
    - (b) 与输入信号不同相
    - (c) 比输入信号大
    - (d) 与输入信号完全相同

16. 达林顿管是两个相连的晶体管来提供_____。
    - (a) 非常高的电压增益
    - (b) 非常高的 β
    - (c) 非常低的输入电阻
    - (d) 非常低的输出电阻

17. 与 CE 和 CC 放大器相比，CB 放大器具有_____。
    - (a) 较低的输入电阻
    - (b) 更大的电压增益
    - (c) 更大的电流增益
    - (d) 更高的输入电阻

18. 与一般的晶体管开关相比，具有迟滞现象的晶体管开关具有_____。
    - (a) 高的输入阻抗
    - (b) 快速的切换时间
    - (c) 更高的输出电流
    - (d) 两个切换门限值

故障检测测验

参考图 3-71。

● 如果 R_2 开路，

  1. V_B 将会_____。

    (a) 增大　　(b) 减小　　(c) 不变

  2. V_C 将会_____。

    (a) 增大　　(b) 减小　　(c) 不变

● 如果 R_C 开路，

  3. V_B 会_____。

    (a) 增大　　(b) 减小　　(c) 不变

  4. V_C 将会_____。

    (a) 增大　　(b) 减小　　(c) 不变

参考图 3-74。

● 如果 R_E 为 560Ω 而不是 390Ω，

  5. 集电极直流电压会_____。

    (a) 增大　　(b) 减小　　(c) 不变

  6. 电压增益会_____。

    (a) 增大

    (b) 减小

    (c) 不变

● 如果 C_2 开路，

  7. 发射极直流电压会_____。

    (a) 增大

    (b) 减小

    (c) 不变

  8. 电压增益将会_____。

    (a) 增大

    (b) 减小

    (c) 不变

  9. 输入阻抗将会_____。

    (a) 增大

    (b) 减小

    (c) 不变

参考图 3-76。

● 如果 V_{CC} 为 15V，

  10. 电压增益将会_____。

    (a) 增大　　(b) 减小　　(c) 不变

  11. 输入阻抗将会_____。

    (a) 增大　　(b) 减小　　(c) 不变

习题

3.1 节

1. 当 $I_E = 5.34$mA，$I_B = 47.5\mu$A 时 I_C 的精确值为多少?

2. 某晶体管有 $I_C = 25$mA，$I_B = 200\mu$A；求 β_{DC}。

3. 在某晶体管电路中，发射极电流为 30mA，基极电流是它的 2%。计算集电极电流的近似值。

4. 计算图 3-65 中的 V_E 和 I_C。

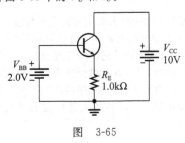

图　3-65

5. 计算图 3-66 中晶体管电路的 I_B、I_C 和 V_C。假设 $\beta_{DC} = 75$。

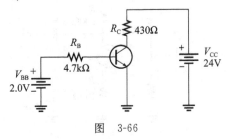

图　3-66

6. 画出图 3-67 中晶体管电路的直流负载线。

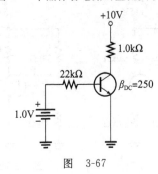

图　3-67

7. 计算图 3-67 中的 I_B、I_C 和 V_C。

3.2 节

8. 对于图 3-68 中的基极偏置 npn 晶体管，假设 $\beta_{DC} = 100$；求 I_C 和 V_{CE}。

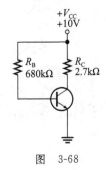

图　3-68

9. 当习题 8 中的 $\beta_{DC} = 300$ 时，重新计算结果。（提示：此时晶体管饱和。）

10. 对于图 3-69 中的基极偏置 pnp 晶体管，假设 $\beta_{DC} = 200$；求 I_C 和 V_{CE}。

11. 当图 3-69 中电路出现下列各种情况时，确定集电极电流是增加、减小还是保持不变。
    (a) 基极接地短路　(b) 减小 R_C　(c) 晶体管 β 值增大　(d) 温度升高　(e) 减小 R_B

12. 对于图 3-70 中的集电极反馈偏置电路，假设 $\beta_{DC} = 100$；求 I_C 和 V_{CE}。

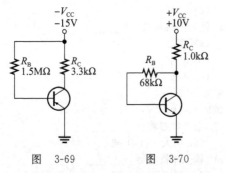

图 3-69　　　图 3-70

13. 对于图 3-71 中的分压式偏置电路，求 I_C 和 V_{CE}。

14. 对于图 3-72 中的分压式偏置电路（pnp 型），求 I_C 和 V_{CE}。

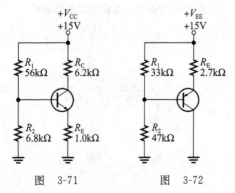

图 3-71　　　图 3-72

15. 求图 3-72 中直流负载线的两个端点：$I_{C(sat)}$ 和 $V_{CE(cutoff)}$。

16. 对于图 3-73 中的发射极偏置电路，求 I_C 和 V_{CE}。

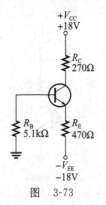

图 3-73

3.3 节

17. 对于图 3-73 中的电路，求晶体管上消耗的直流功率。

18. 假定图 3-73 中的晶体管为 2N3904，能否在不超过 $P_{D(max)}$ 的前提下将电源电压增大到 24V？（数据手册见图 3-25。）

19. 假定图 3-73 中的 R_C 替换为 330Ω 电阻。
    (a) I_C 和 V_{CE} 新的结果是多少？
    (b) 由于这个改变导致 R_C 上消耗的功率为多少？
    (c) 由于这个变化导致晶体管上消耗的功率是多少？

20. 某晶体管工作在集电极电流为 50mA 的状态下；在不超过 $P_{D(max)} = 1.2W$ 的情况下，V_{CE} 最大能变为多少？

3.4 节

21. 求图 3-74 中相对于地的直流电压 V_B、V_E 和 V_C。

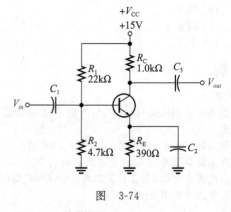

图 3-74

22. 求图 3-74 中的 CE 放大器的电压增益。

23. 图 3-75 中的放大器具有可变增益控制，R_E 为 100Ω 的电位计，它的滑片交流接地。当调节电位计时，R_E 或多或少被旁路，导致增益变化。对直流而言，R_E 保持固定不变，从而保持偏压固定。求该放大器增益的最大值和最小值。

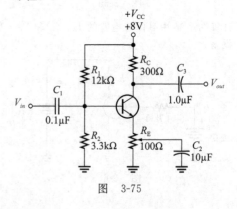

图 3-75

24. 如果把 600Ω 的负载电阻加到图 3-75 中的放大器的输出端,则最大增益为多少?

3.5 节

25. 对于图 3-76 中的 CC 放大器,假定 $\beta_{ac}=150$,求总的交流输入电阻和到负载的电流增益。

26. 画出图 3-76 中的 CC 放大器的交流等效电路。

27. 计算图 3-76 中的 CC 放大器的交流饱和电流 ($I_{c(sat)}$) 和交流截止电压 ($V_{ce(cutoff)}$)。

28. 对于图 3-72 中的 pnp CC 放大器,输入信号和输出信号应该连接在什么位置?

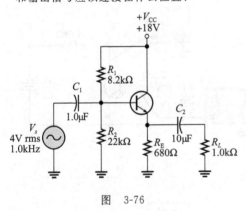

图　3-76

3.6 节

29. 与 CE 放大器和射极跟随器相比,CB 放大器的主要缺点是什么?

30. 对于图 3-77 中的 CB 放大器,计算:V_B、V_E、V_C、V_{CE}、r'_e 和 A_v。

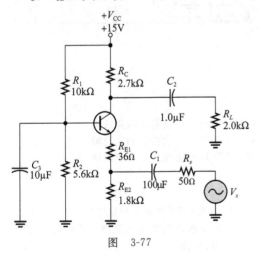

图　3-77

31. 对于图 3-77 中的 CB 放大器,计算输入电阻 $R_{in(tot)}$。

32. 对于图 3-77 中的 CB 放大器,R_{E1} 的作用是什么?

3.7 节

33. 计算图 3-43 中 Q_1 和 Q_2 的 $I_{C(sat)}$。

34. 图 3-78 中的晶体管有 $\beta_{DC}=100$,当 $V_{IN}=5V$ 时求保证会进入饱和状态的 R_B 的最大值。

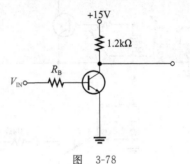

图　3-78

3.8 节

35. 辨别图 3-79 中晶体管的各个引脚。其中给出了它的仰视图。

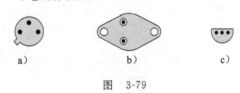

图　3-79

36. 图 3-80 中晶体管最有可能属于哪一类?

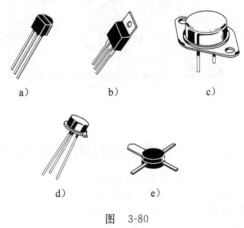

图　3-80

3.9 节

37. 在对一个好的 npn 晶体管离线测试时,当模拟欧姆表正极探头接触发射极,负极探头接触基极时,该欧姆表会有什么样的读数?当正极探头接触基极,负极探头接触发射极时,又会如何?

38. 图 3-81 中的每个电路最有可能是什么问题?假设 $\beta_{DC}=75$。

39. 图 3-82 中每个晶体管的直流 β 值为多少?

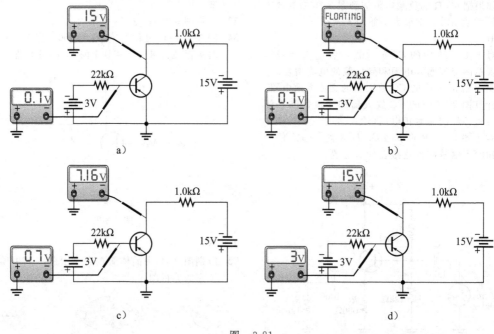

图　3-81

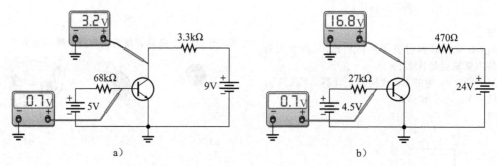

图　3-82

MULTISIM 故障检测问题[🄼 MULTISIM]

40. 打开 P03-40 文件，确定故障。
41. 打开 P03-41 文件，确定故障。
42. 打开 P03-42 文件，确定故障。
43. 打开 P03-43 文件，确定故障。
44. 打开 P03-44 文件，确定故障。
45. 打开 P03-45 文件，确定故障。

各节测试题答案

3.1 节

1. 发射区、基区、集电区
2. 饱和意味着有最大的导通电流，并且从集电极到发射极的电压接近零。截止意味着没有集电极电流，并且电源电压作用在集电极和发射极之间。
3. BJT 中集电极电流与基极电流的比值。

3.2 节

1. 基极、集电极反馈、分压式和发射极
2. 正电源供电的 npn 晶体管的分析步骤如下：
   （a）利用分压原理计算基极电压。

（b）减去 0.7V 得到发射极电压。
（c）对发射极电阻应用欧姆定律得到近似的集电极电流。
（d）利用集电极电流，根据欧姆定律计算集电极电阻两端的电压。
（e）从电源电压减去集电极电阻上的电压降得到集电极电压。
（f）集电极电压减去发射极电压得到 V_{CE}。

3. 近似为 +1V。（该结果假设基极电阻接地，并且压降为几十分之一伏。）

3.3 节

1. 增大

2. β_{DC} 随着 I_C 增大到某个值，随后减小。

3. V_{CE} 乘以 I_C

4. 40mA

5. 耦合电容与信号串联，并将信号传至或传出晶体管。旁路电容与信号并联，并在电阻旁边提供一条交流通路。

3.4 节

1. 基极为输入端，集电极为输出端。

2. 高输入电阻减少对电源的负载效应。

3. 交流集电极电阻除以交流发射极电阻。

3.5 节

1. 射极跟随器

2. 1.0

3. 电流增益、高输入电阻、低输出电阻

4. 达林顿管串联全通晶体管具有很高的增益，它减小所需的偏置电流，并且产生更加稳定的齐纳参考电压。

3.6 节

1. 是的

2. 非常低

3. 改善了线性性质和增益稳定性，提高了输入阻抗。

4. CB 放大器并不像 CE 放大器那样容易受内部电容的影响，因为 CB 放大器不像 CE 放大器那样会对信号进行反相。

3.7 节

1. 饱和(导通)和截止(断开)

2. 处于饱和状态

3. 处于截止状态

4. 处于截止状态

5. 两个不同的切换门限值

3.8 节

1. 三类 BJT 为：通用/小信号型、功率型、射频型。

2. 从突起处顺时针：发射极、基极和集电极(仰视图)。

3. 功率晶体管中的金属突起或外壳连接到集电极端。

3.9 节

1. 首先，对它进行在线测试。

2. 如果 R_B 开路，晶体管处于截止状态。

3. 基极电压为 +3V，集电极电压为 +9V。

例题中实践练习答案

3-1 $I_B = 0.241\text{mA}$, $I_C = 21.7\text{mA}$, $I_E = 21.9\text{mA}$, $V_{CE} = 4.23\text{V}$, $V_{CB} = 3.53\text{V}$

3-2 沿着 x 轴

3-3 221

3-4 当 β_{DC} 为 100 时，V_{CE} 为 5.6V；当 β_{DC} 为 300 时，V_{CE} 为 3.0V。

3-5 $V_B = 1.51\text{V}$；$V_E = 0.81\text{V}$, $I_E = 1.73\text{mA}$, $I_C = 1.73\text{mA}$, $V_{CE} = 6.51\text{V}$

3-6 $V_B = -1.78\text{V}$, $V_E = -1.08\text{V}$, $I_E = 0.90\text{mA}$, $I_C = 0.90\text{mA}$, $V_{CE} = -5.88\text{V}$

3-7 $V_E = -0.7\text{V}$

3-8 $V_{CC(max)} = 44.5\text{V}$；首先超过 $V_{CE(max)}$

3-9 250Ω

3-10 增益减小到 -3.65。

3-11 $3.15\text{k}\Omega$

3-12 对 Q 点没有影响但交流负载线变得更陡了；$I_{c(sat)} = 8.1\text{mA}$, $V_{ce(cutoff)} = 12.6\text{V}$。

3-13 电压增益仍为 1.0。电流增益升至 19。

3-14 $2.4V_{pp}$

3-15 -6.99V

3-16 $78.4\mu\text{A}$

3-17 R_B 开路(可能由于接触端损坏)。

自测题答案

1.(b) 2.(a) 3.(c) 4.(b) 5.(b) 6.(d) 7.(a) 8.(d) 9.(c) 10.(c) 11.(b)
12.(a) 13.(a) 14.(a) 15.(a) 16.(b) 17.(a) 18.(d)

故障检测测验答案

1. 增大 2. 减小 3. 减小 4. 减小 5. 减小 6. 减小 7. 不变 8. 减小 9. 增大 10. 不变 11. 不变

第 4 章

FET

目标

- 描述场效应管(FET)的基本分类
- 描述结型场效应管(JFET)的结构和工作原理
- 描述 JFET 的三种偏置方法以及它们的工作原理
- 解释金属-氧化物半导体场效应管(MOSFET)的工作原理
- 讨论和分析 MOSFET 偏置电路
- 描述 FET 线性放大器的工作原理
- 讨论 MOSFET 模拟和数字开关电路

本章介绍场效应管(FET),一种与双极结型晶体管(BJT)工作原理完全不一样的晶体管。虽然 FET 的发明要比 BJT 早数十年,但直到 20 世纪 60 年代,FET 才实现了商业生产。在某些应用中,FET 优于 BJT。在其他领域,一般混合采用两种晶体管,以获得性能最优的电路。FET 主要分为两类,一类称为结型场效应管(JFET),另一类称为金属-氧化物半导体 FET(MOSFET)。尽管 MOSFET 是实际中更为常用的器件,但是 JFET 的结构更加简单,和 MOSFET 也有很多相同的基本特性,因此本书还是首先讨论 JFET 的相关内容。

在本章中,JFET 和 MOSFET 在不同的小系统中给出。每个小系统都说明了利用这些晶体管独有特性的例子。此外,每个系统例子说明了场效应管的不同应用,包括线性放大器和开关电路。本章最后介绍一个利用 MOSFET 开关电路的太阳能跟踪系统。

4.1 FET 的结构

已经知道双极结型晶体管(BJT)是一种电流控制器件,即基极电流控制集电极电流。场效应管(FET)是电压控制器件,其中栅极电压来控制流经器件的电流。BJT 和 FET 均可作为放大器使用,也都可用于开关电路。

学完本节后,你应该掌握以下内容:

- 描述场效应管(FET)的基本分类
  - 讨论 FET 和 BJT 的主要差别

4.1.1 FET 系列

场效应管(FET)是以与 BJT 的原理工作完全不同的一类半导体。在 FET 中,在称为源极(Source)和漏极(Drain)的两个电极之间由一条窄导电沟道相连。该沟道要么由 n 型材料,要么由 p 型材料制成。正如名字中的"场效应"指出的那样,沟道的导通由一个电场控制,该电场由施加在第三个电极即栅极(Gate)上的电压形成。在结型场效应管(或 JFET)中,栅极和沟道之间形成了一个 pn 结。另一种场效应管称为金属-氧化物半导体场效应管(MOSFET),它利用绝缘的栅极来控制沟道的导通(绝缘栅和 MOSFET 指同一种器件)。绝缘层是一层很薄(<1μm)的玻璃(通常是 SiO_2)。图 4-1 是 FET 系列的一个概览,展示了目前各种种类的场效应管。本章将讨论这些所有种类的场效应管。

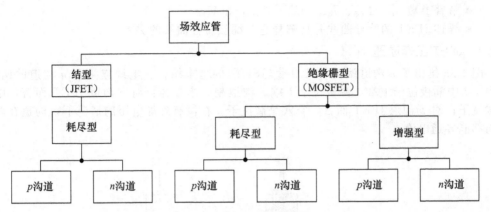

图 4-1 场效应管的分类

事实上，FET 的有关构想要远远早于 BJT。早在 1925 年，J. E. Lilienfeld 就申请了 FET 的专利(在 1930 年生效)，但直到 20 世纪 60 年代，FET 才得到商业化应用。今天，MOSFET 用在大部分的数字集成电路中，因为 MOSFET 与 BJT 相比有几个巨大优势，特别是在制造大规模集成电路的时候。MOSFET 之所以成为数字电路中采用的主要晶体管，主要有以下原因。它们可以制造在比 BJT 更小的面积上，并且，它们非常容易制造在集成电路上。此外，它们还可以得到不含电阻和二极管的更简单电路。所有微处理器和计算机内存都采用 FET 技术。4.7 节会简要介绍 FET 如何在集成电路中进行使用。

与 BJT 相比，FET 会有更多的系列。不同种类的 FET 间的区别之一主要是它们的直流特性。例如，JFET 的偏置就和增强型 MOSFET 不同。因此，本章分别讨论每种类型的直流偏置特性。幸好，偏置电路非常容易理解。在介绍偏置电路之前，将首先讨论 FET 系列中不同种类晶体管的特性。

所有 FET 的共同特征是具有非常高的输入电阻和低电噪。此外，JFET 和 MOSFET 对交流信号的响应方式也相同，并且有相似的交流等效电路。JFET 具有高输入电阻是因为输入 pn 结一直工作在反向偏置状态，而 MOSFET 的高输入电阻来源于绝缘栅。尽管所有 FET 都具有高输入电阻，但并不具有 BJT 一样的高增益。BJT 的线性也优于 FET。在某些应用场合，采用 FET 更好；在其他一些应用场合，采用 BJT 更好。许多设计使用两种类型的晶体管，往往同时采用 FET 和 BJT。因此，你需要同时理解这两种晶体管。

4.1 节测试题

1. FET 的三个电极分别称作什么？
2. 绝缘栅 FET 的另一个名字是什么？
3. 为什么集成电路中主要采用 MOSFET 这一类晶体管？
4. BJT 和 FET 的主要区别有哪些？

4.2 JFET 特性

本节将介绍 JFET 是如何作为电压控制、恒流器件工作的，也将讨论漏极特性曲线和跨导曲线，以及 JFET 的截止、夹断与 JFET 的输入电阻和电容等内容。

学完本节后，你应该掌握以下内容：

● 描述结型场效应管(JFET)的结构和工作原理
　■ 画出 n 沟道或 p 沟道 JFET 的符号
　■ 解释 JFET 的漏极特性曲线，包括可变电阻区和恒流区

- 解释参数 g_m、I_{DSS}、I_{GSS}、C_{iss}、$V_{GS(off)}$ 和 V_P
- 描述 JFET 的跨导曲线并且解释它与漏极特性曲线的关系

4.2.1 JFET 工作原理

图 4-2a 给出了 n 沟道结型场效应管（JFET）的基本结构。电线连接到 n 沟道的两端，在图 4-2 中漏极位于上端，源极位于下端。沟道是一个导体：对 n 沟道 JFET 而言，电子是载流子；对 p 沟道 JFET 而言，空穴是载流子。在没有外加电压的情况下，沟道在两个方向都能导通电流。

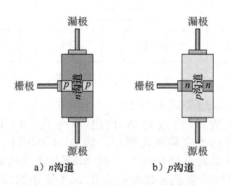

图 4-2 两种 JFET 的基本结构

在 n 沟道器件中，将 p 型材料掺杂到 n 沟道中来形成 pn 结，并连接到栅极。图 4-2a 显示的是将 p 型材料掺杂进两个区域，这两个区域一般由制造商在内部进行连接形成单个栅极。（一种专用 JFET，也称为双栅 JFET，有独立的电极连接到两个区域。）在结构图中，为了简单起见，两个 p 型区域之间的连接被省略掉，只给出到其中一个区域的连接。图 4-2b 给出了 p 沟道 JFET。

如前所述，JFET 中的沟道是栅极和源极之间的一个窄导电通路。沟道的宽度，也就是沟道的导电能力，是由栅极电压控制的。当没有栅极电压时，沟道能通过最大的电流。当栅极施加反向偏置时，沟道宽度变窄，导电能力下降。

为了说明上述过程，在一个 n 沟道器件上加上一个一般的工作电压，如图 4-3a 所示。V_{DD} 提供了一个正的漏源电压，使电子由源极向漏极流动。对 N 沟道 JFET 而言，栅源结的反向偏置由负的栅极电压实现。如图 4-3 所示，V_{GG} 设置了栅极与源极之间的反向偏置电压。注意，FET 中没有任何正向偏置的 pn 结；这也是 FET 和 BJT 的主要区别之一。

通过改变栅极电压，可以控制沟道宽度和沟道电阻，从而控制漏极电流 I_D，这个概念在图 4-3b 和 c 中说明。其中，白色区域表示的是由反向偏置产生的耗尽区。在沟道的漏极一端，该区域更宽，因为栅极和漏极之间的反向偏置电压比栅极和源极之间的反向偏置电压更大。

4.2.2 JFET 符号

n 沟道和 p 沟道 JFET 的电路符号如图 4-4 所示。可以看到漏极上的箭头方向，对 n 沟道而言是"指向里"，对 p 沟道而言是"指向外"。

4.2.3 漏极特性曲线

FET 的漏极特性曲线是漏极电流 I_D 对漏源电压 V_{DS} 之间的关系曲线，和 BJT 的集电极电流 I_C 对集电极发射极间电压 V_{CE} 曲线相对应。但是 BJT 特性曲线和 FET 特性曲线之间有很多重要差别。由于 FET 是一个电压控制器件，因此 FET 特性曲线上的第三个变量（V_{GS}）的单位是电压，而 BJT 中是电流（I_B）。本节介绍 n 沟道器件的漏极特性。p 沟道器

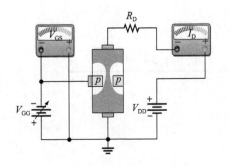

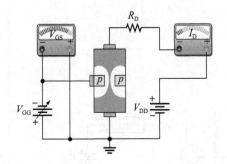

a）JFET的导通偏置　　　　b）V_{GG}增大将使沟道（白色区域之间）变窄，从而使沟道电阻增大，I_D减小

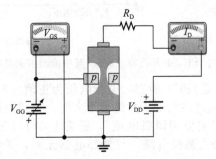

c）V_{GG}减小将使沟道（白色区域之间）变宽，从而使沟道电阻减小，I_D增大

图 4-3　V_{GG}对沟道宽度、电阻和漏极电流的影响（$V_{GG}=V_{GS}$）

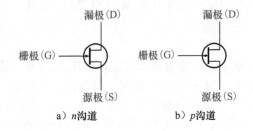

a）n沟道　　　　　b）p沟道

图 4-4　JFET 电路符号

件工作原理相同，但是极性相反。通常来说，n 沟道 JFET 比对应的 p 沟道 JFET 具有更好的指标，因此前者更为流行。

考虑 n 沟道 JFET 栅源电压为 $0(V_{GS}=0V)$ 的情况。0 电压通过短接栅极和源极来实现，在图 4-5a 中，将栅极和源极都接地。随着 V_{DD}（此情况下也就是 V_{DS}）从 0V 开始增大，I_D 也会相应增大，如图 4-5b 中 A 点和 B 点之间的曲线所示。在该区域中，沟道电阻基本是常数，因为耗尽区不大，不会产生较大的影响。该区域称为可变电阻区，因为 V_{DS} 和 I_D 之间的关系遵循欧姆定律。通过栅极电压可以改变电阻值的大小，因此可以将 JFET 作为电压控制的电阻使用。在后面的图 10-11（文氏桥）中给出了一个应用。更多应用可以参考配套实验练习手册中的实验 14、15 和 27。

在图 4-5b 中的 B 点处，曲线变为水平，I_D 开始基本保持不变。随着 V_{DS} 从 B 点增大到 C 点，栅极到漏极之间的反向偏置电压（V_{GD}）使得耗尽区变大到足以抵消 V_{DS} 增大的影响，因此使 I_D 基本不变。这一区域称为恒流区。

4.2.4　夹断电压

当 $V_{GS}=0V$ 时，I_D 变为几乎恒定（图 4-5b 中曲线上的 B 点）时，对应的 V_{DS} 的值称为

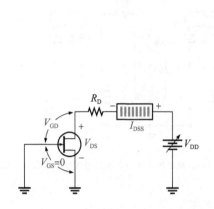
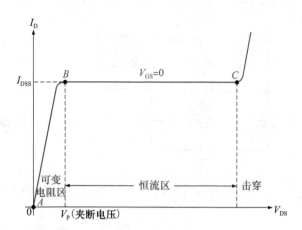

a) 在 $V_{GS}=0V$，$V_{DS}(V_{DD})$ 变化的情况下JFET的工作　　　　　b) 漏极特性

图 4-5　$V_{GS}=0V$ 时 JFET 的漏极特性曲线（其中给出了夹断电压）

夹断电压，V_P。注意，对于 n 沟道 JFET 而言，夹断电压为正值。对于给定的 JFET，V_P 为确定的值。可以看出，当 V_{DS} 超过夹断电压并继续增大时，对应的漏极电流几乎为常数。该漏极电流值为 I_{DSS}（栅极短路时漏极到源极电流），通常会在 JFET 的数据手册中给出。I_{DSS} 是给定的 JFET 能够产生的最大漏极电流，与外部电路无关，并始终在 $V_{GS}=0V$ 的条件下确定。

　　继续分析图 4-5b，在 C 点会发生击穿，此时对于 V_{DS} 的任何进一步增加，I_D 开始快速增大。因为击穿可能会造成器件不可逆的损坏，所以 JFET 通常工作在击穿以下区域，并通常在恒流区内（图 4-5b 中的 B 点和 C 点之间）工作。因此恒流区也被称为工作区。

4.2.5　V_{GS} 控制 I_D

　　在栅极与源极之间连接上一个偏置电压 V_{GG}，如图 4-6a 所示。通过调整 V_{GG}，使 V_{GS} 往负值增大，可以得到如图 4-6b 所示的一族漏极特性曲线。注意，随着 V_{GS} 变为更大的负值，I_D 减小，因为沟道变窄。也可以看到对于每一组 V_{GS}，JFET 在小于 V_P 的 V_{DS} 值下达到夹断状态（恒流开始的位置）。由此可见，V_{GS} 可以控制漏极电流的大小。

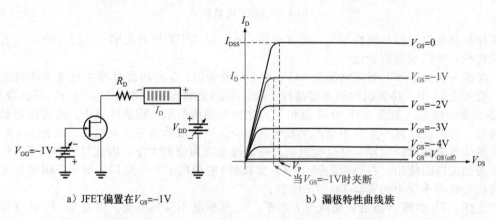

a) JFET偏置在 $V_{GS}=-1V$　　　　　b) 漏极特性曲线族

图 4-6　随着 V_{GS} 往负值增大，在更小的 V_{DS} 值时发生夹断

4.2.6　截止电压

　　使得 I_D 的值接近于 0 的 V_{GS} 称为截止电压，记为 $V_{GS(off)}$。JFET 必须工作在 $V_{GS}=$

$0V$ 和 $V_{GS(off)}$ 之间。随着栅源电压在此范围内变化，I_D 最大可达到 I_{DSS}，最小达到接近于零。

如前所述，对 n 沟道 JFET 而言，V_{GS} 越往负值变大，恒流区中的 I_D 值就越小。当 V_{GS} 是一个足够大的负值时，I_D 减小到 0。这一截止效应的产生是由于耗尽区不断变宽，最终完全关闭沟道，如图 4-7 所示。

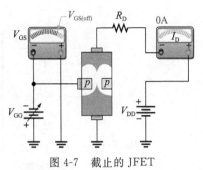

图 4-7 截止的 JFET

4.2.7 夹断和截止的比较

夹断电压在漏极特性中测量得到。对 n 沟道器件而言，夹断电压为正，是当 $V_{GS}=0V$ 时漏极电流变为恒定时的 V_{DS}。截止电压也可以在漏极特性中测量得到，是使得漏极电流变为零时的栅源电压，为负值。

$V_{GS(off)}$ 和 V_P 始终大小相等，但符号相反。数据手册通常会给出 $V_{GS(off)}$ 或 V_P 的值，但不会同时给出。但是，一旦知道其中一个，就能得到另一个。例如，如果 $V_{GS(off)}=-5V$，则 $V_P=+5V$。

例 4-1 对于图 4-8 中的 n 沟道 JFET，有 $V_{GS(off)}=-4V$，$I_{DSS}=12mA$。计算使器件工作在恒流区所需的 V_{DD} 的最小值。

解： 因为 $V_{GS(off)}=-4V$，$V_P=4V$，使得 JFET 工作在恒流区的最小的 V_{DS} 值为：
$$V_{DS}=V_P=4V$$
当 $V_{GS}=0V$ 时，在恒流区有：
$$I_D=I_{DSS}=12mA$$
漏极电阻上的压降为：
$$V_{RD}=12mA\times560\Omega=6.7V$$
对漏极电路应用基尔霍夫定律，有：
$$V_{DD}=V_{DS}+V_{RD}=4V+6.7V=10.7V$$
这是使得 $V_{DS}=V_P$ 且使得器件工作在恒流区的最小 V_{DD} 值。

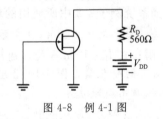

图 4-8 例 4-1 图

实践练习

如果 V_{DD} 增大到 15V，则漏极电流为多大？

4.2.8 JFET 跨导曲线

描述电路的一种有用方式是给出输出和输入之间的关系，如 1.4 节中对放大器所做的一样。这一特性称为传输曲线。

因为 JFET 由输入端（栅极）的负电压控制，并且输出是漏极电流，所以传输曲线是 I_D 关于 V_{GS} 的函数，其中 I_D 对应 y 轴，V_{GS} 对应 x 轴。当输出单位（mA）除以输入单位（V）时，结果是电导单位（mS）。可以将输入端传输到输出端的电压看成电流，因此在电导前面加上前缀"跨"形成跨导这个词语。跨导曲线是 FET 的输出特性（I_D 对 V_{GS}）曲线。在数据手册中一般以 g_m 或者 y_{fs} 来给出跨导。

n 沟道 JFET 的典型跨导曲线如图 4-9a 所示。一般来讲，所有类型的 FET 都有相同形状的跨导曲线。其中，曲线是 MPF102 ⊖ 的典型曲线，这是一种通用的 n 沟道 JFET。

跨导特性与图 4-9b 所示的漏极特性直接相关。注意，这两条曲线都有相同的纵坐标 I_D。跨导是一个交流参数，其值可在曲线的任何点上通过漏极电流的变化除以栅源电压的变化得到。

$$g_m=\frac{\Delta I_D}{\Delta V_{GS}}$$

⊖ MPF102 的数据手册见 www.onsemi.com。

此式可写成交流形式为：

$$g_m = \frac{I_d}{V_{gs}} \tag{4-1}$$

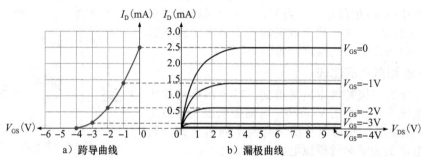

图 4-9 MPF102 n 沟道 JFET 的典型特性曲线

跨导特性曲线并不是一条直线，这表明输出电流和输入电压间的关系是非线性的。这非常重要：FET 具有非线性的跨导曲线。这意味着 FET 可能会造成输入信号的失真。失真并不总是负面的，例如，在射频混频器中，JFET 因为失真特性反而较 BJT 有优势。然而，也有一些 JFET（例如 2N4339）通过几何设计使得失真最小，以便用于音频处理。此外，设计者也能通过保持较小的信号幅度（小于约 100mV）来减小失真。还有其他设计方法（如系统例子 4-2 中所使用的偏置方法）也用来减小失真。

例 4-2 对于如图 4-10 所示曲线，求 $I_D = 1.0\text{mA}$ 时的跨导。

解： 在 $I_D = 1.0\text{mA}$ 处，选择 I_D 的一个小变化并除以 V_{GS} 对应的变化量，图 4-10 给出了图解方法。从图 4-10 中可以看出，跨导为

$$g_m = \frac{\Delta I_D}{\Delta V_{GS}} = \frac{1.25\text{mA} - 0.75\text{mA}}{-1.1\text{V} - (-1.8\text{V})} = 0.714\text{mS}$$

实践练习

求 $I_D = 1.5\text{mA}$ 处的跨导。

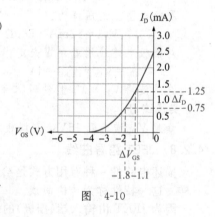

图 4-10

4.2.9 JFET 输入电阻和电容

已经知道，pn 结在反向偏置时具有很高的电阻，而 JFET 工作时栅源结反向偏置，因此栅极的输入电阻很大。这是 JFET 与 BJT 相比的一个主要优势，因为后者的发射结正向偏置。

JFET 的数据手册通常会通过给出特定栅源电压下的栅极反向电流 I_{GSS} 来指明输入电阻。输入电阻可由下面的公式计算，其中竖线表示绝对值。

$$R_{IN} = \left| \frac{V_{GS}}{I_{GSS}} \right| \tag{4-2}$$

例如，2N5457 ⊖ 的数据手册给出在 25℃，$V_{GS} = -15\text{V}$ 时，I_{GSS} 最大值为 -1nA。用上述值可以计算得到输入电阻为

$$R_{IN} = \left| \frac{V_{GS}}{I_{GSS}} \right| = \frac{15\text{V}}{1\text{nA}} = 15\text{G}\Omega$$

从结果可以看出，该 JFET 的输入电阻非常高。但是，随着温度升高，R_{IN} 会明显下降（如例子 4-3 所示）。

输入端反向偏置的 pn 结的高电阻与反向偏置的二极管相关，但这也意味着 JFET 通

⊖ 2N5457 的数据手册参见 www.onsemi.com。

常会有比 BJT 更大的输入电容值。已经知道反向偏置的 pn 结相当于一个电容，其电容值取决于反偏电压的大小(见 2.8 节)。JFET 的输入电容 C_{iss} 比 BJT 的要高，因为其 pn 结反向偏置。例如，在 $V_{GS}=0V$ 时 2N5457 的 C_{iss} 最大为 7pF。

例 4-3　某 n 沟道 JFET 的数据手册给出：在 25℃，$V_{GS}=-30V$ 时，I_{GSS} 最大为 $-0.1nA$，在 150℃，$V_{GS}=-30V$ 时，I_{GSS} 最大为 $-100nA$。求在 25℃ 时的最小输入电阻。

解：

$$R_{IN}=\left|\frac{V_{GS}}{I_{GSS}}\right|=\frac{30V}{0.1nA}=300G\Omega$$

实践练习

计算该 JFET 在 150℃ 时的最小输入电阻。

4.2 节测试题

1. JFET 的传输曲线又称为什么？
2. p 沟道 JFET 的 V_{GS} 是正值还是负值？
3. JFET 的漏极电流是如何控制的？
4. 某 JFET 在夹断点的漏源电压为 7V。如果栅源电压为 0，则 V_P 为多少？
5. 某 n 沟道 JFET 的 V_{GS} 往负值增大，则漏极电流增大还是减小？
6. 在一个 p 沟道 JFET 中有 $V_P=-3V$，为使器件截止，则 V_{GS} 值必须为多少？

4.3　JFET 偏置

利用前几节学习的 JFET 的相关特性，现在我们将会看到如何对 JFET 进行直流偏置。偏置的目的是选择合适的栅源电压来获得期望的漏源电流。由于栅极反向偏置，因此 BJT 的偏置方式并不适用于 JFET。

学完本节后，你应该掌握以下内容：
- 描述 JFET 的三种偏置方法并解释它们的工作原理
  - 利用跨导曲线来选择自给偏置电阻的合理值
  - 解释分压式偏置或电流源偏置如何产生更稳定的 Q 点

4.3.1　JFET 的自给偏置

FET 的偏置相对简单。接下来以 n 沟道 JFET 为例。记住，p 沟道 JFET 只需要改变极性。对于 n 沟道 JFET，建立反向偏置需要负的 V_{GS}。这可以利用如图 4-11 所示的自给偏置电路来实现。注意，通过电阻 R_G 接地，将栅极偏置在 0V。虽然反向泄漏电流 I_{GSS} 在 R_G 两端产生一个非常小的电压，但在大多数情况下都可忽略它。可以假设 R_G 上面没有电流流过，两端也没有压降。R_G 的作用是使得栅极电压稳定在 0V，且不影响之后施加的任何交流信号。由于栅极电流可以忽略，R_G 可以非常大(通常取 $1.0M\Omega$ 甚至更大)，从而对低频交流信号会呈现非常高的输入电阻[○]。

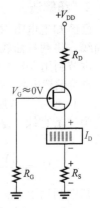

图 4-11　n 沟道 JFET 的自给偏置

如果栅极电压为 0，如何获取所需的栅源结的反向偏置？答案是使源极相对于栅极为正，以达到需要的反向偏置。对于图 4-11 中的 n 沟道 JFET 而言，I_D 在 R_S 两端产生一个压降(极性如图 4-11 所示)，使得源极相对于栅极为正。因为 $V_G=0V$，$V_S=I_DR_S$，所以栅源电压为：

$$V_{GS}=V_G-V_S=0-I_DR_S$$

因此有：

───────────────

○　高频时电容效应会显著减小有效输入阻抗。

$$V_{GS} = -I_D R_S$$

该结果表明栅源电压为负，得到了所需的反向偏置。在本分析过程中，以 n 沟道 JFET 为例来说明。同样 p 沟道 JFET 也需要反向偏置，但所有电压的极性都和 n 沟道 JFET 中的相反。

漏极相对于地的电压为：

$$V_D = V_{DD} - I_D R_D \tag{4-3}$$

由于 $V_S = I_D R_S$，因此漏源电压为：

$$V_{DS} = V_D - V_S$$
$$V_{DS} = V_{DD} - I_D(R_D + R_S) \tag{4-4}$$

例 4-4 如图 4-12 所示电路，对于电路中的特定 JFET，内部参数（如 g_m、$V_{GS(off)}$ 和 I_{DSS}）使得漏极电流 I_D 约为 5mA。求 V_{DS} 和 V_{GS}。另外一个 JFET，即使型号相同，因为参数值的离散性，将它接入电路中可能也无法得到相同的结果。

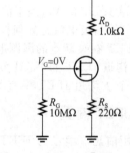

解：

$$V_S = I_D R_S = 5\text{mA} \times 220\Omega = 1.10\text{V}$$
$$V_D = V_{DD} - I_D R_D = 10\text{V} - 5\text{mA} \times 1.0\text{k}\Omega = 5.00\text{V}$$

因此，

$$V_{DS} = V_D - V_S = 5.00 - 1.10\text{V} = 3.90\text{V}$$

且

$$V_{GS} = V_G - V_S = 0\text{V} - 1.10\text{V} = -1.10\text{V}$$

图 4-12 例 4-4 图 [**MULTISIM**]

实践练习

当 $I_D = 3.0\text{mA}$ 时，求如图 4-12 所示电路中的 V_{DS} 和 V_{GS}。

4.3.2 图解法

已经知道电阻 R 的 I-V 曲线是斜率为 $1/R$ 的直线。为了比较自给偏置电阻曲线和跨导曲线，将两条曲线都画在第二象限中，其中电阻曲线的斜率为 $-1/R$。

本节利用 MPF3821 的跨导特性曲线来说明如何选择合适的自给偏置电阻（R_S）的阻值。假设 MPF3821 的跨导曲线如图 4-13 所示。从原点到 $V_{GS(off)}$（-4V）与 I_{DSS}（2.5mA）的交点画一条直线。这条直线的斜率的倒数就是 R_S 的合适取值。

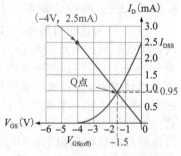

$$R_S = \frac{|V_{GS(off)}|}{I_{DSS}} = \frac{4\text{V}}{2.5\text{mA}} = 1.6\text{k}\Omega$$

其中利用了 $V_{GS(off)}$ 的绝对值。这两条曲线的交点就是 Q 点[○]。Q 点表示 V_{GS} 和 I_D，本例中 $V_{GS} = -1.5\text{V}$，$I_D = 0.95\text{mA}$。

图 4-13 自给偏置的图解分析

自给偏置是一种负反馈，能够补偿不同 JFET 之间不同器件特性的影响。例如，假设用一个低跨导的晶体管替换现有晶体管，那么新的漏极电流会减小，使得 R_S 上的压降减小。电压的减小会使 JFET 导通更多，补偿了新晶体管的低跨导的影响。下述两例很好地说明了一系列跨导曲线的影响。

例 4-5 一种型号为 2N5457 的通用 JFET 相关参数如下：$I_{DSS(min)} = 1\text{mA}$，$I_{DSS(max)} = 5\text{mA}$，$V_{GS(off)(min)} = -0.5\text{V}$，$V_{GS(off)(max)} = -6\text{V}$。选择适合这一 JFET 的自给偏置电阻。

○ 这是一种负载线分析方式。这种负载线称为偏置负载线。

解： 典型的小信号 JFET。I_{DSS} 和 $V_{GS(off)}$ 的范围很大。要选择合适的电阻，检查 $V_{GS(off)}$ 和 I_{DSS} 的极限值，有

$$R_S = \frac{|V_{GS(off)(min)}|}{I_{DSS(min)}} = \frac{0.5V}{1.0mA} = 500\Omega$$

$$R_S = \frac{|V_{GS(off)(max)}|}{I_{DSS(max)}} = \frac{6V}{5.0mA} = 1.2k\Omega$$

一个比较好的选择是 820Ω，这是介于极限值之间的标准值。为了看出在跨导曲线上的情况，画出此电阻的曲线以及画出最大和最小 Q 点，如图 4-14 所示。尽管在最大和最小处的极值不同，但 820Ω 的电阻对两者而言都是较好的选择。

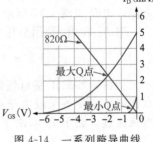

图 4-14 一系列跨导曲线对 Q 点的影响

实践练习

对于 2N5457，用 820Ω 电阻自给偏置的情况下，估算最大和最小的 I_D。

例 4-6 电路如图 4-15a 所示，其中的 JFET 跨导曲线如图 4-15b 所示。通过跨导曲线，计算 V_S 和 I_D，并根据该结果计算 V_{DS} 的值。

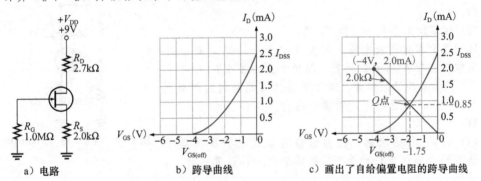

图 4-15 例 4-6 图

解： 通过选择原点和电阻线上的任何点画出代表 $2.0k\Omega$ 电阻的直线，一个传统的点是 $V_{GS} = -4V$，$I_D = 2mA$。这两点间的直线代表 $2.0k\Omega$ 的自给偏置电阻，如图 4-15c 所示。

$2.0k\Omega$ 电阻曲线和跨导曲线的交点代表本例的 V_{GS} 和 I_D。从图 4-15c 中可以读出 $V_{GS} = -1.75V$，I_D 为 $0.85mA$。因为 $V_G = 0V$，所以 $V_S = +1.75V$。

漏极电阻两端的电压可通过欧姆定律求得。

$$V_{R_D} = I_D R_D = 0.85mA \times 2.7k\Omega = 2.3V$$

从 V_{DD} 减去上述结果得到漏极电压。

$$V_D = V_{DD} - V_{R_D} = 9.0V - 2.3V = 6.7V$$

$$V_{DS} = V_D - V_S = 6.7V - 1.75V = 4.95V$$

有趣的是，该结果也可以通过负载线分析从图 4-16 中得到。电路的负载线叠加在漏极曲线（见图 4-9b）上，如图 4-16 所示。

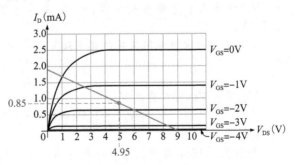

图 4-16 电路的负载线

实践练习

确认图 4-16 中的负载线是否代表图 4-15a 中的电路。

4.3.3 分压式偏置

虽然自给偏置方法在多数情况下令人满意，但可以看出，工作点取决于跨导曲线。通

过在栅极电路上增加分压电路，使得栅极电压为正，可以使偏置更稳定。由于 JFET 一定要在栅源间是反向偏置的条件下才能工作，因此要使用一个比一般自给偏置中更大的源极电阻。电路如图 4-17 所示。

对 R_1 和 R_2 利用分压定律可求得栅极电压为：

$$V_G = \left(\frac{R_2}{R_1 + R_2}\right)V_{DD} \tag{4-5}$$

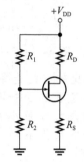

记住，如果正在对任何 JFET 电路进行故障检测，那么源电压必须等于或大于栅极电压。R_D 和 R_S 中都有漏极电流流过。由于 I_D 取决于 JFET 的跨导，因此无法仅仅从电路值中来确定 V_D 和 V_S 的精确值，因为 JFET 的制造中存在差异。通常，在 JFET 线性放大器的设计中，V_{DS} 一般在 V_{DD} 的 25%～50% 的范围内。即使不知道晶体管的参数，你也能通过检查 V_{DS} 的值，来确认正确设置了偏置。

图 4-17　分压式偏置

例 4-7　假设你在对如图 4-18 所示的 JFET 进行故障检测。你不知道晶体管的跨导，但你需要了解电路是否正常工作。

（a）估算所期望的 V_G 和 V_S 值。

（b）假设测量源极电压，并发现它为 +5.4V，那么该电路正常工作吗？基于该测量，漏极电压为多少？

（c）假设更换了晶体管。对于新晶体管测量到的源极电压是 +4.0V。这种情况下，漏极电压为多少？

解：

（a）从 V_G 开始求解，因为该值可以通过分压原理准确快速得到。栅极电压约为 V_{DD} 的四分之一，计算式如下：

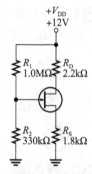

图 4-18　例 4-7 图 [MULTISIM]

$$V_G = \left(\frac{R_2}{R_1 + R_2}\right)V_{DD} = \left(\frac{330k\Omega}{1.0M\Omega + 330k\Omega}\right)12V = 2.98V$$

可以立刻知道如果该电路正常工作，那么源极电压相对于该值必须为正。估算的源极电压大约为 +4V。

（b）测量值为 +5.4V，意味着电路可能有故障。这个值比估算的 4V 要大，并几乎是 V_{DD} 的一半。由于 R_D 比 R_S 大，因此 R_D 上应该分走了更多电压。快速检查 V_{DS}，发现结果是 0V！这确认了电路存在故障，可能是晶体管的源极和漏极之间短路了，造成 V_D 也是 5.4V。

（c）通过对源极电阻应用欧姆定理可以求得新晶体管的漏极电流为：

$$I_D = \frac{4.0V}{1.8k\Omega} = 2.2mA$$

V_{DD} 减去 V_{RD} 可以得到 V_D。

$$V_D = V_{DD} - I_D R_D = 12V - 2.2mA \times 2.2k\Omega = 7.16V$$

✎ 实践练习

假设图 4-18 电路中的漏极电阻开路，这种情况下 V_G、V_S、V_D 值为多少？

4.3.4　电流源

在讨论电流源偏置之前，首先复习一下电流源。理想电流源是一种无论连接任何负载，都能提供一个固定电流的器件。理想电流源的 I-V 曲线如图 4-19a 所示，这是一条水平直线。已经知道，I-V 曲线的斜率与电阻值成反比。I-V 曲线为水平直线，意味着理想电流源的内阻为无穷大。理想电流源的电路模型如图 4-19b 所示。

已经看到 FET 和 BJT 的特性曲线上都有恒流区。该区域中的特性曲线几乎是一条水平直线，表明内阻确实非常高。对于大多数应用，可假定 FET 或者 BJT 是理想电流源。在那些需要考虑内阻的情况下，可以使用 1.3 节讨论的诺顿模型。实际电流源的诺顿模型如图 4-19c 所示，其中诺顿电阻表示电流源的内阻。

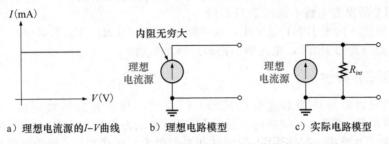

a）理想电流源的I-V曲线   b）理想电路模型   c）实际电路模型

图 4-19　电流源。电流源符号中的箭头始终指向电源正极

4.3.5　电流源偏置

这种偏置形式在集成电路中广泛使用，但需要一个额外的晶体管。一个晶体管作为电流源来使 I_D 保持固定不变，它是一种非常稳定的偏置形式。电流源偏置也能提高增益，后面会看到。

图 4-20 给出了电流源偏置的两个例子。在图 4-20a 中，Q_2 是 JFET 恒流源，为 Q_1 提供电流。电流大小由 Q_2 的 I_{DSS} 和 R_S 决定。由于不同的晶体管 I_{DSS} 不同，因此电流大小取决于所选择的特定晶体管。电流源不能提供大于 Q_1 的 I_{DSS} 的电流，以确保 Q_1 的 V_{GS} 为负。

对于晶体管间的一致性，图 4-20b 中的组态更好。此时 BJT 提供电流。因为基极接地，并且发射结正向偏置，所以发射极电压为 $-0.7V$。这意味着 R_E 两端有恒定电压，也就是 JFET 中有恒定电流。同样，此电流要小于 Q_1 的 I_{DSS}。

例 4-8　图 4-21 是一个电流源偏置电路。I_D 为多少？

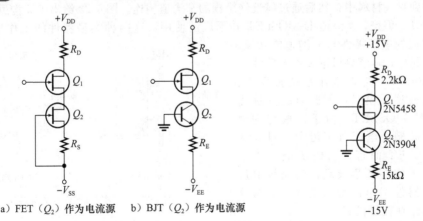

a）FET（Q_2）作为电流源　b）BJT（Q_2）作为电流源

图 4-20　电流源偏置　　　　图 4-21　例 4-8 图

解：从电路可以看出 BJT 是发射极偏置，但没有基极电阻。由于基极直接接地，发射结正向偏置，因此发射极电压为 $-0.7V$。这意味着 R_E 两端电压为 14.3V，流过 R_E 的电流恒定。根据欧姆定理，求得发射极电流为：

$$I_E = \frac{V_{R_E}}{R_E} = \frac{14.3V}{15k\Omega} = 0.95mA$$

把该电流提供给 JFET。因此，$I_D = 0.95mA$。

实践练习

图 4-21 的 JFET 的最小 I_{DSS} 为多少？（在正常工作情况下）

打开配套网站上的文件 F04-21。该仿真说明了电流源偏置。$\left[\begin{array}{c}\text{\tiny ※} \text{ MULTISIM}\end{array}\right]$

4.3 节测试题

1. 可以利用 JFET 的哪两个参数来确定合适的自给偏置电阻阻值？
2. 为什么 BJT 的偏置电路不能用于 JFET？
3. 在某自给偏置 n 沟道 JFET 电路中，$I_D=8\text{mA}$ 且 $R_S=1\text{k}\Omega$。V_{GS} 为多少？
4. 对于电流源偏置的 JFET，电流源不能超过哪个参数？

4.4 MOSFET 特性

金属-氧化物半导体场效应管（MOSFET）是另一种重要的场效应管。MOSFET 和 JFET 的区别在于它没有 pn 结结构，而是 MOSFET 的栅极与沟道之间用非常薄的二氧化硅（SiO_2）层来相互绝缘。MOSFET 的两种基本类型为：耗尽型（D）和增强型（E）。这两者中，E-MOSFET 使用更为广泛。由于现在栅极材料用多晶硅取代金属，因此有时也称 MOSFET 为 IGFET（绝缘栅 FET）。

学完本节后，你应该掌握以下内容：
- 解释 MOSFET 的工作原理
  - 描述 MOSFET 在构造上的不同
  - 画出 n 沟道和 p 沟道 D-MOSFET 和 E-MOSFET 的符号
  - 解释 MOSFET 在耗尽模式和增强模式下如何工作
  - 解释 MOSFET 的漏极特性曲线
  - 描述 MOSFET 的跨导曲线，并解释它与漏极特性曲线的关系
  - 讨论 MOSFET 器件的特定处理预防措施

4.4.1 D-MOSFET

耗尽型 MOSFET（D-MOSFET）是 MOSFET 的一种，其基本结构如图 4-22 所示。漏区和源区扩散到衬底材料中，然后通过靠近绝缘栅的窄沟道相连。图 4-22 给出了 n 沟道和 p 沟道 D-MOSFET，但是，p 沟道 D-MOSFET 并不广泛使用。这两种类型器件的工作原理相同，除了 p 沟道的电压极性与 n 沟道的相反。为了简单起见，本节只讨论 n 沟道器件。

D-MOSFET 可以工作在两种模式：耗尽模式或增强模式，因此有时又称为耗尽-增强 MOSFET。由于栅极与沟道绝缘，因此栅极电压可正可负。对 n 沟道 D-MOSFET 而言，当栅源电压为负时，器件工作在耗尽模式；当栅源电压为正时，器件工作在增强模式。通常这些器件工作在耗尽模式。

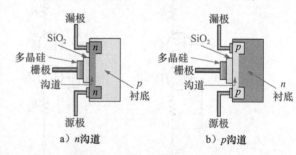

图 4-22　D-MOSFET 的基本结构

耗尽模式　将栅极看成平板电容器的一个平板，沟道为另一个平板，二氧化硅绝缘层为电介质。当加上负的栅极电压时，栅极上的负电荷会排斥沟道中的导电电子，并在该位置上留下正离子。因此 n 沟道耗尽了部分电子，使得沟道的导电性下降。栅极上的负电压越大，n 沟道电子的耗尽就越严重。在一个足够大的栅源负电压，即 $V_{GS(off)}$ 下，沟道完全耗尽，漏极电流为 0。图 4-23a 说明了这种耗尽模式。类似于 n 沟道 JFET，n 沟道 D-MOSFET 在介于 $V_{GS(off)}$ 和 0V 之间的栅源电压下传导漏极电流。此外，D-MOSFET 在 V_{GS} 大于 0V 时也能传导电流。

增强模式　当 n 沟道 D-MOSFET 加上正的栅极电压时，更多的传导电子被吸引到沟道，因此增强了沟道的导电性，如图 4-23b 所示。

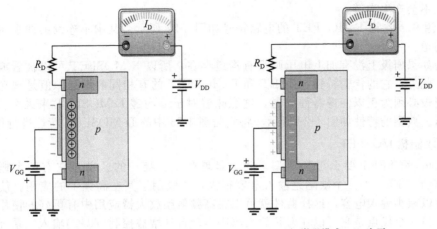

a) 耗尽模式：V_{GS} 为负并且小于 $V_{GS(off)}$　　　b) 增强模式：V_{GS} 为正

图 4-23　n 沟道 D-MOSFET 工作原理

D-MOSFET 的电路符号　图 4-24 为 n 沟道和 p 沟道 D-MOSFET 的电路符号。由箭头指示的衬底一般（但不总是）在内部与源极相连。有时也从衬底引出另一个电极。指向衬底的箭头表明是 n 沟道器件，从衬底引出的箭头表明是 p 沟道器件。

由于 MOSFET 和 JFET 类似，都是场效应器件，因此你可能会认为 MOSFET 与 JFET 有类似的特性。这的确是事实。n 沟道 D-MOSFET 的传输特性（I_D 对 V_{GS}）如图 4-25 所示。该曲线形状和之前学习的 n 沟道 JFET 的曲线（参见图 4-9a）形状相同，但传输特性中 V_{GS} 既有负电压，又有正电压，分别表示器件工作在耗尽区和增强区。图 4-25 所示曲线中，当 V_{GS} 为 0V 时，I_D 大约为 4.0mA。由于 $V_{GS}=0V$，因此这一点就是 I_{DSS}。可以看到 D-MOSFET 可以工作在电流大于 I_{DSS} 的情况下，而 JFET 却不能。

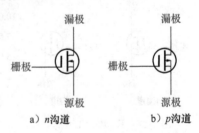

a) n 沟道　　　b) p 沟道

图 4-24　D-MOSFET 的电路符号

4.4.2　E-MOSFET

这种类型的 MOSFET 只能工作在增强模式，没有耗尽模式。和 D-MOSFET 的结构不同，它没有物理沟道。在图 4-26a 中可以看出，衬底完全延伸到 SiO_2 层。

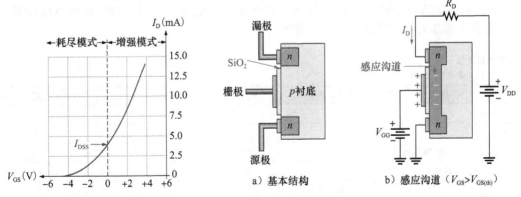

图 4-25　D-MOSFET 的转移特性　　　图 4-26　E-MOSFET 的结构和工作原理（n 沟道）

对于 n 沟道器件，一个大于阈值电压 $V_{GS(th)}$ 的正栅极电压，能够在衬底与 SiO_2 层相邻的区域产生薄的负电荷层，从而感应出一个沟道，如图 4-26b 所示。沟道的导电性可以通过增大栅源电压来提高，因为这可以使更多的电子进入沟道。对于任何低于阈值电压的栅极电压，不会产生沟道。

　　n 沟道和 p 沟道 E-MOSFET 的电路符号如图 4-27 所示。其中不连续的线表示器件没有物理沟道。

　　因为如果栅极上没有加上电压则没有沟道存在，所以 E-MOSFET 可以被看成一个常关器件。此外，它的传输特性与 JFET 和 D-MOSFET 的有相同的形状，但是现在 n 沟道器件的栅极必须为正以使得器件导通。这意味着对于 n 沟道 E-MOSFET 来说 $V_{GS(off)}$ 是一个正电压。典型的特性如图 4-28 所示。将它与图 4-25 中的 D-MOSFET 特性进行比较。

4.4.3　双栅极 MOSFET

　　双栅极 MOSFET 要么是耗尽型，要么是增强型。唯一的区别是它有两个栅极，如图 4-29 所示。FET 的一个缺陷是输入电容很大，这限制了其在高频中的应用。使用双栅极器件可以减小输入电容，这样器件就可以在高频射频放大器应用中有更好的使用。双栅极组态的另一个优点是它可以在射频放大器中实现自动增益控制（AGC）输入。系统例子 4-1 中给出了另外一个应用，其中第二个栅极上的偏置用来调整跨导曲线。

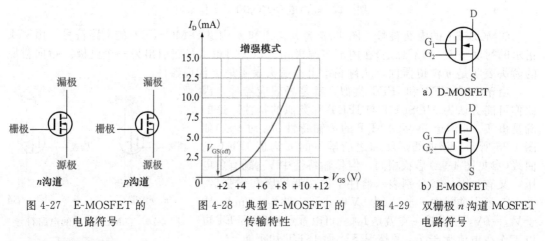

图 4-27　E-MOSFET 的
电路符号

图 4-28　典型 E-MOSFET 的
传输特性

图 4-29　双栅极 n 沟道 MOSFET
电路符号

4.4.4　数据手册

　　图 4-30 中给出了型号为 BF998 的 D-MOSFET 的部分数据表。在本应用中，该 MOSFET 用作直流放大器。我们知道 D-MOSFET 在正负栅极电压下都能工作，而此例中输入电压极性可能是正，也可能是负，因此 D-MOSFET 是理想选择。图 4-30 中的图说明跨导曲线取决于第二个栅极上的电压值。此例中，该电压通过 $R_1 - R_2$ 分压电路设置为 6V。来自传感器的输入被加到第一个栅极。

绝对最大额定值
$T_{amb} = 25℃$，除非特别说明

参数	测试条件	符号	值	单位
漏源电压		V_{DS}	12	V
漏极电流		I_D	30	mA
栅极 1/栅极 2-源极峰值电流		$\pm I_{G1/G2SM}$	10	mA
栅极 1/栅极 2-源极电压		$\pm V_{G1S/G2S}$	7	V
总功耗	$T_{amb} \leqslant 60℃$	P_{tot}	200	mW
沟道温度		T_{Ch}	150	℃
储存温度范围		T_{stg}	$-65 \sim +150$	℃

图 4-30　BF998 MOSFET 的部分数据手册（数据手册由 vishay Intertechnology 公司提供）

电力直流特性

$T_{amb}=25℃$，除非特别说明

参数	测试条件	类型	符号	最小值	典型值	最大值	单位
漏源击穿电压	$I_D=10\mu A$, $-V_{G1S}=-V_{G2S}=4V$		$V_{(BR)DS}$	12			V
栅极1-源极击穿电压	$\pm I_{G1S}=10mA$, $V_{G2S}=V_{DS}=0$		$\pm V_{(BR)G1SS}$	7		14	V
栅极2-源极击穿电压	$\pm I_{G2S}=10mA$, $V_{G1S}=V_{DS}=0$		$\pm V_{(BR)G2SS}$	7		14	V
栅极1-源极泄漏电流	$\pm V_{G1S}=5V$, $V_{G2S}=V_{DS}=0$		$\pm I_{G1SS}$			50	nA
栅极2-源极泄漏电流	$\pm V_{G2S}=5V$, $V_{G1S}=V_{DS}=0$		$\pm I_{G2SS}$			50	nA
漏极电流	$V_{DS}=8V$, $V_{G1S}=0$, $V_{G2S}=4V$	BF998/BF998R/ BF998RW	I_{DSS}	4		18	mA
		BF998A/BF998RA/ BF998RAW	I_{DSS}	4		10.5	mA
		BF998B/BF998RB/ BF998RBW	I_{DSS}	9.5		18	mA
栅极1-源极截止电压	$V_{DS}=8V$, $V_{G2S}=4V$, $I_D=20\mu A$		$-V_{G1S(OFF)}$		1.0	2.0	V
栅极2-源极截止电压	$V_{DS}=8V$, $V_{G1S}=0$, $I_D=20\mu A$		$-V_{G2S(OFF)}$		0.6	1.0	V

电力交流特性

$V_{DS}=8V$, $I_D=10mA$, $V_{G2S}=4V$, $f=1MHz$, $T_{amb}=25℃$，除非特别说明

参数	测试条件	符号	最小值	典型值	最大值	单位
正向跨导纳		$\|y_{21s}\|$	21	24		mS
栅极1输入电容		C_{issg1}		2.1	2.5	pF
栅极2输入电容	$V_{G1S}=0$, $V_{G2S}=4V$	C_{issg2}		1.1		pF
反馈电容		C_{rss}		25		fF
输出电容		C_{oss}		1.05		pF
功率增益	$G_S=2mS$, $G_L=0.5mS$, $f=200MHz$	G_{ps}		28		dB
	$G_S=3$, $3mS$, $G_L=1mS$, $f=800MHz$	G_{ps}	16.5	20		dB
AGC范围	$V_{G2S}=4\sim-2V$, $f=800MHz$	ΔG_{ps}	40			dB
噪声系数	$G_S=2mS$, $G_L=0.5mS$, $f=200MHz$	F		1.0		dB
	$G_S=3$, $3mS$, $G_L=1mS$, $f=800MHz$	F		1.5		dB

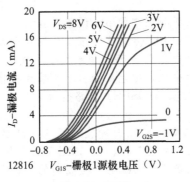

图 4-30 （续）

系统例子 4-1　废水中和系统

本系统例子涉及废水处理设备中的电子仪器。BF998 双栅极 D-MOSFET 用作 pH 传感器电路中的直流电压放大器。该系统可以控制用于中和废水的酸碱试剂的量。废水中和 pH 系统框图如图 SE4-1 所示。我们主要关注 pH 传感器电路。这一系统测量并控制水的 pH，它是一种对酸碱度的度量。pH 的范围为 0～14，其中，0 表示最强的酸，7 表示中性溶液，14 表示最强的碱（腐蚀性的）。通常废水的 pH 范围 2～11。废水的 pH 通过传感器探针在水槽的入口和出口测量。处理器和控制器利用来自 pH 传感器电路的输入数据来调整注入中和水槽中的酸碱的量。在软化水槽出口处的 pH 应该为 7。

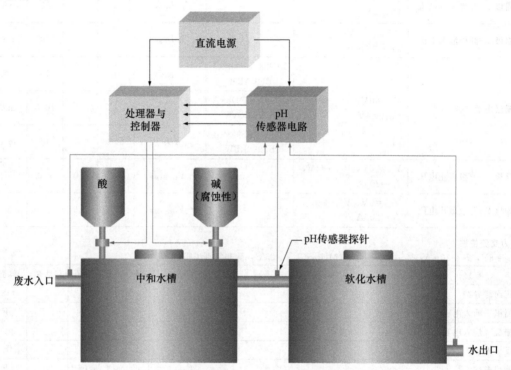

图 SE4-1　简化的废水 pH 中和系统

通常废水处理通过以下三步完成。

初步处理：收集，筛选，初始存储

再次处理：通过过滤，凝结，絮凝和薄膜等方式去除固体和大部分污染物

三级处理：软化，pH 调整，炭处理以去除异味，消毒并暂时储存以便消毒机构工作

本例中，我们主要关注三级处理中的 pH 调整过程。

传感器电路　有三个相同的 pH 传感器电路，分别位于图 SE4-1 中所示的每个入口和出口处。将 pH 传感器浸入水中，它会产生和水的 pH 成比例的小电压（mV）。如果水为酸性，则产生负电压；如果为中性，则电压为 0；如果为碱性，则电压为正。传感器的输出与 MOSFET 电路的栅极相连。MOSFET 电路会放大该传感器电压，并被数字控制器进行处理。

图 SE4-2 给出了 pH 传感器探针以及输出电压与 pH 的关系曲线。图 SE4-3 是采用 BF998 双栅极 n 沟道 MOSFET 的传感器电路。MOSFET 的漏极有一个变阻器，用于校准电路，使得 3 个传感器电路对给定的 pH 会产生相同的输出电压。注意，G_2（它控制跨导）上的电压由 R_1 和 R_2 组成的分压电路来设置。

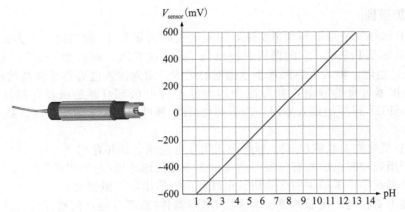

图 SE4-2　pH 传感器和输出电压与 pH 的关系曲线

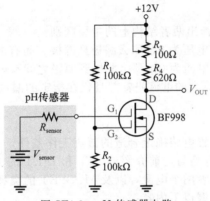

图 SE4-3　pH 传感器电路

仿真　在 Multisim 中对 pH 传感器电路进行仿真，一系列传感器输入电压下的结果如图 SE4-4 所示。传感器模型用与内阻串联的直流电压源来表示。当传感器输入减小时，电路输出增大。变阻器 R_3 用于校准每个传感器电路，这样 3 个传感器电路对给定的传感器输入电压会产生相同的输出电压。

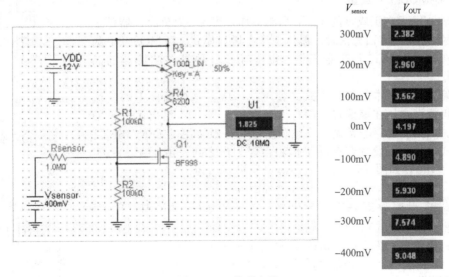

图 SE4-4　仿真电路

4.4.5 预防措施

由于 MOSFET 的栅极与沟道绝缘，因此输入电阻非常高（理想情况下为无穷大）。对一个典型 MOSFET 来说，它的栅极泄漏电流 I_{GSS} 为皮安级，而典型 JFET 的栅极反向电流为纳安级。当然，输入电容来源于绝缘栅的结构。因为输入电容与非常高的输入电阻组合在一起会积累过量的静电，并可能会因为静电放电（ESD）而造成器件损坏。事实上，ESD 是 MOSFET 损坏的最大原因。为了避免 ESD 和可能带来的损坏，应该要采取以下预防措施。

1. 金属-氧化物半导体（MOS）器件应该用导电泡沫运输和存储。
2. 用于组装和测试的所有仪器与金属台必须接到地球地（墙外用圆形针）。
3. 组装者或操作者的手腕必须用长电线和高阻值串联电阻接地。
4. 永远不要在电源接通的情况下移除 MOS 器件（或者其他任何器件）。
5. 不要在直流电源关闭的时候向 MOS 器件加上任何信号。

4.4 节测试题

1. 指出两种 MOSFET，并指出两者结构上的主要区别？
2. 如果 D-MOSFET 的栅源电压为 0，那么漏极到源极之间有电流吗？
3. 如果 E-MOSFET 的栅源电压为 0，那么漏极到源极之间有电流吗？
4. D-MOSFET 会有比 I_{DSS} 更大的电流吗？并且仍在指定的漏极电流范围内。

4.5 MOSFET 偏置

如同 BJT 和 JFET，偏置电路确定合适的直流工作条件，为交流信号提供一个稳定的工作点。MOSFET 的偏置电路与之前介绍的 BJT 和 JFET 的偏置电路类似。特定的偏置电路取决于是否使用一个或者两个电源，以及 MOSFET 的类型（耗尽型或者增强型）。

学完本节后，你应该掌握以下内容：

- 讨论和分析 MOSFET 偏置电路
  - 解释为什么 D-MOSFET 比其他任何类型的晶体管有更多的偏置选择
  - 解释 0 偏置
  - 讨论 E-MOSFET 的三种偏置方法

4.5.1 D-MOSFET 偏置

D-MOSFET 在正或负的 V_{GS} 下都能工作。当 V_{GS} 为负时，器件工作在耗尽模式；当 V_{GS} 为正时，器件工作在增强模式。D-MOSFET 的优点是在这两种模式下都能工作，也是唯一一种具有此特性的晶体管。

零偏置　最基本的偏置方式是使 $V_{GS} = 0V$，这样栅极上的交流信号使得栅源电压在该偏置点附近上下变化。图 4-31 给出了这种偏置电路。因为该电路非常简单高效，所以它是最常用的 D-MOSFET 偏置方式。工作点设置在耗尽工作和增强工作之间。由于 $V_{GS} = 0V$，因此 $I_D = I_{DSS}$，如图 4-31 所示。漏源电压可表示为：

$$V_{DS} = V_{DD} - I_{DSS}R_D$$

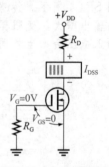

图 4-31　D-MOSFET 的零偏置

例 4-9　计算如图 4-32 所示电路中的漏源电压。MOSFET 数据手册指出 $I_{DSS} = 12mA$。

解： 因为 $I_D = I_{DSS} = 12mA$，所以漏源电压为：

$$V_{DS} = V_{DD} - I_{DSS}R_D = 18V - 12mA \times 560\Omega = 11.28V$$

✍ **实践练习**

当 $I_{DSS} = 20mA$ 时，求图 4-32 中的 V_{DS}。

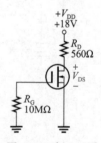

图 4-32　例 4-9 图

其他偏置方式 D-MOSFET 能工作在耗尽或增强模式。因为这种多功能性，所以之前学习的 BJT 和 JFET 的任何偏置电路都能用于 D-MOSFET。图 4-33 给出了三种常见的偏置方法，但实际中可能还有其他偏置方法。

图 4-33a 中的偏置电路使用之前介绍的 JFET 的分压式偏置和自给偏置的组合。栅极电压可通过分压公式计算得到，这对所有 FET 器件都是准确的，因为可以忽略负载效应。栅极电压与 JFET 给出的相同（见式(4-5)）：

$$V_G = \left(\frac{R_2}{R_1 + R_2} \right) V_{DD}$$

组成分压电路的电阻通常非常大（在兆欧级），因为栅极的高输入电阻。其他电极的电压取决于特定的器件参数。

当采用正负电源供电时，通常会采用如图 4-33b 所示的源极偏置。这与 BJT 的发射极偏置类似。理想状态下，栅极电路为开路，因此栅极电压为地电势。

电流源偏置是运算放大器普遍采用的偏置方式，图 4-33c 以 BJT 作为电流源的偏置方式。此外也可以采用其他电流源，如 FET 等。电流源设置源极和漏极电流的值。通过分析电流源（如例 4-8），根据欧姆定律可以计算漏极电阻上的压降。

4.5.2 E-MOSFET 偏置

E-MOSFET 的 V_{GS} 必须大于阈值电压 $V_{GS(th)}$。各种 BJT 偏置电路（除了基极偏置）通过设置合适的值，都能够用于 E-MOSFET。图 4-34 给出了两种常见的 n 沟道 E-MOSFET 的偏置方法。（D-MOSFET 也可以用这些方法进行偏置。）无论是漏极反馈偏置还是分压式偏置，目的都要使栅极电压和源极电压的差值大于 $V_{GS(th)}$。

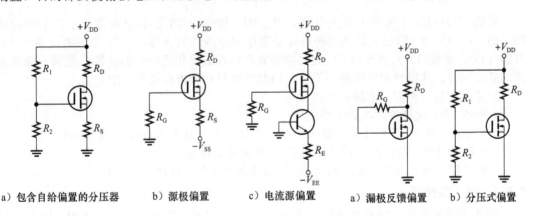

a）包含自给偏置的分压器　　b）源极偏置　　c）电流源偏置　　　　a）漏极反馈偏置　　b）分压式偏置

图 4-33　D-MOSFET 的其他偏置电路　　　　　　图 4-34　E-MOSFET 的偏置方法

在图 4-34a 的漏极反馈偏置电路中，栅极电流可以忽略，因此 R_G 上没有压降。于是，$V_{GS} = V_{DS}$。

分压式偏置是对分压原理的直接应用。此外，由于高输入电阻，分压电路相当于没有负载，这样就可以利用式(4-5)准确计算栅极电压。

例 4-10 计算图 4-35 所示电路中的漏极电流。E-MOSFET 的 $V_{GS(th)}$ 为 3V。

解： 电压表的读数表明 $V_{GS} = 8.5V$。由于这是漏极反馈偏置，因此 $V_{DS} = V_{GS} = 8.5V$。

$$I_D = \frac{V_{DD} - V_{DS}}{R_D} = \frac{15V - 8.5V}{4.7k\Omega} = 1.38mA$$

实践练习

如果图 4-35 中电压表的读数为 5V，求 I_D。

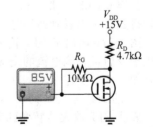

图 4-35　例 4-10 图　[MULTISIM]

4.5.3　IGBT

IGBT（绝缘栅双极晶体管）是一种具有 MOSFET 输入特性和 BJT 输出特性的器件。其电路符号如图 4-36 所示。IGBT 本质上可看做一个电压控制的 BJT。由于它具有绝缘栅极而不是基极，因此没有输入电流，并且不会对驱动电路产生负载效应。IGBT 在某些方面优于 MOSFET，在另一些方面优于 BJT。IGBT 主要用于高压大电流开关应用中。

图 4-36　IGBT 电路符号

系统说明　决定一个系统应该采用 IGBT 还是 MOSFET 并不容易。它们的应用范围在很多领域是重叠的。下面给出通常的使用指南。

当电压小于 200V 时，系统通常采用 MOSFET。当电压大于 1 000V 时，采用 IGBT。对电压介于 200~1 000V 之间，频率小于 20kHz 的情况，更多采用 IGBT。对电压介于 200~1 000V 之间，频率介于 20~200kHz 之间的情况，两者均可采用。对频率大于 200kHz，电压小于 1 000V 的情况，采用 MOSFET。

4.5 节测试题

1. 对偏置在 $V_{GS}=0V$ 的 D-MOSFET，漏极电流等于 0，I_{GSS} 还是 I_{DSS}？
2. 为什么 E-MOSFET 不能采用零偏置？
3. 对于 $V_{GS(th)}=2V$ 的 n 沟道 E-MOSFET，V_{GS} 必须大于何值才能使器件导通？
4. IGBT 的常见应用是什么？

4.6　FET 线性放大器

虽然 MOSFET 主要用于开关电路，但 JFET 和 MOSFET 都能在类似于之前学习的 BJT 的 CE、CC 和 CB 放大器的三种电路组态中用作线性放大器。FET 组态有共源（CS）、共漏（CD）和共栅（CG）。CS 与 CD 放大器具有高输入阻抗和低噪声的特性，是第一级放大器的最佳选择。共栅放大器的应用不多，因此本书只对其进行简要介绍。

学完本节后，你应该掌握以下内容：

- 描述 FET 线性放大器的工作原理
  - 描述三种 FET 线性放大器的组态：共源（CS）、共漏（CD）和共栅（CG）
  - 在给定跨导的情况下计算任何 FET 放大器的增益
  - 解释为什么具有电流源偏置的 CD 放大器比单级 CD 放大器更好

4.6.1　FET 的跨导

FET 的传输特性，即跨导曲线，如图 4-9a 所示。FET 和 BJT 有本质区别，因为 FET 是电压控制器件。输出的漏极电流由输入的栅极电压控制。跨导为交流参数，定义为：

$$g_m = \frac{I_d}{V_{gs}}$$

考虑到上式是输出电流（I_d）除以输入电压（V_{gs}），因此跨导本质上是 FET 自身的增益。但和 β_{ac} 是纯数字不同，跨导有单位，为西门子（电阻的倒数）。许多数据手册会继续沿用旧单位姆欧（mho，将 ohm 反向拼写）。如图 4-37a 所示，一个特定 FET 的跨导可以直接测量得到。可以看到跨导是传输曲线的斜率，它不是一个常数，但取决于漏极电流。

图 4-37b 给出了 BJT 输入的类似情况。基极电压加在发射结 pn 结上，它会看到一个取决于发射极直流电流的交流电阻。这个小的交流电阻对 BJT 放大器的增益发挥着重要影响，如 3.4 节所述。

g_m 的倒数与 BJT 的 r_e' 类似。大多数 FET 的交流模型都将 g_m 作为一个重要参数。但是，要从 BJT 放大器转变到 FET 放大器，定义一个表示 FET 交流源电阻的参数还是很有用的

$$r'_s = \frac{1}{g_m} \tag{4-6}$$

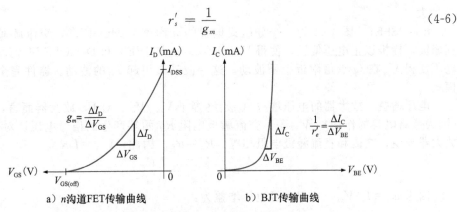

a）n沟道FET传输曲线　　　　b）BJT传输曲线

图 4-37　n 沟道 FET 和 BJT 传输曲线的比较

r'_s 的概念可以引出类似于第 3 章中推导得到的 BJT 的电压增益方程。JFET 的 r'_s 的概念图如图 4-38 所示。栅极以虚线表示，用来表明从栅极来看，输入电阻接近无穷大（因为输入是反向偏置的二极管）。虽然栅极电压控制漏极电流，但利用的是可以忽略的栅极电流。遗憾的是，FET 的 r'_s 并不像 BJT 的 r'_e 那样容易预测，而且它通常比 r'_e 大。数据手册并不会给出这一参数，但会给出 g_m 的取值范围（有时也以 y_{fs} 给出），因此可以通过求典型 g_m 值的倒数来获得 r'_s 的近似值。例如，如果数据手册中的 y_{fs} 为 2 000μS，那么 $r'_s = 500\Omega$。

图 4-38　源极内阻 r'_s 类似于 BJT 的 r'_e。虚线表示栅极电流可忽略，因为输入电阻非常高

4.6.2　共源放大器

JFET　图 4-39 为具有自给偏置的 n 沟道 JFET 的共源（CS）放大器。交流源通过电容耦合到栅极。电阻 R_G 有两个作用：（a）保持栅极电压约为 0V 直流（因为 I_{GSS} 非常小），（b）它的值很大（通常几兆欧），阻止对交流信号源产生负载作用。偏置电压通过 R_S 上的压降来获得。旁路电容 C_2 使 FET 源极为有效的交流地。

信号电压使栅源电压在 Q 点附近上下波动，并造成漏极电流的波动。漏极电流增大时，R_D 两端的压降也增大，从而造成漏极电压（对地）减小。

漏极电流在 Q 点值附近上下波动，与栅源电压同相。漏源电压在 Q 点值附近上下波动，与栅源电压相位差 180°，如图 4-39 所示。

D-MOSFET　图 4-40 为一个零偏置 n 沟道 D-MOSFET，交流源通过电容耦合到栅极。栅极电压约为直流 0V，源极接地，因此有 $V_{GS} = 0$V。

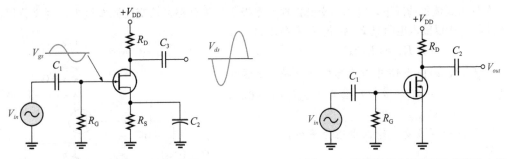

图 4-39　JFET 共源放大器　　　　图 4-40　零偏置 D-MOSFET 共源放大器

信号电压使得 V_{gs} 在 0 值附近上下波动，并引起 I_d 的波动。V_{gs} 往负方向的波动使得器件进入耗尽模式，并且使得 I_d 减小。V_{gs} 往正方向的波动使得器件进入增强模式，并使得

I_d 增大。

E-MOSFET 图 4-41 为一个分压式偏置的 n 沟道 E-MOSFET，交流源通过电容耦合到栅极。栅极以正电压偏置，使得 $V_{GS} > V_{GS(th)}$。与 JFET 和 D-MOSFET 情况相同，信号电压使得 V_{gs} 在 Q 点值附近上下波动。这一波动又引起 I_d 的波动。器件完全工作在增强模式。

电压增益 放大器的电压增益 A_v 始终等于 V_{out}/V_{in}。对 CS 放大器而言，V_{in} 等于 V_{gs}（因为旁路电容的作用），V_{out} 等于交流漏极电阻 R_d 两端产生的信号电压。对于空载的 CS 放大器来说，交流和直流漏极电阻相等，$R_d = R_D$。因此，$V_{out} = I_d R_d$。

$$A_v = \frac{V_{out}}{V_{in}} = \frac{I_d R_d}{V_{gs}}$$

因为 $g_m = I_d / V_{gs}$，所以共源电压增益为：

$$A_v = -g_m R_d \tag{4-7}$$

这是 CS 放大器传统的电压增益方程。式(4-7)中的负号表示 CS 放大器为反相放大器。CS 放大器的增益可以以与共射(CE)放大器类似的形式表示为交流电阻的比值。用 $1/r_s'$ 代替 g_m，电压增益可以写为：

$$A_v = -\frac{R_d}{r_s'} \tag{4-8}$$

与给出 CE 放大器的电压增益的式(3-10)进行比较：$A_v = -R_c/R_e$。两式中电压增益均为交流电阻的比值。

输入电阻 因为 CS 放大器从栅极输入，所以晶体管的输入电阻非常高。已经知道在 JFET 中由于反向偏置 pn 结导致输入电阻很高，而在 MOSFET 中是由于绝缘栅结构产生。在实际中，通常可以将晶体管的输入电路看成开路。

当忽略晶体管的内阻时，由信号源看到的输入电阻仅由偏置电阻决定。在自给偏置情况下，它就是栅极电阻 R_G，如图 4-42 中从栅极看进去的交流等效电路所示。

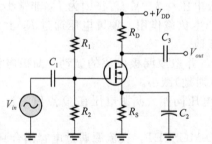

图 4-41　分压式偏置的 E-MOSFET 共源放大器

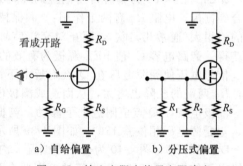

a) 自给偏置　　b) 分压式偏置

图 4-42　输入电阻由偏置电阻决定

在分压式偏置情况下，电源为交流接地，栅极仍然为开路。从交流源看过去，两个分压电阻为并联。所以输入电阻是 R_1 和 R_2 的并联组合。

$$R_{in} \approx R_1 \| R_2$$

例 4-11 a)图 4-43 中放大器的直流漏极电压和交流输出电压分别为多少？其中：g_m 为 $1\,500\mu S$，I_D 为 $2.0mA$，$V_{GS(off)}$ 为 $3V$。

b)从信号源来看，输入电阻为多少？

解：

(a) 首先，计算直流漏极电压。

$$V_D = V_{DD} - I_D R_D = 15V - 2mA \times 3.3k\Omega = 8.4V$$

其次，计算电压增益。

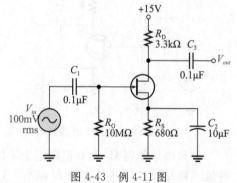

图 4-43　例 4-11 图

$$A_v = -g_m R_d = -1\,500\mu S \times 3.3k\Omega = -5.0$$

电压增益也可以通过计算 r'_s，以及利用交流漏极电阻和交流源极电阻的比值来求得。

$$r'_s = \frac{1}{g_m} = \frac{1}{1\,500\mu S} = 667\Omega$$

$$A_v = -\frac{R_d}{r'_s} = -\frac{3.3k\Omega}{667\Omega} = -5.0$$

交流输出电压是增益乘以输入电压。

$$V_{out} = A_v V_{in} = -5.0 \times 100mV = -0.5V\ rms$$

负号表示输出波形被反相。

(b) 输入电阻为：

$$R_{in} \approx R_G = 10M\Omega$$

实践练习

如果源极电阻增大，那么 g_m 会受到什么影响？这会影响增益吗？

4.6.3 共漏放大器

共漏(CD)JFET 放大器如图 4-44 所示，其中标明了电压。电路中使用了自给偏置。输入信号通过耦合电容加到栅极，在源极端输出信号。电路中没有漏极电阻。此电路与 BJT 的射极跟随器类似，有时也称为源极跟随器。这是一种广泛使用的 FET 电路，因为其具有很高的输入阻抗。

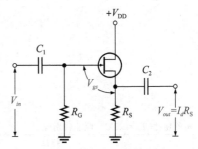

图 4-44　JFET 共漏放大器
（漏极跟随器）

电压增益　如同所有放大器中一样，电压增益为 $A_v = V_{out}/V_{in}$。类似于射极跟随器，源极跟随器的理想电压增益为 1，但实际中会更小(通常介于 0.5~1 之间)。为了计算电压增益，可对如图 4-45a 所示的电路应用分压原理。首先，将电路简化为如图 4-45b 所示的交流等效电路。栅极电阻并不影响交流信号，所以并未画出。负载和源极电阻并联，并可合并为一个等效交流源极电阻 R_s，它与内阻 $r'_s(1/g_m)$ 串联。输入信号加在 R_s 与 r'_s 两端，但输出只从 R_s 两端取出。因此，输出电压为

$$V_{out} = V_{in} \left(\frac{R_s}{r'_s + R_s} \right)$$

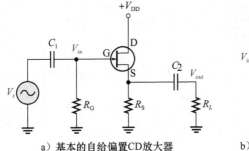

a）基本的自给偏置CD放大器　　　　b）计算增益的简化交流电路

图 4-45　电压增益的计算

除以 V_{in} 就可以得到电压增益公式。

$$A_v = \frac{R_s}{r'_s + R_s} \tag{4-9}$$

同样，可以看到增益可以写成交流电阻比值的形式。如果你记住它基于分压定律，那么很容易记住这个式子。

附录中推导得到的另一个电压增益公式为：

$$A_v = \frac{g_m R_s}{1 + g_m R_s} \tag{4-10}$$

此式与式(4-9)有相同的结果。

输入电阻　因为输入信号加在栅极，所以由输入信号源看到的输入电阻与之前讨论的 CS 放大器情况下的输入电阻相同。实际中，可以忽略晶体管输入的高电阻。输入电阻由偏置电阻决定，和 CS 放大器情况一样。对自给偏置而言，输入电阻等于栅极电阻 R_G。

$$R_{in} \approx R_G$$

对于分压式偏置来说，由电源看到的分压电阻并联接地。因此对分压偏置而言，输入电阻为

$$R_{in} \approx R_1 \| R_2$$

例 4-12　根据图 4-46b 所示数据手册中的信息，计算图 4-46a 中放大器的最小和最大电压增益。

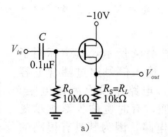

a)

电气特性($T_A = 25℃$，除非特别说明)

特性	符号	最小值	最大值	单位
截止特性				
栅源击穿电压($I_G = \mathrm{dc}\ 10\mu A$, $V_{DS} = 0$)	$V_{(BR)GSS}$	20	—	V dc
栅源截止电压($V_{DS} = -\mathrm{dc}\ 10V$, $I_D = \mathrm{dc}\ 1.0\mu A$)	$V_{GS(off)}$	0.7	10	V dc
栅极反向电流($V_{GS} = \mathrm{dc}\ 15V$, $V_{DS} = 0$)	I_{GSS}	—	10	nA dc
($V_{GS} = \mathrm{dc}\ 15V$, $V_{DS} = 0$, $T_A = 65℃$)		—	0.5	μA dc
导通特性				
0 栅极电压漏极电流* ($V_{DS} = -\mathrm{dc}\ 10V$, $V_{GS} = 0$)	I_{DSS}	3.0	30	mA dc
栅源电压($V_{DS} = -\mathrm{dc}\ 10V$, $I_D = \mathrm{dc}\ 0.3mA$)	V_{GS}	0.4	9.0	V dc
小信号特性				
漏源导通电阻($V_{GS} = 0$, $I_D = 0$, $f = 1.0kHz$)	$r_{ds(on)}$		700	Ohms
正向跨导纳* ($V_{DS} = -\mathrm{dc}\ 10V$, $V_{GS} = 0$, $f = 1.0kHz$)	$\|y_{fs}\|$	2 000	8 000	μmhos
正向跨导($V_{DS} = -\mathrm{dc}\ 10V$, $V_{GS} = 0$, $f = 1.0MHz$)	$\mathrm{Re}(y_{fs})$	1 500	—	μmhos
输出导纳($V_{DS} = -\mathrm{dc}\ 10V$, $V_{GS} = 0$, $f = 1.0kHz$)	$\|y_{os}\|$		100	μmhos
输入电容($V_{DS} = -\mathrm{dc}\ 10V$, $V_{GS} = 0$, $f = 1.0MHz$)	C_{iss}	—	20	pF
反向转移电容($V_{DS} = -\mathrm{dc}\ 10V$, $V_{GS} = 0$, $f = 1.0MHz$)	C_{rss}	—	5.0	pF
共源噪声系数 ($V_{DS} = -\mathrm{dc}\ 10V$, $I_D = \mathrm{dc}\ 1.0mA$, $R_G = 1.0M\Omega$, $f = 100Hz$)	NF		5.0	dB
等效短路输入噪声电压 ($V_{DS} = -\mathrm{dc}\ 10V$, $I_D = \mathrm{dc}\ 1.0mA$, $f = 100Hz$, BW = 15Hz)	E_n	—	0.19	μV $\sqrt{Hz}$

* 脉冲测试：脉冲宽度≤630ms，占空比≤10%

b)

图 4-46　放大器及其数据手册

解:　数据手册中，g_m 以 y_{fs} 给出，范围为 2 000~8 000μS(数据手册中为 2 000μmhos)。r'_s 的最大值为：

$$r'_s = \frac{1}{g_m} = \frac{1}{2\ 000\mu S} = 500\Omega$$

交流源电阻 R_s 就是负载电阻 R_L，即 R_s。代入式(4-9)，可得最小电压增益为：

$$A_{v(\min)} = \frac{R_s}{r_s' + R_s} = \frac{10\text{k}\Omega}{500\Omega + 10\text{k}\Omega} = 0.95$$

r_s' 的最小值为：

$$r_s' = \frac{1}{g_m} = \frac{1}{8\,000\mu\text{S}} = 125\Omega$$

因此可得最大电压增益为：

$$A_{v(\max)} = \frac{R_s}{r_s' + R_s} = \frac{10\text{k}\Omega}{125\Omega + 10\text{k}\Omega} = 0.99$$

注意，增益略小于 1。当 r_s' 与交流源电阻相比很小时，可近似认为 $A_v = 1$。由于输出电压在源极，因此它与栅极（输入）电压同相。

🖊 **实践练习**

计算图 4-46a 中放大器由源极看到的近似输入电阻。

电流源偏置的 CD 放大器　通过加入电流源，CD 放大器性能可显著提高，如图 4-47 所示。电流源不仅提供偏置（参见 4.3 节有关叙述），还是 CD 放大器的负载。已经知道，电流源对交流信号而言相当于一个高阻值电阻，因此电压增益非常接近于理想值 1.0。

电流源负载带来的显著优势还包括有更高的输入电阻，更低的失真，以及在输入和输出端（没有耦合电容）直接耦合信号。常规的源极跟随器（在之前的例子中已给出）的输出电压叠加在一个与 V_{GS}（栅极电压为 0V）大小相等的直流电平上。对于 p 沟道器件，直流偏移为负；对 n 沟道器件，直流偏移为正。理想情况下，电流源偏置不会在输出上加上任何直流偏移。这一特性在一些场合非常有用，例如，示波器的前置放大器，它需要让信号的所有直流分量都能通过并传输到后面的垂直扫描放大器。

为了获得最优结果，图 4-47 中的两个 FET 和两个电阻应该互相匹配。这意味着两个晶体管应该具有相同的传输和输出特性。两个晶体管具有相同的 V_{GS}（因为具有相同的漏极电流）。该漏极电流在两个电阻上产生相同的压降（V_{GS}），这就对偏置进行了补偿。这确保了当输入为 0V 时，输出接近于 0V。确保晶体管匹配的一种方法是使用双器件（在一个封装中有两个匹配晶体管）。

例 4-13　计算如图 4-48a 所示的电流源偏置的 CD 放大器中 Q_1 的漏极电流 I_D 和源极电压 V_S。假设两个 FET 匹配，并具有如图 4-48b 所示的跨导曲线。

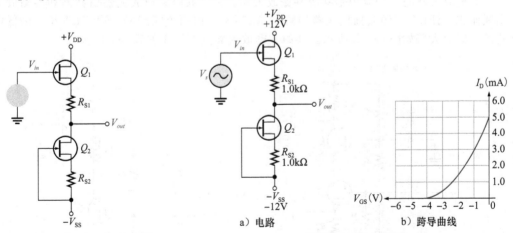

图 4-47　电流源偏置的 CD 放大器　　　　　　图 4-48　例 4-13 图

解： 在跨导曲线上，画出表示电流源 Q_2 的 1.0kΩ 偏置电阻的直线，如图 4-49 所示。交点表示 V_{GS} 为 −1.8V 时 I_D 约为 1.8mA。R_{S1} 上的这个电流使得 Q_1 的源极电压为 +1.8V。

🖊 **实践练习**

如果源极电阻增大，那么 g_m 会受到什么影响？这会影响增益吗？

4.6.4　共栅放大器

在本章引言中已经提到，共栅(CG)放大器因自身原因应用有限，但可以用于 FET 差分放大器的第二级(在第 6 章讨论)。CG 放大器在高频中也有应用。虽然其电压增益与 CS 放大器相当，但其输入电阻很低，失去了 FET 的主要优势之一。图 4-50 为一个基本的 CG 放大器。输入信号通过 C_1 被加到源极，输出信号通过 C_2 从漏极端取出。电压增益和 CS 放大器相同，但没有反相。

$$A_v = \frac{R_d}{r'_s}$$

另一增益公式为：

$$A_v = g_m R_d$$

FET 的线性应用的主要优势是其高输入电阻。观察 CG 放大器，可以看到源极电阻与 r'_s 并联。通常源极电阻非常大，可以忽略。因此输入电阻约为：

$$R_{in} \approx r'_s$$

另外，输入电阻也可以表示为：

$$R_{in} \approx \frac{1}{g_m}$$

从此结果可以看出为何 CG 放大器的输入电阻很小。

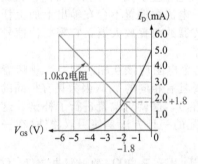

图 4-49　跨导曲线

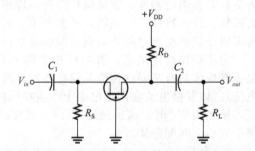

图 4-50　JFET 共栅放大器

共栅放大器的一个应用是共源共栅放大器。一个共源共栅放大器由共源和共栅放大器串联而成。JFET 共源共栅放大器如图 4-51a 所示。由两个匹配 D-MOSFET 构成的低电压共源共栅放大器如图 4-51b 所示。共源共栅放大器主要用于射频(RF)应用。

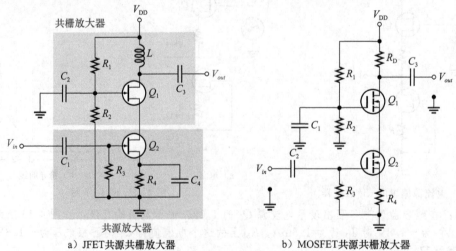

a) JFET共源共栅放大器　　　b) MOSFET共源共栅放大器

图 4-51　共源共栅放大器

系统例子 4-2　温度测量系统

典型的 RTD(电阻式温度检测器)仪器系统框图如图 SE4-5 所示。输入从 RTD 获得，并且是一个非常小的电压；系统的输出是一个表示温度的电流。我们主要关注前置放大器(用黄色表示)。其他模块的功能将在后面的章节中介绍。前置放大器是用来在系统的主要部分之前放大微弱信号的电子放大器。前置放大器用于许多不同种类的系统中，并且通常位于尽可能靠近信号源的位置，使其在信号被噪声污染之前增大信号。虽然通常将前置放大器看成高端立体声音响系统的一部分，但是它也可用于仪器系统中来放大来自灵敏器件的输出，例如热电偶或电阻式温度检测器(RTD)。

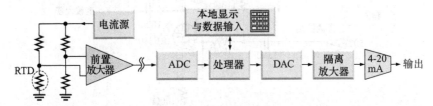

图 SE4-5　温度测量系统

JFET 前置放大器　图 SE4-6 所示为本系统中所使用的高输入电阻、低噪声直流耦合前置放大器。它同时使用了 FET 与 BJT，以充分利用两者的最优特性。此前置放大器用于放大 1mV 或者更小的输入信号，这些输入信号来自一些如 RTD 等需要直流输出的低电平源。输入信号被加到电流源偏置的共源 JFET 放大器上，如 4.6 节所述。两个晶体管应该互相匹配，以使 Q_3 基极的直流电压为 0V。这意味着不需要耦合电容。在 Q_3 集电极和 Q_4 基极之间也没有偏置电阻或耦合电容。整个电路为直接耦合。Q_4 基极的直流电压通过 Q_3 的发射极电流来进行设置，并可以通过 R_5 进行调整。Q_3 组成共发射极组态，该级的目的是提供额外增益，并使输出的直流电平回到 0V。

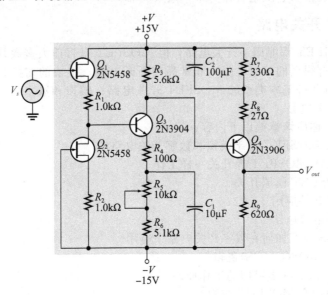

图 SE4-6　低噪声前置放大器

系统说明　MOSFET 前置放大器

图 SN4-1 为一个单通道 MOSFET 前置放大器，用于放大来自调谐器，CD 或 DVD 播放器的高电平输入信号。该放大器为交流耦合，因此不适用于如温度传感器等直流源。图 SN4-1 是一个单通道高电压高偏置的立体声音频前置放大器。电路设计很简单，只有一个 E-MOSFET。尽管该设计主要用于开关电路，但 IRF510 作为线性放大器能够非常好地工作。R_1、R_2 和 R_3 将栅极电压设置为约 8V。V_{GS} 接近于 4V，I_D 略大于 40mA。栅极输入电阻 R_4 用于抑制振荡。齐纳二极管 D_1 可防止 MOSFET 的栅源电压超出工作范围。

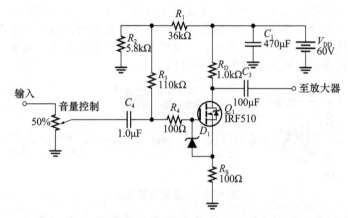

图 SN4-1　一个简单的单通道 MOSFET 前置放大器

4.6 节测试题

1. 如何计算 CS 放大器的增益？
2. 直流源偏置 CD 放大器相对于单级 CD 放大器的主要优势是什么？
3. 三种组态(CS、CD 或 CG)中哪种不会使输入信号反相？
4. CG 放大器的主要缺点是什么？
5. FET 的哪个特性使得它最适合作为第一级放大器？

4.7　MOSFET 开关电路

虽然 BJT 和 JFET 都能用于开关电路，但 MOSFET 是目前大多数开关应用的首选器件。MOSFET 具有很低的导通电阻，非常高的断开电阻，很快的切换时间，因此它是极好的开关器件。有两种基本类型的 MOSFET 开关电路：模拟和数字。本节将介绍数字和模拟 MOSFET 开关电路。

学完本节后，你应该掌握以下内容：

- 描述如何将 MOSFET 用于模拟和数字开关电路中
  - 解释如何让 MOSFET 像开关一样工作
  - 描述 MOSFET 模拟开关
  - 讨论模拟开关应用
  - 描述开关电容电路
  - 描述 MOSFET 如何在数字开关电路中应用
  - 讨论互补 MOS(CMOS)逻辑
  - 解释几种 CMOS 数字门的工作原理
  - 讨论几种功率 MOSFET 结构

4.7.1　MOSFET 开关工作原理

通常将 E-MOSFET 用于开关应用，因为其具有阈值特性，$V_{GS(th)}$。当栅源电压小于阈值时，MOSFET 处于关闭状态。当栅源电压大于阈值时，MOSFET 导通。当 V_{GS} 在 $V_{GS(th)}$ 与 $V_{GS(on)}$ 之间变化时，MOSFET 就以开关方式工作，如图 4-52 所示。在关闭状态，$V_{GS} < V_{GS(th)}$，器件工作在负载线的下端，相当于一个打开的开关(非常高的 R_{DS})。当 V_{GS}

足够大于 $V_{GS(th)}$ 时，器件工作在负载线上端的可变电阻区，相当于一个闭合的开关（非常低的 R_{DS}）。

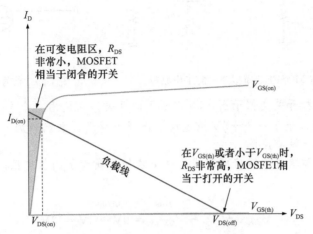

图 4-52　在负载线上的开关工作

理想开关　参考图 4-53a。当 n 沟道 MOSFET 的栅极电压为 $+V$ 时，栅极电压相对于源极电压为正，并比源极电压高超过 $V_{GS(th)}$ 的值。此时，MOSFET 导通，漏极与源极之间相当于闭合开关。当栅极电压为零时，栅源电压为零。此时 MOSFET 处于关闭状态，漏极与源极之间的相当于打开的开关。

参考图 4-53b。当 p 沟道 MOSFET 的栅极电压为 0 时，栅极电压相对于源极电压为负，并且两者绝对差值超过 $V_{GS(th)}$。MOSFET 导通，漏极与源极之间相当于闭合的开关。当栅极电压为 $+V$ 时，栅源电压为零。MOSFET 处于关闭状态，漏极与源极之间相当于打开的开关。

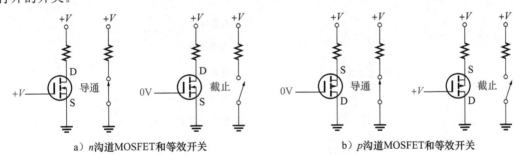

a）n 沟道 MOSFET 和等效开关　　　　　　b）p 沟道 MOSFET 和等效开关

图 4-53　MOSFET 开关

4.7.2　模拟开关

MOSFET 通常用于模拟信号开关。一般来讲，一个加到漏极上的信号可以通过栅极上的电压来接通或断开与源极的相连。主要限制在于源极的信号大小不能导致栅源电压小于 $V_{GS(th)}$。

一个基本的 n 沟道 MOSFET 模拟开关如图 4-54 所示。当由于正 V_{GS} 使得 MOSFET 导通时，漏极上的信号连接到源极，当 V_{GS} 为 0 时，漏极上的信号与源极断开，如图 4-54 所示。

当模拟开关导通时，如图 4-55 所示，在信号的负峰值栅源电压有最小值。V_G 与 $V_{p(out)}$ 的差值是信号为负峰值瞬时时刻的栅源电压，它必须等于或大于 $V_{GS(th)}$ 以保证 MOSFET 处于导通工作。

$$V_{GS} = V_G - V_{p(out)} \geqslant V_{GS(th)}$$

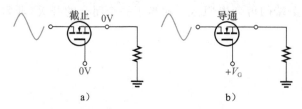

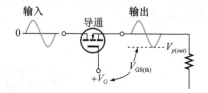

图 4-54　n 沟道 MOSFET 模拟开关的工作原理　　　图 4-55　信号幅度被 $V_{GS(th)}$ 限制

例 4-14　某模拟开关类似于图 4-55 中所示的开关，它使用一个 $V_{GS(th)}=2\text{V}$ 的 n 沟道 MOSFET。栅极上加上了一个 +5V 的电压来使开关导通。求能够加入的输入信号的最大峰峰值，假设开关上没有压降。

解：栅极电压和信号负峰值电压的差值必须等于或大于阈值电压。对于最大的 $V_{p(out)}$ 而言，有：

$$V_G - V_{p(out)} = V_{GS(th)}$$
$$V_{p(out)} = V_G - V_{GS(th)} = 5\text{V} - 2\text{V} = 3\text{V}$$
$$V_{pp(in)} = 2V_{p(out)} = 2(3\text{V}) = 6\text{V}$$

实践练习

如果 $V_{p(in)}$ 超过最大值，那么会发生什么？

4.7.3　模拟开关应用

采样电路　模拟开关的应用之一是模数转换。模拟开关用于采样保持电路，来以特定速率对输入信号进行采样。然后每个采样信号值暂时存储在电容中，直到被一个模-数转换器（ADC）转换成数字编码。为了实现这个目标，MOSFET 通过加在栅极上的脉冲在输入信号的一个周期内的短时间内导通。基本工作原理如图 4-56 所示，为清晰起见，其中只显示了几个采样。

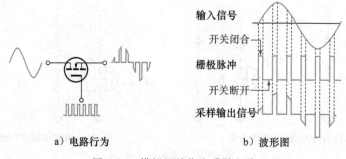

图 4-56　模拟开关作为采样电路

信号采样以及能从采样的信号中重构的最小速率必须大于信号最大频率的两倍。这一最小采样频率称为奈奎斯特频率。

$$f_{sample(min)} > 2f_{signal(max)}$$

当栅极脉冲为高电平时，开关闭合，该脉冲期间的一小部分输入波形出现在输出上。当栅极脉冲为 0V 时，开关断开，输出也为 0V。

模拟复用器　模拟复用器用于需要将两路或多路信号传输到同一目标的应用中。例如，图 4-57 所示为一双通道模拟采样复用器。两个 MOSFET 交替导通和截止，这样信号采样先后连接到输出。脉冲信号加到开关 A 的栅极，反相脉冲信号加到开关 B 的栅极。一个称为反相器的数字电路用来实现这个目标。当脉冲为高电平时，开关 A 闭合，开关 B 断开。当脉冲为低电平时，开关 B 闭合，开关 A 断开。这称为时分复用，因为脉冲为高电平的时间间隔内，信号 A 出现在输出，脉冲为低电平的时间间隔内，信号 B 出现在输出。也就是说，这两个信号在时间上交错以便在一条线上进行传输。

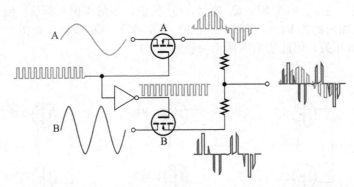

图 4-57　模拟复用器交替采样两个信号，并在单一输出线上实现交错传输

　　开关电容电路　MOSFET 的另一应用是开关电容电路，它通常用于称为模拟信号处理器的集成电路可编程模拟器件中。因为电容在集成电路中比电阻更容易实现，所以它用来模拟电阻。此外，电容在芯片上占据的空间比 IC 电阻也要少，也不会消耗功率。许多类型的模拟电路利用电阻来确定电压增益和其他特性，通过开关电容模拟电阻，可以实现模拟电路的动态编程。

　　例如，在后面会学到的一种 IC 放大器电路中，需要两个外部电阻，如图 4-58 所示。这些电阻值确定了放大器的电压增益为 $A_v = R_2/R_1$，如图 4-58 所示。

　　利用机械开关类推（把 MOSFET 实际上当成开关），可以使用开关电容来模拟一个电阻，如图 4-59 所示。开关 1 和开关 2 以一定频率交替闭合和断开，来对电容进行充电或放电，这一过程取决于电压源的值。对于图 4-58 中的 R_1，V_{in} 和 V_1 分别用 V_A 和 V_B 表示。对于 R_2，V_1 和 V_{out} 分别用 V_A 和 V_B 表示。

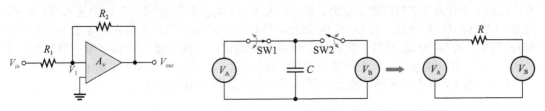

图 4-58　一种 IC 放大器　　　　　　　　图 4-59　开关电容模拟电阻

　　可以看出电容模拟电阻的阻值取决于开关闭合断开的频率和电容容值。

$$R = \frac{1}{fC}$$

通过改变频率，可以改变有效阻值。

　　互补 E-MOSFET 和电容可以代替放大器中的电阻，如图 4-60 所示。当 Q_1 导通时，Q_2 截止，反之亦然。选取合适的 f_1 与 C_1 来得到所需的 R_1 值。同样，f_2 和 C_2 提供所需的 R_2 值。要编程改变放大器的增益，改变频率就可以。

4.7.4　CMOS：数字开关应用

　　CMOS 将 n 沟道与 p 沟道 E-MOSFET 以串联方式组合在一起，如图 4-61a 所示。栅极上的输入电压为 0V 或者 V_{DD}。

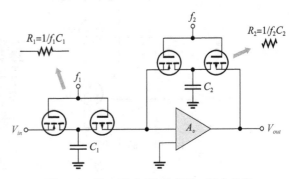

图 4-60　图 4-58 中 IC 放大器，其中电阻用开关电容电路代替

注意，V_{DD} 和地都连接到两个晶体管的源极。为避免混淆，规定 V_{DD} 为正电压，连接到 p 沟道器件的源极。当 $V_{in}=0V$ 时，Q_1 导通，Q_2 截止，如图 4-61b 所示。由于 Q_1 相当于闭合的开关，因此输出约为 V_{DD}。当 $V_{in}=V_{DD}$ 时，Q_2 导通，Q_1 截止，如图 4-61c 所示。由于 Q_2 相当于闭合的开关，因此输出本质上为接地（0V）。

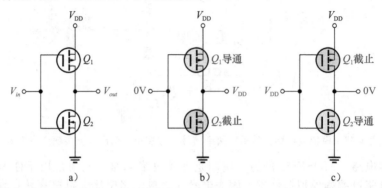

图 4-61　CMOS 反相器原理

CMOS 的主要优点是它的直流消耗功率非常小。由于两个 MOSFET 串联，且其中一个始终处于断开状态，因此在静止状态时，直流电源中基本上没有电流流过。当 MOSFET 开关时，只有在非常短的时间内会有电流，因为只有在这个极短的状态转变的时间间隔内，两个晶体管会同时导通。

反相器　注意，图 4-61 所示的电路实际上会使输入反相，因为当输入为 0V 或者低电平时，输出为 V_{DD} 或者高电平。当输入为 V_{DD} 或者高电平时，输出为 0V 或低电平。因此，该电路在数字电子中称为反相器。

与非门　在图 4-62a 中，在 CMOS 对的基础上增加了两个额外的 MOSFET 和第二个输入，得到一个称为与非门的数字电路。Q_4 与 Q_1 并联，Q_3 与 Q_2 串联。当两个输入 V_A 和 V_B 均为 0 时，Q_1 和 Q_4 导通，而 Q_2 和 Q_3 截止，使得 $V_{out}=V_{DD}$。当两个输入均等于 V_{DD} 时，Q_1 和 Q_4 截止，而 Q_2 和 Q_3 导通，使得 $V_{out}=0$。可以验证，当两个输入不同，即一端为 V_{DD} 另一端为 0 时，输出等于 V_{DD}。工作状态可总结为如图 4-62b 中的表，并表述如下：

当 V_A 与 V_B 为高电平时，输出为低电平；否则，输出为高电平。

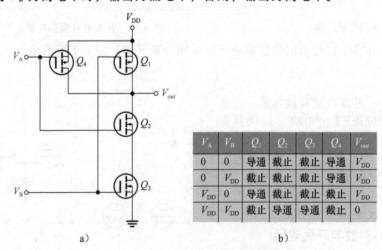

V_A	V_B	Q_1	Q_2	Q_3	Q_4	V_{out}
0	0	导通	截止	截止	导通	V_{DD}
0	V_{DD}	截止	截止	截止	导通	V_{DD}
V_{DD}	0	导通	截止	截止	截止	V_{DD}
V_{DD}	V_{DD}	截止	导通	导通	截止	0

图 4-62　CMOS 与非门工作原理

或非门　在图 4-63a 中，在 CMOS 对的基础上增加了两个额外的 MOSFET 和第二个输入端，得到一个称为或非门的数字电路。Q_4 与 Q_2 并联，Q_3 与 Q_1 串联。当两个输入

V_A 和 V_B 均为 0 时，Q_1 和 Q_3 导通，而 Q_2 和 Q_4 截止，使得 $V_{out} = V_{DD}$。当两个输入均等于 V_{DD} 时，Q_1 和 Q_3 截止，而 Q_2 和 Q_4 导通，使得 $V_{out} = 0$。可以验证，当输入不同，即一端为 V_{DD} 另一端为 0 时，输出等于 0。工作状态可总结为图 4-63b 中的表，并表述如下：

当 V_A 或 V_B 或二者均为高电平时，输出为低电平；否则，输出为高电平。

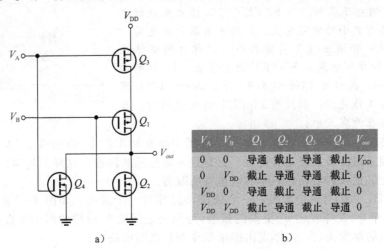

V_A	V_B	Q_1	Q_2	Q_3	Q_4	V_{out}
0	0	导通	截止	导通	截止	V_{DD}
0	V_{DD}	截止	导通	导通	截止	0
V_{DD}	0	导通	截止	导通	截止	0
V_{DD}	V_{DD}	截止	导通	截止	导通	0

a)　　　　　　　　　b)

图 4-63　CMOS 或非门工作原理[MULTISIM]

4.7.5　功率开关应用中的 MOSFET

在大多数高功率开关应用中，功率 MOSFET 大量代替了 BJT，其中原因很多。MOSFET 截止更快，不需要驱动电流，导通电阻更低（消耗功率更小），并且具有正温度系数——变热时电阻增大。这意味着与 BJT（具有负温度系数）相比，MOSFET 更不容易发生热漂移。功率 MOSFET 用于电机控制，直流到交流和直流到直流转换，负载开关，或其他需要高功率和精确数字控制的任何场合。例如，2SK4124 的额定漏源电压（V_{DSS}）为 500V，额定连续漏极电流为 20A，脉冲漏极电流 60A。若安装合适的散热器，则额定功率可以达到 170W。

4.7.6　功率 MOSFET 结构

传统的增强型 MOSFET 具有薄且长的横向沟道，如图 4-64 的结构图所示。其中红色箭头表示多数载流子从源极到漏极的移动。这使得漏源电阻相当高，并限制了 E-MOSFET 的低功耗应用。当栅极电压为正时，在源极和漏极之间靠近栅极处形成沟道，如图 4-64 所示。

横向扩散 MOSFET(LDMOSFET)　LDMOSFET 具有横向沟道结构，是一种用于功率应用的增强型 MOSFET。与传统 E-MOSFET 相比，器件在漏极和源极间的沟道更短。沟道更短使得电阻更小，因此允许更大的电压和电流。

图 4-65 给出了 LDMOSFET 的基本结构。当栅极为正时，在轻掺杂的源极和 n^- 区域之间的 p 层内会感应出一个很短的 n 沟道。多数载流子通过 n 区域和感应沟道从源极移动到漏极，如图 4-65 所示。

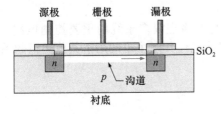

图 4-64　传统 E-MOSFET 结构横截面。白色区域为沟道

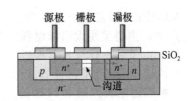

图 4-65　LDMOSFET 横向沟道结构横截面

　　系统说明　人们不断把晶体管做得更小，进一步减小系统的物理尺寸。FinFET 是一种三维晶体管，它把导电沟道移动到三维脊上，并在其上覆盖栅极。FinFET 的简化结构如图 SN4-2 所示。这使得晶体管的尺寸减小到 22nm。除了更高的集成度外，FinFET 还有一个重要优点。随着二维晶体管尺寸越来越小，会遭遇到晶体管截止时 0.9V 的电压限制。而 FinFET 可工作在更低的电压下，并且具有更小的泄漏电流。这意味着其效率更高。

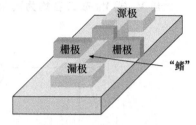

图 SN4-2　FinFET 结构

　　但目前这一领域出现了其他器件。超薄体绝缘体上硅，或 UTB SOI 可能成为 FinFET 的竞争者。UTB 的沟道非常薄(5nm，或只有 15 个硅原子)并且扁平。UTB 器件需要的开发工作更少，但没有 FinFET 的电流能力。目前两种器件都在开发当中。

　　VMOSFET　V 形槽 MOSFET 是另一种用于更高功率的 E-MOSFET，它利用垂直沟道结构，实现了漏极与源极之间更短、更宽且电阻更低的沟道。这样的沟道能允许更大的电流，从而允许更大的功耗。频率响应也有所改善。

　　VMOSFET 顶部有两个源极，一个栅极，底部有一个漏极，如图 4-66 所示。在漏极 (n^+ 衬底，其中 n^+ 意味着比 n^- 更高的掺杂)与源极之间的 V 形槽的两侧垂直感应出沟道。沟道长度由层的厚度决定，而厚度由掺杂浓度和扩散时间决定。

　　TMOSFET　TMOSFET 的垂直沟道结构如图 4-67 所示。栅极结构被嵌入到二氧化硅层中，源极覆盖了整个表面区域。漏极位于底部。TMOSFET 比 VMOSFET 具有更高的封装密度，同时保持了短垂直沟道的优点。

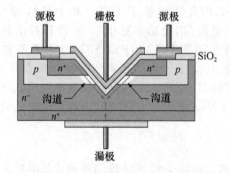

图 4-66　VMOSFET 垂直沟道结构的横截面

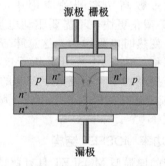

图 4-67　TMOSFET 垂直沟道结构的横截面

4.7 节测试题

1. 模拟和数字开关之间的差别是什么？
2. 理想模拟开关有哪些特点？
3. MOSFET 用作数字开关有哪些优点？
4. CMOS 反相器如何工作？
5. 列举出几种高功率 MOSFET。

4.8　系统

　　MOSFET 通常用于独立控制系统。电机控制电路是很多系统的重要控制电路。在这个应用中，主要关注太阳能电板的跟踪电路。但请记住其想法也能用于其他类似的系统。

　　学完本节后，你应该掌握以下内容：

- 说明 MOSFET 晶体管如何在小系统中应用
  - 描述电机控制中 H 桥的工作原理
  - 解释太阳能跟踪系统中每个模块的功能

　　本例将详细讨论一个太阳能跟踪系统，它包括光敏二极管传感器和基于 MOSFET 的电机控制器。首先讨论太阳能跟踪。

　　太阳能跟踪指的是移动太阳电池板，使其跟踪太阳的日常移动和在南方天空中太阳高度的季节性变化的过程。太阳能跟踪器的目标是增加系统收集到的太阳能量。对于平板收集器而言，利用太阳跟踪可以比固定太阳能电板多收集 30％～50％ 的能量。

　　在研究跟踪方法之前，首先回顾一下太阳如何在天空中移动。太阳的日常运动沿着自东向西的圆弧，轴心指向北方靠近北极星的位置。当季节从冬至向夏至变化时，太阳每天都向北上升一些。在夏至与冬至之间，太阳每天向南移动一点。南北运动的量取决于你与赤道的距离。

4.8.1　单轴太阳能跟踪

　　对平板太阳能收集器而言，最经济和最实用的跟踪方式是跟随每日的东西运动，而不是每年的南北运动。每日的东西运动可以利用单轴跟踪系统来跟随。有两种基本的单轴系统：极性与方位角。在极性系统中，主轴指向北极（北极星），如图 4-68a 所示。（天文学术语称此为赤道式装置。）系统的优点是太阳电池板一直保持在面对太阳的角度，因为它自东向西跟踪太阳，并与南方天空成某个角度。在方位角系统中，电动机驱动单块或多块太阳电池板。太阳电池板可以是水平方向的，但依然跟踪太阳的东西运动。尽管其随着季节变化接收的太阳光并不同样多，但风载荷更小，对长排太阳电池板更可行。图 4-68b 为一水平方向的太阳能阵列，轴指向正北，利用方位角跟踪（自东向西）。正如你所见，在太阳的季节性运动中，太阳光会更直接地照射到极性对准的板上，而不是水平方向的方向角跟踪器上。

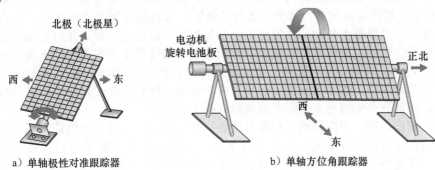

a）单轴极性对准跟踪器　　　　　　b）单轴方位角跟踪器

图 4-68　单轴太阳能跟踪器的类型

　　部分太阳能跟踪系统结合了方位角和高度跟踪，称为双轴跟踪。理想情况下，太阳电池板应该始终直接面向太阳，使得太阳光垂直于板。利用双极跟踪，除了可以跟踪每日东西方向上的移动，还可以跟踪每年的南北运动。这对需要使太阳准确对准活动区域的集中式收集器特别重要。

　　图 4-69 是一个例子，它给出了对于平板太阳能收集器而言，典型跟踪型电池板较非跟踪型提高了能量收集能力。可以看到跟踪型电池板延长了给定输出能够保持的时间。

4.8.2　传感器控制的太阳能跟踪

　　这种跟踪控制方式使用光敏元件，例如光敏二极管。一般来讲，对于方向角控制有两个光传感器，对于高度控制也有两个。每对传感器都能检测阳光的方向，激发电动机控制，以移动太阳电池板，使其垂直于阳光的方向。

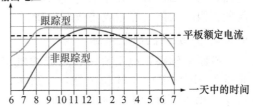

图 4-69　跟踪型与非跟踪型（固定）太阳电池板电压曲线

图 4-70 为传感器控制跟踪器的基本思想。两个光敏二极管中有一个遮光隔板，它们与太阳电池板安装在同一平面上。

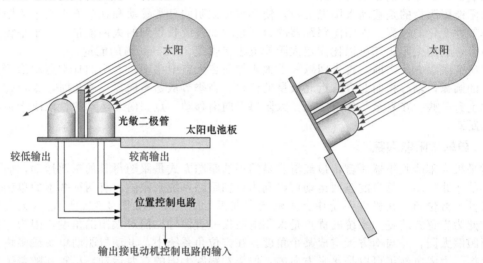

a) 若太阳电池板没有直接面对太阳，光敏二极管输出不相等　　b) 当太阳电池板处于最佳方向时，光敏二极管输出相等

图 4-70　太阳跟踪系统中光传感控制的简化描述。为了描述方便，图中的相对尺寸有所放大

如果太阳电池板没有直接面对太阳，阳光以一定角度照射到电池板和光敏二极管上，使得其中一个二极管被遮光隔板完全或部分挡住，接收到的阳光较另一个二极管要少，如图 4-70a 所示。结果，接收到大部分阳光的二极管，较被部分遮挡的晶体管，能产生更大的电流。从两个二极管上得到的电流差值由位置控制电路进行处理，并向电动机控制电路发出控制信号。电动机旋转太阳电池板，直到两个二极管产生相同大小的电流，然后由控制电路停止转动，如图 4-70b 所示。方位角跟踪中，两二极管间的遮光隔板位于竖直方向，而在高度跟踪中，遮光隔板位于水平方向。光敏二极管组件必须和太阳电池板面对同样的方向，因此它们安装在太阳能电池板的框架上。

双轴太阳能跟踪　前面提到，双轴系统能同时在方位角和高度上跟踪太阳。此系统需要两个光感部分和两个电动机，如图 4-71 所示。来自两对传感器的输出被传送到位置控制电路。一个电路检测两个方位角传感器的输出差值，如果差值较大，方位角电动机向西转，直到两传感器间达到平衡。与之类似，另一电路检测两个高度传感器的输出差值，相应地使高度电动机控制太阳电池板向上或向下转，直到两传感器间达到平衡。当夜晚降临，太阳电池板位于最西位置时，位置控制电路检测到没有来自方向角传感器的输出，并向方位角电动机发送复位命令，使得其将太阳电池板转回最东位置，等待第二天太阳升起。此系统必须足够敏感，以检测到光敏二极管输出的微小差别，因为越紧密跟踪太阳，能量收集效率越高。

4.8.3　H 桥电机控制电路

控制单轴跟踪电动机一种可能的电路是基于 MOSFET 的 H 桥电路，如图 4-72 所示。电动机由两对 n 沟道和 p 沟道 MOSFET 控制，桥两边各一对。H 桥与电枢或励磁线圈之一相连。同时改变施加

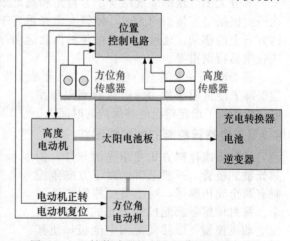

图 4-71　双轴传感器控制太阳能跟踪系统框图

到两者上的电压极性不会改变电机的转向。H 桥的控制输入来自位置控制电路，此电路处理来自光敏二极管的数据。

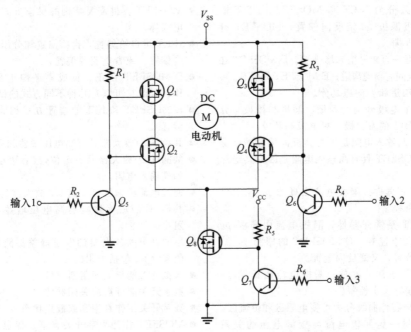

图 4-72 H 桥电机控制电路。所示的电动机连接到电枢或励磁线圈之一

如果输入 1 为高电平，输入 2 为低电平，Q_1 和 Q_4 导通，Q_2 和 Q_3 截止。电流流过电动机，使其向一个方向转动。如果输入 1 为低电平，输入 2 为高电平，Q_1 和 Q_4 截止，Q_2 和 Q_3 导通。电流流过电动机，使其向相反方向转动。如果输入 1 和输入 2 均为高电平或低电平，电动机制动启动，保持电动机在原位。输入 3 的高电平可关闭 Q_8，使 H 桥失效，电动机关闭。控制方式总结如表 4-1 所示。

为保证电动机控制精度，晶体管特性尽可能匹配。一种方法是采用 MOSFET 晶体管 IC 阵列，而不是分立元件。一种 4 器件阵列 IC 布局图如图 4-73 所示。这称为全桥电路。也可以得到含有一对 MOSFET 的半桥阵列。阵列器件间的一致性比分立元件要好。

表 4-1

输入 1	输入 2	输入 3	结果
0	0	0	n 沟道制动
1	1	0	p 沟道制动
1	0	0	正转
0	1	0	反转
X	X	1	电动机关闭

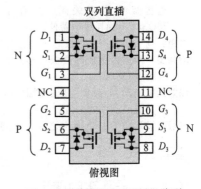

图 4-73 增强型 MOSFET 阵列

4.8 节测试题

1. 赤道式跟踪和高度-方位角跟踪有何区别？
2. 电动机跟踪的 H 桥电路有何优点？
3. H 桥中使用 MOSFET 晶体管有何优点？

小结

- FET 可大致分为 JFET 和 MOSFET。JFET 输入端的栅极源极 pn 结反向偏置；MOSFET 有绝缘栅输入端。
- MOSFET 可分为耗尽型和增强型。D-MOSFET 在漏极和源极间有物理沟道；E-MOSFET 则没有。
- FET 有 n 沟道和 p 沟道之分。
- FET 的三个电极分别为源极、漏极和栅极，分别对应于 BJT 的发射极、集电极和基极。
- JFET 具有高输入电阻是因为其反向偏置的栅源 pn 结。MOSFET 具有高输入电阻是因为其绝缘栅输入端。
- JFET 是常开器件。漏极电流由栅源 pn 结的反向偏置大小控制。
- D-MOSFET 是常开器件。漏极电流由栅源 pn 结的偏置大小控制。D-MOSFET 的栅源 pn 结既能正向偏置，又能反向偏置。
- E-MOSFET 是常关器件。漏极电流由栅源 pn 结的正向偏置大小控制。
- FET 的漏极特性曲线分为可变电阻区和恒流区。
- 跨导曲线是一组漏极电流与栅源电压的关系曲线。

- MOSFET 器件需要特别的操作方式，以避免静电损坏。
- JFET 可自给偏置，自给偏置和分压式偏置的组合偏置，或者电流源偏置。
- D-MOSFET 在正、负或零栅源电压下均可工作，因此它可以有几种不同方式的偏置。
- E-MOSFET 和 BJT 的偏置方式相同（除了基极偏置）。
- 共源（CS）放大器具有高电压增益和高输入电阻。
- 共漏（CD）放大器具有单位（或者更小）电压增益和高输入电阻。
- 通过电流源偏置可提高 CD 放大器的性能。
- 共栅（CG）放大器具有高电压增益，但输入电阻小。
- 不同种类的放大器的电压增益都能通过电阻比值来计算（包括内阻）。
- 模拟开关能导通或阻断信号。
- 数字开关能开启或关闭器件。
- 数字开关工作在饱和或截止状态。
- MOSFET 作为数字开关有很多优点，尤其是在大电流应用中。

关键术语

本章中的关键术语以及其他楷体术语在书后的术语表中定义。

共漏（CD）：漏极接地的一种 FET 放大器组态。

共栅（CG）：栅极接地的一种 FET 放大器组态。

共源（CS）：源极接地的一种 FET 放大器组态。

恒流区：FET 的漏极特性中，漏极电流与漏源电压无关的区域。

耗尽型：一种 FET，在零栅极电压时导通，并通过栅极电压来关闭。所有 JFET 和部分 MOSFET 为耗尽型器件。

漏极：场效应管三个电极之一；它是沟道的一端。

增强型：沟道由所加的栅极电压产生（或增强）的一种 MOSFET。

场效应管（FET）：一种电压控制器件，栅极的电压控制流经器件的电流。

栅极：场效应管三个电极之一。加到栅极的电压控制漏极电流。

结型场效应管（JFET）：一种场效应管。它的 pn 结工作在反偏状态，以控制沟道中的电流。它是一种耗尽型器件。

MOSFET：金属-氧化物半导体场效应管；FET 的两种主要类型之一。它利用 SiO_2 层使栅极与沟道绝缘。MOSFET 可工作在耗尽模式或增强模式。

可变电阻区：FET 漏极特性中，V_{DS} 较小时，沟道电阻可由栅极电压改变的区域；在此区域中，FET 工作状态类似电压控制的电阻。

夹断电压：当栅源电压为 0 时，使得 FET 漏极电流变为常量的漏源电压值。

源极：FET 三个电极之一；沟道的一端。

跨导：FET 的增益；利用漏极电流的小变化除以相应的栅源电压变化计算得到。单位为西门子或姆欧。

重要公式

(4-1) $g_m = \dfrac{I_d}{V_{gs}}$ FET 的跨导

(4-2) $R_{IN} = \left| \dfrac{V_{GS}}{I_{GSS}} \right|$ 输入电阻。用栅源电压除以栅极反向栅极电流得到

(4-3) $V_D = V_{DD} - I_D R_D$ FET 的直流漏极电压

(4-4) $V_{DS} = V_{DD} - I_D(R_D + R_S)$ FET 的直流漏源电压

(4-5) $V_G = \left(\dfrac{R_2}{R_1 + R_2} \right) V_{DD}$ 分压偏置中的栅极电压

(4-6) $r_s' = \dfrac{1}{g_m}$ 内部交流等效源电阻，用于计算电压增益

(4-7) $A_v = -g_m R_d$ CS 放大器电压增益

(4-8) $A_v = -\dfrac{R_d}{r'_s}$ CS 放大器电压增益的另一公式

(4-9) $A_v = \dfrac{R_s}{r'_s + R_s}$ CD 放大器电压增益

(4-10) $A_v = \dfrac{g_m R_s}{1 + g_m R_s}$ CD 放大器电压增益的另一公式

(4-11) $r_{DS(on)} = -\dfrac{V_{GS(off)}}{2I_{DSS}}$ 沟道电阻

自测题

1. 当栅源电压为 0 时导通的晶体管为_____。
   - (a) JFET
   - (b) D-MOSFET
   - (c) E-MOSFET
   - (d) (a)和(b)
   - (e) (a)和(c)

2. 以下偏置方式中，能用于 D-MOSFET 的是_____。
   - (a) 分压偏置
   - (b) 漏极反馈
   - (c) 电流源偏置
   - (d) 自给偏置
   - (e) 以上均可

3. 正常工作状态下，JFET 的栅源 pn 结_____。
   - (a) 反向偏置
   - (b) 正向偏置
   - (c) (a)或(b)
   - (d) (a)和(b)都不是

4. 当 JFET 的栅极与源极间电压为 0 时，漏极电流为_____。
   - (a) 0
   - (b) I_{DSS}
   - (c) I_{GSS}
   - (d) 以上都不对

5. n 沟道 D-MOSFET 具有零偏置的原因是它_____。
   - (a) 既可工作在耗尽模式，也可工作在增强模式
   - (b) 没有绝缘栅极
   - (c) 没有沟道
   - (d) 当工作在零偏置时，无漏极电流

6. FET 优于 BJT 的特性是_____。
   - (a) 高增益
   - (b) 低失真
   - (c) 高输入电阻
   - (d) 以上都是

7. 具有高电压增益和高输入电阻的放大器为共_____放大器。
   - (a) 栅极
   - (b) 源极
   - (c) 漏极
   - (d) (a)(b)(c)都对
   - (e) (a)(b)(c)都不对

8. 使得输入与输出信号反相的放大器为共_____放大器。
   - (a) 栅极
   - (b) 源极
   - (c) 漏极
   - (d) (a)(b)(c)都对
   - (e) (a)(b)(c)都不对

9. 除非在栅极上加上电压，否则沟道断开的晶体管为_____。
   - (a) JFET
   - (b) D-MOSFET
   - (c) E-MOSFET
   - (d) 以上都对
   - (e) 以上都不对

10. 当栅源电压为 0 时，使得 FET 漏极电流变为常量的漏源电压值称为_____。
    - (a) 偏置电压
    - (b) 夹断电压
    - (c) 饱和电压
    - (d) 截止电压

11. 共漏极放大器的电压增益不能超过_____。
    - (a) 1.0
    - (b) 2.0
    - (c) 10
    - (d) 100

12. 能将特定信号连接到模-数转换器（ADC）输入端的电子开关电路为_____。
    - (a) 模拟开关
    - (b) 数字开关
    - (c) 逻辑开关
    - (d) 双极开关

13. 参考图 4-74。p 沟道 E-MOSFET 的电路符号是_____。
    - (a) a
    - (b) b
    - (c) c
    - (d) d
    - (e) e
    - (f) f

14. 参考图 4-74。n 沟道 D-MOSFET 的电路符号是_____。
    - (a) a
    - (b) b
    - (c) c
    - (d) d
    - (e) e
    - (f) f

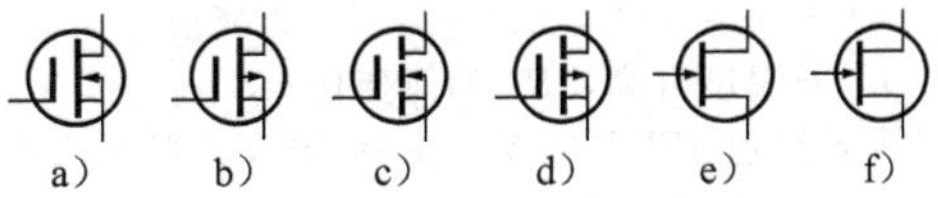

图 4-74

15. CMOS 开关电路中用到的器件类型是_____。
    - (a) n 沟道 D-MOSFET
    - (b) p 沟道 D-MOSFET
    - (c) (a)和(b)都是
    - (d) (a)和(b)都不是

故障检测测验

参考图 4-78a。
- 如果将 R_G 的阻值由 10MΩ 替换为 1.0MΩ。
  1. 栅极电压将会_____。
     - (a) 增大
     - (b) 减小
     - (c) 不变

2. 漏极电流将会_____。
   - (a) 增大
   - (b) 减小
   - (c) 不变
3. 输入电阻将会_____。
   - (a) 增大
   - (b) 减小
   - (c) 不变

参考图 4-79。

● 如果将正电源减小为 +9V，保持负电源电压不变，

4. 漏极电流将会_____。

(a) 增大　　(b) 减小　　(c) 不变

5. R_D 两端压降将会_____。

(a) 增大　　(b) 减小　　(c) 不变

参考图 4-86。

● 如果电容 C_2 开路，

6. MOSFET 源极直流电压将会_____。

(a) 增大　　(b) 减小　　(c) 不变

7. MOSFET 源极交流电压将会_____。

习题

4.1 节

1. 哪种晶体管在输入端的 pn 结反向偏置时导通？

2. 哪种晶体管具有绝缘栅？

4.2 节

3. P 沟道 JFET 的 V_{GS} 由 +1V 增加到 +3V。

(a) 耗尽区变窄还是变宽？

(b) 沟道电阻增大还是减小？

(c) 晶体管通过的电流增大还是减小？

4. 为什么 n 沟道 JFET 的栅源电压必须始终 0 或者负值？

5. JFET 的夹断电压为 −5V。当 $V_{GS} = 0$ 时，V_{DS} 为多少时 I_D 电流变为固定不变？

6. n 沟道 JFET 使用自给偏置并使得 $V_{GS} = -2V$。栅极电阻接地。

(a) V_S 为何值？

(b) 如果 V_P 为 6V，则 $V_{GS(off)}$ 的值为多少？

7. 某 JFET 的数据手册中给出 25℃ 时 $V_{GS(off)} = -8V$，$I_{DSS} = 10mA$，$I_{GSS} = 1.0nA$。

(a) 当 $V_{GS} = 0$，V_{DS} 大于夹断电压时，I_D 为何值？

(b) 若 $V_{GS} = 4V$，25℃ 时，R_{IN} 为何值？

(c) 若温度升高，R_{IN} 如何变化？

8. 某 p 沟道 JFET 的 $V_{GS(off)} = +6V$。当 $V_{GS} = +8V$ 时，I_D 为何值？

9. 已知图 4-75 所示的 JFET 的 $V_{GS(off)} = -4V$，$I_{DSS} = 2.5mA$。假设电源电压 V_{DD} 的值从 0 开始增大直到电流表达到稳定值。此时，

(a) 电压表读数为多少？

(b) 电流表读数为多少？

(c) V_{DD} 值为多少？

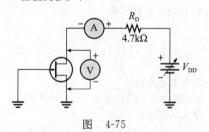

图　4-75

(a) 增大　　(b) 减小　　(c) 不变

8. 增益将会_____。

(a) 增大　　(b) 减小　　(c) 不变

● 如果电阻 R_2 开路，

9. 直流栅极电压将会_____。

(a) 增大

(b) 减小

(c) 不变

10. 漏极电流将会_____。

(a) 增大

(b) 减小

(c) 不变

10. 假设 JFET 的跨导曲线如图 4-76 所示。

(a) I_{DSS} 为何值？

(b) $V_{GS(off)}$ 为何值？

(c) 当漏极电流为 2.0mA 时，跨导为何值？

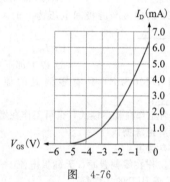

图　4-76

4.3 节

11. 假设 JFET 的跨导曲线如图 4-76 所示，并接入如图 4-77 所示电路中。

(a) V_S 为何值？

(b) I_D 为何值？

(c) V_{DS} 为何值？

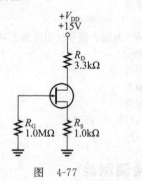

图　4-77

12. 假设图 4-77 中的 JFET 被跨导更低的器件代替。

(a) V_{GS} 将如何变化？

(b) V_{DS} 将如何变化？

13. 对于图 4-78 的每个电路，分别计算 V_{DS} 和 V_{GS}。

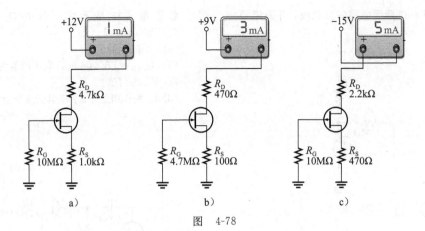

图 4-78

14. 假设例 4-6 中的电路有 $R_S = 1.0\text{k}\Omega$ 且 $R_D = 3.7\text{k}\Omega$。（负载线没有变化，但 Q 点会移动。）计算新的 I_D 和 V_{GS} 的值。

15. 图 4-79 所示为电流源偏置 JFET，求 I_D 和 V_D 的值。

(b) JFET 能这样偏置吗？

(c) 计算 V_D 的值。

(d) 计算 V_G 的值。

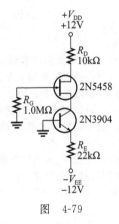

图 4-79

4.4 节

16. 画出 n 沟道和 p 沟道 D-MOSFET 和 E-MOSFET 的电路符号，并标明电极。

17. 解释为何 MOSFET 在栅极具有非常高的输入电阻。

18. V_{GS} 为正的 n 沟道 D-MOSFET 工作在什么模式？

19. 某 E-MOSFET 有 $V_{GS(th)} = 3\text{V}$。使其导通的最小 V_{GS} 为多少？

4.5 节

20. 确定图 4-80 中的 D-MOSFET 分别偏置在什么模式（耗尽或者增强）？

21. 图 4-81 中的 E-MOSFET 有 $V_{GS(th)}$ 为 $+5\text{V}$ 或 -5V，取决于器件为 n 沟道还是 p 沟道。确定各个 MOSFET 是处于导通还是截止状态。

22. 图 4-82 所示的 E-MOSFET 的漏极电流为 3.0mA。

(a) 为何种偏置方式？

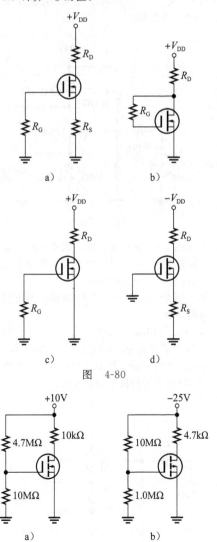

图 4-80

图 4-81

23. 画出图 4-82 所示电路的负载线，并确定 Q 点
    （$I_D = 3.0\text{mA}$）。

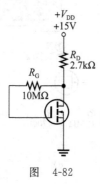

图　4-82

4.6 节

24. (a) 假设图 4-83 所示电路中，$V_{GS} = -2.0\text{V}$。
    计算 V_G、V_S 和 V_D 的值。
    (b) 若 $g_m = 3\,000\mu\text{mho}$，则电压增益为多少？
    (c) V_{out} 为何值？

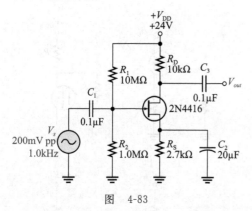

图　4-83

25. 对于图 4-83 中的放大器，如果在输出端和地
    之间连接上一个 27kΩ 负载，计算该放大器的
    增益（$g_m = 3\,000\mu\text{mhos}$）。

26. 图 4-83 所示电路中，若 R_1 开路，对下列参数
    有何影响？
    (a) V_G　(b) A_V　(c) I_D

27. 2N5457 器件的 g_m 最小值为 $1\,000\mu\text{mhos}$，最大
    值为 $5\,000\mu\text{mhos}$。根据上述条件，计算图 4-84
    中 CD 放大器的最小和最大增益。

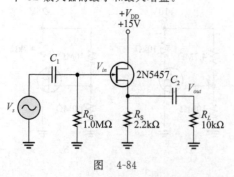

图　4-84

28. 假设图 4-85 所示放大器中 Q_1 的 g_m 值
    为 $1\,500\mu\text{mhos}$。
    (a) 计算 I_D 的值。
    (b) 若 $g_m = 1\,500\mu\text{mho}$，电压增益为多少？
    (c) V_{out} 为何值？
    (d) C_2 的作用是什么？若其开路则会发生什么？

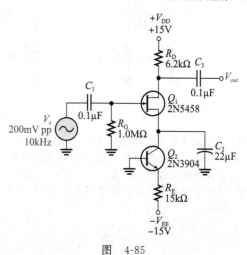

图　4-85

29. 假设图 4-85 所示放大器没有输出电压。直流
    参数测量表明，漏极电压为 15V。请列举出至
    少三种可能导致此现象的故障。

30. 参考图 4-85。假设直流电压和交流输入电压正
    确，但 V_{out} 很小。导致此现象的故障可能是
    什么？

31. 参考图 4-85。在栅源 pn 结正向偏置前，Q_1 的
    I_{DSS} 能够达到的最小值为多少？

32. 假设图 4-86 中 D-MOSFET 的源极电压测量值
    为 1.6V。
    (a) 计算 I_D 与 V_{DS} 的值。
    (b) 若 $g_m = 2\,000\mu\text{mho}$，则电压增益为多少？
    (c) 计算此放大器的输入电阻。
    (d) D-MOSFET 工作在耗尽模式还是增强模式？

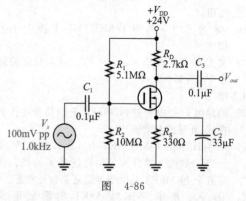

图　4-86

33. 如果 V_{out} 与地之间接上一个 5.1kΩ 的负载，重
    新计算习题 32(a) 与 (b)。

34. 假设图 4-87 中，Q_1 与 Q_2 特性匹配，且 I_{DSS} 为 1.5mA。

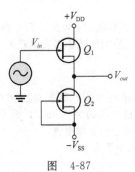

图　4-87

(a) I_D 为何值？

(b) 增益近似为多大？

(c) 若用 $I_{DSS}=1.0$mA 的晶体管代替 Q_2，则会发生什么问题？

4.7 节

35. 解释为何 $r_{DS(on)}$ 是模拟开关最重要的参数之一。

36. 某模拟开关使用的 MOSFET 的额定 $V_{GS(th)}$ 为 1.3V；加上 3.8V 的栅极电压使开关闭合，则能够加到开关源极的输入信号的最大峰峰值为多少？

37. 解释为何 CMOS 数字开关消耗的功率很小？

38. 解释为何 MOSFET 功率开关比 BJT 功率开关更不容易发生温漂？

MULTISIM 故障检测问题 [🔊 MULTISIM]

39. 打开文件 P04-39，确定故障。

40. 打开文件 P04-40，确定故障。

41. 打开文件 P04-41，确定故障。

42. 打开文件 P04-42，确定故障。

43. 打开文件 P04-43，确定故障。

各节测试题答案

4.1 节

1. 漏极、源极和栅极

2. MOSFET

3. 它们比 BJT 占用的面积更小，更容易在 IC 中制造，而且产生的电路更简单。

4. BJT 由电流控制，FET 由电压控制。BJT 电路具有更高的增益，但输入电阻较小。

4.2 节

1. 跨导曲线

2. 正

3. 通过栅源电压

4. 7V

5. 减小

6. +3V

4.3 节

1. $V_{GS(off)}$ 和 I_{DSS}。

2. BJT 中的发射结为正向偏置；JFET 的栅源 pn 结为反向偏置。

3. −8V

4. I_{DSS}

4.4 节

1. 耗尽型 MOSFET 和增强型 MOSFET。D-MOSFET 具有物理沟道；E-MOSFET 没有。

2. 是；电流为 I_{DSS}。

3. 没有。

4. 能。

4.5 节

1. I_{DSS}

2. 它是常关器件。它必须通过正向偏置来导通。

3. +2V

4. 高电压高电流开关电路。

4.6 节

1. 跨导 (g_m) 乘以交流漏极电阻 (R_d)，或者交流漏极电阻 (R_d) 与内部交流源电阻 (r'_s) 的比值。

2. 电流源偏置的 CD 放大器具有更高的输入电阻，无偏置电阻，可以进行直流耦合，输出直流电压为 0V。

3. CD 和 CG

4. 低输入电阻

5. 高输入电阻和低噪声

4.7 节

1. 模拟开关能导通或阻断交流信号；数字开关能开启或关闭器件。

2. 当闭合时，它对信号而言电阻为零；当断开时，它为无穷大电阻。

3. 它们是压控器件，且不需驱动电流。它们能控制大电流器件，且不易发生温漂。

4. n 沟道和 p 沟道 E-MOSFET 通过共栅和共漏连接，输出连接到漏极。n 沟道源极接地，p 沟道源极连接到正电源电压。当输入大于电源电压的一半时，n 沟道器件导通，使得输出近似于接地；当输入小于电源电压的一半时，p 沟道器件导通，使得输出接近于电源电压。

5. LDMOSFET、VMOSFET 和 TMOSFET。

4.8 节

1. 赤道式跟踪仪对准地球南北轴，太阳跟踪只需要单轴来跟踪随太阳的每日东西运动。（季节性的变化需要南北方向调整。）高度-方位角跟踪对准地球表面，需要两个跟踪电动机来跟随太阳的每日和季节性运动。

2. H 桥电路能够利用简单控制信号使电动机反转或停转。

3. MOSFET 具有低导通电阻，易于控制，不需要驱动电流。它们能用于高功率开关。

例题中实践练习答案

4-1 I_D 保持在约 12mA。

4-2 ≈1.0mS

4-3 300MΩ

4-4 $V_{DS}=6.34V$，$V_{GS}=-0.66V$

4-5 $I_{D(min)}≈0.3mA$；$I_{D(max)}≈2.3mA$

4-6 直流截止电压为 +9V；直流饱和电流为 1.91mA。此两者表示负载线在 x 轴和 y 轴上的点。

4-7 漏极开路，使得栅极由分压电路正向偏置。包括源极电阻和 1.0MΩ 偏置电阻的电路中的电流为 11μA。因此源极电压约为 20mV；

因为沟道的存在，漏极电压与源极电压相等；栅极电压约为 500mV，因为栅源 pn 结中只有很小的正向电流。

4-8 I_{DSS} 不能小于 0.95mA。

4-9 6.8V

4-10 2.13mA

4-11 源极电阻增大会导致跨导（稍微）减小。因此，增益会减小。

4-12 10MΩ

4-13 I_D 约为 1.1mA；$V_{S(Q1)}$ 约为 2.2V。

4-14 晶体管会截止，使得输出波形底端被削去。

自测题答案

1. (a) 2. (e) 3. (a) 4. (b) 5. (a) 6. (c) 7. (b) 8. (b) 9. (c) 10. (b) 11. (a) 12. (a) 13. (d) 14. (a) 15. (d)

故障检测测验答案

1. 不变 2. 不变 3. 减小 4. 不变 5. 减小 6. 不变 7. 增大 8. 减小 9. 增大 10. 增大

第 5 章

多级放大器、RF 放大器和功率放大器

目标

- 确定电容耦合多级放大器的交流参数
- 描述高频放大器的特性，并给出实现高频电路的实际考虑因素
- 描述变压器耦合放大器、调谐放大器和混频器的特性
- 确定直接耦合放大器基本的直流和交流参数，并描述负反馈如何稳定放大器的增益
- 计算 A 类功率放大器关键的交流和直流参数，并讨论交流负载线的工作
- 计算包括双极和场效应晶体管类型的 B 类功率放大器的关键交流与直流参数
- 描述 C 类和 D 类功率放大器的特性
- 给出 IC 功率放大器的主要特征以及描述它的应用
- 给出使用本章中讨论的元件和电路的系统

前面两章介绍了单级放大器，其主要功能是放大信号电压。你应该已经熟悉了 BJT 与 FET 的偏置和交流参数。

当必须放大一个非常小的信号(如来自天线的信号)时，Q 点上的变化也会相对较小。用于放大这些信号的放大器称为小信号放大器。它们也可能专门用于高频情况。通常来讲，包含额外的增益级会非常有用，特别是在高频通信系统中，其中感兴趣的频率被限制在一定的带宽范围之内。

本章将学习各种不同类型的多级放大器，特别强调高频时的一些考虑，包括噪声、布线，以及消除不必要的振荡。然后将重点转向功率传输的重要要求。对于这些应用，需要功率放大器。最后将介绍集成电路(IC)功率放大器。

5.1 电容耦合放大器

两个或多个晶体管可以连接在一起组成一个放大器，该放大器称为多级放大器。1.4 节已经介绍了一个简化的放大器模型。现在可以将该简化模型应用到实际放大器电路中来确定它们的整体性能。本节将学习电容耦合放大器，也称为 RC(阻容)耦合放大器。电容耦合是将交流信号传输到后一级最常使用的方法。

学完本节后，你应该掌握以下内容：

- 确定电容耦合多级放大器的交流参数
  - 计算两级电容耦合放大器的总增益、输入电阻和输出电阻
  - 讨论多级放大器中如何减小振荡和噪声问题

两个或多个晶体管可以连接在一起来提高放大器的性能。放大信号的每个晶体管都称为一级。一般来讲，放大器的第一级必须有非常高的输入电阻来避免对信号源产生的负载作用。另外，第一级需要设计成低噪声工作，因为这些微弱信号电压很容易会被噪声所淹没。后续级的目的是在不产生失真的前提下来增加信号的幅度。

提高放大器增益最简单的方法可以是两级通过电容耦合在一起，如图 5-1 所示。在本例中，两级都是相同的 CE 放大器，第一级的输出连接到第二级的输入端。由于电容具有隔直流的作用，因此电容耦合会阻止其中一级的直流偏置影响另一级的直流偏置。虽然直

流通路为开路，但是耦合电容可以让交流信号顺利地传输到下一级。

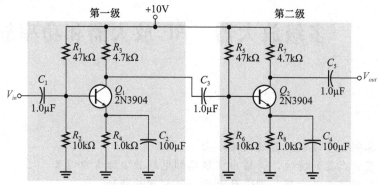

$$\beta_{DC} = \beta_{ac} = 150，对于 Q_1 和 Q_2$$

图 5-1　一个两级 CE 放大器

该电路的分析首先需要分析直流工作状态，如 3.2 节所述。利用分压原理来计算每级的基极电压。

$$V_B \approx \left(\frac{R_2}{R_1 + R_2} \right) V_{CC} = \left(\frac{10\text{k}\Omega}{47\text{k}\Omega + 10\text{k}\Omega} \right) 10\text{V} = 1.7\text{V}$$

该估计值会略高于实际值，因为没有考虑分压器的负载。减去发射结二极管两端的 0.7V 电压后，可得到发射极电压为 1.0V，因此计算得到发射极电流为：

$$I_E = \frac{V_E}{R_E} = \frac{1.0\text{V}}{1.0\text{k}\Omega} = 1.0\text{mA}$$

发射极电流也约等于集电极电流。

5.1.1　负载效应

从 1.4 节已经知道放大器可以用框图来表示，框图中只包含重要的参数。交流模型仅仅是一个受控电压源与一个电阻串联（戴维南电路）。为了计算放大器的总增益，图 5-2 中的每个晶体管级都可以用类似的方式建立模型。只需要知道三个参数：空载时的电压增益 $(A_{v(\text{NL})})$、总输入电阻 $(R_{in(tot)})$、输出电阻 (R_{out})。可以看到空载输出电压等于输入电压乘以空载增益。

首先求一级的空载增益。因为两级相同，所以两级的空载增益也相同。第二级的输入电阻相当于第一级的负载。因此，第一级的负载增益可以通过假设其负载电阻等于第二级的输入电阻 $R_{in(tot)}$ 来计算得到。这会降低第一级的增益，但可以与空载增益计算分开来考虑。该概念的说明会让我们更清楚地认识到基本放大器模型可以简化总增益的计算。

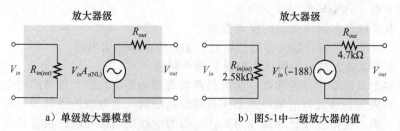

a）单级放大器模型　　　　　b）图5-1中一级放大器的值

图 5-2　单级放大器

已经知道 CE 放大器的空载增益是集电极交流电阻和发射极交流电阻的比值，空载增益与 r_e' 有关，而这个参数又与 I_E 有关，所以应作近似处理。

因为要计算空载增益，交流集电极电阻 R_c 与实际的集电极电阻 R_C 相同，为 4.7kΩ；

交流发射极电阻约为：

$$r_e' \approx \frac{25\text{mV}}{I_\text{E}} = \frac{25\text{mV}}{1.0\text{mA}} = 25\Omega$$

空载增益 $A_{v(\text{NL})}$ 约为：

$$A_{v(\text{NL})} = -\frac{R_\text{C}}{R_e} = -\frac{R_\text{C}}{r_e'} = -\frac{4.7\text{k}\Omega}{25\Omega} = -188$$

CE 放大器的输入电阻在 3.4 节中已经讨论过，采用分压式偏置和没有扩量程电阻的放大器的输入电阻表达式为：

$$R_{in(tot)} = R_1 \| R_2 \| (\beta_{ac} r_e')$$

设 β_{ac} 为 150，并代入相应的数值，图 5-1 中的放大器的输入电阻为：

$$R_{in(tot)} \approx 47\text{k}\Omega \| 10\text{k}\Omega \| [150(25\Omega)] \approx 2.58\text{k}\Omega$$

输出电阻是集电极电路往回看的电阻，并且就是集电极电阻：

$$R_{out} = R_\text{C} = 4.7\text{k}\Omega$$

可以将这些数值放进图 5-2b 所示的模型中。

组成放大器的两级电路现在连接成图 5-3 所示。其中，每一级的空载增益都标示在戴维南电源的下面。用该模型来求总增益。总增益是下面三项的乘积：

1. 第一级的空载增益。

2. 包含第二级输入电阻的分压器相对于第一级输出电阻的增益。

3. 第二级的空载增益。

如果输出端上加有一个负载电阻，那么应该把它作为另一个分压项包括进去（见例 5-1）。

放大器

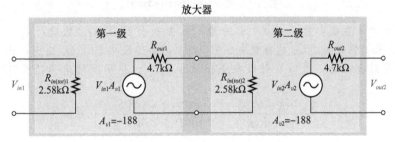

图 5-3　完整两级放大器的交流模型

前面计算得到每一级的空载增益为 -188，两级之间的分压器产生了负载效应。它由第二级的 $R_{in(tot)2}$ 和第一级的 R_{out1} 组成。该分压器的增益（衰减）为：

$$A_{v(divider)} = \frac{R_{in(tot)2}}{R_{out1} + R_{in(tot)2}} = \frac{2.58\text{k}\Omega}{4.7\text{k}\Omega + 2.58\text{k}\Omega} = 0.35$$

这三个增益的乘积即为总电压增益：

$$A_{v(tot)} = A_{v1} A_{v(divider)} A_{v2} = (-188) \times 0.35 \times (-188) \approx 12\ 400$$

该乘积表明电压增益相当大。例如：如果将 $100\mu\text{V}$ 的输入信号加到第一级，并忽略输入基极电路的衰减影响，可得到第二级的输出电压为 $100\mu\text{V} \times 12\ 400 = 1.24\text{V}$。必须记住这样一个概念，即这个结果是近似的，因为增益的大小依赖于 r_e' 及所用的晶体管。以减少增益为代价，可以在发射极电路上加上一个扩量程电阻来增加电路的稳定性。这时电路的增益与所用的晶体管无关，是个固定值。

放大器的增益通常用分贝电压增益来表示。对于刚刚考虑的放大器，每一级的空载分贝电压增益为：

$$A_v' = 20\log|A_v| = 20\log(188) = 45.5\text{dB}$$

两级之间的分压器增益（衰减）为：

$$A_{v(divider)}' = 20\log(0.35) = -9.1\text{dB}$$

总的分贝电压增益是单个分贝电压增益的总和。

$$A'_{v(tot)} = A'_{v1} + A'_{v(divider)} + A'_{v2} = 45.5\text{dB} - 9.1\text{dB} + 45.5\text{dB} = 81.9\text{dB}$$

例 5-1 对于图 5-4 中的两级前置放大器，画出简化交流模型并计算该放大器的总增益。假设 Q_1 的 g_m 为 1 500umhos(2N5458 的典型值)，β_{ac} 为 150(2N3904 的典型值)，第一级实现非常高的输入电阻以及低噪声特性。第二级提供电压增益。

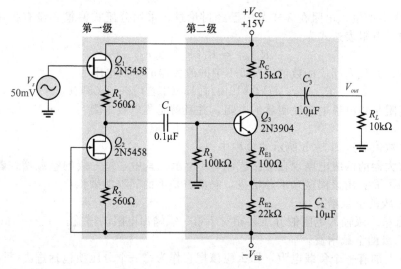

图 5-4　例 5-1 图[**MULTISIM**]

解: 首先计算直流参数。图 5-4 中的输入级由一个 $\text{FET}(Q_1)$ 组成，它采用电流源偏置，并由 Q_2 来提供电流。Q_2 的漏极电压约为 0V，第二级由 BJT Q_3 组成，采用发射极偏置。因为是发射极偏置，所以发射极电压接近 -1V。应用欧姆定律，可得发射极电流约为

$$I_E = \frac{V_E - (-V_{EE})}{R_{E1} + R_{E2}} = \frac{-1\text{V} - (-15\text{V})}{100\Omega + 22\text{k}\Omega} = 0.63\text{mA}$$

集电极直流电压:

$$V_C = V_{CC} - I_E R_C = 15\text{V} - 0.63\text{mA} \times 15\text{k}\Omega = 5.6\text{V}$$

现在确定交流参数。第一级的输入电阻 $R_{in(tot)1}$ 是反向偏置 pn 结的电阻，它非常大，它的精确值取决于 I_{GSS}。完全可以将它看成 $>1\text{M}\Omega$。第一级的输出电阻是 560Ω 的源极电阻与 r'_s 的串联，因此有:

$$R_{out1} = R_1 + r'_s = 560\Omega + \frac{1}{g_m} = 560\Omega + \frac{1}{1\,500\mu\text{mhos}} = 1.23\text{k}\Omega$$

r'_e 的值为:

$$r'_e = \frac{25\text{mV}}{I_E} \approx \frac{25\text{mV}}{0.63\text{mA}} \approx 40\Omega$$

第一级的空载电压增益为 1.0(因为是电流源偏置)。第二级的空载电压增益:

$$A_{v2} = -\frac{R_C}{R_e} = -\frac{R_C}{r'_e + R_{E1}} \approx -\frac{15\text{k}\Omega}{40\Omega + 100\Omega} \approx -107$$

第二级的输入电阻相当于第一级的负载。为了求得输入电阻，可以看到发射极偏置的电阻和基极的交流电阻组成一个并联组合，为:

$$R_{in(tot)2} = R_3 \| [\beta_{ac}(r'_e + R_{E1})]$$

假设 β_{ac} 为 150，则有

$$R_{in(tot)2} \approx 100\text{k}\Omega \| [150(40\Omega + 100\Omega)] \approx 17.3\text{k}\Omega$$

输出电阻就是集电极电阻 R_C

$$R_{out2} = R_C = 15\mathrm{k}\Omega$$

这些值也在图 5-5 中的简化电路图上给出，同时也给出了空载的增益值。输出电阻和负载电阻组成了一个电压分压器，它降低了后一级的增益。因此，总的电压增益为：

$$A_{v(tot)} = (A_{v1})\left(\frac{R_{in(tot)2}}{R_{out1} + R_{in(tot)2}}\right)(A_{v2})\left(\frac{R_L}{R_{out2} + R_L}\right)$$

$$= (1)\left(\frac{17.3\mathrm{k}\Omega}{1.23\mathrm{k}\Omega + 17.3\mathrm{k}\Omega}\right)(-107)\left(\frac{10\mathrm{k}\Omega}{15\mathrm{k}\Omega + 10\mathrm{k}\Omega}\right) = -40$$

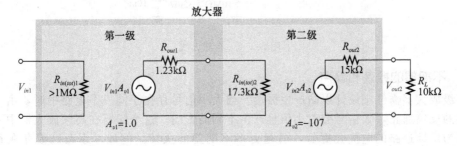

图 5-5　简化电路图

实践练习

（a）如果图 5-4 中的输入电压为 10mV，则输出电压为多少？

（b）如果图 5-4 中的负载电阻去掉，则该放大器的电压增益为多少？

系统例子 5-1　有源 FM 天线

高频通信系统的特点往往是信号非常小，并且存在噪声。当这些信号在同轴电缆或其他类型的传输线上传输一定距离到达主要接收器时，它们往往会衰减（幅度减小）并受到干扰，从而进一步减弱信号。在这种情况下，加入有源天线会非常有用。一般来讲，有源天线在靠近天线的位置，并且后面会有一个低输出阻抗的缓冲放大器，如图 SE5-1 所示。这样配置允许它在微弱信号被接收器进一步削弱之前来放大该微弱信号。

图 SE5-1　驱动接收器或缓冲放大器的有源天线

有源天线是一个低噪声前置放大器，也就是说，它会放大高频信号，并只引入很少量的噪声。JFET 很适合这样的应用，因为它们具有低噪声和高输入阻抗特性。它们可以工作在很低的功耗下，因此它可以用电池供电，这有利于隔离由电力传输线引入的噪声对敏感电路的影响。它也能够使得放大器放置在靠近天线的位置，以便在传输线之前提供增益。输出端上增加的信号强度足以让系统的剩余部分能够为最后的应用来对信号进行处理。

图 SE5-2 给出了基本的有源天线电路。它使用两个低噪声的高频 JFET，并组成共源共栅放大器。L_1 作为峰值线圈，来为所需的频带优化频率响应。在频率 88～108MHz 范围内，电路增益大约为 25，在频带的中心有个稍微高点的峰值，因此很适合作为 FM 收音机有源天线。

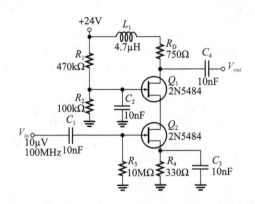

图 SE5-2　有源天线

5.1.2　不期望的振荡和噪声

多级放大器需仔细设计以防产生振荡。当大小信号存在于同一个电路中时，由于存在不期望的反馈通路，大信号会对小信号产生不利的影响。这个问题在高频放大器中更为严重，因为反馈通路的电抗会更低，引起更多不期望的反馈。例如，原型机板存在寄生电容，当将它们组成多级放大器时会引起反馈及噪声问题；如果在每一级的 V_{CC} 与地之间用电容连接，就能将各级隔离，这会有助于问题的解决。这一技术可以在商用的印制电路板上经常看到。电容应该尽可能连接到接近每一级的 V_{CC} 的位置，并且接线长度应尽可能短。

除了振荡外，噪声电压（电子干扰）也是多级放大器中存在的问题。信噪比确定了噪声是否足以干扰信号。当信号较小时，一个小噪声电压造成的影响可能比信号较大时的影响更大。这说明放大器的第一级是最重要的一级，因为此时输入信号很小。对于高阻抗源来说，FET 有更大的优势，但是当信号源阻抗较低时（<1MΩ），双极型晶体管能提供更好的低噪声性能。

关于电路中噪声问题已经有很多的研究。噪声问题的解决方法取决于噪声源、噪声进入电路的途径、噪声的类型，以及其他一些细节。许多时候，对噪声问题没有一个解决方法。噪声可能从信号源外部通过电容或电感耦合进入电路，也可能来自电源，或来自电路内部（热噪声）。以下是避免噪声问题的一些建议。

1. 尽量缩短连线以避免电路出现天线现象（尤其是低电平输入线），并尽量减少反馈回路。

2. 在每一级的电源与地之间加上电容，并确认电源经过正确滤波。

3. 尽可能减少噪声源，将噪声源与电路隔开或屏蔽。对低电平信号使用屏蔽线、双绞线或者屏蔽双绞线。

4. 所有电路的接地都在同一个点上，并通过独立的地线将大电流的地和小电流的地分开，源自大电流的地电流由于导电通路的 IR 压降会在电路的另一部分产生噪声。

5. 让放大器的带宽不超过放大所需信号所要求的带宽。

系统说明　ECG 传感器和前置放大器

心电图（ECG）是检测心脏功能的一种诊断方法。ECG 系统将在 12.1 节中讨论。在本系统说明中，我们主要关注连接到人体上的电极，它为系统的剩余部分采集信号。

传统上，导电电极利用凝胶来直接贴上皮肤。遗憾的是，由于这种电极与皮肤直接接触，因此有很多缺点，比如由于凝胶长时间使用而变得干燥导致传感器表面发生退化。此外，金属的敏感性会刺激皮肤，特别是对于幼儿来说。

　　另一种采集信号的方法是干燥的、非接触式电极，它通过电容耦合到一个能够放大 ECG 信号的前置放大器中。甚至在没有导电电极与皮肤接触的情况下通过衣服也能够来采集和放大信号。图 SN5-1 给出了电容耦合 ECG 系统的一个通道的输入部分。注意，身体作为心脏信号的来源，同时作为电容器的一极，一个导电电极作为电容器的另一极。病人的衣服可以形成绝缘介质，在本例中为衬衣。在 ECG 信号被噪声污染之前，把它连接到一个小的前置放大器来放大信号。用 JFET 来组成前置放大器的第一级非常合适，因为它具有很高的输入阻抗和极低的噪声。

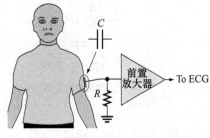

图 SN5-1　从 ECG 传感器得到电容耦合信号

5.1 节测试题

1. 为了求多级放大器的总增益，每一级都需要知道哪三个参数？
2. 例 5-1 中放大器的分贝增益为多少？
3. 作为多级放大器的输入级，FET 有什么优点？
4. 为什么多级放大器的第一级对于减少噪声来说最重要？

5.2　RF 放大器

　　一般来说，射频(RF)是指用来进行无线传输的频率，范围包括从大约 10kHz 的实际低频到 300GHz 以上。在 100kHz 以上，放大器经常在输入端、输出端或负载端采用调谐电路，因此很多人喜欢将工作在 100kHz 以上的放大器称作 RF 放大器。在高频，放大器只用来为那些在一定频段内的频率提供增益。本节将给出高频放大器的一些实际考虑因素。下一节将会介绍高频信号如何通过变压器从一级耦合到另一级。

　　学完本节后，你应该掌握以下内容：

- 描述高频放大器的特性并给出实现高频电路时的实际考虑因素
  - 解释当在高频工作时传输线的需求
  - 在给定每单位长度电感和电容的情况下，求电缆的特性阻抗
  - 解释终止电缆的正确方法以避免反射
  - 描述 RF 放大器重要的交流参数
  - 解释中和的意思
  - 解释 AGC 如何工作

5.2.1　传输线

　　当高频信号或者快速上升的数字信号从某一点传输到另一点时，传输线将会产生很多不利的影响，比如信号的衰减、高频响应的下降和噪声的增加。对于几英寸长的信号路径来说，当信号频率在大约 100MHz 以上或数字信号的上升时间小于约 4ns 时，这些影响将尤为重要。

　　考虑由两条电线组成传输线，用它来将一个高频信号从一个点发送到另一个点。电线会有一个电感 L，它沿着电线方向为串联形式，同时也会有一个电容 C，它在两个传导线之间以并联方式存在。(两个导体用一个绝缘体来分隔形成一个电容。)在高频时，串联的电感上升，而并联的电容下降。电线上的电感和电容不是集中在某一点的，它是分布在整个导线上。

　　图 5-6a 描述了一小段传输线的等效电路，其中电感和电容画成了分立元件，但是需要知道的是，电感和电容是平均分布在整个导线上的。电感被分成了 4 个小电感，每个小电感的电感值是 $L/4$。电容值为 C。此外还存在电阻值，但是在高频时，电阻对阻抗产生

较小的贡献，因此可以忽略。

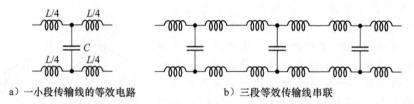

a）一小段传输线的等效电路　　　　　b）三段等效传输线串联

图 5-6　高频传输线的等效电路

为了帮助理解传输线，对一小段等效电路进行扩展，扩展到由一系列小段分立电感和电容连接在一起的情况，如图 5-6b 所示。如果加长等效电路，会发现一个很有趣的现象：当段数大于 10 后，再继续增加段数，传输线的阻抗几乎不变。也就是说，阻抗不取决于传输线的长度。这个固定的阻抗值称为传输线的特征阻抗。在高频时，传输线的特征阻抗可表示为：

$$Z_0 = \sqrt{\frac{L}{C}} \qquad\qquad (5\text{-}1)$$

式中，Z_0 为传输线的特征阻抗，单位为欧姆（Ω）；L 为单位长度的电感值。单位为亨利（H）；C 为单位长度的电容值。单位为法拉（F）。

注意，L 和 C 必须是相同长度的数值。由于公式取的是比值，因此使用多少长度没有关系，只要电感和电容使用的长度一样就可以。电缆的阻抗是几何尺寸和用来构造电缆的介质类型的函数。对于高频应用来讲，有各种不同类型的电缆。它们应该都有较大的带宽和一个与长度无关的固定阻抗。

一类常见的高频传输线是同轴电缆。同轴电缆由一根轴芯和包围在轴芯外面的导体屏蔽层组成。在高频时，这个屏蔽层可以起到屏蔽的作用，可以用来屏蔽轴芯内的信号向外辐射而导致信号的衰减，同时也可以防止外部的信号对轴芯内的信号造成干扰。不同的同轴电缆有不同的特性，比如功率、高频特性和特征阻抗等。

在给定系统中，安装所要求的电缆类型非常重要。比如，视频系统标准中使用 75 欧姆的同轴电缆。不同的电缆有不一样的特征阻抗，对于同轴电缆来说，典型范围为 50～100Ω，对于并联导体可以达到几百欧姆。

由于它的带宽比较宽，因此同轴电缆用于很多通信系统中，其中许多不同的声音频道可以放在相同的电缆上。频分滤波器允许在同一时刻进行双向传输。

例 5-2 RG58C 同轴电缆的参数如下：每英尺的电容为 28.5pF，每 100 英尺的电感为 7.12μH，求其特征阻抗（RG 是 Radio Grade 的缩写，表示无线级）。

解： 为了计算特征阻抗，电容和电感必须取相同的长度。为了将电容转换成每 100 英尺多少 pF，将每英尺的电容乘上 100。因此每 100 英尺的 C 为 2850pF。代入式(5-1)，可得：

$$Z_0 = \sqrt{\frac{L}{C}} = \sqrt{\frac{7.12\mu\text{H}}{2\,580\text{pF}}} = 50\Omega$$

实践练习

RG59B 同轴电缆的特性如下：每英尺电容为 21pF，每 100 英尺电感为 11.8μH。计算该电缆的特征阻抗。

5.2.2　终止传输线

在高频下，即使一小段传输线相对于信号波长来说也可能是很长的。当来自信号源的信号（入射波）到达传输线终端时，它会被反射回到信号源（反射波）。入射波和反射波沿着线长互相作用，在线上形成驻波。驻波是由入射波和反射波相互作用形成的稳态波。

　　驻波会对电视信号产生诸如叠影之类的不期望影响而且会增加噪声。为了防止驻波，需要在终端加上一个和传输线特征阻抗相同的电阻负载。当传输线以该方式终止时，整个传输线对于信号源而言呈现电阻特性。当传输线正确终止时，所有信号功率都消耗在终端的负载电阻上。不正确的终止可能会产生反射以及导致错误的信号电平。

　　系统说明　如果传输线损坏，阻抗特性的变化将导致信号的反射。一种称为时域反射仪(TDR)的测试设备可以用于发现电缆在何处出现问题。TDR 向电缆发出电压脉冲，并记录下任何反射信号到达的时间。如果电缆没有损坏并且正确终止，那么能测量到的任何反射信号应该很少。如果电缆有损坏，那么一定会有一个从损坏处返回的所加脉冲信号的反射信号。因为给定电缆的传播速度是一个固定值，那么通过测量信号反射回信号源所花的时间，就可以确定电缆损坏的位置。

　　TDR 广泛用于各种应用，例如长同轴电缆和光纤系统(光学 TDR)。它也可以应用于安全监控中来发现电线分接头。该分接头会引起电缆阻抗的微小变化，该变化可以被一个灵敏的 TDR 系统检测到。TDR 甚至可以用来查找高频电路板中的故障，在高频电路板中，电线走向类似传输线的作用。

5.2.3　高频考虑

　　电感效应　在高频(大约 10MHz 以上)时，传输线不再是一条简单的导电通路，而成为一个有效的电感。这是由于趋肤效应造成的，趋肤效应会导致电流移动到导体的外表面。这种电感通常不是我们所需要的，因为它会增加传输线的电抗并增加电路中的噪声。为了避免电感的不利影响，高频电路中的电线应该尽可能的短。

　　电容效应　在高频的时候，由于电容效应不断增加，晶体管放大器可能会越来越无效。所有有源器件在它们的各极之间都有内部电容。这些内部电容对于高频模拟信号而言相当于低阻抗通路，因此降低了这些器件的有效性。在数字电路中，内部电容限制了脉冲从一个电平变化到另一个电平的速度。因此专门设计了高频晶体管来减小内部电容。

　　电容的不利影响会被反相放大器(如共源或共射放大器)放大，因为它会形成一种称为米勒效应的正反馈。因此在高频电路中要尽量减小电容值，这可以通过让传输线尽可能短以及避免使用高增益的反相放大器来实现。

　　电容的另外一个影响是在高频放大器中产生不期望的振荡。振荡可以通过中和的办法来消除，这在后面将会详细讲述。

5.2.4　调谐放大器

　　带谐振电路的放大器在通信系统中很常见，因为通信系统采用很高的频率。大于 100kHz 的频率通常称为射频或 RF。工作在这些频段的放大器被称为射频(RF)放大器。对于低频放大器求直流偏置状态的方法同样适用于射频放大器，但对于交流分析需要做一些修正。低频放大器是非谐振的，它们用来放大较宽频率范围的信号。

　　调谐放大器则不同，它们用来放大特定的频段，并消除频段之外的信号。它们使用并联 LC 谐振电路作为负载，在谐振频率时，它对交流信号呈现较高的阻抗，因此产生较高的增益。谐振电路的中心频率(假设 Q 很大)可利用基本的谐振频率方程计算得到。

$$f_r = \frac{1}{2\pi\sqrt{LC}} \tag{5-2}$$

　　调谐放大器的带宽是由谐振电路的 Q(品质因数)决定的。品质因数(Q)是一个无量纲的数值，它是一个周期内储存的最大能量和一个周期内损耗的能量的比值。从实际角度来讲，品质因数几乎总是由电感决定，因此 Q 经常表示为电感 X_L 和电阻 R 的比值。它也可以表示为中心频率 f_r 和带宽 BW 的比值：

$$Q = \frac{X_L}{R} = \frac{f_r}{\text{BW}} \tag{5-3}$$

并联电路的响应取决于电路的 Q 值，如图 5-7 所示。RF 电路的 Q 值取决于电感的类型，对于铁氧体磁心电感来讲，Q 的范围为 50～250；而对于空气磁心的电感来讲，则更高。

一个使用 JFET 的基本调谐射频放大器如图 5-8 所示。栅极和漏极电路都包含并联谐振电路，该谐振电路由变压器绕组和电容组成。（变压器耦合在 5.3 节中讨论。）栅极和漏极之间的虚线电容代表晶体管的内部电容，其电容值只有几皮法。漏极电路对交流信号有很高的阻抗，但直流静态电流能够很容易穿过变压器一次绕组，对于直流来讲，它相当于一个很小的电阻。

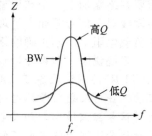

图 5-7　并联谐振电路中阻抗与频率的函数关系

虽然栅极和漏极之间的内部电容很小，但在高频下它可能在输出和输入之间产生较大的正反馈（同相），从而使放大器产生振荡。为了防止这样的现象发生，有必要采用中和电路，特别是在高阻抗电路中。

中和是加入相同量的负反馈（反相）来抵消放大器中由于内部电容所产生的正反馈（同相）的过程。图 5-9 给出了一个常见的中和电路，叫哈泽泰中和电路。哈泽泰中和电路的原理就是通过调节中和电容 C_n 产生适当的负反馈来抵消不期望的正反馈。可以看到漏极电源通过一个中心抽头变压器进行连接。

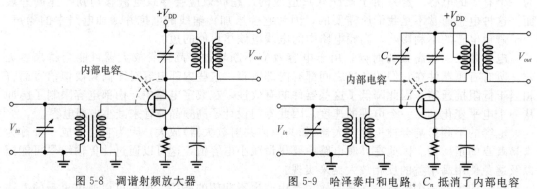

图 5-8　调谐射频放大器　　　　图 5-9　哈泽泰中和电路。C_n 抵消了内部电容

图 5-10 给出了另一个常见的 RF 放大器，它利用双栅极 D-MOSFET 来放大天线信号。双栅极配置简化了向电路增加自动增益控制（AGC）的过程，因为信号已经结合在 MOSFET 中。当接收到一个大信号的时候，AGC 会减小增益；当收到一个小信号时，AGC 会增大增益。RF 信号连接到双栅极器件下面的栅极，而上面的栅极用来控制增益。AGC 信号是一个来自于放大器后级的负直流电压。AGC 电压和输入信号强度成正比。一个大的输入信号会产生一个大的 AGC 电压，从而趋向于夹断沟道并因此减小增益。

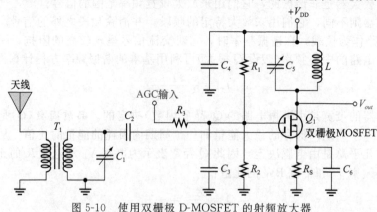

图 5-10　使用双栅极 D-MOSFET 的射频放大器

5.2 节测试题

1. 同轴电缆对于传输 RF 信号有何优势?
2. 中和是什么意思?
3. AGC 是什么?
4. Q 的定义是什么?

5.3 变压器耦合放大器

变压器可以用来将信号从一级耦合到另一极。虽然主要用于高频设计中,但它也可用于低频功率放大器中。当信号频率位于 RF 范围内(>100kHz)时,放大器的各级之间常用调谐变压器来进行耦合,该变压器形成一个谐振电路。在本节中,将会看到变压器耦合放大器的例子,包括低频和高频调谐放大器。

学完本节后,你应该掌握以下内容:

- 描述变压器耦合放大器、调谐放大器和混频器的特性
  - 描述变压器耦合放大器一般如何工作
  - 确定变压器耦合放大器的交流和直流负载线
  - 解释如何利用混频器将高频转换成低频
  - 给出在高频应用中使用 IF 放大器的优势

5.3.1 低频应用

大多数放大器要求直流信号应该与交流信号隔离。5.1 节已经提及电容具有隔直流通交流的作用。变压器也具有隔直流(没有提供直接的通路)通交流的性能。

此外,变压器提供了电路中阻抗匹配的方法。在基本直流/交流课程中已经知道从变压器一次侧来看,二次侧的负载会被变压器改变。降压变压器会使负载在一次侧看起来变得更大,可以表示为:

$$R_L' = \left(\frac{N_{pri}}{M_{sec}}\right)^2 R_L \tag{5-4}$$

式中,R_L' 是一次侧等效电阻,N_{pri}/N_{sec} 是一次绕组对二次绕组的匝数比,R_L 为二次侧的负载电阻。

变压器可以用在输入端、输出端,或者各级之间来耦合电路中各部分之间的交流信号。在功率变压器中,通过阻抗匹配可以进行最大功率传输(将在 5.4 节中讨论)。变压器也能用来进行信号源和传输线之间的阻抗匹配。线匹配变压器主要用于低阻抗电路(<200Ω)。对于电压放大器,变压器也可以用来实现升压以传输给下一级(但功率永远不会变化)。

图 5-11 给出了一个变压器耦合的两级放大器。小的低频变压器偶尔也会用在某些传声器或其他传感器中来将信号耦合到放大器。

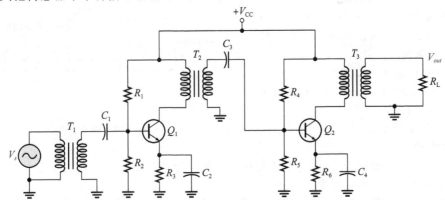

图 5-11 一个变压器耦合的基本放大器,给出了输入变压器、耦合变压器和输出变压器

虽然变压器耦合比 RC 耦合具有更高的效率，但由于存在两个缺点，变压器耦合不能广泛应用于低频电路。首先，与电容相比，变压器价格比较昂贵，并且比较笨重；其次，由于绕组电抗的作用而使其高频响应变差。由于上述原因，低频变压器耦合并不常用，但在某些 A 类功率放大器中会有使用。

例 5-3 假设图 5-11 中第二级电路的元件参数如下：$R_4 = 5.1\text{k}\Omega$，$R_5 = 2.7\text{k}\Omega$，$R_6 = R_E = 680\Omega$，$R_L = 50\Omega$，变压器 T_3 是匝数比为 5：1 的降压变压器，$V_{CC} = 12\text{V}$。画出该级的直流和交流负载线。

解： 首先求直流状态。对偏置电阻应用分压定理求得基极电压。

$$V_B = \left(\frac{R_5}{R_4 + R_5}\right)V_{CC} = \left(\frac{2.7\text{k}\Omega}{5.1\text{k}\Omega + 2.7\text{k}\Omega}\right) \times 12\text{V} = 4.2\text{V}$$

接下来，计算发射极电压和电流。

$$V_E = V_B - V_{BE} = 4.2\text{V} - 0.7\text{V} = 3.5\text{V}$$

$$I_E = \frac{V_E}{R_E} = \frac{3.5\text{V}}{680\Omega} = 5.15\text{mA}$$

发射极电流近似于集电极电流，即为 Q 点的电流 I_{CQ}。变压器一次直流电阻较小，可以忽略。基于这个假设，变压器对直流负载线没有影响。V_{CE} 是 V_{CC} 和发射极电阻上压降之间的差值。

$$V_{CEQ} \approx V_{CC} - V_E = 12\text{V} - 3.5\text{V} = 8.5\text{V}$$

现在已经知道直流负载线的两个点（Q 点和 $V_{CE(\text{cutoff})}$），因此可以画出直流负载线。将晶体管的集电极与发射极短接，得到直流饱和电流来进行验证。

$$I_{C(\text{sat})} = \frac{V_{CC}}{R_E} = \frac{12\text{V}}{680\Omega} = 17.6\text{mA}$$

现在开始求交流负载线。首先确定集电极电路的交流电阻。应用式（5-4）求得负载电阻在一次侧的等效电阻为：

$$R_L' = \left(\frac{N_{pri}}{N_{sec}}\right)^2 R_L = \left(\frac{5}{1}\right)^2 \times 50\Omega = 1.25\text{k}\Omega$$

它表示当发射极电阻被 C_4 旁路时集电极-发射极电路的总交流电阻（忽略 r_e'）。从 3.4 节已经知道可以利用下式求得交流饱和电流。

$$I_{c(\text{sat})} = I_{CQ} + \frac{V_{CEQ}}{R_{ac}}$$

将 I_E 和 R_L' 的值代入 I_{CQ} 和 R_{ac}，求得交流饱和电流为：

$$I_{c(\text{sat})} = 5.15\text{mA} + \frac{8.5\text{V}}{1.25\text{k}\Omega} = 11.95\text{mA}$$

从已经求得的两点（Q 点和 $I_{c(\text{sat})}$）可以画出交流负载线。求得交流截止电压 $V_{ce(\text{cutoff})}$ 来进行验证。

$$\begin{aligned} V_{ce(\text{cutoff})} &= V_{CEQ} + I_{CQ}R_{ac} \\ &= 8.5\text{V} + (5.15\text{mA})(1.25\text{k}\Omega) \\ &= 14.9\text{V} \end{aligned}$$

结果如图 5-12 所示。

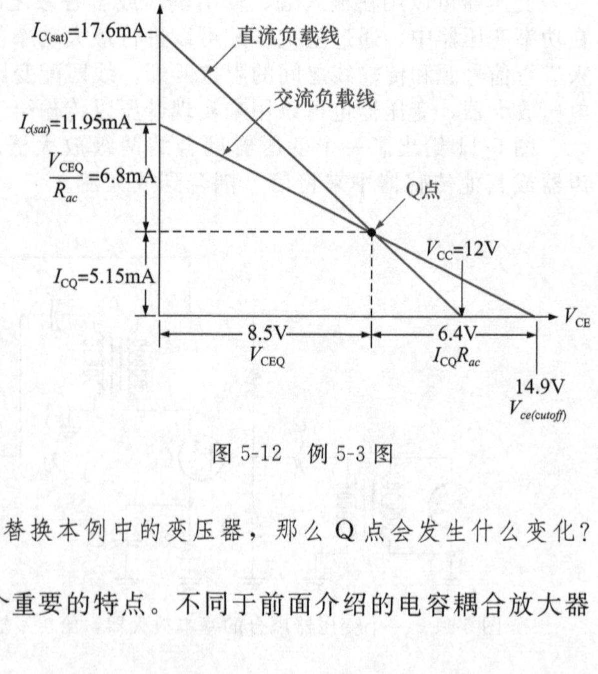

图 5-12　例 5-3 图

✏️ **实践练习**

如果用一个匝数比为 6：1 的变压器替换本例中的变压器，那么 Q 点会发生什么变化？交流负载线会有什么样的变化？

例 5-3 说明了变压器耦合放大器一个重要的特点。不同于前面介绍的电容耦合放大器的例题，它的交流负载线没有直流负载线那么陡。交流饱和电流小于直流饱和电流，而交流截止电压大于直流截止电压(V_{CC})。

5.3.2 高频应用

在高频段，变压器会比较小，并且也相对便宜。对于在一定带宽范围内耦合信号而言具有重要的优势。正如在上一节中所看到的，在高频段，变压器初级可以接上一个并联电容来形成一个高 Q 值的谐振电路。接有合适电容的二次绕组也经常连接成一个谐振电路。

从基本交流和直流知识已经知道，并联谐振电路是一个 LC 电路，它在谐振频率处有最大的阻抗。谐振频率处的高阻抗意味着放大器增益在谐振频率附近可以非常高，而直流时增益却很低。这就形成了一个增益可高达 1000(甚至更高)的窄带(典型为 10kHz)放大器。此外，放大器可以选择只放大包含有用信号的非常窄范围内的频率信号，而不放大其他频率的信号。

在信号处理中，通常要通过将 RF 和振荡器混合来将无线频率转换成较低的频率。得到的这个新低频称为中频(IF)。调谐变压器耦合在 RF 和 IF 放大器中都很重要。

使用 IF 的主要优点是它是一个固定频率，并且对于任何给定的 RF 信号(在设计范围内)，调谐电路无需改变。这可以通过让振荡器跟踪 RF 信号来完成。因为 IF 固定，所以用固定的调谐电路来进行放大就很简单，无须用户进行任何调整。这一思想首先由 Major Edwin Armstrong 在第一次世界大战期间提出，并在大多数的通信设备中使用，此外也用于频谱分析仪，它是高频测试设备的重要部分。

图 5-13 是一个两级调谐放大器的例子，它在第一级的输入端和第二级的输出端都使用谐振电路。两级之间采用变压器耦合。与此类似的电路是大多数通信设备的组成部分，由一个 RF 放大器和一个混频器组成。RF 放大器用于调谐并放大来自信号站的高频信号。混频器是非线性电路，它将信号与振荡器产生的正弦波混合在一起。

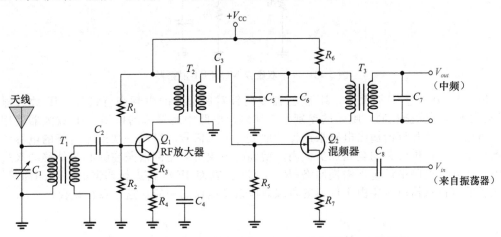

图 5-13　一个调谐放大器，包括一个 RF 放大器和一个混频器

振荡器的频率设置与 RF 之间有一个固定差值。当 RF 与振荡器信号中在非线性电路中混合时，会产生两个新频率：两个输入信号的和以及两个输入信号的差。第二个谐振电路调谐到差值频率，同时对其他频率进行抑制。这个差值频率就是 IF 信号，会在 IF 放大器中进一步放大。IF 放大器的优点在于它是专门用来处理单一频率的放大器。

进一步来看图 5-13 中的电路。第一个调谐电路包括变压器 T_1 的一次侧，它与 C_1 构成谐振回路来接收信号。非谐振频率的信号被谐振回路抑制。注意，Q_1 的偏置方式是分压式偏置，它没有集电极电阻，而是信号将变压器 T_2 的一次侧看成负载。这一级的增益由集电极电路的电阻除以由 R_3 和 r'_e 组成的发射极电阻确定。

RF 信号通过变压器 T_2 送到 Q_2 的栅极，并与来自振荡器(图 5-13 中未给出)的信号进行混合。注意，Q_2 对 RF 信号来说是 CS 放大器，但对振荡信号来说是 CG 放大器。Q_2 输出端的谐振电路调谐到设定的差值频率，因此 Q_2 的输出是中频(IF)，被送到下一级作进一步放大。为了产生中频，Q_2 必须在非线性放大状态下工作。FET 可以很好地实现这个功能。经常利用两级 MOSFET 将混频器和 RF 放大器结合在一起，如前所述。

可以看到在图 5-13 中电阻 R_6 与直流电源相串联，与 C_5 形成一个称为去耦网络的低通滤波器。它有助于将电路与其他放大器相隔离并有助于避免有害振荡的产生。这个电阻值很小(典型值为 100Ω)，电容的选择原则是使其在工作频率时电抗＜10％的电阻值(例如，100Ω 电阻可以用电抗近似为 10Ω 的电容旁路)。

图 5-14 是图 5-13 中的 JFET 混频器电路的 MOSFET 实现。该混频器由 4.5 节中讨论的双栅极 MOSFET 实现。来自 RF 放大器的输出被加到其中一个栅极，来自振荡器的信号被加到另一个栅极。类似于 JFET，MOSFET 组成非线性器件来产生中频。

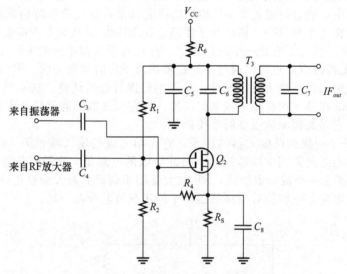

图 5-14　一个双栅极 MOSFET 混频器

图 5-15 为一个 IF 放大器。IF 变压器专门针对所选择的中频进行设计。IF 放大器与 RF 放大器几乎完全相同，唯一的差别是它在给定电路中所发挥的作用。IF 放大器使用一个调谐输入电路和调谐输出电路来选择性地放大中频信号。组成一次谐振电路的电容和变压器位于一个提供屏蔽的金属保护盒内。精确的中频可以用调谐条在铁心内外移动来进行调整。此外，电路中还包含去耦网络(R_3 和 C_3)。在对 IF 电路进行调谐时，利用高阻抗、低电容的测试仪器以避免由于仪器的负载效应改变电路的响应，这一点很重要。

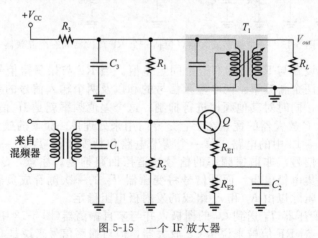

图 5-15　一个 IF 放大器

系统说明　在一个系统中，如果使用示波器来调谐 RF 放大器，应该使用有源探头，有源探头在探针头内有一个专门设计的 IC 放大器。有源探头有很高的输入电阻，但更为重要的是，它们有很低的输入电容。现代有源探头的输入电容 C_{in} 可以低于 0.8pF。你想测量的信号频率越高，探头的输入电容的影响就越大（X_C 随频率 f 升高而减小）。有源探头比无源探头昂贵，但它们可以有效地减少设备的负载效应。探头电容能够改变振荡电路的谐振频率。这就意味着你刚刚调整好的电路的谐振频率将随着你移走探头而改变。探针的电容越小，其对电路的影响越小。

图 5-14 中电路的直流参数的计算和任何共射放大器的计算方法一样。但是，调谐电路对电路交流参数的影响与一个仅含有集电极电阻的电路不同。由于集电极上并联的谐振电路，放大器的电压增益是谐振电路的阻抗与发射极电路的交流电阻之比。

$$A_v = \frac{Z_c}{R_e}$$

式中，Z_c＝集电极电路的阻抗；R_e＝发射极电路的电阻。

调谐电路的阻抗取决于调谐电路的频率和 Q 值。如果已知 X_L 和 Q 值，则可以求得谐振处的阻抗 Z_c。

$$Z_c = QX_L$$

由于变压器的缘故，负载电阻也是一次等效电路的一部分，并影响调谐电路的频率响应；负载电阻越小，Q 值越小，响应的频率范围更宽。例 5-4 说明了这一点。

例 5-4　假设图 5-16 中的 IF 放大器包含一个调谐到 455kHz（标准中频）的 IF 变压器。一次侧的电感为 99.5μH，电阻为 5.6Ω。在内部有一个 1 250pF 的电容和初级并联。

（a）求调谐电路的 Q 值、空载电压增益 $A_{v(NL)}$ 以及带宽 BW。

（b）如果在次级端接上一个 1.0kΩ 的负载电阻，导致谐振电路的 Q 变为 20。求此时的电压增益和带宽。

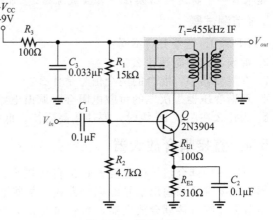

图 5-16　例 5-4 图

解：

（a）首先计算直流参数。R_3 两端的直流压降非常小，因此可以忽略。

$$V_B = \left(\frac{R_2}{R_1 + R_2}\right)V_{CC} = \left(\frac{4.7k\Omega}{15k\Omega + 4.7k\Omega}\right) \times 9V = 2.15V$$

$$V_E = V_B - V_{BE} = 2.15V - 0.7V = 1.45V$$

$$I_E = \frac{V_E}{R_{E1} + R_{E2}} = \frac{1.45V}{100\Omega + 510\Omega} = 2.38mA$$

交流参数为：

$$r_e' \approx \frac{25mV}{I_E} = \frac{25mV}{2.38mA} = 10.5\Omega$$

$$X_L = 2\pi fL = 2\pi \times 455kHz \times 99.5\mu H = 284\Omega$$

$$Q = \frac{X_L}{R} = \frac{284\Omega}{5.6\Omega} = 50.7$$

$$Z_c \approx QX_L = 50.7 \times 284\Omega = 14.4k\Omega$$

$$A_{v(NL)} = \frac{Z_c}{R_e} = \frac{Z_c}{r_e' + R_{E1}} = \frac{14.4k\Omega}{10.5\Omega + 100\Omega} = 130$$

$$BW = \frac{f_r}{Q} = \frac{455\text{kHz}}{50.7} = 9.0\text{kHz}$$

（b）负载的加入不会对直流参数 r'_e 和 X_L 产生影响。二次侧的反射电阻使 Q 值减小，并因此使谐振电路的阻抗减小。谐振电路的新阻抗为：

$$Z_c = QX_L = 20 \times 284\Omega = 5.68\text{k}\Omega$$

电压增益和带宽为：

$$A_v = \frac{Z_c}{R_e} = \frac{Z_c}{r'_e + R_{E1}} = \frac{5.68\text{k}\Omega}{10.5\Omega + 100\Omega} = 51$$

$$BW = \frac{f_r}{Q} = \frac{455\text{kHz}}{20} = 23\text{kHz}$$

实践练习

如果 C_2 开路，则会对电压增益产生什么影响？对带宽会产生什么影响？

系统说明 有线电视系统

频移的概念是最初超外差式收音机的关键方法，目前在很多系统中都有应用，包括卫星和微波系统。频移的一个常见应用就是有线电视传输，其中信号被转换到一个更高的频率。单条同轴电缆可以传送数百个电视频道，每个都有它自己的频率。有线电视提供商通过外差分原理将每个频道转换成一个唯一的高频信号，其中将电视信号频率加到本地振荡频率上得到一个总频率。在接收端，机顶盒通过将输入的信号和相同的本地振荡频率组合起来将一个特定的高频信号转换成原始（基带）频率。还原后的信号被发送到电视接收机。

5.3 节测试题

1. RF 和 IF 信号有何不同？
2. 混频器的功能是什么？
3. 在混频器中，混合的两个信号是什么？
4. 调谐变压器二次侧的负载电阻会对调谐电路的 Q 值产生什么影响？
5. 为什么在测试 IF 级时，要使用高阻抗、低电容的仪器？

5.4 直接耦合放大器

另一种耦合信号的重要方式是直接耦合。采用直接耦合，级间没有耦合电容和变压器。根据输入和输出信号的耦合方式，某些放大器可以放大低至直流的任何频率的信号。本节将介绍直接耦合放大器，然后加入负反馈来稳定偏置和增益。直接耦合也将应用在功率放大器中，这在 5.5 节中讨论。

学完本节后，你应该掌握以下内容：

● 确定直接耦合放大器基本的直流和交流参数，并描述负反馈如何稳定放大器的增益
  ■ 描述直接耦合级如何得到偏置
  ■ 计算直接耦合放大器的直流和交流参数
  ■ 解释负反馈如何稳定偏置和增益

图 5-17 是一个直接耦合放大器。信号从 Q_1 的集电极直接耦合到 Q_2 的基极。由于是直接耦合，Q_2 的基极电流是由 Q_1 提供，因此对于 Q_2 不需要任何偏置电阻，以及级间不需要耦合电容。虽然级间是直接耦合，但在这个放大电路中，为了避免外部信号源和负载干扰直流电压，有必要在输入、输出端对交流信号进行耦合（通过电容）。

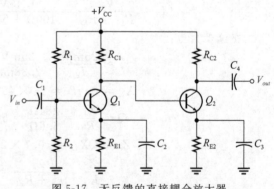

图 5-17 无反馈的直接耦合放大器

Q_2 的偏置通过 Q_1 的集电极电阻 R_{C1} 来提供。由于 Q_1 是分压式偏置，所以与 β 无关，但 Q_2 采用的是基极偏置，这种偏置方法在线性放大器中使用不太理想，因为会随 β 参数变化。另外，温度变化会引起电路的漂移。虽然这款放大器所用的元件少于电容耦合放大器，但存在的缺点比优点多。不过，只要对它做些简单的改动——加入负反馈——就能解决随 β 变化和漂移的问题。

5.4.1 负反馈增强偏置稳定性

图 5-18 所示的电路是将图 5-17 中的放大器减少元件数量后修改得到的放大器，它能够大大改善偏置稳定性。为了避免对偏置电压造成干扰，输入和输出信号采用电容耦合。因为电路中有两个晶体管，所以红色显示的反馈网络利用了相对于单个晶体管产生的额外增益，使电路相对于 β 的变化和温度的变化非常稳定。这和 3.2 节集电极负反馈偏置中的负反馈是类似的。

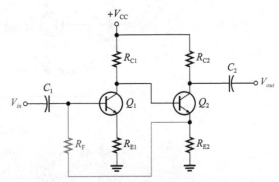

图 5-18 一个带负反馈的直接耦合放大器，能够稳定偏置[**MULTISIM**]

下面来看图 5-17 中的反馈如何工作。从 Q_2 开始，注意，Q_2 的基极通过 R_{C1} 正向偏置，从而产生 Q_2 的集电极电流 $I_{C(Q2)}$。该电流会使 Q_2 的发射极电压升高，从而使 Q_1 导通。随着 Q_1 导通程度越来越深，Q_1 集电极电压下降，使 Q_2 的偏置减少。Q_2 偏置减少的结果是将该偏置稳定在由专门设计的值确定的稳定点。

通过对由 V_{CC}、R_{C1}、$V_{BE(Q2)}$、R_F、$V_{BE(Q1)}$ 和 R_{E1} 组成的回路应用基尔霍夫电压定理（KVL）求得 Q_1 的集电极电流，约为：

$$I_{C(Q1)} = \frac{V_{CC} - 2V_{BE}}{R_{C1} + \dfrac{R_F}{\beta} + R_{E1}}$$

设计电路使得 R_{C1} 远大于 R_F/β 或 R_{E1}。这样，$I_{C(Q1)}$ 几乎完全与 β 无关，在 Q_1 集电极上产生一个稳定的电压，以及在 Q_2 产生一个稳定的基极电压。因此，与基极偏置相关的 β 依赖性不再是一个问题。

Q_1 集电极电流产生的 Q_1 集电极电压为：

$$V_{C(Q1)} = V_{CC} - I_{C(Q1)}R_{C1}$$

这也是 Q_2 的基极电压。Q_2 发射极电压是 $V_{C(Q1)} - 0.7V$。根据欧姆定理可以求出发射极电流为：

$$I_{E(Q2)} = \frac{V_{C(Q1)} - 0.7V}{R_{E2}}$$

在计算 $I_{E(Q2)}$ 时，并没有包含反馈电阻 R_F，因为它远大于 R_{E2}。I_C 和 I_E 近似相同，因此可以求出 Q_2 的集电极电流。V_{CC} 减去 R_{C2} 两端的电压就可以得到 $V_{C(Q2)}$。下面的例题说明了这种电路的一组典型参数设置。

例 5-5 （a）对于图 5-19a 中的电路，求直流参数 $I_{C(Q1)}$、$V_{C(Q1)}$、$I_{E(Q2)}$ 和 $V_{C(Q2)}$，假设每个晶体管的 β 为 200。

（b）假设放大器的输入信号电压为 5mV。求电压增益和输出电压。

解：

（a）首先计算直流参数。Q_1 的集电极电流约为：

$$I_{C(Q1)} = \frac{V_{CC} - 2V_{BE}}{R_{C1} + \dfrac{R_F}{\beta} + R_{E1}} = \frac{12V - 2(0.7V)}{47k\Omega + \dfrac{100k\Omega}{200} + 100\Omega} = 0.223mA$$

该电流流过 R_{C1}（加上一个 Q_2 的基极电流，但它很小，所以没有包含在其中）。求得 $V_{C(Q1)}$ 为：

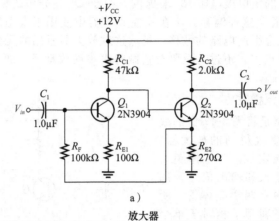

a)

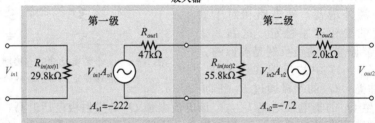

b) 多级放大器模型

图 5-19　例 5-5 图

$$V_{C(Q1)} = V_{CC} - I_{C(Q1)}R_{C1} = 12V - 0.223mA \times 47k\Omega = 1.52V$$

Q_2 发射极电流为：

$$I_{E(Q2)} = \frac{V_{C(Q1)} - 0.7V}{R_{E2}} = \frac{1.52V - 0.7V}{270\Omega} = 3.03mA$$

因为 $I_{C(Q2)} \approx I_{E(Q2)}$，所以 Q_2 集电极电压为：

$$V_{C(Q2)} = V_{CC} - I_{C(Q2)}R_{C2} = 12V - 3.03mA \times 2.0k\Omega = 5.94V$$

虽然这是一个非常稳定的偏置，但是计算结果仍然对 Q_1 的集电极精确电流值以及 Q_2 上的 V_{BE} 压降很敏感。测量到的直流参数与根据所使用的晶体管计算得到的结果在一定程度上存在差别。

（b）为了计算电压增益，首先计算每个晶体管的 r'_e。假设 $I_E = I_C$。

$$r'_{e(Q1)} = \frac{25mV}{I_{E(Q1)}} = \frac{25mV}{0.223mA} = 112\Omega$$

$$r'_{e(Q2)} = \frac{25mV}{I_{E(Q2)}} = \frac{25mV}{3.03mA} = 9\Omega$$

然后计算每个放大器的空载电压增益。

$$A_{v1(NL)} = -\frac{R_c}{R_e} = -\frac{R_{C1}}{R_{E1} + r'_{e(Q1)}} = -\frac{47k\Omega}{100\Omega + 112\Omega} = -222$$

$$A_{v2(NL)} = -\frac{R_c}{R_e} = -\frac{R_{C2}}{R_{E2} + r'_{e(Q2)}} = -\frac{2.0k\Omega}{270\Omega + 9\Omega} = -7.2$$

接下来，计算每级放大器的输入和输出电阻。注意，输入电阻与 β 相关。

$$R_{in(tot)1} = [\beta_{ac}(R_{E1} + r'_{e(Q1)})] \| R_F = [200 \times (100\Omega + 112\Omega)] \| 100k\Omega = 29.8k\Omega$$

$$R_{out1} = R_{C1} = 47k\Omega$$

$$R_{in(tot)2} = \beta_{ac}(R_{E2} + r'_{e(Q2)}) = 200 \times (270\Omega + 9\Omega) = 55.8k\Omega$$

$$R_{out2} = R_{C2} = 2.0k\Omega$$

现在可以计算总增益。利用第 1 章中介绍的和图 5-19b 中给出的多级放大器模型，计算得到总增益为：

$$A_{v(overall)} = A_{v1(NL)} \left(\frac{R_{in(tot)2}}{R_{out1} + R_{in(tot)2}} \right) A_{v2(NL)}$$

$$= (-222) \times \left(\frac{55.8\text{k}\Omega}{47\text{k}\Omega + 55.8\text{k}\Omega} \right) \times (-7.2) = 867$$

虽然这是一个非常高的增益，测量得到的值可能会有所不同，因为一些简化和 β 的相关性，主要是第二项，β 的相关性。

利用计算得到的增益，可以得到输出电压为：

$$V_{out} = A_{v(overall)} V_{in} = 867 \times 5\text{mV} = 4.34\text{V}$$

实践练习

如果每个晶体管的 β 值都是 100，求放大器总的电压增益？

5.4.2　负反馈增强增益稳定性

例 5-5 中给出的放大器具有高增益，但其增益在一定程度上与 β 相关。负反馈提高了偏置稳定性，使其与 β 无关。那么，将负反馈用于交流信号是否也能提高增益稳定性，并且与 β 无关？将会看到，负反馈会产生自校正行为来稳定电压增益。修改后的电路如图 5-20 所示，并说明如何达到稳定电压增益的目的。

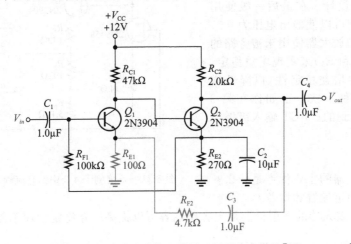

图 5-20　例 5-5 中电路改进后的电路图，可以稳定增益[MULTISIM]

首先，旁路电容 C_2 和 R_{E2} 并联，目的是进一步提高电压增益。加入反馈后，会使增益更加稳定。无反馈时的增益叫做开环电压增益，在第 6 章介绍运算放大器时会进一步说明这一点。对于图 5-20 中的放大器，发射极电容的加入会使得开环电压增益增大两倍[⊖]。新加入的由 C_3 和 R_{F2} 组成的通路将一部分输出交流信号返回到 Q_1。返回部分的大小由分压器决定（R_{F2} 和 R_{E1} 组成）。对于图 5-20 中的放大器，反馈电压 V_f 等于输出电压乘以反馈系数，

$$V_f = \left(\frac{R_{E1}}{R_{E1} + R_{F2}} \right) V_{out}$$

这个反馈电压试图减少原来的输入信号。由开环电压增益放大的信号是输入和负反馈的差值。因此，放大器的净电压增益受反馈量控制。这个带反馈的净增益称为闭环电压增益。如前所述，闭环电压增益由返回的输出信号的大小确定。

开环电压增益非常大意味着 Q_1 输入端的反馈和输入信号的差值非常小。对于图 5-20 所示的放大器，Q_1 基极和发射极上的交流信号几乎有相同的幅度。

下面介绍负反馈稳定增益的工作原理。假设由于温度升高（引起 r_e' 减少）使电压增益

⊖　增益甚至会更大。由于 Q_2 的低输入电阻，对 Q_1 产生了不利的负载影响。

增大。开环增益增大使输出电压增大，反过来也增大了负反馈电压，这又减小了 Q_1 上的差值电压。因此，增益的初始变化几乎完全被负反馈的自校正作用抵消。

现在假设技术员用一个较低 β 值的晶体管替换原电路中晶体管。这会引起放大器开环增益减少。现在，将有一个更小的反馈电压，它导致差值电压增大。由于差值电压增大，降低 β 产生初始影响对输出电压产生的影响变小，从而达到稳定增益的目的。

放大器的净增益近似等于反馈系数的倒数。对于图 5-20 的放大器，净增益为：

$$A_v = \left(\frac{R_{E1} + R_{F2}}{R_{E1}} \right) = \left(\frac{100\Omega + 4.7\mathrm{k}\Omega}{100\Omega} \right) = 48$$

可以看出，改变 R_{F2} 的值就能非常容易地改变增益。事实上，在 R_{F2} 的位置上放置可变电阻就可以容易达到控制增益的目的。

另外一个直流耦合放大器的例子是第 4 章系统例子 4-2 中引入的电路。作为参考，再次给出，如图 5-21 所示。该电路的一个重要优点是能够放大所有的低频甚至直流信号。当输入电压为 0 时，调节电位计 R_5 可以使输出电压也为 0。对于这个设计，在最后一级使用一个 pnp 晶体管可以使输出电压为 0。

图 5-21 中的放大器使用未被旁路的发射极电阻(R_4 和 R_8)来实现增益稳定。这是负反馈产生增益稳定性(以降低增益为代价)的一种形式，正如你在第 3 章和第 4 章所看到的。FET 输入级增加了高输入电阻的优点。

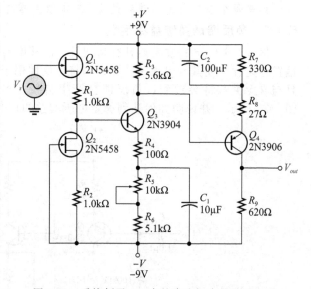

图 5-21　系统例子 4-2 中的直流耦合前置放大器

5.4 节测试题

1. 直接耦合放大器的主要优点是什么？
2. 负反馈如何稳定偏置和增益？
3. 为什么在 CE 放大器的发射极上加上旁路电容可以提高增益稳定性而不能提高偏置的稳定性？
4. 图 5-20 中的电路增益如何计算？

5.5　A 类功率放大器

当放大器所加的偏置始终使它工作在线性区，即输出信号是输入信号的放大复制时，它就是 A 类放大器。前面章节的讨论和式子都适用于 A 类工作状态。功率放大器是指将功率传送给负载的放大器。这意味着必须考虑到这些元件的散热能力。

学完本节后，你应该掌握以下内容：

- 计算 A 类功率放大器关键的交流和直流参数，并讨论交流负载线的工作
  - 解释为什么对于 A 类放大器来说 Q 点位于中心很重要
  - 确定多级放大器的电压增益和功率增益
  - 确定 A 类放大器的效率

在小信号放大器中，交流信号只在交流负载线的极小范围内移动。当输出信号比较大并且接近交流负载线的上下限时，它就是一个大信号类型的放大器。只要在所有时候内放大器都工作在线性区，就认为大信号和小信号放大器都是 A 类放大器。A 类功率放大器是指提供功率(而不是电压)给负载的大信号放大器。根据经验，如果需要考虑元件的散热问题($>1/4$W)，那么这个放大器就可能是一个功率放大器。

5.5.1 散热

功率晶体管（和其他功率器件）必须驱散内部产生的过量热量。对于双极型功率晶体管，集电极是最关键的部位，所以晶体管外壳始终与集电极相连。所有功率晶体管的外壳都在管子和散热槽之间设计有一个较大的接触面积。晶体管产生的热流过外壳到达散热槽，然后散发到周围的空气中。散热槽的尺寸、鳍板的数量、材料的种类等都会有所不同，尺寸取决于散热要求和晶体管工作环境的最高温度。在大功率（几百瓦）应用场合，还需要冷却扇。

系统说明 很多系统需要功率放大器或者其他电路，但是会产生不需要的热量。这正是 A 类放大器低效的一个原因，这也限制了它们在低功率应用的使用。

系统散热的能力由很多因素来决定。一个重要的因素就是设备周围的环境温度。很多说明书特别说明了设备工作的环境温度，超过该温度器件性能必定会下降。性能下降通常用毫瓦每度来表示（mW/℃）。例如，假设一个给定的功率晶体管在 25℃ 时，额定功率为 15W。说明书指出，超过这个温度，设备就会减少散热 120mW/℃。这意味着，如果周围环境的温度是 80℃，那么此设备散发的热量只有 15W−（120mW/℃ * 55℃）＝8.4W。

5.5.2 中心 Q 点

3.4 节曾提到，直流负载线和交流负载线在 Q 点相交。当 Q 点位于交流负载线的中点时，就能得到 A 类信号的最大值。查看图 5-22a 中给定放大器的负载线图，就能理解这个概念。该图给出了交流负载线，其中 Q 点位于其中心。集电极电流可以从 Q 点值 I_{CQ} 向上最大变化到饱和值 $I_{c(sat)}$，向下最小变化到截止值 0。同样，集电极-发射极电压可以从其 Q 点值 V_{CEQ} 增大到最大截止值（$V_{ce(cutoff)}$），减小到最小饱和值（近似为 0）。这个工作过程如图 5-22b 所示。集电极电流的峰值等于 I_{CQ}，相应的集电极-发射极电压的峰值等于 V_{CEQ}。这个信号就是 A 类放大器中可以获得的最大信号。实际上，输出不能完全达到饱和和截止，所以实际最大值要小一些。

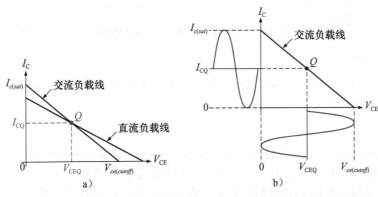

图 5-22 当 Q 点位于交流负载线的中心时 A 类放大器有最大输出

如果 Q 点不在交流负载线的中心，输出信号就会受到限制。图 5-23 给出了 Q 点从中心移向截止时负载线的情况。本例中，输出范围受截止的限制。集电极电流只能在向下到接近于 0 和大于 I_{CQ} 向上等量的范围内摆动，集电极-发射极电压只能在向上到截止值和小于 V_{CEQ} 向下等量范围内摆动变化，如图 5-23a 所示。如果放大器工作范围超过此区域，则就会在截止处被"削顶"，如图 5-23b 所示。

图 5-24 给出了 Q 点从中心移向饱和时负载线的情况。此时输出变化范围受饱和限制。集电极电流只能在向上到接近饱和值与 I_{CQ} 下等量的范围内摆动，而集电极-发射极电压也只能在向下到接近饱和值和 V_{CEQ} 上等量的范围内摆动变化，如图 5-24a 所示。如果超出该范围，将在饱和处被"削顶"，如图 5-24b 所示。

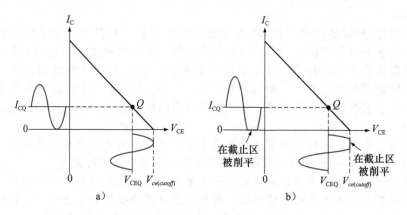

图 5-23　Q 点靠近截止区

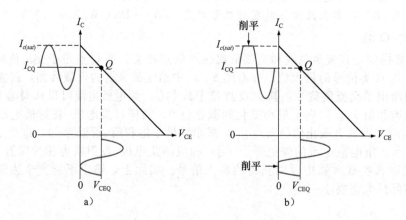

图 5-24　Q 点靠近饱和区 [▓ MULTISIM]

5.5.3　功率增益

功率放大器向负载传输功率。放大器的*功率增益*是传输到负载的功率与输入功率之比。一般来讲，功率增益为：

$$A_p = \frac{P_L}{P_{in}} \tag{5-5}$$

式中，A_p＝功率增益；P_L＝传输到负载的信号功率；P_{in}＝进入到放大器的信号功率。

根据已知条件，可以通过几个公式来求得功率增益。通常情况下，求功率增益最简单的方法就是根据输入电阻、负载电阻和电压增益来计算。已经知道功率可以通过电压和电阻来表示：

$$P = \frac{V^2}{R}$$

对于交流功率，电压用有效值表示。传输到负载端的输出功率为

$$P_L = \frac{V_L^2}{R_L}$$

传输到放大器的输入功率为

$$P_{in} = \frac{V_{in}^2}{R_{in}}$$

代入到式(5-5)中，可以得到下面的关系式：

$$A_p = \frac{V_L^2}{V_{in}^2}\left(\frac{R_{in}}{R_L}\right)$$

$$A_p = A_v^2\left(\frac{R_{in}}{R_L}\right) \tag{5-6}$$

式(5-6)表明放大器的功率增益是电压增益的平方乘以输入电阻与输出负载电阻的比值。此式适用于任何放大器。例如，某 CC 放大器的输入电阻为 $10k\Omega$，负载电阻为 100Ω。因为 CC 放大器的电压增益近似为 1，所以功率增益为：

$$A_p = A_v^2\left(\frac{R_{in}}{R_L}\right) = 1^2\left(\frac{10k\Omega}{100\Omega}\right) = 100$$

对于 CC 放大器，A_p 近似等于输入电阻和输出负载电阻的比值。

5.5.4　直流静态功率

没有信号输入时，晶体管的功耗是 Q 点电流与电压的乘积：

$$P_{DQ} = I_{CQ}V_{CEQ} \tag{5-7}$$

A 类功率放大器能够提供功率给负载的唯一方法是使静态电流至少等于负载电流所要求的峰值电流。信号不会增加晶体管的功耗，相反会引起总功耗减小。式(5-7)给出的静态功率是 A 类放大器必须处理的最大功率。晶体管的额定功率通常应该大于这个值。

5.5.5　输出功率

一般情况下，输出的信号功率是负载电流有效值与负载电压有效值的乘积。当 Q 点位于交流负载线中点时，可获得最大不失真交流信号。对于 Q 点在中点的 CE 放大器，最大峰值电压是

$$V_{c(max)} = I_{CQ}R_c$$

有效值是 $0.707V_{c(max)}$。

最大峰值电流是

$$I_{c(max)} = \frac{V_{CEQ}}{R_c}$$

有效值是 $0.707I_{c(max)}$。

为了求得信号的最大输出功率，使用最大电压和最大电流的有效值。A 类放大器的最大输出功率为

$$P_{out(max)} = (0.707I_c)(0.707V_c)$$

$$P_{out(max)} = 0.5I_{CQ}V_{CEQ} \tag{5-8}$$

例 5-6　求图 5-25 中 A 类功率放大器的交流模型。使用两级放大器的交流模型来计算电压增益和功率增益。

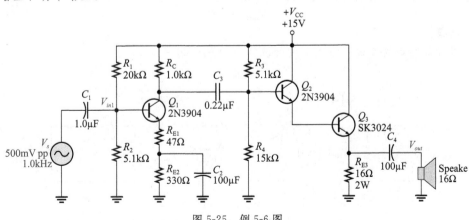

图 5-25　例 5-6 图

解： 首先求每级放大器的基本参数：$A_{v(NL)}$、R_{in} 和 R_{out}。（第二级中的 Q_2 和 Q_3 将作为单晶体管来处理，命名为 $Q_{2,3}$。）

第 1 级参数（Q_1）：

第一级的空载电压增益是集电极电阻 R_C 除以发射极交流电阻（R_{E1} 和 $r'_{e(Q1)}$ 之和）。为了估算 $r'_{e(Q1)}$，首先必须求得 I_E。由于输入分压器上的负载效应，基极电压大约为 2.7V，发射极电压约少一个二极管压降，为 2.0V。用欧姆定理求得发射极电流为

$$I_{E(Q1)} = \frac{V_{E(Q1)}}{R_{E1} + R_{E2}} = \frac{2.0\text{V}}{47\Omega + 330\Omega} = 5.3\text{mA}$$

$r'_{e(Q1)}$ 约为 $25\text{mV}/5.3\text{mA} = 5\Omega$。空载电压增益为

$$A_{v1(NL)} = -\frac{R_c}{R_e} = -\frac{R_C}{R_{E1} + r'_{e(Q1)}} = -\frac{1\,000\Omega}{47\Omega + 5\Omega} = -19.2$$

第一级的输入电阻由三个并联通路组成（如 3.4 节所讨论），包括两个偏置电阻和发射极电路的交流电阻乘以 Q_1 的 β_{ac}。通过 Q_1 的通路对 R_{in} 产生的影响较小，而且它也取决于 β_{ac}。假设 Q_1 的 β_{ac} 为 200。

$$R_{in(tot)1} = \left[(R_{E1} + r'_{e(Q1)})\beta_{ac(Q1)}\right]\|R_1\|R_2$$
$$= \left[(47\Omega + 5\Omega)200\right]\|20\text{k}\Omega\|5.1\text{k}\Omega = 2.9\text{k}\Omega$$

第一级的输出电阻就是集电极电阻 R_C，为 $1.0\text{k}\Omega$。

第 2 级参数（$Q_{2,3}$）：

$Q_{2,3}$ 是达林顿管，组成 CC 放大器。对于 CC 放大器，第二级电压增益大约为 1。因此，有：

$$A_{v2} = 1.0$$

用求得第 1 级输入电阻相同的方法求得第二级输入电阻。有三条到地的并行通路。从耦合电容（C_3）向 Q_2 的基极看进去，三条通路包括：一条通过 R_3 的通路，一个通过 R_4 的独立通路，一个通过 $Q_{2,3}$ 的通路。

在这个计算中，只有偏置电阻是重要的，因为通过达林顿晶体管的通路有非常高的电阻。忽略通过晶体管的通路并且只计算 R_3 和 R_4 的并行组合，可以得到第二级输入电阻的合理估算。

$$R_{in(tot)2} \approx R_4\|R_3 = 15\text{k}\Omega\|5.1\text{k}\Omega = 3.8\text{k}\Omega$$

包含通过 $Q_{2,3}$ 通路的更精确计算为：

$$R_{in(tot)2} \approx \left[(R_L\|R_{E3})\beta_{ac(Q3)}\beta_{ac(Q2)}\right]\|R_4\|R_3$$

一般来讲，功率晶体管的 β_{ac} 比信号晶体管的 β_{ac} 更小。对于功率晶体管（Q_3），其值为 50，对于信号晶体管（Q_2），其值为 200。因此，代入数值得到第二级的输入电阻为：

$$R_{in(tot)2} = \left[(16\Omega\|16\Omega)50 \times 200\right]\|15\text{k}\Omega\|5.1\text{k}\Omega = 3.6\text{k}\Omega$$

可以看到精确计算与前面的估算结果只相差 6%。

第二级的输出电阻很小（小于 1Ω），可以忽略。

$$R_{out2} \approx 0\Omega$$

总结果：

使用计算得到的参数，放大器的交流模型如图 5-26 所示。

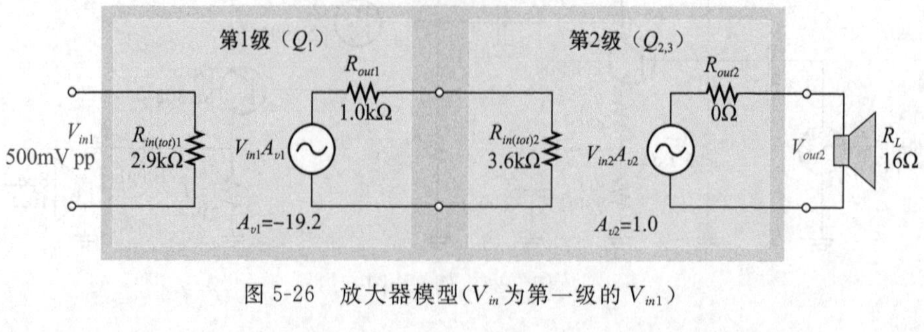

图 5-26　放大器模型（V_{in} 为第一级的 V_{in1}）

总电压增益通过 1.4 节介绍的方法计算得到。最后的分压器由扬声器和输出电阻组成，由于输出电阻可以忽略，因此没有包含在计算当中。

$$A_{v(tot)} = A_{v1} = \left(\frac{R_{in(tot)2}}{R_{out1} + R_{in(tot)2}} \right) A_{v2} = -19.2 \left(\frac{3.6\text{k}\Omega}{1.0\text{k}\Omega + 3.6\text{k}\Omega} \right) 1.0 = -15$$

利用式(5-6)可以计算得到功率增益。

$$A_p = A_{v(tot)}^2 \left(\frac{R_{in(tot)1}}{R_L} \right) = (-15)^2 \left(\frac{2.9\text{k}\Omega}{16\Omega} \right) = 41\,000$$

✎ 实践练习

用分贝来表示功率增益(如果需要可以回顾 1.4 节)。

5.5.6　效率

任何放大器的效率都是提供给负载的信号功率与直流电源中获得的功率之比。能够获得的最大信号功率由式(5-8)给出。电源平均电流 I_{CC} 等于 I_{CQ}，而电源电压至少是 $2V_{CEQ}$。因此，直流功率为

$$P_{DC} = I_{CC}V_{CC} = 2I_{CQ}V_{CEQ}$$

电容耦合的负载的最大效率是：

$$eff_{max} = \frac{P_{out}}{P_{DC}} = \frac{0.5I_{CQ}V_{CEQ}}{2I_{CQ}V_{CEQ}} = 0.25$$

电容耦合 A 类放大器的最大效率不能比 0.25 或 25% 高，而且，在实际中，通常还要小(大约 10%)。虽然可以利用变压器来耦合信号到负载来提高效率，但变压器耦合有许多缺点。这些缺点包括变压器的尺寸、变压器的成本以及潜在的失真问题。总的来说，A 类功率放大器的低效率限制了它们在小功率应用中的使用。

例 5-7 求图 5-25 中功率放大器的效率。

解： 效率是负载上的信号功率与直流电源提供的功率之比。输入电压是峰峰值为 500mV 的信号，有效值为 176mV。因此输入功率为

$$P_{in} = \frac{V_{in}^2}{R_{in}} = \frac{(176\text{mV})^2}{2.9\text{k}\Omega} = 10.7\mu\text{W}$$

输出功率为

$$P_{out} = P_{in}A_p = 10.7\mu\text{W} \times 41\,000 = 0.44\text{W}$$

来自直流电源的大多数功率提供给输出级。输出级中的电流可以从 Q_3 的发射极电压计算得到。Q_3 的发射极电压约为 9.5V，它产生 0.60A 电流。忽略其他晶体管和偏置电路，总的直流电源电流大约为 0.6A。来自直流电源的功率为

$$P_{DC} = I_{CC}V_{CC} = 0.6\text{A} \times 15\text{V} = 9\text{W}$$

因此，对于此输入，放大器的效率为

$$eff = \frac{P_{out}}{P_{DC}} = \frac{0.44\text{W}}{9\text{W}} \approx 0.05$$

这表示效率为 5%。

✎ 实践练习

如果 R_{E3} 用扬声器替换，那么效率会发生什么变化？这会有什么缺点？

5.5 节测试题

1. 散热器的作用是什么？
2. 双极晶体管的哪个电极连接到外壳？
3. A 类放大器的两类削波失真是什么？
4. A 类放大器的最大理论效率是多少？
5. CC 放大器的功率增益如何表示成电阻的比值？

5.6 B类功率放大器

当放大器的偏置使其在输入信号的半个周期内处于线性工作区域，而在另外半个周期内处于截止状态时，该放大器就属于B类放大器。相比于A类放大器，B类放大器的优势是它的效率更高。在给定大小的输入功率下，B类放大器能获得更多的输出功率。一般来说，B类放大器至少需要两个有源器件，它们交替来放大输入波形中正的部分和负的部分。这种方式称为推挽。

学完本节后，你应该掌握以下内容：

- 计算B类放大器的交流和直流参数，包括双极型和FET型放大器
  - 描述推挽放大器的两种组态
  - 描述交越失真以及如何克服交越失真
  - 解释AB类放大器与B类放大器的区别
  - 描述如何避免双极型AB类放大器中的温度问题
  - 讨论MOSFET B类放大器的特性

B类工作指当Q点位于截止区时，导致输出电流只在输入信号的半个周期内变化。在线性放大器中，需要两个器件来完成整个周期工作；一个放大正半周，而另一个放大负周期。就像你将会看到的，这种工作方式对于功率放大器来说有极大的优点，因为它极大地提高了效率。正是由于这个原因，它们广泛地用于功率放大器。

5.6.1 Q点位于截止区

B类放大器偏置在截止区，因此$I_{CQ}=0$，$V_{CEQ}=V_{CE(cutoff)}$。这样，当没有信号时，就没有直流电流或者功率损耗。当某信号驱动B类放大器进入导通后，它运行在线性区域。图5-27利用射极跟随器来说明这个情况。

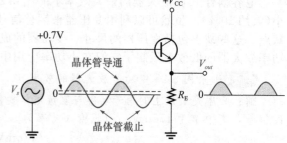

图5-27 共集电极B类放大器

5.6.2 推挽工作

可以看到图5-27中的电路只在正半周期导通。为了放大整个周期信号，必须增加第二个B类放大器，并使它在负半周期工作。将两个B类放大器组合在一起工作称为推挽工作。

有两种使用推挽放大器来复制完整信号的常见方法。第一种方法使用变压器耦合。第二种使用两个互补对称的晶体管；可以是一对匹配的npn/pnp BJT或者一对匹配的n沟道/p沟道FET。

变压器耦合　变压器耦合如图5-28所示。输入端变压器的二次绕组是中间抽头的，中间抽头接地，因此二次侧两端的信号互为反相。这样输入端变压器将输入信号转变成两路反相的输出信号后传输给晶体管。注意，两个晶体管都是npn型。因为信号的反相，所以Q_1将在正周期部分导通，而Q_2将在负周期部分导通。输出变压器在两个方向上都允许电流流过，因此它可以将晶体管的两个输出信号整合起来，即使一个晶体管

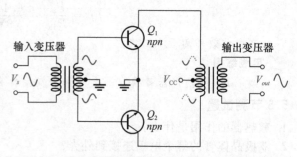

图5-28 变压器耦合的推挽放大器。Q_1在正半周导通，Q_2在负半周导通。输出变压器将这两个信号整合起来

始终处于截止状态。正电源信号连接到输出变压器的中间抽头。

互补对称晶体管　图 5-29 给出了一个最常用的推挽 B 类功率放大器，它使用两个射极跟随器，以及两个正负电源供电。这是互补放大器，因为一个射极跟随器使用 npn 晶体管，而另一个使用 pnp，分别在输入信号的两个半周期内交替导通。注意，没有直流偏置电压 ($V_B = 0$)。因此，只有信号电压才能驱动晶体管进入导通状态。Q_1 在输入的正半周导通，Q_2 在输入的负半周导通。

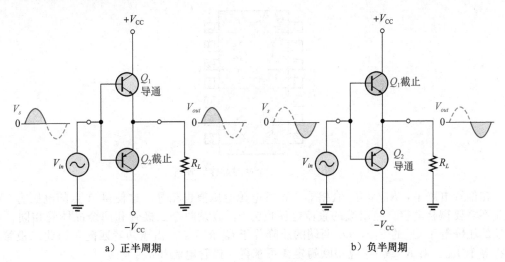

图 5-29　B 类推挽工作方式

5.6.3　交越失真

当基极直流电压为 0 时，输入信号电压必须大于 V_{BE} 才能使晶体管导通。结果是在输入信号正负交替的一个时间间隔内，两个晶体管都不导通，如图 5-30 所示。此时在输出波形上产生的失真叫作交越失真。

5.6.4　推挽放大器的偏置

为了克服交越失真，将偏置调整到恰好克服晶体管的 V_{BE}，这样修改后的工作方式称为 AB 类。在 AB 类的工作状态下，即使在没有信号输入的情况下，推挽级被偏置在微导通状态。这可以通过分压器和二极管来完成，如图 5-31 所示。当二极管 D_1 和 D_2 的特性与晶体管发射结的特性相匹配时，二极管中的电流与晶体管的电流相同，这称为镜像电流。这个镜像电流使放大器工作在 AB 类并消除了交越失真。

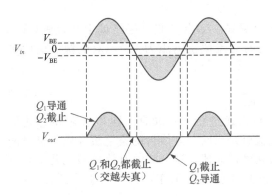

图 5-30　B 类放大器的交越失真

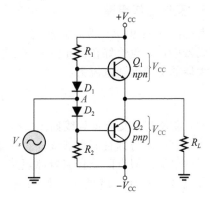

图 5-31　对推挽放大器进行偏置来消除交越失真

系统说明　在必定会产生低失真的系统（比如音频系统）中，会使用 AB 类功率放大器。通常情况下，一块含有多个晶体管的集成电路可以用于产生镜像电流。为了使性能最优，晶体管特性最好能够尽量匹配。现在有很多厂商会有各种晶体管阵列 IC，它可以提供匹配的 npn 和 pnp 晶体管对。里面可能有一个，两个，或者四个匹配对。正如前面提到的，在一个阵列中的晶体管比离散设备具有更匹配的性能。图 SN5-1 给出了一个两对阵列。

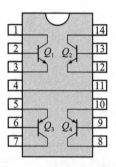

图 SN5-2　一个两对晶体管阵列

在偏置电路中，R_1 和 R_2 值相等，正负电源电压值也相等。这使得 A 点的电压为 0V，因此不需要耦合电容。输出端的直流电压也为 0。假设两个二极管和两个晶体管相同，D_1 两端的压降等于 Q_1 的 V_{BE}，D_2 两端的压降等于 Q_2 的 V_{BE}。由于两者匹配，因此二极管电流将等于 I_{CQ}。对 R_1 或 R_2 应用欧姆定律可求得二极管电流和 I_{CQ} 为：

$$I_{CQ} = \frac{V_{CC} - 0.7V}{R_1}$$

这个小电流满足了 AB 类放大器消除交越失真的工作要求。但如果晶体管的 V_{BE} 与二极管压降不匹配，或二极管与晶体管没有保持热平衡，就会存在潜在的热不稳定性。功率管由于发热会使发射结电压下降，并导致电流增大。如果二极管上升同样的温度，电流仍会平衡。但如果二极管处于较冷的环境中，那么会使 I_{CQ} 增加得更多些。如果不加以控制就会产生更多的热，从而产生热击穿[⊖]。为了从一开始就保持平衡，应该将二极管与晶体管放在同样的环境中。在更严格的场合下，在晶体管的发射极加一个小电阻就能减少热击穿。

交越失真同样也存在于如图 5-28 所示的变压器耦合放大器中。为了消除交越失真，在变压器的二次侧加上 0.7V 的电压，来使所有的晶体管都能够刚刚导通。可以利用图 5-32 中所示的单个二极管从电源中推导出产生这个压降的偏置电压。

5.6.5　交流工作原理

考虑图 5-31 中 AB 类放大器的 Q_1 的交流负载线。Q 点在截止区略偏上的位置（在 B 类放大器中，Q 点恰好在截止点）。双电源供电的交流截止电压为 V_{CC}，双电源供电的推挽放大器的交流饱和电流为：

$$I_{c(sat)} = \frac{V_{CC}}{R_L} \tag{5-9}$$

npn 晶体管的交流负载线如图 5-33 所示。可以通过在 V_{CEQ} 和直流饱和电流 $I_{C(sat)}$ 之间画出一条直线来得到直流负载线。直流饱和电流就是当两个晶体管的集电极和发射极之间短路时的电流。假设两个直流电源短路，电流达到最大值，这意味着直流负载线几乎垂直通过截止区，如图 5-33 所示。如果沿着这样的直流负载线工作，就像发生热漂移一样，

⊖　BJT 中发射结电压下降约 2mV/℃。

会产生极高的电流而损坏晶体管。

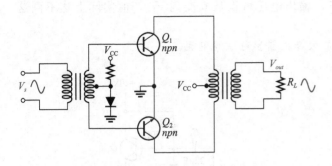

图 5-32　在变压器耦合推挽式放大器中消除交越失真。二极管补偿了晶体管的发射结电压并使放大器处于 AB 类工作方式

图 5-33　互补对称推挽放大器的负载线。仅仅给出了 npn 管的负载线

图 5-34a 给出了图 5-34b 中 B 类放大器 Q_1 的交流负载线。如图 5-34 所示，所加信号在交流负载线上粗线表示的区域内摆动变化。在交流负载线的最上端，晶体管电压(V_{ce})最小，输出电压最大。

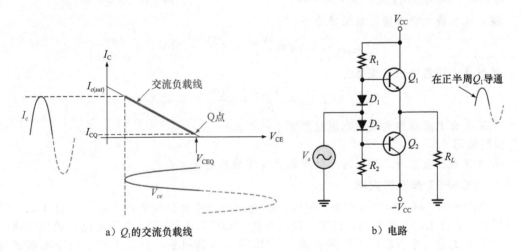

a) Q_1 的交流负载线　　　　　b) 电路

图 5-34　B 类放大器的交流负载线及电路

在最大工作状态下，Q_1 和 Q_2 交替在接近截止与接近饱和之间工作。在输入信号的正半周期，Q_1 的发射极从 Q 点(0)到接近 V_{CC}，产生一个正峰值电压略小于 V_{CC} 的信号。同样，在输入信号的负半周期，Q_2 的发射极从 Q 点(0)到接近 $-V_{CC}$，产生一个负峰值电压几乎等于 $-V_{CC}$ 的信号。尽管在接近饱和电流时电路可以工作，但这会增加信号的失真。

式(5-9)给出的交流饱和电流也是输出峰值电流。本质上每个晶体管可以在它的整个负载线上工作。已经知道，在 A 类工作状态下，Q 点位于中点的位置。即使没有信号，晶体管中也有较大的电流。但在 B 类放大器的工作状态下，没有信号时，晶体管只有很小的电流，因此，只损耗很小的功率。所以 B 类放大器的效率大大高于 A 类放大器。从理论上说，B 类放大器的最大效率可以达到 79%。

5.6.6　单电源工作

互补对称推挽放大器可以组成单电源工作方式，如图 5-35 所示。电路工作原理与前面描述的相同，只是此偏置方式会使得发射极输出电压为 $V_{CC}/2$，而不是双电源时的

0V。因为输出不是偏置在 0V，所以必须在输入和输出采用电容耦合来将偏置电压与信号源和负载电阻相隔离。理想情况下，输出电压可以从 0 变到 V_{CC}，但实际上达不到这个理想值。

例 5-8 求图 5-36 中的电路理想最大峰值输出电压和电流。

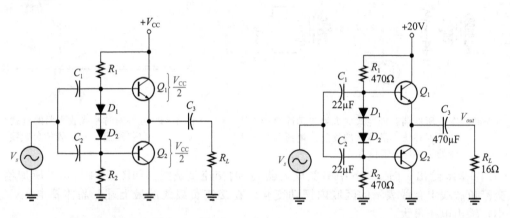

图 5-35　单电源推挽放大器 [**MULTISIM**]　　　　　　图 5-36　例 5-8 图

解： 理想最大峰值输出电压值为

$$V_{p(out)} \approx V_{CEQ} \approx \frac{V_{CC}}{2} = \frac{20\text{V}}{2} = 10\text{V}$$

理想最大峰值输出电流值为

$$I_{p(out)} \approx I_{c(sat)} \approx \frac{V_{CEQ}}{R_L} = \frac{10\text{V}}{16\Omega} = 0.63\text{A}$$

实际最大电压值和电流值比理想值略小一点。

实践练习

当电源电压上升到 +30V 时，计算最大峰值输出电压和电流。

5.6.7　MOSFET 推挽放大器

当 MOSFET 刚开始进入商业领域时，不能处理功率器件所需的大电流。近年来，随着 MOSFET 技术的不断提高，出现了高功率的 MOSFET，它们在数字电路和模拟电路的功率放大器的设计中表现出了很多优点。MOSFET 非常可靠，只要不超过明确的额定电压、额定电流，以及额定温度。

与 BJT 相比较，MOSFET 有很多优点但是同时也有一些缺点。与 BJT 相比，MOSFET 主要的优点是偏置电路更加简单，驱动要求更加简单，并且可以通过并联来增加电路的驱动能力。除此之外，MOSFET 一般不容易出现热不稳定性；随着 MOSFET 温度升高，电流会减小（恰恰与双极型晶体管相反）[⊖]。在开关应用中（4.7 节已经讨论过），MOSFET 比 BJT 的转换速度更快。MOSFET 开关广泛用于数字逻辑和高功率开关电路。

BJT 的优势体现在当晶体管两端压降较重要时，于是，它在某些情况下比 MOSFET 更加有效。另外，双极型晶体管不易发生静电释放，而静电释放（ESD）会损坏 MOSFET。大部分 MOSFET 在运输时会通过金属环将引脚短路在一起；这些引脚需要在短路金属环去除之前焊接到电路中。

一个使用互补对称 E-MOSFET 和双端电源的简化 B 类型放大器如图 5-37a 所示。已经知道一个 E-MOSFET 器件通常是截止的，但当输入超过门限电压时 E-MOSFET 可以

⊖　一个例外是高电压和低电流；温度特性相反，MOSFET 会有热击穿问题。

导通。对于逻辑器件而言，导通电压的典型值介于 $1\sim2\text{V}$ 之间；对于标准器件，门限电压会更高一些。当信号超过 Q_1 的正门限电压时，器件导通；同理，当信号低于 Q_2 的负门限电压时，器件导通。因此，n 沟道器件在正周期内导通，p 沟道器件在负周期内导通。

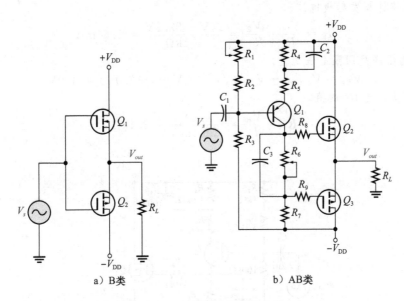

a）B类　　　　　　b）AB类

图 5-37　MOSFET 推挽放大器

和 BJT 推挽放大器一样，晶体管在刚超过零信号电压时并不导通，这样就会产生交越失真。如果每个晶体管的偏置电压刚好为门限电压，那么 MOSFET 将会工作于 AB 类状态，如图 5-37b 中电路所示。这个放大器的驱动源为双极型晶体管放大器，其他一些器件用于确保 E-MOSFET 推挽级有合理的线性输出。显然，基于该设计的商用放大器还拥有某些其他特性。

图 5-37b 所示的基本 AB 类推挽放大器包含一个共发射极来放大输入信号并将信号耦合到推挽级（由 Q_2 和 Q_3 组成）的栅极。注意，C_3 将 R_6 旁路，这样可以允许相同的交流信号被加到推挽级。电位器 R_6 能够提供合适的直流电压，为 Q_2 和 Q_3 的门限设置提供相应的偏置。可以适当调整 R_6 使得交越失真最小。调整电位器 R_1 使没有输入信号时直流输出电压为零。

这种类型的放大器可以通过简单地并联另一对 MOSFET 管来提供更大的功率；但是，这种方法有时也会带来不期望的振荡。为了避免振荡，可以使用栅极电阻将 MOSFET 进行相互隔离。尽管在这个简化的放大器中并不是必需的，但是图 5-37 中还是给出了 R_8 和 R_9。具有并联 E-MOSFET 的功率放大器能够提供高达 100W 的功率。

例 5-9　如图 5-38 所示的 n 沟道 E-MOSFET 的门限电压为 $+2.0\text{V}$，p 沟道 E-MOSFET 的门限电压为 -2.0V。那么偏置电阻 R_6 为何值时晶体管将工作在 AB 类状态？在这种情况下，如果输入信号为 100mV，那么传输到负载的功率是多少？假定电位器 R_1 设为 440Ω。

解：首先计算 CE 放大器的直流参数。由 R_1、R_2 和 R_3 构成的分压器决定了基极电压，由于分压器并未接地，因此需要对标准的分压方程进行适当调整。

$$V_B = V_{R3} - V_{DD} = (V_{DD} - (-V_{DD}))\left(\frac{R_3}{R_1 + R_2 + R_3}\right) - V_{DD}$$

$$= (24V - (-24V))\left(\frac{100k\Omega}{440\Omega + 5.1k\Omega + 100k\Omega}\right) - 24V = 21.5V$$

发射极电压比基极电压高一个二极管压降（由于晶体管是 pnp 型的）。

$$V_E = V_B + 0.7V = 21.5V + 0.7V = 22.2V$$

根据欧姆定律计算发射极电流。

$$I_E = \frac{V_{DD} - V_E}{R_4 + R_5} = \frac{24V - 22.2V}{1.1k\Omega} = 1.64mA$$

R_6 上所需的压降是门限电压之差。

$$V_{R6} = V_{TH(Q1)} - V_{TH(Q2)} = 2.0V - (-2.0V) = 4.0V$$

利用欧姆定律确定 R_6 的值。

$$R_6 = \frac{V_{R6}}{I_{R6}} = \frac{4.0V}{1.64mA} = 2.4k\Omega$$

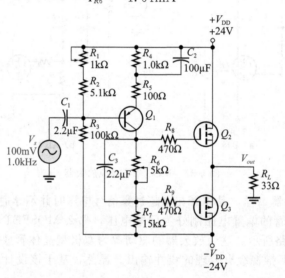

图 5-38

在此设置下放大器处于 AB 类工作状态，因此输出电压是 MOSFET 输入的复制。利用未被旁路的集电极电阻 R_7 与未被旁路的发射极电阻 R_5 和 r'_e 的比值求得 CE 放大器的增益。

$$r'_e = \frac{25mV}{I_E} = \frac{25mV}{1.64mA} = 15.2\Omega$$

和

$$A_v = \frac{R_7}{R_5 + r'_e} = \frac{15k\Omega}{100\Omega + 15.2\Omega} = 130$$

假定 MOSFET 内部无压降，则输出电压为

$$V_{out} = A_v V_{in} = (130)(100mV) = 13V$$

输出功率为

$$P_L = \frac{V_{out}^2}{R_L} = \frac{13V^2}{33\Omega} = 5.1W$$

✎ **实践练习**

如果 MOSFET 的门限电压分别为 +1.5V 和 -1.5V，计算 R_6 的设定值。

功率晶体管数据手册 BD135 是一种典型的达林顿功率晶体管，BD135 的部分数据表如图 5-39 所示。

BD135/137/139

中型功率线性和开关应用

• 分别对BD136、BD138 和 BD 140的补充

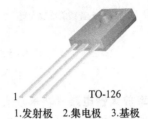

1　　　　　TO-126

1.发射极 2.集电极 3.基极

NPN外延硅晶体管

绝对最大额定值 T_C=25℃，除非特别说明

符号	参数		值	单位
V_{CBO}	集电极–基极电压	:BD135	45	V
		:BD137	60	V
		:BD139	80	V
V_{CEO}	集电极–发射极电压	:BD135	45	V
		:BD137	60	V
		:BD139	80	V
V_{EBO}	发射极–基极电压		5	V
I_C	集电极电流（直流）		1.5	A
I_{CP}	集电极电流（脉冲）		3.0	A
I_B	基极电流		0.5	A
P_C	集电极功耗（T_C=25℃）		12.5	W
P_C	集电极功耗（T_a=25℃）		1.25	W
T_J	结温度		150	℃
T_{STG}	存储温度		−55～150	℃

电气特性 T_C=25℃，除非特别说明

符号	参数	测试条件	最小值	类型	最大值	单位
V_{CEO}(sus)	集电极–发射极保持电压					
	:BD135	I_C=30mA，I_B=0	45			V
	:BD137		60			V
	:BD139		80			V
I_{CBO}	集电极截止电流	V_{CB}=30V，I_E=0			0.1	μA
I_{EBO}	发射极截止电流	V_{EB}=5V，I_C=0			10	μA
h_{FE1}	直流电流增益　:所有器件	V_{CE}=2V，I_C=5mA	25			
h_{FE2}	:所有器件	V_{CE}=2V，I_C=0.5A	25			
h_{FE3}	:BD135	V_{CE}=2V，I_C=150mA	40		250	
	:BD137,BD139		40		160	
V_{CE}(sat)	集电极–发射极饱和电压	I_C=500mA，I_B=50mA			0.5	V
V_{BE}(on)	基极–发射极导通电压	V_{CE}=2V，I_C=0.5A			1	V

h_{FE}分类

分类	6	10	16
h_{FE3}	40～100	63～160	100～250

图 5-39　BD135 功率晶体管的部分数据（版权属于 Fairchild Semiconductor. 经过许可引用）

系统例子 5-2　PA 系统功率放大器

在这个系统中，将看到一个功率放大器，它用于公共广播（Public Address，PA）系统中，和系统例子4-2中的低噪声 JFET 前置放大器相连。图 SE5-3 为 PA 系统框图。功率放大器可

以给 8Ω 的扬声器提供达到 6W 的功率，并实现了从 75Hz 到 5kHz 的频率带宽。

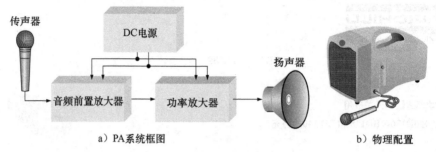

a）PA系统框图

b）物理配置

图 SE5-3　PA 系统框图 [**MULTISIM**]

功率放大器电路　功率放大器的电路图如图 SE5-4 所示。输出级是一个由二极管镜像电流源偏置的达林顿 AB 类放大器。使用了两个达林顿管，一个是传统的达林顿管（Q_1 和 Q_2），另一个是互补达林顿管（Q_3 和 Q_4）。这种互补组态也称为西克对管。一个标准的推挽放大器使用一个 npn 和一个 pnp 三极管。通过把其中一组达林顿管换成西克对管，使得输出晶体管都为 npn 管。这样会得到更好的热匹配以及更好的声音质量。也可以看到只用了一个晶体管来对西克对管进行偏置，这是因为只有一个势垒电势（Q_4）需要克服。

来自前置放大器的输入被耦合到驱动级 Q_5，这一级提供了额外的增益并能防止对前置放大器产生过大的负载效应。电阻 R_1 有两个作用：它从输出端获取直流电压（0V）来为 Q_5 提供偏置，此外它又提供了负反馈来增加稳定性，如 5.4 节所讨论。因为 Q_5 的输出会发生反相，而达林顿输出级的输出为同相，所以这意味着输出信号与来自 Q_5 基极处的前置放大器的输入信号之间有 $180°$ 相位差，于是产生了负反馈。

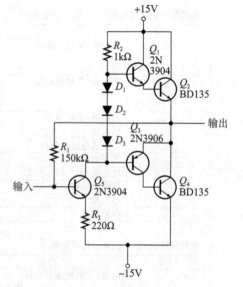

图 SE5-4　AB 类推挽功率放大器电路

5.6 节测试题

1. 双电源的 B 类互补对称放大器的优势是什么？
2. 什么是交越失真？如何避免它？
3. B 类放大器理论上最大效率为多少？
4. 应该如何偏置 E-MOSFET 使之以 AB 类放大器方式工作？
5. 图 SE5-2 中的电路为什么只有三个二极管？

5.7　C 类和 D 类功率放大器

本章将要讨论的最后两类放大器在很多方面性能会有很大差别，但是它们都有很高的效率。C 类放大器主要应用于射频电路，比如 FM 发射器。它们一般都是围绕 BJT 和 JEFT 来搭建。D 类放大器是非线性开关放大器，主要利用 MOSFET 来搭建电路。在过去某一段时间，D 类放大器主要用于开关应用，例如电机控制。但是现在市场上已经出现了各种高质量的 D 类音频放大器。我们将首先介绍 C 类放大器。

学完本节后，你应该掌握以下内容：
- 解释 C 类和 D 类放大器的工作原理
  - 解释基本的 C 类工作原理

■ 描述 C 类偏置
■ 解释 C 类放大器的调谐工作原理
■ 求 C 类放大器的最大功率输出
■ 讨论 D 类放大器的工作原理
■ 解释脉冲宽度调制(PWM)
■ 讨论 D 类放大器中的谐波和频谱
■ 解释 D 类放大器中低通滤波器的作用

5.7.1 C 类放大器的基本工作原理

C 类放大器工作原理的基本概念如图 5-40 所示。图 5-41a 给出了一个具有电阻性负载的共发射极 C 类放大器。C 类放大器一般和谐振电路负载一起工作,因此使用的电阻性负载只为了来说明概念。利用负的 V_{BB} 电源使放大器偏置在截止电压以下。交流源电压的峰值略大于 $|V_{BB}|+V_{BE}$,这样只有在每个周期接近正峰值的那一小段时间内,基极电压会超过发射结的势垒电势,如图 5-41b 所示。在这个短暂的间隔内,晶体管导通。当使用整个交流负载线时,如图 5-41c 所示,理想的最大集电极电流为 $I_{c(sat)}$,理想的最小集电极电压为 $V_{ce(sat)}$。

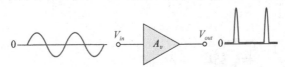

图 5-40 基本的 C 类放大器工作原理(同相)

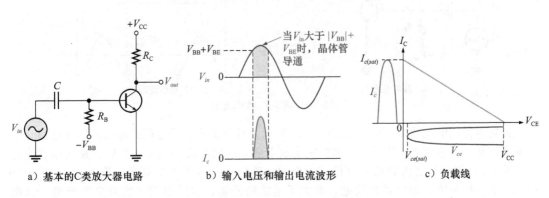

a) 基本的C类放大器电路   b) 输入电压和输出电流波形   c) 负载线

图 5-41 基本 C 类放大器工作原理

5.7.2 功耗

C 类放大器中晶体管的功耗很低,因为在整个输入周期中,晶体管只在一个很小的时间段内导通。图 5-42a 给出了集电极电流脉冲。两个脉冲之间的时间为交流输入电压的周期 (T)。在晶体管导通期间,集电极电流和集电极电压如图 5-42b 所示。为了避免复杂的数学运算,假设了理想的脉冲近似。通过这个简化,如果输出在整个负载线上波动,那么在晶体管导通期间,最大电流幅值为 $I_{c(sat)}$,最小电压幅值为 $V_{ce(sat)}$。因此,导通期间的功耗为

$$P_{D(on)} = I_{c(sat)} V_{ce(sat)}$$

晶体管只在很短的时间 (t_{on}) 内导通,剩余时间内截止。因此,假设使用完整的负载线,整个周期内平均功耗为

$$P_{D(avg)} = \left(\frac{t_{on}}{T}\right) P_{D(on)} = \left(\frac{t_{on}}{T}\right) I_{c(sat)} V_{ce(sat)}$$

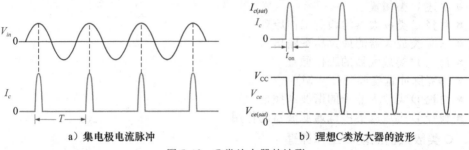

a）集电极电流脉冲　　　　　　　　b）理想C类放大器的波形

图 5-42　C类放大器的波形

5.7.3　调谐工作原理

因为集电极电压（输出）不是输入的复制，所以电阻性负载C类放大器本身在线性应用中是没有价值的。因此必须采用一个具有并联谐振电路（储能电路）的C类放大器，如图 5-43a 所示。储能电路的谐振频率由公式 $f_r = l/(2\pi r \sqrt{LC})$ 来给出。输入信号每个周期的集电极电流短脉冲产生和维持谐振电路的振荡，因此产生正弦电压的输出，如图 5-43b 所示。储能电路只有在谐振频率附近有很高的阻抗，因此只有在谐振频率处的增益很高。

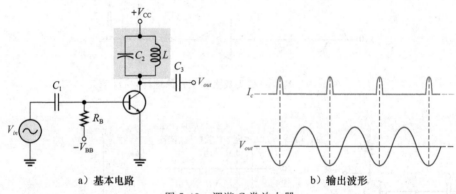

a）基本电路　　　　　　　　　　b）输出波形

图 5-43　调谐C类放大器

最初电容充电至约为 $+V_{CC}$，如图 5-44a 所示。红色箭头表示电荷的流动。脉冲过后，电容快速放电，电感充电。然后，当电容完全放电后，电感的磁场消失，然后快速对电容充电至接近 V_{CC}，但是与之前的充电有相反的极性。这样就完成了半个周期的振荡，如图 5-44b 和 c 所示。接下来，电容再次放电，增大了电感的磁场。电感然后再次对电容充电，充电至正的峰值，该峰值略小于前一次的峰值，因为有部分能量消耗在线圈电阻上。如此完成了整个周期，如图 5-44d 和 e 所示。因此输出电压的峰峰值约为 $2V_{CC}$。

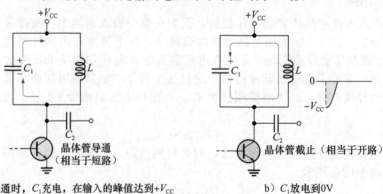

a）当晶体管导通时，C_1充电，在输入的峰值达到$+V_{CC}$　　　　b）C_1放电到0V

图 5-44　共振电路

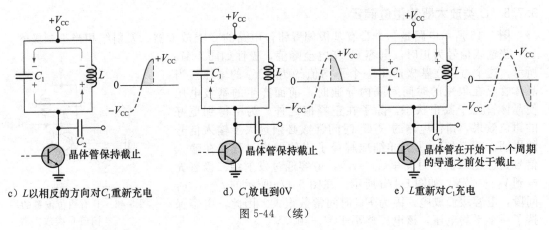

c) L 以相反的方向对 C_1 重新充电　　　　d) C_1 放电到 0V　　　　e) L 重新对 C_1 充电

图 5-44　（续）

　　每个周期的振荡幅度会比上一个周期的振荡幅度小，因此能量会在储能电路的阻抗上损耗，如图 5-45a 所示，振荡最终会停止。但是，集电极电流脉冲周期性地再现会重新激励谐振电路并使振荡维持在一个固定不变的幅度。

　　当储能电路调谐到输入信号的频率（基频）时，在储能电路电压 V_r 的每个周期都会发生重新激励，如图 5-45b 所示。当储能电路调谐到输入信号的第二谐波时，则会间隔一个周期发生重新激励，如图 5-45c 所示。在这种情况下，C 类放大器作为倍频器工作（×2）。通过将储能电路调谐到更高的谐波，可以实现更高的倍频系数。

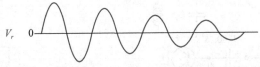

a) 由于能量损耗，振荡逐渐消失（衰减）。衰减速率取决于储能电路的效率

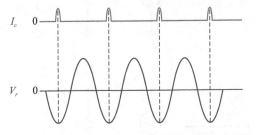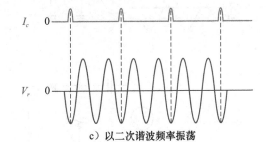

b) 通过集电极电流的短脉冲可以维持以基频频率振荡　　　c) 以二次谐波频率振荡

图 5-45　储能电路振荡。V_r 是储能电路两端的电压

5.7.4　最大输出功率

　　因为储能电路两端的电压峰峰值约为 $2V_{CC}$，所以最大输出功率可以表示为：

$$P_{out} = \frac{V_{rms}^2}{R_c} = \frac{(0.707V_{CC})^2}{R_c}$$

$$P_{out} = \frac{0.5V_{CC}^2}{R_c}$$

式中，R_c 是集电极储能电路在谐振时的等效并联电阻，它代表绕圈电阻和负载电阻的并联组合，它的值往往比较小。因为晶体管只在输入信号周期的一小部分内导通，并且没有偏置电流，所以 C 类放大器效率非常高。实际的 C 类放大器的效率可达到 90% 以上。

5.7.5 C类放大器的钳位偏置

图 5-46 所示电路是一个带有基极偏置钳位电路的 C 类放大器。发射结相当于二极管。

当输入信号为正时，电容 C_1 充电至峰值，极性如图 5-47a 所示。这个过程在基极产生一个平均值约为 $-V_p$ 的电压。当晶体管只在很短的时间间隔内导通时，前面产生的基极电压使晶体管处于截止状态，除了在正峰值之外。为了得到更好的钳位效果，钳位电路的 R_1C_1 时间常数必须远大于输入信号的周期。图 5-47b~f 更详细地解释了钳位偏置过程。在输入信号到达正峰值的时间里($t_0 \sim t_1$)，电容通过发射结二极管充电到 $V_p - 0.7V$，如图 5-47b 所示。在图 5-47c 所示的 $t_1 \sim t_2$ 时间段，电容缓慢放电，因为 RC 时间常数很大。因此，电容保持了一个平均电压，该电压略小于 $V_p - 0.7V$。

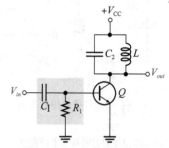

图 5-46　具有钳位偏置的
调谐 C 类放大器

因为输入信号的直流量为 0(C_1 的正端)，所以基极的直流电压(C_1 的负端)比 $-(V_p - 0.7V)$ 往正的方向略大，如图 5-47d 所示。如图 5-47e 所示，电容将交流输入信号耦合到基极，因此晶体管基极电压是交流信号加上一个比 $-(V_p - 0.7V)$ 往正方向略大的直流电平。在接近输入电压的正峰值时，基极电压为大于 0.7V，并导致晶体管在短暂的时间内导通，如图 5-47f 所示。

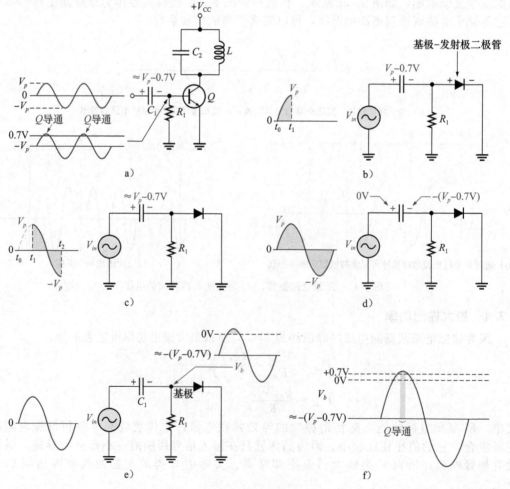

图 5-47　钳位偏置过程

例 5-10　对于图 5-48 所示的 C 类放大器，求晶体管基极电压、谐振频率，以及输出信号电压的峰峰值。

解：

$$V_{s(p)} = 1.414 \times 1V \approx 1.4V$$

基极被钳位在：

$$-(V_{s(p)} - 0.7) = -0.7V \text{ dc}$$

基极上信号的正峰值为 $+0.7V$，负峰值为

$$-V_{s(p)} + (-0.7V) = -1.4V - 0.7V = -2.1V$$

谐振频率为

$$f_r = \frac{1}{2\pi\sqrt{LC}} = \frac{1s}{2\pi\sqrt{220\mu H \times 680pF}} = 411kHz$$

输出信号的峰峰值为

$$V_{pp} = 2V_{CC} = 2 \times 15V = 30V$$

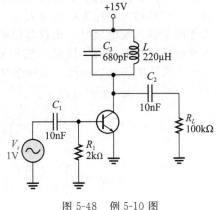

图 5-48　例 5-10 图

✎ **实践练习**

如何使图 5-48 中的电路频率加倍？

5.7.6　D 类放大器的基本工作原理

在 D 类放大器中，输出晶体管作为开关工作，而不是像 A、B、AB 中那样线性工作。D 类放大器在音频应用中一个优势是它的工作效率可以达到理论上的 100%，而 A 类放大器只有 25%，B/AB 类放大器只有 79%。实际中，D 类放大器可以实现大于 90% 的效率。

图 5-49 是一个 D 类放大器驱动扬声器的基本框图。它包括一个脉冲宽度调制器，用来驱动作为开关工作的互补 MOSFET 输出晶体管，还包括一个低通滤波器。大部分 D 类放大器由双极性电源供电。MOSFET 基本上是推挽放大器，它作为开关器件工作，而不是作为类似于 B 类放大器中的线性器件工作。

图 5-49　D 类基本音频放大器

5.7.7　PWM

脉宽调制（PWM）是将输入信号转换为一系列脉冲的过程，脉冲宽度与输入信号的幅度成比例变化。图 5-50 以一个周期的正弦波为例给出了解释。注意，当幅度为正时，脉冲宽度较宽；而幅度为负时，脉冲宽度较窄。如果输入为 0，则输出是一个方波。

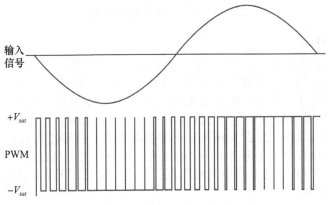

图 5-50　脉宽调制正弦波

PWM 信号一般利用比较器电路来产生。比较器会在第 8 章中详细讨论，在这里简单介绍一下比较器最基本的工作原理。比较器有两个输入端，一个输出端，如图 5-51 所示。标有"＋"的输入端称为同相输入端，标有"－"的输入端为反相输入端。当反相输入端电压大于同相输入端电压时，比较器切换到负饱和输出状态。如果同相输入端电压大于反相输入端电压，则比较器切换至正饱和输出状态。图 5-51 说明了这个概念，其中同相端加上了一个周期的正弦波电压，反相端加上了一个更高频率的三角波。

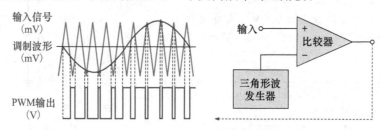

图 5-51　基本的脉冲宽度调制器

比较器的输入一般来讲都比较小(mV 量级)，比较器的输出为"轨到轨"的，即正的最大值接近于正的直流电源电压，负的最大值接近于负的直流电源电压。±12V 或 24V 峰峰值是比较常见的输出。从中可以看出增益非常高。例如，如果输入信号为 10mV pp，则电压的增益为：24V pp/10mV pp＝2 400。因为比较器输出幅度针对一个特定范围内的输入电压是常数，所以增益取决于输入信号电压。如果输入信号为 100mV pp，则输出仍为 24V pp，则增益是 240，而不是 2 400。

频谱　所有非正弦波形都可以由谐波频率组成。一个特定波形包含的频率称为频谱。当三角波调制输入正弦波的时候，得到的频谱包含正弦波频率 f_{input}，加上三角调制信号的基波频率 f_m 以及在基波频率上下的谐波频率。这些谐波频率是由于 PWM 信号的快速上升下降时间以及脉冲之间的平坦区域造成的。一个 PWM 信号的简化频谱如图 5-52 所示。三角波的频率必须大大高于输入信号的最高频率，这样最低谐波频率会高于输入信号频率的范围。

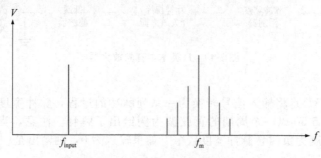

图 5-52　一个 PWM 信号的频谱

5.7.8　互补 MOSFET

将 MOSFET 设置成在一个共源互补组态来提供功率增益。每个晶体管在导通和截止状态之间切换，并且当一个晶体管导通时，另一个截止，如图 5-53 所示。当一个晶体管导通时，它两端的电压非常小，因此它的功耗也很小，即使它上面流过很大的电流。记住，MOSFET 的导通电阻非常小。当晶体管处于截止状态时，没有电流通过，因此就没有功率损耗。晶体管里功耗只发生在很短的切换时间里。传输给负载的功率可以非常高，因为负载两端的电压几乎等于电源电压，并且有一个高的电流流过它。

效率　当 Q_1 导通时，它提供电流给负载。但是，理想情况下，负载两端的电压为 0，所以 Q_1 的内部功耗为

$$P_{DQ} = V_{Q1} I_L = 0V \times I_L = 0W$$

与此同时，Q_2 截止，通过的电流为 0，因此内部功率为
$$P_{DQ} = V_{Q2}I_L = V_{Q2} \times 0A = 0W$$
理想情况下，到负载的输出功率为 $2V_QI_L$。因此，理想最大效率为
$$eff_{max} = \frac{P_{out}}{P_{tot}} = \frac{P_{out}}{P_{out} + P_{DQ}} = \frac{2V_QI_L}{2V_QI_L + 0W} = 1$$
以百分比表示为 $eff_{max} = 100\%$。

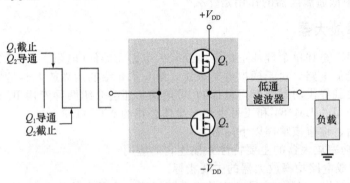

图 5-53 互补 MOSFET 作为开关电路来放大功率

实际情况中，每一个 MOSFET 在导通状态会有十分之几伏的电压。在比较器和三角波发生器中也会有一个小的内部功率损耗。此外，在有限的开关切换时间里也会有功率损耗，因此理想的 100% 的效率在实际中永远也达不到。

5.7.9 低通滤波器

低通滤波器除去调制频率和谐波，只传递原始信号到输出端。滤波器具有仅允许通过输入信号频率的带宽，如图 5-54 所示。

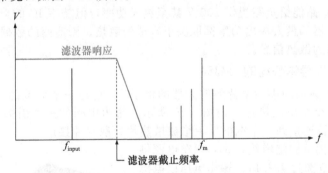

图 5-54 低通滤波器去除 PWM 信号中除了输入信号频率以外的所有频率

5.7.10 信号流

图 5-55 给出了 D 类放大器中每个点的信号。一个小的音频信号被加入到系统中并进行脉宽调制后在调制器输出端生成一个 PWM 信号。其中调制器也实现了电压增益。PWM 驱动互补 MOSFET 级实现功率放大。PWM 信号经过滤波，在输出端产生一个放大的音频信号，它拥有足够的功率来驱动扬声器。

图 5-55 D 类放大器中的信号流

5.7 节测试题

1. 一个 C 类放大器一般如何偏置？
2. 在 C 类放大器中调谐电路的作用是什么？
3. 说出 D 类放大器的三级电路。
4. 在脉冲宽度调制中，脉冲宽度与什么成比例？
5. D 类放大器中低通滤波器的作用是什么？

5.8 IC 功率放大器

集成电路(IC)是在单个硅片上由许多互联的电路元器件(电阻、二极管、晶体管)组成的具有一定功能的电路。对于模拟电子来说，第 6 章介绍的运算放大器是最常见的 IC。本节将会介绍为负载提供功率而专门设计的 IC 电路，还会介绍两种专用 IC 音频放大器：美国国家半导体公司的 LM384 和飞思卡尔半导体公司的 MC34119。

学完本节后，你应该掌握以下内容：
- 给出 IC 功率放大器的主要特性并描述它的应用
  - 描述集成电路功率放大器的主要指标
  - 说明如何将 LM384 音频功率放大器配置成一个基本的放大器
  - 解释为什么 LM384 可以用作对讲系统的放大器

最初，小型集成电路功率放大器是为音频应用而设计，它们将扬声器直接连接到输出。随着应用的扩大，设备种类也不断扩大。今天已有许多专门用于功率放大器的 IC 放大器。与小的分立功率放大器相比，它们具有更高的可靠性和更低的价格。

IC 功率放大器应用广泛，从小型消费类产品到电源、工业电动机控制和稳压设计。大多数都包含 A 或者 AB 类功率放大器级和相关的驱动级以及通常会包括一定的电压增益。

虽然有些 IC 电路能给负载提供 100W 甚至更大功率，但功率 IC 的典型输出功率为几瓦。任何功率放大器的最大输出功率都取决于合适的散热。制造商的数据手册中会提供 IC 功率放大器所要求的散热信息。

5.8.1 美国国家半导体公司的 LM384

LM384 是一个典型的小功率音频放大器的例子[⊖]。它是一个标准的 14 引脚双列直插式封装，包含有一个金属散热片，如图 5-56 所示。每边中间的三个引脚(3，4，5 引脚和 10，11，12 引脚)被连接到一个铜框架上形成散热片，散热片接地。

LM384 有一个内部固定增益为 50，以单电源供电方式工作，电压范围为 9～24V。输出电压以电源电压的一半为中心。电源电压的选择取决于所需要的输出功率和负载。此外，和许多 IC 功率放大器一样，它具有短路保护和热关机电路。它能在合适的散热条件下提供高达 5W 的功率给负载。但是如果没有外部散热，它的最大输出功率只有 1.5W。

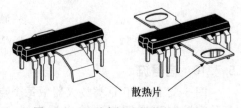

散热片

图 5-56 双列直插式封装的 LM384

电路内部包括一个射极跟随器和一个差分电压放大器(第 6 章讨论)。这之后是一个 CE 驱动级和一个单端推挽输出级。所有级都是直流耦合。LM384 有两个输入端，一个是反相输入端(标有"－")，另一个是同相输入端(标有"＋")。

LM384 作为一个基本的功率放大器只需要加入一些外部电路，如图 5-57 所示。在图 5-57 中，小扬声器为负载，通过电容 C_3 耦合到输出端。LM384 的反相输入端与可变电阻 R_1

⊖ LM384 的数据手册可参见网站：www. national. com。

的可变引脚相连,电位器 R_1 用于音量控制。同相端接地。根据应用,每个输入端都可以自己连接到信号上或将信号连接在两个输入端之间。由 R_2 和 C_2 组成的 RC 网络通过低通滤波行为抑制高频振荡,这种高频振荡会影响任何附近敏感的 RF 电路。

输出功率 LM384 的数据手册给出了传输到负载的输出功率与器件耗散功率的函数曲线,如图 5-58 所示。对于不同的负载电阻,该曲线也会有所不同;图 5-58 中所示的是 8Ω 电阻。基于输出功率和最小失真要求来选择电源电压。散热器必须能够散掉器件发出的热量。例如,如果散热器能够处理器件中 3W 的功率,那么 22V 的电源就能够提供接近 5W 的功率给负载,并且总的谐波失真(THD)为 3%。

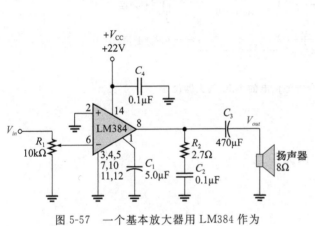

图 5-57 一个基本放大器用 LM384 作为
音频功率放大器

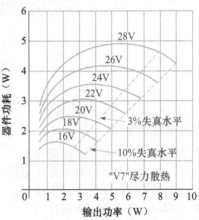

图 5-58 LM384 功耗与 8Ω 负载两端
输出功率的函数关系

系统例子 5-3

只需很少的改变,该基本放大器就能成为一个小系统的核心,例如图 SE5-5 所示的对讲系统。在此系统中,一个 $1:25$ 的小升压变压器将基本增益由 50 放大到 1 250。一个扬声器作为传声器而另一个作为传统的扬声器。DPDT 开关控制哪个扬声器是说话者,哪个扬声器是听者。在说话的位置,扬声器 1 是传声器而扬声器 2 是扬声器;而在听者的位置,情况正好相反。

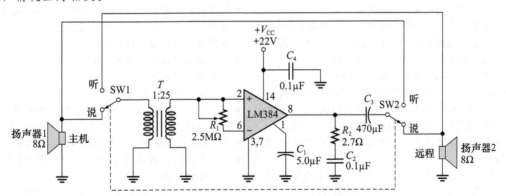

图 SE5-5 一个使用 LM384 作为放大器的基本对讲机

5.8.2 飞思卡尔半导体公司的 MC34119 低功率音频放大器

飞思卡尔半导体公司的 MC34119 是一个低功率 IC 音频放大器,应用在电池供电的电话中,例如免提电话。它是一个 8 引脚的 DIP 封装(也有表面贴装封装)。它能在 6V 电源电压下以大于 250mW 的功率驱动一个小负载($8\sim100\Omega$)。如果利用更高的电源电压,那么它能够提供更高的功率。芯片具有一个禁用输入端允许断电或静音输入,并可以将电池

的漏电流降低至 $65\mu A$（典型值）。

图 5-59 是一个使用 MC34119 的基本放大器。通过控制 R_f 和 R_i 这两个外部电阻能使电压增益从小于 1 变化到 200，而且电压增益等于 R_f 与 R_i 的比值（增益控制将在第 6 章讨论）。对于如图 5-59 所示的电路，其电压增益为 5.0。输出直接耦合到负载（本例中是扬声器）。

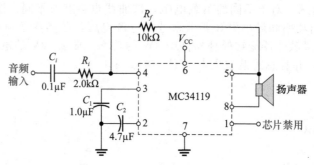

图 5-59   一个电池供电的小 IC 放大器设计

5.8 节测试题

1. IC 功率放大器有哪些应用？
2. IC 功率放大器相对于分立电路有什么优点？
3. LM384 的电压增益是多少？
4. LM384 的两个输入叫什么？

小结

● 将放大级耦合在一起的三种方法是：电容耦合、变压器耦合和直接耦合。

● 电容耦合和变压器耦合在隔直流的同时提供了一条低阻抗的交流通路。直流耦合要求某一级的直流状态必须与下一级的要求兼容。

● 降低放大器中噪声的几点建议。

1. 连线尽可能短，并使信号回路尽可能小。

2. 在电源和地之间使用旁路电容。

3. 降低噪声源，将噪声源与电路隔离或者屏蔽。

4. 让整个电路只有一个接地点，将有大电流通过的地和小电流通过的地互相隔离。

5. 使放大器的带宽不超过所需的值。

● 同轴电缆是一种常见的高频电缆，它是一种屏蔽线。同轴电缆的特性阻抗典型值在 $50\sim100\Omega$ 之间。它应以其特性阻抗终止，以防止反射。

● 调谐放大器使用一个或者多个谐振电路来选择频带。

● 混频器将无线电频率（RF）和来自于本地振荡器的正弦波进行混合来产生一个中频（IF）。

● 放大器的负反馈会产生自调节行为使偏压和增益更加稳定。

● 没有反馈的放大器的电压增益称为开环电压增益。有反馈的放大器的电压增益称为闭环电压增益。

● A 类放大器完全工作在晶体管特性曲线的线性区域。在输入信号的整个 360°内晶体管都导通。

● Q 点必须处于交流负载曲线的中点以使 A 类放大器有最大的输出信号摆幅。

● A 类放大器的最大效率为 25%。

● B 类放大器在输入信号的半个周期（180°）内工作在线性区域，在另外半个周期截止。

● B 类放大器的 Q 点在截止区。

● B 类放大器通常以推挽方式工作，以产生一个复制输入的输出。

● B 类放大器的最大效率为 79%。

● AB 类放大器偏置在稍高于截止区，在略微超过输入周期的 180°内工作在线性区域。

● AB 类放大器消除了 B 类放大器中的交越失真。

● C 类放大器偏置在截止区以下，并且通常带有调谐电路负载。

● D 类放大器是非线性开关放大器。它使用脉冲宽度调制以及 MOSFET 推挽开关放大器和低通滤波器。

关键术语

本章中的关键术语以及其他楷体术语在书后的术语表中定义。

A 类：在所有时间内都工作在线性区的放大器。

AB 类：偏置成微导通状态的放大器，Q 点稍高于截止区。

B 类：一种放大器。它的 Q 值处于截止区，使得输出电流只在输入信号的半个周期内变化。

C 类：一种放大器。它偏置在低于截止区，并有调谐电路负载。

D 类：一种非线性开关放大器。它使用脉冲宽度调制、推挽开关放大器和低通滤波器。

闭环电压增益：包含负反馈的放大器的净电压增益。

镜像电流源：一种运用匹配二极管组成电流源的电路。二极管中的电流是另一个匹配的二极管(一般为晶体管的发射结)中电流的镜像。镜像电流通常用于偏置推挽放大器。

效率(功率)：提供给负载的信号功率与直流电源功率之比。

中频：一个低于无线电频率的固定频率，通过 RF 信号频率与振荡器频率混合来产生。

混频器：一种将两种信号混合并产生频率和或频率差的非线性电路。

开环电压增益：没有外部反馈时放大器的电压增益。

功率增益：放大器提供给负载的功率与放大器的输入功率的比值。

脉冲宽度调制：将输入信号转换成一系列脉冲的过程，而且脉冲宽度与信号幅度成比例。

推挽：一种由两个晶体管组成的 B 类放大器。一个晶体管在半个周期导通，另一个晶体管在另外半个周期导通。

品质因数(Q)：一种无量纲的数值，它是一个周期内存储的最大能量与一个周期内损失掉的能量的比值。

重要公式

(5-1) $Z_0 = \sqrt{\dfrac{L}{C}}$　传输线的阻抗特性

(5-2) $f_r = \dfrac{1}{2\pi\sqrt{LC}}$　谐振频率(高 Q 谐振电路)

(5-3) $Q = \dfrac{X_L}{R} = \dfrac{f_r}{BW}$　谐振电路的品质因数

(5-4) $R_L' = \left(\dfrac{N_{pri}}{M_{sec}}\right)^2 R_L$　负载电阻被变压器反射后的阻值

(5-5) $A_p = \dfrac{P_L}{P_{in}}$　放大器功率增益

(5-6) $A_p = A_v^2\left(\dfrac{R_{in}}{R_L}\right)$　放大器功率增益的另一种表示

(5-7) $P_{DQ} = I_{CQ}V_{CEQ}$　晶体管的功耗

(5-8) $P_{out(max)} = 0.5 I_{CQ}V_{CEQ}$　A 类放大器的最大功率

(5-9) $I_{c(sat)} = \dfrac{V_{CC}}{R_L}$　双电源供电的推挽放大器的交流饱和电流

自测题

1. 如果一个放大器的分贝电压增益为 60dB，那么实际增益为_____。
(a) 600　(b) 1 000
(c) 1 200　(d) 1 000 000

2. 如果增益为 25dB 的两个相同放大级相互连接在一起，并且等效分压器的衰减为 5dB，则放大器的总增益为_____。
(a) 20dB　(b) 45dB
(c) 55dB　(d) 70dB

3. 噪声能通过_____途径进入电路。
(a) 通过电容或者电感耦合 (b) 通过电源
(c) 通过电路内部　(d) 以上所有途径

4. 同轴电缆的阻抗一般为_____。
(a) 小于 10Ω　(b) 50～100Ω
(c) 200～500Ω　(d) 取决于线的长度

5. 应用于高频放大器的中和技术用来消除_____。
(a) 振荡　(b) 噪声
(c) 失真　(d) 上述答案都对

6. 品质因素 Q 表示_____的比值。
(a) X_L 与 X_C　(b) X_L 与 R
(c) X_C 与 R　(d) 上述答案都不对

7. 如果调谐电路的 Q 值很高，则_____。
(a) 电阻很大　(b) 带宽很小
(c) 频率很低　(d) 功率很大

8. 负反馈能提供良好的_____。
(a) 偏置稳定性　(b) 增益稳定性
(c) (a)和(b)都对　(d) (a)和(b)都不对

9. A 类放大器能提供给负载的峰值电流取决于_____。
(a) 电源的最大额定值
(b) 静态电流
(c) 偏置电阻中的电流
(d) 散热器的尺寸

10. 始终工作在线性区域的放大器是_____。
(a) A 类放大器　(b) AB 类放大器
(c) B 类放大器　(d) 上述答案都对

11. 功率放大器的效率是提供给负载的功率和_____的比值。
(a) 输入信号功率
(b) 最后一级的功耗
(c) 来自电源的功率
(d) 上述答案都不对

12. 交越失真是_____放大器的问题。

(a) A 类放大器

(b) AB 类放大器

(c) B 类放大器

(d) 上述所有答案

13. 推挽放大器中的镜像电流应该提供的 I_{CQ} _____。

(a) 与偏置电阻和二极管中的电流相等

(b) 是偏置电阻和二极管中的电流的二倍

(c) 是偏置电阻和二极管中的电流的二分之一

(d) 0

14. 为避免 E-MOSFET 推挽放大器中的交越失真，应该用_____进行偏置。

(a) 镜像电流

(b) 自给偏置

(c) 分压式偏置

(d) 独立电源

15. C 类放大器中晶体管的导通角为_____。

(a) 360°　　　　　(b) 180°

(c) 略小于 180°　(d) 小于 180°

16. D 类放大器的最后一级为_____。

(a) 开关放大器　　(b) 低通滤波器

(c) 比较器　　　　(d) PWM

17. 一般 IC 功率放大器_____。

(a) 不需要散热器

(b) 比分立电路更贵

(c) 稳定性高

(d) 上述答案都对

故障检测测验

参考图 5-60。

● 如果 C_3 开路，

1. Q_1 的漏极直流电压将会_____。

(a) 增大　　(b) 减小　　(c) 不变

2. Q_1 的漏极交流电压将会_____。

(a) 增大　　(b) 减小　　(c) 不变

● 如果 R_{E1} 因为短接而变为 0Ω，

3. 发射极直流电流将会_____。

(a) 增大　　(b) 减小　　(c) 不变

4. 放大器的总电压增益将会_____。

(a) 增大　　(b) 减小　　(c) 不变

5. Q_2 的输入电阻将会_____。

(a) 增大　　(b) 减小　　(c) 不变

参考图 5-57。

● 如果 Q_2 发射极开路，

6. 输出交流电压正的一边将会_____。

(a) 增大　　(b) 减小　　(c) 不变

7. 输出交流电压负的一边将会_____。

(a) 增大　　(b) 减小　　(c) 不变

● 如果 D_1 短路，

8. R_1 上的偏置电流将会_____。

(a) 增大　　(b) 减小　　(c) 不变

9. 输出交流电压将会_____。

(a) 增大　　(b) 减小　　(c) 不变

参考图 5-69。

● 如果 C_2 开路，

10. 增益将会_____。

(a) 增大　　(b) 减小　　(c) 不变

● 如果 C_3 开路，

11. 失真将会_____。

(a) 增大　　(b) 减小　　(c) 不变

● 如果 R_8 短路，

12. 增益将会_____。

(a) 增大　　(b) 减小　　(c) 不变

习题

5.1 节

1. 对于图 5-60 所示的两级电容耦合放大器，计算总电压增益、输入电阻和输出电阻。假设 JFET 的 g_m 为 $2\,700\mu s$，BJT 的 β_{ac} 为 150。

2. 利用习题 1 的结果，画出图 5-60 中两级放大器的交流放大器模型。

3. 对于图 5-61 所示的两级放大器模型，求其一般增益和分贝增益。

4. 假设 $1k\Omega$ 的负载连接到图 5-61 中的放大器模型，那么新的增益为多少？

5. 假定一个两级放大器由两个相同的放大器组成，并且有：$R_{in}=30k\Omega$，$R_{out}=2k\Omega$，$A_{v(NL)}=80$。

(a) 画出放大器的交流模型；

(b) 当两级连接在一起后，总增益为多少？

(c) 如果放大器连接一个 $3k\Omega$ 的负载电阻，则总增益为多少？

6. 习题 5(b) 中放大器的分贝增益为多少？

7. 如果将图 5-4 中的 Q_3 替换成为 β_{ac} 为 1 000 的达林顿晶体管，那么这对放大器的增益有什么影响？

5.2 节

8. RG180B/U 为同轴电缆，其额定阻抗为 95Ω，每英尺的电容为 15.5pF/英尺，则它每英尺的电感为多少？

9. 为什么以其特性阻抗终止对高频电缆很重要？

10. 对于图 5-9 中的电路，假定漏极电路中的电容为 68pF，线圈的电感为 $300\mu H$，线圈电阻为 15.2Ω，则该放大器的中心频率为多少？

11. 对于图 5-9 中的电路，如果输入信号变大，则其增益会有什么变化？解释变化的原因。

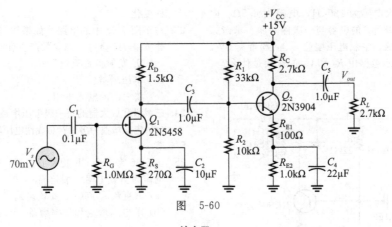

图 5-60

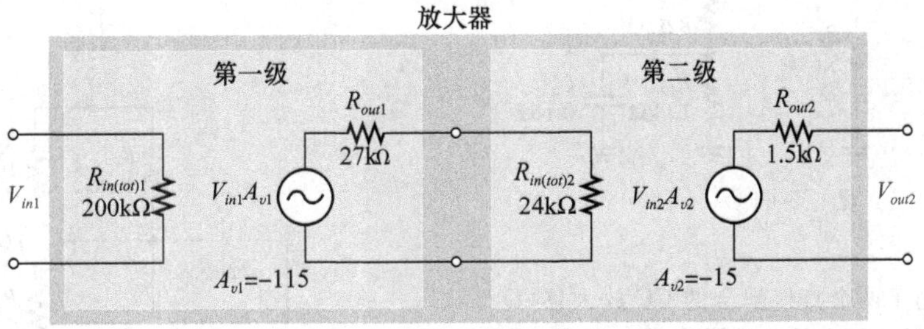

放大器

图 5-61

12. 如果一个并联谐振电路由电感量为 $200\mu H$，
阻值为 9.5Ω 的电感和电容值为 $1\,000pF$ 的电
容组成。

(a) 谐振频率为多少？

(b) 品质因数 Q 为多少？

(c) 带宽为多少？

5.3 节

13. 放大比例为 $10:1$ 的降压变压器二次侧接有一
个 100Ω 的负载。那么在初级电路上的反射电
阻为多少？

14. 图 5-62 为音频功率放大器，其中集电极电路
中降压变压器的匝数比为 $3:1$，二次侧接有
16Ω 的负载电阻。求电路的增益。（因为 r_e' 比
R_{E1} 小得多，所以它可以忽略不计。）

15. 画出图 5-62 中电路的直流和交流负载线。（假
定变压器的直流电阻很小，可以忽略。）

16. 图 5-63 为具有集电极反馈偏置的低功率音频
放大器。其中变压器是一个降压阻抗匹配变压
器，当负载为 8Ω（例如扬声器）时，变压器一
次侧的反射电阻为 $1\,000\Omega$。一次绕组的直流
电阻为 66Ω。

(a) 假定晶体管的 $\beta_{ac} = \beta_{DC} = 150$，计算晶体管的
V_{CE} 和 I_E。

(b) 当输入为 $500mV$ pp 时，计算 A_v、A_p 以及提
供给负载的功率。

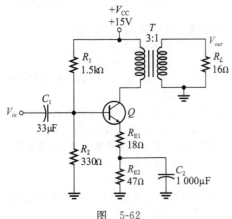

图 5-62

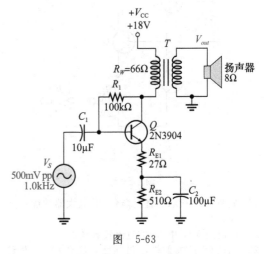

图 5-63

17. 对于图 5-64 所示的中频放大器，假设中频变

压器的一次电感为 $180\mu\mathrm{H}$，电阻为 6.5Ω。内部有一个 $680\mathrm{pF}$ 的电容与一次侧并联。求谐振电路的 Q 值、空载电压增益 $A_{v(\mathrm{NL})}$ 和带宽 BW。

18. 图 5-64 所示电路中 R_3 和 C_3 的作用是什么？

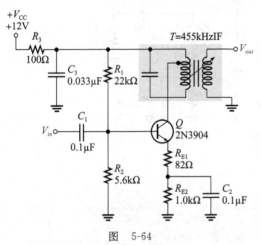

图 5-64

5.4 节

19. 图 5-65 给出了两个直接耦合的 CC 放大器（Q_2 和 Q_3），在输入端和输出端没有耦合电容。Q_1 是 Q_2 的电流源，并且为放大器提供很高的输入电阻。

(a) 假设 Q_2 的基极电压为 $0\mathrm{V}$，求下列直流参数：$I_{C(Q2)}$、$V_{B(Q3)}$、$I_{C(Q3)}$、$V_{E(Q3)}$。

(b) 若输入信号为 $5\mathrm{V\,rms}$，则提供给负载电阻上的功率为多少？

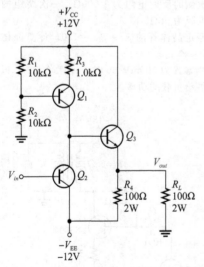

图 5-65

20. 如图 5-65 所示的直流耦合 CC 放大器的优点是什么？

21. 画出图 5-56 中 Q_3 的直流负载线。

22. 如果 Q_3 的发射极电阻开路，那么 Q_3 的发射结是否仍然正向偏置？Q_3 的集电极电流会怎样变化？

23. 对于图 5-20 中的电路，如果用 $10\mathrm{k}\Omega$ 的电阻代替 R_{F2}，则会对下列参数产生什么影响？

(a) Q_1 发射极直流电压？

(b) 电压增益？

(c) 放大器的输入电阻？

24. 三级级联放大器的每一级电压增益都为 $15\mathrm{dB}$。总分贝电压增益为多少？总线性电压增益为多少？

5.5 节

25. 图 5-66 为一个 CE 功率放大器，其集电极电阻也作为负载电阻。假定 $\beta_{\mathrm{DC}}=\beta_{ac}=100$。

(a) 求直流 Q 点（I_{CQ} 和 V_{CEQ}）。

(b) 求电压增益和功率增益。

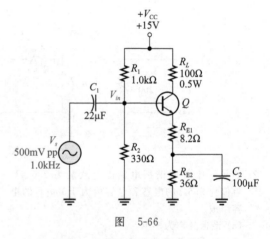

图 5-66

26. 对于如图 5-66 所示电路，求：

(a) 无负载时晶体管的功耗。

(b) 无负载时电源提供的总功率。

(c) 当输入电压为 $500\mathrm{mV}$ 时，负载上的信号功率。

27. 参考图 5-66 所示电路，如果要将电路转变为一个正电源供电的 pnp 晶体管，则需要哪些改变？这样做有什么好处？

28. 假设 CC 放大器的输入电阻为 $2.2\mathrm{k}\Omega$，输出负载为 50Ω，则功率增益为多少？

5.6 节

29. 参考图 5-67 中的 AB 类放大器。

(a) 求下列直流参数：$V_{B(Q1)}$、$V_{B(Q2)}$、V_E、I_{CQ}、$V_{\mathrm{CEQ}(Q1)}$、$V_{\mathrm{CEQ}(Q2)}$。

(b) 对于 $5\mathrm{V\,rms}$ 输入，负载电阻上得到的功率为多少？

30. 画出图 5-67 中 npn 晶体管的负载线。标出饱和电流 $I_{c(sat)}$，并给出 Q 点。

31. 参考 5-68 中由单电源供电的 AB 类放大器，

(a) 计算下列直流参数：$V_{B(Q1)}$、$V_{B(Q2)}$、V_E、I_{CQ}、$V_{\mathrm{CEQ}(Q1)}$、$V_{\mathrm{CEQ}(Q2)}$。

(b) 如果输入电压为 $10\mathrm{V\,pp}$，则负载电阻上获得的功率为多少？

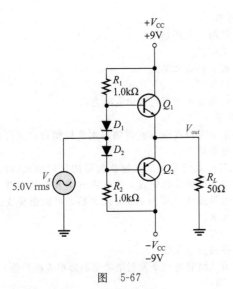

图 5-67

32. 参考 5-68 中的 AB 类放大器,
(a) 负载电阻能获得的最大功率为多少?
(b) 如果将电源电压提高到 24V,那么负载电阻能达到的最大功率为多少?

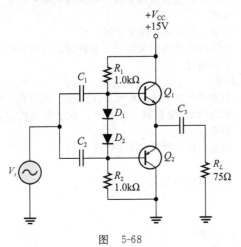

图 5-68

33. 参考 5-68 中的 AB 类放大器,下列问题的原因是什么?
(a) 输出信号只有正半轴
(b) 基极和发射极电压都是 0V
(c) 没有输出;发射极电压为 +15V

MULTISIM 故障检测问题 [🅜 MULTISIM]

39. 打开文件 P05-39 并确定故障。
40. 打开文件 P05-40 并确定故障。
41. 打开文件 P05-41 并确定故障。
42. 打开文件 P05-42 并确定故障。

各节测试题答案

5.1 节

1. R_{in}、R_{out} 和 $A_{v(NL)}$

(d) 输出波形有交越失真

34. 假设图 5-69 中所示的 n 沟道 E-MOSFET 的阈值电压为 2.75V,并且 p 沟道 E-MOSFET 的阈值电压为 -2.75V。
(a) R_5 该如何设置才能使输出晶体管工作在 AB 类?
(b) 假设输入电压为 150mV rms,则传输到负载上的电压有效值为多大?
(c) 这种设置下负载获得的功率为多少?

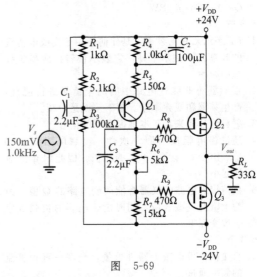

图 5-69

5.7 节

35. C 类放大器在集电极上的调谐电路包含一个 330μH 的线圈和一个 470pF 的电容。假设此类放大器能通过 455kHz 的中频信号,则还要增加多大的电容? 该增加的电容与 470pF 的电容是串联还是并联?

36. 输入到脉冲宽度调制器的正弦波信号正通过 0 轴变为正,则 PWM 的输出会发生什么变化?

5.8 节

37. 参考图 5-58,假设 LM384 在 +18V 的电源电压下工作,并且负载上的功耗为 3W。那么 LM384 和其散热器的功耗为多少?

38. 如果要通过改变 R_f 来增加图 5-59 中 MC34119 的电压增益,那么应该改变为何值以使其增益达到 15?

43. 打开文件 P05-43 并确定故障。
44. 打开文件 P05-44 并确定故障。
45. 打开文件 P05-45 并确定故障。

2. 32dB
3. 低噪声和高输入电阻

4. 信号很弱很容易被噪声湮没

5.2 节

1. 同轴电缆是高频电缆，阻抗为常数且与其长度无关。外部导体帮助屏蔽信号并阻止干扰。
2. 通过增加负反馈消除由放大器内部电容产生的正反馈从而阻止不必要的振荡的方法叫中和。
3. 自动增益控制
4. Q 是一个无量纲的值，是一个周期内存储的最大能量与一个周期内损失的能量之比。表示为 $Q=X_L/R=f_r/\mathrm{BW}$。

5.3 节

1. RF 表示无线电频率，是任何能用于无线电传输的频率。IF 表示中频，它表示被转换成易于处理的频率。
2. 混频器将非线性电路中的两个信号进行混合，产生频率和或频率差。频率差就是中频。
3. 射频信号和来自于本地振荡器的信号
4. 通过将电阻反射回一次性，负载电阻影响 Q 值。由于 Q 是 X_L 和 R 的比值，因此 R 增大时 Q 变小。
5. 任何接入电路的仪器都能改变电路的 Q 值，因为电阻的负载效应，同时由于电容的负载效应会改变频率。

5.4 节

1. 直接耦合可以减少器件数量，允许一直到直流的频率通过。
2. 负反馈将输出的一部分返回到输入，从而消除偏置电路或增益上的变化。
3. 电容对直流电路没有影响，但是它提高了开环增益。较高的开环增益意味着电路参数的微小变化产生的影响也很小。
4. 增益由反馈系数的倒数决定。

5.5 节

1. 耗散过大的热量
2. 集电极
3. 截止和饱和削波
4. 25%
5. 它是输入电阻与输出电阻之比。

5.6 节

1. 信号可以在输入或者输出端直接耦合；元件数量会减少。
2. 当输入信号小于推挽放大器的发射结压降时，就会产生交越失真。通过将 B 类放大器偏置在微导通使得其为 AB 类放大器，可以避免交越失真。
3. 79%
4. 在阈值电压处
5. 由二极管对三个发射结带来的影响进行补偿。

5.7 节

1. 偏置在低于截止区。
2. 调谐电路只对接近谐振频率的一个很小的带宽内的频率具有很高的增益。
3. 三级分别是脉宽调制器、开关放大器、低通滤波器。
4. 与输入信号的振幅成比例。
5. 低通滤波器移除调制频率和谐波，只容许输入信号通过。

5.8 节

1. 消费类产品中的小放大器(电视机、收音机、免提电话)、警报器、对讲机、小型电动机控制器等。
2. 简化应用，可靠，成本较低
3. 50
4. 反相端和同相端

例题中实践练习答案

5-1　(a)400mV　(b)99.9

5-2　75Ω

5-3　Q 点不变；因为电阻增加直流负载线更平坦。

5-4　C_2 开路导致增益减小。带宽不变。

5-5　β 同时影响两级的输入电阻。增益只受 Q_2 的输入电阻的影响，增益降至595。

5-6　46dB

5-7　效率升高，因为在 R_{E3} 上没有功率损失。缺点在于扬声器在线圈里有直流电流(射极电流)

5-8　15V　0.94A

5-9　1.83kΩ

5-10　将 L 变为 $55\mu H$ 或者将 C 变为 17nF。

自测题答案

1. (b)　2. (b)　3. (d)　4. (b)　5. (a)　6. (b)　7. (b)　8. (c)　9. (b)　10. (a)　11. (c)
12. (c)　13. (a)　14. (c)　15. (d)　16. (b)　17. (c)

故障检测测验答案

1. 不变　2. 增大　3. 增大　4. 增大　5. 减小　6. 不变　7. 减小　8. 增大　9. 减小
10. 减小　11. 增大　12. 不变

运算放大器

目标

- 描述基本的运放及其特性
- 讨论差分放大器及其工作原理
- 讨论运放的几个参数
- 解释运放电路中的负反馈
- 分析三种运放电路
- 介绍三种运放电路的阻抗
- 运放电路的故障检测

目前为止，已经学习了很多重要的电子器件。这些器件（例如二极管和晶体管）都是各自独立封装的器件，在电路中与其他器件相互连接，以形成完整的功能单元。这样的器件为分立元器件。

现在将会学习更多的模拟（线性）集成电路，这些电路由很多晶体管、二极管、电阻和电容组成，在一块半导体材料微芯片上制造，并单独封装在一个壳中，形成一个功能电路。第5章已经介绍了一种专用集成电路（IC），此电路专用于音频放大。

本章将介绍一种通用IC，即运算放大器（运放），它是最广泛使用的线性集成电路。虽然运放由很多电阻、电容和晶体管组成，但可以把它看成单一器件。这意味着你更关心从外部来看而不是从内部的元器件级角度来看它能够做什么。

6.1 运算放大器介绍

早期的运算放大器（运放）主要用于完成数学运算，例如加法、减法、积分和差分，因此称为运算放大器。这些早期器件用真空管制造，工作在高电压下。现在的运放是线性集成电路，使用较低的电源电压，并且可靠、便宜。

学完本节后，你应该掌握以下内容：

- 描述基本的运放及其特性
  - 认识运放符号
  - 识别运放封装上的端子
  - 描述理想运放
  - 描述实际运放

6.1.1 符号及端子

标准运算放大器（运放）电路符号如图6-1a所示。它有两个输入端——反相（-）输入端和同相（+）输入端，以及一个输出端。典型的运放需要两个直流电压供电以正常工作，其中一个为正，另一个为负，如图6-1b所示。为简单起见，在电路符号中通常会忽略直流电压端子，但应理解实际上它们存在。几种典型运放IC封装如图6-1c所示。

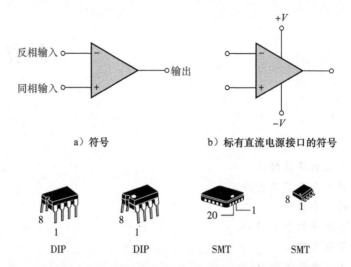

a）符号   b）标有直流电源接口的符号

DIP   DIP   SMT   SMT

c）典型封装。在双列直插（DIP）封装和表面贴装技术（SMT）
上由缺口或圆点指示的是引脚1

图 6-1 运放符号与封装

6.1.2 理想运放

为了说明运放究竟是什么，首先考虑其理想特性。当然，实际运放达不到这些理想标准，但从理想角度看，对器件的理解与分析更加简单。

首先，理想运放具有无穷大的电压增益与无穷大的输入阻抗（开路），因此不会对驱动源产生负载效应。此外，运放具有零输出阻抗。这些特性如图 6-2 所示。两个输入端之间的电压 V_{in} 为输入电压，输出电压为 $A_v V_{in}$，如内部电压源符号所示。无穷大输入阻抗的概念是很多运放电路的非常重要的分析工具，这将在 6.5 节中讨论。

6.1.3 实际运放

虽然现代集成电路(IC)运放在许多情况下可以使参数值接近理想值因而被当成理想运放，但没有实际运放能达到理想状态。所有器件都有其限制，运放也不例外。运放既具有电压限制也具有电流限制。例如，输出电压峰峰值通常被限制为略小于两个电源电压的差值。输出电流也被内部约束所限制，例如功率消耗和器件额定值等。

实际运放的特性有高电压增益、高输入阻抗、低输出阻抗和宽带宽。其中一些特性如图 6-3 所示。

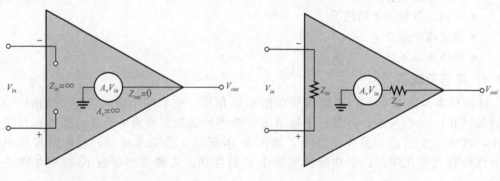

图 6-2 理想运放表示   图 6-3 实际运放表示

6.1 节测试题

1. 基本运放如何连接?
2. 描述实际运放的一些特性。

6.2 差分放大器

运放通常至少包含一个差分放大器级。因为差分放大器(差放)是运放的输入级,所以它是运放内部操作的基础。因此,有必要了解差分放大器。

学完本节后,你应该掌握以下内容:

- 讨论差分放大器及其工作原理
  - 解释单端输入工作原理
  - 解释差分输入工作原理
  - 解释共模工作原理
  - 定义共模抑制比
  - 讨论差分放大器在运放中的使用

基本差分放大器(差放)的电路及其符号如图 6-4 所示。运放中的差放级提供了高电压增益和共模抑制(本节稍后给出定义)。

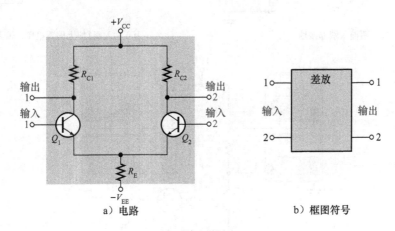

a) 电路　　　　　　　　　　b) 框图符号

图 6-4　基本的差分放大器

6.2.1 基本工作原理

下列讨论与图 6-5 相关,包括差分放大器工作原理的基本直流分析。

首先,当两个输入端都接地(0V)时,发射极电压为 $-0.7V$,如图 6-5a 所示。假设晶体管 Q_1 和 Q_2 通过制造中的精密过程控制已达到一致匹配,这样当无输入信号时,两者的发射极直流电流也相等。因此,

$$I_{E1} = I_{E2}$$

因为两个发射极电流在 R_E 处汇合,所以

$$I_{E1} = I_{E2} = \frac{I_{R_E}}{2}$$

式中,

$$I_{R_E} = \frac{V_E - V_{EE}}{R_E}$$

基于 $I_C \approx I_E$ 的近似,可以得到

$$I_{C1} = I_{C2} \approx \frac{I_{R_E}}{2}$$

由于两集电极电流和两集电极电阻相等（当输入电压为零时），有

$$V_{C1} = V_{C2} = V_{CC} - I_{C1}R_{C1}$$

此情况如图 6-5a 所示。

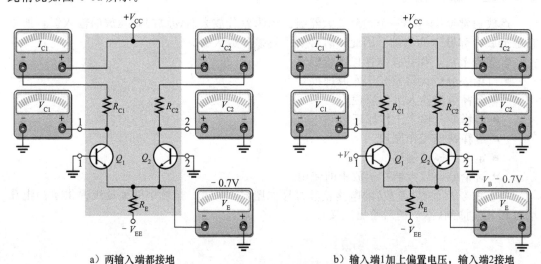

a）两输入端都接地

b）输入端1加上偏置电压，输入端2接地

c）输入端2加上偏置电压，输入端1接地

图 6-5　差分放大器的基本工作原理（地为 0V），其中给出了电流和电压的相对变化 [🅺 **MULTISIM**]

其次，输入端 2 保持接地，向输入端 1 施加正偏置电压，如图 6-5b 所示。Q_1 基极的正电压使 I_{C1} 增大，并使发射极电压增加到

$$V_E = V_B - 0.7V$$

这使得 Q_2 的正向偏置（V_{BE}）减小，因为 Q_2 基极保持在 0V（地），这使得 I_{C2} 减小，如图 6-5b 所示。整个结果是 I_{C1} 增大使得 V_{C1} 减小，I_{C2} 减小使得 V_{C2} 增大，如图 6-5b 所示。

最后，输入端 1 保持接地，向输入端 2 施加正偏置电压，如图 6-5c 所示。Q_2 基极的正电压使 Q_2 更加导通，I_{C2} 增大。此外，发射极电压增加，这使得 Q_1 的正向偏置减小，因为 Q_1 基极保持在 0V，所以使得 I_{C1} 减小。结果是，I_{C2} 增大使得 V_{C2} 减小，I_{C1} 减小使得 V_{C1} 增大，如图 6-5c 所示。

6.2.2 信号工作模式

单端输入 在单端模式下，一个输入端接地，信号电压只加在另一输入端，如图 6-6 所示。当信号电压加到输入端 1 时，如图 6-6a 所示，输出端 1 上会产生一个反相放大的信号电压。此外，Q_1 发射极也会出现一个同相信号电压。因为 Q_1 与 Q_2 的发射极是公共端，所以发射极信号成为 Q_2 的输入，而 Q_2 为共基放大器。信号由 Q_2 放大，并在输出端 2 上产生同相输出。以上过程如图 6-6a 所示。

当信号电压加到输入端 2，输入端 1 接地时，如图 6-6b 所示，输出端 2 会产生一个反相放大信号电压。在此情况下，Q_1 为共基放大器，输出端 1 会产生同相放大信号。以上过程如图 6-6b 所示。

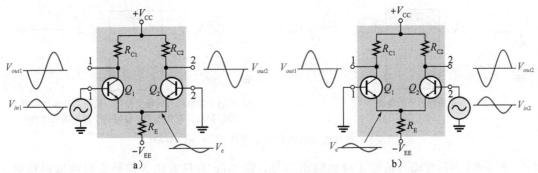

图 6-6 差分放大器的单端输入工作原理

差分输入 在差分模式下，两个极性相反（反相）的信号加到两个输入端，如图 6-7a 所示。这种类型的工作模式也称作双端输入模式。如你所见，每个输入都会影响输出。

图 6-7b 给出了输入端 1 作为单端输入、独立工作时的输出信号。图 6-7c 给出了输入端 2 作为单端输入、独立工作时的输出信号。注意，图 6-7b 与 c 中输出端 1 的信号极性相同。输出端 2 也是如此。通过将输出端 1 和输出端 2 的两个信号叠加，可得到差分工作模式的总输出，如图 6-7d 所示。

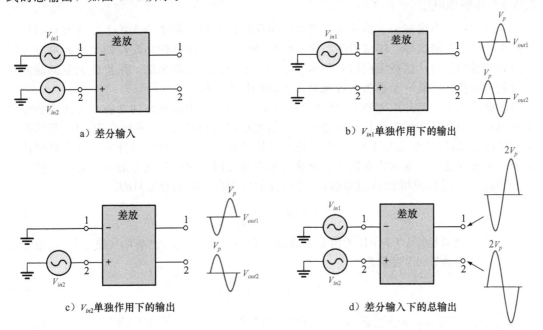

a）差分输入

b）V_{in1} 单独作用下的输出

c）V_{in2} 单独作用下的输出

d）差分输入下的总输出

图 6-7 差分放大器的差分输入工作原理[MULTISIM]

共模输入 差分放大器最重要的工作模式之一为共模输入模式，此时施加到两个输入端的信号电压的相位、频率和幅度均相同，如图 6-8a 所示。同样，通过考虑每个输入信号单独工作的情况，可以理解共模输入的基本工作原理。

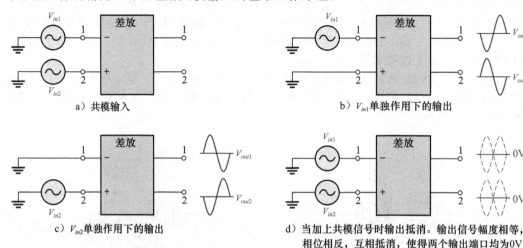

a）共模输入

b）V_{in1}单独作用下的输出

c）V_{in2}单独作用下的输出

d）当加上共模信号时输出抵消。输出信号幅度相等，相位相反，互相抵消，使得两个输出端口均为0V

图 6-8 差分放大器的共模工作原理［ MULTISIM ］

图 6-8b 为只有输入信号 1 时的输出信号，图 6-8c 为只有输入信号 2 时的输出信号。注意，输出端 1 的对应信号极性相反，输出端 2 的信号亦如此。当输入信号加到两个输入端时，输出叠加并互相抵消，使得输出电压为 0，如图 6-8d 所示。

这称为共模抑制。其重要性体现在不期望的信号同时出现在差分放大器的两个输入端的情况。共模抑制意味着不期望的信号不会出现在输出端，不会导致期望信号的失真。共模信号（噪声）通常由输入线上的辐射能量导致，来源有相邻线、60 Hz 电力线等。

6.2.3 共模抑制比

有用信号只出现在一个输入端，或者以相反极性出现在两个输入端上。这些有用信号被放大并出现在输出端，如前所述。无用信号（噪声）以相同极性出现在两个输入端上，因差分放大器的作用，这些无用信号基本被抵消，不会出现在输出端。评价放大器抑制共模信号能力的指标，是一个称为共模抑制比（CMRR）的参数。

理想情况下，差分放大器对期望信号（单端或差分）提供非常高的增益，对共模信号提供 0 增益。但是，实际差分放大器会有一个值很小的共模增益（通常远小于 1），而其差分电压增益却很高（通常为几千）。差分增益与共模增益的比值越高，差分放大器在共模信号抑制方面表现越好。这意味着衡量差分放大器抑制无用共模信号能力的一个好的度量，是差分增益 $A_{v(d)}$ 与共模增益 A_{cm} 的比值。这一比值即为共模抑制比 CMRR。

$$\text{CMRR} = \frac{A_{v(d)}}{A_{cm}} \tag{6-1}$$

CMRR 越高越好。CMRR 的值非常高意味着差分增益 $A_{v(d)}$ 很高，共模增益 A_{cm} 很低。CMRR 通常以 dB 表示为

$$\text{CMRR}' = 20\log\left(\frac{A_{v(d)}}{A_{cm}}\right) \tag{6-2}$$

例 6-1 某差放的差分电压增益为 2 000，共模增益为 0.2。计算 CMRR，并用分贝表示。

解： $A_{v(d)} = 2\,000$，$A_{cm} = 0.2$，因此有

$$\text{CMRR} = \frac{A_{v(d)}}{A_{cm}} = \frac{2\,000}{0.\,2} = 10\,000$$

用 dB 表示为：

$$\text{CMRR}' = 20\log(10\,000) = 80\text{dB}$$

实践练习

某放大器的差分电压增益为 8 500，共模增益为 0.25，求其 CMRR，并用 dB 表示。

例如，CMRR 值为 10 000 意味着期望输入信号（差分）放大倍数是无用噪声（共模）放大倍数的 10 000 倍。因此，如果差分输入信号与共模噪声的幅度相等，那么输出端的差分信号的幅度是噪声幅度的 10 000 倍。从而，噪声或干扰基本被消除。

例 6-2 进一步说明了共模抑制的概念，以及差分放大器对一般信号的工作原理。

例 6-2　图 6-9 所示的差分放大器的差分电压增益为 2 500，CMRR 为 30 000。在图 6-9a 中，加上一个 $500\mu\text{V}$ rms 的单端输入信号。同时，因交流电力系统的辐射，两输入端有 1V、60Hz 的共模干扰信号。在图 6-9b 中，两输入端各加上了 $500\mu\text{V}$ rms 的差分输入信号。共模干扰与图 6-9a 中相同。

(a) 计算共模增益。

(b) 用 dB 表示 CMRR。

(c) 计算图 6-9a 与 b 中输出信号的有效值。

(d) 计算输出端干扰电压的有效值。

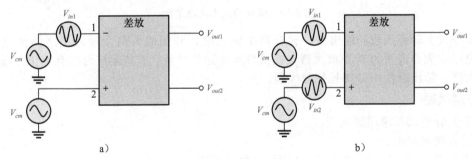

图 6-9　例 6-2 图

解：

(a) $\text{CMRR} = A_{v(d)}/A_{cm}$，因此有

$$A_{cm} = \frac{A_{v(d)}}{\text{CMRR}} = \frac{2\,500}{30\,000} = 0.083$$

(b) $\text{CMRR}' = 20\log(30\,000) = 89.5\text{dB}$

(c) 在图 9-6a 中，差分输入电压是输入端 1 上电压与输入端 2 上电压的差值。由于输入端 2 接地，它的电压为 0。因此，

$$V_{in(d)} = V_{in1} - V_{in2} = 500\mu\text{V} - 0\text{V} = 500\mu\text{V}$$

此情况下，输出信号电压从输出端 1 取出。

$$V_{out1} = A_{v(d)}V_{in(d)} = 2\,500 \times 500\mu\text{V} = 1.25\text{V rms}$$

在图 9-6b 中，差分输入电压为两极性相反的 $500\mu\text{V}$ 信号之间的差值。

$$V_{in(d)} = V_{in1} - V_{in2} = 500\mu\text{V} - (-500\mu\text{V}) = 1\,000\mu\text{V} = 1\text{mV}$$

输出电压信号为

$$V_{out1} = A_{v(d)}V_{in(d)} = 2\,500 \times 1\text{mV} = 2.5\text{V rms}$$

这表明差分输入（两极性相反信号）的增益是单端输入增益的两倍。

(d) 共模输入为 1V rms。共模增益 A_{cm} 为 0.083。因此，输出端的干扰（共模）电压为

$$A_{cm} = \frac{V_{out(cm)}}{V_{in(cm)}}$$

$$V_{out(cm)} = A_{cm} V_{in(cm)} = 0.083 \times 1\text{V} = 0.083\text{V}$$

✎ **实践练习**

图 6-9 中的放大器的差分电压增益为 4 200，CMRR 为 25 000。对于和例题中相同的单端和差分输入信号：(a)计算 A_{cm}。(b)将 CMRR 用 dB 表示。(c)计算图 6-9a 与 b 中输出信号的有效值。(d)计算输出端的干扰(共模)电压的有效值。

6.2.4　运放的内部框图

一个典型的运放由三类放大电路组成：差分放大器、电压放大器和推挽放大器，如图 6-10所示。

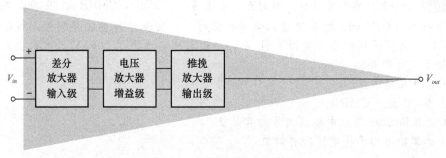

图 6-10　运放的基本内部结构

差分放大器是运放的输出级；它有两个输入端，并能放大两个输入端之间的差值电压。电压放大器通常为 A 类放大器，提供额外的运放增益。有些运放可能有不止一级的电压放大器。输出级使用 B 类推挽放大器。

6.2 节测试题

1. 区分差分输入与单端输入。
2. 定义共模抑制比。
3. 对于给定的差分增益，更高的 CMRR 导致共模增益更高还是更低？

6.3　运放数据手册中的参数

本节定义一些重要的运放参数(在下面的目标中一一列出)。此外，根据这些参数对几种 IC 运放进行比较。

学完本节后，你应该掌握以下内容：

● 讨论几个运放参数
   ■ 定义输入失调电压
   ■ 讨论输入失调电压的温漂
   ■ 定义输入偏置电流
   ■ 定义输入阻抗
   ■ 定义输入失调电流
   ■ 定义输出阻抗
   ■ 定义共模输入电压范围
   ■ 讨论开环电压增益
   ■ 定义共模抑制比
   ■ 定义转换速率
   ■ 讨论频率响应

■ 对几种不同类型的 IC 运放参数进行比较

6.3.1 输入失调电压

理想运放具有零输入零输出的特性。但是，在实际运放中，当没有加上差分输入电压时，输出端也会产生一个小直流电压 $V_{OUT(err)}$。其主要产生原因为运放差分输入级的基极-发射极电压存在轻微失配，如图 6-11a 所示。

差分输入级的输出电压可表示为

$$V_{OUT(error)} = I_{C2}R_C - I_{C1}R_C$$

Q_1 与 Q_2 基极-发射极电压的微小差别会导致集电极电流上的微小差别。这使得 V_{OUT} 不为零，这是一个误差电压。（集电极电阻相等。）

在运放数据手册中，输入失调电压(V_{OS})是两个输入端之间所需的差分直流电压，它使得差分输出为 0V。V_{OS} 如图 6-11b 所示。输入失调电压的典型值为 2mV 范围之内或更小。理想情况下为 0V。

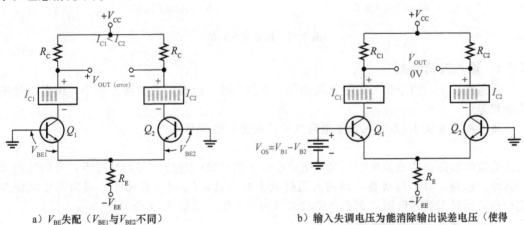

a) V_{BE} 失配（V_{BE1} 与 V_{BE2} 不同）导致一个小的输出误差电压

b) 输入失调电压为能消除输出误差电压（使得 $V_{OUT}=0$）所需的输入端的电压差值

图 6-11 输入失调电压 V_{OS} 的说明

6.3.2 输入失调电压温漂

输入失调电压温漂是与 V_{OS} 相关的参数，表示温度每变化一度，对应输入失调电压的变化值。其典型值为 $5\sim50\mu V/℃$。通常，运放的输入失调电压越高，温漂越大。

6.3.3 输入偏置电流

如你所见，双极型差分放大器的输入端为晶体管的基极，因此输入电流为基极电流。

输入偏置电流为放大器能在第一级正常工作时，输入端所需的直流电流。根据定义，输入偏置电流为两个输入电流的平均值，并计算如下：

$$I_{BIAS} = \frac{I_1 + I_2}{2}$$

输入偏置电流的概念如图 6-12 所示。

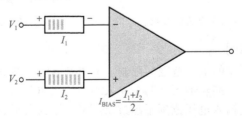

图 6-12 输入偏置电流为两个运放输入电流的平均值

6.3.4 输入阻抗

定义运放输入阻抗的两种基本方式为差分模式与共模模式。差分输入阻抗为反相输入端和同相输入端之间的总电阻，如图 6-13a 所示。在给定差分输入电压变化下，确定对应的偏置电流变化，可得到差分输入阻抗。共模输入阻抗为每个输入端与地之间的阻抗。其可通过在给定共模输入电压变化下，确定对应的偏置电流变化来得到，如图 6-13b 所示。

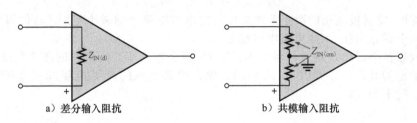

a) 差分输入阻抗   b) 共模输入阻抗

图 6-13 运放输入阻抗

6.3.5 输入失调电流

理想情况下，两个输入偏置电流相等，差值为零。但是，在实际运放中，偏置电流不完全相等。

输入失调电流 I_{OS} 是输入偏置电流的差，用绝对值表示。

$$I_{OS} = \mid I_1 - I_2 \mid$$

失调电流的实际幅度通常至少比偏置电流小一个数量级（十倍）。多数情况下，失调电流可以忽略。但是，对于高增益、高输入阻抗放大器而言，I_{OS} 应尽可能小，因为即使电流差别很小，通过大输入电阻，也会产生较大的失调电压，如图 6-14 所示。

输入失调电流导致的失调电压为

$$V_{OS} = \mid I_1 - I_2 \mid R_{in} = I_{OS} R_{in}$$

I_{OS} 导致的误差被运放增益 A_v 放大，因此输出为

$$V_{OUT(error)} = A_v I_{OS} R_{in}$$

失调电流会随温度变化，进而影响误差电压。失调电流的温度系数通常在 0.5nA/℃ 范围之内。

6.3.6 输出阻抗

输出阻抗为从运放输出端看进去的电阻，如图 6-15 所示。

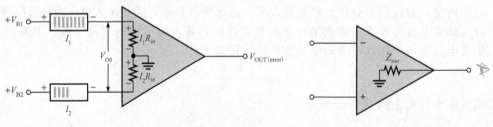

图 6-14 输入失调电流的影响   图 6-15 运放输出阻抗

6.3.7 共模输入电压范围

所有运放都有正常工作的电压范围的限制。共模输入电压范围是在不会造成削波失真或其他输出失真的情况下，能够加入到两个输入端的输入电压范围。许多运放在直流电压为 ±15V 的情况下，共模输入电压范围不超过 ±10V。但也有运放的输出能达到与电源电压一样大（这称为轨到轨（rail-to-rail））。

6.3.8 开环电压增益

运放的开环电压增益 A_{ol} 指的是器件的内部电压增益，也就是当没有外部元件时，运放输出电压与输入电压的比值。开环电压增益完全由内部设计决定。开环电压增益通常能超过 200 000，但不是能严格控制的参数。数据手册中通常称开环电压增益为大信号电压增益。

6.3.9 运放的共模抑制比

共模抑制比（CMRR）在之前与差分放大器一起介绍了。和差放情况类似，对运放而言，CMRR 是衡量运放抑制共模信号能力的参数。若 CMRR 值为无穷大，意味着当个两输入端加上相同信号（共模）时，输出为零。

在实际中，CMRR 不可能达到无穷大，但是性能较好的运放，具有很高的 CMRR 值。如前所述，共模信号是不想要的干扰电压，例如 60Hz 供电线纹波，以及辐射能量造成的噪声电压等。高 CMRR 使得运放在输出端基本消除了这些干扰信号。

运放 CMRR 的定义为开环电压增益（A_{ol}）除以共模增益。

$$CMRR = \frac{A_{ol}}{A_{cm}} \tag{6-3}$$

通常用分贝表示为：

$$CMRR' = 20\log\left(\frac{A_{ol}}{A_{cm}}\right) \tag{6-4}$$

例 6-3 某给定运放的开环电压增益为 100 000，共模增益为 0.25。计算 CMRR，并以分贝形式表示。

解：

$$CMRR = \frac{A_{ol}}{A_{cm}} = \frac{100\ 000}{0.25} = 400\ 000$$

$$CMRR' = 20\log(400\ 000) = 112dB$$

实践练习

若某运放 CMRR′ 值为 90dB，共模增益为 0.4，则开环电压增益为多少？

6.3.10 转换速率

响应阶跃输入电压时，输出电压的最大变化率称为运放的**转换速率**。转换速率取决于运放放大级的高频响应。

测量转换速率时的运放连接方式如图 6-16a 所示。这一连接方式为单位增益、同相组态，后面会讨论。它给出了最坏情况（最慢）下的转换速率。已经知道阶跃电压的上升沿包含它的高频分量，放大器的上限截止频率影响其对阶跃输入的响应。上限截止频率越低，阶跃输入对应的输出信号斜坡越平缓。

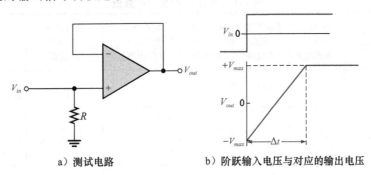

a）测试电路 b）阶跃输入电压与对应的输出电压

图 6-16 转换速率的测量

将脉冲施加到输入端，如图 6-16b 所示，其中也给出了理想输出电压。输入脉冲宽度必须足以使其输出能从下限"转换"到上限，如图 6-16b 所示。可以看到，加上输入阶跃信号后，输出电压从下限$-V_{max}$变化到上限$+V_{max}$，需要一定的时间间隔 Δt。转换速率表示为：

$$转换速率 = \frac{\Delta V_{out}}{\Delta t} \tag{6-5}$$

式中，$\Delta V_{out} = +V_{max} - (-V_{max})$。转换速率的单位是伏特每微秒($V/\mu s$)。

例 6-4 某运放对阶跃输入的输出响应如图 6-17 所示。计算转换速率。

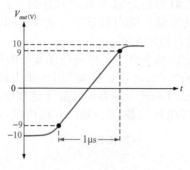

图 6-17　例 6-4 图

解： 输出从最小值变化到最大值用了 $1\mu s$。由于响应并非理想响应，因此取最大值 90％的对应点，如图 6-17 所示。因此上限为 $+9V$，下限为 $-9V$。转换速率为

$$转换速率 = \frac{\Delta V}{\Delta t} = \frac{+9V - (-9V)}{1\mu s} = 18V/\mu s \tag{6-5}$$

✎ **实践练习**

向运放施加脉冲时，输出电压从 $-8V$ 变化到 $+7V$ 用了 $0.75\mu s$。则转换速率为多少？

6.3.11　频率响应

对于组成运放的内部放大器级，其电压增益受到结电容的限制。虽然运放中使用的差分放大器与我们讨论的基本放大器有所区别，但原理相同。然而，运放没有内部耦合电容，因此低频响应可以到达直流($0Hz$)。运放的频率特性将在下一章中讨论。

6.3.12　运放参数比较

表 6-1 为几种常用 IC 运放的参数值比较，这些参数之前刚刚讨论过。从表 6-1 中可以看出，不同器件规格上有很大区别。所有的系统设计都包含一定的折衷，当设计者优化一个参数时，往往要牺牲另一个参数。在特定应用中，选择何种运放取决于哪个参数最重要。想了解运放参数的详情，可以参考器件的数据手册。

表 6-1　常用 IC 运放的参数值

运放	CMRR(dB)（典型值）	开环增益（dB）（典型值）	增益带宽积（MHz）（典型值）	输入失调电压(mV)（最大值）	输入偏置电流(nA)（最大值）	转换速率（V/μs）（典型值）	备注
AD8009	50	N/A	320[①]	5	150	5 500	高速、低失真，使用电流反馈
AD8055	82	71	5	1 200	1 400		低噪声；快，宽带宽；增益平坦度0.1dB；视频驱动
ADA4891	68	90[②]		2 500	0.002	170	CMOS——非常小的偏置电流，非常快，用作视频放大器

（续）

运放	CMRR(dB) (典型值)	开环增益 (dB) (典型值)	增益带宽积 (MHz) (典型值)	输入失调 电压(mV) (最大值)	输入偏置 电流(nA) (最大值)	转换速率 (V/μs) (典型值)	备注
ADA4092	85	118	1.3	0.2	50	0.4	单电源(2.7~36V)或双电源工作，低功率
FAN4931	73	102	4	6	0.005	3	低价 CMOS，低功率，输出在 10mV 摇摆，极高输入阻抗
FHP3130	95	100	60	1	1 800	110	大电流输出(达到100mA)
FHP3350	90	55	190	1	50	800	高速；用作视频放大器
LM741C	70	106	1	6	500	0.5	通用，过载保护，行业标准
LM7171	110	90	100	1.5	1 000	3 600	非常快，高共模抑制比，用作测量放大器
LMH6629	87	79	800③	0.15	23 000	530	快，极低噪声，低电压
OP177	130	142		0.01	1.5	0.3	高精度，非常高的共模抑制比与稳定性
OPA369	114	134	0.012	0.25	0.010	0.005	极低功率，低电压，轨到轨
OPA378	100	110	0.9	0.02	0.15	0.4	精密，非常低的漂移，低噪声
OPA847	110	98	3 900	0.1	42 000	950	极低噪声，宽带宽放大器，电压反馈

①取决于增益，这里增益为 10。
②取决于增益，这里增益为 2。
③小信号。

6.3.13 其他特性

大多数运放有三个重要特性：短路保护，无闩锁效应，输入失调调零。短路保护使得输出短路时，电路不会损坏。无闩锁特性使得运放在特定输入条件下，输出不会保持一个状态不变(高或低电平)。输入失调调零通过外部电位器，使得零输入条件下输出电压精确为零。

系统说明 第 4 章中讨论过开关电容电路(参见图 4-60)。开关电容相当于一个电阻，与运放结合，可以在低电压下正常工作。起搏器是运放开关电容系统的一种有趣应用。一种新的设计中，使用了增益为 40dB 的 CMOS 开关运放开关电容(SO-SC)前置放大器。电路包含 SO-SC 滤波器。对病人而言，将运放与开关电容结合的关键优势是电路电源电压可以非常低，功耗也极低。整个系统用 0.8V 电压供电，功耗仅 420nW，对使用起搏器的病人而言，是一个重要优点。

6.3 节测试题

1. 列举出十个甚至更多的运放参数。
2. 除了频率响应之外，哪两个运放参数与频率有关？

6.4　负反馈

负反馈是电子学尤其是运放应用中最有用的概念之一。负反馈是将输出电压中的一部分以与输入信号反相（或者减去）的方式返回到输入端的过程。

学完本节后，你应该掌握以下内容：

- 解释运放电路中的负反馈
  - 描述负反馈的影响
  - 讨论为什么使用负反馈

负反馈如图 6-18 所示。反相（一）输入使得反馈信号与输入信号有 180°的相位差。运放具有极高的增益，将加到同相与反相输入端的信号的差值放大。所有运放只需要这两个信号之间有非常微小的区别，就能产生所需的输出。当使用负反馈时，同相输入与反相输入端几乎相同。这一概念可以帮助你理解运放电路中会产生什么样的信号。

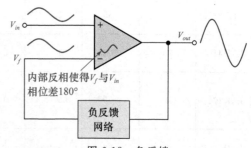

图 6-18　负反馈

现在来讨论负反馈是如何工作的，以及理解为何当使用负反馈时，为什么同相和反相输入端的信号几乎相同。假设在同相输入端加入 1.0V 的输入信号，运放的开环增益为 100 000。运放对同相输入信号做出响应，使输出趋于饱和。同时，输出的一部分通过反馈通路返回到反相输入端。但是，如果反馈信号达到 1.0V，运放将无信号可放大！因此，反馈信号只是试图（但永远不会成功）与输入信号匹配。增益由反馈的量所控制。当你对带有负反馈的运放电路进行故障检测时，请记住虽然这两个信号在示波器上看起来是相同的，但其实还是有细微区别。

现在假设由于某些原因使运放内部增益减小。这会使得输出信号减小一些，通过反馈通路返回到反相输入端的信号也减小。这意味着两个信号之间的差值变大，因此输出增大，补偿了之前的增益减小。输出端的信号变化很小，几乎测量不出来。这说明运放不论发生何种变化，都会很快通过负反馈得到补偿，从而产生稳定的、可预测的输出。

6.4.1　为什么使用反馈

如你所见，一个典型运放的内部开环增益非常高（通常大于 100 000）。因此，两个输入电压之间的极小差别就能使运放进入饱和输出状态。实际上，甚至是输入失调电压也能使运放饱和。例如，假设 $V_{in}=1\mathrm{mV}$，$A_{ol}=100\,000$，那么

$$V_{in}A_{ol} = 1\mathrm{mV} \times 100\,000 = 100\mathrm{V}$$

由于运放的输出不可能达到 100V，因此其进入饱和状态，输出被限制在它的最大输出电平，图 6-19 给出了输入电压分别为正负 1mV 的情况。

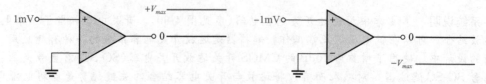

图 6-19　没有负反馈时，两个输入电压之间的极小差别即可使运放达到输出极限，变成非线性

以这种方式工作的运放用途非常有限，通常只限于比较器应用（将在第 8 章中学习）。

利用负反馈，总闭环电压增益(A_{cl})可以减小并且可以控制，使得运放能作为线性放大器工作。除了提供可控、稳定的电压增益之外，负反馈也能实现对输入和输出阻抗、运放带宽的控制。表 6-2 总结了负反馈对运放性能的一般影响。

表 6-2　负反馈对运放性能的影响

	电压增益	输入阻抗	输出阻抗	带宽
没有负反馈	对线性放大器而言，A_{ol} 太高	非常高(参见表 6-1)	非常低	非常窄(因为增益太高)
有负反馈	通过负反馈网络使 A_{cl} 达到期望值	利用不同种类的电路，能增加或减小到期望值	能减小到期望值	显著变宽

系统说明　运放可以用于一些射频系统中；当然，这样的运放必须是高速器件。在 RF 电路中，用运放代替传统分立元器件有一些优点和一个主要缺点。主要缺点是成本高。晶体管只需要几美分，而用于替换的 IC 可能需要几美元。这在大规模产品制造中并不可行，但对于高性能 RF 设备而言，使用运放很有意义。

使用运放进行设计，比使用分立元器件更灵活。当使用分立晶体管时，元器件的偏置和工作点会影响放大器级的增益和调谐。而偏置运放时，只需要连接合适的电源电压。偏置不会影响放大器级的增益或者调谐。此外，运放的热稳定性更好，能减小系统工作温度范围内的温漂。

6.4 节测试题

1. 运放电路中使用负反馈的好处有哪些？
2. 为什么需要将运放增益从它的开环增益值减小？
3. 当调试带有负反馈的运放电路时，输入端应该观察到什么？

6.5　负反馈运放组态

本节将讨论三种利用负反馈稳定增益并增强频率响应的运放连接方式。如前所述，运放的极高开环增益会造成不稳定的情况，因为输入端的小噪声信号能被放大到使运放超出线性区工作。也可能发生不希望的振荡。此外，不同运放器件的开环增益参数可能会相差很大。负反馈将输出的一部分以与输入信号反相的方式返回输入端，能有效减小增益。闭环增益通常远小于开环增益，并与它无关。

学完本节后，你应该掌握以下内容：
- 分析三种运放电路组态
  - 认识同相放大器组态
  - 确定同相放大器的电压增益
  - 认识电压跟随器
  - 认识反相放大器组态
  - 确定反相放大器的电压增益

6.5.1　闭环电压增益 A_{cl}

闭环电压增益是带有负反馈的运放的电压增益。放大器电路包括运放和一个外部反馈网络，它将输出与反相输入端相连。那么闭环电压增益由反馈网络的元器件值决定，并能由它们精确控制。

6.5.2　同相放大器

图 6-20 所示是运放的一种闭环连接，称为同相放大器。输入信号加到同相(＋)输入端。输出的一部分通过反馈网络加到反相(－)输入端。这构成了负反馈。反馈系数 B 是返

回反相输入端的输出电压的比例，它决定了放大器的增益，正如你将要看到的。反馈电压 V_f 可以写为

$$V_f = BV_{out}$$

运放输入端之间的差分电压 V_{diff} 如图 6-21 所示，可表示成

$$V_{diff} = V_{in} - V_f$$

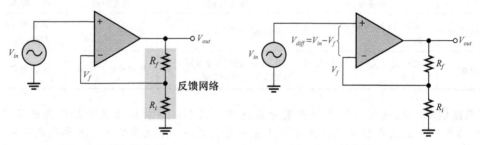

图 6-20　同相放大器　　　　　　　图 6-21　差分输入 $V_{in} - V_f$

因为负反馈和高开环增益 A_{ol}，输入差分电压非常小。所以，有

$$V_{in} \approx V_f$$

代入可得

$$V_{in} \approx BV_{out}$$

重新整理可得，

$$\frac{V_{out}}{V_{in}} \approx \frac{1}{B}$$

输出电压与输入电压的比值为闭环增益。结果表明同相放大器的闭环增益 $A_{d(\text{NI})}$ 约为：

$$A_{d(\text{NI})} = \frac{V_{out}}{V_{in}} \approx \frac{1}{B}$$

反馈系数由分压网络中的 R_i 与 R_f 决定。对反馈网络使用分压定律，可以从输出电压 V_{out} 中计算得到返回到输入端的部分电压。

$$V_{in} \approx BV_{out} \approx \left(\frac{R_i}{R_i + R_f}\right)V_{out}$$

整理可得

$$\frac{V_{out}}{V_{in}} = \left(\frac{R_i + R_f}{R_i}\right)$$

可表示成

$$A_{d(\text{NI})} = \frac{R_f}{R_i} + 1 \tag{6-6}$$

式 (6-6) 表明同相 (NI) 放大器的闭环电压增益 $A_{d(\text{NI})}$ 与运放的开环增益无关，但可通过选择 R_i 与 R_f 的值来设置。此公式基于一个假设，即开环增益与反馈电阻比值相比非常大，使得输入差分电压 V_{diff} 很小。在几乎所有的实际电路中，这都是极好的假设。

在极少情况下需要更精确的方程，输出电压可表示为

$$V_{out} = V_{in}\left(\frac{A_{ol}}{1 + A_{ol}B}\right)$$

下式给出了闭环增益的精确值：

$$A_{d(\text{NI})} = \frac{V_{out}}{V_{in}} = \left(\frac{A_{ol}}{1 + A_{ol}B}\right)$$

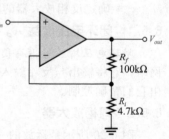

图 6-22　例 6-5 图 [MULTISIM]

例 6-5　计算图 6-22 中运放的闭环电压增益。

解：这是一个同相放大器电路，因此，闭环电压增益为

$$A_{d(\text{ND})} = \frac{R_f}{R_i} + 1 = \frac{100\text{k}\Omega}{4.7\text{k}\Omega} + 1 = 22.3$$

📝 **实践练习**

如果图 6-22 中的 R_f 增大到 $150\text{k}\Omega$，计算闭环增益。

电压跟随器 电压跟随器电路是一种特殊的同相放大器，其中输出电压直接连接到反相输入端，如图 6-23 所示。可以看到，直接反馈连接的电压增益接近于 1。之前已经推导出，同相放大器的闭环电压增益为 $1/B$。因为 $B = 1$，所以电压跟随器的闭环增益为：

$$A_{cl(\text{VF})} = 1 \tag{6-7}$$

电压跟随器最重要的特性是输入阻抗非常高，输出阻抗非常低。这样的特性使得它是一个近乎理想的缓冲放大器，能连接高阻抗源与低阻抗负载。这将在 6.6 节进一步讨论。

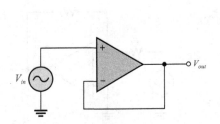

图 6-23　运放电压跟随器

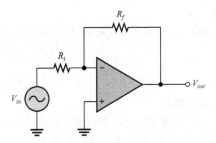

图 6-24　反相放大器

6.5.3　反相放大器

图 6-24 所示为一个运放连接成的电压增益可控的反相放大器。输入信号通过串联输入电阻 (R_i) 加到反相输入端。同时，输出通过 R_f 反馈回到反相输入端。同相输入端接地。

此时，之前学习的理想运放参数可用于简化电路分析。特别是无穷大输入阻抗的概念很重要。无穷大输入阻抗说明反相输入端没有电流输出。如果没有电流流过输入阻抗，那么同相与反相输入端之间就没有压降。这意味着反相（—）输入端的电压为 0，因为同相（＋）输入端接地。反相输入端的零电压称为虚地。此情况如图 6-25a 所示。

由于反相输入端没有电流，因此流过 R_i 与 R_f 的电流相等，如图 6-25b 所示。

$$I_{in} = I_f$$

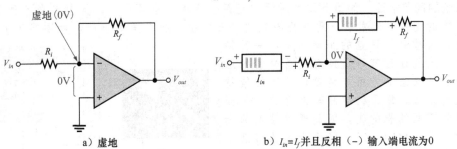

　　a) 虚地　　　　　　　　　　　　　b) $I_{in}=I_f$ 并且反相（—）输入端电流为0

图 6-25　虚地的概念和反相放大器的闭环电压增益

R_i 两端的电压等于 V_{in}，因为电阻的另一端为虚地。因此，

$$I_{in} = \frac{V_{in}}{R_i}$$

同时，因为虚地，R_f 两端电压等于 $-V_{out}$，因而，

$$I_f = \frac{-V_{out}}{R_f}$$

因为 $I_f = I_{in}$，所以

$$\frac{-V_{out}}{R_f} = \frac{V_{in}}{R_i}$$

整理上式，有

$$\frac{V_{out}}{V_{in}} = -\frac{R_f}{R_i}$$

V_{out}/V_{in} 就是反相放大器的总增益。

$$A_{cl(\mathrm{D})} = -\frac{R_f}{R_i} \tag{6-8}$$

式(6-8)表明反相放大器的闭环电压增益 $A_{cl(\mathrm{D})}$ 是反馈电阻 R_f 与输入电阻 R_i 的比值。闭环增益与运放的内部开环增益无关。因此，负反馈稳定了电压增益。负号表明反相。

例 6-6 运放电路如图 6-26 所示，如果要得到 -100 的闭环电压增益，计算所需的 R_f 的值。

解： 已知 $R_i = 2.2\mathrm{k}\Omega$，$A_{cl(\mathrm{D})} = -100$，计算 R_f 为：

$$A_{cl(\mathrm{D})} = -\frac{R_f}{R_i}$$

$$R_f = -A_{cl(\mathrm{D})}R_i = -(-100) \times 2.2\mathrm{k}\Omega = 220\mathrm{k}\Omega$$

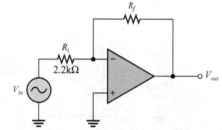

实践练习

(a) 如果图 6-26 中的 R_i 变为 $2.7\mathrm{k}\Omega$，则要得到 -25 的闭环增益所需的 R_f 值为多少？

(b) 如果 R_f 失效，变为开路，输出会怎么样？

图 6-26　例 6-6 图 [★ MULTISIM]

系统例子 6-1　光谱仪

在医学实验室中，一种称为光谱仪的仪器用于分析溶液中的化学成分，其原理是计算对不同波长的光吸收量的多少。运放电路用于放大光电管的输出，并将信号传送到处理器与显示仪器。由于每种化学品与混合物吸收光的方式不同，因此光谱仪的输出能用于准确判断溶液的成分。光谱仪也能用于透明或不透明的固体(例如玻璃)或者气体。

这种系统在医学实验室和其他一些领域很常见。这是一种混合系统的示例，其中电子电路与其他种类的系统(例如机械与光学系统)相连接，以完成特定功能。如果你是工业界的技术员或者技术工程师，你可能每时每刻都在使用不同种类的混合系统。

系统的简单描述　如图 SE6-1 所示的光源会产生一束可见光，其中包含各种不同波长的很宽的光谱。光束中不同波长的光通过三棱镜的折射角度不同，如图 SE6-1 所示。根据枢轴角控制器设置的平台角度，一种特定波长的光能通过窄缝，投射到待分析的溶液。通过精确控制光源与棱镜，可以传输特定波长的光线。每种化学品与混合物以不同方式吸收不同波长的光，因此通过溶液的光具有独一无二的"签名"，能用于确认溶液中的化学成分。

光电管能产生与光强度和波长成比例的电压。运放电路放大光电管的输出，将结果信号传输到处理与显示单元，在那里最终确定溶液中含有哪种或哪些化学成分。本系统例子主要关注光电管/放大器电路板。该电路的 PCB 布局图如图 SE6-2 所示。

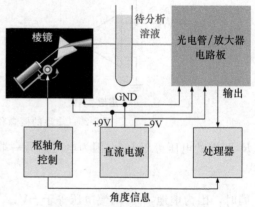

图 SE6-1　基本光谱仪系统

LM741 的引脚布局图可参考数据手册。如果仔细观察 PCB 走线，可以发现这是一个反相放大器。此运放采用的是表面贴片 SO-8 封装。注意，在电路板背面有两条用深色线表示的互连线。未与元件电极相连的焊盘表示连接到电路板另一侧。利用标准溶液，调节电位计来校准系统。

系统光源产生 400～700nm 范围的波长，这几乎包含了从紫到红的所有可见光的波长范围。参考图 SE6-3 所示的光电管响应特性曲线。处理电路利用来自光电管的放大信号，以及来自枢轴角控制器的信息，来确定被测溶液的类型。

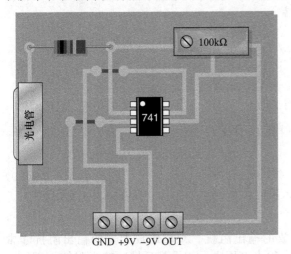

图 SE6-2 光电管/放大器 PCB 布局图

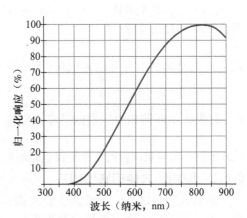

图 SE6-3 光电管响应曲线

6.5 节测试题

1. 负反馈的主要作用是什么？
2. 判断正误：我们讨论过的各种运放电路的闭环电压增益与运放的内部开环电压增益相关。
3. 同相放大器电路负反馈网络的衰减为 0.02，则放大器的闭环增益为多少？
4. 参考图 SE6-2 中的 PCB 板，如果 100kΩ 电位计设置在正中间，则增益为多少？

6.6 运放阻抗和噪声

本节将会介绍负反馈连接如何影响运放的输入与输出阻抗。我们将会对反相放大器和同相放大器都进行讨论。

学完本节后，你应该掌握以下内容：

- 描述三种运放组态的阻抗
  - 求同相放大器的输入和输出阻抗
  - 求电压跟随器的输入和输出阻抗
  - 求反相放大器的输入和输出阻抗

6.6.1 同相放大器的输入阻抗

已经知道：负反馈使得反馈电压 V_f 几乎等于输入电压 V_{in}。输入电压与反馈电压的差值 V_{diff} 接近于零，在理想情况下可假设它为零。此假设表明运放的输入信号电流也为零。因为输入阻抗为输入电压与输入电流的比值，所以同相放大器的输入阻抗为：

$$Z_{in} = \frac{V_{in}}{I_{in}} \approx \frac{V_{in}}{0} = 无穷大(\infty)$$

在很多实际电路中，此假设有利于获得对运放工作原理的基本认识。更准确的分析需要考虑输入信号电流不为零的事实。

利用图 6-27，计算此运放电路的精确输入阻抗。在此分析中，假设两个输入端之间存在一个小的差分电压 V_{diff}，如图 6-27 所示。这意味着你不能假设运放的输入阻抗为无穷大，或者输入电流为零。输入电压可表示为

$$V_{in} = V_{diff} + V_f$$

用 BV_{out} 代替 V_f，有

$$V_{in} = V_{diff} + BV_{out}$$

因为 $V_{out} \approx V_{ol}V_{diff}$（$A_{ol}$ 为运放的开环增益），所以

$$V_{in} = V_{diff} + A_{ol}BV_{diff} = (1 + A_{ol}B)V_{diff}$$

因为 $V_{diff} = I_{in}Z_{in}$，所以

$$V_{in} = (1 + A_{ol}B)I_{in}Z_{in}$$

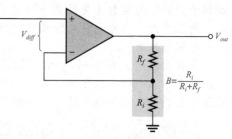

图 6-27　同相放大器

式中，Z_{in} 是运放的开环输入阻抗（无反馈连接时）。

$$\frac{V_{in}}{I_{in}} = (1 + A_{ol}B)Z_{in}$$

V_{in}/I_{in} 为此闭环同相放大器的总输入阻抗。

$$Z_{in(\text{NI})} = (1 + A_{ol}B)Z_{in} \tag{6-9}$$

此式表明：带有负反馈的这个运放电路的输入阻抗远大于运放自身的内部输入阻抗（无反馈）。

6.6.2　同相放大器的输出阻抗

除输入阻抗之外，负反馈也能改进运放的输出阻抗。无反馈放大器的输出阻抗非常小。加入反馈后，输出阻抗会变得更小。在很多应用中，假设带反馈的输出阻抗为零，这可以非常好地满足精度要求，即

$$Z_{out(\text{NI})} \approx 0$$

利用图 6-28，可以精确分析带反馈的输出阻抗。对输出电路应用基尔霍夫定律，

$$V_{out} = A_{ol}V_{diff} - Z_{out}I_{out}$$

差分输入电压为 $V_{in} - V_f$；因此，假设 $A_{ol}V_{diff} \gg Z_{out}I_{out}$，输出电压可表示为

$$A_{out} \approx A_{ol}(V_{in} - V_f)$$

用 BV_{out} 代替 V_f，

$$V_{out} \approx A_{ol}(V_{in} - BV_{out})$$

请记住，B 为负反馈网络的衰减系数。展开，分解，整理后可得：

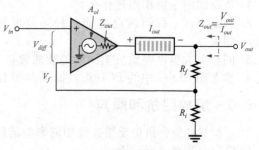

图 6-28　带反馈的同相放大器

$$A_{ol}V_{in} \approx V_{out} + A_{ol}BV_{out} = (1 + A_{ol}B)V_{out}$$

因为同相放大器的输出阻抗为 $Z_{out(\text{NI})} = V_{out}/I_{out}$，可以用 $I_{out}Z_{out(\text{NI})}$ 代替 V_{out}，所以，

$$A_{ol}V_{in} = (1 + A_{ol}B)I_{out}Z_{out(\text{NI})}$$

将上式两端同时除以 I_{out}，可得

$$\frac{A_{ol}V_{in}}{I_{out}} = (1 + A_{ol}B)Z_{out(\text{NI})}$$

上式左端为运放的内部输出阻抗（Z_{out}），因为无反馈时，$A_{ol}V_{in} = V_{out}$，所以，

$$Z_{out} = (1 + A_{ol}B)Z_{out(\text{NI})}$$

即

$$Z_{out(\text{NI})} = \frac{Z_{out}}{1 + A_{ol}B} \tag{6-10}$$

此式表明，这个带有负反馈的运放电路的输出阻抗远小于运放自身内部输出阻抗（无反

馈），因为除以系数 $1+A_{ol}B$。

例 6-7 (a) 计算图 6-29 所示运放的输入和输出阻抗。运放参数表给出 $Z_{in}=2\text{M}\Omega$，$Z_{out}=75\Omega$，$A_{ol}=200\,000$。

(b) 计算闭环电压增益。

解：

(a) 反馈网络的衰减系数 B 为

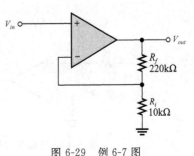

$$B=\frac{R_i}{R_i+R_f}=\frac{10\text{k}\Omega}{230\text{k}\Omega}=0.043\,5$$

$$Z_{in(\text{ND})}=(1+A_{ol}B)Z_{in}=[1+200\,000\times0.043\,5]\times2\text{M}\Omega$$
$$=(1+8\,700)\times2\text{M}\Omega=17\,402\text{M}\Omega=17.4\text{G}\Omega$$

$$Z_{out(\text{ND})}=\frac{Z_{out}}{1+A_{ol}B}=\frac{75\Omega}{1+8\,700}=0.008\,6\Omega=8.6\text{m}\Omega$$

图 6-29　例 6-7 图

$$(b)A_{cl(\text{ND})}=\frac{1}{B}=\frac{1}{0.043\,5}\approx23$$

✔ 实践练习

(a) 计算图 6-29 所示运放的输入与输出阻抗。运放参数表给出 $Z_{in}=3.5\text{M}\Omega$，$Z_{out}=82\Omega$，$A_{ol}=135\,000$。

(b) 计算 A_{cl}。

6.6.3　电压跟随器阻抗

因为电压跟随器是特殊的同相放大器，所以阻抗公式相同，其中 $B=1$。

$$Z_{in(\text{VF})}=(1+A_{ol})Z_{in} \tag{6-11}$$

$$Z_{out(\text{VF})}=\frac{Z_{out}}{1+A_{ol}} \tag{6-12}$$

可以看到：在给定 A_{ol} 与 Z_{in} 的情况下，与带有分压反馈网络的同相放大器相比，电压跟随器的输入阻抗更大。同样，输出阻抗会减小很多，因为对同相放大器而言，B 通常比 1 小很多。

例 6-8 利用例 6-7 中的运放组成电压跟随器，计算输入和输出阻抗。

解： 因为 $B=1$，所以

$$Z_{in(\text{VF})}=(1+A_{ol})Z_{in}=(1+200\,000)(2\text{M}\Omega)=400\text{G}\Omega$$

$$Z_{out(\text{VF})}=\frac{Z_{out}}{1+A_{ol}}=\frac{75\Omega}{1+200\,000}=375\mu\Omega$$

注意，与例 6-7 相比，$Z_{in(\text{VF})}$ 远大于 $Z_{in(\text{ND})}$，$Z_{out(\text{VF})}$ 远小于 $Z_{out(\text{ND})}$。

✔ 实践练习

如果用开环增益更高的运放替换本例中的运放，则对输入与输出阻抗会有怎样的影响？

6.6.4　反相放大器的阻抗

利用图 6-30，可以计算反相放大器的输入与输出阻抗。输入信号和负反馈都通过电阻加到反相端。

输入阻抗　反相放大器的输入阻抗为

$$Z_{in(\text{I})}\approx R_i \tag{6-13}$$

这是因为运放的反相输入端为虚地(0V)，输入信号源只看到 R_i 连接到地，如图 6-31 所示。

输出阻抗　与同相放大器类似，反相放大器的输出阻抗也因负反馈而减小。实际上，其表达式也与同相放大器相同。

$$Z_{out(\text{I})}\approx\frac{Z_{out}}{1+A_{ol}B} \tag{6-14}$$

同相放大器与反相放大器的输出阻抗都非常低；实际上，几乎为零。因为输出阻抗接近于零，所以连接到运放输出端的负载阻抗可以在很大范围内变化，且不会改变输出电压。

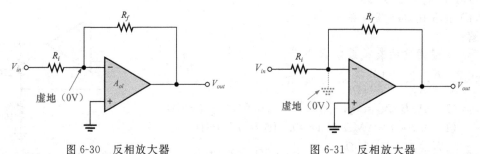

图 6-30　反相放大器　　　　　　　　　　图 6-31　反相放大器

例 6-9 计算图 6-32 所示电路的输入与输出阻抗，并计算闭环电压增益。运放的相关参数为：$A_{ol} = 50\,000$；$Z_{in} = 4\mathrm{M\Omega}$；$Z_{out} = 50\Omega$。

解：

$$Z_{in(1)} \approx R_i = 1.0\mathrm{k\Omega}$$

反馈衰减系数 B 为：

$$B = \frac{R_i}{R_i + R_f} = \frac{1.0\mathrm{k\Omega}}{101\mathrm{k\Omega}} = 0.009\,9$$

那么有

$$Z_{out(1)} = \frac{Z_{out}}{1 + A_{ol}B} = \frac{50\Omega}{1 + 50\,000 \times 0.009\,9} = 101\mathrm{m\Omega}$$

$$A_{cl(1)} = -\frac{R_f}{R_i} = -\frac{100\mathrm{k\Omega}}{1.0\mathrm{k\Omega}} = -100$$

（对于所有实际用途为 0）

图 6-32　例 6-9 图

📝 **实践练习**

计算如图 6-32 所示电路的输入与输出阻抗及闭环电压增益。运放参数和电路值如下：$A_{ol} = 100\,000$；$Z_{in} = 5\mathrm{M\Omega}$；$Z_{out} = 75\Omega$；$R_i = 560\Omega$；$R_f = 82\mathrm{k\Omega}$。

系统例子 6-2

例如双向无线电设备中的通信系统通常工作在 10MHz 以上频率，此频率对大多数通用运放而言过高。专用高频电压反馈运放能用于射频与中频(RF 和 IF)，但在 10MHz 频率以上会开始失效。(第 12 章将介绍的电流反馈放大器能达到更高的频率。)在诸如 FM 接收机等系统中，会将无线电频率降频到更低的中频以便处理。一个 FM 广播接收机用于 88～108MHz 的频率，传统上使用 10.7MHz 为第一级中频频率，该频率可以由高频运放处理。(也可使用频率更低的第二级中频。)目前大多数系统使用数字处理技术，但即使在这些情况下，中频频率仍由模拟放大器产生并放大。传统 FM 接收机的前端如图 SE6-4 中的框图所示。我们主要关注中频放大器。

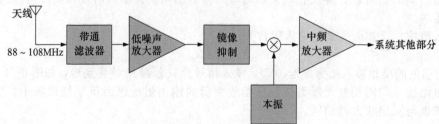

图 SE6-4　FM 接收机前端

图 SE6-5 为一典型的模拟中频放大器，使用诸如 THS4001 的高频运放。往放大器看，以及从负载往回看，阻抗必须与源匹配；在本例中为 50Ω。在高频放大器中，信号需要以整个系统的特征阻抗来终止以避免反射，否则反射有可能会抵消信号。为实现这一点，可以在传统的同相放大器基础上，添加输入与输出电阻（R_T 和 R_O），使得这些阻抗为 50Ω。（已经知道带反馈的运放本身具有极高的输入阻抗和接近零的输出阻抗。）和其他同相放大器一样，增益由 R_f 与 R_i 决定。

设计者与技术人员在处理高频电路时，一定要做好特别预防措施，以防出现问题。针对高频电路的预防措施之一是使元器件引线与电线长度尽可能短，以减小杂散电容与电感效应。在高频时，即使 PCB 走线在高频下也具有电感，会衰减 RF（射频）信号。如果要替换高频电路中的元器件，需要使用专门的元器件，以避免自谐振效应。电路中使用的电容通

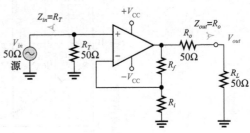

图 SE6-5　IC 中频放大器

常是特种陶瓷芯片电容，它根本没有引线。RF 电路（包括电源在内）用外壳屏蔽，以防止辐射和噪声问题。替换外壳或屏蔽罩，包括所有的螺钉。在高频电路中使用探针时需要注意负载效应，因此所用探针应为低电容型。

6.6.5 噪声

在电子学中，噪声是指电信号中不期望的随机波动。我们将介绍运放噪声规范和如何计算运放的信噪比。虽然来自外部源的干扰也被视为噪声，但运放噪声规范只考虑运放内部产生的噪声。噪声有两种基本形式。在低频时，噪声与频率成反比；这称为 $1/f$ 噪声或"粉红噪声"。超过临界噪声频率（有时称为 $1/f$ 转角频率）后，噪声在频谱图上为水平线；这称为"白噪声"。此临界噪声频率为运放性能指标之一——越低越好。

系统说明　运算放大器中的噪声

设计具有更低系统电源电压和偏置电流的电路，是系统设计师实现环保的方式之一。随着工作电压减小，对准确性的要求就越来越高，因此系统噪声就越来越成为关注点。将影响所需信号质量的任何不期望信号定义为噪声。这个关系通常表示成一个比值。信噪比定义为：

$$\frac{S_f}{N_f} = \frac{信号有效值}{噪声有效值}$$

可以使用立体音响系统作为信噪比的一个实例。如果以很大的音量播放音乐，可能会注意不到系统噪声，因为信号（音乐）掩盖了系统噪声；信噪比很高。如果停下音乐，让放大器仍然工作，你将能够听到系统噪声；现在信噪比很低。信噪比也是 CD 取代黑胶唱片与盒式磁带的原因之一。这两种媒介的信噪比都远高于 CD。在大多数情况下，你听到的来自现代立体音响系统的噪声来自电子元器件，而不是来自媒介。

噪声的功率分布以瓦特每赫兹来衡量（W/Hz）。功率与电压平方成正比，因此噪声电压密度可以通过对噪声功率密度求平方根得到，得到的单位为伏特每平方根赫兹（V/$\sqrt{\text{Hz}}$）。对运放而言，在特定频率下，单位通常为 nV/$\sqrt{\text{Hz}}$。但是，即使是极低噪声放大器，低于 10Hz 时，由于粉红噪声的贡献，噪声电压密度也可能达到 μV/$\sqrt{\text{Hz}}$ 的噪声单位。不同运放的额定白噪声电压密度的值可能在 1nV/$\sqrt{\text{Hz}}$～20nV/$\sqrt{\text{Hz}}$ 之间，甚至更高。双极管运放的电压噪声小于 JFET 运放。制造低噪声 JFET 运放是可能的，但是要以增大输入电容为代价，因此限制了带宽。

某低噪声运放的电压噪声图如图 6-33 所示。在 1kHz，运放的输入电压噪声密度为

$1.1\mathrm{nV}/\sqrt{\mathrm{Hz}}$，这是非常低的值。从图 6-33 中可以看出，在低频段，噪声密度因 $1/f$ 噪声贡献而增大。

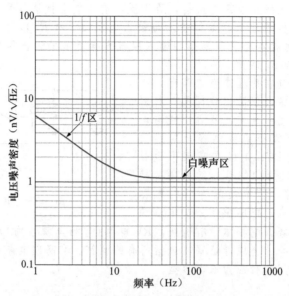

图 6-33　电压噪声与频率的函数关系

6.6.6　求信噪比

为简化运算，我们只求来自运放的噪声分布。参考图 6-34 所示电路。假设运放工作在 20Hz 到 20kHz 的音频带，超过 $1/f$ 转角频率。假设额定白噪声为 $2.9\mathrm{nV}/\sqrt{\mathrm{Hz}}$，输入信号为 12.5mV。

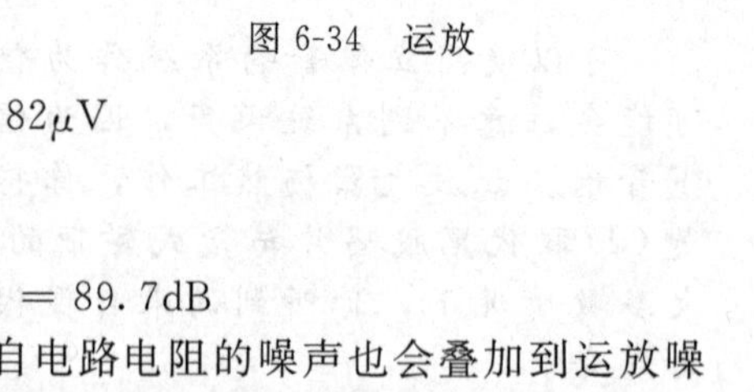

第一步是求解 $\sqrt{\mathrm{Hz}}$ 部分：

$$\sqrt{20\,000 - 20} = 141.4$$

将此值与噪声值 $\dfrac{2.9\mathrm{nV}}{\sqrt{\mathrm{Hz}}}$ 相乘得到噪声输入：

$$\frac{2.9\mathrm{nV}}{\sqrt{\mathrm{Hz}}} \times 141.4 \sqrt{\mathrm{Hz}} = 410\mathrm{nV}$$

将噪声输入与闭环电压增益相乘得到噪声输出为

$$410\mathrm{nV} \times (-200) = -82\mu\mathrm{V}$$

图 6-34　运放

求得输出信号为：$12.5\mathrm{mV} \times (-200) = -2.5\mathrm{V}$。

最后得到信噪比(dB)为

$$20\log(-2.5\mathrm{V} \div (-82\mu\mathrm{V})) = 89.7\mathrm{dB}$$

需要注意的是，上述计算只考虑了运放本身。来自电路电阻的噪声也会叠加到运放噪声。来自电阻的噪声称为热噪声或约翰逊(Johnson)噪声。值较小的电阻可以减小总噪声，但会增大电路电流，降低系统效率——这其中需要权衡。热噪声是白噪声，与阻值、温度和带宽成正比。热噪声为

$$E_{\mathrm{th}} = \sqrt{4kTRB}$$

式中，

$E_{\mathrm{th}}=$ 热噪声，单位为 V_{rms}(电压有效值)；$k=$ 值为 1.38×10^{-23} 的常量；$T=$ 温度，单位为 K；$R=$ 电阻，单位为 Ω；$B=$ 带宽，单位为 Hz。

当噪声源不止一个时，总噪声 (N_T) 是所有噪声源的几何和，公式为

$$N_T = \sqrt{N_1^2 + N_2^2 + \cdots + N_n^2}$$

实际运放电路的完整噪声分析非常复杂，这已经超出了本书的讨论范围。

6.6 节测试题

1. 同相放大器的输入阻抗与运放自身的输入阻抗相比如何？
2. 将运放连接成电压跟随器时，输入阻抗增大还是减小？
3. 已知 $R_f = 100\text{k}\Omega$，$R_i = 2.0\text{k}\Omega$，$A_{ol} = 120\,000$，$Z_{in} = 2\text{M}\Omega$，$Z_{out} = 60\Omega$，则对反相放大器而言，$Z_{in(\text{I})}$ 与 $Z_{out(\text{I})}$ 为多少？
4. 运算放大器噪声测量中典型的单位是什么？

6.7　故障检测

　　作为技术人员，你不可避免会遇到运放或与其相关联的电路失效的情况。运放是一种复杂的集成电路，可能发生各种内部故障。但是，由于不能对运放内部进行故障检测，因此可以将运放视为只有几个连接的独立元件。如果运放失效，像应对电阻、电容或晶体管故障那样，对它进行替换。

　　学完本节后，你应该掌握以下内容：

- 对运放电路进行故障检测
  - 分析同相放大器中的故障
  - 分析电压跟随器中的故障
  - 分析反相放大器中的故障

　　在运放电路中，只有几种器件可能失效。同相与反相放大器都具有反馈电阻 R_f 与输入电阻 R_i。根据电路，还可能包括负载电阻、旁路电容，或者电压补偿电阻等元器件。任何这些元件都可能出现开路或短路。开路不总是是元器件本身引起，可能是因为焊接较差，或运放的引脚弯曲等原因引起。与之类似，短路也可能由焊锡桥导致。当然，运放本身也可能失效。下面来看基本电路，只考虑反馈和负载电阻故障的情况，以及相应的症状。

6.7.1　同相放大器中的故障

　　当怀疑电路有故障时，首先应该检查电源电压是否正常。正负电源电压应该在运放引脚上测量，并以与其相邻的电路地作为参考点。如果电压为零或不正确，那么在进行其他检查之前，首先追溯电源与供电部分的连接。检查接地线路是否开路，这可能导致错误的电源电压读数。如果已经确认电源电压与接地线路正常，那么基本放大器可能有如下故障。

　　反馈电阻开路　如果图 6-35 中的反馈电阻 R_f 开路，运放工作在极高的开环增益下，这会导致输入信号驱动器件进入非线性工作区，则削波输出信号失真严重，如图 6-35a 所示。

　　输入电阻开路　在这种情况下，仍然有闭环电路。但是，因为 R_i 开路，相当于无穷大 ∞，代入式(6-6)，可得闭环增益为

$$A_{cl(\text{ND})} = \frac{R_f}{R_i} + 1 = \frac{R_f}{\infty} + 1 = 0 + 1 = 1$$

这意味着该放大器类似于电压跟随器。你会观察到与输入信号相同的输出电压，如图 6-35b 所示。

　　运放输入端内部开路　此情况下，因为输入电压没有加到运放上，所以输出为零，如图 6-35c 所示。

　　其他运放故障　通常情况下，内部故障会导致输出信号的缺失或失真。最好的方式是首先确保没有外部故障。如果其他所有部分都正常，那么肯定是运放损坏。

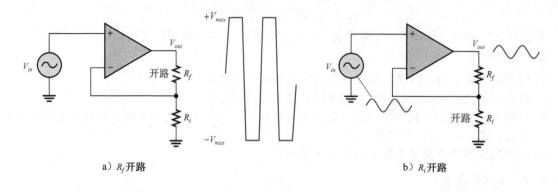

a) R_f开路　　　　　　　　　　　　b) R_i开路

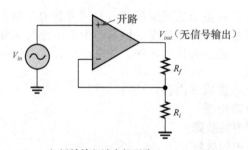

c) 运放输入端内部开路

图 6-35　同相放大器中的故障

6.7.2　电压跟随器中的故障

电压跟随器是一种特殊的同相放大器。除了电源损坏、运放损坏，或连接开路或短路之外，在电压跟随器中唯一可能发生的是反馈环路开路。这与之前讨论的反馈电阻开路造成的影响相同。

6.7.3　反相放大器中的故障

电源　和同相放大器的情况一样，首先应该检查电源电压。电源电压应该在运放引脚上测量，并以与其相邻的地作为参考点。

反馈电阻开路　如果 R_f 开路，如图 6-36a 所示，输入信号仍然通过输入电阻接入运放，并由运放的高开环增益进行放大。这迫使器件进入非线性工作，可以看到如图 6-36 所示的输出。这与同相放大器的结果相同。

输入电阻开路　这使得输入信号无法连接到运放输入端，因此没有输出信号，如图 6-36b 所示。

运放本身的故障造成的影响，与之前讨论的同相放大器的情况相同。

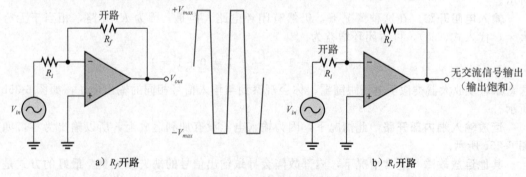

a) R_f开路　　　　　　　　　　　　b) R_i开路

图 6-36　反相放大器中的故障

6.7 节测试题

1. 如果注意到运放输出饱和，那么首先应该检查什么？
2. 当确认输入信号正常时，运放没有输出信号，首先应该检查什么？

小结

- 除电源与地外，基本运放有三个端子：反相（一）输入端、同相（＋）输入端和输出端。
- 大多数运放需要正负直流电源同时供电。
- 理想（完美）运放具有无穷大的输入阻抗，零输出阻抗，无穷大的开环电压增益，无穷大的带宽以及无穷大的 CMRR。
- 性能好的实际运放具有高输入阻抗，低输出阻抗，高开环电压增益，以及宽带宽。
- 差分放大器通常用于运放的输入级。
- 差分输入电压是差分放大器同相与反相输入端之间的电压。
- 单端输入电压是一个输入端与地之间的电压（另一个输入端接地）。
- 差分输出电压是差放的两个输出端之间的电压。
- 单端输出电压是差放的一个输出端与地之间的电压。
- 两个大小相等、相位相同的电压同时加到两个输入端时称为共模。
- 输入失调电压生成一个输出误差电压（输入电压为零）。
- 输入偏置电流也生成一个输出误差电压（输入电压为零）。
- 输入失调电流为两个偏置电流的差值。
- 开环电压增益是没有外部负反馈连接时运放的增益。
- 闭环电压增益是具有外部反馈时的运放增益。
- 共模抑制比（CMRR）是衡量运放抑制共模输入能力的参数。
- 转换速率单位为伏特每微秒，是运放输出电压响应阶跃输入时的变化速率。
- 图 6-37 为运放电路符号以及三种基本的运放组态。
- 以上列出的所有运放组态都使用了负反馈。负反馈是将输出电压的一部分返回到反相输入端，使得输入电压减小，从而减小电压增益，但增强了稳定性并拓展了带宽。

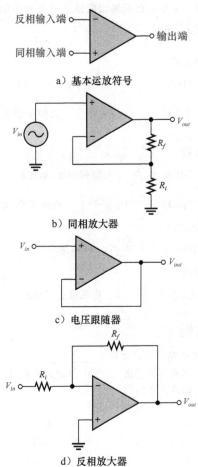

a) 基本运放符号

b) 同相放大器

c) 电压跟随器

d) 反相放大器

图 6-37　运放

- 与运放本身（不带负反馈）相比，同相放大器具有更高的输入阻抗和更低的输出阻抗。
- 反相放大器组态的输入阻抗近似等于输入电阻 R_i，输出阻抗比运放本身（不带负反馈）低。
- 在三种运放组态中，电压跟随器的输入阻抗最高，输出阻抗最低。

关键术语

本章中的关键术语以及其他楷体术语在书后的术语表中定义。

闭环电压增益：带有负反馈的运放的净电压增益。

共模：运放两个输入端信号相同的情况。

共模抑制比（CMRR）：开环增益与共模增益之比；衡量运放对共模信号的抑制能力。

差分放大器（差放）：输出电压与两个输入电压差值成正比的放大器。

差分模式：两极性相反的信号加到运放两个输入端的情况。

反相放大器：一种闭环运放组态，其中输入信号加到反相输入端。

负反馈：将输出信号的一部分返回到放大器输入端的过程，此信号与输入信号反相。

同相放大器：一种闭环运放组态，其中输入信号加到同相输入端。

开环电压增益：没有外部反馈时运放的内部增益。

运算放大器（运放）：一种具有高电压增益、极高输入阻抗、极低输出阻抗且能有效抑制共模信号的放大器。

单端模式：运放一个输入端接地，信号电压只加到另一个输入端的情况。

转换速率：运放输出电压响应阶跃输入时的变化速率。

电压跟随器：一个闭环、同相、电压增益为 1 的运放。

重要公式

差分放大器

(6-1) $CMRR = \dfrac{A_{v(d)}}{A_{cm}}$ 共模抑制比（差放）

(6-2) $CMRR' = 20\log\left(\dfrac{A_{v(d)}}{A_{cm}}\right)$ 共模抑制比（dB）（差放）

运放参数

(6-3) $CMRR = \dfrac{A_{ol}}{A_{cm}}$ 共模抑制比（运放）

(6-4) $CMRR' = 20\log\left(\dfrac{A_{ol}}{A_{cm}}\right)$ 共模抑制比（dB）（运放）

(6-5) 转换速率 $= \dfrac{\Delta V_{out}}{\Delta t}$ 转换速率

运放电路

(6-6) $A_{cl(ND)} = \dfrac{R_f}{R_i} + 1$ 电压增益（同相）

(6-7) $A_{cl(VF)} = 1$ 电压增益（电压跟随器）

(6-8) $A_{cl(I)} = -\dfrac{R_f}{R_i}$ 电压增益（反相）

运放阻抗

(6-9) $Z_{in(NI)} = (1 + A_{ol}B)Z_{in}$ 输入阻抗（同相）

(6-10) $Z_{out(NI)} = \dfrac{Z_{out}}{1 + A_{ol}B}$ 输出阻抗（同相）

(6-11) $Z_{in(VF)} = (1 + A_{ol})Z_{in}$ 输入阻抗（电压跟随器）

(6-12) $Z_{out(VF)} = \dfrac{Z_{out}}{1 + A_{ol}}$ 输出阻抗（电压跟随器）

(6-13) $Z_{in(I)} \approx R_i$ 输入阻抗（反相）

(6-14) $Z_{out(I)} \approx \dfrac{Z_{out}}{1 + A_{ol}B}$ 输出阻抗（反相）

自测题

1. 集成电路(IC)运放具有_____。
   (a) 两输入两输出   (b) 单输入单输出
   (c) 两输入单输出

2. _____不是运放的特性。
   (a) 高增益   (b) 低功率
   (c) 高输入阻抗   (d) 低输出阻抗

3. 差分放大器_____。
   (a) 是运放的一部分 (b) 具有单输入单输出
   (c) 具有两输出   (d) (a)和(c)

4. 当差分放大器工作在单端模式时，_____。
   (a) 输出接地
   (b) 一输入端接地，信号加到另一输入端
   (c) 两输入端连接在一起
   (d) 输出没有反相

5. 在差分模式下，_____。
   (a) 两个输入端加上极性相反的信号
   (b) 增益为 1
   (c) 输出信号幅度不同
   (d) 只需要一个电源

6. 在共模下，_____。
   (a) 两个输入端都接地
   (b) 输出连接在一起
   (c) 相同的信号出现在两个输入端

   (d) 输出信号同相

7. 共模增益_____。
   (a) 非常高   (b) 非常低
   (c) 恒为 1   (d) 无法预测

8. 差分增益_____。
   (a) 非常高   (b) 非常低
   (c) 取决于输入电压 (d) 大约 100

9. 若 $A_{v(d)} = 3\,500$，$A_{cm} = 0.35$，则 CMRR 为_____。
   (a) 1\,225   (b) 10\,000
   (c) 80dB   (d) (b)和(c)

10. 当两个输入端电压都为零时，运放输出电压理想值为_____。
    (a) 正电源电压   (b) 负电源电压
    (c) 零   (d) CMRR

11. 以下各数值中，最可能是运放开环电压增益值的是_____。
    (a) 1   (b) 2\,000
    (c) 80dB   (d) 100\,000

12. 某运放的偏置电流为 $50\mu A$ 与 $49.3\mu A$。则输入失调电流为_____。
    (a) 700nA   (b) 99.3μA
    (c) 49.65μA (d) 以上都不是

13. 某运放的输出电压在 $12\mu s$ 中增加了 8V。则转

换速率为_____。

(a) 96V/μs

(b) 0.67V/μs

(c) 1.5V/μs

(d) 以上都不是

14. 对带负反馈的运放而言, 输出_____。

(a) 等于输入

(b) 增加了

(c) 反馈到反相输入端

(d) 反馈到同相输入端

15. 负反馈的作用是_____。

(a) 减小运放的电压增益

(b) 使运放振荡

(c) 使运放线性工作

(d) (a)和(c)

16. 负反馈_____。

(a) 增大输入与输出阻抗

(b) 增大输入阻抗与带宽

(c) 减小输出阻抗与带宽

(d) 不影响阻抗或带宽

17. 某同相放大器中, R_i 为 1.0kΩ, R_f 为 100kΩ。则闭环增益为_____。

(a) 100 000   (b) 1 000

(c) 101   (d) 100

18. 如果习题 17 中的反馈电阻开路, 则电压增益_____。

(a) 增大   (b) 减少

(c) 未受影响   (d) 取决于 R_i

19. 某反相放大器的闭环增益为 25。其中运放的开环增益为 100 000。如果用开环增益为 200 000 的运放替换此运放, 则电路闭环增益_____。

(a) 变为两倍

(b) 减小到 12.5

(c) 保持在 25

(d) 略微增大

20. 电压跟随器_____。

(a) 增益为 1

(b) 同相

(c) 无反馈电阻

(d) (a)、(b)和(c)

故障检测测验

参考图 6-42。

● 如果 Q_1 的集电极开路,

1. 直流输出电压将会_____。

(a) 增大   (b) 减小   (c) 不变

2. 流经 R_3 的电流将会_____。

(a) 增大   (b) 减小   (c) 不变

参考图 6-46。

● 如果 R_i 开路,

3. 闭环增益将会_____。

(a) 增大   (b) 减小   (c) 不变

4. 对给定的输入信号, 输出信号将会_____。

(a) 增大   (b) 减小   (c) 不变

● 如果 R_f 开路,

5. 输出电压将会_____。

(a) 增大   (b) 减小   (c) 不变

6. 开环增益将会_____。

(a) 增大   (b) 减小   (c) 不变

7. 闭环增益将会_____。

(a) 增大   (b) 减小   (c) 不变

参考图 6-50。

● 如果 R_i 短路,

8. 闭环增益将会_____。

(a) 增大   (b) 减小   (c) 不变

9. 输入阻抗将会_____。

(a) 增大   (b) 减小   (c) 不变

● 如果 R_f 开路,

10. 开环增益将会_____。

(a) 增大   (b) 减小   (c) 不变

● 如果 R_f 比规定值小,

11. 闭环增益将会_____。

(a) 增大   (b) 减小   (c) 不变

12. 开环增益将会_____。

(a) 增大   (b) 减小   (c) 不变

习题

6.1 节

1. 对理想运放与实际运放进行比较。

2. 有如下两种 IC 运放。它们的特性如下所示。请选择你认为更好的一种。

运放 1: Z_{in} = 5MΩ, Z_{out} = 100Ω, A_{ol} = 50 000

运放 2: Z_{in} = 10MΩ, Z_{out} = 75Ω, A_{ol} = 150 000

6.2 节

3. 图 6-38 为基本差分放大器电路, 请分别指出输入、输出类型。

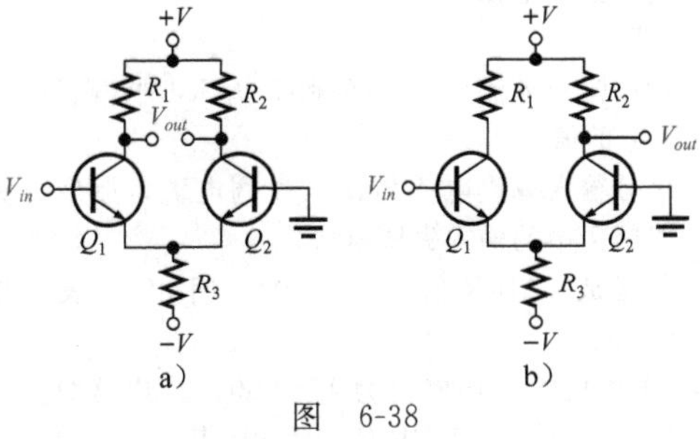

a)   b)

图 6-38

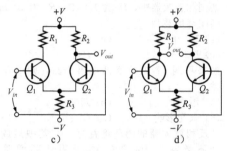

图 6-38 （续）

4. 图 6-39 中，直流偏置电压为零。利用晶体管分析的有关知识，计算直流差分输出电压。假设对于 Q_1 有 $I_C/I_E=0.98$，对于 Q_2 有 $I_C/I_E=0.975$。

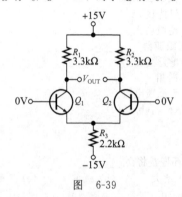

图 6-39

5. 指出图 6-40 中各电表测量到的量。

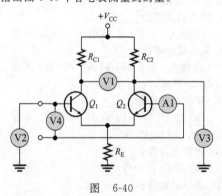

图 6-40

6. 某差分放大器级中，两个集电极电阻均为 $5.1\text{k}\Omega$。如果 $I_{C1}=1.35\text{mA}$，$I_{C2}=1.29\text{mA}$，则差分输出电压为多少？

6.3 节

7. 运放输入电流为 $8.3\mu\text{A}$ 和 $7.9\mu\text{A}$，求偏置电流 I_{BIAS} 的值。

8. 区分输入偏置电流与输入失调电流，然后计算习题 7 中的输入失调电流。

9. 某运放 CMRR 值为 250 000。用 dB 来表示该 CMRR。

10. 某运放的开环增益为 175 000，其共模增益为 0.18。计算 CMRR 值，用 dB 表示。

11. 运放数据手册中给出 CMRR 为 300 000，A_{ol} 为 90 000。共模增益为多少？

12. 图 6-41 为运放响应阶跃输入时的输出电压。转换速率为多少？

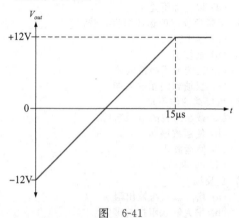

图 6-41

13. 如果运放的转换速率为 $0.5\text{V}/\mu\text{s}$，那么它的输出电压从 -10V 变化到 $+10\text{V}$ 需要多长时间？

6.5 节

14. 指出 6-42 中运放电路的组态。

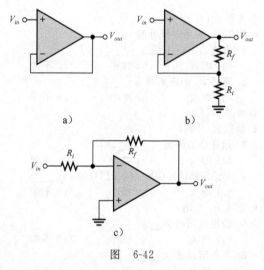

图 6-42

15. 某同相放大器的 R_i 为 $1.0\text{k}\Omega$，R_f 为 $100\text{k}\Omega$。如果 $V_{out}=5\text{V}$，计算 V_f 与 B。

16. 对于如图 6-43 所示的放大器，计算以下值：
(a)$A_{cl(\text{ND})}$　　　(b)V_{out}　　　(c)V_f

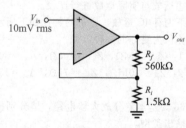

图 6-43

17. 计算图 6-44 中各放大器的闭环增益。

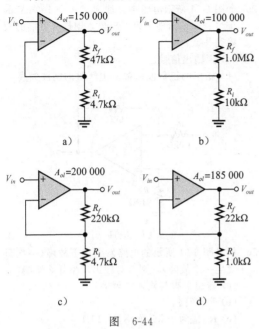

图 6-44

18. 对于图 6-45 中的各个放大器，如果要达到所示的闭环增益，则所需的 R_f 值为多少？

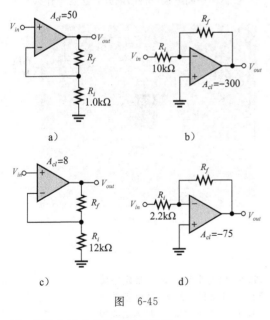

图 6-45

19. 求图 6-46 中各放大器的增益。

20. 如果有效值为 10mV 的信号电压加到图 6-46 中的各个放大器上，则输出电压为多少？它们与输入信号的相位关系如何？

21. 对于如图 6-47 所示的电路，求下列量的近似值。
   (a) I_{in} (b) I_f
   (c) V_{out} (d) 闭环增益

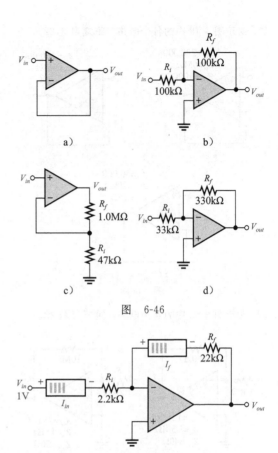

图 6-46

图 6-47

6.6 节

22. 求图 6-48 中各放大器电路的输入和输出阻抗。

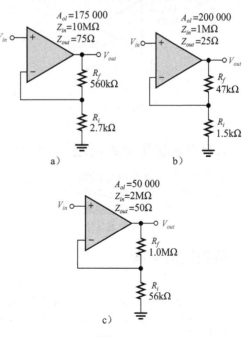

图 6-48

23. 对于图 6-49 中的各个电路，重复习题 22。

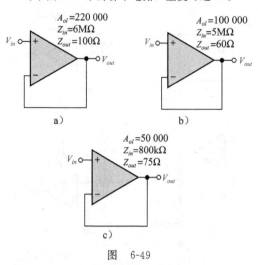

图　6-49

24. 对于图 6-50 中的各个电路，重复习题 22。

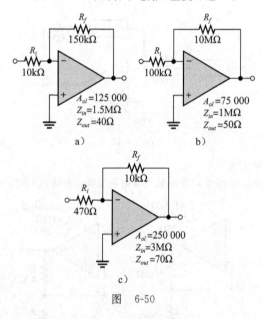

图　6-50

MULTISIM 故障检测问题 [MULTISIM]

28. 打开文件 P06-28 并确定故障。
29. 打开文件 P06-29 并确定故障。
30. 打开文件 P06-30 并确定故障。
31. 打开文件 P06-31 并确定故障。

6.7 节

25. 如图 6-51 所示电路中，加上了一个 100mV 的信号。如果出现了以下现象，则最有可能的故障是什么？

(a) 无输出信号。

(b) 输出的正负波形都发生严重的削波失真。

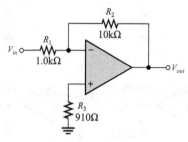

图　6-51

26. 如果图 6-51 所示的电路发生如下故障(一次只发生一个故障)，则会对输出产生什么影响？

(a) 输出引脚与输入端短接。

(b) R_3 开路。

(c) R_3 值为 10kΩ 而不是 910Ω。

(d) R_1 和 R_2 交换。

27. 在图 6-52 所示的电路板中，如果 100kΩ 的电位器的中间电极(滑片)断开，会发生什么？

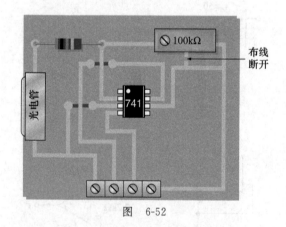

图　6-52

32. 打开文件 P06-32 并确定故障。
33. 打开文件 P06-33 并确定故障。
34. 打开文件 P06-34 并确定故障。

各节测试题答案

6.1 节

1. 反相输入端，同相输入端，输出端，正负电源电压
2. 实际运放具有高输入阻抗，低输出阻抗，高电压增益和宽带宽。

6.2 节

1. 差分输入是两个输入端之间。单端输入是一个输入端与地之间(另一个输入端接地)。
2. 共模抑制是指当两个输入端加上相同信号时，

运放产生非常小的输出信号的能力。

3. CMRR 更高导致共模增益更小。

6.3 节

1. 输入偏置电流，输入失调电压，漂移，输入失调电流，输入阻抗，输出阻抗，共模输入电压范围，CMRR，开环电压增益，转移速率，频率响应

2. 转移速率与电压增益都与频率有关。

6.4 节

1. 负反馈提供了稳定可控的电压增益，提供了对输入与输出阻抗的控制，并得到更宽的带宽。

2. 开环增益很高以至于输入端非常小的信号也会使得运放进入饱和。

3. 两个输入端相同。

6.5 节

1. 负反馈的主要目的是稳定增益。

2. 错。

3. $A_{cl} = 1/0.02 = 50$

4. $A_{CL} = 50$

6.6 节

1. 同相组态比运放本身具有更高的 Z_{in}。

2. 电压跟随器中 Z_{in} 增大。

3. $Z_{in(I)} \approx R_i = 2.0\text{k}\Omega$，$Z_{out(I)} \approx Z_{out} = 26\text{m}\Omega$

4. $\dfrac{\text{nV}}{\sqrt{\text{Hz}}}$

6.7 节

1. 检查电源相对地的电压。确认接地正常。检查反馈电阻是否开路。

2. 检查电源电压与接地线连接。对于反相放大器，检查 R_i 是否开路。对于同相放大器，检查（＋）引脚上是否有电压 V_{in}；如果有，检查（－）引脚上是否有相同信号。

例题中实践练习答案

6-1　34 000；90.6dB

6-2　（a）0.168　（b）87.96dB　（c）2.1V rms，4.2V rms　（d）0.168V

6-3　12 649

6-4　20V/μs

6-5　32.9

6-6　（a）67.5kΩ　（b）此放大器所具有的开环增益将使得输出为一个方波。

6-7　（a）20.6GΩ，14mΩ　（b）23

6-8　输入 Z 增大，输出 Z 减小。

6-9　$Z_{in(I)} = 560\Omega$，$Z_{out(I)} = 110\text{m}\Omega$，$A_{cl} = -146$

自测题答案

1.（c）　2.（b）　3.（d）　4.（b）　5.（a）　6.（c）　7.（b）　8.（a）　9.（d）　10.（c）　11.（d）

12.（a）　13.（b）　14.（c）　15.（d）　16.（b）　17.（c）　18.（a）　19.（c）　20.（d）

故障检测测验答案

1. 增大　2. 不变　3. 减小　4. 减小　5. 增大　6. 不变　7. 增大　8. 增大　9. 减小

10. 不变　11. 减小　12. 不变

第7章
运算放大器响应

目标

- 讨论运算放大器响应的基本领域
- 理解运算放大器的开环响应
- 理解运算放大器的闭环响应
- 讨论运算放大电路的正反馈和稳定性
- 解释运算放大器的相位补偿

本章学习运算放大器的频率响应、带宽、相移和其他一些与频率相关的参数。进一步研究负反馈的作用，了解稳定性的要求和如何补偿运算放大电路以确保稳定工作。

7.1 基本概念

第 6 章学习了如何确定基本配置的运算放大器的闭环电压增益，以及开环电压增益和闭环电压增益之间的区别。因为这两种不同类型的电压增益很重要，所以本节将它们的定义再次列出。

学完本节后，你应该掌握以下内容：

- 讨论运算放大器响应的基本领域
  - 解释开环增益
  - 解释闭环增益
  - 讨论增益的频率依赖性
  - 解释开环带宽
  - 解释单位增益带宽
  - 确定相移

7.1.1 开环增益

运算放大器的开环增益(A_{ol})是器件内部的电压增益，等于输出电压和输入电压的比，如图 7-1a 所示。注意，因为图 7-1 中没有外部元件，所以开环增益完全由内部设计决定。不同运算放大器的开环电压增益变化非常大。表 6-1 列出了一些有代表性的运算放大器的开环增益。数据手册中的开环增益通常是指大信号电压增益。

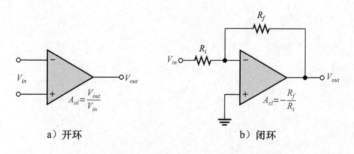

a) 开环   b) 闭环

图 7-1 开环和闭环运算放大器的配置

7.1.2 闭环增益

运算放大器的闭环增益（A_{cl}）是运算放大器具有外部反馈时的电压增益。放大器配置由运算放大器和外部负反馈网络组成，外部负反馈网络把输出端连接到反相输入端（－）。闭环增益由外部元件值决定，反相放大器的配置如图 7-1b 所示。闭环增益可以由外部元件值精确控制。

可编程增益放大器 可编程增益放大器（programmable gain amplifier，PGA）是一种可通过数字输入选择增益的运算放大器。可编程增益放大器常用于数据采集系统，在数据采集系统中，有各种不同信号电平的输入。典型地，一个给定的信道是由来自计算机或控制器的数字信号选定的，并且 PGA 将会有 2～10 个甚至更多的输入。根据 PGA 的型号和它的配置方式，每个信道可以将它的增益设置成能使其传感器输入得到优化，或者可以通过数字化编程来选择预定的增益。例如，PGA116 具有 10 个模拟输入，每个输入可以有 8 个任意选定的二进制增益（1～128）。PGA116 和类似型号 PGA117 有一个内置的多路复用器（通道选择电路）和其他功能，包括内部校准能力。

系统例子 7-1 多传感器的仪器系统

在系统例子 6-1 中，看到是由机械和带有模拟电子系统的光学元件共同组成的混合系统。它是一种工业用的仪器系统，在同一个系统中结合了模拟电路和数字电路。

图 SE7-1 给出了这种系统的简化框图。飞机机翼制造商需要在一个风洞中测试机翼。机翼用各种仪器来进行测量，如测量压力的应变计、测量风速的流量传感器，还有温度传感器。根据传感器的类型和灵敏度，来自传感器的输入信号是不同的。因此，每个信道需要有不同的增益。PGA 的输出端接一个模数转换器（见图 SE8-2）将其数字化，通过一个控制器可以快速循环地控制信道，计算机读取数据用于处理。

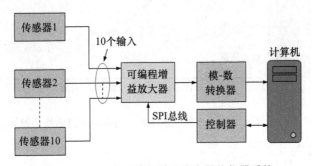

图 SE7-1 具有可编程增益放大器的仪器系统

这个例子关注的是 PGA。这个系统选择 PGA117，因为 PGA117 具有 10 个模拟信道，每个信道的增益有一个可选择的范围，增益范围为 1～200。图 SE7-2 给出了这个系统的等效模拟输入电路。PGA117 有三线串行外设接口（serial peripheral interface，SPI）总线，通

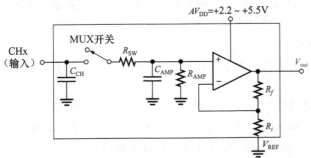

图 SE7-2 PGA116 和 PGA117 的等效输入电路

过此总线控制器可以选择信道和增益。信道选择和增益数据构成了电路的数字部分，与串行时钟信号同步。当选中一个信道时，MUX 开关闭合，R_f 的值由计算机编程控制。PGA 模拟电源(AV_{DD})可以从 +2.2V 变化到 +5.5V。尽管整个集成电路比较复杂，但基本运算放大器就如同一个标准的单端、同相放大器一样，放大器的闭环增益为 $A_v = R_f/R_i + 1$。

7.1.3 增益的频率依赖性

第 6 章中所有的增益表达式适用于中频增益，并且认为是与频率无关的。运算放大器的中频开环增益可以从 0 频(dc，直流)延伸到截止频率，在截止频率处的增益比中频增益小 3dB。这里的区别是运算放大器是直流放大器(在电路各级之间没有耦合电容)，因此没有低频端的截止频率。这就意味着中频增益向下延伸至 0 频(dc)，直流电压也可以与中频信号一样得以放大。

图 7-2 是一个运算放大器的开环响应曲线(伯德图)。大多数运算放大器的数据手册给出了这种类型的曲线或者规定了中频开环增益。注意，这个曲线每十倍频程减小 20dB(每八倍频程减小 6dB)。中频增益是 200 000，即 106dB，截止频率约为 10Hz。

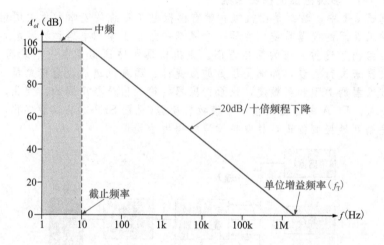

图 7-2　一个典型运算放大器的开环电压增益与频率的理想曲线，频率标尺是对数

7.1.4　3dB 开环带宽

交流放大器的带宽是指增益比中频增益小 3dB 时两点之间的频率范围。一般地，带宽等于上限频率(f_{cu})减去下限频率(f_{cl})。

$$BW = f_{cu} - f_{cl}$$

因为运算放大器的 f_{cl} 是 0，所以带宽就简单地等于上限频率。

$$BW = f_{cu} \tag{7-1}$$

从现在开始，将 f_{cu} 简单地记为 f_c，用下标符号 ol 和 cl 分别标记开环和闭环。例如，$f_{c(ol)}$ 是开环上限频率，$f_{c(cl)}$ 是闭环上限频率。

7.1.5　单位增益带宽

注意，在图 7-2 中增益稳步下降到等于 1(0dB)的点。在单位增益处的频率值就是单位增益带宽。

7.1.6　增益-频率分析

一个运算放大器中的 RC 滞后(低通)网络负责使增益随频率的增加而下降。根据基本电路理论，如图 7-3 所示的 RC 滞后网络的衰减可表示为

$$\frac{V_{out}}{V_{in}} = \frac{X_C}{\sqrt{R^2 + X_C^2}}$$

等号右边的分子和分母同时除以 X_C，

$$\frac{V_{out}}{V_{in}} = \frac{1}{\sqrt{1 + R^2/X_C^2}}$$

RC 网络的截止频率为

$$f_c = \frac{1}{2\pi RC}$$

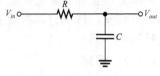

图 7-3 RC 滞后网络

等式两边同时除以 f 得到

$$\frac{f_c}{f} = \frac{1}{2\pi RCf} = \frac{1}{(2\pi fC)R}$$

因为 $X_C = \dfrac{1}{2\pi fC}$ ，所以上面的公式可以写成

$$\frac{f_c}{f} = \frac{X_C}{R}$$

把这个公式代入第二个公式就可以得到 RC 滞后网络的衰减公式：

$$\frac{V_{out}}{V_{in}} = \frac{1}{\sqrt{1 + f^2/f_c^2}}$$

如果将一个运算放大器表示成一个具有增益 $A_{ol(mid)}$ 的电压增益元件和一个 RC 滞后网络，如图 7-4 所示，那么运算放大器的总开环增益是中频开环增益 $A_{ol(mid)}$ 和 RC 网络衰减的乘积。

$$A_{ol} = \frac{A_{ol(mid)}}{\sqrt{1 + f^2/f_c^2}} \tag{7-2}$$

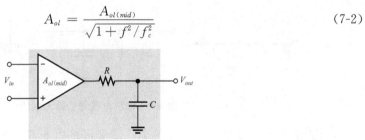

图 7-4 运算放大器

从式(7-2)可以看出，开环增益随着信号频率 f 的增加而减小，当信号频率 f 远远小于截止频率 f_c 时，开环增益等于中频增益。由于 f_c 是运算放大器开环响应的一部分，因此将它记为 $f_{c(ol)}$。

下面的例题说明了当频率增加超出 $f_{c(ol)}$ 后开环增益减小的情况。

例 7-1 针对下列 f 值确定 A_{ol}。假设 $f_{c(ol)} = 100\,\text{Hz}$，$A_{ol(mid)} = 100\,000$。

(a) $f = 0\,\text{Hz}$　　(b) $f = 10\,\text{Hz}$　　(c) $f = 100\,\text{Hz}$　　(d) $f = 1\,000\,\text{Hz}$

解：

(a) $A_{ol} = \dfrac{A_{ol(mid)}}{\sqrt{1 + f^2/f_{c(ol)}^2}} = \dfrac{100\,000}{\sqrt{1 + 0}} = 100\,000$

(b) $A_{ol} = \dfrac{100\,000}{\sqrt{1 + (0.1)^2}} = 99\,500$

(c) $A_{ol} = \dfrac{100\,000}{\sqrt{1 + (1)^2}} = \dfrac{100\,000}{\sqrt{2}} = 70\,700$

(d) $A_{ol} = \dfrac{100\,000}{\sqrt{1 + (10)^2}} = 9\,950$

实践练习

计算如下频率的 A_{ol}。假设 $f_{c(ol)}=200\text{Hz}$，$A_{ol(mid)}=80\,000$。

(a) $f=2\text{Hz}$　　　　　(b) $f=10\text{Hz}$　　　　　(c) $f=2\,500\text{Hz}$

系统说明　可编程增益放大器响应

如果一个系统使用了可编程增益放大器，当增益增大时，带宽会减小。为了确定某个给定增益时的带宽，最好参考制造商的数据手册。这些信息会以图或者表的形式给出。例如，PGA117 在增益为 1 时的带宽值为 10MHz，在增益为 128 时带宽值减小到 0.35MHz。

7.1.7　相移

我们都知道，RC 网络会引起输入端到输出端的传输延迟，因此输入信号和输出信号之间会产生相移。例如在一个运算放大电路中的 RC 滞后网络会引起输出信号电压滞后于输入信号，如图 7-5 所示。根据基本交流电路理论，相移 φ 为

$$\varphi=-\arctan\left(\frac{R}{X_C}\right)$$

因为 $\dfrac{R}{X_C}=\dfrac{f}{f_c}$，所以

$$\varphi=-\arctan\left(\frac{f}{f_c}\right) \tag{7-3}$$

式中，负号表明输出滞后于输入。上式表明相移随着频率而增加，当 f 远远大于 f_c 时，相移接近 $-90°$。

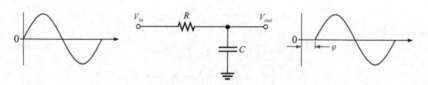

图 7-5　输出电压滞后输入电压

例 7-2 针对下面的频率，计算 RC 滞后网络的相移，并画出相移–频率曲线。假设 $f_c=100\text{Hz}$。

(a) $f=1\text{Hz}$　(b) $f=10\text{Hz}$　(c) $f=100\text{Hz}$　(d) $f=1\,000\text{Hz}$　(e) $f=10\text{kHz}$

解：

(a) $\varphi=-\arctan\left(\dfrac{f}{f_c}\right)=-\arctan\left(\dfrac{1\text{Hz}}{100\text{Hz}}\right)=-0.6°$

(b) $\varphi=-\arctan\left(\dfrac{10\text{Hz}}{100\text{Hz}}\right)=-5.7°$

(c) $\varphi=-\arctan\left(\dfrac{100\text{Hz}}{100\text{Hz}}\right)=-45.0°$

(d) $\varphi=-\arctan\left(\dfrac{1\,000\text{Hz}}{100\text{Hz}}\right)=-84.3°$

(e) $\varphi=-\arctan\left(\dfrac{10\text{kHz}}{100\text{Hz}}\right)=-89.4°$

图 7-6 画出了相移–频率曲线。注意，频率轴以对数为单位。

实践练习

在这个例题中，在哪个频率处相移是 $-60°$？

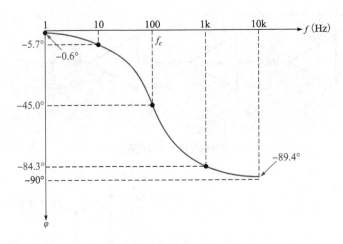

图 7-6　例 7-2 图［▶ MULTISIM］

7.1 节测试题

1. 运算放大器的开环增益和闭环增益如何规定?
2. 某运算放大器的上限频率为 100Hz, 这个运算放大器的开环 3dB 带宽是多少?
3. 当频率超过截止频率时, 开环增益随着频率增大还是减小?
4. PGA117 中 SPI 总线的作用是什么?

7.2 运算放大器开环响应

本节学习开环频率响应和开环相位响应, 开环响应的运算放大器没有外部反馈。频率响应表明电压增益是如何随频率而变化的, 相位响应表明输入信号和输出信号之间的相移是如何随频率而变化。与晶体管的 β 参数类似, 同一型号的各个器件之间开环增益的值差别很大。

学完本节后, 你应该掌握以下内容:

- 理解运算放大器的开环响应
  - 讨论内部电路级联数如何影响整体响应
  - 讨论截止频率和下降率
  - 确定总的相位响应

7.2.1 频率响应

在 7.1 节中, 大于截止频率时, 假设运算放大器的下降率是常量, 即 -20dB/十倍频程。对大多数运算放大器来说, 这是成立的。从 f_c 到单位增益, 下降率为 -20dB/十倍频程的运算放大器称为补偿运算放大器(compensated op-amp)。一个补偿运算放大器有一个 RC 网络, 用来确定它的频率特性。因此, 补偿运算放大器的下降率与基本 RC 网络相同。

对一些运算放大器电路, 情况就更为复杂了。频率响应可能由内部许多级的电路决定, 每级电路都具有自己的截止频率。因此, 总的响应受到多个级联电路影响, 它是各个级联电路响应的合成。具有多个截止频率的运算放大器称为非补偿运算放大器。

非补偿运算放大器需要特别注意反馈网络以避免振荡。例如, 图 7-7a 所示的一个三级运算放大器, 每级的频率响应如图 7-7b 所示。我们都知道, dB 增益是相加的, 于是运算放大器总的频率响应如图 7-7c 所示。因为总的下降率是相加的, 所以每到一个截止频率总下降率就增加 -20dB/十倍频程(-6dB/八倍频程)。

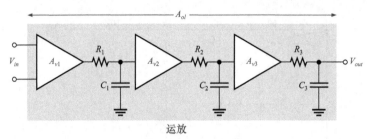

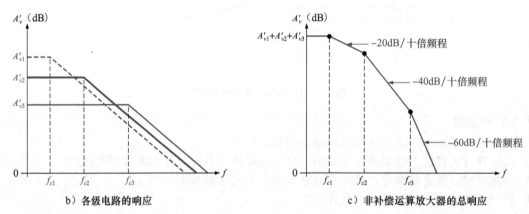

图 7-7　运算放大器开环频率响应

7.2.2　相移响应

在多级放大电路中，每级电路对总的相移都会有贡献。正如你看到的一样，每个 RC 滞后网络产生的相移最高可达 $-90°$。因为一个运算放大器的每级电路包含一个 RC 滞后网络，所以例如一个三级运算放大器的相移滞后最大可达 $-270°$。同样地，当频率小于截止频率时，每级电路的相移滞后小于 $-45°$。当频率等于截止频率时，每级电路的相移滞后等于 $-45°$。当频率大于截止频率时，每级电路的相移滞后大于 $-45°$。将运算放大器每级电路的相移滞后加起来就可得到总的相移滞后，一个三级运算放大器的相移滞后如下：

$$\varphi_{tot} = -\arctan\left(\frac{f}{f_{c1}}\right) - \arctan\left(\frac{f}{f_{c2}}\right) - \arctan\left(\frac{f}{f_{c3}}\right)$$

例 7-3　一个运算放大器内部有三级放大器，每级电路的增益和截止频率分别如下：

第一级：$A'_{v1} = 40\text{dB}$，$f_{c1} = 2\,000\text{Hz}$

第二级：$A'_{v2} = 32\text{dB}$，$f_{c2} = 40\text{kHz}$

第三级：$A'_{v3} = 20\text{dB}$，$f_{c3} = 150\text{kHz}$

当 $f = f_{c1}$ 时，试确定这个运算放大器的开环中频 dB 增益和总的相移滞后。

解：

$$A'_{ol(mid)} = A'_{v1} + A'_{v2} + A'_{v3} = 40\text{dB} + 32\text{dB} + 20\text{dB} = 92\text{dB}$$

$$\varphi_{tot} = -\arctan\left(\frac{f}{f_{c1}}\right) - \arctan\left(\frac{f}{f_{c2}}\right) - \arctan\left(\frac{f}{f_{c3}}\right)$$

$$= -\arctan(1) - \arctan\left(\frac{2}{40}\right) - \arctan\left(\frac{2}{150}\right)$$

$$= -45° - 2.86° - 0.76° = -48.6°$$

实践练习

对于一个具有两级内部放大电路的运算放大器，各级内部电路的参数如下：$A'_{v1} =$

50dB ，$A'_{v2} = 25\text{dB}$ ，$f_{c1} = 1\,500\text{Hz}$ ，$f_{c2} = 3\,000\text{Hz}$ 。当 $f = f_{c1}$ 时，试确定运算放大器的开环中频 dB 增益和总的相移滞后。

7.2 节测试题

1. 如果一个运算放大器内的每级电路增益分别为 20dB 和 30dB，总的 dB 增益是多少？
2. 如果每级相移滞后分别为 $-49°$和 $-5.2°$，总相移滞后为多少？

7.3 运算放大器闭环响应

为了能够精确地控制增益和带宽，运算放大器通常用于带有负反馈的闭环配置中。本节你将看到反馈是如何影响运算放大器的增益和频率的。

学完本节后，你应该掌握以下内容：
- 理解运算放大器的闭环响应
  - 确定闭环增益
  - 解释负反馈对带宽的影响
  - 解释增益-带宽积

回顾一下第 6 章讲过负反馈会减小中频增益，前面讨论过的三种结构的闭环增益表达式如下。对同相放大器，

$$A_{cl(\text{ND})} = \frac{R_f}{R_i} + 1$$

对电压跟随器，

$$A_{cl(\text{VF})} \approx 1$$

对反相放大器，

$$A_{cl(\text{D})} \approx -\frac{R_f}{R_i}$$

7.3.1 负反馈对带宽的影响

我们已经学习了负反馈是如何影响增益的，现在将学习负反馈如何影响放大器的带宽。一个闭环运算放大器的截止频率为

$$f_{c(cl)} = f_{c(ol)}(1 + BA_{ol(mid)}) \tag{7-4}$$

从表达式可以看出，由于因子 $1 + BA_{ol(mid)}$，闭环截止频率 $f_{c(cl)}$ 要大于开环截止频率 $f_{c(ol)}$。B 是反馈衰减因子，等于 $R_i/(R_i + R_f)$。式(7-4)的详细推导过程见附录。

因为 $f_{c(cl)}$ 等于闭环放大器的带宽，所以带宽同样随着相同的倍数增加。

$$BW_{cl} = BW_{ol}(1 + BA_{ol(mid)}) \tag{7-5}$$

例 7-4 一个放大器的开环中频增益是 150 000，开环 3dB 带宽为 200Hz，反馈环路的衰减因子为 0.002，闭环带宽是多少？

解：
$$\begin{aligned}
BW_{cl} &= BW_{ol}(1 + BA_{ol(mid)}) \\
&= 200\text{Hz}[1 + 0.002 \times 150\,000] \\
&= 60.2\text{kHz}
\end{aligned}$$

实践练习

如果 $A_{ol(mid)} = 200\,000$，$B = 0.05$，闭环带宽是多少？

图 7-8 用图形方式说明了补偿运算放大器闭环响应的概念。当负反馈减小运算放大器的开环增益时，带宽会增加。在两个增益曲线交叉点上方的增

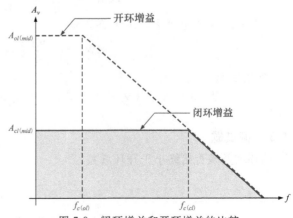

图 7-8 闭环增益和开环增益的比较

益，闭环增益与开环增益是彼此独立的。对闭环响应，交叉点处的频率是截止频率 $f_{c(cl)}$。注意，超过闭环截止频率后，闭环增益和开环增益具有相同的下降率。

7.3.2　增益-带宽积

由于增益和带宽的乘积是常量，闭环增益的增加会引起带宽的下降，反之亦然。只要下降率是固定的 $-20\text{dB}/$ 十倍频程，这就成立。如果 A_{cl} 表示任意闭环配置中的增益，$f_{c(cl)}$ 表示闭环截止频率（等于带宽），于是

$$A_{cl}f_{c(cl)} = A_{ol}f_{c(ol)}$$

增益-带宽积始终等于运算放大器开环增益为 1 时的频率（单位增益带宽）。$^{\ominus}$

$$A_{cl}f_{c(cl)} = 单位\text{-}增益带宽 \tag{7-6}$$

例 7-5　试确定图 7-9 中各个放大器的带宽。两个运算放大器具有 100dB 的开环增益和 3MHz 的单位增益带宽。

解：

（a）对图 7-9a 中的同相放大器，闭环增益为

$$A_{cl(\text{ND})} = \frac{R_f}{R_i} + 1 = \frac{220\text{k}\Omega}{3.3\text{k}\Omega} + 1 = 67.7$$

使用式（7-6）得到 $f_{c(cl)}$（$f_{c(cl)} = \text{BW}_{cl}$）。

$$f_{c(cl)} = \text{BW}_{cl} = \frac{单位增益\ \text{BW}}{A_{cl}}$$

$$\text{BW}_{cl} = \frac{3\text{MHz}}{67.7} = 44.3\text{kHz}$$

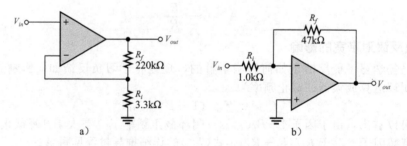

图 7-9　例 7-5 图［**MULTISIM**］

（b）对图 7-9b 中的反相放大器，闭环增益为

$$A_{cl(\text{D})} = -\frac{R_f}{R_i} = -\frac{47\text{k}\Omega}{1.0\text{k}\Omega} = -47$$

使用 $A_{cl(\text{D})}$ 的绝对值，闭环带宽为

$$\text{BW}_{cl} = \frac{3\text{MHz}}{4} = 63.8\text{kHz}$$

实践练习

试确定图 7-9 中每个放大器的带宽。两个运算放大器具有 90dB 的 A'_{ol} 和 2MHz 的单位增益带宽。

7.3 节测试题

1. 闭环增益是否始终小于开环增益？

$\ominus$　从技术上讲，该等式只适用于同相放大器，其他情况在实验手册中讨论。

2. 一个反馈应用的运算放大器，增益为30，带宽是100kHz。如果改变外部电阻值将增益增加到60，新的带宽是多少？

3. 测试题2中运算放大器的单位增益带宽是多少？

7.4 正反馈和稳定性

使用运算放大器时，稳定性是需要考虑的。稳定运行是指运算放大器在任何情况下都不会振荡。不稳定会产生振荡，当输入端没有信号时，由于输入端的噪声和瞬态电压，输出端会有不期望的电压波动。本节可以作为选读内容。

学完本节后，你应该掌握以下内容：
- 讨论正反馈和运算放大器的稳定性
  - 定义正反馈
  - 定义环路增益
  - 定义相位裕量并讨论它的重要性
  - 判定运算放大器是否稳定
  - 总结稳定性判据

7.4.1 正反馈

为了理解稳定性，必须先检查不稳定性及其原因。大家知道，通过负反馈，反馈到放大器输入端的信号与输入信号相抵，因此减去反馈信号可以有效地减小电压增益。只要反馈是负的，放大器就是稳定的。

当从输出端反馈到输入端的信号的相位与输入信号的相位一致时，正反馈条件就成立了，放大器就会发生振荡。也就是说，当通过运算放大器和反馈网络的总相移是360°（这也等价于无相移(0°)）时，正反馈就会发生。

7.4.2 环路增益

要产生不稳定：(a)必须有正反馈，(b)闭环放大器的环路增益必须大于1。闭环放大器的环路增益定义为运算放大器的开环增益乘以反馈网络的衰减因子。

$$环路增益 = A_{ol}B \tag{7-7}$$

7.4.3 相位裕量

注意，对图7-10中的每个放大器配置，反馈环连接到反相输入端。由于反相，在输入端和输出端之间存在着固有的180°相移。此外，放大器中的RC滞后网络（图7-10中没画出来）会产生附加的相移(φ_{tot})，因此反馈环的总相移为$180° + \varphi_{tot}$。

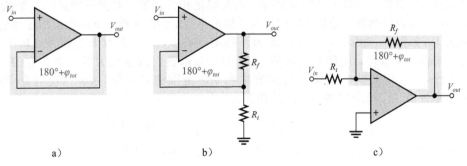

图7-10 反馈环相移

相位裕量φ_{pm}是使得反馈环的总相移为360°（360°等价于0°）时的额外相移。

$$180° + \varphi_{tot} + \varphi_{pm} = 360°$$
$$\varphi_{pm} = 180° - |\varphi_{tot}| \tag{7-8}$$

　　如果相位裕量是正的，则总相移小于360°，放大器是稳定的。如果相位裕度是0或负的，则反馈信号是以输入信号同相反馈的，放大器有潜在的不稳定。从式(7-8)可以看出，当总的滞后网络相移(φ_{tot})等于或超过180°时，相位裕量是0°或负值，存在不稳定状态，这将会引起放大器振荡。

7.4.4　稳定性分析

　　因为大多数运算放大器实际使用的配置是大于1的环路增益($A_{ol}B > 1$)，所以稳定性判断准则基于内部滞后网络的相角。如前所述，运算放大器由多级电路组成，每级有一个截止频率。对补偿运算放大器，只有一个截止频率占主导地位，反馈的稳定性不是一个问题。稳定性问题一般表现为不期望的震荡，对运算放大器，在接近单位-增益频率处的反馈是稳定的。

　　为了阐述反馈稳定性的概念，我们以非补偿三级运算放大器为例子，其开环响应如图7-11中的伯德图所示。在这种情况下，有三个不同的截止频率，它们分别对应于三个内部RC滞后网络。在第一个截止频率f_{c1}处，增益开始以-20dB/十倍频程下降。当达到第二个截止频率f_{c2}处，增益以-40dB/十倍频程开始下降。当达到第三个截止频率f_{c3}处，增益以-60dB/十倍频程开始下降。

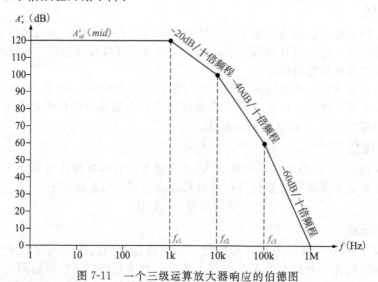

图7-11　一个三级运算放大器响应的伯德图

　　为了分析非补偿闭环放大器的稳定性，需要确定相位裕量。对闭环增益的一个给定值，如果是正相位裕量表明放大器是稳定的。为了给出不稳定性的条件，下面将给出三种情况。

　　情况1　如图7-12所示，闭环增益和开环增益响应在-20dB/十倍频程线段上相交。中频闭环增益为106dB，闭环截止频率为5kHz。如果我们假设放大器不会在它的中频范围以外工作，106dB放大器的最大相移发生在中频范围的最高处(这种情况时是5kHz)。在这个频率处由三个滞后网络产生的总相移为：

$$\varphi_{tot} = -\arctan\left(\frac{f}{f_{c1}}\right) - \arctan\left(\frac{f}{f_{c2}}\right) - \arctan\left(\frac{f}{f_{c3}}\right)$$

式中，$f=5\text{kHz}$，$f_{c1}=1\text{kHz}$，$f_{c2}=10\text{kHz}$，$f_{c3}=100\text{kHz}$。因此，

$$\varphi_{tot} = -\arctan\left(\frac{5\text{kHz}}{1\text{kHz}}\right) - \arctan\left(\frac{5\text{kHz}}{10\text{kHz}}\right) - \arctan\left(\frac{5\text{kHz}}{100\text{kHz}}\right)$$

$$= -78.7° - 26.6° - 2.9° = -108.1°$$

相位裕量φ_{pm}为

$$\varphi_{pm} = 180° - |\varphi_{tot}| = 180° - 108.1° = +71.9°$$

因为相位裕量是正的，所以放大器在它的中频范围内的所有频率处都是稳定的。通常，如果闭环增益与开环响应曲线在-20dB/十倍频程线段上相交，则在所有的中频范围放大器都是稳定的。

情况 2 如图 7-13 所示，闭环增益被降低到与开环响应在-40dB/十倍频程线段上相交，这种情况下的中频闭环增益是 80dB，闭环截止频率约为 30kHz。在 $f=30$kHz 处由三个滞后网络产生的总相移如下：

$$\varphi_{tot} = -\arctan\left(\frac{30\text{kHz}}{1\text{kHz}}\right) - \arctan\left(\frac{30\text{kHz}}{10\text{kHz}}\right) - \arctan\left(\frac{30\text{kHz}}{100\text{kHz}}\right)$$

$$= -88.1° - 71.6° - 16.7° = -176.4°$$

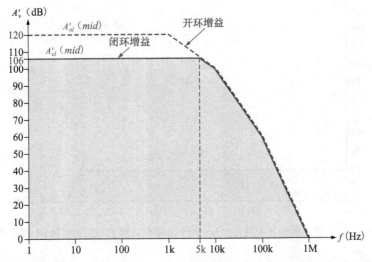

图 7-12　闭环增益和开环增益在-20dB/十倍频程线段上相交的情况（稳定工作）

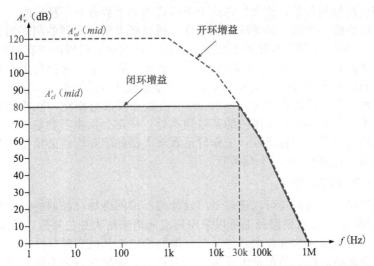

图 7-13　闭环增益和开环增益在-40dB/十倍频程线段上相交的情况（临界稳定状态）

相位裕量为

$$\varphi_{pm} = 180° - 176.4° = +3.6°$$

因为相位裕量是正的，所以放大器在这个中频范围内仍是稳定的，但是频率稍大于 f_c 时就会引起放大器的振荡。因此，它处于临界稳定，并且由于其他原因很可能引起振荡。因为不稳定发生在 $\varphi_{pm} = 0°$ 处，所以它非常接近于不稳定。作为一般规则，建议采用最小

45°相位裕量，避免使放大器处于临界稳定状态。

情况 3 如图 7-14 所示，闭环增益将进一步减小，直到它与开环增益在−60dB/十倍频程线段上相交。这种情况下，中频闭环增益为 18dB，闭环截止频率为 500kHz。在 $f=$ 500kHz 处由三个滞后网络引起的总相移为

$$\varphi_{tot}=-\arctan\left(\frac{500\text{kHz}}{1\text{kHz}}\right)-\arctan\left(\frac{500\text{kHz}}{10\text{kHz}}\right)-\arctan\left(\frac{500\text{kHz}}{100\text{kHz}}\right)$$

$$=-89.9°-88.9°-78.7°=-257.5°$$

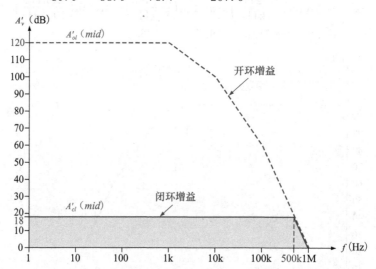

图 7-14 闭环增益和开环增益在−60dB/十倍频程线段上相交的情况（不稳定状态）

相位裕量为

$$\varphi_{pm}=180°-257.5°=-77.5°$$

这里的相位裕量是负的，放大器在这个中频范围的上界处是不稳定的。

稳定性准则小结 上面三种情况的稳定性分析已经表明放大器的闭环增益必须要与开环增益曲线在−20dB/十倍频程线段上相交，才能保证在中频范围内所有频率处的稳定性。如果闭环增益降低到与−40dB/十倍频程线段上相交的话，那么就会发生临界稳定或完全不稳定。在前面的情况（情况 1、2 和 3），闭环增益应该大于 72dB。

如果闭环增益与开环增益响应在−60dB/十倍频程线段上相交，除非使用专门设计的反馈网络，否则在放大器中频范围内的某些频率处，一定会发生不稳定。因此，为了确保在中频范围内所有频率处的稳定性，工作时运算放大器的闭环增益必须使得从主截止频率处开始的下降率不超过−20dB/十倍频程。

7.4.5 检测不期望的振荡

本节提到的稳定性问题是可以通过专门设计的反馈网络加以控制的，即使在负相位裕量的情况下（情况 3）。在反馈路径上可以采用超前网络来增大相位裕量，从而提高稳定性。在一些情况下，通过加入含有放大器的复杂反馈网络或者其他有源器件来提高稳定性。

并不是所有的稳定性问题都是由反馈网络引起的。如果振荡并不接近于放大器的单位增益频率，反馈回路很可能不是罪魁祸首。振荡的原因包括存在外部反馈路径、接地问题或者外来的噪声信号耦合进电源线。当振荡成为问题时，可以做个简单的测试，增加增益看看振荡是否消失（这就意味着闭环增益与开环增益相交在更高的点处）。如果振荡仍然存在，那么这个问题很可能是其他原因引起的，而不是由负相位裕量引起的。

为了排除不期望的振荡，检查接地路径（尽量使用单点接地），增加电源的旁路电容，尽量消除外部电容耦合到输入端的路径。耦合路径很可能不明显，如由于面包板引起，尤

其当它没有接地线时，或者由于电路中的长导线产生(导线是有电容特性的)。电源噪声在放大器中会产生反馈，从而引起振荡。在低频处，一个简单的旁路电容($1\sim10\mu F$钽电容)就可以解决这个问题。在高频处，单独一个旁路电容可能会有自谐振，因此需要再并一个旁路电容。

有时，振荡来自附近源的干扰，需要加以屏蔽。低电平信号与高电平信号共享接地路径时，或者电路布线中的长导线，同样都可能会引起振荡。如果可能的话，试着用更短的导线连接电路，注意接地路径，并确保接地良好。

系统说明　系统噪声

许多系统共享各组件间的电源。电源线拖得越长，越容易引入噪声，成为噪声的传导通路。如本节所述，每个电路板或组件的电源线接入处应安装有$0.1\sim1\mu F$的钽电容。在电路板上，每3或4个集成电路在电源线上也应该有旁路电容。在一些系统中，为了帮助隔离主电源，设计者在每块电路板上安装分立的稳压电路。这是一种简单的方法，但能够解决传导噪声问题。

有些系统(如雷达系统等)有大功率的敏感接收器电路。在这些系统中，为了避免噪声问题，将大功率信号和公用设施电缆与低电平信号隔离是很重要的。应该检查设备的盖子与屏蔽层并将其放置在安全和避免辐射噪声的地方。在许多系统中，电磁屏蔽衬垫被用在外壳和保护套上以阻止电磁干扰(ElectroMagnetic

图 SN7-1　用于 EMI 保护的射频衬垫材料（Leader Tech, Tampa, FL. 授权使用）

Interference，EMI)的路径。如果外壳或者保护套不密封，这些屏蔽就失去了作用，因此在实践中保持良好的规范是十分重要的。

7.4 节测试题

1. 在什么反馈条件下放大器会发生振荡？
2. 放大器内部 RC 网络的相移为多少时产生不稳定性？什么样的相位裕量会开始产生不稳定？
3. 运算放大器的开环增益最大下降率为多大，放大器仍是稳定的？

7.5 运算放大器的补偿

上一节指出，当运算放大器响应的下降率超过$-20dB$/十倍频程，并且运算放大器运行在闭环配置中，增益曲线与开环响应相交于更高的下降率时，就会出现不稳定。正如上节讨论的情况中，闭环电压增益被限制在非常高的值。在许多应用中，较低的闭环增益是很有必要或者非常希望的。为了让运算放大器能够运行在较低的闭环增益处，需要进行相位滞后补偿。本节可作为选学内容。

学完本节后，你应该掌握以下内容：

● 解释运算放大器相位补偿
　■ 描述相位-滞后补偿
　■ 解释补偿电路
　■ 应用单电容器补偿
　■ 应用前馈补偿

7.5.1 相位滞后补偿

正如你所看到的，不稳定的原因是运算放大器内部滞后网络的额外相移。当这些相移等于或超过180°时，放大器就会振荡。要么通过补偿的方法来去除开环下降率大于$-20dB$/十倍频程的部分，要么通过补偿将$-20dB$/十倍频程下降的线段延伸到更低的增益处。这些概念在图 7-15 中进行了阐述。

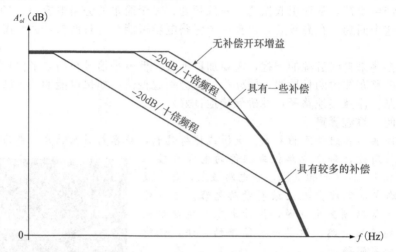

图 7-15　用伯德图说明对典型运算放大器开环增益进行相位补偿的效果

7.5.2　补偿网络

对集成电路运算放大器进行补偿有两种基本的方法：内部的和外部的。两种方法都需要加入 RC 网络。基本补偿操作如下所述：首先考虑 RC 网络，如图 7-16a 所示。补偿电容的电抗 X_{C_c} 在低频处非常大，输出电压几乎等于输入电压。当频率达到其截止频率时，$f_c = 1/[2\pi(R_1 + R_2)C_c]$，输出电压按 $-20\text{dB}/$十倍频程下降，这个下降率会一直持续到 $X_{C_c} \approx 0$。在 $X_{C_c} \approx 0$ 时，输出电压大小由 R_1 和 R_2 决定，如图 7-16b 所示。这是运算放大器相位补偿中使用的原则。

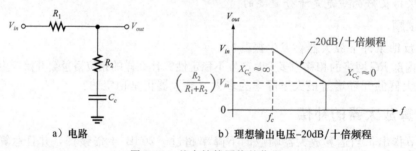

a）电路　　　　　　　b）理想输出电压-20dB/十倍频程

图 7-16　基本补偿网络的作用

为了看清补偿网络如何改变运算放大器的开环响应，参照图 7-17。此图是一个二级的运算放大器，每一级和紧跟着的滞后网络都用灰色阴影块表示，补偿网络连接到第一级电路的输出端 A 点处。

把补偿网络截止频率的值设置为小于内部滞后网络的主（最小的）截止频率，这就使得在补偿网络的截止频率处开始以 $-20\text{dB}/$十倍频程下降。补偿网络的下降从截止频率开始一直持续到主滞后网络的截止频率处，到该点后，补偿网络的响应呈平稳状态，由主滞后网络的 $-20\text{dB}/$十倍频程来接管继续下降，最终的结果是开环响应向左平移，因此压缩了带宽，如图 7-18a 所示。补偿网络的响应曲线与总开环响应曲线之间的正确关系如图 7-18b 所示。

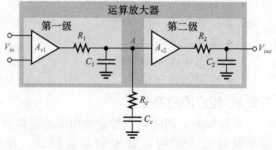

图 7-17　带补偿的运算放大器

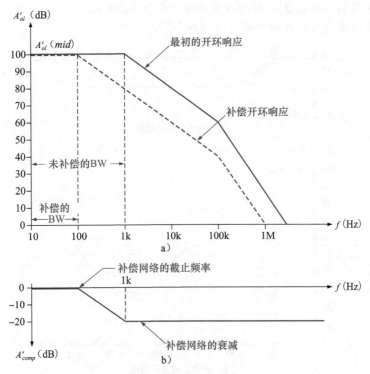

图 7-18 补偿运算放大器频率响应的例子

例 7-6 一个运算放大器的开环响应如图 7-19 所示，正如你看到的一样，其保证稳定的最低闭环增益大约为 40dB(这里闭环增益线仍能与－20dB/十倍频程线段上相交)。在一些特殊的应用中，需要 20dB 的闭环增益：

(a)确定补偿网络的截止频率。

(b)画出补偿网络的理想响应曲线。

(c)画出总的理想补偿开环响应。

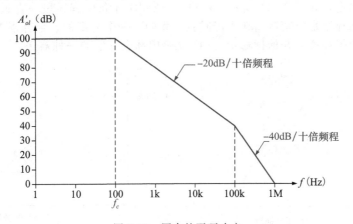

图 7-19 原来的开环响应

解：

(a)必须牺牲增益，使得－20dB/十倍频程的下降能够延伸到 20dB 而不是 40dB 处。为了实现这一目的，中频开环增益应该比原先的截止频率提前 10 倍频程就开始下降。因此，补偿网络的截止频率应为 10Hz。

(b)补偿网络的下降应该在 100Hz 处结束，如图 7-20a 所示。

(c)由补偿网络形成的总的开环响应如图 7-20b 所示。

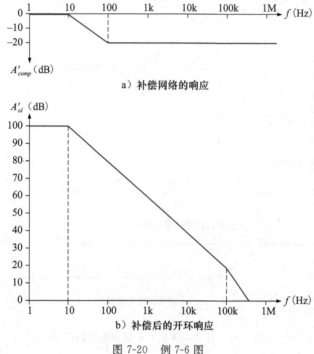

a）补偿网络的响应

b）补偿后的开环响应

图 7-20　例 7-6 图

✏️ **实践练习**

在这个例题中，未补偿时的带宽是多少？补偿后的带宽是多少？

7.5.3　补偿范围

较大的补偿电容会使得开环响应从较低的频率就开始下降，因此会将 -20dB/十倍频程的下降延伸到较低的增益值，如图 7-21a 所示。通过足够大的补偿电容可以使得运算放大器无条件地稳定，如图 7-21b 所示，这里的 -20dB/十倍频程线段一直延伸到单位增益。一般这种内部的补偿是由制造商在生产时就实现的，一个内部的、全补偿的运算放大器可以用于任意值的闭环增益并保持稳定。741 就是内部全补偿的一种器件。

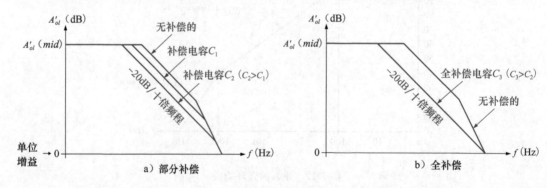

图 7-21　补偿范围

内部全补偿放大器的缺点是牺牲了带宽，因而降低了转换速率。所以，许多集成运算放大器会提供外部补偿。图 7-22 给出了 LM101A 运算放大器的典型封装图，带有外补偿的引脚，通过这些引脚可以用小电容提供外部补偿。通过提供外部连接，对特定的应用只需要提供正好够用的补偿，从而避免了性能上不必要的损失。

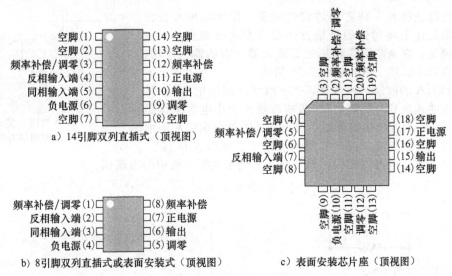

a）14引脚双列直插式（顶视图）

b）8引脚双列直插式或表面安装式（顶视图）

c）表面安装芯片座（顶视图）

图 7-22　运算放大器典型的封装布局

7.5.4　单电容补偿

如图 7-23a 所示，作为补偿集成运算放大器的一个例子，LM101A 在放大器组态中，电容 C_1 连接到引脚 1 和 8。图 7-23b 针对 C_1 两个不同的值分别给出了各自的开环频率响应曲线。3pF 的补偿电容产生的单位增益带宽接近于 10MHz。注意，−20dB/十倍频程线段延伸到一个非常低的增益值。当 C_1 扩大 10 倍，达到 30pF 时，带宽也减小了 10 倍。注意，此时 −20dB/十倍频程线段延伸到了单位增益处。

在运算放大器用于闭环组态时，如图 7-23c 所示，有效的频率范围取决于补偿电容。例如，如图 7-23c 所示的闭环增益为 40dB，当 $C_1 = 30pF$ 时带宽接近 10kHz，当 C_1 减小为 3pF 时带宽增加到接近 100kHz。

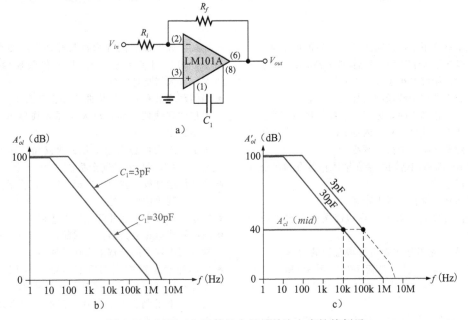

图 7-23　LM101A 运算放大器的单个电容补偿例子

7.5.5 前馈补偿

相位补偿的另一种方法是前馈补偿。使用这种补偿方法的结果是比前面讨论的补偿方法对带宽的压缩要小。基本的原理是：在高频段旁路掉运算放大器内部的输入电路，驱动更高频率的第二级，如图 7-24 所示。

LM101A 的前馈补偿如图 7-25a 所示。前馈电容 C_1 从反相输入端连接到补偿端，R_f 两端需要一个小电容来保证稳定。图 7-25b 所示的伯德图中给出了前馈补偿响应和前面讨论的标准补偿响应，前馈补偿只能用于反相放大器组态。其他的补偿方法也可以使用，通常制造商会在数据手册中给出建议。

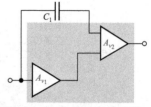

图 7-24　在高频段旁路掉第一级的前馈补偿

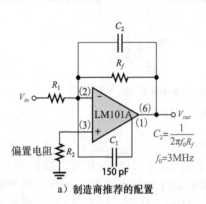

a）制造商推荐的配置

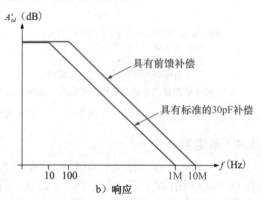

b）响应

图 7-25　LM101A 运算放大器的前馈补偿和响应曲线

7.5 节测试题

1. 相位补偿的目的是什么？
2. 内部补偿和外部补偿的主要区别是什么？
3. 当对一个放大器进行补偿时，带宽是增大还是减小？

小结

- 开环增益是不带反馈时运算放大器的电压增益。
- 闭环增益是具有负反馈时运算放大器的电压增益。
- 闭环增益始终要小于开环增益。
- 运算放大器的中频增益延伸到直流。
- 当大于截止频率时，运算放大器的增益减小。
- 运算放大电路中固有的内部 RC 滞后网络会使得增益随着频率的增大而减小。
- 内部 RC 滞后网络同样会在输入信号和输出信号之间产生相移。
- 负反馈减小增益，增大带宽。
- 对补偿运算放大器，增益和带宽的乘积是一个常量。
- 增益-带宽积等于单位电压增益处的频率。
- 当经过运算放大器（包括 180°的反相）和反馈网络的总相移为 0°（等价于 360°）或更大时，产生正反馈。
- 相位裕量是附加的相移，使得总的相移达到 360°。

- 当运算放大器的闭环增益与开环响应曲线相交于 −20dB/十倍频程（−6dB/八倍频程）线段上时，放大器是稳定的。
- 当闭环增益和开环响应曲线相交于大于 −20dB/十倍频程线段上时，放大器要么临界稳定，要么不稳定。
- 为了使放大器稳定地工作，建议相位裕量最小为 45°以保证足够的安全系数。
- 全补偿运算放大器以 −20dB/十倍频程下降，一直延伸到单位增益处。
- 补偿可以减小带宽并降低转换速率。
- 内部补偿运算放大器是有效的，如 741。它们通常以损失较多的带宽来实现全补偿。
- 外部补偿运算放大器是有效的，如 LM101A。外部补偿网络可以连接到指定的引脚，可以根据应用来定制补偿。这样，就不会过多地减小带宽和转换速率。

关键术语

本章中的关键术语和其他楷体术语在本书最后的术语表中定义。

带宽：上限频率和下限频率之间的频率范围。

环路增益：运算放大器的开环电压增益乘以反馈网络的衰减。

相移：相对于参考角度的角度位移，随时间而变化。

相位裕量：一个放大器上的总相移和 180°之间的差值。这个额外的相移只要在这个差值范围内就不会引起不稳定。

正反馈：将输出信号的一部分返回到输入信号，使得输出增强。输出信号与输入信号同相。

稳定性：放大器电路不会发生振荡的条件。

重要公式

(7-1) $\text{BW} = f_{cu}$ 运算放大器带宽

(7-2) $A_{ol} = \dfrac{A_{ol(mid)}}{\sqrt{1 + f^2 / f_c^2}}$ 开环增益

(7-3) $\varphi = -\arctan\left(\dfrac{f}{f_c}\right)$ RC 相移

(7-4) $f_{c(cl)} = f_{c(ol)}(1 + BA_{ol(mid)})$ 闭环截止频率

(7-5) $\text{BW}_{cl} = \text{BW}_{ol}(1 + BA_{ol(mid)})$ 闭环带宽

(7-6) $A_{cl} f_{c(cl)} =$ 单位增益带宽

(7-7) 环路增益 $= A_{ol} B$

(7-8) $\varphi_{pm} = 180° - |\varphi_{tot}|$ 相位裕量

自测题

1. 运算放大器的开环增益始终_____。
   - (a) 小于闭环增益
   - (b) 等于闭环增益
   - (c) 大于闭环增益
   - (d) 对给定类型的运算放大器，开环增益非常稳定并为常数

2. 一个交流放大器的下限频率为 1kHz，上限频率为 10kHz，则这个放大器的带宽为_____。
   - (a) 1kHz
   - (b) 9kHz
   - (c) 10kHz
   - (d) 11kHz

3. 一个直流放大器的上限频率为 1000kHz，则这个放大器的带宽为_____。
   - (a) 100kHz
   - (b) 未知量
   - (c) 无穷大
   - (d) 0kHz

4. 运算放大器的中频开环增益_____。
   - (a) 从下限频率延伸到上限频率
   - (b) 从 0Hz 延伸到上限频率
   - (c) 从 0Hz 开始以－20dB/十倍频程下降
   - (d) 答案(b)和(c)

5. 开环增益等于 1 时的频率称为_____。
   - (a) 上限频率
   - (b) 截止频率
   - (c) 陷波频率
   - (d) 单位-增益频率

6. 运算放大器的相移是由_____原因引起的。
   - (a) 内部 RC 网络
   - (b) 外部 RC 网络
   - (c) 增益下降
   - (d) 负反馈

7. 运算放大器中的每个 RC 网络_____。

   - (a) 使得增益以－6dB/八倍频程下降
   - (b) 使得增益以－20dB/十倍频程下降
   - (c) 中频增益减小 3dB
   - (d) 答案(a)和(b)

8. 使用负反馈时，运算放大器的增益-带宽积_____。
   - (a) 增大
   - (b) 减小
   - (c) 保持不变
   - (d) 波动

9. 如果某个同相运算放大器的中频开环增益为 200 000，单位-增益频率为 5MHz，则增益-带宽积为_____。
   - (a) 200 000Hz
   - (b) 5 000 000Hz
   - (c) 1×10^{12} Hz
   - (d) 无法确定

10. 如果某个同相运算放大器的闭环增益为 20，上限频率为 10MHz，则增益-带宽积为_____。
    - (a) 200MHz
    - (b) 10MHz
    - (c) 单位-增益频率
    - (d) 答案(a)和(c)

11. 当_____时，正反馈发生。
    - (a) 输出信号反馈到输入端，输出信号与输入信号同相
    - (b) 输出信号反馈到输入端，输出信号与输入信号相反
    - (c) 运算放大器和反馈网络的总相移为 360°
    - (d) 答案(a)和(c)

12. 为了使闭环运算放大电路不稳定，_____。
    - (a) 需要有正反馈

（b）环路增益要大于 1

（c）环路增益要小于 1

（d）答案（a）和（b）

13. 使得闭环的总相移等于 0 的额外相移称为_____。

　　（a）单位-增益相移

　　（b）相位裕量

　　（c）相位滞后

　　（d）相位带宽

14. 对闭环增益的给定值，正的相位裕量表明_____。

　　（a）不稳定的条件　　　（b）过多的相移

　　（c）稳定的条件　　　　（d）什么都不是

15. 相位滞后补偿的目的是_____。

　　（a）使运算放大器在很高增益处稳定

　　（b）使运算放大器在低增益处稳定

　　（c）减小单位-增益频率

　　（d）增加带宽

故障检测测验

参考图 7-29a。

● 如果 R_f 为 100kΩ，而不是指定的 150kΩ

1. 对低频输入信号，增益将_____。

　　（a）增大　　（b）减小　　（c）不变

2. 带宽将_____。

　　（a）增大　　（b）减小　　（c）不变

3. 带宽-增益积将_____。

　　（a）增大　　（b）减小　　（c）不变

● 如果运算放大器的 $f_{c(ol)}$ 为 200Hz，而不是指定的 150Hz

4. 带宽将_____。

　　（a）增大　　（b）减小　　（c）不变

5. 对低频输入信号，增益将_____。

　　（a）增大　　（b）减小　　（c）不变

参考图 7-25a。

● 假设电路的输入耦合电容指定为 2.2μF，但是由于错误安装了一个 0.22μF 的电容

6. 下限频率将_____。

　　（a）增大　　（b）减小　　（c）不变

7. 上限频率将_____。

　　（a）增大　　（b）减小　　（c）不变

● 如果 C_2 断开

8. 稳定性将_____。

　　（a）增大　　（b）减小　　（c）不变

● 如果 R_f 大于指定值

9. 带宽将_____。

　　（a）增大　　（b）减小　　（c）不变

10. 带宽-增益积将_____。

　　（a）增大　　（b）减小　　（c）不变

● 如果补偿电容 C_1 断开

11. 带宽将_____。

　　（a）增大　　（b）减小　　（c）不变

12. 稳定性将_____。

　　（a）增大　　（b）减小　　（c）不变

习题

7.1 节

1. 某运算放大器的中频开环增益为 120dB，负反馈把这个增益减小为 50dB。闭环增益为多少？

2. 一个运算放大器的开环响应上限频率为 200Hz。如果中频增益为 175 000，则 200Hz 处的理想增益是多少？真实的增益是多少？运算放大器的开环带宽是多少？

3. 一个 RC 滞后网络的截止频率为 5kHz。如果阻抗值为 1.0kΩ，当 $f=3$kHz 时，X_C 是多少？

4. 分别对下面每个频率，确定 $f_c=12$kHz 的 RC 滞后网络的衰减。

　　（a）1kHz　　　　　　（b）5kHz

　　（c）12kHz　　　　　（d）20kHz

　　（e）100kHz

5. 放大器的中频开环增益为 80 000。如果开环截止频率为 1kHz，在下面每个频率处的开环增益为多少？

　　（a）100Hz　　　　　　（b）1kHz

　　（c）10kHz　　　　　　（d）1MHz

6. 确定图 7-26 中频率为 2kHz 时每个网络的相移。

7. RC 滞后网络的截止频率为 8.5kHz。对下面的

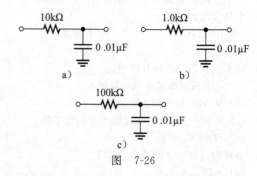

图　7-26

每个频率，确定相移，并画出相角-频率图。

　　（a）100Hz　　（b）400Hz　　（c）850Hz

　　（d）8.5kHz　　（e）25kHz　　（f）85kHz

7.2 节

8. 一个具有三级内部放大电路的运算放大器，各级中频增益分别为 30dB、40dB 和 20dB。每级电路的截止频率分别为 $f_{c1}=600$Hz，$f_{c2}=50$kHz，$f_{c3}=200$kHz。

　　（a）运算放大器的中频开环增益是多少（用 dB 表示）？

（b）当信号频率是 10kHz 时，运算放大器的总相移是多少（包括倒相）？

9. 习题 8 中的增益下降率在以下频率之间为多少？
   （a）0Hz 和 60Hz　　（b）600Hz 和 50kHz
   （c）50kHz 和 200kHz　（d）200kHz 和 1MHz

7.3 节

10. 运算放大器的中频开环增益为 180 000，开环截止频率为 1 500Hz。如果反馈路径的衰减为 0.015，闭环带宽为多少？

11. 确定图 7-27 中每个放大器的中频增益（用 dB 表示）。它们是开环增益还是闭环增益？

12. 如果 $f_{c(ol)} = 750Hz$，$A'_{ol} = 89dB$，$f_{c(cl)} = 5.5kHz$，确定闭环增益（用 dB 表示）。

13. 习题 12 中的单位-增益带宽是多少？

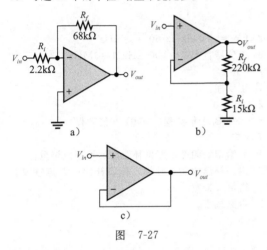

图　7-27

14. 对图 7-28 中的每个放大器，试确定闭环增益和带宽。每个电路中运算放大器的开环增益为 125dB，单位-增益带宽为 2.8MHz。

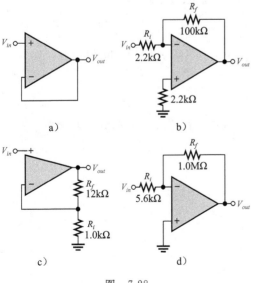

图　7-28

15. 图 7-29 中哪个放大器的带宽较小？

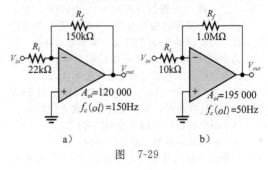

图　7-29

7.4 节

16. 图 7-30 中运算放大器电路的三个内部截止频率分别为：1.2kHz、50kHz、250kHz。如果中频开环增益为 100dB，这个放大器是稳定的、临界稳定的，还是不稳定的？

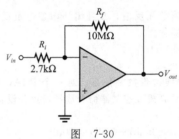

图　7-30

17. 对下面每个相位滞后，确定相位裕量。
   （a）30°　　（b）60°　　（c）120°
   （d）180°　（e）210°

18. 一个运算放大器在开环响应中的内部截止频率分别为：125Hz、25Hz 和 180kHz。当信号频率为 50kHz 时，运算放大器的总相移是多少？

19. 图 7-31 中的每个图都给出了某个运算放大器的开环响应和闭环响应，分析每种情况下的稳定性。

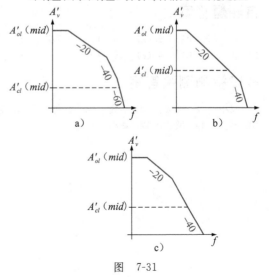

图　7-31

7.5 节

20. 一个运算放大器的开环响应曲线如图 7-32 所示。一个实际的应用需要 30dB 的闭环中频增益。为了获得 30dB 的增益，需要加入补偿，因为 30dB 线与无补偿开环增益相交于 $-40dB/$十倍频程线段上，所以无法保证稳定性。

 (a) 为了使得 $-20dB/$十倍频程线段上与 30dB 增益线相交，求补偿网络的截止频率。

 (b) 画出补偿网络的理想响应曲线。

 (c) 画出总的理想补偿开环响应。

21. 一个运算放大器的开环增益从 $f=250$Hz 开始以 $-20dB/$十倍频程下降，一直延伸到增益减小到 60dB 为止。如果需要 40dB 的闭环增益，

补偿网络的截止频率是多少？

22. 如果闭环增益为 20dB，重复习题 21。

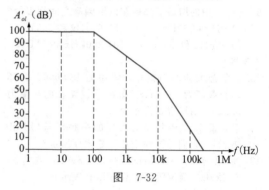

图　7-32

各节测试题答案

7.1 节

1. 开环增益无反馈，并且闭环增益有负反馈。开环增益更大。

2. BW$=$100Hz

3. A_{ol} 减小。

4. SPI 总线携带数字信息。对一个 PGA，它可以通过计算机或控制器命令选择通道并设置增益。

7.2 节

1. $A'_{v(tot)} = 20dB + 30dB = 50dB$

2. $\varphi_{tot} = -49° + (-5.2°) = -54.2°$

7.3 节

1. 是的，A_{cl} 始终小于 A_{ol}。

2. BW$=$3 000kHz$/60 = 50$kHz

3. 单位增益 BW$=$3 000kHz$/1 = 3$MHz

7.4 节

1. 正反馈。

2. 180°，0°

3. $-20dB/$十倍频程（$-6dB/$八倍频程）

7.5 节

1. 对给定的频率，相位补偿增加了相位裕量。

2. 内部补偿为完全补偿，外部补偿可以定制成获得最大带宽。

3. 带宽减小。

例题中实践练习答案

7-1 (a) 80 000　(b) 79 900　(c) 6 400

7-2 173Hz

7-3 75dB；$-71.6°$

7-4 2.00MHz

7-5 (a) 29.6kHz　(b) 42.6kHz

7-6 100kHz；10Hz

自测题答案

1. (c)　2. (b)　3. (a)　4. (b)　5. (d)　6. (a)　7. (d)　8. (c)　9. (b)　10. (d)　11. (d)

12. (d)　13. (b)　14. (c)　15. (b)

故障检测测验答案

1. 减小　2. 增大　3. 不变　4. 增大　5. 不变　6. 增大　7. 不变　8. 减小　9. 减小

10. 不变　11. 增大　12. 减小

第 8 章

基本运算放大器电路

目标

- 理解几类基本比较电路的工作原理
- 理解几类求和放大器的工作原理
- 理解积分器和微分器的工作原理
- 理解几类特殊的运算放大器电路的工作原理
- 基本运算放大电路的故障检测

在前两章学习了运算放大器的原理、运算和特性。运算放大器的应用范围非常宽广，很难在一章或一本书内将这些应用都一一覆盖。因此，本章将通过一些基本的应用来阐述运算放大器的应用多样性，并且帮你建立基本运算放大器电路的基础。

8.1 比较器

运算放大器经常用作非线性器件来比较两个电压的幅值。在这种应用中，运算放大器用作开环配置，输入的一端是输入电压，输入的另一端是参考电压。

学完本节后，你应该掌握以下内容：

- 理解几类基本比较器电路的工作原理
  - 描述过零检测器的工作原理
  - 描述非过零检测器的工作原理
  - 讨论输入噪声是如何影响比较运算的
  - 定义滞回
  - 解释滞回是如何降低噪声影响的
  - 描述施密特触发电路
  - 描述限幅比较器的工作原理
  - 描述窗口比较器的工作原理
  - 讨论比较器在包含模数转换器的系统中的应用

8.1.1 过零检测

运算放大器的一个应用是用作比较器，用来判断输入电压是否超过某个值。图 8-1a 给出了一个过零检测器。注意，反相（−）输入端接地产生零电平，输入信号电压接到同相（＋）输入端。由于很高的开环电压增益，两个输入端之间非常小的电压差使得放大器饱和，从而使得输出电压达到它的极限。

打开配套网站上的文件 F08-01。这个仿真演示过零检测器的工作原理。[🖳 **MULTISIM**]

例如，一个运算放大器的 $A_{ol} = 100\ 000$。输入端仅 0.25mV 的电压差能够产生 $0.25\text{mV} \times 100\ 000 = 25\text{V}$ 的输出电压，前提是这个输出电压没有超过运算放大器的输出上限。然而，因为绝大多数运算放大器的输出电压的范围在 ±15V 甚至更小，所以超过这个极限器件将达到饱和。在许多需要比较的应用场合，常选择专门的运放比较器。为了达到最高的速度，这些集成电路通常未做补偿。在一些不太严格的应用中，一个通用运算放大器就可以很好地用作比较器了。

图 8-1b 展示了正弦波输入电压接入过零检测器的同相端。如图 8-1b 所示，当正弦波

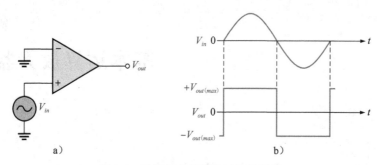

图 8-1 运算放大器用作过零检测器

为负时，输出电压在最大负电平处。当正弦波跨过 0 时，放大器变为相反状态，输出变为最大正电平值。过零检测器可以用于从正弦波产生方波的方波产生电路。

8.1.2 非过零检测

通过在反相端（−）接入一个固定的参考电压，图 8-1 所示的过零检测器经过改进后可以用于检测正、负电压，如图 8-2a 所示。一个更为实际的接法如图 8-2b 所示，使用分压器来设置参考电压：

$$V_{REF} = \frac{R_2}{R_1 + R_2}(+V) \tag{8-1}$$

式中，$+V$ 是运算放大器电源的正极。图 8-2c 中的电路使用齐纳二极管来设置参考电压（$V_{REF} = V_Z$）。只要输入电压 V_{in} 小于 V_{REF}，输出就保持在最大负电平。当输入电压超过参考电压时，输出变为最大正值，图 8-2d 是正弦波输入电压时的示意图。

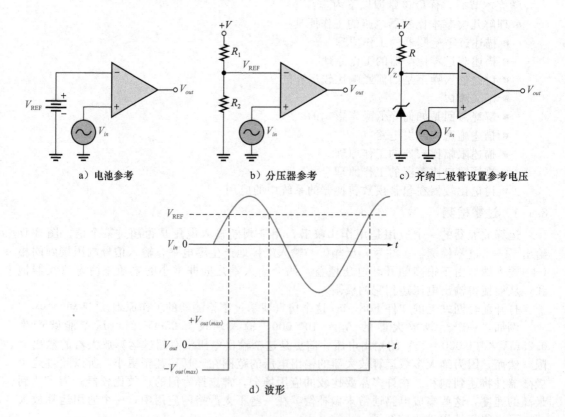

a）电池参考   b）分压器参考   c）齐纳二极管设置参考电压

d）波形

图 8-2 非过零检测器 [MULTISIM]

例 8-1 将图 8-3a 中的输入信号用于图 8-3b 中的比较器电路，画出输出波形，标出与输入信号之间正确的关系。假设运算放大器的最大输出电压为±12V。

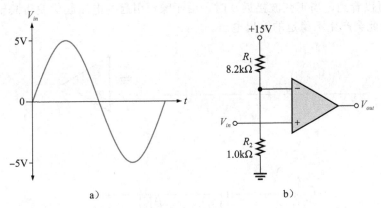

图 8-3 例 8-1 图

解：通过 R_1 和 R_2 设置的参考电压为：

$$V_{\text{REF}} = \frac{R_2}{R_1 + R_2}(+V) = \frac{1.0\text{k}\Omega}{8.2\text{k}\Omega + 1.0\text{k}\Omega} \times (+15\text{V})$$
$$= 1.63\text{V}$$

如图 8-4 所示，每当输入超过+1.63V 时，输出电压就切换到+12V 电平，每当输入低于+1.63V 时，输出电压就切换回−12V 电平。

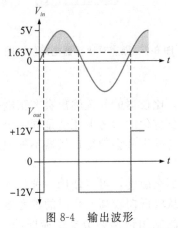

图 8-4 输出波形

实践练习

如果 $R_1 = 22\text{k}\Omega$，$R_2 = 3.3\text{k}\Omega$，试确定图 8-3 中的参考电压。

8.1.3 输入噪声对比较器工作的影响

在许多应用中，噪声(不期望的起伏不定的电压或电流)可能会出现在输入引线上。噪声电压叠加到输入电压上，如图 8-5 所示，会使比较器的输出状态无规律地来回切换变化。

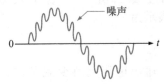

图 8-5 叠加噪声的正弦波

为了理解噪声电压的潜在影响，考虑将一个低频正弦电压连接到运放比较器的同相输入端（＋）作为过零检测器，如图 8-6a 所示。图 8-6b 给出了叠加噪声的输入正弦波和对应的输出。你可以看到，当正弦波接近 0 时，由于噪声引起的电压起伏使得总输入多次大于或小于 0，因此会产生不稳定的输出电压。

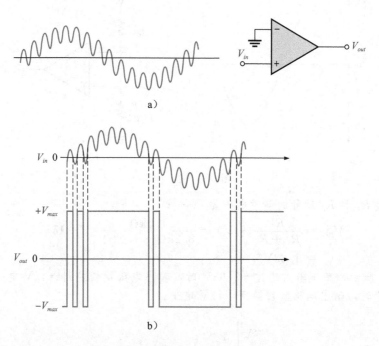

图 8-6　噪声对比较器电路的影响

8.1.4　用滞回减小噪声影响

在输入端有噪声的情况下，比较器的开关输出会在正电平和负电平之间产生不稳定的跳变，这是因为输入端引起正负变化的参考电压值是同一个值。当输入电压在参考电压值附近变化时，输入端任何很小的噪声都会使得比较器不停地改变工作状态，这种不稳定的情况就会发生。

为了使得比较器对噪声不那么敏感，可以使用一种包含正反馈的技术，称为滞回。本质上，滞回意味着当输入电压从较低向较高变化时的参考电压要高于当输入电压从较高向较低变化时的参考电压。常见的家用恒温调节器是滞回的一个范例，在一个温度上打开，在另一个温度上关闭。

两个参考电压称为上触发点（upper trigger point，UTP）和下触发点（lower trigger point，LTP）。两电平的滞回是通过正反馈实现的，如图 8-7 所示。注意，同相（＋）输入端连接到电阻分压器，使得输出电压的一部分反馈到输入端，输入信号连接到反相（－）输入端。

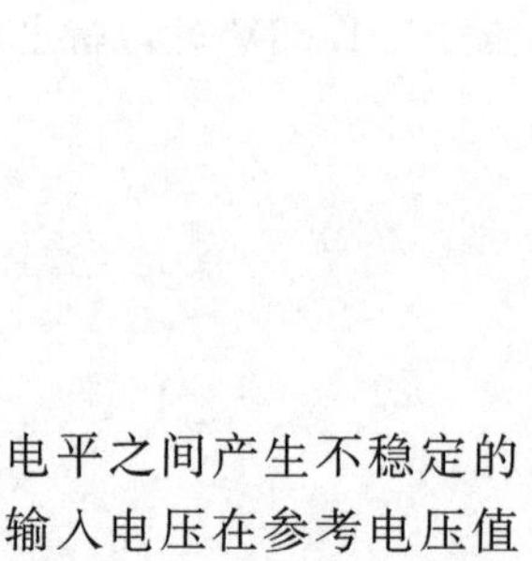

具有滞回功能比较器的基本工作原理如下所述，并在图 8-8 中说明。假设输出电压达到它的正最大值＋$V_{out(max)}$，反馈到同相输入端的电压是 V_{UTP}，可以表示为

$$V_{UTP} = \frac{R_2}{R_1 + R_2}(+V_{out(max)})$$

当输入电压 V_{in} 超出 V_{UTP}，输出电压就跳变到负的最大值 －$V_{out(max)}$。此时反馈到同相输入端的是 V_{LTP}，可以表示为

图 8-7　通过正反馈实现
滞回的比较器

$$V_{LTP} = \frac{R_2}{R_1 + R_2}(-V_{out(max)})$$

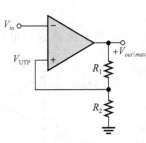

a）输出端达到的最大正电压

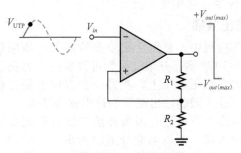

b）输入超过UTP，输出开关值从最大
正电压变为最大负电压

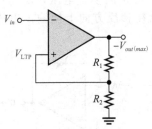

c）输出达到的最大负电压

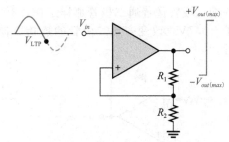

d）输入低于LTP，输出开关值从最大
负电压变为最大正电压

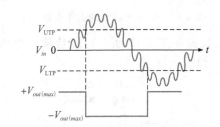

e）当达到UTP或LTP时，装置只触发一次。因此，可以
抵抗叠加在输入信号上的噪声干扰

图 8-8 滞回比较器的工作原理

现在，输入电压必须低于 V_{LTP} 才能使得比较器的输出切换到另一个电压值，这就意味着小的噪声电压对输出不会造成影响，如图 8-8 所示。

滞回比较器有时也称为施密特触发器（Schmitt trigger）。滞回的值定义为两个触发电平间的差。

$$V_{HYS} = V_{UTP} - V_{LTP} \qquad (8-2)$$

例 8-2 试确定图 8-9 中的上、下触发点和比较器电路的滞回。假设 $+V_{out(max)} = +5V$ 和 $-V_{out(max)} = -5V$。

解：

$$V_{UTP} = \frac{R_2}{R_1 + R_2}(+V_{out(max)}) = 0.5 \times 5V = +2.5V$$

$$V_{LTP} = \frac{R_2}{R_1 + R_2}(-V_{out(max)}) = 0.5 \times (-5V) = -2.5V$$

$$V_{HYS} = V_{UTP} - V_{LTP} = 2.5V - (-2.5V) = 5V$$

图 8-9 例 8-2 图 [**MULTISIM**]

实践练习

试确定图 8-9 中的上、下触发点和比较器电路的滞回值。其中，$R_1 = 68k\Omega$，$R_2 = 82k\Omega$。最大输出电压电平为 ±7V。

8.1.5 输出限幅

在一些应用中，必须将比较器的输出电压限制在小于运算放大器饱和电压值的范围内。如图 8-10 所示，齐纳二极管可以在一个方向上将输出电压限制在稳压电压上，在另一个方向上是二极管的正向压降。这个限制输出范围的过程称为限幅。

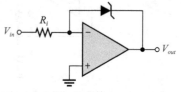

图 8-10　有输出限幅的比较器

工作原理如下所述：因为齐纳二极管的正极连接到反相（一）输入端，所以当它导通时为虚地（≈0V）。因此，输出电压的正电压就等于齐纳管的稳压值，输出电压被限制在这个值了，如图 8-11 所示。当输出开关值为负值时，齐纳二极管像普通二极管那样工作，有 0.7V 的正向偏置电压，所以把负输出电压限制在了 −0.7V。改变齐纳二极管的连接方向可以在相反方向上把输出电压限制在这些值的附近。

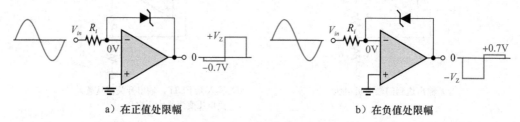

a）在正值处限幅　　　　　　　　　b）在负值处限幅

图 8-11　限幅比较器的工作原理

两个齐纳二极管的限幅比较器如图 8-12 所示，正负输出电压都被限制在齐纳稳压值加上正向偏置电压（0.7V）上，如图 8-12 所示。

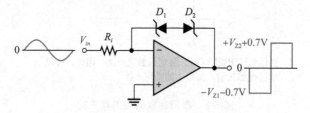

图 8-12　双限幅比较器

例 8-3 试确定图 8-13 中的输出电压波形。

解： 这个比较器同时具有滞回和齐纳二极管限幅。

D_1 和 D_2 在任意方向上的电压为 4.7V+0.7V=5.4V，这是因为当有一个齐纳二极管截止的时候，总有一个齐纳二极管是正向偏置的，压降为 0.7V。

运算放大器反相（一）端的输入电压是 $V_{out} \pm 5.4V$。因为在输入端的信号差值可以忽略，所以运算放大器同相端（＋）的输入电压同样约为 $V_{out} \pm 5.4V$。因此，

$$V_{R1} = V_{out} - (V_{out} \pm 5.4V) = \pm 5.4V$$

$$I_{R1} = \frac{V_{R1}}{R_1} = \frac{\pm 5.4V}{100k\Omega} = \pm 54\mu A$$

因为同相输入端的电流可以忽略，所以

$$I_{R2} = I_{R1} = \pm 54\mu A$$

$$V_{R2} = R_2 I_{R2} = 47k\Omega \times (\pm 54\mu A) = \pm 2.54V$$

$$V_{out} = V_{R1} + V_{R2} = \pm 5.4\text{V} \pm 2.54\text{V} = \pm 7.94\text{V}$$

上触发点(UTP)和下触发点(LTP)如下：

$$V_{\text{UTP}} = \left(\frac{R_2}{R_1 + R_2}\right)(+V_{out}) = \left(\frac{47\text{k}\Omega}{147\text{k}\Omega}\right) \times (+7.94\text{V}) = +2.54\text{V}$$

$$V_{\text{LTP}} = \left(\frac{R_2}{R_1 + R_2}\right)(-V_{out}) = \left(\frac{47\text{k}\Omega}{147\text{k}\Omega}\right) \times (-7.94\text{V}) = -2.54\text{V}$$

对给定的输入电压的输出波形如图 8-14 所示。

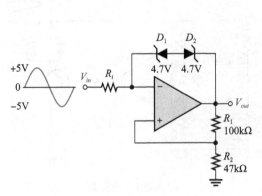

图 8-13　例 8-3 图 [MULTISIM]　　　　图 8-14　电压的输出波形

实践练习

试确定图 8-13 中的上、下触发点。其中，$R_1 = 150\text{k}\Omega$，$R_2 = 68\text{k}\Omega$，齐纳二极管的稳压值是 3.3V。

8.1.6　窗口比较器

将两个单独的运算放大比较器按照图 8-15 所示的方式连接形成窗口比较器(window comparator)，它可以检测出输入电压在上下两个限幅值之间(称为"窗口")的变化。

上、下限 V_U 和 V_L 是由参考电压设置的。这些电压可以通过分压器、齐纳二极管或任何类型的电压源设置。只要 V_{in} 在窗口之内(小于 V_U 并且大于 V_L)，每个比较器的输出就处于它的低饱和水平。在这种条件下，两个二极管都反向偏置，并且通过电阻接地 V_{out} 保持在 0。当 V_{in} 大于 V_U 或低于 V_L 时，这两个比较器的输出达到它的高饱和状态，二极管处于正向偏置，输出为高电平 V_{out}。图 8-16 表示了 V_{in} 任意变化时的情况。

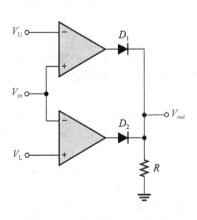

图 8-15　基本的窗口比较器

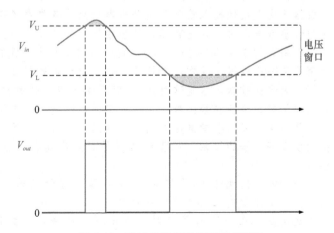

图 8-16　窗口比较器工作原理的例子

系统例子 8-1　比较器的应用：超温检测电路

在许多类型的工业系统中，如食物加工，实际温度必须保持低于某个温度。在这个例子中，我们将看到用于监测超温情况的电路。图 SE8-1 给出了一个用在精确超温检测电路中的比较器，用来确定温度达到一定的临界值。这个电路由一个带有比较器的惠斯通电桥构成，比较器用于检测电桥是否平衡。电桥的一个引脚包含热敏电阻(R_1)，热敏电阻是具有负温度系数（它的电阻值随着温度的增加而减小，反之亦然）的温度敏感电阻。电位器(R_2)设置为热敏电阻在临界温度时的电阻值。在常温下（低于临界值），R_1 的值要大于 R_2，因此产生不平衡条件，使得比较器位于低饱和输出电平，晶体管 Q_1 截止。

随着温度的升高，热敏电阻的电阻值减小。当温度达到临界值时，R_1 的值等于 R_2，并且电桥达到平衡（因为 $R_3 = R_4$）。此时，比较器变为它的高饱和输出电平，使得 Q_1 导通。这样继电器就会启动，可以激活报警或适当的响应来对付超温。

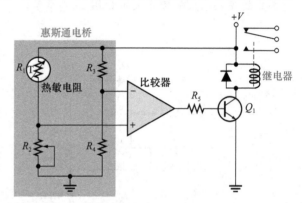

图 SE8-1　比较器

系统例子 8-2　比较器的应用：模数(A/D)转换器

模数转换（A/D conversion）是一种常见的接口处理方法，通常用于当线性模拟系统必须向数字系统提供输入时。系统例子 7-2 就是这样的一个系统，为了强调 A/D 转换器，它在图 SE8-2 中重点标出。来自传感器的原始数据是模拟形式的，先通过 PGA 进行放大，因需要通过计算机来处理数据，在把这些数据传送给计算机之前，需要将这些数据通过 A/D 转换器转换为数字形式。有多种方法可以实现 A/D 转换，有些方法将在第 14 章进行讨论。但是，这里只用一种类型来说明用于这种系统的概念。

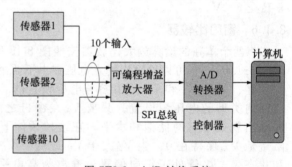

图 SE8-2　A/D 转换系统

同步或闪存的 A/D 转换法使用并行比较器来比较线性输入信号与由分压器产生的各种参考电压。对给定的比较器，当输入电压超过参考电压时，在比较器的输出端产生一个高电平。图 SE8-3 是一个在输出端产生三位二进制数的模数转换器（ADC），这个二进制数表示模拟输入电压变化时的值。这个转换器需要 7 个比较器，通常，转换为 n 位二进制数需要 $2^n - 1$ 个比较器。大小合理的二进制数需要大量比较器，这是这种类型 ADC 的缺点。这种类型 ADC 的最大优势就是它的转换时间非常短，当待转换的数据信道很多时，这是非常有用的。

每个比较器的参考电压是由电阻分压器网络设置的，为 V_{REF}。每个比较器的输出都连接到权重编码器的输入。权重编码器是种数字器件，在其输出端可以产生二进制数字来输入。

当使能端出现脉冲（采样脉冲）时，编码器开始采样其输入，在输出端输出三位数字值，其值正比于输入信号模拟量的大小。采样率决定二进制序列数代表的变化的输入信号的表达精度。在一定的单位时间内采样数越多，用数字形式表达的模拟信号的精度就越高。

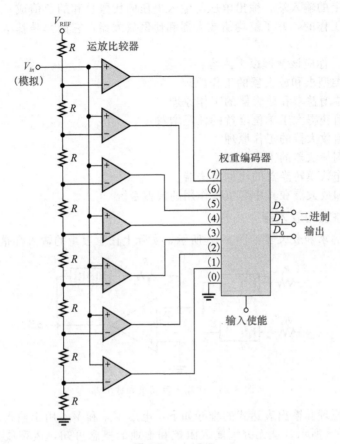

图 SE8-3 ADC

8.1 节测试题

1. 图 8-17 中每个比较器的参考电压是多少?
2. 比较器中滞回的目的是什么?
3. 试定义比较器输出中的限幅。
4. 在同步(或闪存)A/D 转换器中电阻分压串的目的是什么?

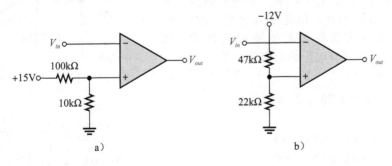

图 8-17

8.2 求和放大器

求和放大器是第 6 章中讨论的反相运算放大器组态的一种变化形式。求和运算放大器有两个或两个以上的输入端，输出电压与输入电压的代数总和的负值成正比。本节学习求和放大器是如何工作的，并了解均值放大器和比例放大器，它们都是基本求和运算放大器的变化形式。

学完本节后，你应该掌握以下内容：

- 理解多种类型求和放大器的工作原理
  - 描述单位增益求和放大器的工作原理
  - 讨论如何获得大于单位增益的任意增益
  - 描述均值放大器的工作原理
  - 描述比例加法器的工作原理
  - 讨论用作数模转换器的比例加法器
  - 讨论求和放大器在其中起重要作用的模拟系统

8.2.1 单位增益求和放大器

一个两输入的求和放大器如图 8-18 所示，实际上任意数量的输入都是可以的。

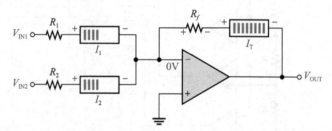

图 8-18 两输入反相求和放大器

电路的工作原理和输出表达式的推导如下：电压 V_{IN1} 和 V_{IN2} 用于输入端，并产生电流 I_1 和 I_2，如图 8-18 所示。从无穷大输入阻抗和虚地的概念可知，运算放大器反相端（−）输入电压接近于 0V，因此输入端没有电流。这意味着输入电流 I_1 和 I_2 在这个求和点处相加，形成总电流，这个电流 I_T 流过 R_f（$I_T = I_1 + I_2$）。因为 $V_{OUT} = -I_T R_f$，则

$$V_{OUT} = -(I_1 + I_2)R_f = -\left(\frac{V_{IN1}}{R_1} + \frac{V_{IN2}}{R_2}\right)R_f$$

如果三个电阻的电阻值相等（$R_1 = R_2 = R_f = R$），则

$$V_{OUT} = -\left(\frac{V_{IN1}}{R} + \frac{V_{IN2}}{R}\right)R = -(V_{IN1} + V_{IN2})$$

从前面的公式可以看出，输出电压的幅值等于两个输入电压幅值的和，但是带有负号。式（8-3）是具有 n 个输入求和放大器的通用表达式，如图 8-19所示，其中所有电阻的电阻值相等。

$$V_{OUT} = -(V_{IN1} + V_{IN2} + \cdots + V_{INn}) \quad (8\text{-}3)$$

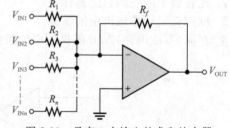

图 8-19 具有 n 个输入的求和放大器

例 8-4 确定图 8-20 中的输出电压。

解：

$$V_{OUT} = -(V_{IN1} + V_{IN2} + V_{IN3})$$
$$= -(3V + 1V + 8V) = -12V$$

实践练习

如果在图 8-20 中通过相连的 10kΩ 电阻加入一个 +0.5V 输入作为第 4 个输入，那么输出电压为多少？

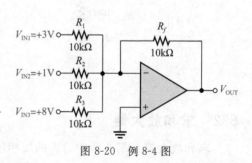

图 8-20 例 8-4 图

8.2.2 增益大于单位增益的求和放大器

当 R_f 大于输入电阻时，放大器的增益为 $-R_f/R$，其中，R 是每个输入电阻的电阻值。输出的一般表达式为

$$V_{OUT} = -\frac{R_f}{R}(V_{IN1} + V_{IN2} + \cdots + V_{INn}) \tag{8-4}$$

从公式可以看出，输出电压的幅值等于所有输入电压的和乘以一个由 $-R_f/R$ 决定的常量。

例 8-5 试确定图 8-21 中求和放大器的输出电压。

解： $R_f = 10\text{k}\Omega$ 且 $R = R_1 = R_2 = 1.0\text{k}\Omega$。因此

$$V_{OUT} = -\frac{R_f}{R}(V_{IN1} + V_{IN2})$$
$$= -\frac{10\text{k}\Omega}{1.0\text{k}\Omega} \times (0.2\text{V} + 0.5\text{V})$$
$$= -10 \times 0.7\text{V} = -7\text{V}$$

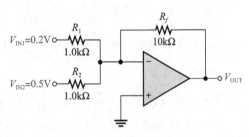

图 8-21 例 8-5 图

实践练习

如图 8-21 所示，如果两个输入电阻的电阻值为 2.2kΩ，反馈电阻为 18kΩ，试确定图中的输出电压。

8.2.3 均值放大器

求和放大器可以用来对输入电压产生数学平均。只需要把比率 R_f/R 设置为输入个数的倒数即可，即 $R_f/R = 1/n$。

可以得到若干数字的平均值，首先把这些数相加，然后除以这些数字的总个数。观察式(8-4)，并稍加思考，就可以看出求和运算放大器可以实现求数学均值的功能。下面的例子对此进行了阐述。

例 8-6 图 8-22 中的放大器产生一个输出，输出的幅值是所有输入电压的数学平均值。

解： 因为输入电阻的电阻值相等，$R = 100\text{k}\Omega$，所以输出电压为

$$V_{OUT} = -\frac{R_f}{R}(V_{IN1} + V_{IN2} + V_{IN3} + V_{IN4})$$
$$= -\frac{25\text{k}\Omega}{100\text{k}\Omega} \times (1\text{V} + 2\text{V} + 3\text{V} + 4\text{V})$$
$$= -\frac{1}{4} \times 10\text{V} = -2.5\text{V}$$

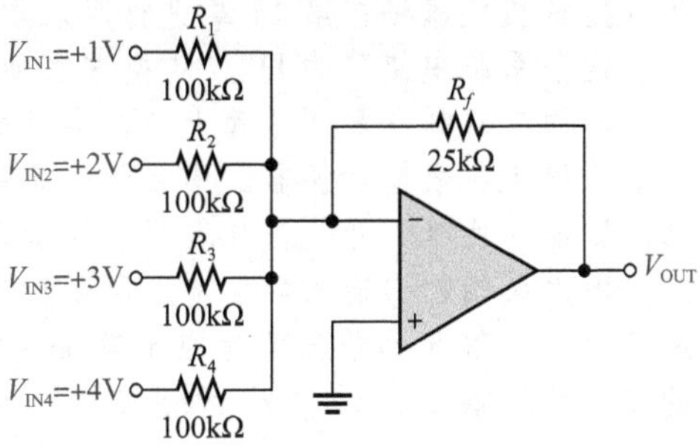

这个简单的计算表明输入的均值与 V_{OUT} 幅值相等，但符号相反。

图 8-22 例 8-6 图 [MULTISIM]

$$V_{IN(avg)} = \frac{1\text{V} + 2\text{V} + 3\text{V} + 4\text{V}}{4} = \frac{10\text{V}}{4} = 2.5\text{V}$$

实践练习

如果图 8-22 中的求和放大器有 5 个输入，怎样调整参数可以使得放大器实现均值功能。

8.2.4 比例加法器

通过简单地调整输入电阻的电阻值，可以给求和运算放大器的各个输入赋予不同的权重系数。输出电压可以表示为

$$V_{OUT} = -\left(\frac{R_f}{R_1}V_{IN1} + \frac{R_f}{R_2}V_{IN2} + \cdots + \frac{R_f}{R_n}V_{INn}\right) \tag{8-5}$$

每个输入的权重系数由 R_f 与这个输入的电阻值比率决定。例如，如果一个输入电压的权重为 1，那么 $R = R_f$。或者，如果权重为 0.5，那么 $R = 2R_f$。R 的值越小，权重系数越大，反之亦然。

例 8-7　对图 8-23 中的比例加法器，试确定各个输入电压的权重系数和输出电压。

解：输入 1 的权重系数：$\dfrac{R_f}{R_1} = \dfrac{10\text{k}\Omega}{50\text{k}\Omega} = 0.2$

输入 2 的权重系数：$\dfrac{R_f}{R_2} = \dfrac{10\text{k}\Omega}{100\text{k}\Omega} = 0.1$

输入 3 的权重系数：$\dfrac{R_f}{R_3} = \dfrac{10\text{k}\Omega}{10\text{k}\Omega} = 1$

输出电压为：

$$V_{OUT} = -\left(\frac{R_f}{R_1}V_{IN1} + \frac{R_f}{R_2}V_{IN2} + \frac{R_f}{R_3}V_{IN3}\right)$$

$$= -[0.2 \times 3\text{V} + 0.1 \times 2\text{V} + 1 \times 8\text{V}] = -(0.6\text{V} + 0.2\text{V} + 8\text{V}) = -8.8\text{V}$$

图 8-23　例 8-7 图

实践练习

如图 8-23 所示，如果 $R_1 = 22\text{k}\Omega$，$R_2 = 82\text{k}\Omega$，$R_3 = 56\text{k}\Omega$，$R_f = 10\text{k}\Omega$，试确定各个输入电压的权重系数和 V_{OUT}。

系统例子 8-3　数模转换器

在许多音频系统中，数模转换(D/A conversion)是一种重要的接口处理，它将数字信号转换为模拟(线性)信号。例如，为了存储、处理和传输，一个声音信号被数字化，最后这个数字化的信号需要还原为近似于原来的声音信号来驱动扩音器发声。在这个例子中，我们来看这样一个系统，它将声音信号转换为数字信号用于存储，然后读出数字信号并将数字信号还原为声音。这个系统的框图如图 SE8-4 所示。这个系统主要强调 D/A 转换过程，数模转换器将在第 14 章进行深入学习。

这个系统中使用的 D/A 转换方法使用了比例加法器，加法器的输入电阻值表示数字输入码的二进制权重。尽管大多数实际的转换器都使用 10 位或更多位的输入，为了简单，我们使用 4 位数模转换器。图 SE8-5 是一个 4 位数模转换器(DAC)，通常称为二进制权重电阻数模转换器。开关符号表示晶体管开关，用来控制 4 个二进制数字能否接入输入。

因为反相(-)输入端虚地，所以输出电压与流过反馈电阻 R_f 的电流(输入电流的和)成正比。电阻 R 的最低值对应于最高权重二进制输入(2^3)，所有其他的电阻都是 R 与相应的二进制权重 2^2、2^1 和 2^0 的相乘。

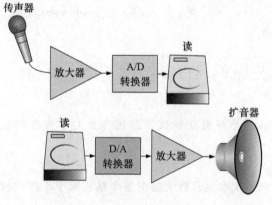

图 SE8-4　D/A 转换系统

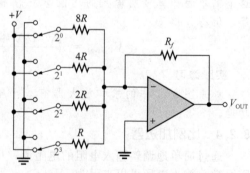

图 SE8-5　比例加法器用作 4 位 DAC

系统例子 8-4 25 瓦四通道混合器/放大器

几乎每个扩音系统都使用了一种称作混频器的装置。混频器从不同的信源采集信号，如乐器或/和歌手，并将这些信号混合。由于每个输入电平差别非常大，因此每个输入必须有它自己的音量控制，与系统的其他部分无关。这样调音师就可以平衡各种声音，使得乐器和歌手的声音能非常清晰地听到。同时，需要控制主音量来调节整体音量的增加或减小。基本四通道混频器的前控制面板如图 SE8-6 所示。

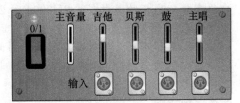

图 SE8-6　混频器前控制面板

注意，输入是 XLR 连接器（阴口）。XLR 连接器通常用于专业音频，有时也用于微控制和其他应用。XLR 连接器由 James Cannon 发明，也有时称为 Cannon 连接器。所示的 3 芯连接器是最常用的类型，XLR 连接器的引脚能够达到 7 芯，这取决于应用场合。中心引脚是接地引脚，它稍比其他引脚长些，使得在其他引脚之前能先接触到。

参考图 SE8-7 所示的电路原理图。在这个电路中，运算放大器不仅用作求和放大器，还用作前置放大器。首先注意，每路输入都是电位器和固定电阻，电位器控制来自传声器的输入信号的增益。当电位器的电阻值减小时，输入信号增益增大。固定电阻的作用是如果电位器的值调至 0Ω，不论主音量控制的设置是多少，都能防止运算放大器进入饱和。

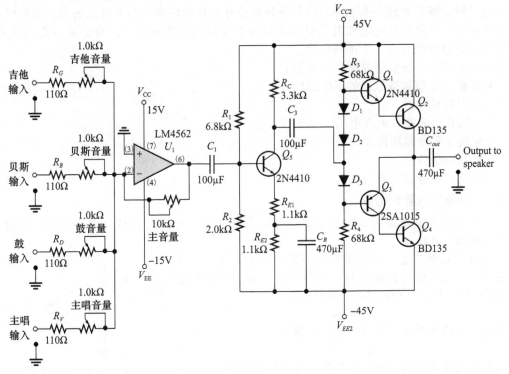

图 SE8-7　25W 四通道混频器/放大器原理图 [MULTISIM]

反馈的电位器用于主音量控制，当反馈电位器的值增大时，总和输入的增益增大。该反馈回路中不需要固定值的反馈电阻，当反馈电阻达到 0Ω 时，电路增益为 0，不会产生声音。注意，混频器选择了 LM4562 运算放大器。来自美国国家半导体公司的这个系列的运算放大器是超低失真放大器，为了高保真应用，它们是经过优化过的。LM4562 的说明手册可以在 www.national.com 找到。

许多混频器包含功率放大器。这个电路采用系统例子 5-1 中介绍过的功率放大器的变化形式（只改变了一点）。为了能使功率放大器有更高的输出，电源增加到了±45V。一个给定的系统有多个电源电压是很常见的。这个变化需要 2N3904 和 2N3906 有所变化来适应更高额定电压的晶体管，2N3904 和 2N3906 的集电极到发射极的最大额定电压为 40V。缓冲级由 A 类放大级替代，这是因为运算放大器不能产生足够高的输出电压摆幅。因为 LM4562 具有低输出电阻，能够很容易地驱动 A 类放大器，所以它不需要缓冲。如所设计的一样，混频器/放大器能够在削波前向 8Ω 扬声器连续提供 25W 功率。如果需要更高的功率，可以并行加入一级或多级输出。

8.2 节测试题

1. 定义求和点。
2. 对一个五输入均值放大器，R_f/R 的值是多少？
3. 某个比例加法器具有两个输入，其中一个输入的权重是另一个输入权重的两倍。如果较低权重输入的电阻值为 $10k\Omega$，另一个输入电阻值是多少？
4. 参考图 SE8-7，混频器每个通道中的固定电阻起什么作用？

8.3 积分器和微分器

运算放大积分器模拟数学积分，数学积分本质上是一个求和过程，积分的值是函数曲线下覆盖的总面积。运算放大微分器模拟数学微分，数学微分是确定函数瞬时变化率的过程。为了展示基本原理，本节学习的积分器和微分器是理想的。为了阻止饱和，实际的积分器常常有一个额外的电阻或其他电路在反馈电容器的并联电路中。为了减小高频噪声，实际的微分器可能包含一个串联电阻。

学完本节后，你应该掌握以下内容：

- 理解积分器和微分器的工作原理
  - 判别积分器
  - 讨论电容器如何充电
  - 确定积分器输出变化率
  - 判别微分器
  - 确定微分器的输出电压

8.3.1 运算放大器积分器

一个理想积分器如图 8-24 所示。注意，反馈元件是一个电容器，这个电容器与输入电阻构成 RC 电路。

电容器如何充电　为了明白积分器是如何工作的，需要复习一下电容器的充电过程。回顾一下，电容器上的电量 Q 与充电电流 (I_c) 和时间 (t) 成正比。

$$Q = I_c t$$

同样地，考虑到电压，电容器上的电量为

$$Q = CV_c$$

从这两个关系式可以得到，电容器电压可以表示成

$$V_c = \left(\frac{I_c}{C}\right)t$$

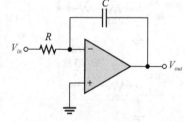

图 8-24　理想运放积分器

这个表达式是一条直线的方程，直线开始于 0 并且斜率为 I_c/C。（从线性代数可知，直线的一般表达式为 $y=mx+b$。这里，$y=V_c$，$m=I_c/C$，$x=t$，并且 $b=0$。）

我们知道，在简单 RC 网络上的电容电压是非线性的，是指数的。这是因为当电容充电时引起电压变化率的连续减小，充电电流是连续下降的。使用具有 RC 网络的运算放大器构成的积分器的关键之处是电容器的充电电流是恒定的，因此产生直线（线性）的电压而

不是指数电压。现在我们看看为什么是这样的。

在图 8-25 中，运算放大器的反相输入端虚地（0V），所以 R_i 两端的电压等于 V_{in}。因此，输入电流为

$$I_{in} = \frac{V_{in}}{R_i}$$

如果 V_{in} 是常量电压，那么 I_{in} 同样是一个常量，因为反相输入总是保持在 0V，使得 R_i 两端的电压是常量。因为运算放大器具有非常高的电阻，所以反相输入端的电流可以忽略。这使得所有输入电流给电容器充电，则

$$I_C = I_{in}$$

电容器电压 因为 I_{in} 是恒定的，所以 I_C 也是恒定的。常量 I_C 线性地向电容器充电，在 C 上产生线性电压。电容器的正极通过运算放大器虚地维持在 0V，电容器的负极电压随着电容器充电从 0 开始线性减小，如图 8-26 所示。这个电压称为负斜坡，它是恒定正极性输入的结果。

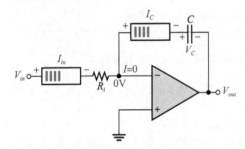

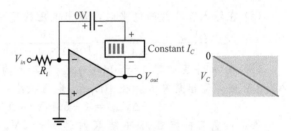

图 8-25 积分器中的电流　　　　图 8-26 由恒定充电电流在 C 上产生的线性斜坡电压

输出电压 V_{out} 与电容器负极电压相同。当常量正极性输入电压是阶跃形式或脉冲形式时（脉冲在高电平处幅度是常量），输出斜坡在负方向一直减小，直到运算放大器在最大负电平处饱和为止，如图 8-27 所示。

输出变化率 你已经发现，电容器充电速率和输出斜坡斜率由比率 I_C/C 决定。因为 $I_C = V_{in}/R_i$，所以积分器输出电压的变化率或斜率为

$$\frac{\Delta V_{out}}{\Delta t} = -\frac{V_{in}}{R_i C} \tag{8-6}$$

你将会在第 10 章中看到，积分器在三角波发生器中特别有用。

系统说明 图 8-24 中所示的理想积分器在理论上能很好地工作，但是实际上并非如此。如果在运算放大器的输入端存在哪怕一丁点的直流失调，都会引起输出端达到饱和。原因是对直流电压来说电容器几乎就像一个无穷大的电阻一样，直流电压增益将非常高。即使输入信号中没有直流分量，运算放大器本身的输入失调电流也会产生输出失调电压。

这个问题的解决方法是加入一个大阻值电阻与电容器并联，如图 SN8-1 所示。这个电路称为运行平均或密勒积分器。在高频时电阻的影响很小或没有影响。在低频时，它提供电容器放电的通路，减小积分器的直流增益。

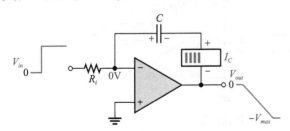

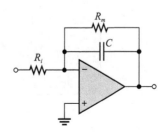

图 8-27 恒定输入电压在积分器输出端产生斜坡　　　　图 SN8-1 密勒积分器

例 8-8 （a）对于如图 8-28a 所示的理想积分器，对第一个输入脉冲波形，试确定相应的输出电压变化率。输出电压最初为 0。

（b）描述第一个脉冲后的输出，并画出输出波形。

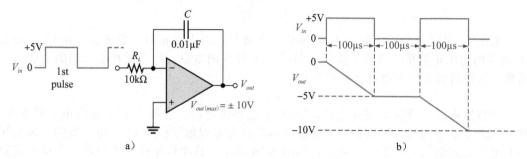

图 8-28　例 8-8 图 [🞂 MULTISIM]

解：

（a）在输入脉冲为高电平时，输出电压的变化率为

$$\frac{\Delta V_{out}}{\Delta t} = -\frac{V_{in}}{R_i C} = -\frac{5\text{V}}{10\text{k}\Omega \times 0.01\mu\text{F}} = -50\text{kV/s} = -50\text{mV}/\mu\text{s}$$

（b）在（a）中变化率为 $-50\text{mV}/\mu\text{s}$。当输入为 $+5\text{V}$ 时，输出是一个负向的斜坡。当输入是 0V 时，输出是常量。在 $100\mu\text{s}$，电压减小：

$$\Delta V_{out} = (-50\text{mV}/\mu\text{s}) \times 100\mu\text{s} = -5\text{V}$$

因此，负向斜坡在脉冲结束时达到 -5V。然后，当输入是 0 时，输出电压维持在 -5V 不变。在下一个脉冲处，输出又是负向斜坡并达到 -10V。因为这是最大极限，所以只要输入脉冲在，输出就保持 -10V 不变。波形如图 8-28b 所示。

✎ **实践练习**

改变图 8-28 中的积分器，使得在相同的输入下，在 $50\mu\text{s}$ 时的输出变化从 0 变为 -5V。

8.3.2　运算放大器微分器

理想微分器如图 8-29 所示。注意，电容器和电阻的位置与它们在积分器中的位置不同。现在，电容器是输入元件。微分器产生的输出与输入电压的变化成正比。尽管通常用小阻值电阻与电容器串联来限制增益，但是这并不影响基本的工作原理，这里的分析不考虑这个问题。

为了弄清微分器是如何工作的，如图 8-30 所示，将正向斜坡电压加在输入端。这种情况下，$I_C = I_{in}$，因为反相输入端虚地，任何时候电容器上的电压都等于 $V_{in}(V_C = V_{in})$。

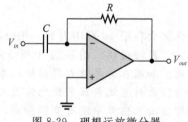

图 8-29　理想运放微分器

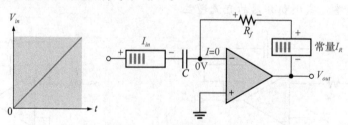

图 8-30　斜坡输入微分器

从基本公式 $V_C = (I_C/C)t$, 有

$$I_C = (V_C/t)C$$

因为反相输入端的电流可以忽略, 所以 $I_R = I_C$。因为电容器电压斜坡 (V_C/t) 是常量, 所以电流是常量。由于反馈电阻的一端总是 0V(虚地), 所以输出电压同样是常量, 并等于 R_f 上的电压。

$$V_{out} = I_R R_f = I_C R_f$$

$$V_{out} = -\left(\frac{V_C}{t}\right)R_f C \tag{8-7}$$

如图 8-31 所示, 当输入是正向斜坡时, 输出是负值。当输出是负向斜坡时, 输出是正值。在输入为正斜坡期间, 具有恒定电流的输入源通过反馈电阻向电容器充电。在输入是负向斜坡时, 由于电容器放电, 恒定电流反向。

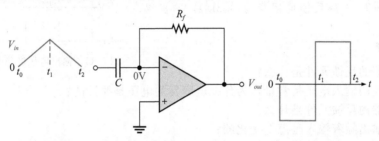

图 8-31　输入端连续加入正向和负向斜坡(三角波)时的微分器输出

注意, 在式(8-7)中, V_C/t 是输入的斜率。如果斜率增加, V_{out} 将负得更多。如果斜率减小, V_{out} 将正得更多。所以输出电压与输入的负向斜率(变化率)成正比, 这个比例常量是时间常量 $R_f C$。

系统说明　微分器的输出是输入信号变化率的函数。这个电路的一个常见应用是工厂的仪表控制过程。假设一个工业炉正在满负荷温度下运行。如果只监测炉温, 警报是不会响的, 除非炉温发生了过热。一个更加安全的控制系统是监测炉子温度提升的速率, 如果炉子升温过快, 这将是一个可能故障的症状, 可以在炉子过热之前采取纠正措施。

如果微分器的输入与一个传感器相连, 这个传感器产生一个与温度成正比的直流电压, 那么微分器的输出与温度升高的速率成正比。然后, 微分器的输出将驱动比较。如果温度变化率超过了预先设置的值, 通过比较器参考电压的校准, 比较器输出将触发警报, 终止加热过程。

例 8-9　如图 8-32 所示, 如果输入是三角波, 试确定理想运放微分器的输出电压。

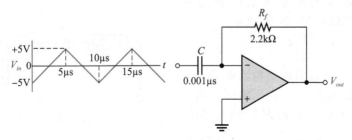

图 8-32　例 8-9 图　[**MULTISIM**]

解: 从 $t=0$ 开始, 输入电压在 5μs 内是从 −5V 变为 +5V(+10V 的变化)的正向斜坡。然后, 输入电压是在 5μs 内从 +5V 变为 −5V(−10V 的变化)的负向斜坡。

代入式(8-7)，正向斜坡的输出电压为

$$V_{out} = -\left(\frac{V_C}{t}\right)R_fC = -\left(\frac{10\text{V}}{5\mu\text{s}}\right) \times 2.2\text{k}\Omega \times 0.001\mu\text{F} = 24.4\text{V}$$

同样可以算出负向斜坡的输出电压。

$$V_{out} = -\left(\frac{V_C}{t}\right)R_fC = -\left(\frac{-10\text{V}}{5\mu\text{s}}\right) \times 2.2\text{k}\Omega \times 0.001\mu\text{F} = +4.4\text{V}$$

最后，输出电压波形与输入的关系如图 8-33 所示。

如前所述，如果这是一个实际的微分器，那么会有一个与电容器串联的小阻值电阻。分析的方法本质上是相同的。

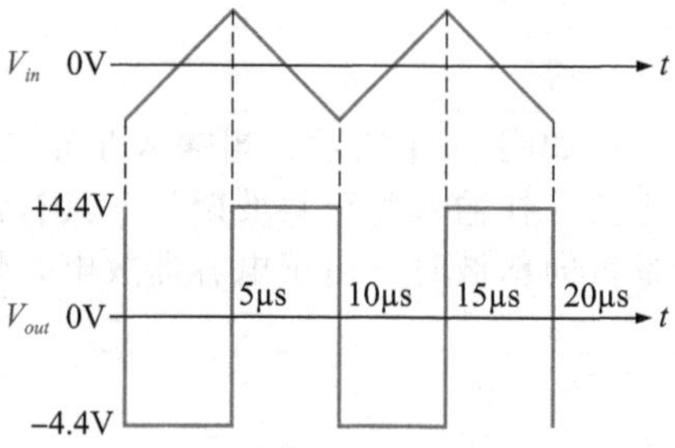

✎ **实践练习**

如果图 8-32 中的反馈电阻变为 3.3kΩ，输出电压为多少？

图 8-33 输出电压波形与输入的关系

8.3 节测试题

1. 运放积分器的反馈元件是什么？
2. 一个积分器的输入电压是常量，为什么电容器的电压是线性的？
3. 运放微分器的反馈元件是什么？
4. 微分器的输出随着输入是怎么变化的？

8.4 转换器和其他运算放大器电路

本节介绍几个运算放大电路，它们代表了运算放大器的基本应用。你将学习恒流源、电流-电压转换器、电压-电流转换器和峰值检波器。当然，这并没有全面覆盖所有可能的运算放大器电路，仅仅是介绍了一些常见的基本使用。

学完本节后，你应该掌握以下内容：

- 理解一些特殊运算放大器电路的工作原理
  - 识别和解释运算放大器恒流源的工作原理
  - 识别和解释运算放大器电流-电压转换器的工作原理
  - 识别和解释运算放大器电压-电流转换器的工作原理
  - 解释如何将一个运算放大器用作峰值检波器

8.4.1 恒流源

当负载电阻变化时，恒流源提供的负载电流保持恒定。图 8-34 是一个基本电路，稳压源(V_{in})通过输入电阻(R_i)提供恒定电流(I_i)。因为运算放大器反相输入端虚地(0V)，所以 I_i 的值由 V_{IN} 和 R_i 决定

$$I_i = \frac{V_{IN}}{R_i}$$

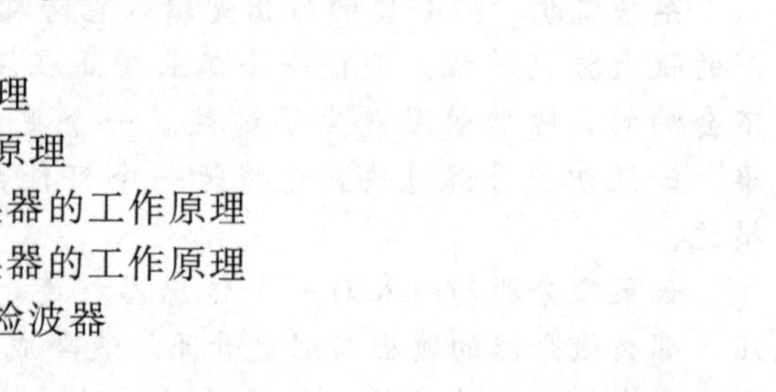

现在，因为运算放大器的内部输入电阻非常大(理想情况下是无穷大)，所以实际上所有 I_i 通过反馈支路流过 R_L。因为 $I_i = I_L$，所以

$$I_L = \frac{V_{IN}}{R_i} \qquad (8-8)$$

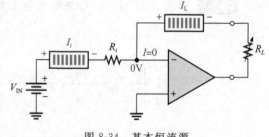

图 8-34 基本恒流源

如果 R_L 变化，只要 V_{IN} 和 R_i 保持不变，I_L 就保持不变。

8.4.2 电流-电压转换器

电流-电压转换器把变化的输入电流变为成正比的输出电压，基本电路如图 8-35a 所示。因为几乎所有 I_i 流过反馈路径，所以 R_f 的电压降为 $I_i R_f$。因为 R_f 的左端虚地(0V)，所以输出电压就等于 R_f 上的电压，该电压与 I_i 成正比。

$$V_{OUT} = I_i R_f \tag{8-9}$$

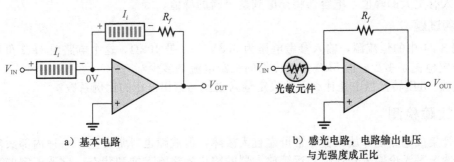

a) 基本电路   b) 感光电路，电路输出电压
与光强度成正比

图 8-35 电流-电压转换器

这个电路的一种特殊应用如图 8-35b 所示，其中，光敏元件用来探测光强度变化。当光强度发生变化时，流过光敏元件的电流随着发生变化，这是因为元件的电阻发生了改变。输出电压的变化与这个电阻的变化成正比($\Delta V_{OUT} = \Delta I_i R_f$)。

8.4.3 电压-电流转换器

基本电压-电流转换器如图 8-36 所示。这个电路用于输出(负载)电流需要由输入电压控制的应用中。

忽略输入失调电压，运算放大器的反相和同相输入端的电压都是 V_{IN}。因此，R_1 上的电压等于 V_{IN}。因为反相输入端的电流可以忽略，所以 R_1 上的电流与 R_L 上的电流相等。因此，

$$I_L = \frac{V_{IN}}{R_1} \tag{8-10}$$

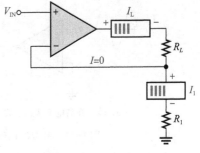

图 8-36 电压-电流转换器

系统说明 在仪表系统中，大多数物理测量值(如温度、重量、压力等)通过传感器表示成模拟直流电压信号。但是，直流电流信号比直流电压信号更受欢迎，因为在串联电路中(用传感器来测量/记录的装置)直流电流在信号路径中的任意点处始终相同。即使在并行连接方式中，由于线路损耗，电路中的直流电压信号在不同点处会有变化。同样地，因为电流检测仪器的电阻较低，所以电流检测仪器比电压检测仪器具有更好的噪声免疫能力。

运算放大器电压-电流转换器在这种应用中是十分理想的。对给定的传感器输入电压，即使连接到测量设备的导线电阻值未知，电压-电流转换器也能产生精确的电流。

8.4.4 峰值检测器

运算放大器的一个有趣应用是峰值检测器电路，如图 8-37 所示。这种情况下，运算放大器用作比较器。这个电路的目的是检测输入电压的峰值，并且将峰值电压存储在电容器上。例如，这个电路可以用于检测和存储浪涌电压的最大值，然后可以在输出端用电压表和记录

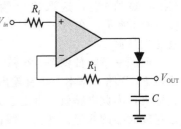

图 8-37 基本的峰值检测器

设备来测量它。基本的工作原理如下：当正极性电压通过 R_i 连接到运算放大器的同相输入端时，运算放大器的高电平输出电压使二极管正向偏置导通并向电容器充电。电容器持续充电，直到它的电压等于输入电压为止，因此运算放大器的两个输入端具有相同的电压。此时，运放比较器输出状态切换，它的输出变为低电平。现在二极管反向偏置，电容器停止充电，它达到的电压等于 V_{in} 的峰值，并将此电压一直维持在这个值直到电荷漏光。如果输入有更大的峰值，电容器将充电到这个新的峰值。

8.4 节测试题

1. 对图 8-34 中的恒流源，输入参考电压为 6.8V，R_i 是 $10k\Omega$。这个电路向 $1k\Omega$ 负载提供的恒定电流是多少？向 $5k\Omega$ 负载提供的恒定电流是多少？
2. 在电流-电压转换器中是什么元件决定输入电流与输出电压的比例系数？

8.5 故障检测

尽管集成电路运算放大器非常可靠且无故障，但故障也时常发生。一种内部故障模式发生的情况是无论输入是什么，运算放大器的输出始终陷入饱和状态，导致恒定的高电平或低电平。同样，在运算放大电路中，外部元件的故障将产生不同类型的失效模式。本节来看一些例子。

学完本节后，你应该掌握以下内容：
- 检测基本运算放大电路的故障
  - 识别比较器电路的故障
  - 识别求和运算放大器的故障

图 8-38 阐述了比较器电路的内部故障，这导致了输出受限制。

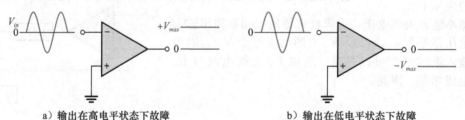

a）输出在高电平状态下故障   b）输出在低电平状态下故障

图 8-38   典型的比较器内部故障导致输出被限制在高或低电平状态

8.5.1 比较电路中外部元件故障的征兆

一带有齐纳限幅的比较器如图 8-39 所示，除了运算放大器本身的故障，齐纳二极管或电阻也可能出现故障。例如，假设其中一个齐纳二极管开路，去掉了两个齐纳二极管后的电路就像无限幅比较器一样工作，如图 8-40a 所示。如果一个二极管短路，那么输出电压仅在一个方向上被限制在齐纳电压（限定幅值）上，这取决于哪个二极管仍在工作，如图 8-40b 所示。在另一个方向上，输出电压保持为二极管正向压降。

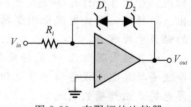

图 8-39   有限幅的比较器

回顾一下，如图 8-40c 和 d 所示，R_1 和 R_2 设置滞回比较器的 UTP 和 LTP。现在，假设 R_2 开路，基本上所有输出电压都反馈到同相输入端，并且由于输入电压永远不会超过输出，因此电路就一直处于其中的一个饱和状态。如前所述，这个征兆同样也能够表明运算放大器的故障。现在，假设 R_1 断开，这使得同相输入端接近地电位，使得电路像过零检测器一样工作。

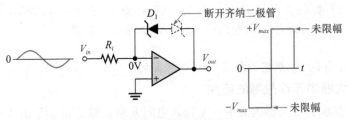

a) 断开齐纳二极管的效果

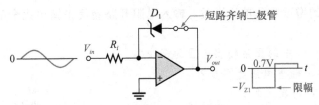

b) 短路齐纳二极管的效果

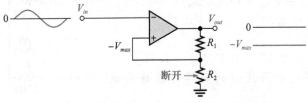

c) 断开R_2使得输出维持在一个状态（要么高要么低）

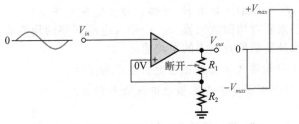

d) 断开R_1迫使电路像过零检测器一样工作

图 8-40 比较器电路故障的例子和它们的效果

例 8-10 双踪示波器的一个信道连接到比较器输出，另一个信道连接到输入信号，如图 8-41 所示。从观察到的波形可知，试判断电路是否正常工作，如果不能正常工作，最可能的故障是什么？

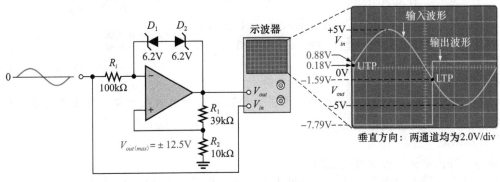

图 8-41 例 8-10 图

解： 输出应该限制为±8.67V。然而，正的最大值是＋0.88V，负的最大值是－7.79V。这表明D_2短路了。参考例子8-3来分析限幅比较器。

实践练习

如果是D_1而不是D_2短路，输出电压是怎样的？

8.5.2　求和放大器中元件故障的征兆

如果单位增益求和放大器的其中一个输入电阻开路，输出将小于输入全部接入时的电压正常值，即输出是剩余的输入电压的和。

如果求和放大器的增益为非单位增益，输入电阻开路会使得输出比全部接入的输入量乘以增益的值要小。

例 8-11 （a）图8-42中的正常输出电压为多少？

（b）如果R_2开路，输出电压为多少？

（c）如果R_5开路，将发生什么？

解：

（a）$V_{OUT} = -(V_{IN1} + V_{IN2} + \cdots + V_{INn})$

$\qquad = -(1V + 0.5V + 0.2V + 0.1V)$

$\qquad = -1.8V$

（b）$V_{OUT} = -(1V + 0.2V + 0.1V) = -1.3V$

（c）如果R_5开路，电路变为比较器并且输出达到$-V_{max}$。

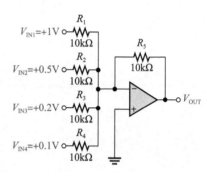

图8-42　例8-11图

实践练习

在图8-42中，假设$R_5 = 47k\Omega$。如果R_1开路，输出电压是多少？

再举一个例子，我们来看看均值放大器。一个输入电阻开路的均值放大器所产生的输出电压等于认为开路输入是零后所有输入的平均值。

例 8-12 （a）图8-43中均值放大器的正常输出电压为多少？

（b）如果R_4开路，输出电压是多少？输出电压表示什么？

解：

（a）因为输入电阻相等，所以$R = 100k\Omega$，$R_f = R_6$。

$$V_{OUT} = -\frac{R_f}{R}(V_{IN1} + V_{IN2} + \cdots + V_{INn})$$

$$= -\frac{20k\Omega}{100k\Omega} \times (1V + 1.5V + 0.5V + 2V + 3V)$$

$$= -0.2 \times 8V = -1.6V$$

（b）$V_{OUT} = \frac{20k\Omega}{100k\Omega} \times (1V + 1.5V + 0.5V + 3V) = $

$-0.2 \times 6V = -1.2V$。1.2V的结果是5个电压的均值，其中2V的那个输入电压用0V代替。注意，输出电压不是4个剩余电压的均值。

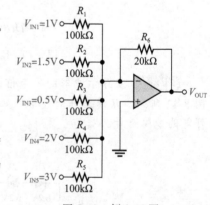

图8-43　例8-12图

实践练习

如果R_4开路，如这个例子所示，为了使得输出等于剩余4个输入电压的均值，你要做些什么才能实现？

8.5节测试题

1. 描述一种内部运算放大器的故障。

2. 如果某个故障的原因是不止一个元件出现故障，为了隔离故障你会做什么？

小结

● 在运算放大比较器中，当输入电压超过某个指定的参考电压时，输出改变状态。
● 滞回使得运算放大器具有抗噪声能力。
● 当输入达到上触发点(UTP)时，比较器切换到一种状态；当输入下降到低于下触发点(LTP)时，比较器变为另一种状态。
● UTP 和 LTP 之间的差是滞回电压。
● 限幅限制了比较器的输出幅度。
● 求和运算放大器的输出电压与输入电压的和成正比。

● 均值放大器是一个带有闭环增益的求和放大器，这个闭环增益等于输入数量的倒数。
● 在比例加法器中，向不同的输入配置不同的权重，因此这可以使得输入对输出的贡献更多或更少。
● 积分是一个确定曲线下区域面积的数学过程。
● 积分的步骤产生了斜坡，其斜率与幅度成正比。
● 微分是一个确定函数变化率的数学过程。
● 斜坡的微分产生一个与斜坡斜率成正比的幅度。

关键术语

本章中的关键术语和其他楷体术语在本书结束术语表中定义。

限幅：限制放大器或其他电路输出范围的过程。
比较器：比较两个输入电压的电路，通过两个输入之间是大于还是小于关系产生一个输出电压。
恒流源：当负载电阻发生变化时提供恒定负载电流的电路。
电流-电压转换器：将变化的输入电流转换为与之成正比的输出电压的电路。
微分器：产生大约等于输入函数变化率的反向输出的电路。
滞回：这个特性使得电路在一个电平时，输出可

以从一个状态切换为另一个状态。在另一个更低的电平时，电路还原为原来的状态。
积分器：一个产生大约是输入函数曲线下区域面积大小的反向输出的电路。
峰值检测器：用来检测输入电压峰值并将这个峰值存储在电容器上的电路。
施密特触发器：具有滞回的比较器。
求和放大器：基本比较器电路的变化形式，具有两个或多个输入，输出电压与输入电压代数和的幅度成正比。
电压-电流转换器：将变化的输入电压转换为与之成正比的输出电流的电路。

重要公式

比较器

$(8\text{-}1) V_{REF} = \dfrac{R_2}{R_1 + R_2}(+V)$ 比较器基准

$(8\text{-}2) V_{HYS} = V_{UTP} - V_{LTP}$ 滞回

求和放大器

$(8\text{-}3) V_{OUT} = -(V_{IN1} + V_{IN2} + \cdots + V_{INn})$ n 输入加法器

$(8\text{-}4) V_{OUT} - \dfrac{R_f}{R}(V_{IN1} + V_{IN2} + \cdots + V_{INn})$ 带增益的比例加法器

$(8\text{-}5) V_{OUT} = \left(-\dfrac{R_f}{R_1}V_{IN1} + \dfrac{R_f}{R_2}V_{IN2} + \cdots + \dfrac{R_f}{R_n}V_{INn}\right)$ 比例加法器

积分器和微分器

$(8\text{-}6) \dfrac{\Delta V_{out}}{\Delta t} = -\dfrac{V_{in}}{R_i C}$ 积分器输出变化率

$(8\text{-}7) V_{out} = -\left(\dfrac{V_C}{t}\right)R_f C$ 微分器对斜坡输入的输出电压

其他

$(8\text{-}8) I_L = \dfrac{V_{IN}}{R_i}$ 恒流源

$(8\text{-}9) V_{OUT} = I_i R_f$ 电流-电压转换器

$(8\text{-}10) I_L = \dfrac{V_{IN}}{R_1}$ 电压-电流转换器

自测题

1. 在过零检测器中，当输入_____时输出改变状态。
   (a) 为正   (b) 为负
   (c) 跨过 0   (d) 变化率为 0

2. 过零检测器的一个应用是_____。
   (a) 比较器   (b) 微分器
   (c) 求和放大器   (d) 二极管

3. 比较器输入端的噪声能够引起输出_____。
   (a) 挂在一个状态
   (b) 变为 0
   (c) 在两个状态之间反复变化
   (d) 产生放大的噪声信号

4. 噪声的影响可以通过_____方法减小。
   (a) 降低电源   (b) 使用正反馈

(c) 使用负反馈　　　　(d) 使用滞回

(e) 答案(b)和(d)

5. 带滞回的比较器_____。

(a) 有一个触发点

(b) 有两个触发点

(c) 有一个变化的触发点

(d) 像一个电磁电路

6. 在一个带滞回的比较器中，_____。

(a) 在两个输入端之间施加偏置电压

(b) 只使用一个电源电压

(c) 把输出的一部分反馈到反相输入端

(d) 把输出的一部分反馈到同相输入端

7. 在比较器中使用输出限幅_____。

(a) 使它更快

(b) 保持输出为正

(c) 限制输出电平

(d) 稳定输出

8. 当_____，窗口比较器检测。

(a) 输入在两个指定限制之间时

(b) 输入不变时

(c) 输入改变太快时

(d) 光的量超过一定值时

9. 求和放大器可以有_____。

(a) 仅有一个输入　　(b) 仅有两个输入

(c) 任何数量的输入

10. 如果求和放大器每个输入的电压增益是单位增益，放大器有 4.7kΩ 的反馈电阻，输入电阻的值必须为_____。

(a) 4.7kΩ

(b) 4.7kΩ 除以输入的数量

(c) 4.7kΩ 乘以输入的数量

11. 一个均值放大器有 5 个输入。R_f/R_{in} 的比率应该为_____。

(a) 5　　　　(b) 0.2　　　　(c) 1

12. 在比例加器中，输入电阻_____。

(a) 具有相同的值

(b) 具有不同的值

(c) 每个与输入权重成正比

(e) 与 2 的倍数有关

13. 在积分器中，反馈元件是_____。

(a) 电阻　　　　　　(b) 电容器

(c) 齐纳二极管　　　(d) 分压器

14. 对阶跃输入，积分器的输出为_____。

(a) 脉冲　　　　　　(b) 三角波

(c) 尖峰　　　　　　(d) 斜坡

15. 对阶跃输入，积分器输出电压的变化率由_____设置。

(a) RC 时间常量

(b) 阶跃输入的幅值

(c) 流过电容器的电流

(d) 所有上述三个

16. 在微分器中，反馈元件是_____。

(a) 电阻

(b) 电容器

(c) 齐纳二极管

(d) 分压器

17. 微分器输出与_____成正比。

(a) RC 时间常量

(b) 输入变化率

(c) 输入幅值

(d) 答案(a)和(b)

18. 当微分器的输入是三角波时，输出是_____。

(a) 直流电平

(b) 反相三角波

(c) 方波

(d) 三角波的一次谐波

故障检测测验

参考图 8-45。

● 如果 R_i 比指定值大，

1. 滞回电压将_____。

(a) 增大　　(b) 减小　　(c) 不变

2. 对输入端噪声电压的敏感度将_____。

(a) 增大　　(b) 减小　　(c) 不变

参考图 8-48。

● 如果 D_2 开路，

3. 输出电压将_____。

(a) 增大　　(b) 减小　　(c) 不变

4. 上触发点电压将_____。

(a) 增大　　(b) 减小　　(d) 不变

5. 滞回电压将_____。

(a) 增大　　(b) 减小　　(c) 不变

参考图 8-50。

● 如果 R_1 的值小于指定值，

6. 输出电压将_____。

(a) 增大　　(b) 减小　　(c) 不变

7. 反相输入端电压将_____。

(a) 增大　　(b) 减小　　(c) 不变

参考图 8-52。

● 如果 C 开路，

8. 对阶跃输入，输出电压变化率将_____。

(a) 增大　　(b) 减小　　(c) 不变

9. 输出端最大电压将_____。

(a) 增大　　(b) 减小　　(c) 不变

参考图 8-53。

● 如果 C 开路，

10. 对周期三角输入波，输出信号电压将_____。

(a) 增大　　　(b) 减小　　　(c) 不变
● 如果 R 的值大于指定值，
11. 对周期三角输入波，输出电压将＿＿＿＿。

(a) 增大　　　(b) 减小　　　(c) 不变
12. 输出周期将＿＿＿＿。
(a) 增大　　　(b) 减小　　　(c) 不变

习题

8.1 节

1. 一个运算放大器的开环增益为 80 000。当直流电源电压为 ±15V 时，它的最大饱和输出电压是 ±12V。如果一个 0.15mV rms 的差分电压加到输入端，输出峰峰值是多少？

2. 确定图 8-44 中各个比较器的输出电压（最大正或最大负）是多少？

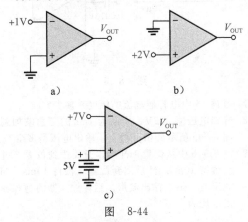

图　8-44

3. 计算图 8-45 中的 V_{UTP} 和 V_{LTP}。$V_{out(max)} = -10V$。

4. 图 8-45 中的滞回电压是多少？

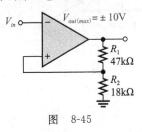

图　8-45

5. 针对输入，画出图 8-46 中每个电路的输出电压波形。给出电压值。

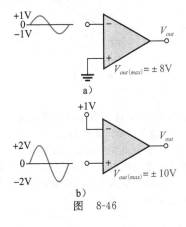

图　8-46

6. 确定图 8-47 中每个比较器的滞回电压。最大输出电压为 ±11V。

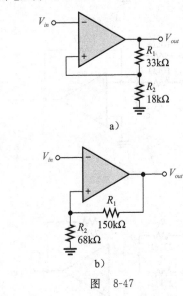

图　8-47

7. 在图 8-45 中，一个 6.2V 的齐纳二极管连接在输出端与反相输入端之间，负极连输出。正、负输出电压是多少？

8. 确定图 8-48 中的输出电压波形。

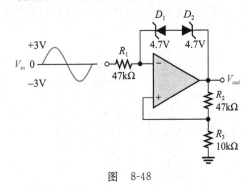

图　8-48

8.2 节

9. 确定图 8-49 中每个电路的输出电压。

10. 参考图 8-50，确定如下参数：
   (a) V_{R1} 和 V_{R2}
   (b) 流过 R_f 的电流
   (c) V_{OUT}

11. 为了使图 8-50 中输出是所有输入的和的 5 倍，R_f 的值为多少？

12. 设计一个求和放大器，它可以平均 8 个输入电压，使用的每个输入电阻是 10kΩ。

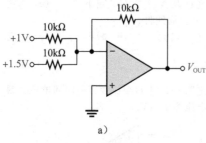

a)

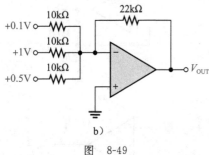

b)

图 8-49

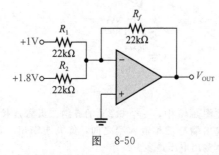

图 8-50

13. 如图 8-51 所示，当输入电压加到比例加法器上时，试确定输出电压。流过 R_f 的电流是多少？

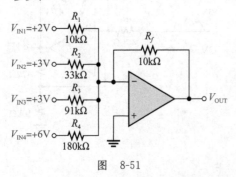

图 8-51

14. 确定 6 输入比例加法器中输入电阻的值，其中，最低权重输入为 1，每个相继输入的权重是前一个输入的 2 倍。$R_f = 100\text{k}\Omega$。

8.3 节

15. 如图 8-52 所示，当积分器的输入是阶跃输入时，确定输出电压变化率。

16. 将三角波加到图 8-53 所示的电路输入端。确定输出是什么，并对应输入波画出其输出波形。

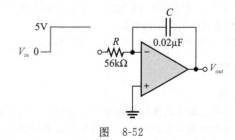

图 8-52

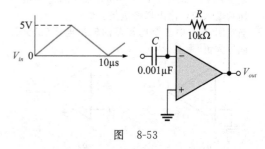

图 8-53

17. 习题 16 中电容器电流的幅度是多少？

18. 峰峰电压值为 2V、周期为 1ms 的三角波加到图 8-54a 所示的微分器上，输出电压是多少？

19. 图 8-54b 中从位置 1 开始，开关拨到位置 2 并且维持 10ms，然后回到位置 1 保持 10ms，如此反复。画出输出波形。运算放大器的饱和输出电压为 ±12V。

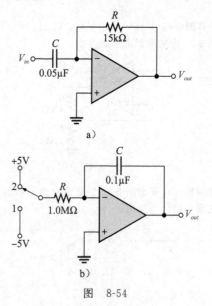

a)

b)

图 8-54

8.4 节

20. 确定图 8-55 中每个电路的负载电流。（提示：将 R_i 左边电路戴维南等效。）

21. 设计一个电路，它能远程感知温度并产生一个与温度成正比的电压，然后把这个电压转换成数字形式以便显示出来。热敏电阻可以用作温度传感元件。

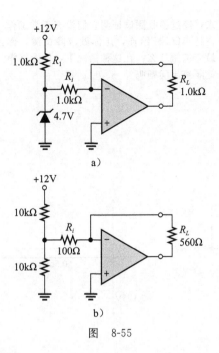

图 8-55

8.5 节

22. 图 8-56a 中给出的波形在图 8-56b 中所示的点处观察得到。这个电路工作正常吗？如果不可以，可能的故障是什么？

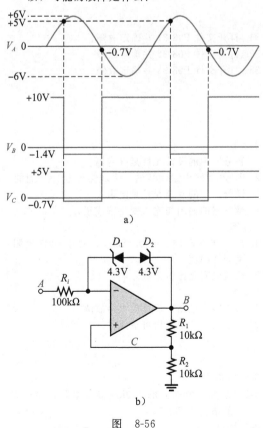

图 8-56

23. 对于图 8-57b 所示的窗口比较器，测量得到的波形如图 8-57a 所示。确定输出波形是否正确，如果不正确，描述可能存在的错误。

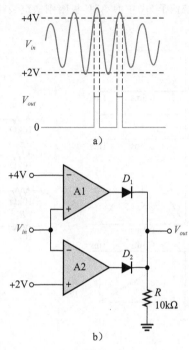

图 8-57

24. 将图 8-58 所示的一系列电压加到求和放大器上，然后观察输出。首先，确定输出是否正确。如果不正确，确定存在的故障。

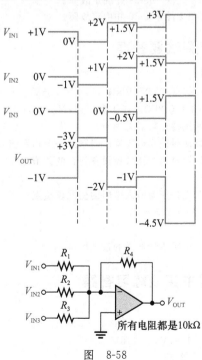

图 8-58

25. 如图 8-59 所示，将给定的斜坡电压加到运算放大电路上。输出电压正确吗？如果不正确，问题出在哪里？

26. 系统例子 8-2 中的 ADC 板刚刚从组装线上下来，经过验收测试证明它们没有正常工作。现在把 ADC 板给你，让你做故障检测。你首先最应该做什么？在这种情况下，你能够第一步就隔离出问题吗？

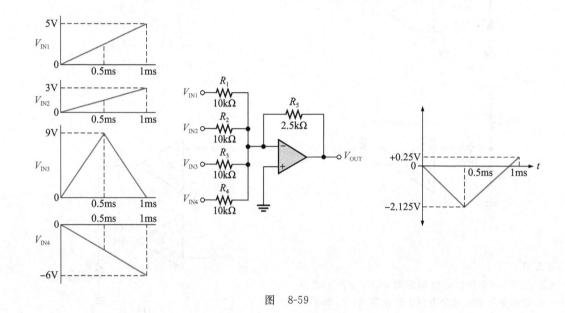

图 8-59

MULTISIM 故障检测问题 [🅼 MULTISIM]

27. 打开文件 P08-27 并确定故障。
28. 打开文件 P08-28 并确定故障。
29. 打开文件 P08-29 并确定故障。
30. 打开文件 P08-30 并确定故障。

31. 打开文件 P08-31 并确定故障。
32. 打开文件 P08-32 并确定故障。
33. 打开文件 P08-33 并确定故障。

各节测试题答案

8.1 节

1. (a) $V = (10\text{k}\Omega/110\text{k}\Omega) \times 5\text{V} = 1.36\text{V}$

   (b) $V = (22\text{k}\Omega/69\text{k}\Omega) \times (-12\text{V}) = -3.8\text{V}$

2. 滞回使得比较器无噪声。

3. 限幅使得输出电压幅度限制到一个指定值。

4. 分压器对每个比较器设置各自的阈值电压。

8.2 节

1. 求和点是所有输入电阻的公共连接点。

2. $R_f/R = 1/5 = 0.2$

3. $5\text{k}\Omega$

4. 固定电阻设置通道的最大增益。

8.3 节

1. 积分器中的反馈元件是电容器。

2. 因为电容器电流是恒定的，所以电容器电压是线性的。

3. 微分器中的反馈元件是电阻。

4. 微分器的输出与输入变化率成正比。

8.4 节

1. $I_L = 6.8\text{V}/10\Omega = 0.68\text{mA}$；对于 $5\text{k}\Omega$ 电阻，是同样的值。

2. 反馈电阻是比例常数。

8.5 节

1. 由于输出短路，运算放大器故障。

2. 一个接一个地更换可疑元件。

例题中实践练习答案

8-1 1.96V

8-2 $+3.83\text{V}$，-3.83V，$V_{\text{HYS}} = 7.65\text{V}$

8-3 $+1.81\text{V}$，-1.8V

8-4 -12.5V

8-5 -5.73V

8-6 改变需要额外的 100kΩ 输入电阻，并把 R_f 的值变为 20kΩ。

8-7 0.45，0.12，0.18；$V_{\text{OUT}} = -3.03\text{V}$

8-8 将 C 变为 5 000pF 或将 R 变为 5.0kΩ。

8-9 具有 6.6V 幅度的相同波形。

8-10 脉冲从 -0.88V 到 $+7.79$V

8-11 -3.76V

8-12 改变 R_6 为 25Ω。

自测题答案

1. (c)　2. (a)　3. (c)　4. (e)　5. (b)　6. (d)　7. (c)　8. (a)　9. (c)　10. (a)　11. (b)
12. (c)　13. (b)　14. (d)　15. (d)　16. (a)　17. (d)　18. (c)

故障检测测验答案

1. 减小　2. 增大　3. 增大　4. 增大　5. 增大　6. 增大　7. 不变　8. 增大　9. 不变
10. 减小　11. 增大　12. 不变

第 9 章

有源滤波器

目标

- 描述滤波器的增益-频率响应
- 描述三个基本滤波器响应特性和其他滤波器参数
- 理解有源低通滤波器
- 理解有源高通滤波器
- 理解有源带通滤波器
- 理解有源带阻滤波器
- 讨论测量频率响应的两种方法

电源滤波器在第 2 章中已经介绍,本章介绍用于信号处理的有源滤波器。滤波器可以让某些特定频率的输入信号达到输出端,让其他频率的输入信号不能通过。这种特性称为选择性。

有源滤波器使用的器件,如带无源 *RC* 网络、*RL* 网络或 *RLC* 网络的晶体管或运算放大器。有源器件提供电压增益,无源网络用于频率选择。一般根据响应,有源滤波器有 4 种基本类型:低通、高通、带通和带阻。本章将学习使用运算放大器和 *RC* 网络实现的有源滤波器。

9.1 基本滤波器响应

滤波器通常按照输出电压随输入电压频率变化的方式分类,有源滤波器的种类有低通、高通、带通和带阻。本节将学习各种滤波器的一般响应。

学完本节后,你应该掌握以下内容:

- 描述基本滤波器的增益-频率响应
  - 解释低通响应
  - 确定低通滤波器的截止频率和带宽
  - 解释高通响应
  - 确定高通滤波器的截止频率
  - 解释带通响应
  - 解释品质因数的重要性
  - 确定带通滤波器的截止频率、带宽、品质因素和阻尼系数
  - 解释带阻响应

9.1.1 低通滤波器响应

滤波器是一个允许某些频率通过,衰减或阻止所有其他频率的电路。一个滤波器的通带是滤波器允许通过的频率区域,在这些区域中信号的损耗最小(通常定义为小于-3dB)。截止频率 f_c(通常也称为截断频率)定义为通带的终端,通常指响应自通带下降了-3dB(70.7%)。通带后的区域称为过渡区,接着是阻带。过渡区和阻带之间没有精确的分界点。

低通滤波器允许从直流到 f_c 之间的频率通过并大幅衰减所有其他的频率。理想低通滤波器的通带如图 9-1a 中阴影区域所示,当频率在通带以外时响应降为零。理想的响应有时如同"砖墙",因为没有任何东西可以穿过墙。理想低通滤波器的带宽等于 f_c。

$$\text{BW} = f_c \tag{9-1}$$

任何实际的滤波器都不可能实现图 9-1a 所示的理想响应。实际滤波响应取决于极点的数量，极点是滤波器的一个术语，用于描述滤波器中所包含的旁路电路数量。[○]大多数基本低通滤波器是一个简单的 RC 网络，它仅由一个电阻和一个电容器组成，输出在电容器上产生，如图 9-1b 所示。这种基本 RC 滤波器具有一个单极点，超过截止频率后增益以 $-20\text{dB}/$十倍频程的速度衰减，实际的响应在图 9-1a 中用加粗的线画出。为了显示曲线增益下降的细节，滤波器的响应曲线画在标准的对数坐标中。注意，增益几乎是常量，直到频率达到截止频率为止。在此之后，增益以固定的下降率迅速下降。

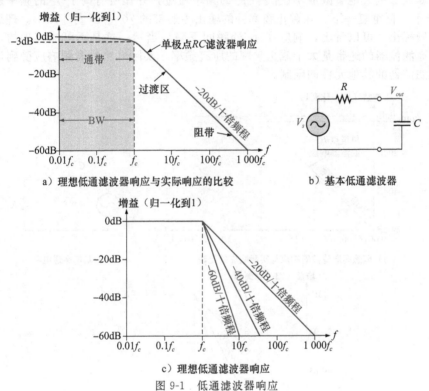

a）理想低通滤波器响应与实际响应的比较   b）基本低通滤波器

c）理想低通滤波器响应

图 9-1 低通滤波器响应

基本 RC 滤波器增益以 $-20\text{dB}/$十倍频程下降意味着在频率 $10f_c$ 处，输出是输入的 $-20\text{dB}(10\%)$。这种相当平缓的下降并不是特别好的滤波器特性，因为太多不期望的频率（通带以外的频率）可以通过这个滤波器。

简单低通 RC 滤波器的截止频率在 $X_C = R$ 处，其中

$$f_c = \frac{1}{2\pi RC}$$

回顾一下基本的直流/交流课程，截止频率处的输出是输入的 70.7%。这种响应等价于衰减了 -3dB。

图 9-1c 给出了几种理想低通响应曲线，包括基本单极点响应（$-20\text{dB}/$十倍频程）。近似的增益曲线表明，通带内的响应是平坦的直至截止频率，在截止频率后响应以常量速率下降。真实的滤波器在截止频率内没有如此好的平坦响应，但如前所述的那样，在截止频率处有 -3dB 的衰减。

为了使滤波器有更陡的过渡区（因此可以形成更有效的滤波器），在基本滤波器上增加

○ 极点也同样用于描述滤波器传递函数的某种复杂的数学特性。

电路是很有必要的。由于负载效应，简单地级联理想的 RC 电路不能使过渡区的响应比 $-20\mathrm{dB}$/十倍频程更陡。然而，通过将运算放大器与频率选择反馈网络组合，设计后的滤波器的下降率可以达到 $-40\mathrm{dB}$/十倍频程、$-60\mathrm{dB}$/十倍频程甚至更大的下降率。在设计中包含一个或多个运算放大器的滤波器称为有源滤波器。通过特殊的滤波器设计，这些滤波器可以优化下降率或其他属性（如相位响应）。通常，滤波器使用的极点越多，滤波器响应的过渡区将越陡。确切的响应取决于滤波器的类型和极点的数量。

9.1.2 高通滤波器响应

高通滤波器极大地衰减或不让低于 f_c 的频率通过，并让所有高于 f_c 的频率通过，如图 9-2a 所示。再重复一下，在截止频率处的输出为通带的 70.7%（或 $-3\mathrm{dB}$）。理想的响应由阴影区域标出，可以看出，响应在 f_c 处瞬间下降，当然，这是不可能实现的。理想情况下，高通滤波器的通带是大于截止频率的所有频率。实际电路的高频响应受到运算放大器或构成滤波器的其他元件的限制。

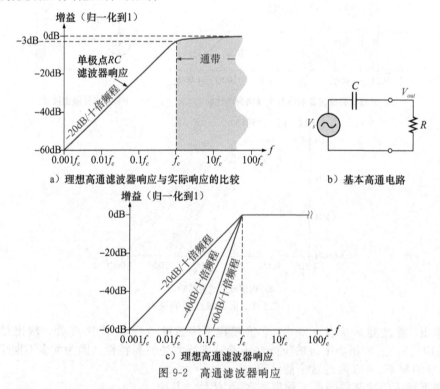

a）理想高通滤波器响应与实际响应的比较   b）基本高通电路

c）理想高通滤波器响应

图 9-2 高通滤波器响应

由一个电阻和电容器组成的简单 RC 网络可以构成高通滤波器，输出取自电阻，如图 9-2b 所示。和低通滤波器的情况一样，基本的 RC 网络有 $-20\mathrm{dB}$/十倍频程的下降，如图 9-2a 中加粗的线所示。同样，基本高通滤波器的截止频率发生在 $X_C = R$ 处，其中

$$f_c = \frac{1}{2\pi RC}$$

图 9-2c 画出了几种理想的高通响应曲线，包括基本 RC 网络的单级点响应（$-20\mathrm{dB}$/十倍频程）。如同低通滤波器，近似的增益曲线显示了大于截止频率时响应是平坦的，小于截止频率时响应以恒定速率下降。实际高通滤波器没有如图 9-2c 所示的理想的平坦响应或精确的下降率。采用有源高通滤波器使过渡区的响应陡峭程度大于 $-20\mathrm{dB}$/十倍频程是可行的，特定的响应依赖于滤波器的类型和极点的数量。

9.1.3 带通滤波器响应

带通滤波器允许位于下限频率和上限频率之间的频率信号通过，阻止指定带宽以外的

所有其他频率信号通过。5.2 节介绍的高频调谐放大器使用调谐电路作为带通滤波器。图 9-3 给出了一般的带通滤波器响应曲线。带宽（BW）定义为上截止频率（f_{c2}）和下截止频率（f_{c1}）的差。

$$BW = f_{c2} - f_{c1} \tag{9-2}$$

截止频率是响应曲线降到它最大值的 70.7% 时的频率点，这些截止频率同样称为 3dB 频率。通带中心的频率称为中心频率 f_0，它定义为两个截止频率的几何均值。

$$f_0 = \sqrt{f_{c1} f_{c2}} \tag{9-3}$$

品质因数

回顾一下 5.2 节介绍的带通滤波器的品质因数（Q）定义为中心频率与带宽之比。

$$Q = \frac{f_0}{BW} \tag{9-4}$$

Q 的值是带通滤波器选择性的指标。对 f_0 一个给定的值，Q 的值越高，带宽越窄并且选择性越好。带通滤波器有时分为窄带（$Q>10$）或宽带（$Q<10$），Q 也可以用滤波器的阻尼系数来表示

$$Q = \frac{1}{DF}$$

9.2 节将介绍阻尼系数。

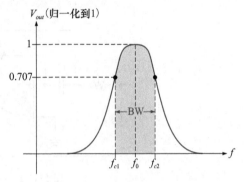

图 9-3 一般带通响应曲线

例 9-1 某个带通滤波器的中心频率为 15kHz，带宽为 1kHz。试确定 Q，并判断滤波器是窄带还是宽带。

解：

$$Q = \frac{f_0}{BW} = \frac{15kHz}{1kHz} = 15$$

因为 $Q>10$，所以这是窄带滤波器。

✎ **实践练习**

如果滤波器的 Q 加倍，滤波器的带宽是多少？

9.1.4 带阻滤波器响应

还有一种有源滤波器是带阻滤波器，也称为陷波滤波器、频带抑制滤波器等。带阻滤波器的一般响应曲线如图 9-4 所示。注意，带宽是 3dB 频率点之间的宽度，和带通滤波器响应的情况一样。可以认为带阻滤波器的原理与带通滤波器相反，因为在某段带宽内的频

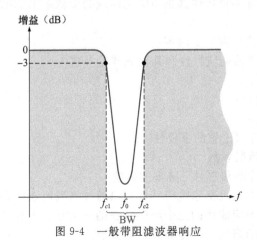

图 9-4 一般带阻滤波器响应

率被拒绝，而在该带宽之外的频率能够通过。

系统说明 我们对一种称为全通滤波器的有源滤波器了解较少。一个二阶全通滤波器的基本原理图如图 SN9-1 所示。顾名思义，全通滤波器在它全部的频率范围内增益是常量。与在一定频率范围内的衰减不同，全通滤波器引入相移，相移与频率呈线性关系。在频率范围低端，相移为 $0°$。在频率范围高端，相移为 $-180°$（或 $-180° \sim -360°$）。全通滤波器通常用输入信号和输出信号之间的相移等于 $-90°$ 时的频率或四分之一波长来描述。与其他类型的滤波器相似，全通滤波器可以级联产生高阶滤波器。

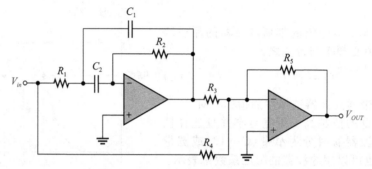

图 SN9-1 一个二阶全通滤波器框图

全通滤波器一个常见的系统应用是在立体声系统中的有源音响。有源分频器使用低通或高通有源滤波器将信号分离，并分别发送到高频放大器和低频放大器以驱动高音扬声器和低音扬声器。这些滤波器会产生相移，恰当设计的全通滤波器可以用于重新分配低频和高频信号的相位。全通滤波器同样也广泛用于数字音频信号处理和高频通信系统，如军事和业余无线电爱好者常用的单边带抑制载波（SSB-SC）系统。

9.1 节测试题

1. 什么决定低通滤波器的带宽？
2. 什么限制有源高通滤波器的带宽？
3. 什么与带通滤波器的 Q 和带宽有关？解释选择性是如何受滤波器的 Q 影响的。
4. 什么是全通滤波器？全通滤波器的特征是什么？

9.2 滤波器的响应特性

每种滤波器（低通、高通、带通、带阻）可以通过电路元件值定制而具有巴特沃斯、切比雪夫或贝赛尔特性。每一种特性都是由响应曲线的形状来识别的，每种特性在特定的应用中具有各自的优势。

学完本节后，你应该掌握以下内容：
● 描述三类基本滤波器响应特性和其他滤波器参数
■ 描述巴特沃斯特性
■ 描述切比雪夫特性
■ 描述贝赛尔特性
■ 定义阻尼系数并讨论它的重要性
■ 计算滤波器的阻尼系数
■ 讨论滤波器的阶数和它对下降率的影响

巴特沃斯、切比雪夫或贝赛尔响应特性可以通过恰当地选择有源滤波器电路的元件值来实现，对低通滤波器响应曲线的三个响应特性的一般比较如图 9-5 所示。同样可以设计具有其中任何一种特性的高通、带通和带阻滤波器。

巴特沃斯特性 巴特沃斯特性在通带内提供非常平坦的幅值响应，并且下降率为－20dB/十倍频程/每极点。相位响应是非线性的，然而，通过滤波器的信号相移（因此有时延）会随着频率而非线性变化。因此，加到具有巴特沃斯响应的滤波器上的脉冲将在输出端引起超调，因为脉冲上升沿和下降沿中的每个频率分量经历了不同的时延。具有巴特沃斯响应的滤波器通常用于当通带内的所有频率必须具有相同的增益时。巴特沃斯响应通常指最平坦响应。

切比雪夫特性 当要求下降率非常快时，具有切比雪夫响应特性的滤波器非常有用，因为切比雪夫滤波器可以提供大于－20dB/十倍频程/每极点的下降率。因为这个下降率比具有巴特沃斯特性响应特性的滤波器的下降率要大，所以对给定的下降率，滤波器可以用较少极点和较简单的电路来实现切比雪夫响应。这种类型的滤波器响应在通带内超调或波动（取决于极点的数量），产生的线性相移比巴特沃斯产生的少。

贝赛尔特性 贝塞尔响应呈现线性相位特性，意味着相移随着频率线性增加。结果就是当输入是脉冲信号时，输出几乎没有超调。由于这个原因，具有贝塞尔响应的滤波器常用于过滤脉冲波形，而不会产生波形失真。

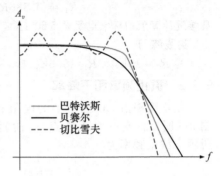

图 9-5 三类滤波器响应特性的比较图

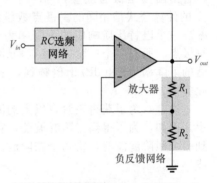

图 9-6 有源滤波器的一般框图，注意，如同在第 6 章中的定义，R_1 对应 R_f，R_2 对应于 R_i

9.2.1 阻尼系数

如前所述，不论滤波器是低通、高通、带通还是带阻类型，有源滤波器都可以设计为具有巴特沃斯、切比雪夫或贝赛尔响应特性。有源滤波器电路的阻尼系数（DF）决定这个滤波器呈现哪种响应特性。为了解释这个基本概念，图 9-6 给出了一个广义的有源滤波器。它包含一个放大器、一个负反馈网络和一个滤波器部分。在一个同相放大器中，放大器和反馈网络相连接，阻尼系数由负反馈网络决定，并且定义为：

$$DF = 2 - \frac{R_1}{R_2} \tag{9-5}$$

基本上，阻尼系数通过负反馈的作用影响滤波器响应。任何试图增加或减小输出端电压的行为都将被负反馈的相反作用抵消。如果阻尼系数的值准确设置，这使得响应曲线在滤波器的通带内趋于平坦。通过高等数学，可以推导出不同阶数滤波器的阻尼系数（不在本书中介绍），以获得巴特沃斯特性的最大平坦响应。

产生所需响应特性的阻尼系数值取决于滤波器的阶数（极点的数量）。回顾一下，滤波器的极点数越多，滤波器的下降率越快。例如，为了获得一个二阶巴特沃斯响应，阻尼系数必须为 1.414。为了实现这个阻尼系数，反馈电阻率应为：

$$\frac{R_1}{R_2} = 2 - DF = 2 - 1.414 = 0.586$$

这个比率给出了一个同相滤波器放大器的闭环增益 $A_{cl(\text{ND})}$ 为 1.586，推导如下：

$$A_{cl(\text{ND})} = \frac{1}{B} = \frac{1}{R_2/(R_1 + R_2)} = \frac{R_1 + R_2}{R_2} = \frac{R_1}{R_2} + 1 = 0.586 + 1 = 1.586$$

例 9-2 如图 9-6 所示，一个有源两极点滤波器反馈网络中的电阻 R_2 为 $10\text{k}\Omega$，R_1 为多少时可以得到最平坦巴特沃斯响应？

解：

$$\frac{R_1}{R_2} = 0.586$$

$$R_1 = 0.586R_2 = 0.586(10\text{k}\Omega) = 5.86(\text{k}\Omega)$$

最接近计算值的标准电阻是 5 600Ω（偏离计算值5%左右），将非常接近理想的巴特沃斯响应。

✎ **实践练习**

当 $R_2 = 10\text{k}\Omega$，$R_1 = 5.6\text{k}\Omega$ 时，阻尼系数是多少？

9.2.2　截止频率和下降率

截止频率由 RC 网络中的电阻和电容值决定，如图 9-6 所示。对一个单极点（一阶）滤波器，如图 9-7 所示，截止频率为

$$f_c = \frac{1}{2\pi RC}$$

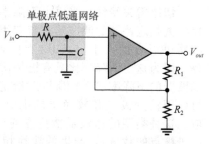

图 9-7　一阶（单极点）低通滤波器

尽管给出的是低通配置，对一个单极点高通滤波器，f_c 的计算公式是相同的。极点数量决定滤波器的下降率。一个巴特沃斯响应的下降率为-20dB/十倍频程/每极点。所以一个一阶（单极点）滤波器的下降率为-20dB/十倍频程，二阶（二极点）滤波器的下降率为-40dB/十倍频程，三阶（三极点）滤波器的下降率为-60dB/十倍频程，以此类推。

通常，为了获得三阶及以上的滤波器，采用单级或两级滤波器级联组成，如图 9-8 所示。例如，为了得到三阶滤波器，将一个二阶滤波器和一个一阶滤波器级联起来。为了得到一个四阶滤波器，将两个二阶滤波器级联，等等。在级联结构中，每个滤波器称为一级或一节。

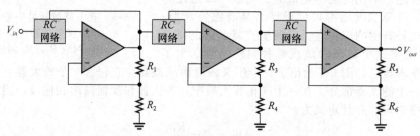

图 9-8　通过级联可以增加滤波器阶数

由于巴特沃斯特性的最平坦响应，它使用最为广泛。因此，我们将主要通过巴特沃斯响应来阐述基本滤波器的概念。表 9-1 列出了 1～6 阶巴特沃斯滤波器的下降率、阻尼系数和反馈电阻比值。

表 9-1　巴特沃斯响应的值

阶数	下降率(dB/十倍频程)	第一级			第二级			第三级		
		极点数	DF	R_1/R_2	极点数	DF	R_3/R_4	极点数	DF	R_5/R_6
1	-20	1	Optional							
2	-40	2	1.414	0.586						
3	-60	2	1.00	1	1	1.00	1			
4	-80	2	1.848	0.152	2	0.765	1.235			
5	-100	2	1.00	1	2	1.618	0.382	1	0.618	1.382
6	-120	2	1.932	0.068	2	1.414	0.586	2	0.518	1.482

9.2 节测试题

1. 解释巴特沃斯、切比雪夫和贝赛尔响应的区别。
2. 什么决定滤波器的响应特性?
3. 一个有源滤波器基本组成部分的名称。

9.3 有源低通滤波器

与无源滤波器(仅使用 R、L 和 C 元件)相比,使用运算放大器作为有源元件的滤波器具有一些优势。运算放大器提供增益,使得信号穿过滤波器时不会衰减。运算放大器的高输入阻抗防止过度增加电源的负载,并且运算放大器的低输出阻抗防止滤波器被所驱动的负载影响。有源滤波器也很容易在很宽的频率范围内调整而不会改变所期望的响应。

学完本节后,你应该掌握以下内容:

- 理解有源低通滤波器
  - 识别单阶滤波器并确定它的增益和截止频率
  - 识别二阶 Sallen-Key 滤波器并确定它的增益和截止频率
  - 解释如何通过级联低通滤波器获得较高的下降率

9.3.1 单极点滤波器

图 9-9a 是一个含有单极点低通 RC 网络的有源滤波器,大于截止频率时它的下降率为 -20dB/十倍频程,如图 9-9b 中的响应曲线所示。一阶滤波器的截止频率为 $f_c=1/2\pi RC$。滤波器中的运算放大器连接成同相放大器,通带内的闭环电压增益由 R_1 和 R_2 决定。

$$A_{cl(ND)} = \frac{R_1}{R_2} + 1$$

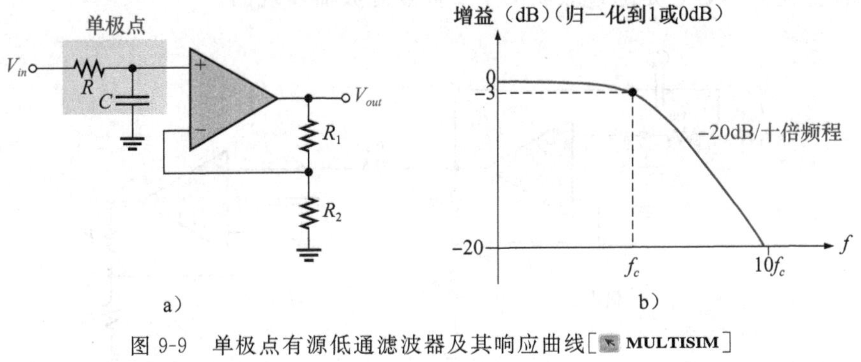

图 9-9 单极点有源低通滤波器及其响应曲线[MULTISIM]

9.3.2 Sallen-Key 低通滤波器

Sallen-Key 是最常见的二阶(两极点)滤波器中的一种,它通常也称为 VCVS(电压控制电压源,voltage-controlled voltage source)滤波器。一个低通 Sallen-Key 滤波器如图 9-10 所示。注意,其中有两个低通 RC 网络,当大于截止频率时它的下降率为 -40dB/十倍频程(假设是巴特沃斯响应特性)。一个 RC 网络由 R_A 和 C_A 组成,另一个 RC 网络由 R_B 和 C_B 组成。一个独特的特性是电容 C_A 提供反馈,在接近通带边缘附近可以调整响应。二阶 Sallen-Key 滤波器的截止频率为

$$f_c = \frac{1}{2\pi \sqrt{R_A R_B C_A C_B}} \tag{9-6}$$

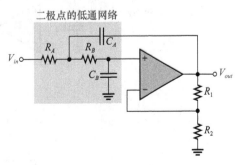

图 9-10 基本 Sallen-Key 二阶低通滤波器

为了简化，把元件值设置成一样，即 $R_A = R_B = R$，$C_A = C_B = C$，这样，截止频率的表达式就简化成 $f_c = \dfrac{1}{2\pi RC}$。

与单极点滤波器中一样，二阶 Sallen-Key 滤波器中的运算放大器是同相输入的，由 R_1/R_2 提供负反馈网络。已经学过，阻尼系数是由 R_1 和 R_2 的值决定，可以使滤波器响应要么是巴特沃斯响应，要么是切比雪夫响应或贝赛尔响应。例如，从表 9-1 中可知，对一个二阶巴特沃斯响应要产生 1.414 的阻尼系数，R_1/R_2 之比应为 0.586。

例 9-3 试确定图 9-11 中低通滤波器的截止频率，并设置 R_1 的值以获得近似巴特沃斯响应。

解： 因为 $R_A = R_B = 1.0\text{k}\Omega$ and $C_A = C_B = 0.02\mu\text{F}$，

$$f_c = \frac{1}{2\pi RC} = \frac{1}{2\pi \times 1.0\text{k}\Omega \times 0.02\mu\text{F}} = 7.96\text{kHZ}$$

对巴特沃斯响应，$R_1/R_2 = 0.586$.

$$R_1 = 0.586R_2 = 0.586 \times 1.0\text{k}\Omega = 586\Omega$$

选择一个尽可能接近这个计算值的标准电阻。

实践练习

确定图 9-11 中的 f_c，如果 $R_A = R_B = R_2 = 2.2\text{k}\Omega$，$C_A = C_B = 0.01\mu\text{F}$。同样，对巴特沃斯响应试确定 R_1 的值。

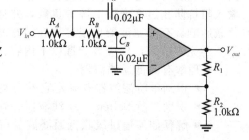

图 9-11 例 9-3 图 [🅜 MULTISIM]

9.3.3 级联低通滤波器以获得更高下降率

如果需要一个三极点滤波器来获得三阶低通响应（-60dB/十倍频程），如图 9-12a 所示，可以通过级联一个二极点低通滤波器和一个单极点低通滤波器来实现。图 9-12b 给出了一个四极点滤波器，它是通过级联两个二极点滤波器实现的。

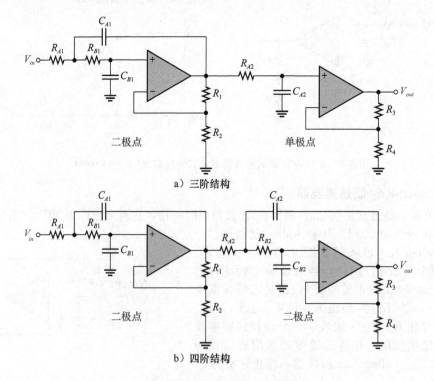

a）三阶结构

b）四阶结构

图 9-12 级联的低通滤波器

例 9-4　对图 9-12b 中的四极点滤波器，如果 RC 低通网络中的所有电阻为 $1.8\text{k}\Omega$，要产生 $2\,680\text{Hz}$ 的截止频率，电容的值应为多少？要获得巴特沃斯响应，反馈电阻的值应为多少？

解： 两级滤波器必须具有相同的 f_c，假设电容是等值的：

$$f_c = \frac{1}{2\pi RC}$$

$$C = \frac{1}{2\pi RC} = \frac{1}{2\pi \times 1.8\text{k}\Omega \times 2\,680\text{Hz}} = 0.033\mu\text{F}$$

$$C_{A1} = C_{B1} = C_{A2} = C_{B2} = 0.033\mu\text{F}$$

为了简化，选择 $R_2 = R_4 = 1.8\text{k}\Omega$。参考表 9-1，对第一级电路中的巴特沃斯响应，DF＝1.848，$R_1/R_2 = 0.152$。因此，

$$R_1 = 0.152R_2 = 0.152 \times 1\,800\Omega = 274\Omega$$

选择 $R_1 = 270\Omega$。

在第二级电路中，DF＝0.765，$R_3/R_4 = 1.235$。因此，

$$R_3 = 1.235R_4 = 1.235 \times 1\,800\Omega = 2.22\text{k}\Omega$$

选择 $R_3 = 2.2\text{k}\Omega$。

实践练习

对图 9-12b 中的滤波器，如果 $f_c = 1\text{kHz}$，所有滤波器电阻为 680Ω，试确定电容值。为了产生巴特沃斯响应特性，确定反馈电阻的值。

系统例子 9-1　射频识别系统

例子中的这个系统同时采用了模拟和数字信号，该系统用于射频识别（radio-frequency identification，RFID），RFID 系统广泛应用于目标的跟踪。

RFID 系统用于许多应用中，包括：

- 测试应用，如电子不停车收费
- 库存物品的控制和追踪，如商品控制
- 资产跟踪和恢复
- 在制造过程中跟踪零配件的流动
- 供应链中跟踪商品

典型地，一个 RFID 系统包含 RFID 标签，RFID 标签由一个附在跟踪目标上的 IC 芯片、一个接收来自标签传输数据的 RFID 读卡器、一个用于处理和存储读数器发送数据的数据处理系统（data-processing system）组成。基本的框图如图 SE9-1 所示。

图 SE9-1　RFID 系统的基本框图

存储在 RFID 标签上的数据是数字形式的。当查询时，标签把数据通过射频信号传给读卡器。这里介绍的系统使用幅移键控（amplitude shift keying，ASK）调制方式，即载波信号随着数字信号变化（受到数字信号调制），用"脉冲"来表示一串 1 或 0。图 SE9-2a 中的数字波形是感兴趣的信号，载波能够将它传送到接收机，调制信号和接收机收到的信号如图 SE9-2b 所示。

接收机的框图如图 SE9-3 所示。带通滤波器允许 123kHz 的信号通过，并抑制高频噪声和其他信源。放大器增大来自标签的很小的信号，整流器去除调制信号的负部，低通滤波器去除 123kHz 的载波频率，但让数字调制信号通过，比较器将数字信号还原为可用的数字数据流。这里我们关注的是系统中的低通滤波器。

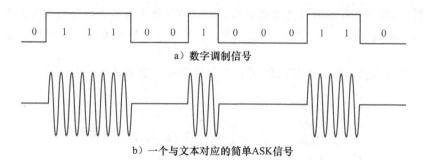

a) 数字调制信号

b) 一个与文本对应的简单ASK信号

图 SE9-2　传输 RFID 标签的 ASK 调制例子

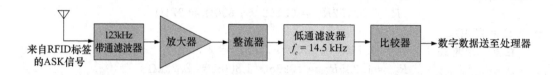

图 SE9-3　RFID 读卡器的框图 [✍ MULTISIM]

　　图 SE9-4 是低通滤波器的框图。这个框图中元件的参数值来自配套网站上 Multisim 文件中的完整接收机电路。因为 $R_9 = R_{10}$，$C_3 = C_4$，所以截止频率为

$$f_c = \frac{1}{2\pi RC} = \frac{1}{2\pi \times 1.1 \text{kHz} \times 10 \text{nF}}$$
$$= 14.5 \text{kHz}$$

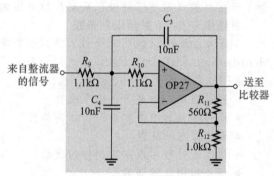

　　14.5kHz 的截止频率使得数字信号以近似脉冲的形状通过，但是上升和下降沿均较差，这是因为上升和下降沿含有最高的频率成分，而低通滤波器抑制掉了它们。处理前的最后一步是发送信号到比较器，这时将信号转换为可用的数字信号。然后，由处理器处理信息来识别目标。

图 SE9-4　RFID 读卡器的低通滤波器

9.3 节测试题

1. 一个二阶低通滤波器具有多少个极点？频率选择网络中使用了多少个电阻和多少个电容？
2. 为什么滤波器的阻尼系数很重要？
3. 级联低通滤波器的主要目的是什么？

9.4　有源高通滤波器

　　在高通滤波器中，RC 网络中的电容与电阻的作用相反。除此之外，高通滤波器的基本参数与低通滤波器相同。

　　学完本节后，你应该掌握以下内容：

- 理解有源高通滤波器
- 识别单极点滤波器并确定它的增益和截止频率
- 识别二极点 Sallen-Key 滤波器并确定它的增益和截止频率
- 解释如何通过级联高通滤波器获得更高的下降率

9.4.1 单极点滤波器

图 9-13a 给出了一个下降率为 −20dB/十倍频程的高通有源滤波器。注意，输入电路是一个单极点的高通 RC 网络。负反馈网络与前面讨论的低通滤波器的负反馈网络相同。高通响应曲线如图 9-13b 所示。

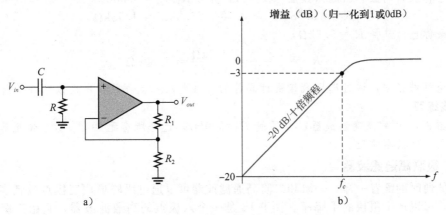

图 9-13 单极点有源高通滤波器和响应曲线

理想情况下，高通滤波器让大于 f_c 的所有频率通过而无任何限制，如图 9-14a 所示，尽管在实际中并不是这种情况。正如你已经学过的，所有运算放大器都固有内部的 RC 网络，限制了运算放大器在高频处的响应。因此，对高通滤波器的响应有上限频率的限制。事实上，这使得它成为一个具有很大带宽的带通滤波器。在大多数应用中，因为内部高频限制比滤波器的 f_c 要大得多，所以这种限制可以忽略。在一些应用中，为了提高它的高频限制频率，采用特殊的电流反馈运算放大器或分立式晶体管用作增益元件，而不是采用标准的运算放大器来实现。

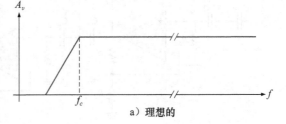

a）理想的

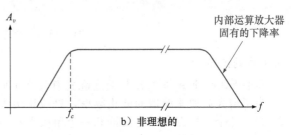

b）非理想的

图 9-14 高通滤波器响应

9.4.2 Sallen-Key 高通滤波器

图 9-15 是一个高通二阶 Sallen-Key 结构的滤波器。元件 R_A、C_A、R_B 和 C_B 形成二极点频率选择网络。注意，在频率选择网络中，电阻和电容的位置与它们在低通滤波器结构中的位置相反。与其他滤波器一样，通过恰当地选择反馈电阻 R_1 和 R_2，响应特性可以优化。

例 9-5 对图 9-15 中的 Sallen-Key 高通滤波器，为了实现截止频率约为 10kHz 的二阶巴特沃斯响应，选择 Sallen-Key 高通滤波器的参数值。

解： 首先，选择 R_A 和 R_B 的值(为了简化，R_1 或 R_2 可以与 R_A 和 R_B 的值相同)。

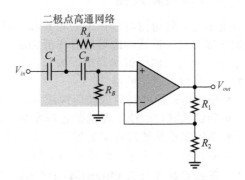

图 9-15 基本 Sallen-Key 二极点高通滤波器

$$R = R_A = R_B = R_2 = 3.3 \text{k}\Omega \quad \text{（任意选择）}$$

接着，从公式 $f_c = 1/2\pi RC$ 计算电容值。

$$R = C_A = C_B = \frac{1}{2\pi R f_c} = \frac{1}{2\pi \times 3.3 \text{k}\Omega \times 10 \text{kHz}} = 0.004\,8\mu\text{F}$$

对巴特沃斯响应，阻尼系数应为 1.414，并且 $R_1/R_2 = 0.586$。

$$R_1 = 0.586 R_2 = 0.586 \times 3.3 \text{k}\Omega = 1.93 \text{k}\Omega$$

如果你已经选择 $R_1 = 3.3 \text{k}\Omega$，那么

$$R_2 = \frac{R_1}{0.586} = \frac{3.3 \text{k}\Omega}{0.586} = 5.63 \text{k}\Omega$$

无论哪种方法，通过选择最接近计算值的标准电阻，就可以实现近似巴特沃斯响应。

实践练习

对图 9-15 中的高通滤波器，为了使 $f_c = 300 \text{Hz}$，选择所有元件的参数。使用等值的元件并优化巴特沃斯响应。

9.4.3 级联高通滤波器

和低通时的配置一样，一阶和二阶高通滤波器可以通过级联形成三极点或者多极点的滤波器，可以产生更快的下降率。图 9-16 是一个六极点的高通滤波器，它由三级二极点电路组成。通过这种结构可以优化巴特沃斯响应，获得 -120dB/十倍频程的下降率。

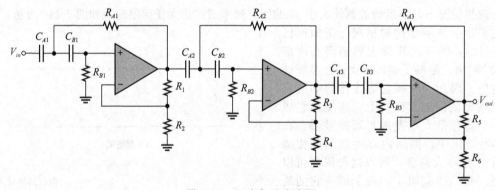

图 9-16 六阶高通滤波器

9.4 节测试题

1. 高通 Sallen-Key 滤波器与低通配置有什么不同？
2. 为了增大高通滤波器的截止频率，是应该增大还是减小电阻值？
3. 如果三个二极点高通滤波器和一个单极点高通滤波器级联，下降率是多少？

9.5　有源带通滤波器

如前所述，带通滤波器让下限频率和上限频率之间的频率通过，拒绝所有位于通带范围外的频率通过。带通响应可以看作低频响应曲线和高频响应曲线的重叠部分。

学完本节后，你应该掌握以下内容：

● 理解有源带通滤波器
  ■ 描述由低通和高通滤波器构成的带通滤波器
  ■ 确定级联带通滤波器的截止频率和中心频率
  ■ 确定多重反馈带通滤波器的中心频率、带宽和增益
  ■ 解释状态可变带通滤波器的工作原理

9.5.1 低通和高通滤波器的级联形成带通响应

实现带通滤波器的一种方法是将一个高通滤波器和一个低通滤波器级联，如图 9-17a

所示，只要截止频率分得足够开。每个滤波器都是二极点 Sallen-Key 巴特沃斯结构，下降率为 -40dB/十倍频程，如图 9-17b 中的复合响应曲线所示。如图 9-17b 所示，每个滤波器截止频率的选择使得响应曲线充分重叠，而且，高通滤波器的截止频率必须比低通滤波器的截止频率足够低。

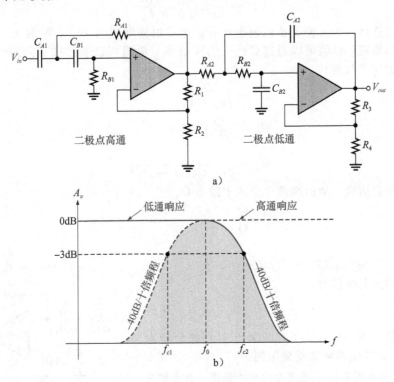

图 9-17 通过二极点高通滤波器和二极点低通滤波器级联形成的带通滤波器
（与两个级联滤波器的级联次序无关）[🟦 **MULTISIM**]

带通滤波器的下限频率 f_{c1} 是高通滤波器的截止频率，上限频率是低通滤波器的截止频率 f_{c2}。理想情况下，如前所述，通带的中心频率 f_0 是 f_{c1} 和 f_{c2} 的几何平均值。下面的公式给出了图 9-17 中带通滤波器三个频率之间的关系。

$$f_{c1} = \frac{1}{2\pi \sqrt{R_{A1} R_{B1} C_{A1} C_{B1}}}$$

$$f_{c2} = \frac{1}{2\pi \sqrt{R_{A2} R_{B2} C_{A2} C_{B2}}}$$

$$f_0 = \sqrt{f_{c1} f_{c2}}$$

当然，如果在实现每个滤波器时使用等值元件，截止频率的公式可以简化为 $f_c = 1/2\pi RC$。

9.5.2 多重反馈带通滤波器

另一种类型的滤波器结构是多重反馈带通滤波器，如图 9-18 所示。通过 R_2 和 C_1 有两条反馈路径，元件 R_1 和 C_1 提供低通响应，R_2 和 C_2 提供高通响应。最大增益 A_0 在中心频率处产生。Q 值小于 10 的滤波器属于这种类型。从 C_1 反馈路径看，R_1 和 R_3 并联（将 V_{in} 源用短路替代），中心频率的表达式可以表示为：

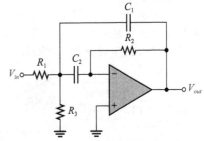

图 9-18 多重反馈带通滤波器

$$f_0 = \frac{1}{2\pi \sqrt{(R_1 \parallel R_3)R_2 C_1 C_2}}$$

令 $C_1 = C_2 = C$，得到（推导见附录）：

$$f_0 = \frac{1}{2\pi C}\sqrt{\frac{R_1 + R_3}{R_1 R_2 R_3}} \tag{9-7}$$

给电容器选择一个方便的值以便于计算，然后根据期望的 f_0、BW 和 A_0 来计算三个电阻的值。你知道，Q 值可以通过 $Q = f_0/\text{BW}$ 计算，电阻可以通过如下公式计算得到（没有给出具体的推导过程）。

$$R_1 = \frac{Q}{2\pi f_0 C A_0}$$

$$R_2 = \frac{Q}{\pi f_0 C}$$

$$R_3 = \frac{Q}{2\pi f_0 C(2Q^2 - A_0)}$$

为了得到增益表达式，从前面两个公式中推出 Q。

$$Q = 2\pi f_0 A_0 C R_1$$

$$Q = \pi f_0 C R_2$$

于是，

$$2\pi f_0 A_0 C R_1 = \pi f_0 C R_2$$

中心频率处的最大增益为

$$A_0 = \frac{R_2}{2R_1} \tag{9-8}$$

为了让公式 $R_3 = Q/[2\pi f_0 C(2Q^2 - A_0)]$ 的分母为正，$A_0 < 2Q^2$，这使得增益受到限制。

例 9-6 确定图 9-19 中滤波器的中心频率、最大增益和带宽。

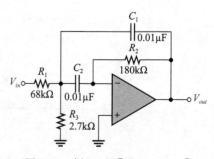

图 9-19　例 9-6 图 [**MULTISIM**]

解：

$$f_0 = \frac{1}{2\pi C}\sqrt{\frac{R_1 + R_3}{R_1 R_2 R_3}} = \frac{1}{2\pi \times 0.01\mu\text{F}}\sqrt{\frac{68\text{k}\Omega + 2.7\text{k}\Omega}{68\text{k}\Omega \times 180\text{k}\Omega \times 2.7\text{k}\Omega}} = 736\text{Hz}$$

$$A_0 = \frac{R_2}{2R_2} = \frac{180\text{k}\Omega}{2 \times 68\text{k}\Omega} = 1.32$$

$$Q = \pi f_0 C R_2 = \pi \times 736\text{Hz} \times 0.01\mu\text{F} \times 180\text{k}\Omega = 4.16$$

$$\text{BW} = \frac{f_0}{Q} = \frac{736\text{Hz}}{4.16} = 177\text{Hz}$$

实践练习

如果图 9-19 中 R_2 增大为 330Ω，将如何影响滤波器的增益、中心频率和带宽？

系统例子 9-2

系统例子 9-1 介绍了射频识别（RFID）系统。接收机框图重画在图 SE9-5 中，但现在强调的是输入模块，它是一个多重反馈带通滤波器。为了让高频信号通过通带并且让带宽非常宽，中心频率设置为 123kHz。

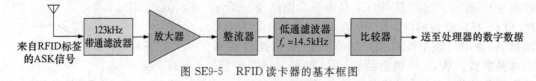

图 SE9-5　RFID 读卡器的基本框图

带通滤波器允许 123kHz 信号通过，因此需要抑制通带外的信号和噪声。本例子中我们关注系统第一个模块中的带通滤波器。带通滤波器的框图见图 SE9-6。其中标示的元件参数来自系统完整的全接收机电路，可以在配套网站上从 Multisim 文件中看到。中心频率为：

$$f_0 = \frac{1}{2\pi C}\sqrt{\frac{R_1+R_3}{R_1 R_2 R_3}} = \frac{1}{2\pi \times 910\text{pF}}\sqrt{\frac{1.3\text{k}\Omega+1.0\text{k}\Omega}{1.3\text{k}\Omega \times 3.6\text{k}\Omega \times 1.0\text{k}\Omega}} = 123\text{kHz}$$

Q 为

$$Q = \pi f_0 C R_2 = \pi \times 123\text{kHz} \times 910\text{pF}$$
$$\times 3.6\text{k}\Omega = 1.26$$

BW 为

$$\text{BW} = \frac{f_0}{Q} = \frac{123\text{kHz}}{1.26} = 97.2\text{kHz}$$

为了让全部信号的谐波部分通过，低 Q 值是合理的。使用 Multisim 的伯德图仪，可以测试实际电路，观察其频率响应。

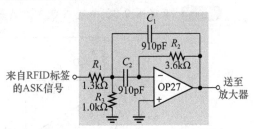

图 SE9-6 用于 RFID 读卡器的带通滤波器

9.5.3 状态可变带通滤波器

状态可变或通用有源滤波器广泛用于带通应用。如图 9-20 所示，它由一个求和放大器和两个运放积分器（作为单极点低通滤波器）通过级联方式构成的二阶滤波器。尽管状态可变结构主要用作带通（BP）滤波器，但它也可用作低通（LP）和高通（HP）输出，中心频率由两个积分器中的 RC 网络决定。当用作带通滤波器时，通常把积分器的截止频率设置为相等，这样就设置了通带的中心频率。

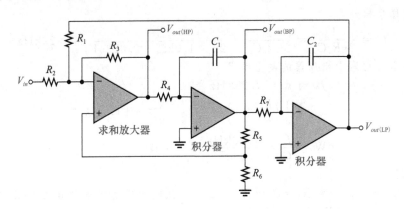

图 9-20 状态可变的带通滤波器

基本工作原理 当输入端频率低于 f_c 时，输入信号通过求和放大器和积分器，并反馈 180° 的相位。因此，对所有低于 f_c 的频率，反馈信号和输入信号相互抵消。随着积分器的低通响应下降，反馈信号减小，因此允许输入信号通过带通输出。当频率高于 f_c 时，低通响应逐渐消失，因此阻止输入信号通过积分器。所以，带通输出在 f_c 达到峰值，如图 9-21 所示。这种类型的滤波器可以得到直至 100 的稳定 Q 值。Q 值由反馈电阻 R_5 和 R_6 决定，公式如下。

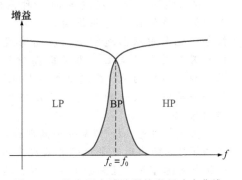

图 9-21 状态可变滤波器的通用响应曲线

$$Q = \frac{1}{3}\left(\frac{R_5}{R_6} + 1\right)$$

状态可变滤波器不能同时优化低通、高通和带通性能，这是因为：为了优化低通或高通巴特沃斯响应，DF 必须等于 1.414。因为 $Q = 1/DF$，所以 Q 为 0.707。这样低的 Q 值提供的带通响应非常差（大的 BW 和较差的选择性）。若当作带通滤波器来优化，Q 值必须设置成很大。

例 9-7 确定图 9-22 中状态可变滤波器用作带通输出时的中心频率、Q 值和 BW。

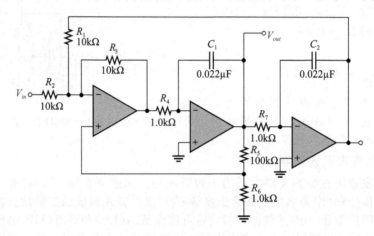

图 9-22 例 9-7 图 [**MULTISIM**]

解： 对每个积分器，

$$f_0 = \frac{1}{2\pi R_4 C_1} = \frac{1}{2\pi R_7 C_2} = \frac{1}{2\pi \times 1.0\text{k}\Omega \times 0.022\mu\text{F}} = 7.23\text{kHz}$$

中心频率大约等于积分器的截止频率。

$$f_0 = f_c = 7.23\text{kHz}$$

$$Q = \frac{1}{3}\left(\frac{R_5}{R_6} + 1\right) = \frac{1}{3}\left(\frac{100\text{k}\Omega}{1.0\text{k}\Omega} + 1\right) = 33.7$$

$$\text{BW} = \frac{f_0}{Q} = \frac{7.23\text{kHz}}{33.7} = 215\text{Hz}$$

实践练习

如图 9-22 所示，如果 $R_4 = R_6 = R_7 = 330\Omega$，其他元件的参数值在图 9-22 中标出，确定滤波器的 f_0、Q 和 BW。

系统说明 带通滤波器的一种系统应用是微波中继器，中继器可以看作转播站。因为微波系统使用视距传输，所以，如果在发射机和接收机之间有障碍，将接收不到信号。地面中继器通常安放在高海拔位置，如在高楼上、塔上或山顶。微波中继器同样能够安置在卫星上。为了提高中继器的可靠性，可是使用一种称为频分复用的技术。两个不同的 RF 载波被相同的 IF 智能地进行调制。因为会降低 RF 信号的即时大气条件不是针对某一频率的，所以使用多个载波频率就可以提高可靠性，这就是系统工作的原理。

在发射机处，IF 频率分为两部分：一半调制载波频率 A，另一半调制载波频率 B。每个调制器的输出通过带通滤波器成为指定的载波频率。然后，两个滤波器的输出由一个信道组合网络合并送至发射天线。在接收终端，信道分离器分离两路载波，并将每路载波传送到另一个带通滤波器。每个 BPF 的输出下变频到 IF，并馈送到质量检测电路，以检测出哪路信号是最强的。然后，将最强的 IF 信号馈送至系统的其他部分进行进一步的解调、放大和(或)信号处理。

9.5 节测试题

1. 什么决定带通滤波器的选择性?
2. 一个滤波器的 $Q=5$,另一个滤波器的 $Q=25$。哪个滤波器的带宽更窄?
3. 列出构成状态可变滤波器的元件。
4. 图 SE9-6 中 BP 滤波器的增益是多少?

9.6　有源带阻滤波器

带阻滤波器阻止指定频带内的频率通过,允许其他频率通过。带阻滤波器的响应与带通滤波器的响应相反。

学完本节后,你应该掌握以下内容:
- 理解有源带阻滤波器
  - 识别多重反馈带阻滤波器
  - 解释状态可变带阻滤波器的工作原理

9.6.1　多重反馈带阻滤波器

图 9-23 是多重反馈带阻滤波器。注意,这种配置与带通滤波器的配置相似,只是去掉了 R_3,并加入了 R_4。

9.6.2　状态可变带阻滤波器

将 9.5 节介绍过的状态可变滤波器的低通响应和高通响应进行求和,就可以产生带阻响应,如图 9-24 所示。

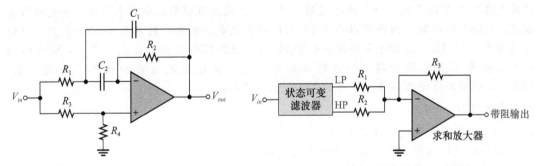

图 9-23　多重反馈带阻滤波器　　　　图 9-24　状态可变带阻滤波器

例 9-8　验证图 9-25 中带阻滤波器的中心频率为 $60\mathrm{Hz}$,并且优化该滤波器使 Q 值为 10。

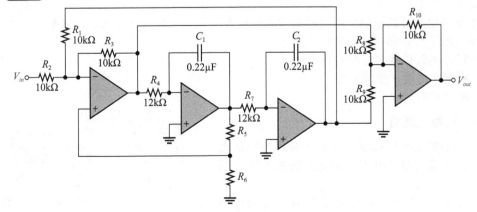

图 9-25　例 9-8 图 [**MULTISIM**]

解： f_0 等于积分器部分的 f_c。

$$f_0 = \frac{1}{2\pi R_4 C_1} = \frac{1}{2\pi R_7 C_2} = \frac{1}{2\pi \times 12\text{k}\Omega \times 0.22\mu\text{F}} = 60.3\text{kHz}$$

通过选择 R_6 可以获得 $Q=10$，然后计算 R_5。

$$Q = \frac{1}{3}\left(\frac{R_5}{R_6} + 1\right) \qquad R_5 = (3Q - 1)R_6$$

选择 $R_6 = 3.3\text{k}\Omega$，则

$$R_5 = [3(10) - 1]3.3\text{k}\Omega = 95.7\text{k}\Omega$$

选择 $100\text{k}\Omega$ 作为最接近计算值的标准电阻值。

✎ 实践练习

如图 9-25 所示，如何把中心频率变为 120Hz？

系统说明　4.7 节已经介绍了开关电容电路，开关电容技术也同样用于有源滤波器。使用单片开关电容集成电路比使用分立运算放大器有许多优点。开关电容滤波器不需要外部精密电容，它们的截止频率精度非常高，并且它们对温度变化较不敏感。一些参数（如 Q 或增益）可以通过较少的外部电阻控制。开关电容滤波器的另一主要优点是它们的截止频率可以在一个很宽的范围内变化，只需要简单地改变外部时钟频率，以及改变开关电容的电阻值。

开关电容滤波器集成电路的一个例子是 LMF100。该器件包括两个开关电容滤波器模块，这两个开关电容滤波器的配置与状态可变滤波器相似。每个滤波器模块有三个输出：一个是全通、高通或带阻功能，另外两个输出是带通和低通功能。使用 4 个外部电阻中的两个电阻和一个外部时钟，每个模块可以产生一阶或二阶滤波器。通过级联这两个模块，单片 LMF100 可以产生一个 4 阶滤波器，并且可以通过级联集成电路来实现一个更高阶滤波器。3.5MHz 的时钟频率可以产生 100kHz 的最大截止频率，精度为 $\pm 0.2\%$。$f_0 \times Q$ 的范围可达 1.8MHz，这意味着即使在 100kHz 处，滤波器的 Q 最小为 18。使用 LMF100 可以产生所有基本的滤波器，如巴特沃斯滤波器、贝塞尔滤波器和切比雪夫滤波器。LMF100 的数据手册可以在 www.national.com 找到。

9.6 节测试题

1. 带阻响应与带通响应有什么不同？
2. 如何将状态可变带通滤波器变为带阻滤波器？
3. 如何改变开关电容滤波器的频率响应？

9.7　测量滤波器响应

本节讨论通过测量确定滤波器响应的两种方法——离散点测量和扫频测量。

学完本节后，你应该掌握以下内容：

● 讨论测量频率响应的两种方法
　■ 解释离散点测量方法
　■ 解释扫频测量方法

9.7.1　离散点测量

使用实验室常用仪器，在输入频率的离散值处测量滤波器输出的电压，测量方法如图 9-26 所示。其一般过程如下：

1. 设置正弦波产生器的幅度为所需的电压电平。

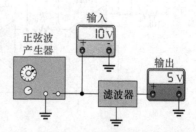

图 9-26　滤波器响应的离散点测试方法（图中的读数是任意的且只用于示意）

2. 设置正弦波产生器的输出频率远低于待测滤波器的预期截止频率。对低通滤波器，设置频率尽可能地接近 0Hz。对带通滤波器，设置频率远低于预期的下限频率。

3. 在预测步骤，逐渐增加频率产生足够多的数据点以获得精确的响应曲线。

4. 当改变频率时，保持输入电压幅度不变。

5. 在每个频率处，记录下输出电压值。

6. 在记录了足够多的测量点后，画出输出电压-频率曲线图。

如果被测量的频率超出了 DMM 的响应，就必须使用示波器来代替。

9.7.2 扫频测量

与离散点测试方法相比，扫频方法需要更复杂的测试设备，但是这种方法更为有效，能够得到更加精确的响应曲线。使用扫频发生器和频谱分析器的通用测试方法如图 9-27a 所示，图 9-27b 给出了如何用示波器替代频谱分析器来进行测试。

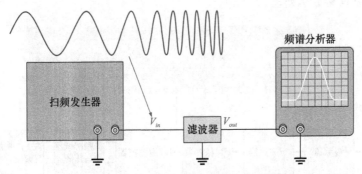

a）使用频谱分析器测试滤波器响应的测试方法

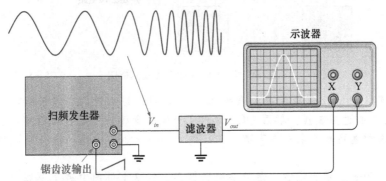

b）使用示波器测试滤波器响应的测试方法。显示方式设置成 X-Y 模式，扫频发生器产生的锯齿波驱动示波器的 X 通道

图 9-27　滤波器响应的扫频测试方法

扫频发生器可以产生恒定幅度的输出信号，这个信号的频率在两个预先设置的范围内线性增加，如图 9-27 所示。在图 9-27a 中，频谱分析器是一台仪器，它可以对所需的频率间隔/每格进行校准，而不是采用常用的时间/每格。因此，当送到滤波器的输入频率扫过预先设置的范围时，在频谱分析仪的屏幕上就会画出其响应曲线。使用示波器来显示响应曲线的测试方法如图 9-27b 所示。

系统例子 9-3　FM 立体声接收机的滤波器板

调频（Frequency Modulation，FM）立体声接收机必须处理的射频信号是一种复合信号。这个例子中强调的是滤波器板，它是 FM 立体声接收机信道分离电路的一部分。

20 世纪 50 年代后期，立体声 FM 广播首次引入。那时，因为仍有许多单声道接收机在使用，所以立体声广播与单声道接收机兼容。由于这个原因，立体声 FM 信号的左右声道被编码为和信号(L＋R)与差信号(L－R)。单声道接收机简单地通过单个扬声器，使用 L＋R 信号来听两个声道。立体声接收机必须多做些工作来还原原始的两个声道。左声道通过将和信号与差信号相加(2L)还原，右声道通过将和信号减去差信号(2R)还原。完整地阐述复合信号是如何产生和解调的是相当复杂的。

系统的简短描述 立体声 FM 信号在 88～108MHz 的载波频率上传输。标准传输立体声信号由三个调制信号组成，它们是左右声道音频的和(L＋R)、左右声道音频的差(L－R)和一个 19kHz 的导频子载波。L＋R 音频从 30Hz 到 15kHz，L－R 信号包含在中心为 38kHz 且从 23kHz 至 53kHz 的两个边带中，如图 SE9-5 所示。这些频率来自 FM 检测器，并由各自的滤波器电路分别处理。

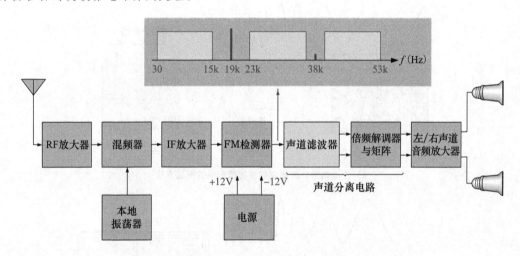

图 SE9-7　FM 立体声接收机框图

解调器使用 19kHz 倍频子载波来提取 23～53kHz 边带里的音频信号，30～15kHz 的 L－R 基带信号通过滤波器。然后，L＋R 和 L－R 的音频信号发送到矩阵，在矩阵处两个音频信号用求和电路来产生左右声道(－2L 和－2R)。如前所述，这个系统例子中关注的是滤波器。

参考图 SE9-8 所示的左右声道分离电路框图。在这个框图中有 4 个滤波器电路，两个低通滤波器和两个带通滤波器。IC1 是低通滤波器，除了 30～15kHz 的 L＋R 信号，它去掉所有其他部分。通过 IC1 的信号送到两个反相求和放大器 IC6 和 IC8。IC6 求和放大器把 L＋R 信号加到 L－R 信号上，输出等于－2L。

带通滤波器由 IC2 和 IC4 组成(分别是级联的两极点低通滤波器和两极点高通滤波器)，带通滤波器允许 L－R 信号单边带通过，拒绝所有其他信号。多重反馈带通滤波器(IC3)只允许 19kHz 的导频子载波通过，它是双倍频并且被解调器用来从两个边带中提取 L－R 基带信号。低通滤波器(IC5)从 L－R 基带信号中去掉所有谐波，它的输出送往求和放大器和减法放大器。反相放大器 IC7 把求和放大器 IC8 变成一个减法器。因为 IC7 把 L－R 信号反相，所以反相求和放大器 IC8 的输出等于－2R。这三个电路(IC6、IC7 和 IC8)构成了矩阵。

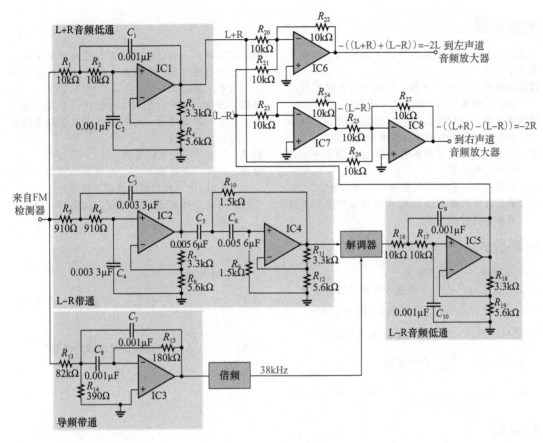

图 SE9-8 左右声道分离电路

9.7 节测试题

1. 本节讨论的两种测试的目的是什么？
2. 举出每种测试方法的一个优点和一个缺点。

小结

- 低通滤波器的带宽等于截止频率，因为响应延伸到 0Hz。
- 高通滤波器的带宽可以延伸到很高，只受限于有源电路内部固有的频率限制。
- 带通滤波器允许下限频率和上限频率之间带宽内的所有频率通过，并抑制所有不在这个带宽内的所有频率。
- 带通滤波器的带宽等于上限频率与下限频率的差。
- 带阻滤波器拒绝位于指定频带内的所有频率通过，并允许位于频带外的所有频率通过。
- 具有巴特沃斯响应特性的滤波器在通带内具有非常平坦的响应，下降率为 -20dB/十倍频程/每极点，当通带内的所有频率必须具有相同增益时使用。
- 具有切比雪夫特性的滤波器在通带内有波动或

超调，并且呈现比具有巴特沃斯特性滤波器更快的每极点下降率。
- 具有贝塞尔特性的滤波器用于对脉冲波形滤波，它们的线性相位特性使得产生的波形失真是最小的。每极点下降率比巴特沃斯滤波器慢。
- 在滤波器术语中，单个 RC 网络称为单极点。
- 巴特沃斯滤波器的每个极点都造成输出的下降率为 -20dB/十倍频程。
- 带通滤波器的品质因素 Q 决定滤波器的选择性。Q 越高，通带越窄，选择性越好。
- 衰减因子决定滤波器响应特性（巴特沃斯、切比雪夫或贝塞尔）。

关键术语

本章中的关键术语和其他楷体术语在本书结束术语表中定义。

带通滤波器：一种滤波器，它允许位于较低频率和较高频率之间的所有频率通过。

带阻滤波器：一种滤波器，它阻止位于较低频率和较高频率之间的所有频率通过。

截止频率(f_c)：定义滤波器通带终端的频率，也称为切断频率。

阻尼系数(DF)：决定滤波器响应类型的特性。

滤波器：允许某些频率通过并衰减或拒绝所有其他频率通过的电路。

高通滤波器：一种滤波器，它允许高于某个频率的所有频率通过，并阻止低于这个频率的所有频率通过。

低通滤波器：一种滤波器，它允许低于某个频率的所有频率通过，并阻止高于这个频率的所有频率通过。

阶数：滤波器中极点的数量。

极点：包含一个电阻和一个电容器的网络，提供-20dB/十倍程的滤波器下降率。

下降：当低于或高于滤波器截止频率时，增益的下降速率。

重要公式

(9-1) $\text{BW} = f_c$ 低通带宽

(9-2) $\text{BW} = f_{c2} - f_{c1}$ 带通滤波器的滤波带宽

(9-3) $f_0 = \sqrt{f_{c1} f_{c2}}$ 带通滤波器的中心频率

(9-4) $Q = \dfrac{f_0}{\text{BW}}$ 带通滤波器的品质因数

(9-5) $\text{DF} = 2 - \dfrac{R_1}{R_2}$ 阻尼系数

(9-6) $f_c = \dfrac{1}{2\pi \sqrt{R_A R_B C_A C_B}}$ 二阶 Sallen-Key 滤波器的截止频率

(9-7) $f_0 = \dfrac{1}{2\pi C}\sqrt{\dfrac{R_1 + R_3}{R_1 R_2 R_3}}$ 多重反馈滤波器的中心频率

(9-8) $A_0 = \dfrac{R_2}{2R_1}$ 多重反馈滤波器的增益

自测题

1. 滤波技术中的术语"极点"指_____。
   - (a) 一个高增益运算放大器
   - (b) 一个完整的有源滤波器
   - (c) 单个 RC 网络
   - (d) 反馈电路

2. 连接一个电阻和一个电容器可以形成一个滤波器，这个滤波器的下降率为_____。
   - (a) -20dB/十倍频程
   - (b) -40dB/十倍频程
   - (c) -6dB/八倍频程
   - (d) 答案(a)和(c)

3. 带通响应有_____。
   - (a) 两个截止频率
   - (b) 一个截止频率
   - (c) 通带内的平坦曲线
   - (d) 宽的带宽

4. 通过低通滤波器的最低频率为_____。
   - (a) 1Hz
   - (b) 0Hz
   - (c) 10Hz
   - (d) 取决于截止频率

5. 带通滤波器的 Q 取决于_____。
   - (a) 截止频率
   - (b) 仅带宽

6. 有源滤波器的阻尼系数决定_____。
   - (a) 电压增益
   - (b) 截止频率
   - (c) 响应特性
   - (d) 下降率

7. 有最大平坦频率响应滤波器的称为_____。
   - (a) 切比雪夫
   - (b) 巴特沃斯
   - (c) 贝塞尔
   - (d) 考毕兹

8. 滤波器的阻尼系数由_____设置。
   - (a) 负反馈电路
   - (b) 正反馈电路
   - (c) 选频电路
   - (d) 运算放大器的增益

9. 滤波器中极点的数量影响_____。
   - (a) 电压增益
   - (b) 带宽
   - (c) 中心频率
   - (d) 下降率

10. Sallen-Key 滤波器是_____。
   - (a) 单极点滤波器
   - (b) 二阶滤波器
   - (c) 巴特沃斯滤波器
   - (d) 带通滤波器

11. 当滤波器级联时，下降率_____。
   - (a) 增大
   - (b) 减小
   - (c) 不变

   (c) 中心频率和带宽
   (d) 仅中心频率

12. 当级联一个低通滤波器和一个高通滤波器得到一个带通滤波器时，低通滤波器的截止频率必须_____。
    (a) 等于高通滤波器的截止频率
    (b) 小于高通滤波器的截止频率
    (c) 大于高通滤波器的截止频率

13. 状态可变滤波器由_____组成。
    (a) 一个有多重反馈路径的运算放大器
    (b) 一个求和放大器和两个积分器

(c) 一个求和放大器和两个微分器
(d) 三级巴特沃斯电路

14. 当滤波器的增益在中心频率处最小时，它是_____。
    (a) 带通滤波器
    (b) 带阻滤波器
    (c) 陷波滤波器
    (d) 答案(b)和(c)

故障检测测验

参考图 9-29a。
● 如果 C_1 被 $0.15\mu F$ 的电容器错误地替代，而不是由 $0.015\mu F$ 的电容器替代，
1. 带宽将_____。
   (a) 增大   (b) 减小   (c) 不变
2. 极点的数量将_____。
   (a) 增大   (b) 减小   (c) 不变
3. 下降率将_____。
   (a) 增大   (b) 减小   (c) 不变

参考图 9-29b。
● 如果 C_2 开路，
4. 对给定的交流输入，交流输出将_____。
   (a) 增大   (b) 减小   (c) 不变
● 如果 R_4 是 $10k\Omega$ 而不是 $1.0k\Omega$，
5. 阻尼系数将_____。
   (a) 增大   (b) 减小   (c) 不变
6. 截止频率将_____。
   (a) 增大   (b) 减小   (c) 不变

参考图 9-29c。

● 如果 C_3 开路，
7. 极点的数量将_____。
   (a) 增大   (b) 减小   (c) 不变

参考图 9-33b。
● 如果 R_3 的值不正确，为 $1.0k\Omega$，
8. 通带增益将_____。
   (a) 增大   (b) 减小   (c) 不变
● 如果 R_2 小于指定的 $150k\Omega$，
9. 中心频率将_____。
   (a) 增大   (b) 减小   (c) 不变
10. 通带增益将_____。
    (a) 增大   (b) 减小   (c) 不变
11. 带宽将_____。
    (a) 增大   (b) 减小   (c) 不变

参考图 9-33c。
● 如果 R_5 大于指定的 $560k\Omega$，
12. 带宽将_____。
    (a) 增大   (b) 减小   (c) 不变

习题

9.1 节

1. 识别图 9-28 中所示的每个滤波器响应类型（低通、高通、带通或带阻）。
2. 一个低通滤波器的截止频率为 $800Hz$。它的带宽是多少？

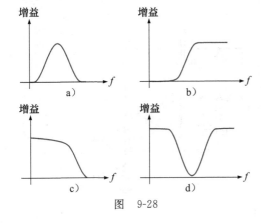

图 9-28

3. 单极点高通滤波器有一个 $R = 2.2k\Omega$、$C = 0.0015\mu F$ 的频率选频网络。截止频率是多少？你能从现有的信息确定带宽吗？
4. 习题 3 中描述的滤波器的下降率为多少？
5. 截止频率为 $3.2kHz$ 和 $3.9kHz$ 的带通滤波器的带宽是多少？这个滤波器的 Q 是多少？
6. Q 为 15、带宽为 $1.0kHz$ 的滤波器的中心频率是多少？

9.2 节

7. 图 9-29 中每个有源滤波器的阻尼系数是多少？哪个滤波器最接近巴特沃斯响应特性？
8. 对图 9-29 中所示的不具有巴特沃斯响应特性的滤波器，如果使这些滤波器具有巴特沃斯响应，应做哪些改变？（使用最接近的标准值。）
9. 二阶滤波器的响应曲线如图 9-30 所示。识别每个滤波器的类型，如巴特沃斯、切比雪夫或贝塞尔。

9.3 节

10. 图 9-31 中的 4 极点滤波器是否近似最优巴特沃斯响应？它的下降率是多少？

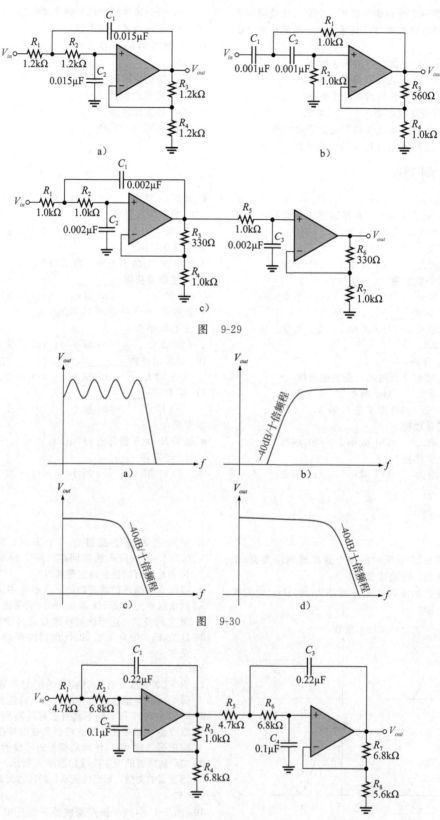

图 9-29

图 9-30

图 9-31

11. 确定图 9-31 中的截止频率。

12. 不改变响应曲线,调整图 9-31 中所示滤波器的元件值使得它成为一个等值滤波器。

13. 改变图 9-31 中的滤波器以增大下降率,使得下降率为 −120dB/十倍程,同时使得滤波器维持近似的巴特沃斯响应。

14. 用框图表示如何实现下列下降率,使用单极点和两极点巴特沃斯响应低通滤波器。

   (a) −40dB/十倍频程

   (b) −20dB/十倍频程

   (c) −60dB/十倍频程

   (d) −100dB/十倍频程

   (e) −120dB/十倍频程

9.4 节

15. 将题 12 中的等值滤波器转换为高通滤波器,并且截止频率和响应特性保持不变。

16. 将习题 15 中的电路进行必要修改,使得截止频率压缩至一半。

17. 对图 9-32 中的滤波器,

   (a) 如何增大截止频率?

   (b) 如何增大增益?

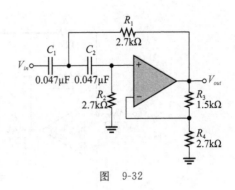

图 9-32

9.5 节

18. 识别图 9-33 中每个带通滤波器的配置。

19. 确定图 9-33 中每个滤波器的中心频率和带宽。

20. 优化图 9-34 中状态可变滤波器的 Q 使得 $Q=50$,它的带宽可达多少?

9.6 节

21. 如何使图 9-34 中的基本电路产生一个带阻滤波器?

22. 修改习题 21 中的带阻滤波器,使得它的中心频率为 120Hz。

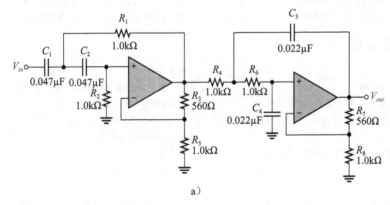

a)

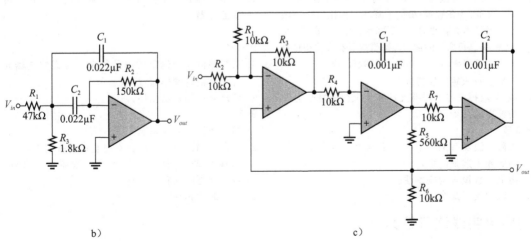

b)

c)

图 9-33

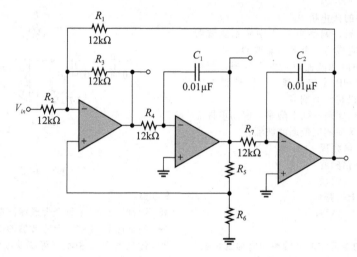

图 9-34

MULTISIM 故障检测问题 [MULTISIM]

23. 打开文件 P09-23 并确定故障。
24. 打开文件 P09-24 并确定故障。
25. 打开文件 P09-25 并确定故障。
26. 打开文件 P09-26 并确定故障。

27. 打开文件 P09-27 并确定故障。
28. 打开文件 P09-28 并确定故障。
29. 打开文件 P09-29 并确定故障。
30. 打开文件 P09-30 并确定故障。

各节测试题答案

9.1 节

1. 截止频率决定带宽。
2. 运算放大器的固有频率限制制约了带宽。
3. Q 和 BW 成反比。Q 越高，选择性越好，反之亦然。
4. 全通滤波器让所有频率通过，但是相移与频率相关。

9.2 节

1. 巴特沃斯滤波器在通带内非常平坦，并具有 -20dB/十倍频程/极的下降率。切比雪夫滤波器在通带内具有波动，并下降率大于 -20dB/十倍频程/极。贝塞尔滤波器在通带内具有线性相位特性，并下降率小于 -20dB/十倍频程/极。
2. 阻尼系数决定响应特性。
3. 频率-选择网络、增益元件和负反馈网络是有源滤波器的几个部分。

9.3 节

1. 二阶滤波器有两极点。两个电阻和两个电容器构成频率选择网络。
2. 阻尼系数设置响应特性。
3. 级联增大下降率。

9.4 节

1. 对低通配置和高通配置，Rs 和 Cs 在频率选择网络中的位置相反。
2. 减小 R 的值以增大 f_c。
3. -140dB/十倍频程。

9.5 节

1. Q 决定选择性。
2. $Q=25$。Q 越高，BW 越窄。
3. 一个求和放大器和两个积分器组成一个状态可变滤波器。
4. 1.38

9.6 节

1. 带阻滤波器拒绝阻带内的频率。带通滤波器允许通带内的频率通过。
2. 低通和高通输出相加。

9.7 节

1. 检查滤波器的频率响应。
2. 离散点测试——繁琐和不完整；设备简单。
   扫频测试——使用更加昂贵的设备；更有效；可以被更精确和更完整。
3. 改变时钟频率。

例题中实践练习答案

9-1 500Hz

9-2 1.44

9-3 7.23kHz，1.29kΩ

9-4 $C_{A1} = C_{A2} = C_{B1} = C_{B2} = 0.234\mu F$；$R_2 = R_4 =$

$680\Omega, R_1 = 103\Omega, R_3 = 840\Omega$

9-5 $R_A = R_B = R_2 = 10k\Omega, C_A = C_B = 0.053\mu F,$
$R_1 = 5.86k\Omega$

9-6 增益增加到 2.43，频率减小到 544Hz，带宽

减小到 96.4Hz

9-7 $f_0 = 21.9kHz$，$Q = 101$，$BW = 217Hz$

9-8 通过减半，使得两级积分电路的输入电阻或反馈电容减小。

自测题答案

1.(c)　2.(d)　3.(a)　4.(b)　5.(c)　6.(c)　7.(b)

8.(a)　9.(d)　10.(b)　11.(a)　12.(c)　13.(b)　14.(d)

故障检测测验答案

1. 减小　2. 不变　3. 不变　4. 减小　5. 增大　6. 不变

7. 减小　8. 不变　9. 增大　10. 减小　11. 增大　12. 减小

第10章
振荡器和定时器

目标

- 描述所有振荡器的基本工作原理
- 解释反馈振荡器的工作原理
- 描述并分析基本 RC 正弦波反馈振荡器的工作原理
- 描述并分析基本 LC 正弦波反馈振荡器的工作原理
- 描述并分析基本弛豫振荡器的工作原理
- 在振荡应用中使用 555 定时器
- 在单稳触发器中使用 555 定时器

　　振荡器是产生周期波形来实现定时、控制或通信功能的电路。在几乎所有的电子系统中都可以找到振荡器，包括模拟和数字系统、大多数的测试仪器，如示波器和函数发生器。

　　振荡器需要某种正反馈，将部分输出信号反馈到输入，使得输入信号加强，从而维持连续不断的输出信号。尽管外部输入不是严格必需的，但是许多振荡器使用外部信号来控制频率或使它与另一个源同步。可以用以下两种方法之一来设计振荡器产生受控的振荡信号：使用反馈振荡器的单位增益方法和使用弛豫振荡器的定时方法。这两种方法都将在本章讨论。

　　不同类型的振荡器产生不同类型的输出，如正弦波、方波、三角波和锯齿波。本章介绍几种类型的基本振荡电路，它们使用运算放大器和分立晶体管作为增益元件，还会介绍一块称为 555 定时器的非常通用的集成电路。

10.1　振荡器

　　振荡器是能在其输出端产生周期波形的电路，它仅使用直流电源作为必需的输入。重复的输入信号并不是必需的，但可以用来同步振荡输出。输出电压要么是正弦波，要么是非正弦波，这取决于振荡器的类型。振荡器主要分为反馈振荡器和弛豫振荡器两大类。

　　学完本节后，你应该掌握以下内容：

- 描述所有振荡器的基本工作原理
  - 解释振荡器的目的
  - 讨论振荡器两种重要的分类
  - 列出反馈振荡器的基本元件

10.1.1　振荡器的类型

　　本质上，所有振荡器都将来自直流电源的电能转换为周期波形，这些周期波形可以用于各种定时、控制或信号产生应用。一个基本的振荡器如图 10-1 所示，振荡器可以根据产生信号所采用的技术进行分类。

　　反馈振荡器　有一类振荡器是反馈振荡器，它将输出信号的一部分无净相移地反馈到输入端来加强输出信号。振荡开始后，环路增益保持在 1.0 来维持振荡。反馈振荡器由一个放大器（或者分立晶体管，或者运算放大器）和一个正反馈网络组成，其中放大器提供增益，正反馈网络产生相移并提供衰减，如图 10-2 所示。

　　弛豫振荡器　振荡器的第二种类型是弛豫振荡器。弛豫振荡器使用一个 RC 定时电路来产生波形，通常是方波或非正弦波。典型地，弛豫振荡器使用施密特触发器或其他器件交替地通过电阻向电容充电和放电来改变状态。弛豫振荡器将在 10.5 节中讨论。

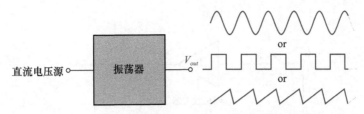

图 10-1　基本振荡器概念给出三种常见类型的输出波形

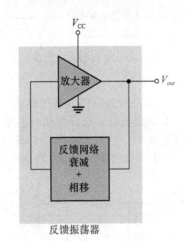

图 10-2　反馈振荡器的基本元件

10.1 节测试题

1. 什么是振荡器?
2. 反馈振荡器需要什么类型的反馈?
3. 反馈网络的目的是什么?

10.2　反馈振荡器原理

反馈振荡器的工作基于正反馈原理,本节将验证这个概念并观察振荡发生的一般条件。反馈振荡器广泛用于产生正弦波。

学完本节后,你应该掌握以下内容:

● 解释反馈振荡器的工作原理
  ■ 解释正反馈
  ■ 描述振荡的条件
  ■ 讨论振荡启动的条件

10.2.1　正反馈

正反馈的特点是将输出信号的同相部分反馈到输入端,用正弦波振荡器来阐述其基本原理,如图 10-3 所示。你可以看到,同相反馈电压被放大后产生输出电压,依次又产生反馈电压。也就是说,通过建立循环来维持信号本身,产生连续的正弦波输出,这个现象称为振荡。

10.2.2　振荡条件

图 10-4 阐述了维持振荡的两个条件:

1. 反馈环路上的相移实际上必须为 0°。
2. 环绕闭环反馈环路(环路增益)的电压增益 A_{cl} 必须等于 1(单位)。

环绕闭环反馈环路上的电压增益 A_{cl} 是放大器增益 A_v 和反馈电路衰减 B 的乘积。

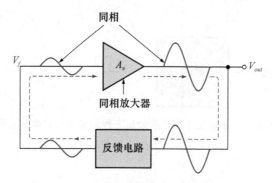

图 10-3 正反馈产生振荡

$$A_{cl} = A_v B$$

如果希望输出正弦波，大于 1 的环路增益将很快地使得波形的两个峰值处于饱和，产生严重的失真。为了避免这种情况，一旦振荡开始，必须使用一些增益控制以保持增益精确地保持在 1。例如，如果反馈网络的衰减是 0.01，放大器必须恰好具有 100 增益来克服衰减同时又不产生严重的失真(0.01×100＝1)。大于 100 的放大器增益将会产生两个波形峰值受限的振荡。

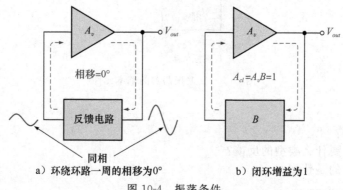

a) 环绕环路一周的相移为0°   b) 闭环增益为1

图 10-4 振荡条件

10.2.3 开始条件

到目前为止，你已经看到什么条件可以让振荡器产生连续的正弦波输出。现在我们检查当直流电压源闭合时振荡开始的条件。你知道，维持振荡必须满足单位-增益条件，为了启动振荡，环绕正反馈环路上的电压增益必须大于 1，使得输出维持在想要的值。然后增益必须下降到 1，使得振荡输出保持在希望的电平并能维持振荡。(在下一节会讨论，振荡开始后，有许多方法可以降低增益。)开始和维持振荡的电压增益条件如图 10-5 阐述。

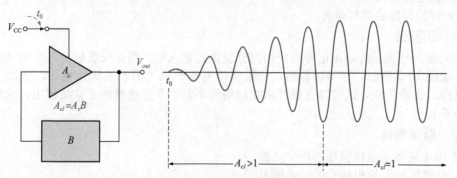

图 10-5 当振荡在 t_0 开始时，条件 $A_{cl} > 1$ 产生正弦波输出电压幅度以建立期望的电平。然后，A_{cl} 减小到 1，把输出电压维持在期望的幅度上

通常会提出这样的问题：如果振荡器开始时是关闭的，并没有输出电压，反馈信号是如何启动开始建立正反馈过程的？起初，在电阻或其他元件中由热产生的宽带噪声，或在电源闭合的瞬间，会产生一个小的正反馈电压，反馈电路只允许频率等于所选振荡频率的电压同相地出现在放大器的输入端。初始的反馈电压经过放大，并且不断地加强，从而产生如前所讨论的输出电压。

10.2 节测试题

1. 电路振荡需要的条件是什么？
2. 定义正反馈。
3. 振荡开始的电压增益条件是什么？

10.3 具有 RC 反馈电路的正弦波振荡器

本节学习三种类型的反馈振荡器，它们使用 RC 电路以产生正弦波输出：文氏桥振荡器、相移振荡器和双 T 振荡器。通常，RC 反馈振荡器适用于频率小于 1MHz 的场合。在这个频率范围，文氏桥振荡器是目前为止应用最广泛的 RC 振荡器。

学完本节后，你应该掌握以下内容：

- ● 描述和分析基本 RC 正弦波反馈振荡器的工作原理
  - ■ 识别文氏桥振荡器
  - ■ 确定文氏桥振荡器的谐振频率
  - ■ 分析振荡器反馈条件
  - ■ 分析振荡器开始条件
  - ■ 描述自启动文氏桥振荡器
  - ■ 识别相移振荡器
  - ■ 计算相移振荡器的谐振频率并分析反馈条件
  - ■ 识别双 T 振荡器并描述它的工作原理

10.3.1 文氏桥振荡器

有一类正弦波 RC 反馈振荡器是文氏桥振荡器。文氏桥振荡器的基本部分是超前-滞后网络，如图 10-6a 所示。R_1 和 C_1 一起形成网络的滞后部分，R_2 和 C_2 一起形成超前部分。超前-滞后网络的工作原理如下：在较低频率时，由于 C_2 的高电抗，超前网络起决定作用。随着频率的增加，X_{C2} 减小，因此允许输出电压开始增加。达到了一些频率后，滞后网络的响应发挥作用，X_{C1} 开始减小使得输出电压下降。

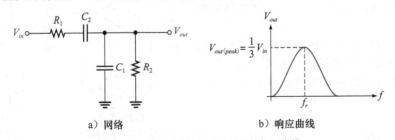

a) 网络　　　　　　　　b) 响应曲线

图 10-6　超前-滞后网络和它的响应曲线

图 10-6b 所示的超前-滞后网络响应曲线表明输出电压峰值处于称为谐振频率 f_r 的频率处。在这点，如果 $R_1 = R_2$ 并且 $X_{C1} = X_{C2}$，网络的衰减(V_{out}/V_{in})是 1/3，如下等式所述，推导见附录：

$$\frac{V_{out}}{V_{in}} = \frac{1}{3} \tag{10-1}$$

谐振频率的公式同样在附录中导出：

$$f_r = \frac{1}{2\pi RC} \tag{10-2}$$

归纳一下，文氏桥振荡器中的超前-滞后网络具有谐振频率 f_r，在这个频率处，网络的相移为 $0°$，并且衰减为 $1/3$。频率低于 f_r，超前网络起主导作用，并且输出超前输入。当频率高于 f_r 时，滞后网络起主导作用，并且输出滞后输入。

基本电路 超前-滞后网络用于运算放大器的正反馈环路中，如图 10-7a 所示。分压器用于负反馈环路中。文氏桥振荡器电路可以看作一个同相放大器结构，超前-滞后网络将输出信号反馈到同相输入端。回顾一下，放大器的闭环增益由分压器决定：

$$A_{cl} = \frac{1}{B} = \frac{1}{R_2/(R_1+R_2)} = \frac{R_1+R_2}{R_2}$$

为了显示出运算放大器连接在桥的两端，电路重画在图 10-7b 中。桥的一端是超前-滞后网络，另一端是分压器。

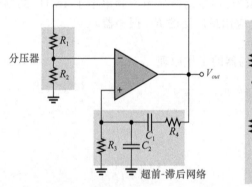

a)

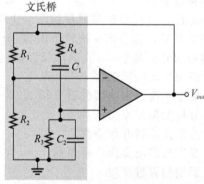

b）文氏桥电路连接分压器和超前-滞后网络

图 10-7 文氏桥振荡器结构的两种画法

振荡的正反馈条件 你知道，为了使电路能够产生持续的正弦波输出（振荡），环绕正反馈环路上的相移必须为 $0°$，并且环路增益必须等于单位增益（1）。当频率为 f_r 时，满足 $0°$ 相移条件，因为通过超前-滞后网络的相移为 $0°$，即从运算放大器的同相输入端（＋）到输出没有反相，如图 10-8a 所示。

当 $A_{cl}=3$ 时，满足反馈环路中的单位增益条件。

这抵消了超前-滞后网络的 $1/3$ 衰减，因此使得环绕正反馈环路的总增益等于 1，如图 10-8b 所示。为了使得闭环增益等于 3，

$$R_1 = 2R_2$$

那么

$$A_{cl} = \frac{R_1+R_2}{R_2} = \frac{2R_2+R_2}{R_2} = \frac{3R_2}{R_2} = 3$$

a）环绕环路的相移为 $0°$　b）环绕环路的电压增益是1

图 10-8 振荡条件

开始条件 最初，放大器本身的闭环增益必须大于 $3(A_{cl}>3)$，直到输出信号达到期望的输出电平。然后，理想情况下，放大器增益必须减小到 3，使得环绕环路上的总增益为 1，并且输出信号维持在理想的水平来持续振荡，如图 10-9 所示。

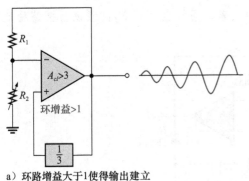

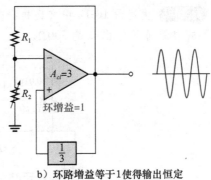

a) 环路增益大于1使得输出建立   b) 环路增益等于1使得输出恒定

图 10-9 振荡器开始条件

图 10-10 中的电路阐述了一种获得维持振荡的方法。注意，分压器网络被修改成包含一个额外的电阻 R_3 及与其并联的两只背靠背的齐纳二极管。当直流电源闭合时，两个齐纳二极管都是开路的，R_3 与 R_2 串联，因此增加了放大器的闭环增益（$R_1 = 2R_2$）：

$$A_{cl} = \frac{R_1 + R_2 + R_3}{R_2} = \frac{3R_2 + R_3}{R_2} = 3 + \frac{R_3}{R_2}$$

刚开始，从噪声或在电源闭合瞬间产生小的正反馈信号。超前-滞后网络只允许频率等于 f_r 的信号同相地出现在同相输入端。反馈信号经过放大并且连续加强，使得输出电压建立。当输出信号达到齐纳击穿电压时，齐纳管导通使得 R_3 实际上短路，这使放大器的闭环增益降至 3。此时，总的环路增益为 1，输出信号水平稳定，并持续振荡。反馈振荡器要达到稳定，所有实际方法都需要增益能自动调整，这个要求形成自动增益控制（AGC）。这个例子中的齐纳二极管在其导通时限制了非线性增益。

尽管齐纳反馈网络简单，但其代价是需要产生非线性来控制增益。因此，要获得理想的正弦波形是非常困难的。控制增益的另一种方法是使用 JFET 在负反馈路径中作为电压控制的电阻。这种方法能产生稳定的、良好的正弦波波形。回顾 4.2 节，JFET 与小的或零 V_{DS} 一起工作在欧姆区。当栅极电压增加时，漏源电阻增加。如果把 JFET 放在负反馈路径中，由于电压控制电阻就可以实现自动增益控制。

JFET 稳定文氏桥振荡器在图 10-11 中给出。运算放大器增益由阴影块（包含 JFET）中的元件控制，JFET 的漏源电阻依赖于栅极电压。当没有输出信号时，栅极为 0V，使得漏源电阻最小。这种条件下，环路增益大于 1，振荡开始工作并且快速达到较大的输出信号。输出信号的负输出使得 D_1 正向偏置，使电容 C_3 充电达到负电压。这个电压使得 JFET 的漏源电阻增大，并减小增益（因此减小输出）。这是典型的负反馈工作。通过恰当地选择元件，可以将增益稳定在期望的水平。可以在实验室手册中的实验 27 中进一步探索这个电路。下面的例子阐述了一个用 JFET 来稳定的振荡器例子。

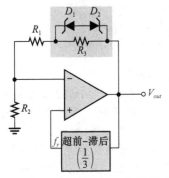

图 10-10 使用背靠背齐纳二极管的自启动文氏桥振荡器

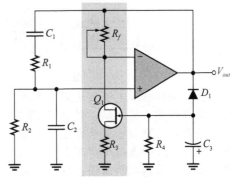

图 10-11 在负反馈环路中使用 JFET 的自启动文氏桥振荡器

例 10-1　确定图 10-12 中文氏桥振荡器的频率。同样也计算 R_f，假设当振荡稳定时，JFET 的内部漏源电阻 r'_{ds} 是 500Ω。

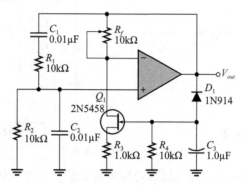

图 10-12　例 10-1 图 [**MULTISIM**]

解： 对超前-滞后网络，$R_1 = R_2 = R = 10kΩ$，并且 $C_1 = C_2 = C = 0.01\mu F$。频率为

$$f_r = \frac{1}{2\pi RC} = \frac{1}{2\pi \times 10k\Omega \times 0.01\mu F} = 1.59kHz$$

为了维持振荡，闭环增益必须为 3.0。这个增益是同相放大器的增益。

$$A_v = \frac{R_f}{R_i} + 1$$

R_i 由 R_3（源电阻）和 r'_{ds} 组成。代入：

$$A_v = \frac{R_f}{R_3 + r'_{ds}} + 1$$

整理并解得 R_f 为

$$R_f = (A_v - 1)(R_3 + r'_{ds}) = (3-1)(1.0k\Omega + 500\Omega) = 3.0k\Omega$$

实践练习

如果 R_f 设置得太高，振荡会发生什么？如果设置得过低呢？

系统例子 10-1　音调发生器

高品质音频振荡器常常用于需要精确频率标准的系统。在这个例子中，乐器制造商使用系统检查中央 C 音的频率，它是 261.624Hz。系统是便携式的，并且使用两节 9V 电池。整个系统由一个文氏桥振荡器、一个电压放大器、一个功率放大器和一个扬声器构成。为了避免噪声、失真和漂移，文氏桥和电压放大器由精密元件构成，并置于各自的外壳内。图 SE10-1 给出了系统的框图。这个例子关注的重点是文氏桥振荡器和电压放大器。

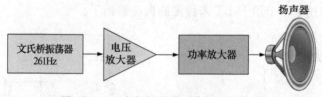

图 SE10-1　音频振荡器系统的基本框图

文氏桥振荡器和电压放大器电路在图 SE10-2 中给出。它使用 AD822 运算放大器，该放大器是双精度、低功率、低噪声 FET 输入运算放大器。运算放大器的前半部分用于文氏桥振荡器，后半部分用于电压放大器。AD822 在指定的温度范围（对 B 级最大输入失调电流漂移为 10pA）具有非常低的失调漂移。它耗电非常低，是电池供电电路的不错选择。注意，采用电位器联动来调整频率。假设电位器都设置为 184Ω，文氏桥的频率为：

$$f = \frac{1}{2\pi RC} = \frac{1}{2\pi(59k\Omega + 184\Omega)(0.1\mu F)} = 261.6Hz$$

桥的输出用电压放大器来进行隔离,这有助于阻止对桥电路的任何负载影响。在输出信号不大的应用中,电压放大器也可以直接与扬声器相连。在这个系统中,用一个功率放大器来增加信号强度。

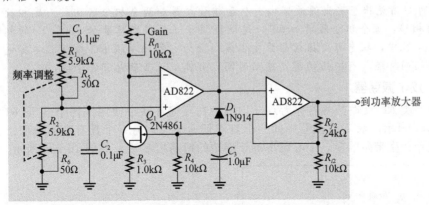

图 SE10-2 文氏桥振荡器电路和放大器[📉 MULTISIM]

10.3.2 相移振荡器

有一类正弦波反馈振荡器称为相移振荡器,如图 10-13 所示。反馈环路中的每个 RC 网络可以提供一个约 $90°$ 的最大相移。振荡发生在三个 RC 网络的总相移为 $180°$ 时的频率处。运算放大器本身的反相提供额外的 $180°$,满足环绕反馈环路 $360°$(或 $0°$)相移的振荡要求。

三节 RC 反馈网络的衰减 B 为

$$B = \frac{1}{29} \tag{10-3}$$

式中,$B = R_3/R_f$。这个不同寻常的结果的推导过程在附录中给出。为了满足大于单位环路增益的要求,运算放大器的闭环电压增益必须大于 29(由 R_f 和 R_3 设置)。振荡频率的推导同样在附录中给出,公式如下,其中 $R_1 = R_2 = R_3 = R$,并且 $C_1 = C_2 = C_3 = C$。

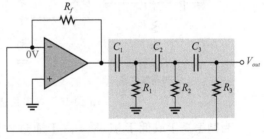

图 10-13 运算放大器相移振荡器

$$f_r = \frac{1}{2\pi\sqrt{6}RC} \tag{10-4}$$

例 10-2 (a) 图 10-14 所示的电路作为振荡器工作时,确定 R_f 的值应为多少?

(b) 确定振荡频率。

解:

(a) $A_{cl} = 29$,且 $B = \dfrac{1}{29} = \dfrac{R_3}{R_f}$。因此,

$$\frac{R_f}{R_3} = 29$$

$$R_f = 29R_3 = 29 \times 10\text{k}\Omega = 290\text{k}\Omega$$

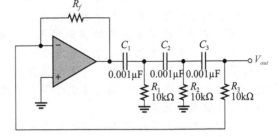

图 10-14 例 10-2 图[📉 MULTISIM]

(b) $R_1 = R_2 = R_3 = R$ 且 $C_1 = C_2 = C_3 = C$。因此

$$f_r = \frac{1}{2\pi\sqrt{6}RC} = \frac{1}{2\pi\sqrt{6} \times 10\text{k}\Omega \times 0.001\mu\text{F}} \approx 6.5\text{kHz}$$

✏️ **实践练习**

(a) 如果图 10-14 中的 R_1、R_2 和 R_3 变为 $8.2\text{k}\Omega$,为了振荡 R_f 的值应为多少?

(b) f_r 的值为多少？

系统说明 在第 9 章你已经学习了状态可变滤波器。通过从第三级电路的输出向第一级电路的输入引入正反馈，可以将这些滤波器设计成为状态可变振荡器。如果你返回看图 9-20，你可以看见状态可变滤波器由一个反相放大器和两个积分器构成。反相放大器引入了 180° 的相移，每个积分器增加 90°，这就提供了正反馈所需的 360°(0°) 的相移。在许多类型的系统中，状态可变振荡器更受偏爱，因为它们比单级 RC 振荡器具有更加可靠的启动，它们同样还具有较短的稳定建立时间，并能抵抗杂散电容的干扰。

10.3.3 双 T 振荡器

另外一类 RC 反馈振荡器称为双 T，因为在反馈环路中使用了两个 T 形 RC 滤波器，如图 10-15a 所示。双 T 滤波器中的一个具有低通响应，另一个具有高通响应。合并后的并行滤波器产生带阻响应，中心频率等于期望的振荡频率 f_r，如图 10-15b 所示。

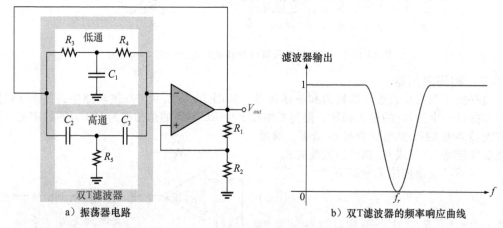

图 10-15 双 T 振荡器和双 T 滤波器响应

当频率高于或低于 f_r 时，由于通过滤波器的负反馈，振荡不会发生。然而，在 f_r 处，负反馈可以忽略。因而，通过分压器(R_1 和 R_2)的正反馈允许电路振荡。

系统说明 前面的系统说明已经讨论了一种使用状态可变滤波器的振荡器。这些电路常常用于一些系统，这些系统通过传感器将电容或电阻传感器的输出转变为正弦波电压。添加一个比较器作为第 4 级电路，可以将状态可变振荡器的正弦波输出转变为可以由计算机来分析的数字脉冲。德州仪器 UAF42 通用有源滤波器集成电路是一个选择，因为它包括可以配置为比较器的第 4 级运算放大器。UAF42 的说明手册可以在 www.ti.com 上找到，这里只介绍这个系统是如何工作的。

假设你想要监测油箱里的液面位置。液面位置传感器实际上是由空心管构成的电容器，于是油可以形成电容器的一些或全部电介质，这取决于当液体位置升高或降低时，油替代了空心管中的多少空气。当液面位置改变时，由于电介质改变，传感器的电容发生改变。这些电容传感器置于状态可变振荡器中两个积分器的反馈电路中。由于电容改变，振荡器的输出频率改变。

然后，微控制器比较比较器的输出频率和高频时钟信号。它统计时间窗口中时钟脉冲的个数，时间窗口由来自比较器的脉冲周期决定。使用查找表，计算机可以将电容传感器的输出转变为显示的液体位置。

10.3 节测试题

1. 在文氏桥振荡器中有两个反馈环路，每个反馈环路的目的是什么？
2. 某个超前-滞后网络有 $R_1 = R_2$，$C_1 = C_2$。运用一个有效值为 5V 的输入电压，输入频率等于网络的谐振频率，输出电压的有效值(rms)为多少？

3. 为什么相移振荡器中 RC 反馈网络上的相移等于 $180°$？

4. 图 SE10-2 中电压放大器的增益为多少？

10.4 具有 LC 反馈电路的振荡器

RC 反馈振荡器，特别是文氏桥振荡器，通常适合于频率不超过 1MHz 的应用，而 LC 反馈元件通常用于需要更高频率的振荡器中。同样地，因为大多数运算放大器的频率限制（较低的单位增益频率），分立式晶体管（BJT 或 FET）常常用作 LC 振荡器的增益元件。本节介绍几种类型的谐振 LC 反馈振荡器：考毕兹（Colpitts）、克拉普（Clapp）、哈特利（Hartley）、阿姆斯特朗（Armstrong）和晶体控制振荡器。

学完本节后，你应该掌握以下内容：

- 描述并分析 LC 反馈振荡器的工作原理
  - 识别并分析考毕兹振荡器
  - 识别并分析克拉普振荡器
  - 识别并分析哈特利振荡器
  - 识别并分析阿姆斯特朗振荡器
  - 描述晶体控制振荡器的工作原理

10.4.1 考毕兹振荡器

谐振电路反馈振荡器的一种基本类型是考毕兹振荡器，它是以发明者的名字命名的，如同这里其他大多数结构的命名。如图 10-16 所示，这种类型的振荡器在反馈环路中使用一个 LC 电路提供必要的相移，作为谐振滤波器它只让期望的振荡频率通过。

振荡器的近似频率是 LC 电路的谐振频率，它通过下面的近似公式由 C_1、C_2 和 L 的值得到：

$$f_r \approx \frac{1}{2\pi \sqrt{LC_T}} \tag{10-5}$$

式中，C_T 是总电容。因为在谐振电路中电容器实际上是串联在一起的，所以总电容（C_T）为

$$C_T = \frac{C_1 C_2}{C_1 + C_2}$$

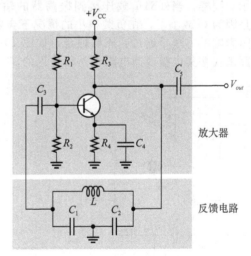

图 10-16 用 BJT 作为增益元件的基本考毕兹振荡器

振荡和开始条件 考毕兹振荡器中谐振反馈电路的衰减 B 基本上是由 C_1 和 C_2 的值决定。

图 10-17 给出了谐振电压在 C_1 和 C_2 之间分摊（C_1 和 C_2 实际上串联）。如图 10-17 所示，C_2 上的电压是振荡器的输出电压（V_{out}），C_1 上的电压是反馈电压（V_f）。衰减（B）的表达式为

$$B = \frac{V_f}{V_{out}} \approx \frac{IX_{C1}}{IX_{C2}} = \frac{X_{C1}}{X_{C2}} = \frac{1/(2\pi f_r C_1)}{1/(2\pi f_r C_2)}$$

去掉 $2\pi f_r$ 项，得到

$$B = \frac{C_2}{C_1}$$

我们都知道，振荡的条件是 $A_v B = 1$。因为 $B = C_2/C_1$，所以

$$A_v = \frac{C_1}{C_2} \tag{10-6}$$

式中，A_v 是放大器的电压增益，在图 10-17 中由三角形表示。满足这个条件，$A_v B = (C_1/C_2)(C_2/C_1) = 1$。事实上，为了振荡器的自启动，$A_v B$ 必须要大于 1（也就是，$A_v B > 1$）。因此，电压增益必须要稍微大于 C_1/C_2。

$$A_v > \frac{C_1}{C_2}$$

反馈电路中负载影响振荡器频率　如图 10-18 所示，放大器的输入阻抗作用于谐振反馈电路并减小电路的 Q。并联谐振电路的谐振频率依赖于 Q，公式如下：

$$f_r = \frac{1}{2\pi \sqrt{LC_T}} \sqrt{\frac{Q^2}{Q^2 + 1}} \tag{10-7}$$

根据经验，当 Q 大于 10 时，频率接近 $1/(2\pi\sqrt{LC_T})$，如式（10-5）所示。然而，当 Q 小于 10 时，f_r 显著减小。

为了减小晶体管输入阻抗的负载效应，回顾一下，因为 FET 有大的多的输入阻抗，所以可以用场效应管（FET）来代替一个双极结型晶体管（BJT），如图 10-19

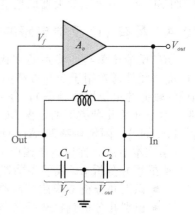

图 10-17　谐振电路的衰减是谐振电路的输出（V_f）除以谐振电路的输入（V_{out}）。$B = V_f/V_{out} = C_2/C_1$。对 $A_v B > 1$，A_v 必须大于 C_1/C_2

所示。同样，当外部负载连接到振荡器的输出端时，如图 10-20a 所示，f_r 可能会减小，也是因为 Q 减小了，在负载很小的情况下会发生这种现象。在某些情况下，一种去除负载电阻影响的方法是通过变压器耦合，如图 10-20b 所示。在高频考毕兹振荡器中使用 RF 扼流圈来代替集电极或漏电阻也是很常见的。

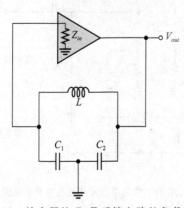

图 10-18　放大器的 Z_{in} 是反馈电路的负载并减小电路的 Q，因此减小谐振频率

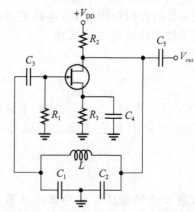

图 10-19　基本的场效应管考毕兹振荡器

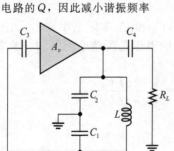

a）负载电容耦合到振荡器输出端可以减小电路 Q 和 f_r

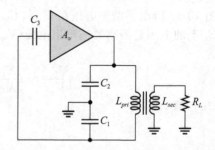

b）通过阻抗变换，变压器耦合负载可以减小负载效应

图 10-20　振荡器负载

例 10-3 (a) 确定图10-21中振荡器的频率。假设在反馈电路上的负载可以忽略，并且 Q 大于 10。

(b) 如果振荡器调节到 Q 降为 8 的点，频率为多少？

解：

(a) $C_T = \dfrac{C_1 C_2}{C_1 + C_2} = \dfrac{0.1\mu F \times 0.01\mu F}{0.11\mu F}$

$= 0.009\,1\mu F$

$f_r \approx \dfrac{1}{2\pi\sqrt{LC_T}}$

$= \dfrac{1}{2\pi\sqrt{50mH \times 0.009\,1\mu F}}$

$= 7.46kHz$

(b) $f_r \approx \dfrac{1}{2\pi\sqrt{LC_T}}\sqrt{\dfrac{Q^2}{Q^2+1}}$

$= 7.46kHz \times 0.992\,3$

$= 7.40kHz$

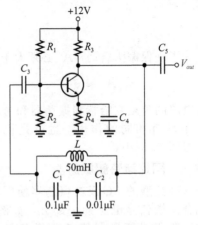

图 10-21　例 10-3 图 [ⓘ MULTISIM]

✎ **实践练习**

如果振荡器调节到 $Q=4$ 的点，图 10-21 中振荡器的频率为多少？

10.4.2　克拉普振荡器

克拉普振荡器是考毕兹振荡器的变形。基本的不同是额外的电容器 C_3 与谐振反馈电路中的电感串联，如图 10-22 所示。因为在谐振电路上 C_3 与 C_1 和 C_2 串联，所以总电容为

$$C_T = \dfrac{1}{\dfrac{1}{C_1} + \dfrac{1}{C_2} + \dfrac{1}{C_3}}$$

并且振荡器的近似频率($Q>10$)为

$$f_r \approx \dfrac{1}{2\pi\sqrt{LC_T}}$$

如果 C_3 远大于 C_1 和 C_2，那么 C_3 几乎完全控制了谐振频率($f_r \approx 1/(2\pi\sqrt{LC_T})$)。因为 C_1 和 C_2 有一端都接地，所以晶体管的结电容和其他的杂散电容与 C_1 和 C_2 并联接地，这改变了它们的有效值。但是，C_3 没有受到影响，因此提供了更精确和稳定的振荡器频率。

10.4.3　哈特利振荡器

除了由两个串联电感和一个并联电容器构成的反馈电路外，哈特利振荡器与考毕兹振荡器相似，如图 10-23 所示。

在这个电路中，当 $Q>10$ 时，振荡器的频率为

$$f_r \approx \dfrac{1}{2\pi\sqrt{L_T C}}$$

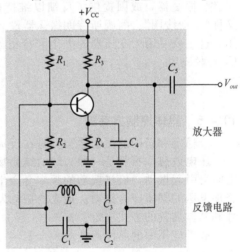

图 10-22　基本的克拉普振荡器

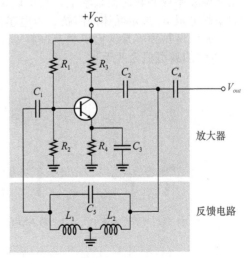

图 10-23　基本的哈特利振荡器 [ⓘ MULTISIM]

式中,$L_T=L_1+L_2$。为了确定反馈电路的衰减 B,电感的行为如同考毕兹振荡器中的 C_1 和 C_2 一样。

$$B \approx \frac{L_1}{L_2}$$

为了确保振荡启动,A_v 必须大于 $1/B$。

$$A_v \approx \frac{L_2}{L_1} \qquad (10\text{-}8)$$

谐振电路的负载在哈特利振荡器和考毕兹振荡器中具有相同的作用,也就是说,Q 减小,因而 f_r 减小。

10.4.4 阿姆斯特朗振荡器

这种类型的 LC 反馈振荡器使用变压器来耦合反馈信号电压的一部分,如图 10-24 所示。鉴于是变压器的二次侧它有时称为"反馈"振荡器,或因提供了反馈以维持振荡

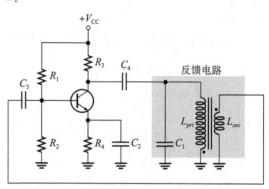

图 10-24　基本的阿姆斯特朗振荡器

又称"反馈线圈"。阿姆斯特朗振荡器没有考毕兹振荡器、克拉普振荡器和哈特利振荡器常用,这主要是因为变压器的大小和价格的缺陷。振荡器的频率由一次绕组的电感(L_{pri})与 C_1 并联决定。

$$f_r = \frac{1}{2\pi \sqrt{L_{pri}C_1}} \qquad (10\text{-}9)$$

10.4.5 晶体控制振荡器

最稳定和精确的振荡器类型是在反馈环路中使用压电晶体来控制频率的反馈振荡器。

压电效应　石英是一种天然的结晶物质,具有压电效应。当变化的机械应力加到晶体上时会引起振动,机械振动的频率会产生电压。反之,当交流电压加到晶体上时,就以所施加电压的频率产生振动。最大的振动发生在晶体的天然谐振频率处,谐振频率由物理尺寸和晶体切割的方式决定。

电子应用中的晶体通常由一个安装在两个电极之间的石英晶片构成,并且封装在一个保护容器中,如图 10-25a 和 b 所示。晶体的图示符号如图 10-25c 所示,图 10-25d 将晶体等效成一个 RLC 电路。如你所见,晶体的等效电路是一个串并 RLC 电路,可以工作在串联谐振频率或并联谐振频率上。在串联谐振频率处,电感的电抗被 C_s 的电抗抵消。剩余的串联电阻 R_s 决定晶体的阻抗。当电感的电抗和并联电容 C_p 的电抗相等时,并联谐振发生。并联谐振频率常常比串联谐振频率至少高 1kHz。晶体的最大优点是它呈现出非常高的 Q(Q 的典型值为几千)。

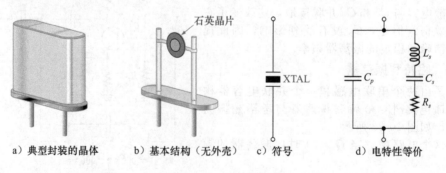

a)典型封装的晶体　　b)基本结构(无外壳)　　c)符号　　d)电特性等价

图 10-25　石英晶体

使用晶体作为串联谐振电路的振荡器如图 10-26a 所示。晶体的电抗在串联谐振频率处最小，因此提供了最大的反馈。晶体调谐电容 C_C 是用来微调振荡器频率的，通过轻微地上下"拉动"晶体的谐振频率。

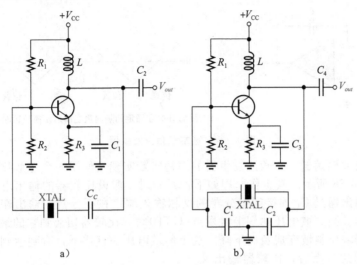

图 10-26　基本的晶体振荡器

含有一个晶体的改进的考毕兹结构如图 10-26b 所示，其中晶体充当并联谐振电路。晶体的阻抗在并联谐振处最大，此时在电容上产生最大的电压，C_1 上的电压反馈到输入端。

晶体中的振荡模式　压电晶体能够以两种模式振荡——基本模式或泛音模式。晶体的基本频率是晶体自然谐振的最低频率。基本频率取决于晶体的机械尺寸、切割方式和其他因素，基本频率的大小与晶体板的厚度成反比。因为晶体板切得太薄会压裂，所以基本频率有一个上限。对大多数晶体，上限频率小于 20MHz。对更高的频率，晶体必须工作在泛音模式。泛音频率经常是基本频率的奇数倍(3，5，7，…)，但也有例外。许多晶体振荡器是集成电路封装的。

10.4 节测试题

1. 考毕兹振荡器与哈特利振荡器有什么不同？
2. 在考毕兹振荡器或哈特利振荡器中，FET 放大器的优点是什么？
3. 你是如何区分考毕兹振荡器和克拉普振荡器的？

10.5　弛豫振荡器原理

第二大类主要的振荡器是弛豫振荡器。弛豫振荡器使用一个 RC 定时电路和一个通过改变状态而产生周期波形的器件。本节将学习几种用于产生非正弦波形的电路。

学完本节后，你应该掌握以下内容：

● 描述并分析基本弛豫振荡器的工作原理
　■ 讨论基本三角波振荡器的工作原理
　■ 讨论压控振荡器(VCO)的工作原理
　■ 讨论方波弛豫振荡器的工作原理

10.5.1　三角波振荡器

第 8 章讨论过的运放积分器可以用作三角波产生器的基础。基本观点如图 10-27a 所示，其中使用了一个双极性、可切换的输入。我们仅借用开关来介绍这个概念，这并不是在实际实现中真采用这种电路的方法。当开关在位置 1 时，施加负电压，输出是正向上升的斜坡。当开关切向位置 2 时，产生负向下降的斜坡。如果将开关在固定的时间间隔内重复地前后切换位置，输出是一个由正向上升和负向下降斜坡交替组成的三角波，如图 10-27b 所示。

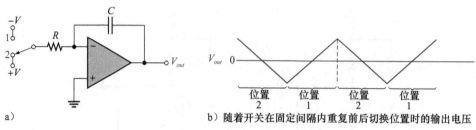

a)

b）随着开关在固定间隔内重复前后切换位置时的输出电压

图 10-27　基本三角波发生器

实际的三角波振荡器　三角波发生器的一种实际实现是使用一个运放比较器来实现开关功能，如图 10-28 所示。其工作原理如下：开始时，假设比较器的输出电压位于它的最大负值，这个输出通过 R_1 连接到积分器的反相输入端，在积分器的输出端产生一个正向上升的斜坡波形。当斜坡电压达到上触发点(UTP)时，比较器切换到它的最大正值，这个正值使得积分器输出斜坡变成负向下降。这个斜坡电压一直往下，直到达到比较器的下触发点(LTP)。到达这点后，比较器输出又切换回最大负值并且重复这个循环。图 10-29 对此进行了阐述。

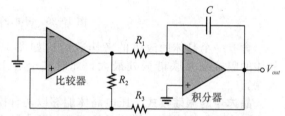

图 10-28　使用两个运算放大器的三角波发生器

因为比较器产生方波输出，所以图 10-28 中的电路可以用作三角波发生器和方波发生器。这种类型的设备通常称为函数发生器，因为它们会产生多种输出函数。方波的输出幅度由比较器的输出摆幅决定，电阻 R_2 和 R_3 通过建立 UTP 和 LTP 电压来设置三角波输出的幅度，公式如下：

$$V_{\text{UTP}} = +V_{max}\left(\frac{R_3}{R_2}\right)$$

$$V_{\text{LTP}} = -V_{max}\left(\frac{R_3}{R_2}\right)$$

其中，比较器输出电平 $+V_{max}$ 和 $-V_{max}$ 是相等的。两种波形的频率取决于 R_1C 时间常量以及幅度设置电阻 R_2 和 R_3。通过改变 R_1，可以调整振荡频率而不会改变输出幅度。

$$f = \frac{1}{4R_1C}\left(\frac{R_2}{R_3}\right) \qquad (10\text{-}10)$$

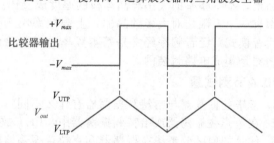

图 10-29　图 10-28 中电路的波形

例 10-4　确定图 10-30 中电路的频率。为了使得频率为 20kHz，R_1 的值应变为多少？

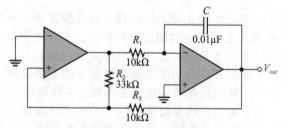

图 10-30　例 10-4 图

解：

$$f = \frac{1}{4R_1C}\left(\frac{R_2}{R_3}\right) = \left(\frac{1}{4 \times 10\text{k}\Omega \times 0.01\mu\text{F}}\right)\left(\frac{33\text{k}\Omega}{10\text{k}\Omega}\right) = 8.25\text{kHz}$$

为了使 $f = 20\text{kHz}$，

$$R_1 = \frac{1}{4fC}\left(\frac{R_2}{R_3}\right) = \left(\frac{1}{4 \times 20\text{kHz} \times 0.01\mu\text{F}}\right)\left(\frac{33\text{k}\Omega}{10\text{k}\Omega}\right) = 4.13\text{k}\Omega$$

实践练习

如果比较器输出为 $\pm 10\text{V}$，图 10-30 中三角波的幅度是多少？

10.5.2　电压控制锯齿波振荡器

压控振荡器(voltage-controlled oscillator，VCO)是一个弛豫振荡器，它的频率可以通过可变的直流控制电压改变。压控振荡器要么是正弦波的，要么是非正弦波的。一种构造电压控制锯齿波振荡器的方法是使用运放积分器，这个积分器用一个开关器件(PUT)与反馈电容器并联，使得每个斜坡在预先设定的电平处终止并且重设这个电路。图 10-31a 给出了这种实现方法。

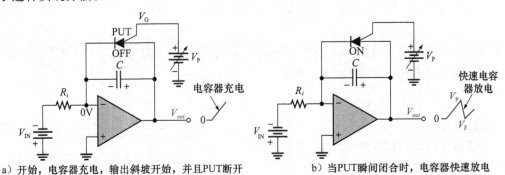

a) 开始，电容器充电，输出斜坡开始，并且PUT断开　　　　　b) 当PUT瞬间闭合时，电容器快速放电

图 10-31　电压控制锯齿波振荡器工作原理

PUT 是一个有阳极、阴极和栅极的可编程单结晶体管。对阴极而言，栅极对于阴极始终正偏。当阳极电压超过栅极电压大约 0.7V 时，PUT 闭合，就像一个正向偏置二极管一样工作。当阳极电压下降低于这个值时，PUT 断开。同样地，电流必须大于维持值以保持导通。

当负直流输入电压 $-V_{\text{IN}}$ 在输出端产生正向上升斜坡时，锯齿波发生器开始工作。在斜坡上升时，电路是一个常规积分器。当输出斜坡(在阳极端)超过栅极电压 0.7V 时，PUT 断开，栅极设置成期望的锯齿波峰值电压近似值。当 PUT 闭合时，电容器快速放电，如图 10-31b 所示。因为 PUT 的正向电压 V_F，电容器不能完全放电至 0。放电一直持续到 PUT 电流低于持续值时。此刻，PUT 断开，电容器又开始充电，因此产生了新的输出斜坡。这个循环周期性地连续重复，结果是在输出端得到了重复的锯齿波形，如图 10-31b 所示。锯齿幅度和周期可以通过改变 PUT 栅极电压调整。

频率由积分器的 R_iC 时间常数和 PUT 设置的峰值电压决定。回顾一下，我们知道电容器的充电率是 V_{IN}/R_iC。电容器充电从 V_F 开始到 V_P 所花的时间是锯齿波的一个周期 T(这里忽略快速放电时间)。

$$T = \frac{V_P - V_F}{|V_{\text{IN}}|/R_iC}$$

从 $f = 1/T$，

$$f = \frac{|V_{\text{IN}}|}{R_iC}\left(\frac{1}{V_P - V_F}\right) \tag{10-11}$$

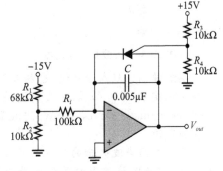

图 10-32　例 10-5 图

例 10-5 (a) 找出图 10-32 中峰峰幅度值和锯齿波输出的频率。假设正向 PUT 电压 V_F 接近 1V。

(b) 画出输出波形。

解：

（a）为了得到 PUT 断开时的近似电压，首先确定栅极电压。

$$V_G = \frac{R_4}{R_3 + R_4}(+V) = \frac{10\text{k}\Omega}{20\text{k}\Omega}(+15\text{V}) = 7.5\text{V}$$

这个电压设置了锯齿波输出的近似最大峰值（忽略 0.7V）。

$$V_P \approx 7.5\text{V}$$

最小峰值电压（低点）为

$$V_F \approx 1\text{V}$$

所以峰峰幅度值为

$$V_{pp} = V_P - V_F = 7.5\text{V} - 1\text{V} = 6.5\text{V}$$

频率由如下公式确定

$$V_{IN} = \frac{R_2}{R_1 + R_2}(-V) = \frac{10\text{k}\Omega}{78\text{k}\Omega} \times (-15\text{V}) = -1.92\text{V}$$

$$f = \frac{|V_{IN}|}{R_i C}\left(\frac{1}{V_P - V_F}\right) = \frac{1.92\text{V}}{100\text{k}\Omega \times 0.005\mu\text{F}} \times \frac{1}{7.5\text{V} - 1\text{V}} \approx 591\text{Hz}$$

（b）输出波形如图 10-33 所示。周期为

$$T = \frac{1}{f} = \frac{1}{591\text{Hz}} = 1.69\text{ms}$$

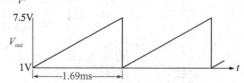

图 10-33　图 10-32 所示电路的输出

实践练习

如果图 10-32 中的 R_i 变为 56Ω，频率为多少？

10.5.3　方波振荡器

基本方波振荡器如图 10-34 所示，它是一种弛豫振荡器，因为它的工作原理基于电容器的充电和放电过程。注意，运算放大器的反相（－）输入是电容器电压，同相（＋）输入是通过 R_2 和 R_3 输出反馈的一部分。当电路的电源刚闭合时，电容器未充电，因此反相输入为 0V。这使得输出为正向最大，电容器开始由 V_{out} 通过 R_1 充电。当电容器电压（V_C）的值等于同相输入端的反馈电压（V_f）时，运算放大器的输出切换为最大负状态。此时，电容器开始从 $+V_f$ 向 $-V_f$ 放电，当电容器电压达到 $-V_f$ 时，运算放大器重新变回最大正状态。这个过程一直持续并重复，如图 10-35 所示，因此得到方波输出电压。

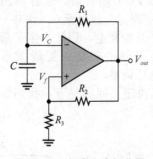

图 10-34　方波弛豫振荡器

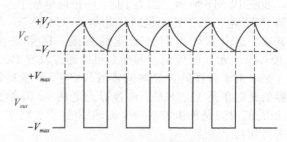

图 10-35　方波弛豫振荡器的波形

系统说明　超高频系统（包括蜂窝电话系统和雷达）经常使用专门设计的带通滤波器旨在提供稳定振荡所必需的反馈滤波。在微波振荡器中使用的一种滤波器是表面声波（surface acoustic wave，SAW）滤波器。在一定程度上，谐振频率是由物理尺寸而不是电性质决定的。

虽然表面声波概念的理论化开始于 1885 年，但是表面声波振荡器最早在 1969 年提出。一个 SAW 滤波器的两个交错手指状的电极传感器（输入和输出）掩埋在压电基片上。图 SN10-1 给出了 SAW 滤波器的结构。

一侧手指间的空隙大小大约等于滤波器中心频率的波长,如图 SN10-1 所示。加到输入传感器的 RF 信号产生了沿着器件表面传播的声波,声波频率取决于手指的间隙大小。这个表面声波耦合到输出传感器的手指,通过压电效应转换回电能量。手指的数目、长度和形状以及输入与输出电极间的手指数目决定这种滤波器的特性响应。尽管一些新的结构技术还在提高它的频率上限,但是 SAW 滤波器的上限频率不超过 10GHz。

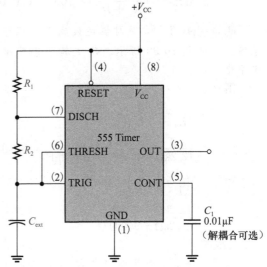

图 SN10-1 SAW 滤波器

10.5 节测试题

1. 压控振荡器(VCO)是什么,它是用来干什么的?
2. 弛豫振荡器是基于什么原理工作的?
3. 什么是 SAW 滤波器?

10.6 555 定时器作为振荡器

555 定时器是一个具有多种应用的多功能集成电路。本节将介绍如何将 555 配置成一个非稳态或自由运行的多谐振荡器,它本质上是一个方波振荡器。同样本节也讨论如何将 555 定时器用作一个压控振荡器(VCO)。LM555 的数据手册可以在 www. national. com 找到。

学完本节后,你应该掌握以下内容:
- 将 555 定时器用在一个振荡器应用中
  - 讨论 555 定时器的非稳态工作
  - 解释如何将 555 定时器用作 VCO

10.6.1 非稳态工作

图 10-36 给出一个 555 定时器,它连接成一个能自由运行并在输出端产生出脉冲波形的非稳态多谐振荡器。注意,阈值输入(THRESH)现在连接到触发输入(TRIG),外部元件 R_1、R_2 和 C_{ext} 构成可以设置振荡频率的定时网络,连接到控制输入(CONT)的 $0.01\mu F$ 电容器只用于解耦合,对运行没有影响。

振荡频率的计算在式(10-12)中给出,或者它可以通过图 10-37 中的图形得到。

$$f = \frac{1.44}{(R_1 + 2R_2)C_{ext}} \quad (10\text{-}12)$$

通过选择 R_1 和 R_2,可以调整输出的占空比。因为 C_{ext} 通过 $R_1 + R_2$ 充电,但只通过 R_2 放电,如果 $R_2 \gg R_1$,占空比最小约为 50%,所以充放电时间几乎相等。

计算占空比的公式如下。输出为高值时的时间(t_H)表示为

$$t_H = 0.693(R_1 + R_2)C_{ext}$$

输出为低值时的时间(t_L)表示为

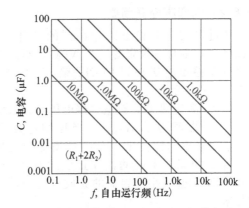

图 10-36 连接成非稳态多谐振荡器的 555 定时器

图 10-37 非稳态模式 555 定时器的振荡频率(自由运行频率)是 C_{ext} 和 $R_1 + 2R_2$ 的函数。斜率是 $R_1 + 2R_2$

$$t_{\text{L}} = 0.693 R_2 C_{\text{ext}}$$

输出波形周期 T 是 t_{H} 和 t_{L} 的和。

$$T = t_{\text{H}} + t_{\text{L}} = 0.693(R_1 + 2R_2)C_{\text{ext}}$$

这是式（10-12）中 f 的倒数。最终，占空百分比为

$$占空比 = \left(\frac{t_{\text{H}}}{T}\right) \times 100\% = \left(\frac{t_{\text{H}}}{t_{\text{H}} + t_{\text{L}}}\right) \times 100\%$$

$$占空比 = \left(\frac{R_1 + R_2}{R_1 + 2R_2}\right) \times 100\% \quad (10\text{-}13)$$

为了使得占空比小于 50%，可以修改图 10-36 中的电路使得 C_{ext} 只通过 R_1 充电、通过 R_2 放电。这可以通过一个二极管 D_1 实现，如图 10-38 所示。通过让 R_1 小于 R_2 可以使占空比小于 50%。在这种条件下，占空比的公式为

$$占空比 = \left(\frac{R_1}{R_1 + R_2}\right) \times 100\% \quad (10\text{-}14)$$

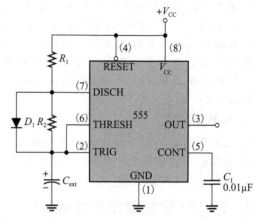

图 10-38　加上二极管 D_1，让 $R_1 < R_2$，可以将输出占空比调节到小于 50%

例 10-6　将 555 定时器连接成工作在非稳态模式，如图 10-39 所示。确定其输出频率和占空比。

解：

$$f = \frac{1.44}{(R_1 + 2R_2)C_{\text{ext}}}$$

$$= \frac{1.44}{(2.2\text{k}\Omega + 9.4\text{k}\Omega) \times 0.022\mu\text{F}} = 5.64\text{kHz}$$

$$占空比 = \left(\frac{R_1 + R_2}{R_1 + 2R_2}\right) \times 100\%$$

$$= \left(\frac{2.2\text{k}\Omega + 4.7\text{k}\Omega}{2.2\text{k}\Omega + 9.4\text{k}\Omega}\right) \times 100\% = 59.5\%$$

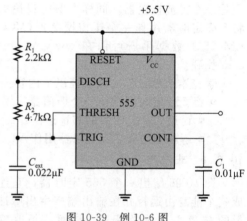

图 10-39　例 10-6 图

实践练习

如果将一个二极管连接在 R_2 上，如图 10-38 所示，试确定图 10-39 中的占空比。

10.6.2　用作压控振荡器

通过采用与非稳态工作相同的外部连接，可以将 555 定时器设置为一个 VCO，不同之处是将可变控制电压加到 CONT 输入（引脚 5），如图 10-40 所示。

如图 10-41 所示，对电容器电压，上限值为 V_{CONT}，下限值为 $1/2V_{\text{CONT}}$。当控制电压变化时，输出频率同样变化。V_{CONT} 的增加会增加外部电容器的充放电时间，并且引起频率减小。V_{CONT} 的减小会减小电容器的充放电时间，并引起频率增大。

VCO 的一个有趣应用是锁相环，锁相环常常用于各种类型的通信接收机以跟踪输入信号频率的变化。第 13 章介绍锁相环的基本工作原理。

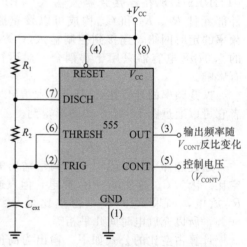

图 10-40　将 555 定时器连接成一个压控振荡器。注意，可变控制电压输入在引脚 5

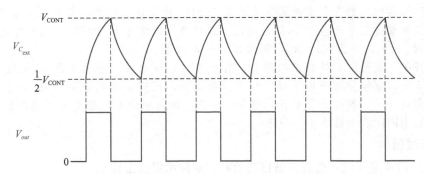

图 10-41 VCO 输出频率与 V_{CONT} 成反比，因为 C_{ext} 的充放电时间直接依赖于控制电压

系统例子 10-2 幅移键控测试发生器

系统例子 9-1 介绍了一个 RFID 读卡器电路。为了测试这个读卡器，一个幅移键控 (amplitude shift keyed，ASK) 调制输出电路将模拟来自 RFID 标签的信号。这个系统例子将合并本章的两个电路——LC 反馈振荡器和自由运行多谐振荡器。

回顾一下，RFID 标签传输一个由编码信息调制的 125kHz 的 ASK 信号，这个信号以数字波形表示。RFID 系统的基本框图如图 SE10-3 所示。

图 SE10-3 RFID 系统的框图

ASK 测试发生器 在这个系统例子中，开发了一个可以用于测试 RFID 读卡器电路板的信号源电路。测试发生器必须产生 125kHz 信号，这个信号由 10kHz 的脉冲信号调制来模拟 RFID 标签。振荡器用来产生 125kHz 载波信号，555 定时器产生调制脉冲信号。调制器是一个模拟开关，它通过调制脉冲信号使得载波信号闭合和断开。这个电路的基本框图如图 SE10-4 所示。

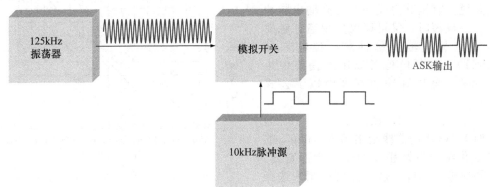

图 SE10-4 ASK 测试发生器

125kHz 振荡器 第一步是设计和构造 125kHz 振荡器电路。选择双极型晶体管来作为考毕兹振荡器，也可以使用 FET 或采用基于运算放大器的文氏桥振荡器。注意可变电阻 R_{E1} 和精密调谐电容 C_5。R_{E1} 允许增益调节，C_5 可以微调振荡器输出频率。

10kHz 脉冲振荡器 对这个测试电路，10kHz 的方波用作调制信号。一个连接成非稳态模式、50% 占空比的 555 定时器用于产生 10kHz 的方波。注意，开关二极管连接在 R_B 上，这个二极管是为了产生 50% 的占空比。通过将二极管与 R_B 并联，C_{ext} 只能通过 R_A 充电，通过 R_B 放电，因为 $R_A = R_B$，所以占空比为 50%。

模拟开关 最后的元件是模拟开关，其允许 10kHz 方波闭合和断开 125kHz 的载波信号。当 555 定时器输出为低电平时，模拟开关闭合，载波信号耦合到 ASK 输出。当定时器输出为高电平时，模拟开关断开，信号被阻塞。输出端的电位器用来调整测试信号的幅度，来匹配 RFID 读卡器的输入需求。

10.6 节测试题

1. 当 555 定时器连接成非稳态多谐振荡器时，如何确定占空比？
2. 当 555 定时器用作 VCO 时，频率是如何变化的？

10.7　555 定时器作为单稳态触发器

单稳态触发器是一种单稳态多谐振荡器，为每个输入触发脉冲产生一个单输出脉冲。术语单稳态（monostable）是指器件只有一个稳定状态。当单稳态被触发后，它临时达到非稳定状态，但是始终会回到它的稳定状态。它在非稳态的时间建立了输出脉冲的宽度，这个宽度由外部电阻和电容的值决定。

学完本节后，你应该掌握以下内容：
- 使用 555 定时器作为单稳态触发器
  - 讨论单稳态工作
  - 解释如何设置输出脉冲宽度

一个工作在单稳态的 555 定时器如图 10-42 所示。比较这个连接和图 10-36 所示工作在非稳态时的 555 定时器，可以看出不同之处在于外部电路。

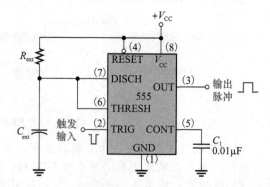

图 10-42　作为单稳态多谐振荡器工作的 555 定时器

10.7.1　单稳态工作

一个负向输入触发脉冲产生一个具有预先设定宽度的单输出脉冲。一旦触发，单稳触发器在时间达到前不能再次触发。也就是说，直至其完成一个完整输出脉冲为止。一旦超时，又可以触发单稳态触发器以产生另一输出脉冲。复位输入端（RESET）上的低电位可以用来提前中止输出脉冲。输出脉冲的宽度由以下公式决定：

$$t_w = 1.1 R_{ext} C_{ext} \qquad (10\text{-}15)$$

图 10-43 中的曲线给出了 R_{ext} 和 C_{ext} 的各种变化组合以及相关的输出脉冲宽度。对期望的脉冲宽度，这个图可以用来选择元件值。

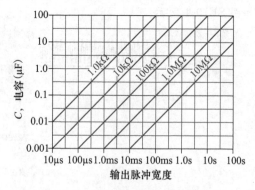

图 10-43　555 单稳态触发器的定时

例 10-7 将 555 定时器连接成一个 $R_{ext} = 10\text{k}\Omega$、$C_{ext} = 0.1\mu\text{F}$ 的单稳态触发器，输出脉冲的宽度是多少？

解： 有两种方法可以确定脉冲宽度。可以使用式(10-15)或使用图 10-43。使用式(10-15)，

$$t_W = 1.1 R_{ext} C_{ext} = 1.1 \times 10\text{k}\Omega \times 0.1\mu\text{F} = 1.1\text{ms}$$

如果使用图，沿着 $C = 0.1\mu\text{F}$ 线移动，直到它与 $R = 10\text{k}\Omega$ 斜线相交。在这点，向水平

坐标轴做垂线，发现脉冲宽度为 1.1ms，如图 10-44 所示。

实践练习

为了将单稳态触发器的输出脉冲宽度增加到 5ms，R_{ext} 的值应变为多少？

10.7.2 用单稳态触发器提供延迟

在许多应用中，在某些事件之间有固定的时延是非常必要的。图 10-45a 给出了两个连接成单稳态触发器的 555 定时器。第一个的输出送到第二个的输入，当第一个单稳态触发器被触发后，它将产生一个输出脉冲，其脉冲宽度建立时延。在这个脉冲结束处，第二个单稳态触发器被触发。因此，我们有从第二个单稳态触发器得到的

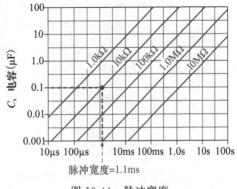

图 10-44　脉冲宽度

输出脉冲，它是第一个单稳态触发器输入触发的延迟，延迟时间等于第一个单稳态触发器的脉冲宽度，如图 10-45b 中的定时框图所示。

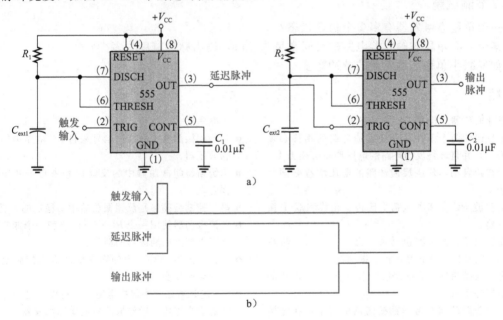

图 10-45　两个单稳态触发器产生的延迟输出脉冲

例 10-8　确定图 10-46 中电路的脉冲宽度，并画出定时框图(输入和输出脉冲之间的关系)。

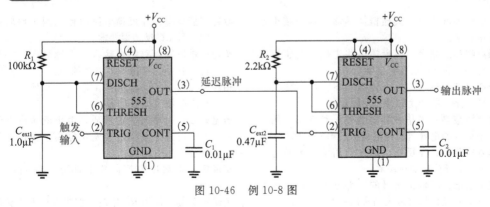

图 10-46　例 10-8 图

解： 输入和输出的时间关系在图 10-47 中给出，两个单稳态触发器的脉冲宽度为

$$t_{w1} = 1.1 R_1 C_{ext1} = 1.1 \times 100\text{k}\Omega \times 1.0\mu\text{F} = 110\text{ms}$$

$$t_{w2} = 1.1 R_2 C_{ext2} = 1.1 \times 2.2\text{k}\Omega \times 0.47\mu\text{F} = 1.14\text{ms}$$

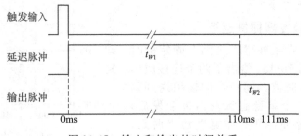

图 10-47　输入和输出的时间关系

✎ **实践练习**

建议一种修改 10-46 中电路的方法，使得延迟可以在 10～200ms 之间调节？

10.7 节测试题

1. 一个单稳态触发器有多少个稳定状态？
2. 某个 555 单稳态触发器电路的时间常量为 5ms，输出脉冲宽度为多少？
3. 如何减小单稳态触发器的脉冲宽度？

小结

- 反馈振荡器工作在正反馈状态下。
- 正反馈的两个条件是环绕反馈环路的相移必须为 0°，并且环绕反馈环路的电压增益必须为 1。
- 对初始启动，环绕反馈环路的电压增益必须大于 1。
- 正弦波 RC 振荡器包括文氏桥、相移和双 T 振荡器。
- 正弦波 LC 振荡器包括考毕兹、克拉普、哈特利、阿姆斯特朗和晶体控制振荡器。
- 考毕兹振荡器中的反馈信号来源于 LC 电路中的电容分压器。
- 克拉普振荡器是考毕兹振荡器的变形，在考毕兹振荡器中用一个附加的电容与反馈电路中的

电感串联。

- 哈特利振荡器中的反馈信号来自 LC 电路中的电感分压器。
- 阿姆斯特朗振荡器中的反馈信号来自于变压器耦合。
- 晶体控制振荡器是反馈振荡器中最稳定的一类。
- 弛豫振荡器使用一个 RC 定时电路和一个能改变状态以产生周期波形的器件。
- 压控振荡器（VCO）中的频率能随直流控制电压的变化而改变。
- 555 定时器是一块集成电路，它可以通过外部元件的恰当连接，用作振荡器或单稳触发器。

关键术语

本章中的关键术语和其他楷体术语在本书结束术语表中定义。

阿姆斯特朗振荡器： 在反馈电路中使用变压器耦合的一种 LC 反馈振荡器。

非稳态多谐振荡器： 可以像振荡器一样工作的一种电路，能产生脉冲波形输出。

克拉普振荡器： 考毕兹振荡器的一种变形，用一个加入的电容与反馈电路中的电感串联。

考毕兹振荡器： 在反馈电路中使用两个串联电容的一种 LC 反馈振荡器。

反馈振荡器： 将输出信号的一部分无相移地反馈到输入端以加强输入信号的一种振荡器。

哈特利振荡器： 在反馈电路中使用两个串联电感的一种 LC 反馈振荡器。

单稳态触发器： 对每个输入触发脉冲产生一个单输出脉冲的单稳态多谐振荡器。

相移振荡器： 在反馈环路中使用三个 RC 网络的一种正弦波反馈振荡器。

压电效应： 由材质决定性质，由于机械应力的改变，在某个频率处会发生振荡，在这个频率处会产生电压。

正反馈： 将输出电压同相的部分反馈到输入的条件。

弛豫振荡器： 使用 RC 定时电路来产生非正弦波形

的一种振荡器。

压控振荡器：一种弛豫振荡器，它的频率可以通过一个可变的直流电压来改变。这种振荡器也称为 VCO。

文氏桥振荡器：在反馈环路中使用 RC 超前-滞后网络的一种正弦波反馈振荡器。

重要公式

(10-1) $\dfrac{V_{out}}{v_{in}} = \dfrac{1}{3}$ 文氏桥正反馈衰减

(10-2) $f_r = \dfrac{1}{2\pi RC}$ 文氏桥频率

(10-3) $B = \dfrac{1}{29}$ 相移反馈衰减

(10-4) $f_r = \dfrac{1}{2\pi\sqrt{6}RC}$ 相移振荡器频率

(10-5) $f_r \approx \dfrac{1}{2\pi\sqrt{LC_T}}$

(10-6) $A_v = \dfrac{C_1}{C_2}$

(10-7) $f_r \approx \dfrac{1}{2\pi\sqrt{LC_T}}\sqrt{\dfrac{Q^2}{Q^2+1}}$

(10-8) $A_v \approx \dfrac{L_2}{L_1}$

(10-9) $f_r \approx \dfrac{1}{2\pi\sqrt{L_{pri}C_1}}$

(10-10) $f = \dfrac{1}{4R_1C}\left(\dfrac{R_2}{R_3}\right)$ 三角波产生器频率

(10-11) $f = \dfrac{|V_{IN}|}{R_iC}\left(\dfrac{1}{V_P-V_F}\right)$ 锯齿波 VCO 频率

(10-12) $f = \dfrac{1.44}{(R_1+2R_2)C_{ext}}$ 555 非稳态频率

(10-13) $\text{Duty cycle} = \left(\dfrac{R_1+R_2}{R_1+2R_2}\right)100\%$ 555 非稳态(占空比≥50%)

(10-14) $\text{Duty cycle} = \left(\dfrac{R_1}{R_1+R_2}\right)100\%$ 555 非稳态(占空比<50%)

(10-15) $t_W = 1.1R_{ext}C_{ext}$ 555 单稳态触发器脉冲宽度

自测题

1. 振荡器与放大器不同，因为它_____。
   - (a) 具有更大的增益
   - (b) 不需要输入信号
   - (c) 不需要直流电源
   - (d) 始终有相同的输出

2. 文氏桥振荡器基于_____。
   - (a) 正反馈
   - (b) 负反馈
   - (c) 压电效应
   - (d) 高增益

3. 振荡的一个条件是_____。
   - (a) 环绕反馈环路的相移是 180°
   - (b) 环绕反馈环路的增益是 1/3
   - (c) 环绕反馈环路的相移是 0°
   - (d) 环绕反馈环路的增益小于 1

4. 振荡的第二个条件是_____。
   - (a) 环绕反馈环路没有增益
   - (b) 环绕反馈环路的增益为 1
   - (c) 反馈网络的衰减必须为 1/3
   - (d) 反馈网络必须为容性的

5. 在某个振荡器中，$A_v = 50$。反馈网络的衰减必须为_____。
   - (a) 1
   - (b) 0.01
   - (c) 10
   - (d) 0.02

6. 为了让振荡器正常开启，环绕反馈环路上的初始增益必须为_____。
   - (a) 1
   - (b) 小于 1
   - (c) 大于 1
   - (d) 等于 B

7. 在文氏桥振荡器中，如果反馈电路中的电阻减小，频率将_____。
   - (a) 减小
   - (b) 增大
   - (c) 不变

8. 文氏桥振荡器的正反馈电路是一个_____。
   - (a) RL 网络
   - (b) LC 网络
   - (c) 分压器
   - (d) 超前-滞后网络

9. 相移振荡器具有_____。
   - (a) 三个 RC 网络
   - (b) 三个 LC 网络
   - (c) 一个 T 形网络
   - (d) 一个 π 形网络

10. 考毕兹振荡器、克拉普振荡器和哈特利振荡器是参考_____命名的。
    - (a) RC 网络的类型
    - (b) 晶体管的发明者
    - (c) LC 振荡器的类型
    - (d) 有源滤波器的类型

11. 晶体振荡器的主要特点是_____。
    - (a) 经济性
    - (b) 可靠性
    - (c) 稳定性
    - (d) 宽的带宽

12. 频率随着可变直流电压而改变的振荡器称为_____。
    - (a) 文氏桥振荡器
    - (b) VCO

(c) 相移振荡器　　　　(d) 非稳态多谐振荡器

13. _____不是 555 定时器的输入或输出？
    (a) 阈值　　　　　　(b) 控制电压
    (c) 时钟　　　　　　(d) 触发
    (e) 放电　　　　　　(f) 重启

14. 非稳态多谐振荡器是_____。
    (a) 振荡器　　　　　　(b) 单稳态触发器
    (c) 时延电路　　　　　(d) 没有稳态的振荡器
    (e) 答案(a)和(d)

15. 连接成振荡器的 555 定时器的输出频率由_____决定。
    (a) 电源电压

(b) 触发脉冲的频率
(c) 外部 RC 时间常量
(d) 内部 RC 时间常量
(e) 答案(a)和(d)

16. 术语单稳态是指_____。
    (a) 一个输出　　　　(b) 一个频率
    (c) 一个时间常量　　(d) 一个稳定状态

17. 连接成一个单稳态触发器的 555 定时器的 $R_{ext} = 2.0\text{k}\Omega$，$C_{ext} = 2.0\mu\text{F}$，输出脉冲的宽度为_____。
    (a) 1.1ms　　　　　(b) 4ms
    (c) 4μs　　　　　(d) 4.4ms

故障检测测验

参考图 10-48。
- 如果 D_1 突然开路，
  1. 闭环增益将_____。
     (a) 增大　　(b) 减小　　(c) 不变
  2. 输出幅度将_____。
     (a) 增大　　(b) 减小　　(c) 不变
- 如果 D_2 具有 5.1V 的击穿电压而不是指定的 4.7V，
  3. 输出电压将_____。
     (a) 增大　　(b) 减小　　(c) 不变
  4. 振荡频率将_____。
     (a) 增大　　(b) 减小　　(c) 不变

参考图 10-49。
- 如果电容器是 0.01μF 而不是 0.02μF，
  5. 振荡器频率将_____。
     (a) 增大　　(b) 减小　　(c) 不变

参考图 10-50。
- 如果运算放大器的电源电压减小，

6. 振荡频率将_____。
   (a) 增大　　(b) 减小　　(c) 不变
7. 三角波的输出幅度将_____。
   (a) 增大　　(b) 减小　　(c) 不变

参考图 10-52。
- 如果 R2 小于指定值，
  8. 输出频率将_____。
     (a) 增大　　(b) 减小　　(c) 不变
  9. 输出占空比将_____。
     (a) 增大　　(b) 减小　　(c) 不变
- 如果 C_1 断开，
  10. 输出频率将_____。
      (a) 增大　　(b) 减小　　(c) 不变
  11. 占空比将_____。
      (a) 增大　　(b) 减小　　(c) 不变
  12. 输出幅度将_____。
      (a) 增大　　(b) 减小　　(c) 不变

习题

10.1 节
1. 振荡器需要什么类型的输入？
2. 一个振荡器电路需要的基本元件是什么？

10.2 节
3. 如果一个振荡器放大器部分的电压增益是 75，为了维持振荡，反馈电路的衰减应为多少？
4. 在习题 3 中，当电源最初开启时为了开始振荡，描述振荡器有哪些变化。

10.3 节
5. 某个超前-滞后网络具有 3.5kHz 的谐振频率，如果一个频率等于 f_r 并且有效值为 2.2V 的信号加到输入端，输出电压的有效值为多少？
6. 如果一个超前-滞后网络的参数值如下，试计算这个网络的谐振频率：$R_1 = R_2 = 6.2\text{k}\Omega$，$C_1 = C_2 = 0.02\mu\text{F}$。
7. 如图 10-48 所示，为了让电路振荡，R_2 的值应为

多少？忽略齐纳二极管的正向电阻。（提示：当齐纳二极管导通时，整个电路的总增益必须为 3。）
8. 解释图 10-48 中 R_3 的作用。

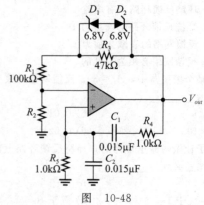

图 10-48

9. 对图 10-49 中的文氏桥，计算 R_f 的值。假设当振荡稳定时，JFET 的内部漏源电阻 r'_{ds} 为 350Ω。

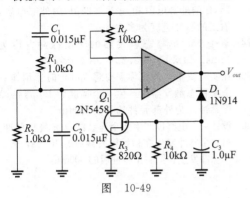

图 10-49

10. 求图 10-49 中文氏桥振荡器的振荡频率。

11. 图 10-50 中 R_f 的值应为多少？ f_r 是多少？

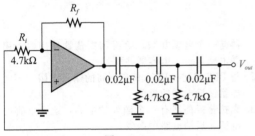

图 10-50

10.4 节

12. 对图 10-51 中的每个电路，分别计算振荡频率，并判断振荡器的类型。假设每种情况下 $Q > 10$。

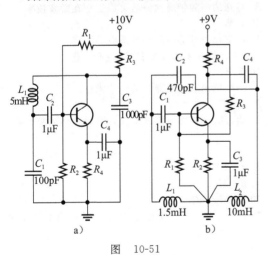

图 10-51

13. 为了获得持续振荡，试确定图 10-52 中放大器电路的增益必须为多少？

10.5 节

14. 图 10-53 中的电路会产生什么类型的信号？试确定输出频率。

15. 如何将图 10-53 中的振荡频率变为 10kHz？

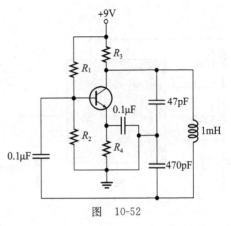

图 10-52

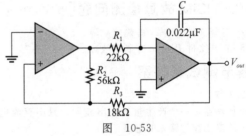

图 10-53

16. 试确定图 10-54 中输出电压的幅度和频率。使用 1V 作为正向 PUT 电压。

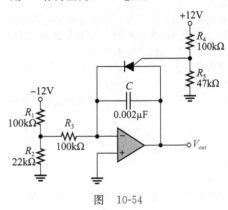

图 10-54

17. 调整图 10-54 所示锯齿波产生器，使得它的峰峰输出为 4V。

18. 某个锯齿波产生器具有如下参数： $V_{IN} = 3V$， $R = 4.7kΩ$， $C = 0.001μF$， PUT 的 V_F 为 1.2V。如果周期为 $10μs$，试确定它的峰峰输出电压。

10.6 节

19. 当 $V_{CC} = 10V$ 时，555 定时器中两个比较器参考电压各是多少？

20. 试确定图 10-55 中 555 非稳态振荡器的振荡频率。

21. 为了获得 25kHz 的频率，图 10-55 中 C_{ext} 的值必须变为多少？

22. 在一个非稳态 555 定时器中，外部电阻 $R_1 = 3.3kΩ$。 R_2 为多少时占空比为 75%？

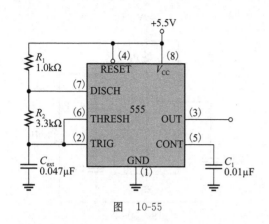

图　10-55

MULTISIM 故障检测问题 [　MULTISIM]

27. 打开文件 P10-27 并确定故障。

28. 打开文件 P10-28 并确定故障。

29. 打开文件 P10-29 并确定故障。

10.7 节

23. 一个连接成单稳态配置的 555 定时器具有 56kΩ 的外部电阻和一个 $0.22\mu F$ 的外部电容，输出的脉冲宽度为多少？

24. 某个 555 单稳态触发器的输出脉冲宽度为 12ms。如果 $C_{ext}=2.2\mu F$，R_{ext} 为多少？

25. 在实验室里，假设你需要将 555 定时器用作一个单稳态触发器以产生一个宽度为 $100\mu s$ 的输出脉冲。为外部元件选择恰当的值。

26. 设计一个电路以产生两个连续的 $50\mu s$ 宽度脉冲。第一个脉冲发生在初始触发器后的 100ms，第二个脉冲发生在第一个脉冲后的 300ms。

各节测试题答案

10.1 节

1. 振荡器是一个产生重复输出波形、只用直流电源电压作为输入的电路。

2. 正反馈。

3. 反馈网络提供衰减和相移。

10.2 节

1. 在闭环反馈环路上有 0 相移和单位电压增益。

2. 正反馈是当输出信号的一部分反馈到放大器的输入时，输入信号得到增强。

3. 环路增益大于 1。

10.3 节

1. 负反馈环设置闭环增益；正反馈环设置振荡频率。

2. 1.67V。

3. 三个 RC 网络共贡献 $180°$，反相放大器贡献 $180°$，整个环路总共是 $360°$。

4. 3.4。

10.4 节

1. 考毕兹振荡器在反馈电路中使用两个串联电容

器与一个电感并联，哈特利振荡器使用两个串联电感与一个电容器并联。

2. 与 BJT 相比，FET 具有更高的输入电阻，不会加重谐振电路的负载。

3. 克拉普振荡器有一个额外的电容，这个电容与电感在反馈电路中串联。

10.5 节

1. 压控振荡器的频率随着直流控制电压的变化而变化。

2. 弛豫振荡器的基础是电容器的充放电。

3. 特殊的高频带通滤波器可以工作在微波频率。

10.6 节

1. 占空比由外部电阻和外部电容决定。

2. VCO 的频率通过改变 V_{CONT} 而变化。

10.7 节

1. 一个单稳态触发器只有一个稳态。

2. $t_w=5.5ms$。

3. 通过减小外部电阻或电容，可以减小脉冲宽度。

例题中实践练习答案

10-1　如果 R_f 太大，输出会失真。如果 R_f 太小，振荡停止。

10-2　(a) 238kΩ　(b) 7.92kHz

10-3　7.24kHz

10-4　6.06V 峰峰值

10-5　1055Hz

10-6　31.9%

10-7　45.5kΩ

10-8　用一个最大电阻至少为 182kΩ 的电位器代替 R_1。

自测题答案

1. (b)　2. (a)　3. (c)　4. (b)　5. (d)　6. (c)　7. (b)　8. (d)　9. (a)
10. (c)　11. (c)　12. (b)　13. (c)　14. (e)　15. (c)　16. (d)　17. (d)

故障检测测验答案

1. 增大　2. 增大　3. 增大　4. 不变　5. 增大　6. 不变
7. 减小　8. 增大　9. 增大　10. 不变　11. 不变　12. 不变

第 11 章

稳 压 器

目标

- 描述线路调整率和负载调整率
- 讨论串联稳压器的原理
- 讨论并联稳压器的原理
- 讨论开关稳压器的原理
- 讨论集成电路稳压器
- 讨论集成电路稳压器的应用

稳压器提供恒定的直流输出电压，这个电压在实际中与输入电压、输出负载电流和温度无关。稳压器是电源的一部分，它的输入电压来自交流电压或便携式系统中电池的整流器滤波输出。

大多数稳压器分为两大类——线性稳压器和开关稳压器。在线性稳压器类型中，通常有两类：线性串联稳压器和线性并联稳压器，它们通常可以输出正电压或负电压，双稳压器可以同时提供正电压和负电压。在开关稳压器类型中，一般有三类常见的结构：降压、升压和逆变。

集成电路(IC)稳压器有许多类型，线性稳压器最普遍使用的类型是三端固定稳压器和三端可调稳压器。开关稳压器同样广泛应用在计算机系统中。本章会介绍一些广泛应用的专用集成电路器件。

11.1 稳压

对稳压源可靠性的要求实际上在电子系统中推动了电源技术的进步。设计者采用了反馈和运算放大器、脉冲电路等技术来研发可靠的恒压(和恒流)电源。任何稳压电源的核心是提供恒定电压基准的能力。本节将介绍线路调整率和负载调整率(在 2.6 节中介绍过)。

学完本节后，你应该掌握以下内容：

- 描述线路调整率和负载调整率
  - 把线路调整率表示成百分比或每伏百分比
  - 计算线路调整率
  - 把负载调整率表示成百分比或每毫安百分比
  - 根据电压数据或电阻数据计算负载调整率

11.1.1 线路调整率

2.6 节介绍过线路调整率，这里简单地回顾一下。线路调整率衡量电源在输入电压变化时维持恒定输出的能力。它的典型定义是输出变化与相应输入变化之比，表示成百分比如下。

$$线路调整率 = \left(\frac{\Delta V_{OUT}}{\Delta V_{IN}}\right) \times 100\% \tag{11-1}$$

这个公式在式(2-3)中曾给出。一些参数在表示线路调整率时存在差异。线路调整率可以描述为输出电压每伏的变化除以输入电压的变化得到的百分比。在这种情况下，线路调整

率的百分比的表示为

$$\text{线路调整率} = \left(\frac{\Delta V_{\text{OUT}}/V_{\text{OUT}}}{\Delta V_{\text{IN}}}\right) \times 100\% \tag{11-2}$$

因为定义的不同，所以在查看参数时你需要确定使用了哪种定义。参数表的关键是看单位，如果参数表的百分比是 mV/V 或其他纯数字，那么式(11-1)是定义式。如果单位为％/mV 或者％/V，那么式(11-2)是定义式。

例 11-1 当一个稳压器的输入减小 5V 时，其输出减小 0.25V，额定输出是 15V。试确定线路调整率，表示成百分比和％/V 的形式。

解： 根据式(11-1)，百分比线路调整率为

$$\text{线路调整率} = \left(\frac{\Delta_{\text{OUT}}}{\Delta V_{\text{IN}}}\right) \times 100\% = \left(\frac{0.25\text{V}}{5\text{V}}\right) \times 100\% = 5\%$$

根据式(11-2)，百分比线路调整率为

$$\text{线路调整率} = \left(\frac{\Delta V_{\text{OUT}}/V_{\text{OUT}}}{\Delta V_{\text{IN}}}\right) \times 100\% = \left(\frac{0.25\text{V}/15\text{V}}{5\text{V}}\right) \times 100\% = 0.33\%/\text{V}$$

📝 **实践练习**

某个稳压器的输入增加 3.5V，使得输出电压增加 0.42V。额定输出是 20V。试确定调整率，表示成百分比和％/V 的形式。

11.1.2 负载调整率

2.6 节介绍过负载调整率，这里做下简单回顾。当由于负载变化引起流过负载的电流发生改变时，稳压器必须在负载上维持近似恒定的输出。百分比负载调整率定义在负载电流值的某个范围内，输出电压发生的改变量，通常从最小电流(空载，NL)到最大电流(满载，FL)。理想情况下，百分比负载调整率为 0%。负载调整率的百分比形式可通过下面的公式计算：

$$\text{负载调整率} = \left(\frac{V_{\text{NL}} - V_{\text{FL}}}{V_{\text{FL}}}\right) \times 100\% \tag{11-3}$$

式中，V_{NL} 是空载时的输出电压，V_{FL} 是满负载(最大负载)时的输出电压。这个公式曾在式(2-4)中给出，式(11-3)表示成仅随着负载条件变化而变化的形式，所有其他因素(如输入电压和工作温度)必须保持不变。额定条件下，工作温度指定为 25℃。

一些电源制造商用电源的等效输出电阻(R_{OUT})来代替负载调整率。回顾一下(1.3节)，任何一个二端线性电路都能得到戴维南等效电路。图 11-1 给出了有负载电阻的电源戴维南等效电路。戴维南电压是空载时的电源电压(V_{NL})，戴维南电阻是规定的输出电阻 R_{OUT}。理想情况下，R_{OUT} 为 0，对应于 0% 的负载调整率，实际电源的 R_{OUT} 是一个非常小的值。用负载电阻代替，通过分压原则可以将输出电压表示为：

$$V_{\text{OUT}} = V_{\text{NL}}\left(\frac{R_{\text{L}}}{R_{\text{OUT}} + R_{\text{L}}}\right)$$

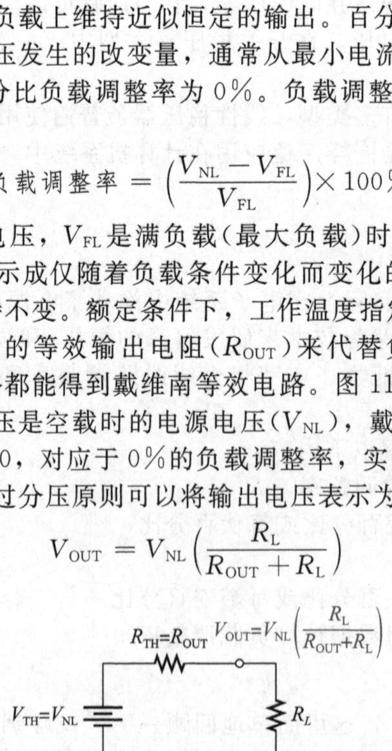

图 11-1 有负载电阻的电源戴维南等效电路

如果令 R_{FL} 等于最小额定负载电阻(最大额定电流)，那么满载输出电压(V_{FL})为

$$V_{\text{FL}} = V_{\text{NL}}\left(\frac{R_{\text{FL}}}{R_{\text{OUT}} + R_{\text{FL}}}\right)$$

整理后代入式(11-3)，得到，

$$V_{NL} = V_{FL}\left(\frac{R_{OUT} + R_{FL}}{R_{FL}}\right)$$

$$负载调整率 = \frac{V_{FL}\left(\dfrac{R_{OUT} + R_{FL}}{R_{FL}}\right) - V_{FL}}{V_{FL}} \times 100\%$$

$$= \left(\frac{R_{OUT} + R_{FL}}{R_{FL}} - 1\right) \times 100\%$$

$$负载调整率 = \left(\frac{R_{OUT}}{R_{FL}}\right) \times 100\% \qquad (11\text{-}4)$$

当指定输出电阻和最小负载电阻时，式(11-4)是计算百分比负载调整率的有效方法。

同样，负载调整率可以表示成每毫安负载电流变化时引起的输出电压变化百分比。例如，负载调整率为 0.01%/mA 是指当输入电流增加或减小 1mA 时，输出电压改变 0.01%。

例 11-2 某稳压器在空载($I_L = 0$)时的输出为 +12.1V，额定输出电流为 200mA。当电流为最大时，输出电压减小到 +12.0V。试确定百分比负载调整率，并计算每毫安负载电流的百分比负载调整率。

解： 空载时的输出电压为

$$V_{NL} = 12.1V$$

满载时的输出电压为

$$V_{FL} = 12.0V$$

百分比负载调整率为

$$负载调整率 = \left(\frac{V_{NL} - V_{FL}}{V_{FL}}\right) \times 100\%$$

$$= \left(\frac{12.1V - 12.0V}{12.0V}\right) \times 100\% = 0.83\%$$

负载调整率同样可以表示为

$$负载调整率 = \frac{0.83\%}{200mA} = 0.0042\%/mA$$

✎ **实践练习**

验证这个例题的结果与规定输出电阻是 0.5Ω 的结果是一致的。

11.1 节测试题

1. 定义线路调整率。
2. 定义负载调整率。
3. 某个稳压器的输入增加 3.5V，使得其输出电压增加 0.042V。额定输出是 20V。试确定其线路调整率，用%和%/V 两种形式表示。
4. 如果一个 0.5V 电源的输出电阻为 80mΩ，指定的最大输出电流为 1.0A。负载调整率为多少？用%和%/mA 两种形式表示。

11.2 基本串联稳压器

稳压器的基本类型是线性稳压器和开关稳压器。这两种类型都有集成电路的形式。线性稳压器有两种基本类型。一种是串联稳压器，另一种是并联稳压器。本节将介绍串联稳压器，并联稳压器和开关稳压器将在下两节介绍。

学完本节后，你应该掌握以下内容：

● 讨论串联稳压器的原理

- 解释稳压工作
- 计算运算放大器串联稳压器的输出电压
- 讨论过载保护并解释如何进行限流
- 描述具有折返式限流的稳压器

串联型线性稳压器的简单表示如图 11-2a 所示，基本元件在图 11-2b 中的框图中给出。注意，控制元件与输入和输出之间的负载串联，输出采样电路感知输出电压的变化，误差检测器比较采样电压和参考电压，使得控制元件去补偿以保持输出电压恒定。

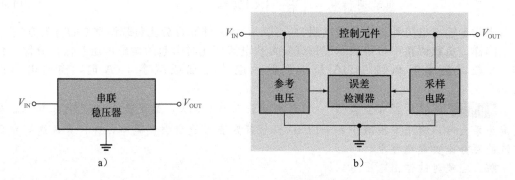

图 11-2　简单的串联电压稳压器框图

11.2.1　电压基准

为了在任何温度变化或其他条件变化时保持恒定电压，稳压器提供恒定输出的能力依赖于电压基准的稳定性。传统上，用齐纳二极管（见 2.8 节）来提供参考。如果齐纳二极管的电流是恒定的并且温度不发生变化，通过设计可以让齐纳二极管在某个指定电压处被击穿并保持几乎恒定的电压。但齐纳二极管的缺点是它容易产生噪声，并且齐纳电压可能会随着时间发生略微的变化（这称为漂移）。更严重的是，齐纳电压对温度变化非常敏感，仅仅 1℃ 的温度变化会引起齐纳电压万分之一的改变。对于不同类型的齐纳二极管，其温度效应大不相同。

替代齐纳二极管的是使用电压基准 IC。电压基准是特殊的低噪声 IC，它可以提供精确的初始精度和非常低的温度漂移。例如，美国国家仪器（National Instrument）LM4140 串联电压基准的初始精度为 0.1%，温度系数（tempco）低至 3 ppm/℃。LM4030 并联稳压

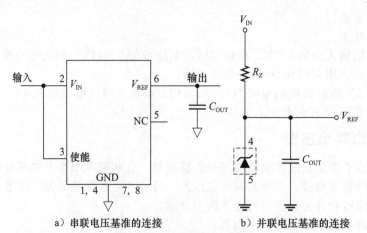

a）串联电压基准的连接　　b）并联电压基准的连接

图 11-3　电压基准的串并联

器有更好的初始精度，可达到 0.05%，但它的温度系数不是特别好，为 10 ppm/°C。
LM4140 串联基准作为一个 8 引脚的 IC，连接方式如图 11-3a 所示。并联基准 LM4030 是
一个 5 引脚的 IC，连接方式如图 11-3b 所示。如你所见，并联电压基准的符号与齐纳二极
管一样。当你看到在本章中的任何稳压电路中使用这个符号时，它要么是齐纳二极管，要
么是电压基准 IC，这取决于要求的精度。

值得注意的是，除了稳压器之外，电压基准可以用于许多其他的应用中。它们通常
用于高精度 ADC 和 DAC，作为传感器调节器、电压监控器、限流器和可编程电流源的
低噪声基准。LM4030 和 LM4140 串联稳压器的数据手册可以在 www.national.com 上
找到。

系统说明 在任何电子系统中，器件最后都会发生故障。有些故障是灾难性的，例如
短路或断开，但任何器件都会随着时间改变它的特性。当这涉及精密器件时，如电压基准
IC，这就特别令人担忧。例如，LM4030 并联电压基准具有长期的稳定等级：使用 1 000
小时漂移 40ppm，这是在温度为 25°C 的情况下使用超过 1 000 小时。

器件疲劳的概念是指技术员或技师必须意识到精密电路能够工作到何时。系统中的每
个器件可能功能齐全，但是由于一些器件的使用超过了设计时限，会偏离它们原来的指
标，因此必须替换掉。当检测到一个系统偏离原来的设计指标时，器件的疲劳有时是需要
考虑的。

11.2.2 稳压过程

基本运算放大器串联稳压器电路如图 11-4 所示。串联稳压器的工作原理如图 11-5 所
示。电阻分压器由 R_2 和 R_3 构成，用来感知输出电压的任何变化。

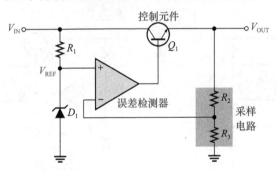

图 11-4 基本运算放大器串联稳压器

图 11-5a 解释了当输出由于 V_{IN} 减小或负载电流的变化减小时会发生什么。通过分
压器，成比例减小的电压加到运算放大器的反相输入端。因为齐纳二极管(D_1)将运算
放大器的另一输入端保持在接近固定的参考电压 V_{REF} 处，所以一个小的差值电压(误差
电压)在运算放大器的输入端产生。这个差值电压被放大，运算放大器的输出电压增大。
为了获得最高的精度，用 IC 参考代替 D_1。这个增加加到 Q_1 的基极，使得射极电压
V_{OUT} 增加，直到反相输入端的电压重新等于参考(齐纳)电压。这个行为补偿了试图减
小的输出电压，因此保持输出电压能几乎不变，如图 11-5b 所示。功率晶体管 Q1 需
要散热，因为它必须处理所有的负载电流。

当输出试图增大时，调压的过程相反，如图 11-5c 和 d 所示。串联稳压器中的运算放
大器实际上连接成一个同相放大器，这个放大器的参考电压 V_{REF} 是同相端输入，且 R_2/R_3
分压器形成负反馈网络。闭环电压增益为

$$A_{cl} = 1 + \frac{R_2}{R_3}$$

因此，串联稳压器的稳定输出电压为

$$V_{OUT} \approx \left(1 + \frac{R_2}{R_3}\right)V_{REF} \tag{11-5}$$

从这个分析中可以看出，输出电压由齐纳电压（V_{REF}）和反馈比率（R_2/R_3）决定。它与输入电压无关，因此可以实现稳压（只要输入电压和负载电流在规定的限制范围内）。

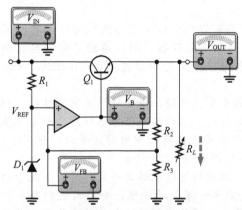

a）当 V_{IN} 或 R_L 减小时，V_{OUT} 试图减小，反馈电压 V_{FB} 同样试图减小，因此运算放大器的输出电压 V_B 试图增加，通过增大 Q_1 的射极电压来补偿试图减小的 V_{OUT}。为了便于说明，V_{OUT} 的变化被夸大了

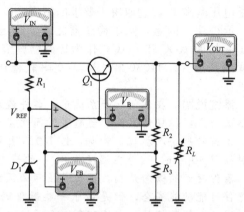

b）当 V_{IN}（或 R_L）稳定在它新的较低值时，电压返回它们的原始值，由于负反馈电路使得 V_{OUT} 保持不变

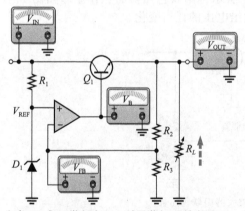

c）当 V_{IN} 或 R_L 增大时，V_{OUT} 试图增大，反馈电压 V_{FB} 同样也试图增大，结果使得加到控制晶体管基极的 V_B 试图减小，因而通过减小 Q_1 的射极电压来补偿试图增大的 V_{OUT}

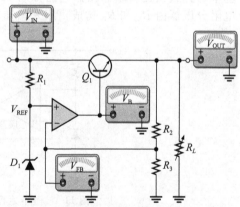

d）当 V_{IN}（或 R_L）稳定在它新的较高值时，电压返回它们的原始值，由于负反馈电路的作用，结果 V_{OUT} 保持不变

图 11-5　当 V_{IN} 和 R_L 变化时，串联稳压器保持 V_{OUT} 不变的过程解释

例 11-3　试确定图 11-6 中稳压器的输出电压和 Q_1 的基极电压。

解： $V_{REF} = 5.1V$，齐纳电压。因此，稳定输出电压为

$$V_{OUT} = \left(1 + \frac{R_2}{R_3}\right)V_{REF} = \left(1 + \frac{10k\Omega}{10k\Omega}\right)$$
$$\times 5.1V = 2 \times 5.1V = 10.2V$$

Q_1 的基极电压为

$$V_B = 10.2V + V_{BE} = 10.2V + 0.7V$$
$$= 10.9V$$

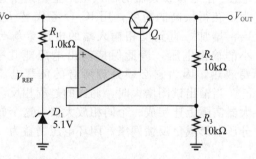

图 11-6　例 11-3 图 [MULTISIM]

实践练习

图 11-6 中的电路做下面的改变：3.3V 的齐纳二极管替代 5.1V 的齐纳二极管，$R_1 = 1.8\text{k}\Omega$，$R_2 = 22\text{k}\Omega$，$R_3 = 18\text{k}\Omega$。输出电压为多少？

11.2.3 短路或过载保护

如果负载电流超出太多，会很快损坏串联通道中的晶体管。大多数稳压器使用一些限流机制，图 11-7 给出了一种限流机制以阻止过载，这种限流机制称为恒流限制（constant-current limiting）。这种恒流限制电路由晶体管 Q_2 和电阻 R_4 组成。

负载电流通过 R_4 产生一个从基极到 Q_2 射极的电压。当 I_L 达到预先设定的最大值时，R_4 上的电压降足够正向偏置 Q_2 的基极–射极结，因此使得它可以导电。足够的 Q_1 基极电流转移到 Q_2 的集电极，于是 I_L 被限制在它的最大值 $I_{\text{L(max)}}$。因为 Q_2 的基极–射极电压不能超过 0.7V，所以 R_4 上的电压维持在这个值，并且负载电流限制为

$$I_{\text{L(max)}} = \frac{0.7\text{V}}{R_4} \qquad (11\text{-}6)$$

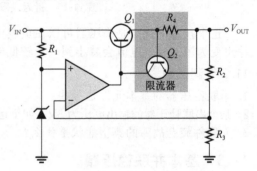

图 11-7　具有恒流限制功能的串联稳压器

例 11-4 如图 11-8 所示，试确定稳压器能够提供给负载的最大电流。

解：

$$I_{\text{L(max)}} = \frac{0.7\text{V}}{R_4} = \frac{0.7\text{V}}{1.0\Omega} = 0.7\text{A}$$

实践练习

如果图 11-8 中稳压器的输出短接到地，电流为多少？

11.2.4 具有折返式限流的稳压器

在前面的限流技术中，电流限制到最大恒定值。折返式限流是一种特别适合用在高电流稳压器中的方法，这种方法能使输出电流在过载情况时下降到峰值负载电流以下，从而防止过度的功率耗散。

基本思路　折返式限流的概念如下：参考图 11-9。这个电路与图 11-7 中恒流限制电路的结构相似，不同的是有电阻 R_5 和 R_6。由负载电流在 R_4 上产生的电压降必须满足两个条件：它不仅要克服导通 Q_2 所需的基极–射极电压，还要克服 R_5 上的电压。也就是说，R_4 上的电压必须为

$$V_{R4} = V_{R5} + V_{\text{BE}}$$

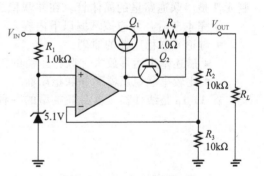

图 11-8　例 11-4 图 [**MULTISIM**]

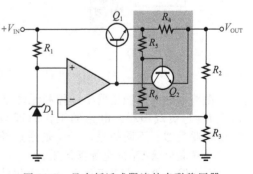

图 11-9　具有折返式限流的串联稳压器

在负载或短路情况下，负载电流增大到 $I_{\text{L(max)}}$，足以使得 Q_2 导通。在这点之后的电流将不会再增大，输出电压的减小导致 R_5 上的电压成比例地减小。因此，流过 R_4 的更小电流便可维持 Q_1 的正向偏置条件。所以，随着 V_{OUT} 减小，I_L 减小，其关系如图 11-10 所示。

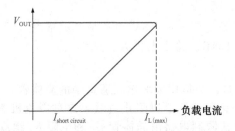

图 11-10　折返式限流（输出电压与负载电流）

这个技术的优点是稳压器可以在负载电流达到峰值电流 $I_{L(max)}$ 的情况下工作，但是当输出变为短路时，电流会减小到一个较低的值以防止器件过热。

11.2 节测试题

1. 串联稳压器的基本元件是哪些？
2. 某个串联稳压器的输出电压为 8V。如果运算放大器的闭环增益为 4，参考电压的值为多少？
3. 元器件疲劳故障的典型症状是什么？

11.3　基本并联稳压器

线性稳压器的第二种基本类型是并联稳压器。正如你已经学过的，串联稳压器中的控制元件是串联通路里的晶体管。在并联稳压器中，控制元件是与负载并联的晶体管。

学完本节后，你应该掌握以下内容：

- 讨论并联稳压器的原理
  - 描述基本运算放大并联稳压器的工作原理
  - 比较串联稳压器和并联稳压器

图 11-1a 是线性稳压器并联类型的一种简单表示，它的基本元件在框图 b 中给出。

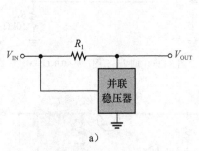

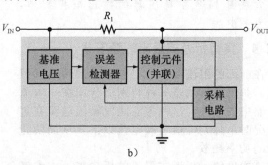

图 11-11　简单的并联稳压器和框图

在基本的并联稳压器中，控制元件是一个与负载并联的晶体管 Q_1，如图 11-12 所示。电阻 R_1 与负载串联。电路的工作原理与串联稳压器类似。不同的是，稳压是通过控制流过并联晶体管 Q_1 的电流实现的。

由于输入电压或由于负载电阻变化使得负载电流发生变化，当输出电压试图减小时，如图 11-13a 所示，R_3 和 R_4 感知到这个减小并将其送到了运算放大器的同相输入端。结果是电压差减小了运算放大器的输出 (V_B)，驱动 Q_1 的电压降低，因此减小了它的集电极电流（并联电流）并增大了它内部的

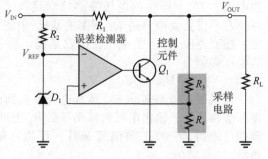

图 11-12　基本运放并联稳压器

集电极-发射极电阻 r_{CE}。由于 r_{CE} 与 R_1 一起作为分压器，这就补偿了试图减小的 V_{OUT}，使 V_{OUT} 保持在一个几乎恒定的值上。

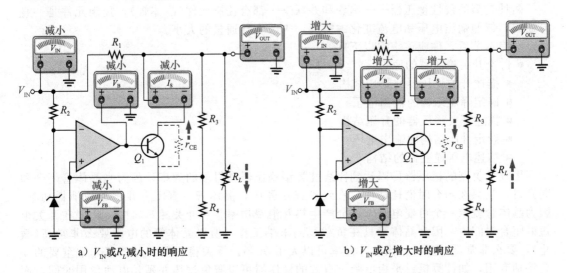

a）V_{IN} 或 R_L 减小时的响应 b）V_{IN} 或 R_L 增大时的响应

图 11-13 当 R_L 或 V_{IN} 的减小引起 V_{OUT} 试图减小时的响应过程（对试图增大的响应相反）

当输出试图增大时，发生相反的行为，如图 11-13b 所示。由于 I_L 和 V_{OUT} 为常量，因此输入电压的变化引起并联电流 (I_S) 发生的变化如下：

$$\Delta I_S = \frac{\Delta V_{IN}}{R_1}$$

因为 V_{IN} 和 V_{OUT} 为常量，所以负载电流的变化使得并联电流发生相反的改变。

$$\Delta I_S = -\Delta I_L$$

该公式表明，如果 I_L 增大，则 I_S 减小，反之亦然。并联稳压器没有串联稳压器有效，但是并联稳压器本身具有固有的短路保护。如果输出短接 $(V_{OUT}=0)$，那么负载电流被串联电阻 R_1 限制在其最大值 $(I_S=0)$。

$$I_{L(max)} = \frac{V_{IN}}{R_1} \tag{11-7}$$

例 11-5 如图 11-14 所示，如果最大输入电压是 12.5V，R_1 的额定功率为多少？

解： 最坏的情况发生在输出短路时在 R_1 上产生的功耗。当 $V_{OUT}=0$ 且 $V_{IN}=12.5V$ 时，R_1 上的电压降为 $V_{IN}-V_{OUT}=12.5V$。R_1 的功耗为

$$P_{R1} = \frac{V_{R1}^2}{R_1} = \frac{(12.5V)^2}{22\Omega} = 7.1W$$

因此，电阻的额定功率应该至少是 10W。

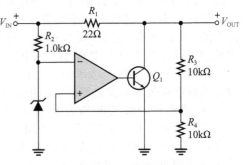

图 11-14 例 11-5 图 [**MULTISIM**]

实践练习

在图 11-14 中，R_1 变为 33Ω。如果最大输入电压为 24V，R_1 的额定功率应为多少？

11.3 节测试题

1. 并联稳压器中的控制元件与串联稳压器的控制元件有什么不同？

2. 与串联稳压器相比，并联稳压器的一个优点是什么？缺点是什么？

11.4 基本开关稳压器

两种类型的线性稳压器——串联和并联——都有控制元件（晶体管），控制元件是一直导通的，依照输出电压和电流变化的需要，来改变导通量的大小。

学完本节后，你应该掌握以下内容：

- 讨论开关稳压器的原理
  - 描述开关稳压器的降压结构
  - 确定降压结构的输出电压
  - 描述开关稳压器的升压结构
  - 确定升压结构的输出电压
  - 描述电压逆变器的结构

用开关类型的稳压器可以达到比线性类型稳压器高得多的效率，因为当晶体管闭合和断开时，它只在闭合时消耗功率。在线性稳压器中，晶体管一直闭合并不断地消耗功率，因为晶体管就像一个可变电阻，这会产生热并浪费功率。在开关稳压器中，除了在开关很短的闭合时间内，因为晶体管只在负载线的末端工作，所以晶体管的电阻要么非常高（截止），要么非常低（饱和）。因此，效率可以大于 90%。开关稳压器在对效率非常重要的场合特别有用，如计算机或平板电脑。有效的稳压器可以避免过热并延长电池使用时间，而过热会损坏电子元器件。

开关稳压器可以设计成各种功率水平。功率水平的范围可以从电池供电便携式设备的小于 1 瓦到大功率应用中的成百上千瓦。应用需求决定特殊的设计，但是所有开关稳压器都需要反馈来控制开关的开-关时间。开关稳压器有三种基本的结构：降压、升压和逆变。在一些情况下，如笔记本电脑，这三种不同的类型用于系统的不同部分；例如，显示器通常采用逆变类型，微处理器使用降压类型，硬盘驱动使用升压类型。

11.4.1 降压结构

在降压结构中（同样称为降压转换器），输出电压总小于输入电压。基本降压开关稳压器如图 11-15a 所示，并且它的简化等效电路如图 11-15b 所示。晶体管 Q_1 用来在一个占空比中接入输入电压，占空比取决于稳压器的负载需求。因为 MOSFET 管比 BJT 管的切换速度快，所以 MOSFET 管是更受欢迎的开关器件，假设截止状态时的电压不是很高。有些应用中，仍会使用 BJT，在有些情况下晶闸管（第 5 章讨论过）用作开关器件。然后，用 LC 滤波器来平均开关电压。因为 Q_1 要么闭合（饱和）要么截止，所以在控制元件上的功耗相对较小。因此，开关稳压器主要使用在大功率应用中，或在像计算机这样效率非常重要的应用中使用。

Q_1 间隔性地闭合和断开如图 11-16a 中的波形所示。在导通时间（t_{on}）内电容器充电，在截止时间（t_{off}）内电容器放电。当导通时间相对截止时间增加时，电容器充电更多，因此增加了输出电压，如图 11-16b 所示。当导通时间相对于截止时间减少时，电容器放电更多，因此减小了输出电压，如图 11-16c 所示。所以，通过调整 Q_1 的占空比，$t_{on}/(t_{on}+t_{off})$，可以改

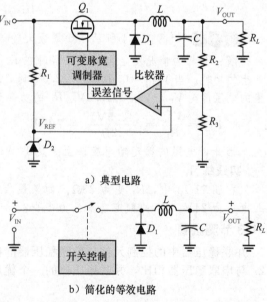

a）典型电路

b）简化的等效电路

图 11-15 基本降压开关稳压器

变输出电压。电感用来进一步平滑由充放电引起的输出电压的纹波。

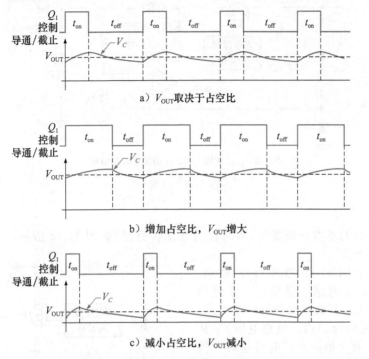

a）V_{OUT}取决于占空比

b）增加占空比，V_{OUT}增大

c）减小占空比，V_{OUT}减小

图 11-16　开关稳压器波形。表示 V_C 在无电感滤波情况下的充放电过程（波动）。
L 和 C 将 V_C 进行平滑使其保持恒定，如 V_{OUT} 的虚线所示

理想情况下，输出电压表示为

$$V_{OUT} = \left(\frac{t_{on}}{T}\right)V_{IN} \tag{11-8}$$

T 是 Q_1 导通-截止循环的周期，与频率有关，$T=1/f$。这个周期是导通时间和截止时间的和：

$$T = t_{on} + t_{off}$$

t_{on}/T 称为占空比。

稳压过程如下并且在图 11-7 中阐述。当 V_{OUT} 试图减小时，Q_1 的闭合时间延长，使得电容器 C 的充电时间延长，这就补偿了试图的减小。当 V_{OUT} 试图增加时，Q_1 的闭合时间缩短，使得 C 能充分放电，来补偿输出试图的增加。

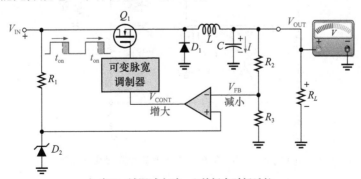

a）当V_{OUT}试图减小时，Q_1的闭合时间延长

图 11-17　降压开关稳压器的基本稳压过程

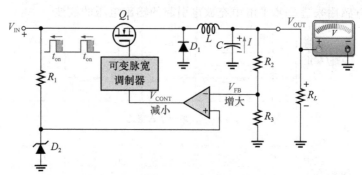

b）当V_{OUT}试图增大时，Q_1的闭合时间缩短

图 11-17 （续）

11.4.2 升压结构

开关稳压器的基本升压类型（有时称为升压转换器）如图 11-18 所示，其中晶体管 Q_1 作为一个接地开关。

开关过程如图 11-19 和图 11-20 所示。当 Q_1 导通时，在电感上感应出一个近似等于 V_{IN} 的电压，其极性如图 11-19 所示。在 Q_1 的导通时间（t_{on}）内，电感电压 V_L 从它的初始最大值开始减小，并且这时二极管 D_1 是反向偏置的。Q_1 导通的时间越长，V_L 变得越小。在导通时间内，电容器通过负载的放电非常少。

当 Q_1 截止时，如图 11-20 所示，传感器电压突然反转极性并加到 V_{IN} 上，使得

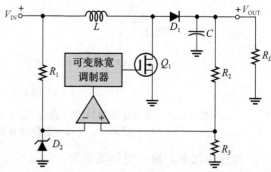

图 11-18 基本升压开关稳压器

二极管 D_1 正向偏置，并使电容器充电。输出电压等于电容器电压，且比 V_{IN} 大，因为电容器充电到 V_{IN} 加上 Q_1 截止时间内电感产生的电压。

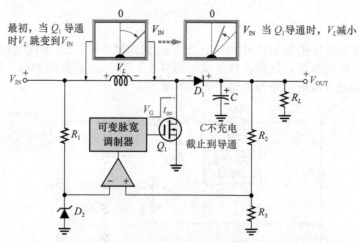

图 11-19 当 Q_1 导通时，升压稳压器的基本过程

Q_1 的导通时间越长，电感电压减小得越多，Q_1 截止的瞬间电感反转极性所产生的电压幅度就越大。前面介绍过，反向极性电压就是让电容器充电高于 V_{IN} 的那部分电压。输出电压依赖于电感的磁场过程（由 t_{on} 决定）和电容器的充电（由 t_{off} 决定）。

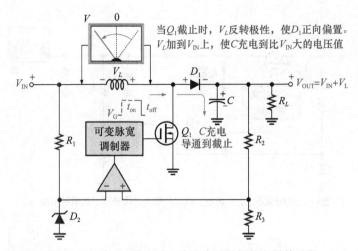

图 11-20　当 Q_1 截止时，升压稳压器的基本开关过程

稳压功能是通过 Q_1 导通时间的变化（在某个限制内）来实现的，而这是由于改变负载或输入电压而导致 V_{OUT} 变化所引起的。如果 V_{OUT} 试图增大，Q_1 的导通时间将缩短，会导致 C 上充电量的减少。如果 V_{OUT} 试图减小，Q_1 的导通时间将延长，会使 C 上的充电量增加。这样的稳压过程使得 V_{OUT} 基本稳定在一个恒定值上不变。

11.4.3　电压逆变器结构

开关稳压器的第三种类型产生一个与输入极性相反的输出电压，基本框图如图 11-21 所示。这个电路常称为降压-升压型转换器。

当 Q_1 导通时，电感电压跳跃到接近 V_{IN}，磁场快速扩大，如图 11-22a 所示。当 Q_1 导通时，二极管反向偏置，电感电压从它的初始最大值开始下降。当 Q_1 截止时，磁场缩小并且电感极性反向，如图 11-22b 所示，这使得二极管正向偏置、C 充电，并产生负向输出电压，如图 11-22b 所示。Q_1 的重复导通-截止产生了重复的充电-放电，这由 LC 滤波器来进行平滑。

如同升压稳压器一样，Q_1 导通时间越短，输出电压越大，反之亦然。图 11-23 阐述了稳压过程。如前所述，开关稳压器的效率可以达到 90% 以上。

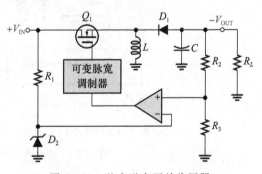

图 11-21　基本逆变开关稳压器

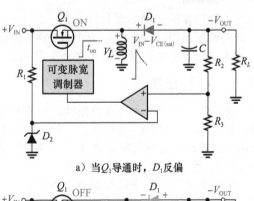

a）当 Q_1 导通时，D_1 反偏

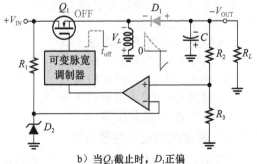

b）当 Q_1 截止时，D_1 正偏

图 11-22　逆变开关稳压器的基本逆变过程

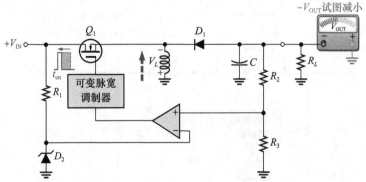

a) 当$-V_{OUT}$试图减小时，t_{on}减小，使得V_L增大。这补偿了试图减小的$-V_{OUT}$

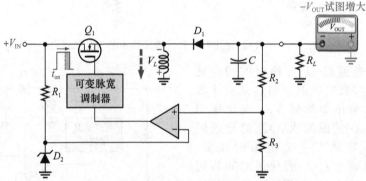

b) 当$-V_{OUT}$试图增大时，t_{on}增大，使得V_L减小。这补偿了试图增加的$-V_{OUT}$

图 11-23　逆变开关稳压器的基本稳压过程

11.4 节测试题

1. 开关稳压器的三种类型是什么？
2. 开关稳压器用在计算机系统中最主要的原因是什么？
3. 开关稳压器是如何补偿输出电压变化的？

11.5　IC 稳压器

前一节介绍了基本稳压器结构。许多类型的稳压器，无论是线性稳压器还是开关稳压器，都有集成电路(IC)的形式。一般地，线性稳压器是一个三端器件，可以提供固定的或可调的正输出电压或负输出电压。三端稳压器在 2.6 节介绍过。本节将更详细地介绍典型的线性 IC 稳压器和开关 IC 稳压器。

学完本节后，你应该掌握以下内容：

- 讨论 IC 稳压器
  - 描述 7800 系列的正稳压器
  - 描述 7900 系列的负稳压器
  - 描述 LM317 可调正稳压器
  - 描述 LM337 可调负稳压器
  - 描述 IC 开关稳压器

11.5.1　固定正输出线性稳压器

尽管有许多类型的 IC 稳压器，IC 稳压器的 7800 系列是最具代表性的三端器件，它可以提供固定正输出电压。三端是输入、输出和地，标准的固定稳压结构如图 11-24a 所示。系列号的最后两位数字表明其输出电压，例如，7805 是一个＋5.0V 的稳压器，图 11-24b

给出了其他有效的输出电压值。（常用的集成电路稳压器如图 2-26c 所示。）

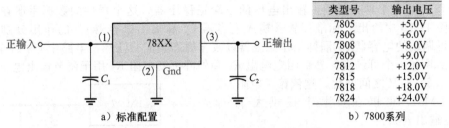

类型号	输出电压
7805	+5.0V
7806	+6.0V
7808	+8.0V
7809	+9.0V
7812	+12.0V
7815	+15.0V
7818	+18.0V
7824	+24.0V

a）标准配置　　　　　　　　　b）7800系列

图 11-24　7800 系列三端固定正稳压器

图 11-24 所示电容器用在输入和输出端。输出电容器基本上用作线性滤波器以改善暂态响应。当稳压器与电源滤波器有一定的距离因此导线有不可忽略的电感时，输入电容器用来避免不期望的振荡。

当采取了充分的散热措施后，7800 系列可以产生超过 1A 的输出电流。输入电压必须比输出电压至少高 2V 以保持稳压。电路具有内部热过载保护和短路限流特性。

当内部电源散热过大并且器件的温度超过一定值时，发生热过载。如果不能提供充分的散热或者散热片不能很好地保护稳压器，热过载是个问题。稳压器几乎所有的应用都需要散热片。稳压器产生的热必须转移到散热片上，并最终向周围的空气散热。好的散热片尺寸比较大并且有折叠（来增加面积）。过热的稳压器可能会出现漂移、过度纹波或者输出不能保持恒定等现象。78XX 的参数表可以在 www.onsemi.com 找到。

系统说明　稳压器有一个指标是压差（dropout voltage）。稳压器的压差是输入电压和不能再保持稳压时的输出电压之差。例如 78XX 和 79XX IC 稳压器的额定压差是 2V。这意味着对 7812 系列来说，如果输入电压降低于 14V，稳压器就失去了稳压作用。当输出电压比额定值降低 100mV 时，通常认为不再起稳压作用了。

随着便携设备数量的不断增加，如笔记本电脑和平板电脑，这就提出了一个问题。例如，一节锂离子电池完全充电时，它的输出电压为 4.2V，但是当其充分放电时会降到大约为 2.7V。这个问题推动了低压差稳压器的开发。

低压差（low-dropout，LDO）稳压器在非常低的输入-输出电压差下保持稳压，通常在 100～200mV 之间。一个例子是模拟器件的 CMOS 线性稳压器的 ADP1710/ADP1711 系列，这两个器件都有 16 个固定输出电压的选择，同样地，1710 也有可调的型号（0.8～5V）。这些器件在 150mA 负载电流时的额定压差为 150mV，它们的参数表见 www.analog.com。

11.5.2　固定负输出线性稳压器

7900 系列是典型的三端 IC 稳压器，可以提供固定负输出电压。这个系列是 7800 系列对应的负电压系列，7900 系列与 7800 系列具有相同的特征和特性。图 11-25 给出了标准配置和相应的有效输出电压的类型号。注意，7900 系列稳压器的引脚与 7800 系列的引脚具有不同的功能。79XX 系列的参数表可以在 www.onsemi.com 上找到。

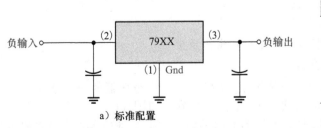

类型号	输出电压
7905	−5.0V
7905.2	−5.2V
7906	−6.0V
7908	−8.0V
7912	−12.0V
7915	−15.0V
7918	−18.0V
7924	−24.0V

a）标准配置　　　　　　　　　b）7900系列

图 11-25　7900 系列三端固定负输出稳压器

11.5.3 可调正输出线性稳压器

LM317 是一个具有可调正输出电压的三端正稳压器，这个器件的数据手册在附录中给出。图 11-26 中给出了标准配置。输入电容器 C_1 和输出电容器 C_3 的作用分别如前所述。在可调端的电容器 C_2 同样用作滤波器以改善暂态响应。注意，电路中有一个输入端、一个输出端和一个可调端。外部固定电阻 R_1 和外部可变电阻 R_2 用于调节输出电压。V_{OUT} 可以在 1.2～37V 之间变化，这依赖于电阻的值。LM317 可以在负载上提供大于 1.5A 的输出电流。

LM317 如同一个"浮动"的稳压器，因为调整端没有连接到直流接地，而是浮在了 R_2 两端的电压上。这就允许输出电压远高于固定稳压器的输出。

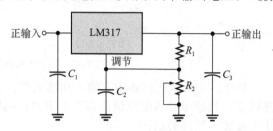

图 11-26　LM317 三端可调正输出稳压器

基本工作原理　如图 11-27 所示，输出端和可调端之间一个恒定为 1.25V 的参考电压（V_{RFE}）由稳压器来维持。这个恒定的参考电压在 R_1 上产生一个恒定电流（I_{REF}），它与 R_2 的值无关。I_{REF} 同样流过 R_2。

$$I_{REF} = \frac{V_{REF}}{R_1} = \frac{1.25V}{R_1}$$

此外，有一个非常小的恒定电流流入可调端，这个电流流过 R_2，近似为 $50\mu A$，称为 I_{ADJ}。输出电压的公式如下：

$$V_{OUT} = V_{REF}\left(1 + \frac{R_2}{R_1}\right) + I_{ADJ}R_2 \quad (11\text{-}9)$$

从该公式可以看到，输出电压是 R_1 和 R_2 的函数。一旦 R_1 的值确定，输出电压可以通过改变 R_2 来调节。

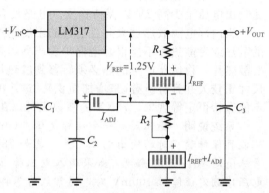

图 11-27　LM317 可调稳压器的工作原理 [🖥 MULTISIM]

例 11-6　确定图 11-28 所示稳压器的最小和最大输出电压。假设 $I_{ADJ} = 50\mu A$。

解：　当 R_2 设置为它的最小值 0Ω 时，

$$V_{OUT(min)} = V_{REF}\left(1 + \frac{R_2}{R_1}\right) + I_{ADJ}R_2$$
$$= 1.25V(1) = 1.25V$$

当 R_2 设置为它的最大值 5.0kΩ 时，

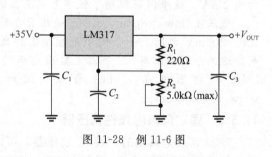

图 11-28　例 11-6 图

$$V_{OUT(max)} = V_{REF}\left(1 + \frac{R_2}{R_1}\right) + I_{ADJ}R_2 = 1.25V \times \left(1 + \frac{5.0k\Omega}{220\Omega}\right) + 50\mu A \times 5.0k\Omega$$
$$= 29.66V + 0.25V = 29.9V$$

 实践练习

如果 R_2 设置为 2.0kΩ，稳压器的输出电压为多少？

11.5.4 可调负输出线性稳压器

LM337 是 LM317 对应的负输出稳压器，LM337 是 IC 稳压器的一个范例。与 LM317 相似，LM337 需要两个外部电阻实现输出电压调节，如图 11-29 所示。输出电压可以在 -1.2～-37V 之间调节，这取决于外部电阻的值。LM317 和 LM337 的参数表可以在

www. national. com 上找到。

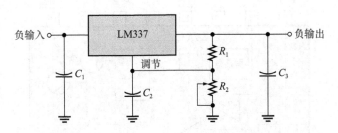

图 11-29　LM337 三端可调负输出稳压器

系统说明　大多数标准的可调稳压器都工作在相对低的输入电压，例如，LM117 和 LM337 的最大输入-输出电压差为 40V。但在一些系统中，工作在更高的输入电压更贴近现实。对于这些应用开发出了高压线性稳压器。

LR8 和 LR12 三端 IC 是高压稳压器的两个例子。这两种稳压器可直接工作在整流后的交流电源。LR8 接受的输入电压可高达 450V，并且仍可以提供低至 12V 的恒定输出电压。这个器件可以与整流 120V 或 240V 的线性稳压器兼容。LR12 对 12V 输出的额定最大输入电压是 100V，使得它可以与 48V 电信线路电压兼容。这两种器件都可以在较低输入电压时提供低至 1.2V 的恒定输出。和 LM117/LM317 一样，输出电压由输出和调整输入之间的分压器设置。这两种器件正常工作时都需要最小 12V 的输入-输出电压差和 500μA 的输出电流。这些器件的参数表可以在 www. supertex. com 上找到。

11.5.5　三端稳压器故障检测

三端稳压器是非常可靠的器件。当发生故障时，迹象通常是错误的电压、很大的纹波、噪声或振荡输出或漂移。最好用示波器检测稳压器电路的故障，使用 DMM 将无法看到超常的纹波或噪声。在开始前，回想一下造成故障的可能原因（分析）并制订出定位故障的测试方案是非常有用的。

如果输出电压太低，就需要检查输入电压，问题可能出在稳压器前的电路中。同样检查负载电阻：当去掉负载后问题会消失吗？如果会，可能是负载吸收了太多的电流。如果反馈电阻的值设置错误或者断路，可调稳压器会产生高输出。如果输出上有纹波或噪声，检查电容器是否断路、值是否错误，或者它们的极性是否放置正确。电容器的一个有用的快速检测方法是使用另一个相同的或更大的电容器与被测电容器并联。如果输出出现振荡、有很大的纹波或漂移，检查稳压器是否太热或提供了比额定电流更大的电流。如果散热是一个问题，要确定稳压器已很牢固可靠地连接上了散热片。

11.5.6　开关稳压器

作为集成电路开关的一个例子，我们来看看 LM78S40。这是一个可以与外部元件一起用于升压、降压和逆变操作的通用器件。

78S40 的内部电路如图 11-30 所示。该电路可以与 11.4 节介绍过的基本开关稳压器比较，例如，回顾图 11-15a，振荡器和比较器功能是可以直接比较的。栅极和触发器是数字器件，没有包括在 11-15a 的基本电路中，但是它们提供额外的稳压作用。晶体管 Q_1 和 Q_2 有效地实现基本电路中 Q_1 的相同功能。78S40 中 1.25V 的基准模块具有和基本电路中齐纳二极管相同的目的，78S40 中的二极管 D_1 对应于基本电路中的 D_1。

为了能很好地加以测试，78S40 内部还有一个通用的运算放大器，它不属于任何稳压器配置中。可以如将在 11.6 节中看到的一样，该器件配上外部电路后就作为稳压器工作。LM78S40 的参数表可以在 www. national. com 找到。

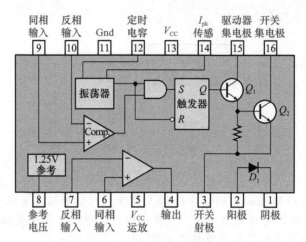

图 11-30　78S40 开关稳压器

系统例子 11-1　风力涡轮机

风力涡轮机是一个传感器。它首先通过转子叶片的旋转将风动能转换为机械能。然后，用机械能旋转交流发电机的电枢，把机械能转换为电能。

风速是不断变化的，这意味着涡轮发电机输出的频率和幅度同样是不断变化的。因为这个原因，变化的发电机输出首先转换为变化的直流电压。然后，用与本章类似的稳压器来产生恒定的直流电压。最后，稳定直流电压又转换回具有恒定幅度和频率的交流电压。如果没有稳压器，这是不可能实现的。

风力涡轮机基础知识　风力涡轮机的三个关键元件是转子叶片、交流发电机和交流-直流转换器。转换器包含一个整流电路和一个稳压器。在许多风力涡轮机中，电子电路用来感知风向与风速并调整叶片的方位和陡度以最大限度地获得风能。发电机产生可变化的交流电压，交流电压的大小依赖于叶片的旋转速度。因为发电机输出的频率和幅度随着风速而变化，所以交流输出转换为直流，然后通过转换器又转换回 60Hz 的交流。和太阳能系统一样，通过充电控制器能量可以存储在电池中。

图 SE11-1 给出了小功率应用时（如家庭使用）水平轴风力涡轮机（HAWT）的基本框图。注意，稳压器是交流-直流转换器框图中的一部分。典型的风力涡轮机具有三个叶片，并放置在非常高的支持塔上。通过旋转叶片，风能转换为机械能。如图 SE11-1 所示，叶片旋转被加到一个轴上，这能加速交流发电机轴的转动，使得交流发电机轴能够以比叶片旋转速度更快的速度旋转。发电机旋转产生一个交流电压输出，这个输出的频率依赖于旋转速度。如前所述，因为它是一个可变的频率和幅度输出，所以通过交流-直流转换器，把交流转换为直流。直流送往到充电控制器向存储电池充电。电池输出加到转换器上，再将其转换为 120V、60Hz 的交流电压以供使用者各自使用。将风向标和偏航轴承组件用在小型涡轮机上，以保持叶片始终指向风。为了当风速达到一定值时制动叶片，用风速表来测定风速，这避免了当风速过大时的机械损坏。

交流-直流转换器　因为来自发电机的交流频率是变化的，所以为了向控制器充电，它必须首先转换为直流。用整流器和稳压器来转换，如图 SE11-2 所示。来自发电机的交流电压在幅度和频率上随着风速变化。滤波整流器将可变的交流电压转换为可变的直流电压，然后，将这个直流电压加到一个稳压器上以产生指定的恒定直流电压，如图 SE11-2 所示。来自稳压器的恒定直流输出允许外部转换器产生具有稳定幅度和频率的交流电压。

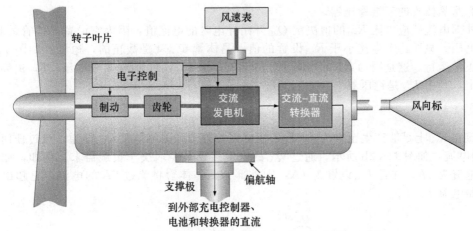

图 SE11-1   基本小型 HAWT 系统的工作原理

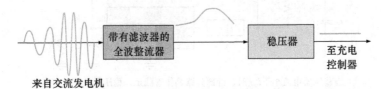

图 SE11-2   交流-直流转换器框图

11.5 节测试题

1. 固定电压稳压器的三端是什么？
2. 7809 的输出电压是多少？7915 的输出电压是多少？
3. 可调稳压器的三端是什么？
4. 基本 LM317 配置需要哪些外部元件？

11.6   IC 稳压器的应用

上一节介绍了几个采用一般类型 IC 稳压器的例子。现在，采用一些不同的方法通过改变外部电路来提高或改善性能，这些方法在本节学习。

学完本节后，你应该掌握以下内容：

- 讨论 IC 稳压器的应用
  - 解释外部旁路晶体管的使用
  - 解释限流的使用
  - 解释如何将稳压器用作恒流源
  - 讨论一些开关稳压器的应用考虑

11.6.1   外部旁路晶体管

IC 稳压器能够将一定数量的输出电流送到负载。例如，7800 系列稳压器可以处理的峰值输出电流为 1.3A（在一定条件下可以更大）。如果负载电流超过了允许的最大值，会造成热过载使稳压器停止工作，热过载条件意味着器件内部的功耗过大。

如果一个应用需要的电流比稳压器能够提供的最大电流要大，那么可以使用外部旁路晶体管。为了解决电流超过基本稳压器所能提供的输出电流的情况，图 11-31 给出了一个具有

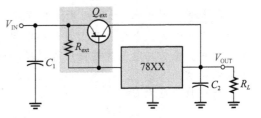

图 11-31   具有外部旁路晶体管的 7800
系列三端稳压器

外部旁路晶体管的三端稳压器。

外部电流感应电阻 R_{ext} 的值决定 Q_{ext} 开始导电时的电流值，因为它设置晶体管的基极-射极电压。只要这个电流小于 R_{ext} 设置的值，晶体管 Q_{ext} 就是截止的，稳压器如图 11-32a 所示正常运行。这是因为 R_{ext} 的压降小于开启 Q_{ext} 的 0.7V 的基极-射极电压。R_{ext} 由如下公式决定，其中 I_{max} 是稳压器内部处理的最大电流。

$$R_{ext} = \frac{0.7V}{I_{max}}$$

当电流在 R_{ext} 上足够产生至少为 0.7V 的压降时，外部旁路晶体管 Q_{ext} 导通，流过任何超过 I_{max} 的电流，如图 11-32b 所示。通过 Q_{ext} 的电流多还是少取决于负载需求。例如，如果总负载电流为 3A，并且 I_{max} 设置为 1A，则外部旁路晶体管将流过 2A 的电流，它超出内部稳压器电流 I_{max}。

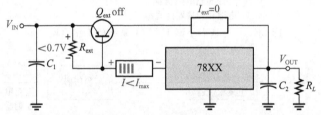

a) 当稳压器电流小于 I_{max} 时，外部旁路晶体管截止，稳压器处理所有电流

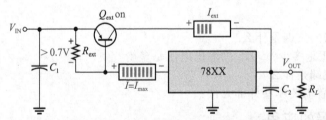

b) 当负载电流超过 I_{max} 时，R_{ext} 上的压降使 Q_{ext} 导通，晶体管流过多余电流

图 11-32　具有外部旁路晶体管的稳压器工作原理

例 11-7 如图 11-31 所示，如果稳压器内部处理的最大电流是 700mA，那么 R_{ext} 的值为多大？

解：

$$R_{ext} = \frac{0.7V}{I_{max}} = \frac{0.7V}{0.7A} = 1\Omega$$

实践练习

如果 R_{ext} 变为 1.5Ω，电流值为多少时 Q_{ext} 导通？

外部旁路晶体管通常是一个带有散热装置的功率晶体管，能够处理的最大功耗为：

$$P_{ext} = I_{ext}(V_{IN} - V_{OUT})$$

例 11-8 对于如图 11-31 所示的 7824 稳压器电路，外部旁路晶体管的最小额定功率必须为多少？输入电压为 30V，负载电阻为 10Ω，最大内部电流为 700mA，假设本例中没有散热片。记住，散热片的使用可以增加晶体管的额定有效功率，你就能使用较低额定功率的晶体管。

解： 负载电流为

$$I_L = \frac{V_{OUT}}{R_L} = \frac{24V}{10\Omega} = 2.4A$$

流过 Q_{ext} 的电流为

$$I_{\text{ext}} = I_L - I_{\max} = 2.4\text{A} - 0.7\text{A} = 1.7\text{A}$$

Q_{ext} 的功耗为

$$P_{\text{ext(min)}} = I_{\text{ext}}(V_{\text{IN}} - V_{\text{OUT}}) = 1.7\text{A} \times (30\text{V} - 24\text{V}) = 1.7\text{A} \times 6\text{V} = 10.2\text{W}$$

考虑安全裕量，选择一个额定功率大于 10.2W 的功率晶体管，至少是 15W。

实践练习

如果使用 7815 的稳压器，重新计算这个例题。

11.6.2　限流

图 11-31 中所示电路的缺点是外部晶体管不能受到电流过大的保护，比如输出短路引起的电流过大。附加的限流网络（Q_{lim} 和 R_{lim}）可以加入电路中以防止 Q_{ext} 流经过大电流和可能被烧毁，如图 11-33 所示。

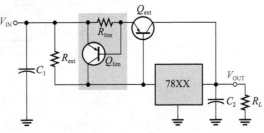

图 11-33　具有限流的稳压器

下面描述限流网络是如何工作的。电流感应电阻 R_{lim} 设置晶体管 Q_{lim} 的 V_{BE}。Q_{ext} 的基极-射极电压现在由 $V_{R_{\text{ext}}} - V_{R_{\text{lim}}}$ 决定，因为它们具有相反的极性。所以，为了正常工作，R_{ext} 上的压降必须足以克服 R_{lim} 上相反的压降。如果由于短路输出或负载故障流过 Q_{ext} 的电流超过某个最大值（$I_{\text{ext(max)}}$），R_{lim} 上的电压达到 0.7V 并且 Q_{lim} 导通。Q_{lim} 导通后电流就远离 Q_{ext} 转而流向 Q_{lim}，再流入稳压器，迫使稳压器发生热过载从而使其停止工作。记住，IC 稳压器在设计时有内部的热过载保护。

这个过程如图 11-34 所示。在图 a 中，电路与 Q_{ext} 一起正常工作，流过的电流比 Q_{lim} 截止时的最大电流小。图 b 给出了当负载短路时会发生什么。此时流过 Q_{ext} 的电流突然增大，使得 R_{lim} 上的电压降增大，因此 Q_{lim} 导通。现在电流转而流向稳压器，使得稳压器由于热过载而关闭。

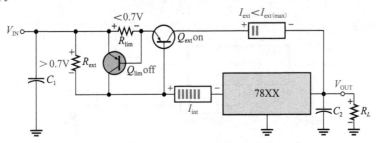

a）在正常工作期间，当负载电流没有过大时，Q_{lim} 截止

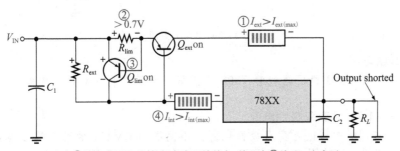

b）当①处发生短路时，外部电流开始过大，并且在②处 R_{lim} 上电压增大，③处 Q_{lim} 导通，这使得导通电流远离 Q_{ext} 转而流入稳压器，使得④处内部稳压器电流开始过大，强迫稳压器进入热关闭

图 11-34　稳压器电路的限流过程

11.6.3 稳流器

当应用需要恒定电流加到可变负载上时，可以使用三端稳压器作为电流源，基本电路如图 11-35 所示，其中 R_1 是电流设置电阻。稳压器在地端（本例中没有接地）和输出端之间提供固定的恒定电压 V_{OUT}。它决定加到负载上的恒定电流。

$$I_L = \frac{V_{OUT}}{R_1} + I_G$$

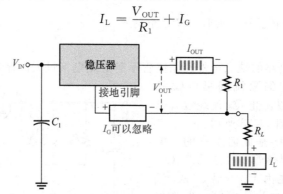

图 11-35　用作电流源的三端稳压器

与输出电流相比，来自地端的电流 I_G 非常小，常可以忽略不计。

例 11-9 在 7805 稳压器中，为了向可在 0～10Ω 之间变化的可变负载提供 1A 的恒定电流，R_1 的值应为多少？

解： 首先，1A 在 7805 稳压器的极限范围内（记住，在没有外部旁路晶体管的情况下，它可处理至少 1.3A）。

7805 稳压器在地端和输出端产生 5V。因此，如果你想要 1A 的电流，电流设置电阻必须（忽略 I_G）是

$$R_1 = \frac{V_{OUT}}{I_L} = \frac{5V}{1A} = 5.0Ω$$

电路如图 11-36 所示。

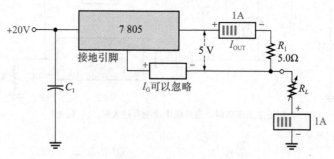

图 11-36　1A 恒流源

📝 **实践练习**

如果使用一个 7808 稳压器代替 7805 稳压器，为了保持 1A 的恒定电流，R_1 应变为多少？

系统例子 11-2　可变双极性电源

在这个系统例子中讨论可变双极性电源。不使用如 LM117 的可变稳压器，使用与系统例子 2-2 中相同类型的固定值稳压器，但是配置成可变稳压器。

电路　参照图 SE11-3 中的框图。这个电路产生从 ±12V 到 ±30V 的输出电压，输入来自标准 120V/60Hz 的线电压，正电压和负电压各自变化。对双电源的任意一侧，每个最大负载电流为 500mA，熔丝在变压器的一次侧。

稳压器 7812 定值稳压器用于正电源，7912 用于负电源。在制造商的说明中，$0.33\mu F$ 电容器安装在稳压器的每个输入端和地之间，$0.1\mu F$ 的电容安装在输出和地之间，$6\,800\mu F$ 的大输入滤波电容器有优良的纹波抑制能力。注意，因为负电压源，位于 7912 输入端的 $6\,800\mu F$ 电容器的正端接地。

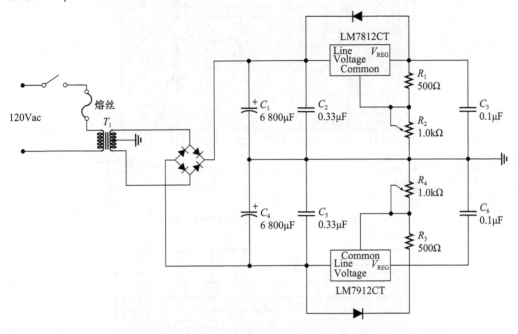

图 SE11-3 可变双极性电压源的原理图 [MULTISIM]

让小值电容器与大值电容器并联看似不可能，但是这样做是有足够的理由的。大电解电容也有相对高的内部等效电阻和一些内部电感。并联上小电容器能改善暂态响应，减小高频振荡的可能性。

每个稳压器上的二极管用来保护器件。如果因任何原因，使得输出电压大于输入电压，二极管将导通并保护稳压器。这可能是电感负载反电动势的结果。

注意输出端和正输出稳压器参考端之间的分压器。两个引脚之间的电压（V_{R1}）总是具有接近 12V 的差，这意味着 V_{R2} 必须为 24V，因为 R_2 是 R_1 的 2 倍。如果将参考电压设置为大于 0V 的某个值，输出电压将等于 12V 加上参考电压的值。例如，假设 R_2 调整为最大值的一半。这意味着稳压器参考端的电压为 12V，因此在稳压器输出端到地的实际电压为 24V。除了电压极性不同之外，负输出稳压器有相同的原理。

11.6.4 开关稳压器配置

11.5 节介绍了 IC 开关稳压器的例子 LM78S40。图 11-37 给出了输出电压小于输入电压的降压结构的外部连接，图 11-38 给出了输出电压大于输入电压的升压配置。逆变结构同样也可以，这里就不给出了。

定时电容器 C_T 控制振荡器的脉冲宽度和频率，建立晶体管 Q_2 的导通时间。在内部振荡器使用电流感应电阻 R_{CS} 上的电压改变占空比，该占空比取决于所希望的峰值负载电流。由 R_1 和 R_2 构成的分压器将输出电压减小到等于参考电压的一个正常值，如果 V_{OUT} 超过它的设置值，比较器的输出会切换到它的低状态，禁用栅极使得 Q_2 截止，直到输出减小。除了振荡器占空比变化产生的稳压过程之外，其余的稳压过程在 11.4 节中已经阐述。

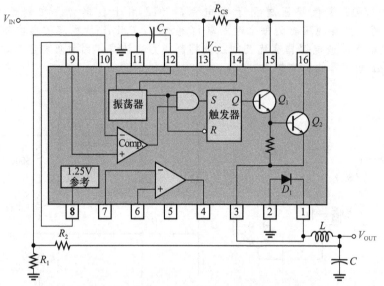

图 11-37　78S40 开关稳压器的降压配置

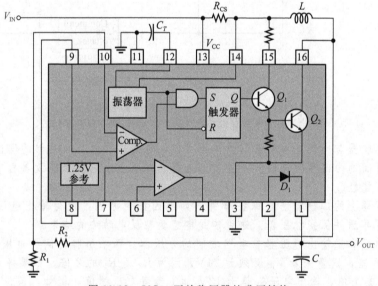

图 11-38　78S40 开关稳压器的升压结构

11.6 节测试题

1. 使用 IC 稳压器的外部旁路晶体管的目的是什么？
2. 稳压器中限流的优点是什么？
3. 如何将三端稳压器配置成电流源？
4. 在一些电源中，为什么将小值电容器与大值电容器并联？

小结

- 当输入或负载在极限内变化时，稳压器保持恒定直流输出电压。
- 基本稳压器由参考电压源、误差检测器、采样元件、控制器件构成。保护电路在大多数稳压器中也可以找到。

- 稳压器的两种基本类型是线性稳压器和开关稳压器。
- 线性稳压器的两种基本类型是串联稳压器和并联稳压器。
- 在串联线性稳压器中，控制元件是一个与负载串联的晶体管。
- 在并联线性稳压器中，控制元件是一个与负载并联的晶体管。
- 开关稳压器的三种结构是降压、升压和逆变。
- 开关稳压器在低电压、大电流应用中比线性稳压器效率更高、更有用。
- 三端线性 IC 稳压器有正极性或负极性的固定输出电压或可变输出电压的形式。

- 外部旁路晶体管可以增大稳压器的电流。
- 7800 系列是具有固定正输出电压的三端 IC 稳压器。
- 7900 系列是具有固定负输出电压的三端 IC 稳压器。
- LM317 具有正可变输出电压的三端 IC 稳压器。
- LM337 具有负可变输出电压的三端 IC 稳压器。
- M78S40 是一个开关稳压器。

关键术语

本章中的关键术语和其他楷体术语在本书结束术语表中定义。

线性稳压器：控制元件在线性区域工作的稳压器。

线路调整率：对给定的线路（输入）电压变化，输出电压的百分比变化。

负载调整率：对给定的负载电流变化，输出电压的百分比变化。

开关稳压器：控制元件是开关器件的稳压器。

重要公式

(11-1) 线路调整率 $= \left(\dfrac{\Delta V_{OUT}}{\Delta V_{IN}}\right) \times 100\%$　线路调整率的百分比形式

(11-2) 线路调整率 $= \left(\dfrac{\Delta V_{OUT}/V_{OUT}}{\Delta V_{IN}}\right) \times 100\%$　线路调整率的 %/V 形式

(11-3) 负载调整率 $= \left(\dfrac{V_{NL}-V_{FL}}{V_{FL}}\right) \times 100\%$　负载调整率的百分比形式

(11-4) 负载调整率 $= \left(\dfrac{R_{OUT}}{R_{FL}}\right) \times 100\%$　考虑输出电阻和最小负载电路时的百分比负载调整率

(11-5) $V_{OUT} \approx \left(1 + \dfrac{R_2}{R_3}\right) V_{REF}$　串联稳压器输出

(11-6) $I_{L(max)} = \dfrac{0.7\text{V}}{R_4}$　恒定电流限制

(11-7) $I_{L(max)} = \dfrac{V_{IN}}{R_1}$　并联稳压器的最大负载电流

(11-8) $V_{OUT} = \left(\dfrac{t_{on}}{T}\right) V_{IN}$　降压开关稳压器的输出电压

(11-9) $V_{OUT} = V_{REF}\left(1 + \dfrac{R_2}{R_1}\right) + I_{ADJ}R_2$　IC 稳压器的输出电压

自测题

1. 对线路调整率，当＿＿＿＿。
   - (a) 温度变化时，输出电压保持恒定
   - (b) 输出电压变化时，负载电流保持恒定
   - (c) 输入电压变化时，输出电压保持恒定
   - (d) 负载变化时，输出电压保持恒定

2. 对负载调整率，当＿＿＿＿。
   - (a) 温度变化时，输出电压保持恒定
   - (b) 输入电压变化时，负载电流保持恒定
   - (c) 负载变化时，负载电流保持恒定
   - (d) 负载变化时，输出电压保持恒定

3. 除了＿＿＿＿之外，下面所有的元器件都是基本稳压器的部分。
   - (a) 控制元件
   - (b) 采样电路
   - (c) 电压跟随器
   - (d) 误差检测器
   - (e) 参考电压

4. 串联稳压器和并联稳压器的基本不同是＿＿＿＿。
   - (a) 处理电流的数量
   - (b) 控制元件的位置

   - (c) 采样电路的类型
   - (d) 误差探测器的类型

5. 在基本的串联稳压器中，V_{OUT} 由＿＿＿＿决定。
   - (a) 控制元件
   - (b) 采样电路
   - (c) 参考电压
   - (d) 答案(b)和(c)

6. 稳压器中限流的主要目的是＿＿＿＿。
   - (a) 防止稳压器受过大电流影响
   - (b) 防止负载受过大电流影响
   - (c) 避免电源变压器被烧毁
   - (d) 保持恒定输出电压

7. 在线性稳压器中，控制晶体管＿＿＿＿导通。
   - (a) 在时间很短内
   - (b) 在一半时间内
   - (c) 一直
   - (d) 仅仅当负载电流过大时

8. 在开关稳压器中，控制晶体管＿＿＿＿导通。
   - (a) 在部分时间内
   - (b) 一直

（c）仅仅当输入电压超过设置限制时

（d）仅仅当过载时

9. LM317 是 IC _____ 的一个例子。

　　（a）三端负输出稳压器

　　（b）固定正输出稳压器

　　（c）开关稳压器

　　（d）线性稳压器

　　（e）可变正输出稳压器

（f）仅答案（b）和（d）

（g）仅答案（d）和（e）

10. 外部旁路晶体管用于_____。

　　（a）增大输出电压

　　（b）改善稳压

　　（c）增大稳压器可以处理的电流

　　（d）短路保护

故障检测测验

参考图 11-41。

● 如果 D_1 错误地由 4.7V 的齐纳二极管代替，

　　1. 输出电压将_____。

　　（a）增大　　（b）减小　　（c）不变

　　2. Q_1 的集电极到发射极的两端电压将_____。

　　（a）增大　　（b）减小　　（c）不变

参考图 11-42。

● 如果输出电流比最大值小很多，并且 Q_2 的射极开路，

　　3. 输出电压将_____。

　　（a）增大　　（b）减小　　（c）不变

　　4. 可以供给负载的最大电流将_____。

　　（a）增大　　（b）减小　　（c）不变

● 如果 R_2 短路，

　　5. 输出电压将_____。

　　（a）增大　　（b）减小　　（c）不变

参考图 11-43。

● 如果 R_1 开路，

　　6. 输出电压将_____。

　　（a）增大　　（b）减小　　（c）不变

参考图 11-44。

● 如果 C 开路，

　　7. 输出端的纹波电压将_____。

　　（a）增大　　（b）减小　　（c）不变

● 如果振荡器的占空比增大，

　　8. 输出电压将_____。

　　（a）增大　　（b）减小　　（c）不变

参考图 11-46。

● 如果 R_1 小于指定值，

　　9. 输出电压将_____。

　　（a）增大　　（b）减小　　（c）不变

　　10. 线性调整率将_____。

　　（a）增大　　（b）减小　　（c）不变

习题

11. 1 节

1. 某个稳压器的额定输出电压为 8V。当输入电压从 12V 增加到 18V 时，输出改变 2mV。试确定线路调整率并表示成百分比变化的形式。

2. 将习题 1 中的线路调整率表示成％/V 的形式。

3. 某个稳压器的空载输出电压为 10V，满载输出电压为 9.90V。百分比形式的负载调整率为多少？

4. 在习题 3 中，如果满载电流为 250mA，用％/mA 形式表示的负载调整率是多少？

11. 2 节

5. 标出图 11-39 中稳压器的各个功能模块。

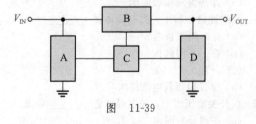

图　11-39

6. 试确定 11-40 中稳压器的输出电压。

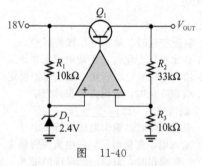

图　11-40

7. 试确定图 11-41 中串联稳压器的输出电压。

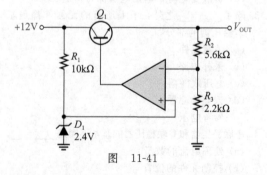

图　11-41

8. 如果图 11-41 中 R_3 增大到 4.7kΩ，输出电压发生什么变化？

9. 如果图 11-41 中齐纳电压为 2.7V 而不是 2.4V，输出电压为多少？

10. 具有恒定限流的串联稳压器如图 11-42 所示。如果负载电流的最大值限制为 250mA，试确定 R_4 的值，R_4 的额定功率必须为多少？

11. 如果习题 10 中 R_4 减半，最大负载电流为多少？

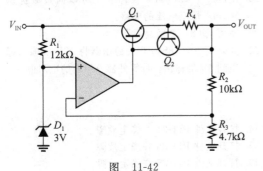

图　11-42

11.3 节

12. 在图 11-43 所示的并联稳压器中，当流过 R_L 的电流增大时，Q_1 的导通是更多还是更少？为什么？

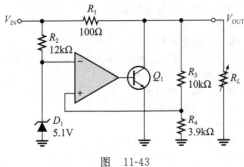

图　11-43

13. 如图 11-43 所示，假设流过 R_L 的电流保持恒定，并且 V_{IN} 变化 1V。Q_1 的集电极电流变化多少？

14. 如图 11-43 所示，如果输入电压为恒定的 17V，负载电阻从 1.0kΩ 变化到 1.2kΩ。忽略任何输出电压的变化，流过 Q_1 的并联电流变化多少？

15. 如果图 11-43 中最大允许的输入电压为 25V，当输出短路时，最大可能输出电流为多少？R_1 的额定功率应该为多少？

11.4 节

16. 基本开关稳压器如图 11-44 所示。如果晶体管的开关频率为 10kHz，截止时间为 6μs，输出电压为多少？

17. 习题 16 中晶体管的占空比为多少？

18. 图 11-45 中的二极管 D_1 什么时候变为正向偏置？

19. 如果图 11-45 中 Q_1 的导通时间缩短，输出电压是增大还是减小？

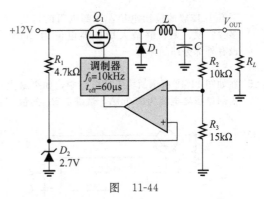

图　11-44

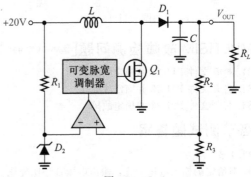

图　11-45

11.5 节

20. 下面每个集成电路稳压器的输出电压为多少？
   (a) 7 806　　　　　　 (b) 7 905.2
   (c) 7 818　　　　　　 (d) 7 924

21. 试确定图 11-46 中稳压器的输出电压。$I_{ADJ}=50\mu A$。

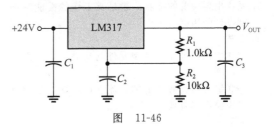

图　11-46

22. 对图 11-47 中的电路，试确定最小和最大输出电压。$I_{ADJ}=50\mu A$。

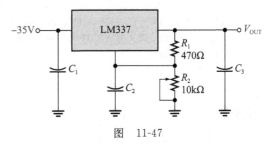

图　11-47

23. 不考虑负载，图 11-46 中流过稳压器的电流为多少？忽略调整端电流。

24. 在 LM317 电路中，为了在 18V 输入电压情况下产生 12V 的输出电压，外部电阻的值应为多少？设：无负载最大稳压器电流为 2mA，没有外部旁路晶体管。

11.6 节

25. 在如图 11-48 所示的稳压器电路中，如果最大内部稳压器电流为 250mA，试确定 R_{ext} 的值。

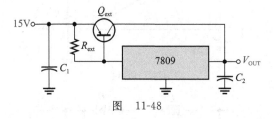

图   11-48

26. 如图 11-48 所示，使用一个 7812 稳压器和一个 10Ω 的负载，外部旁路晶体管会消耗多少功率？R_{ext} 设置的最大内部稳压器电流为 500mA。

27. 如何将电流限制加到图 11-48 所示的电路中？如果外部电流限制为 2A，限流电阻的值应为多少？

28. 使用一个 LM317，设计一个可以向负载提供 500mA 恒定电流的电路。

29. 使用 7908，重做复习题 28。

30. 如果用一个 78S40 开关稳压器将 12V 的输入稳压到 6V 的输出，计算外部分压器的电阻值。

MULTISIM 故障检测问题[🔲 **MULTISIM**]

31. 打开文件 P11-31 并确定故障。
32. 打开文件 P11-32 并确定故障。
33. 打开文件 P11-33 并确定故障。
34. 打开文件 P11-34 并确定故障。
35. 打开文件 P11-35 并确定故障。
36. 打开文件 P11-36 并确定故障。

各节测试题答案

11.1 节

1. 对给定的输入电压变化，输出电压百分比变化。
2. 对给定的负载电流变化，输出电压百分比变化。
3. 1.2%；$0.06\%/V$。
4. 1.6%；$0.0016\%/mA$。

11.2 节

1. 控制元件、误差检测器、采样元件、参考源。
2. 2V。
3. 系统出现疲劳的症状一般是其工作的性能达不到设计的指标。

11.3 节

1. 在并联稳压器中，控制元件与负载并联，而不是串联。
2. 并联稳压器具有固有的限流功能，缺点是没有串联稳压器有效。

11.4 节

1. 升压、降压、逆变。
2. 开关稳压器工作在更高的效率，使得它们向系统散的热更少，间接的好处是需要更少的冷却。
3. 改变占空比以稳定输出。

11.5 节

1. 输入、输出和地。
2. 一个 7809 稳压器具有 +9V 的输出；一个 7915 稳压器具有 -15V 的输出。
3. 输入、输出和调整。
4. 一个二电阻分压器。

11.6 节

1. 旁路晶体管增大可以处理的电流。
2. 限流可以避免电流过大而损坏稳压器。
3. 见图 11-35。
4. 小值电容器可以改善暂态响应，减小高频振荡的可能性。

例题中实践练习答案

11-1 12%，$0.6\%/V$
11-2 电压降为 12.1V−12.0V=0.1V，落在指定的输出电阻上。因为在 12.0V 处 $I=0.2A$，$0.1/0.2=0.5\Omega$。
11-3 7.33V
11-4 0.7A
11-5 17.5W
11-6 12.7V
11-7 467mA
11-8 功耗 12W；选择一个更大的实际值（如，20W）。
11-9 8Ω

自测题答案

1. (c)   2. (d)   3. (c)   4. (b)   5. (d)   6. (a)   7. (c)   8. (a)   9. (g)   10. (c)

故障检测测验答案

1. 增大   2. 减小   3. 不变   4. 增大   5. 减小   6. 减小   7. 增大   8. 增大   9. 增大   10. 不变

第12章

特殊用途放大器

目标

- 理解并解释仪表放大器的工作原理
- 理解并解释隔离放大器的工作原理
- 理解并解释运算跨导放大器(OTA)的工作原理
- 理解并解释对数和反对数放大器的工作原理

通用运算放大器(如741)是一种用途很广并广泛使用的器件。但是,考虑到一些特殊的性能,人们设计了一些用于特定目的集成电路放大器。这些器件中大多数实际上还是来自基本运算放大器。这些特殊的放大器包括用于高噪声环境和数据采集系统的仪表放大器(instrumentation amplifier,IA)、用于高电压和医疗系统的隔离放大器(isolation amplifier)、用作电压转成电流的运算跨导放大器(operational transconductance amplifier,OTA)和用于线性化某种输入和数学运算的对数放大器。本章将介绍所有这些器件和它们的一些基本应用。

12.1 仪表放大器

仪表放大器是一个差分电压增益器件,可以放大两个输入端之间的电压差。仪表放大器的主要目的是放大位于大共模电压上的小信号,其关键特性是高输入电阻、高共模抑制、低输出失调和低输出阻抗。基本仪表放大器由三个运算放大器和一些电阻构成,电压增益由外部电阻设置。仪表放大器(IA)常用于有高共模噪声的环境,如需要远程感知输入变化的数据采集系统。

学完本节后,你应该掌握以下内容:

- 理解并解释 IA 的工作原理
  - 解释运算放大器是如何连接形成 IA 的
  - 描述如何设置电压增益
  - 讨论系统应用
  - 描述 AD622 仪表放大器的特征

12.1.1 基本仪表放大器

测量系统中最常见的问题之一是来自传感器的信号被不期望的噪声污染(如 60Hz 的电源线干扰)。传感器通常会产生一个承载所需信息的小差分信号。加到两个信号传感器上的同样大小的噪声称为共模噪声(在 6.2 节讨论过)。理想情况下,应该放大差分信号,同时应该抑制共模噪声。

测量系统中的第二问题是许多传感器具有高输出阻抗,当连接到放大器时很容易承受不了负载。用于放大传感器小信号的放大器需要有非常高的输入阻抗来避免这种负载效应。

这些测量问题的解决方法是仪表放大器(IA),它是特殊设计的具有超高输入电阻、非常好的共模抑制(高达 130dB)以及获取高稳定增益能力的差分放大器。仪表放大器在高共模噪声出现时可以如实地放大低电平信号,它们用于各种信号处理应用中,在这些应用中精度是非常重要的,并且需要低漂移、低失调电流、精确的增益和非常高的 CMRR。

图 12-1 给出了由三个运算放大器构成的基本 IA。运算放大器 A1 和 A2 是修改后的电压跟随器，每个电压跟随器都包含反馈电阻(R_1 和 R_2)，反馈电阻对电路没有影响(可以移掉)，但是在下一步修改电路时会用到它们。电压跟随器提供增益为 1 的高输入阻抗，运算放大器 A3 是一个差分放大器，它放大 V_{out1} 和 V_{out2} 之间的差。尽管这个电路具有高输入阻抗的优点，但它需要非常高精度的增益电阻匹配以获得高 CMRR(R_3 必须匹配 R_4，R_5 必须匹配 R_6)。此外，如果需要可变增益，那么它仍然有两个电阻需要改变(典型的是 R_3 和 R_4)，它们必须在工作温度范围内以很高的精度彼此匹配。

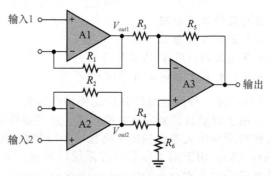

图 12-1 使用三个运算放大器的基本仪表放大器

解决图 12-1 所示电路的这些困难并且提供高增益的好方法是采用图 12-2 所示的三运算放大器组成的 IA。输入通过运算放大器 A1 和 A2 缓冲，提供非常高的输入电阻。运算放大器 A1 和 A2 现在可以提供增益。整个组件(除了 R_G 之外)包含在一块 IC 中。在这种设计中，共模增益仍然依赖于非常精确匹配的电阻。然而，在制造 IC 时会严格匹配(采用激光微调)这些电阻。为了获得差分放大器 1.0 的增益，电阻 R_3、R_4、R_5 和 R_6 通常由制造商设置。电阻 R_1 和 R_2 是精确匹配的电阻，设置为彼此相等，这意味着总的差分电压只要通过电阻 R_G 就可以进行控制。附录推导出输出电压的公式如下：

$$V_{out} = \left(1 + \frac{2R}{R_G}\right)(V_{in2} - V_{in1}) \tag{12-1}$$

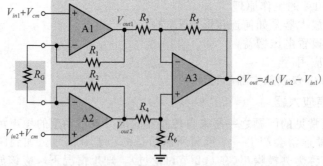

图 12-2 具有外部增益设置电阻 R_G 的 IA。差模和共模信号已标出[MULTISIM]

式中，闭环增益为

$$A_{cl} = 1 + \frac{2R}{R_G}$$

式中，$R_1 = R_2 = R$。最后一个公式表明当 R_1 和 R_2 的值已知并固定时，IA 的增益可以由外部电阻 R_G 的值来设置。

外部增益设置电阻 R_G 可以根据想要的电压增益通过下面的公式计算得到：

$$R_G = \frac{2R}{A_{cl} - 1} \tag{12-2}$$

可以将输入设置为采用二进制而不是电阻值，同样可以获得指定增益的 IA。

例 12-1 对某个集成电路 IA，它的 $R_1 = R_2 = 25\text{k}\Omega$，试确定外部增益设置电阻 R_G 的值。电压增益设置成 500。

解：

$$R_G = \frac{2R}{A_{cl} - 1} = \frac{50\text{k}\Omega}{500 - 1} \approx 100\Omega$$

实践练习

对于一个 IA，$R_1 = R_2 = 39\text{k}\Omega$，它的外部增益设置电阻为多少时可以产生 325 的增益？

12.1.2 应用

如本节引言所述，IA 通常用于测量叠加到共模噪声电压上的小差分信号电压，共模噪声电压通常比信号电压大很多。应用包括用远程器件感知测量值的周边状况，例如温度感知传感器或压力感知传感器，产生的小电信号在长线上传送，电噪声在线上就会产生共模电压。在长线终端的仪表放大器必须放大来自远程传感器的小信号，并抑制掉大的共模电压。图 12-3 阐述了这种应用。

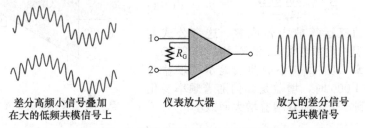

差分高频小信号叠加　　　仪表放大器　　　放大的差分信号
在大的低频共模信号上　　　　　　　　　　无共模信号

图 12-3 通过仪表放大器放大小信号电压和抑制大共模电压的图示 [**MULTISIM**]

系统说明 IA 常用于放大来自传感器的信号。这些传感器可能是测量温度、应变、压力或一些其他参数，但在很多情况下，来自传感器的信号幅度往往非常小。此外，由于从传感器到放大器输入的电缆非常长，IA 的工作环境中常有非常大的噪声。屏蔽的同轴电缆常用于减小耦合到系统的外部噪声。然而，同轴电缆同样也削弱了 IA 的共模抑制。

在任何屏蔽的同轴电缆中，存在沿着电缆长度分布的在两根信号线和屏蔽层之间的杂散电容。因为在每根信号线和屏蔽层之间的杂散电容并不相等，所以在信号线上传输的任何波形存在相移，尤其在高频处。相移意味着两根信号线上的任何噪声不再是真正共模的，这样噪声抑制就被削弱了。

这个问题的一个解决方案是称为屏蔽防护的技术。防护使用一个电压跟随器将共模信号反馈到屏蔽层。这样就平衡了信号线和屏蔽层之间的任何电压差，可以减小漏电流并消除分布电容的影响。这项技术会在系统例子 12-1 中使用。

一些 IA 有内置的屏蔽保护驱动器，一个例子是 AD522。这是一个精密的 IA，专门为最差情况下的数据采集而设计。这个器件有一个"数据保护"输出端，连接到电缆屏蔽层，AD522 的数据手册可以在 www.analog.com 上找到。

12.1.3 特殊的 IA

既然你已经了解了 IA 是如何工作的，就让我们来看看两个特殊的器件。第一个是低成本的器件 AD622，如图 12-4 所示。给出了 IC 封装引脚框图以供参考。这个仪表放大器基于经典的设计，使用了如前所述的三个运算放大器。

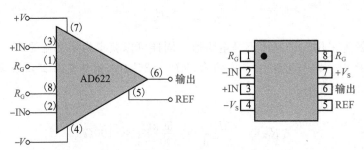

图 12-4　AD622 IA

AD622 IA 的一些特征如下：电压增益可以通过外部电阻 R_G 在 $2\sim1\,000$ 之间调节。在没有外部电阻时具有单位增益。输入电阻为 $10\text{G}\Omega$。共模抑制比（CMRR'）的最小值为 66dB。记得越高的 CMRR' 意味着更好地抑制共模电压。AD622 在增益为 10、转换速率为 $1.2\text{V}/\mu\text{s}$ 时的带宽为 800kHz。AD622 的数据手册可以在 www.analog.com 上找到。

设置电压增益　对 AD622，必须使用外部电阻来获得大于 1 的电压增益，如图 12-5 所示。电阻 R_G 连接在 R_G 的端子之间（引脚 1 和 8）。对单位增益不需要电阻。基于下面的公式选择 R_G 以获得想要的增益：

$$R_G = \frac{50.5\text{k}\Omega}{A_v - 1} \qquad (12\text{-}3)$$

注意，对经典的三运算放大器配置，这个公式与式（12-2）相同，其中内部电阻 R_1 和 R_2 均是 25.25kΩ。

增益与频率　图 12-6 中的曲线显示了增益为 1、10、100 和 1 000 时，增益是如何随着频率变化的。你可以看到，带宽随着增益增大而减小。

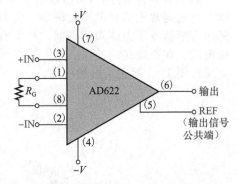

图 12-5　具有增益设置电阻的 AD622

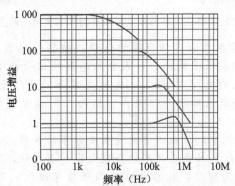

图 12-6　对 AD622 IA 的增益对频率

例 12-2　对图 12-7 中的 IA，使用图 12-6 中的曲线，计算增益并确定近似带宽。

解： 电压增益通过如下计算确定：

$$R_G = \frac{50.5\text{k}\Omega}{A_v - 1}$$

$$A_v - 1 = \frac{50.5\text{k}\Omega}{R_G}$$

$$A_v = \frac{50.5\text{k}\Omega}{510\Omega} + 1 = 100$$

近似带宽从曲线确定：

$$\text{BW} \approx 60\text{kHz}$$

实践练习

修改图 12-7 中的电路，使得增益大约为 45。

在具有传感器和较长电缆线的系统中，需要精密 IA，精密 IA 的一个例子是 AD624。AD624 专门设计用于低电平传感器，如测压元件、应变计和某些压力传感器。AD624 的优点包括：低噪声、高增益精度、低增益温度系数和高线性度。它在 60Hz 处具有非常高的 CMRR，使得它成为带噪工业系统的一个很好的选择。AD624C 型号可以在增益 100 处使共模电源线干扰降低 110dB，在更高的增益处甚至可以降低更多。换句话说，110dB 的 CMRR，可以将 1V 的共模干扰信

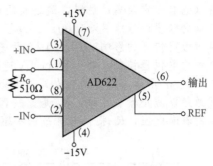

图 12-7　例 12-7 图

号减小到大约 $3\mu V$，这低于几乎所有的传感器信号。在系统例子 12-2 中，这个 IA 会在一个应用中给出，其完整的数据手册可以在 www.analog.com 上找到。

系统例子 12-1　液位控制系统

这个例子中的系统用于维持蓄水池中的恒定液体位置。通过电动泵和压力传感器感知管道中的压力来检测液体位置的改变，从而使这个位置保持不变。

液面感知方法　一个两端开口的管子垂直放置在液体中使得一端位于液面以上。管子中的液面与蓄水池中的液面高度相同。现在，如果上端口关闭，管中残留的空气压力将随着液面高度的变化成正比变化。例如，如果液体是水并且蓄水池中的水升高 20mm，那么管道中的压力因 20mm 的水也将增大。当液体位于基准位置时，压力传感器放置在管道上端，另一端暴露在大气压中。当水面降低时，压力的负变化通过压力传感器测量到并产生一个小的正比例电压。来自压力传感器的电压连接到一个 IA，它可以放大小电压以驱动一个滞回比较器（施密特触发器）。滞回使系统具有两个触发电平，防止泵循环过于频繁。比较器基准电压调节到想要的值，当液面降至低于低位参考位置时，比较器开启水泵以填充蓄水池使其达到基准位置。当压力传感器探测到蓄水池水位达到了基准位置时，比较器让水泵关闭。系统的基本框图如图 SE12-1 所示。

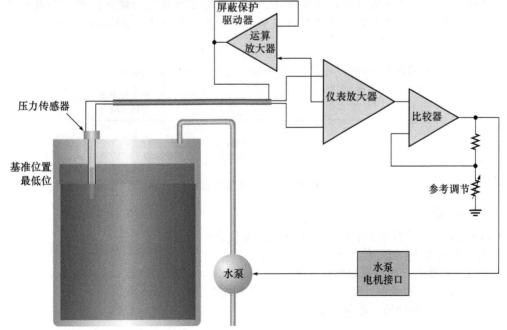

图 SE12-1　液面控制系统的基本框图

　　电路　系统可以运行在 60 Hz 电噪声的敞开的工业环境中。同样，电路放置在位于离蓄水池有一定距离的位置，通过长同轴电缆将这个蓄水池与压力传感器连接起来。压力传感器的输出电压非常小（100～200μV）。由于这些原因，采用了屏蔽保护驱动器来减小噪声对微弱信号的影响。AD624 IA 用来驱动一个有滞回的比较器 LM111，滞回由它反馈电路中的电位器控制。将 AD711 IA 连接成一个电压跟随器用来保护驱动器。电路框图如图 SE12-2 所示。为了简化电路，电源连接没有画出。电阻 R_1 和 R_2 提供了失调电流的返回通路以防止输出漂移，R_3 是比较器输出的上拉电阻，R_4 和 R_5 通过改变滞回来提供可调的参考电压，R_6 提供与屏蔽保护驱动器串联的电阻进行限流。

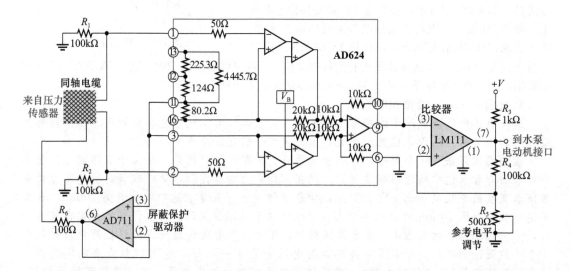

图 SE12-2　液面控制电路的电路图

　　随着蓄水池液面降低，蓄水池的压力减小。通过压力传感器，压力的减小转换为电压的成比例减小。当达到所需的最低位置时，降低的电压会触发比较器输出到高电平状态以开启水泵。当水泵运行时，液面位置上升，使得压力成比例增大。当达到最大位置时，电路将比较器触发到低电平状态以关闭水泵。这个过程如图 SE12-3 所示。

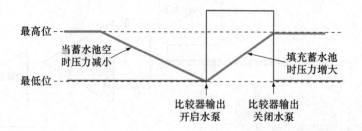

图 SE12-3　系统工作过程

12.1 节测试题

1. IA 的主要目的是什么？它的三个关键特性是什么？
2. 构造一个基本 IA 需要什么元件？
3. 在基本 IA 器中，增益是如何确定的？
4. 在一个 AD622 配置中，$R_G = 10 \text{k}\Omega$，电压增益是多少？
5. 为什么一些系统使用屏蔽保护驱动器？

12.2　隔离放大器

隔离放大器在输入和输出之间提供直流隔离，在存在危险的电源线漏电或瞬间高压等应用中，用隔离放大器来保护人的生命或敏感设备。应用的主要领域是医疗仪器、电厂仪表、工业处理和自动测试。

学完本节后，你应该掌握以下内容：

● 解释并分析隔离放大器的工作原理
 ■ 作为电容器耦合隔离放大器的一个例子，描述并讨论 ISO124 的特性
 ■ 作为变压器耦合隔离放大器的一个例子，描述并讨论 3656KG 的特性
 ■ 描述一个使用三端隔离放大器 AD210 的系统

12.2.1　基本电容耦合隔离放大器

隔离放大器是一个由两个电隔离电路构成的器件，输入部分电路和输出部分电路被一隔离屏障彼此隔开，为了让信号能够耦合地穿过隔离屏障，必须对信号进行处理。一些隔离放大器使用光耦合或变压器耦合提供两部分之间的隔离。但是，许多现代的隔离放大器使用电容耦合进行隔离。每部分电路有各自的电源电压和地，使得它们之间没有公共的电通路。典型隔离放大器的简化框图如图 12-8 所示，注意，两个不同的接地符号用来强化各部分电路隔离的概念。

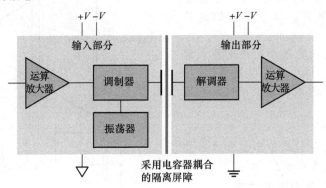

图 12-8　典型隔离放大器的简化框图

输入部分电路由运算放大器、振荡器和调制器构成。调制是允许包含信息的信号修改另一个信号特征的过程，如：幅度、频率或脉冲宽度，使得第一个信号的信息同样包含在第二个信号中。在本例中，调制器使用高频方波振荡器来修改原始信号。隔离屏障中用小值电容器耦合低频调制信号或从输入到输出的直流电压。没有调制时，为了不降低级间的隔离，必须禁止使用大值的电容器。

输出部分电路含有解调器，可以从调制信号中提取出原始输入信号，使得来自输入级电路的原始信号还原为原始形式。

图 12-8 所示的高频振荡器输出信号被输入放大器中的信号或者幅度调制或者脉冲宽度调制。在幅度调制中，振荡器输出的幅度随着输入信号的变化而变化，如图 12-9a 所示，其中使用了正弦波的一个周期来阐述。在脉冲宽度调制中，根据输入信号变化来改变相应的脉冲宽度，从而使得振荡器输出的占空比发生变化。使用脉冲宽度调制的隔离放大器如图 12-9b 所示。

尽管隔离放大器在内部使用相对比较复杂的处理，但它仍然只是一个放大器并且易于使用。当使用独立的直流电源和输入信号后，就可以得到放大的输出信号，隔离功能本身是看不见的。

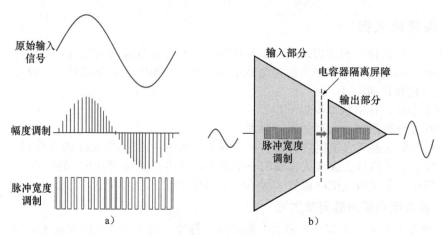

图 12-9 调制

例 12-3 ISO124 是一个 IC 隔离放大器，它的电压增益为 1，并且两部分电路都工作在正、负直流电源电压。这个器件使用 500kHz 频率的脉冲宽度调制（有时称为占空比调制）。建议用外部电容器对电源电压解耦合来减小噪声。给出恰当的连接方式。

解： 制造商建议在每个直流电源引脚到地之间使用一个 $1\mu F$ 的钽电容器（为了低泄漏），如图 12-10 所示，其中电源电压为 $\pm 15V$。

✍ **实践练习**

解调处理可能会引起输出信号的一些纹波，如何去除这些纹波？

12.2.2 变压器耦合隔离放大器

德州仪器（伯尔-布朗）3656KG 是隔离放大器的一个例子，它使用变压器来耦合隔离的两级电路。不同于有固定单位增益的 ISO124，3656KG 为两部分电路都提供外部增益调节，有外部增益电阻和解耦电容器的 3656KG 的框图如图 12-11 所示。

输入部分电路和输出部分电路的电压增益都可以通过外部电阻来调节，连接方式如图 12-11 所示。输入部分电路的增益为

$$A_{v1} = \frac{R_{f1}}{R_{i1}} + 1 \qquad (12\text{-}4)$$

输出部分电路的增益为

$$A_{v2} = \frac{R_{f2}}{R_{i2}} + 1 \qquad (12\text{-}5)$$

总的放大器增益为输入部分电路增益和输出部分电路增益的乘积。

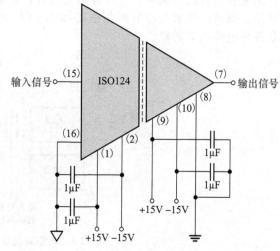

图 12-10 ISO124 隔离放大器的基本信号和电源连接

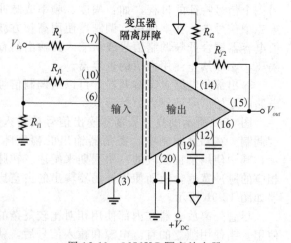

图 12-11 3656KG 隔离放大器

$$A_{v(tot)} = A_{v1}A_{v2}$$

例 12-4 试确定图 12-12 中 3656KG 隔离放大器的总电压增益。

解： 输入部分电路的增益为

$$A_{v1} = \frac{R_{f1}}{R_{i1}} + 1 = \frac{22\text{k}\Omega}{2.2\text{k}\Omega} + 1 = 10 + 1 = 11$$

输出部分电路的电压增益为

$$A_{v2} = \frac{R_{f2}}{R_{i2}} + 1 = \frac{47\text{k}\Omega}{10\text{k}\Omega} + 1 = 4.7 + 1 = 5.7$$

隔离放大器的总电压增益为

$$A_{v(tot)} = A_{v1}A_{v2} = 11 \times 5.7 = 62.7$$

实践练习

如图 12-12 所示，为了使总电压增益大约为 100，选择电阻的值。

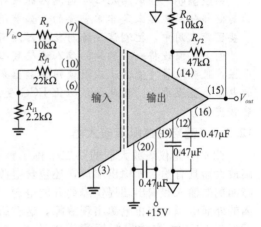

图 12-12　例 12-4 图

系统说明　隔离放大器可能在输入部分和输出部分电路中间使用电感、电容或光耦合。使用哪种类型的隔离放大器取决于系统应用的类型——不同的隔离放大器有不同的性能特性和不同的成本。

变压器耦合的隔离放大器是最常见的，它的模拟精度可以达到 12～16 位，带宽值为几十万赫兹。它们的最大电压值一般限制到 10kV，常常要低很多，它们往往也比较昂贵。电容耦合隔离放大器比较便宜，它们的模拟精度较低（也许是 12 位）、带宽较小、额定电压较低。光隔离器非常快并且便宜，它的额定电压为几万伏。然而，光隔离放大器模拟线性差，并且不能用于对精度有要求的应用中。

12.2.3　应用

如前所述，隔离放大器用于在传感器和处理电路之间没有共同接地的场合，应用时需要把感知器件连接进处理电路中。在化学、核和金属加工工业中，毫伏信号常常存在于千伏大共模电压中。在这样的环境中，隔离放大器可以放大来自嘈杂设备的小信号，并且向敏感设备（如计算机）提供安全的输出。

另一种重要的应用存在于各种类型的医疗设备中。在医疗应用中，监测诸如心率和血压等身体机能，非常小的监测信号与大共模信号混合在一起，如 60Hz 电源线与来自皮肤监测的导线。在这些情况下，如果没有隔离，直流泄漏或设备失效将会是致命性的。图 12-13 给出了心脏监测应用中隔离放大器的简化框图。在这种情况下，非常小的心脏信号与由肌肉噪声引起的大共模信号、电化学噪声、剩余电极电压和来自皮肤的 60Hz 电源线信号混合而成。

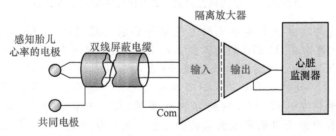

图 12-13　使用隔离放大器的胎儿心率监测

胎儿心跳的监测是心脏监测中最苛刻的类型，因为除了存在通常为 $50\mu\text{V}$ 的胎儿心率，还存在通常为 1mV 的母亲的心率，还有在 1～100mV 之间变化的共模电压。隔离放大器的 CMR（共模抑制）将胎儿心率信号与妈妈的心率信号和共模信号分离开。这样，放大器传送到监测设备的信号基本上全部是来自胎儿心率的信号。

系统说明 在像胎儿心率监测器的医疗应用中，显而易见，把心脏监测传感器与系统的其他部分隔离起来是非常重要的。如前所述，系统故障会对病人有致命性的后果。还有一些医疗应用中，把测试设备与传感器隔离开同样非常重要。

例如，假设将一个胸痛的病人连接到心电图（ECG）仪器，如果突然发生心脏骤停，一个医疗服务人员可能的反应是使用除颤器来重新启动病人的心脏，除颤器能够产生 7.5kV 的电压，甚至更高。因此必须防止 ECG 受危险高压的损坏，所以把 ECG 与传感器隔离也非常重要。

12.2.4 宽带三端隔离放大器

AD210 是仪表放大器的第二个例子。AD210 是一个宽带、三端隔离放大器。三端隔离放大器具有输入和输出端口，还包含电源端口。电源端口使用内部变压器耦合向隔离屏障两侧的输入和输出端提供隔离开的电源。AD210 也可以向输入、输出两侧的 IC 提供隔离的外部电源，防止电源出现故障。这就给系统提供了额外的保护。在输入侧，隔离电源标记为 $\pm V_{ISS}$，在输出侧标记为 $\pm V_{OSS}$。此外，AD210 在输入侧有一个通用的运算放大器，可以被用户用作缓冲或设置成所需要的增益。下面的系统例子给出了 AD210 的一个应用和电源端口，以及前面介绍过的 AD622 IA。

系统例子 12-2　电动机控制系统

在许多工业系统中，大功率或高电压应用受到计算机或可编程逻辑控制器的控制，而这些控制设备是由低直流电压控制的。系统的大功率部分需要与数字部分隔离开，从而保护敏感的控制电路。在这个系统例子中，为了感知一个大型工业电动机的电动机电流，IA 和隔离放大器都是关键元件。图 SE12-4 给出了系统传感器和隔离部分的框图。

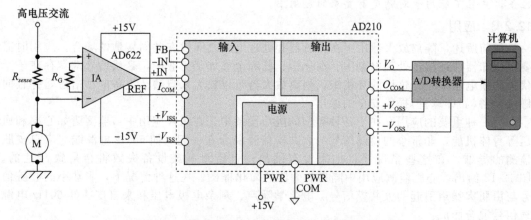

图 SE12-4　电动机控制系统的电流传感器和隔离电路

流到电动机的电流由一个非常小的感应电阻感应，经 AD622 IA 放大（由 R_G 确定增益）。IA 的隔离电源来自 AD210 的输入侧。从 IA 输出的信号是一个表示电动机电流的电压。该信号经 AD210 的内部运算放大器缓冲（由一个从 $-$IN 到 FB 的跳线完成，反馈输入）。该信号调制输入侧的一个载波，这个载波在输出侧解调，恢复出原始信号。该信号在输出端缓冲，接着发送到 A/D 转换器和计算机（模数转换器在第 14 章讨论）。注意，A/D 转换器的隔离电源来自隔离放大器的输出侧，根据系统的需求，计算机使用电流信息来控制电动机速度。

12.2 节测试题

1. 在什么类型的应用中使用隔离放大器？
2. 典型隔离放大器中的两部分电路是什么？两部分电路的作用是什么？

3. 隔离放大器中的各部分电路是怎么连接的？
4. 隔离放大器中振荡器的作用是什么？
5. 三端口隔离放大器中第三个端口的作用是什么？

12.3 OTA

如你所知，常规运算放大器主要是电压放大器，在这些放大器中输出电压等于增益乘以输入电压。OTA(Operational Transconductance Amplifier，运算跨导放大器)主要是电压转电流放大器，其中的输出电流等于增益乘以输入电压。

学完本节后，你应该掌握以下内容：
- 理解并解释 OTA 的工作原理
  - 识别 OTA 符号
  - 讨论跨导和偏置电流之间的关系
  - 描述 LM13700 OTA 的特征
  - 讨论 OTA 应用

图 12-14 给出了运算跨导放大器(OTA)的符号，输出端的双圆圈符号表示一个基于偏置电流的输出电流源。与传统运算放大器一样，OTA 具有两个差分输入端、一个高输入电阻和一个高 CMRR。与传统运算放大器不同的是，OTA 具有偏置电流输入端、高输出电阻和无固定开环电压增益。

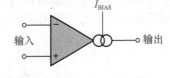

图 12-14 OTA 的符号

12.3.1 跨导是 OTA 的增益

一般而言，电子器件的跨导是输出电流与输入电压之比。对一个 OTA，电压是输入变量，电流是输出变量。因此，输出电流与输入电压之比是它的增益。所以，OTA 的电压-电流增益是跨导 g_m。

$$g_m = \frac{I_{out}}{V_{in}}$$

在一个 OTA 中，跨导依赖于一个常量(K)乘以偏置电流(I_{BIAS})，如式(12-6)所示。常量的值依赖于内部电路设计：

$$g_m = KI_{BIAS} \qquad (12\text{-}6)$$

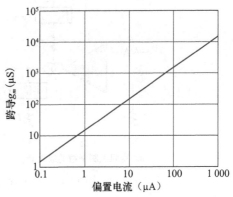

图 12-15 典型 OTA 的跨导对偏置电流的例子

输出电流由输入电压和偏置电流控制，如下所示：

$$I_{out} = g_m V_{in} = KI_{BIAS}V_{in}$$

12.3.2 跨导是偏置电流的函数

OTA 中跨导和偏置电流的关系是一个重要特征。图 12-15 中的曲线阐述了这个典型的关系。注意，跨导随着偏置电流线性增大。比例常数 K 是图 12-15 中斜线的斜率，它的值近似为 $16\mu S/\mu A$。

例 12-5 如果 OTA 的 $g_m = 1\,000\mu S$，当输入电压为 50mV 时，输出电流是多少？

解：

$$I_{out} = g_m V_{in} = 1\,000\mu S \times 50mV = 50\mu A$$

实践练习

基于 $K \approx 16\mu S/\mu A$，为了使 $g_m = 1\,000\mu S$，计算偏置电流。

12.3.3 基本 OTA 电路

图 12-16 给出了一个用作反相放大器并有固定电压增益的 OTA。电压增益由跨导和负载电阻设置，如下：

$$V_{out} = I_{out}R_L$$

两边同时除以 V_{in}，

$$\frac{V_{out}}{V_{in}} = \left(\frac{I_{out}}{V_{in}}\right)R_L$$

因为 V_{out}/V_{in} 是电压增益，并且 $I_{out}/V_{in} = g_m$，所以

$$A_v = g_mR_L$$

图 12-16 中放大器的跨导由偏置电流的大小决定，偏置电流由直流电源电压和偏置电阻 R_{BIAS} 决定。

OTA 最有用的特征之一是电压增益可以由偏置电流的大小控制。这可以手动控制，如图 12-17a 所示，通过使用与图 12-16 中 R_{BIAS} 串联的可变电阻来实现。通过改变电阻，可以使得 I_{BIAS} 改变，因此可以改变跨导，跨导的变化

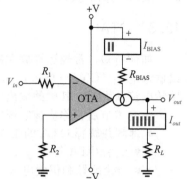

图 12-16　用作反相放大器且有固定电压增益的 OTA

可以改变电压增益。电压增益同样受到外部施加的可变电压的控制，如图 12-17b 所示，外加的偏置电压的变化引起偏置电流的变化。

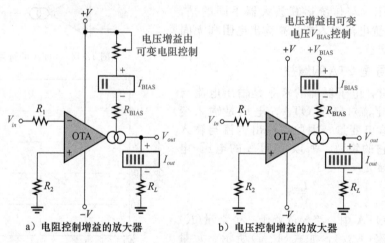

a）电阻控制增益的放大器　　b）电压控制增益的放大器

图 12-17　有可变电压增益的 OTA 反相放大器

12.3.4 特定的 OTA

LM13700 是一个典型的 OTA，也是一个代表性的器件。LM13700 是一个有两个 OTA 和缓冲电路的双器件封装。图 12-18 给出了使用其中一个 OTA 时的引脚配置。最大直流电源电压为 ±18V，它的跨导特性与图 12-15 中曲线所示的一样。LM13700 的数据手册可以在 www.national.com 上找到。

对一个 LM13700，偏置电流由如下公式决定：

$$I_{BIAS} = \frac{+V_{BIAS} - (-V) - 1.4V}{R_{BIAS}} \quad (12-7)$$

1.4V 是因为在电路内部，通过负电源电压（−V）与基极-发射极结和一个二极管连接到外部 R_{BIAS}。正偏置电压可以从正电源电压获得。

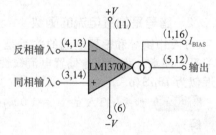

图 12-18　LM13700 OTA，在一个 IC 封装中有两个 OTA，缓冲晶体管图中没有画出，两个 OTA 的引脚号在括号中给出

不仅 OTA 的跨导随着偏置电流变化，而且输入电阻和输出电阻也会随之变化。输入电阻和输出电阻随着偏置电流的增大而减小，如图 12-19 所示。

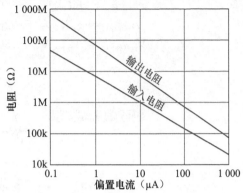

图 12-19 输入电阻和输出电阻与偏置电流的例子

例 12-6 如图 12-20 所示，将 OTA 连接为一个固定增益的反相放大器，试确定电压增益。

解：

$$I_{BIAS} = \frac{+V_{BIAS} - (-V) - 1.4V}{R_{BIAS}}$$

$$= \frac{9V - (-9V) - 1.4V}{33k\Omega} = 503\mu A$$

计算偏置电流，如下：

$$g_m = KI_{BIAS} \approx 16\mu S/\mu A \times 503\mu A$$
$$= 8.05 \times 10^3 \mu S$$

根据图 12-14，可知 $K \approx 16\mu S/\mu A$，对应 $I_{BIAS} = 503\mu A$ 的跨导值大约为：

$$A_v = g_m R_L \approx 8.05 \times 10^3 \mu S \times 10k\Omega = 80.5$$

使用 g_m 的这个值，计算电压增益：

✏️ **实践练习**

如果图 12-20 中的 OTA 工作在 ±12V 的直流电源电压下，这会改变电压增益吗？如果会，改变成什么值？

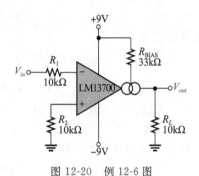

图 12-20 例 12-6 图

12.3.5 两个 OTA 应用

幅度调制器 图 12-21 给出了一个连接成为幅度调制器的 OTA。通过施加调制电压到偏置输入端来改变电压增益。当施加一个恒定幅度的输入信号时，输出信号的幅度随着偏置输入端的调制电压的变化而改变。增益依赖于偏置电流，偏置电流与调制电压有关，如下所示：

$$I_{BIAS} = \frac{V_{mod} - (-V) - 1.4V}{R_{BIAS}}$$

对高频正弦波输入电压和低频正弦波调制电压，调制过程如图 12-21 所示。

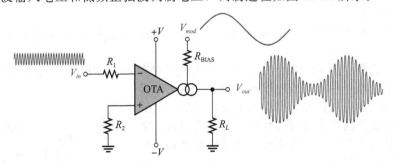

图 12-21 OTA 作为一个幅度调制器

例 12-7 图 12-22 中 OTA 幅度调制器的输入是峰峰值为 50mV、频率为 1MHz 的正弦波，给定的调制电压加到偏置输入，试确定输出信号。

解： 当 I_{BIAS}、g_m 最大时，最大电压增益出现在调制电压 V_{mod} 在最大峰值的时候：

$$I_{BIAS(max)} = \frac{V_{mod(max)} - (-V) - 1.4V}{R_{BIAS}} = \frac{10V - (-9V) - 1.4V}{56k\Omega} = 314\mu A$$

从图 12-15 中的曲线可以看出，常量 K 大约为 $16\mu S/\mu A$。

$$g_m = KI_{BIAS(max)} = 16\mu S/\mu A \times 314\mu A = 5.02mS$$
$$A_{v(max)} = g_m R_L = 5.02mS \times 10k\Omega = 50.2$$
$$V_{out(max)} = A_{v(min)}V_{in} = 50.2 \times 50mV = 2.51V$$

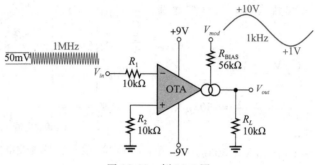

图 12-22　例 12-7 图

最小偏置电流为

$$I_{BIAS(min)} = \frac{V_{mod(min)} - (-V) - 1.4V}{R_{BIAS}} = \frac{1V - (-9V) - 1.4V}{56k\Omega} = 154\mu A$$
$$g_m = KI_{BIAS(min)} = (16\mu S/\mu A)(154\mu A) = 2.46mS$$
$$A_{v(min)} = g_m R_L = 2.46mS \times 10k\Omega = 2.46$$
$$A_{out(min)} = A_{v(min)}V_{in} = 24.6 \times 50mV = 1.23V$$

最后的输出电压如图 12-23 所示。

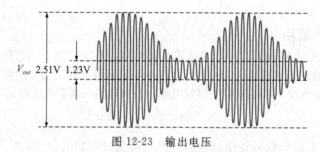

图 12-23　输出电压

✎ 实践练习

当正弦波调制信号被一个有相同最大值和最小值的方波替代且偏置电阻为 $39k\Omega$ 时，重做这个例题。

施密特触发器　图 12-24 给出了一个用于施密特触发器中的 OTA(参考 8.1 节)。一般，施密特触发器是一个滞回比较器，输入电压使得器件进入正饱和或负饱和状态。当输入电压超过某个阈值或触发点时，器件的输出就切换到它的两个饱和状态之一。当输入重新低于另一个阈值时，器件的输出就转向它的另一个饱和状态。

在 OTA 施密特触发器中，阈值由流过电阻 R_1 的电流设置。OTA 中的最大输出电流等于偏置电流。因此，在饱和输出状态下，$I_{out} = I_{BIAS}$。最大正输出电压为 $I_{out}R_1$，这个电压是正阈值或上触发点。当输入电压超过这个值时，输出转向它的最大负电压 $-I_{out}R_1$。因为 $I_{out} = I_{BIAS}$，所以触发点可以由偏置电流控制。图 12-25 解释了这个工作原理。

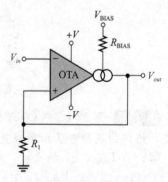

图 12-24　作为施密特触发器的 OTA

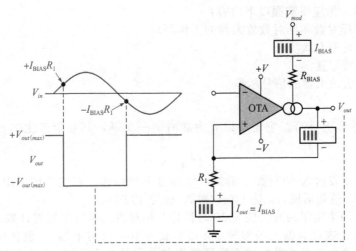

图 12-25 OTA 施密特触发器的基本工作原理

系统例子 12-3 合成正弦波发生器

合成正弦波发生器的框图如图 SE12-5 所示。合成正弦波发生器是一个可以产生非常精确频率的正弦波用以测试电路响应的测试仪器。为了产生正弦波，用户在数字控制器中输入想要的参数，控制器存储这些信息并传输数据到序列发生器。相应电路会产生数字并存储在只读存储器中，这些数字表示在所需时间间隔上所产生的正弦波的幅度值。存储器的时钟取决于由设定的频率所决定的时间间隔，通过数-模转换器将每个数字化的阶梯电压转换成正弦波电压（第 14 章讨论）。这个转换过程会产生不想要的高频分量，这些分量可以通过低通滤波器去掉，低通滤波器可以设计成让想要的正弦波通过，同时阻止高频谐波。这时跨导放大器（OTA）非常有用——跨导放大器可以配置成一个电压控制且截止频率可变的低通滤波器。如果用户决定改变频率，通过发送某个电压到低通滤波器，改变控制器到新的截止频率，这样低通滤波器就重新配置。电压控制的低通滤波器有其他的一些应用（比如电子音乐），对各种低通滤波器的电路描述在制造商的参数表中都可以找到。（例如，LM13700 可以在 www.national.com 上找到）。

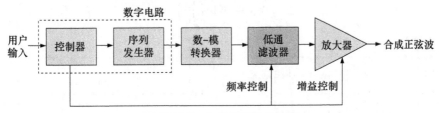

图 SE12-5 合成正弦波发生器

12.3 节测试题

1. OTA 表示什么？
2. 如果 OTA 中偏置电流增大，跨导是增大还是减小？
3. 如果 OTA 连接成一个固定的电压放大器，并且电源电压增大，电压增益会如何变化？
4. 如果 OTA 连接为一个可变增益电压放大器，并且偏置端的电压减小，电压增益如何变化？

12.4 对数和反对数放大器

对数（log）放大器产生与输入的对数成正比的输出。对数放大器用于需要压缩模拟输入数据、线性化具有指数输出的传感器、光密度测量等应用中。反对数（antilog）放大器采用输入的反对数或反 log。本节讨论这些放大器的原理。

学完本节后，你应该掌握以下内容：

● 理解并解释对数和反对数放大器的工作原理

■ 定义对数和自然对数

■ 描述反馈配置

■ 讨论对数放大器的信号压缩

12.4.1 对数

对数（log）本质上是幂。它定义以 b 为底时的一个幂，其对应产生的一个数字为 N。对数的定义为

$$b^x = N$$

在这个公式中，x 表示 N 的对数。例如，你知道 $10^2 = 100$。在这个例子中，2 是 10 的幂以产生数字 100。换句话说，2 是 100 的对数（底为 10 时）。

在对数中有两个实用的底。底为 10 时称为常用对数，因为我们的计数系统是以 10 为底的。算术表达式或计算器上的缩写 log 暗指底为 10，有时下标 10 包含在缩写 $\log_{10}$ 中。第二个底来自重要的数学级数，这个序列得出的数字是 2.718 28。⊖这个数字用字母 e 表示（数学家用 ε 表示），使用底 e 是因为它是数学等式的一部分，它描述一些自然现象，如电容器充放电和某些半导体器件中电压和电流之间的关系。底为 e 的对数称为自然对数，自然对数在数学公式和计算器中缩写为 ln。

两个底之间的有效转换如下

$$\ln x = 2.303 \log_{10} x$$

12.4.2 基本对数放大器

对数放大器产生一个与输入电压对数成正比的输出。基本对数放大器中的关键元件是半导体 pn 结，这个 pn 结以二极管或双极型晶体管的基极-发射极结形式出现。pn 结对输入电压呈现出好几个十倍程的自然对数电流。图 12-26a 给出了一个典型小信号二极管的这个特性，画成了线形图的形式，图 12-26b 将相同的特性画成了对数图（y 轴是对数的）。I_D 是正向二极管电流，V_D 是正向二极管电压。二极管电流和电压之间的对数关系在图 12-26b 中可以清楚地看到。尽管图形只给出了 4 个十倍程的数据，但是二极管的实际对数关系要延伸到多于 7 个十倍程！二极管电流和电压之间的关系表示为如下一般的公式：

$$V_D = K \ln\left(\frac{I_D}{I_R}\right)$$

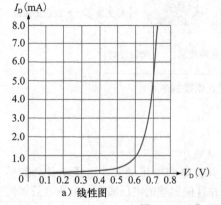
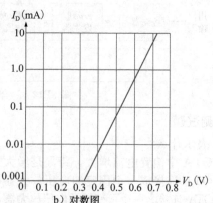

a）线性图　　　　b）对数图

图 12-26　典型二极管的特征曲线

⊖ 这个级数是 $e = \lim\limits_{n \to \inf}\left(1 + \frac{1}{n}\right)^n$。

在这个公式中，K 是一个由许多因素决定的常量，这些因素包括温度。K 在 $25^\circ\mathrm{C}$ 时大约为 $0.025\mathrm{V}$。对一个给定二极管，反向漏电流 I_R 是恒定的。

　　二极管的对数放大器　当反相放大器中的反馈电阻被一个二极管代替时，结果就变成一个基本对数放大器，如图 12-27 所示。输出电压 V_{out} 等于 $-V_D$。因为虚地，所以输入电流可以表示为 V_{in}/R_1。把这些量代入二极管等式中，输出电压为

$$V_{out} \approx -(0.025\mathrm{V})\ln\left(\frac{V_{in}}{I_R R_1}\right) \qquad (12\text{-}8)$$

从式 (12-8) 可以看到输出电压是输入电压对数函数的负值，输出值由输入电压的值和电阻 R_1 的值控制。

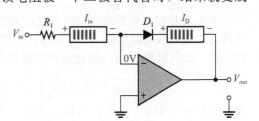

图 12-27　使用二极管作为反馈元件的基本对数放大器

　　例 12-8　对图 12-28 中的对数放大器，试确定输出电压。假设 $I_R = 50\mathrm{nA}$。

　　解： 输入电压和电阻值在图 12-28 中给出。

$$\begin{aligned}
V_{OUT} &= -(0.025\mathrm{V})\ln\left(\frac{V_{in}}{I_R R_1}\right) \\
&= -(0.025\mathrm{V})\ln\left(\frac{2\mathrm{V}}{50\mathrm{nA} \times 100\mathrm{k\Omega}}\right) \\
&= -(0.025\mathrm{V})\ln(400) \\
&= -(0.025\mathrm{V}) \times 5.99 = -0.150\mathrm{V}
\end{aligned}$$

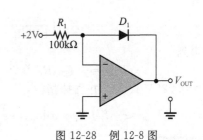

图 12-28　例 12-8 图

　　实践练习

　　计算当输入为 $+4\mathrm{V}$ 时对数放大器的输出电压。

　　具有 BJT 的对数放大器　双极型晶体管的基极-射极结呈现与二极管相同的自然对数特性，因为它同样是 pn 结。在反馈环路中 BJT 连接成共基极形式的对数放大器，如图 12-29 所示。注意，相对于地，V_{out} 等于 $-V_{BE}$。

　　这个电路的分析与二极管对数放大器一样，

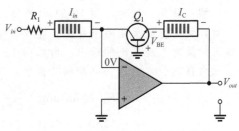

图 12-29　使用晶体管作为反馈元件的基本对数放大器

除了用 $-V_{BE}$ 代替 V_D、I_C 替代 I_D 并且 I_{EBO} 替代 I_R。射极-基极漏电流为 I_{EBO}。输出电压的表达式为

$$V_{out} = -(0.025V)\ln\left(\frac{V_{in}}{I_{EBO} R_1}\right) \tag{12-9}$$

　　例 12-9　一个晶体管对数放大器的 $V_{in} = 3\mathrm{V}$、$R_1 = 68\mathrm{k\Omega}$，V_{out} 为多少？假设 $I_{EBO} = 40\mathrm{nA}$。

　　解：

$$\begin{aligned}
V_{out} &= -(0.025\mathrm{V})\ln\left(\frac{V_{in}}{I_{EBO} R_1}\right) = -(0.025\mathrm{V})\ln\left(\frac{3\mathrm{V}}{40\mathrm{nA} \times 68\mathrm{k\Omega}}\right) \\
&= -(0.025\mathrm{V})\ln(1\,103) = -0.175\mathrm{V}
\end{aligned}$$

　　实践练习

　　如果 R_1 变为 $33\mathrm{k\Omega}$，计算 V_{out}。

12.4.3　基本反对数放大器

　　反对数放大器与对数放大器相反。如果已知一个数的对数，就知道底的幂是多少。为了获得反对数，必须使用对数的指数。

$$x = \mathrm{e}^{\ln x}$$

这等于说 $\ln x$ 的反对数 antilog_e 是 x。(注意，在这个陈述中，反对数的底是 e。)在许多计算器中，底为 10 的对数的反对数标记为 $\boxed{10^x}$，在有些时候是 $\boxed{\text{INV}}$ $\boxed{\text{LOG}}$。底为 e 的对数的反对数标记为 $\boxed{e^x}$ 或 $\boxed{\text{INV}}$ $\boxed{\text{LN}}$。

基本反对数放大器是通过将对数放大器电路中的电阻与晶体管(或二极管)的位置倒转来实现的，反对数电路如图 12-30 所示，它用晶体管基极-发射极结作为输入元件，电阻作为反馈元件。二极管电流和电压之间的关系同样适用。

$$V_D = K\ln\left(\frac{I_D}{I_R}\right)$$

对反对数放大器，V_D 是负向输入电压，I_D 表示反馈电阻中的电流，这个电流遵守欧姆定律 V_{out}/R_F。因为使用了晶体管，所以 $I_R = I_{EBO}$。把这些代入二极管等式中，有

$$V_{in} = -K\ln\left(\frac{V_{out}}{I_{EBO}R_F}\right)$$

整理得到，

$$V_{out} = -I_{EBO}R_F e^{V_{in}/K}$$

把 $K \approx 0.025\text{V}$ 代入，并去掉指数，

$$V_{out} \approx -I_{EBO}R_F \,\text{antilog}_e\left(\frac{V_{in}}{25\text{mV}}\right) \quad (12\text{-}10)$$

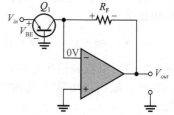

图 12-30　基本反对数放大器

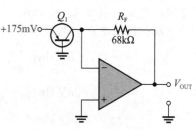

图 12-31　例 12-10 图

例 12-10　对图 12-31 中的反对数放大器，找出输出电压。假设 $I_{EBO} = 40\text{nA}$。

解： 首先，注意，图 12-31 中的输入电压是例 12-9 中对数放大器的反向输出电压。在这种情况下，反对数放大器倒转这个过程并产生一个与输入的反对数成正比的输出。所以图 12-31 中反对数放大器的输出电压应该与例 12-9 中对数放大器的输入电压具有相同的幅值，因为所有常量是相同的。我们看看是否是这样的。

$$V_{OUT} \approx -I_{EBO}R_F\,\text{antilog}_e\left(\frac{V_{in}}{25\text{mV}}\right) = -40\text{nA} \times 68\text{k}\Omega\,\text{antilog}_e\left(\frac{0.175\text{V}}{25\text{mV}}\right)$$

$$= -40\text{nA} \times 68\text{k}\Omega \times 1100 = -3\text{V}$$

实践练习

如图 12-31 所示，如果反馈电阻变为 $100\text{k}\Omega$，试确定放大器的 V_{OUT}。

12.4.4　IC 对数、对数率和反对数放大器

许多因素使得由二极管和运算放大器组成的基本对数运算放大器与基本反对数运算放大器电路在许多应用中不令人满意。基本电路对温度很敏感，而且在二极管电流很低时会产生误差。还有，元件必须是匹配精确的，输出电平的值也不方便使用。这些问题用现成的元器件很难解决。但是，制造商可以采用温度补偿、低失调电流和高精度方法设计出精密的集成电路对数和对数比放大器，不再需要用户做调整。对数比测量产生一个与两个输入比的对数成正比的输出。

LOG102 是一个 14 引脚的对数、对数比和反对数集成电路运算放大器的一个例子。它在满量程输出(FSO)处的最大精度指标为 0.15%，并且具有 6 个十倍程的输入电流范围(1nA 到 1mA)。通过一些外部电阻，用户可将放大器连接成对数、对数比或反对数放大器。输出电压的缩放可简单地通过选择恰当的输出引脚实现。与大多数对数放大器一样，输入电流只有一种极性能起作用。LOG102 的数据手册可以在 www.ti.com 上找到。

12.4.5　对数放大器的信号压缩

在一些应用中，信号对实际系统来说幅度可能太大而难以处理。术语动态范围通常用

来描述信号中的电压范围。在这种情况下，通过信号压缩，使得信号电压在幅度上缩减到能被系统恰当地处理。如果用线性电路来缩减信号幅度，那么大的电压和小的电压都以相同的百分比减小。线性信号压缩常会导致更低的电压，使得噪声淹没信号并且很难进行精确地区分，如图 12-32a 所示。为了克服这个问题，具有大动态范围的信号可以使用对数响应来压缩，如图 12-32b 所示。在对数信号压缩中，较大的电压比较小的电压减少得更多，因此避免了低电压在噪声中的丢失。因为对信号进行了压缩，所以前置对数放大器的 8 位 ADC 可以替代更加昂贵的 20 位 ADC。

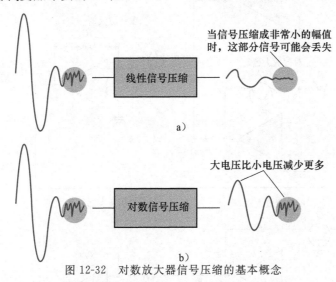

图 12-32　对数放大器信号压缩的基本概念

12.4.6　采用对数、反对数放大器的基本乘法器

乘法器是基于基本对数关系的，这个关系表明两项的乘积的对数等于每项的对数的和。这个关系如下所示：

$$\ln(ab) = \ln a + \ln b$$

这个公式表明如果两个信号电压的对数相加，则这两个信号电压实际上相乘。

已经知道如何通过对数放大器来得到信号电压的对数。通过将两个对数放大器的输出相加，可以得到两个原始输入电压乘积的对数。然后，通过使用反对数，得到两个输入电压的乘积，如以下公式所述：

$$\ln V_1 + \ln V_2 = \ln(V_1 V_2)$$
$$\mathrm{antilog}_e[\ln(V_1 V_2)] = V_1 V_2$$

图 12-33 中所示的框图给出了如何连接函数使得两个信号相乘。为了简化，常量部分去掉了。这个工作电路对每个信号有三次反相。

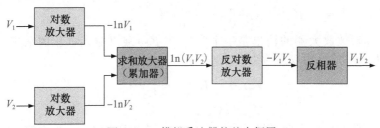

图 12-33　模拟乘法器的基本框图

图 12-34 是基本的乘法器电路，对数放大器的输出如下描述：

$$V_{out(log1)} = -K_1 \ln\left(\frac{V_{in1}}{K_2}\right)$$

$$V_{out(\log 2)} = -K_1 \ln\left(\frac{V_{in2}}{K_2}\right)$$

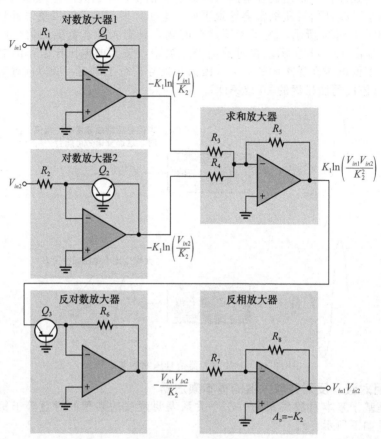

图 12-34 基本乘法器

式中，$K_1 = 0.025\text{V}$，$K_2 = RI_{\text{EBO}}$，$R = R_1 = R_2 = R_6$。通过单位增益求和放大器，对数放大器的两个输出电压相加并且反相，得到的结果如下：

$$V_{out(sum)} = K_1 \ln\left[\left(\frac{V_{in1}}{K_2}\right) + \ln\left(\frac{V_{in2}}{K_2}\right)\right] = K_1 \ln\left(\frac{V_{in1} V_{in2}}{K_2^2}\right)$$

然后将这个表达式输入反对数放大器，乘法器的输出电压表达式如下：

$$V_{out(antilog)} = -K_2 \operatorname{antilog}_e\left(\frac{V_{out(sum)}}{K_1}\right) = -K_2 \operatorname{antilog}_e\left(\frac{K_1 \ln\left(\frac{V_{in1} V_{in2}}{K_2^2}\right)}{K_1}\right)$$

$$= -K_2\left(\frac{V_{in1} V_{in2}}{K_2^2}\right) = -\frac{V_{in1} V_{in2}}{K_2}$$

你可以看到，反对数放大器的输出是一个常量$(1/K_2)$乘以输入电压的乘积。最后的输出由电压增益为$-K_2$的反相放大器得到。

$$V_{out} = -K_2\left(-\frac{V_{in1} V_{in2}}{K_2}\right)$$

$$V_{out} = V_{in1} V_{in2} \tag{12-11}$$

和有集成电路对数放大器一样，也有集成电路模拟乘法器，这将在第13章中学习。

12.4 节测试题

1. 对数放大器反馈环路中的二极管或晶体管的作用是什么？
2. 为什么要将基本对数放大器的输出限制为大约 0.7V？

3. 确定基本对数放大器输出电压的要素是什么？
4. 在实现中，基本反对数放大器与基本对数放大器有什么不同？
5. 什么电路组成基本模拟乘法器？
6. 为什么图 12-34 中的基本乘法器电路最后包含反相器？

小结

- 基本仪表放大器由 3 个运算放大器和 7 个电阻形成，包括增益设置电阻 R_G。
- 仪表放大器具有高输入电阻、高 CMRR、低输出失调和低输出电阻。
- 基本仪表放大器的电压增益由一个外部电阻设置。
- 仪表放大器针对小信号混入大共模噪声的应用是非常有用的。
- 基本隔离放大器有三个电隔离部分：输入、输出和电源。
- 大多数隔离放大器使用变压器耦合来隔离。
- 隔离放大器用于隔开传感设备与高压环境，并在某些医疗应用中提供防电击保护。
- 运算跨导放大器（OTA）是电压到电流运算放大器。
- OTA 的输出电流是输入电压乘以跨导。
- 在 OTA 中，跨导随着偏置电流而变化。因此，OTA 的增益可以通过偏置电流或可变电阻来改变。
- 对数和反对数放大器的工作原理基于 pn 结的非线性（对数）特性。
- 对数放大器在反馈环路中有一个 BJT。
- 反对数放大器有一个与输入串联的 BJT。
- 对数放大器用于信号压缩、模拟乘积和对数比测量。
- 模拟乘法器的数学原理是，两个变量乘积的对数等于每个变量对数的和。

关键术语

本章中的关键术语和其他楷体术语在本书结束术语表中定义。

反对数：对应于给定对数的对应数。

仪表放大器：放大两个输入端电压差值的差分电压增益器件。

隔离放大器：输入部分电路和输出部分电路没有电气连接的放大器。

对数：一个指数。一个数的对数表示称为底的数的指数或幂必须等于这个数。

运算跨导放大器：输出电流等于增益乘以输入电压的放大器。

重要公式

仪表放大器

(12-1) $V_{out} = \left(1 + \dfrac{2R}{R_G}\right)(V_{in2} - V_{in1})$

(12-2) $R_G = \dfrac{2R}{A_{cl} - 1}$

(12-3) $R_G = \dfrac{50.5\text{k}\Omega}{A_v - 1}$　（对 AD622）

隔离放大器

(12-4) $A_{v1} = \dfrac{R_{f1}}{R_{i1}} + 1$

(12-5) $A_{v2} = \dfrac{R_{f2}}{R_{i2}} + 1$

运算跨导放大器

(12-6) $g_m = KI_{BIAS}$

(12-7) $I_{BIAS} = \dfrac{+V_{BIAS} - (-V) - 1.4\text{V}}{R_{BIAS}}$　（对 LM13700）

对数放大器

(12-8) $V_{out} \approx -(0.025\text{V})\ln\left(\dfrac{V_{in}}{I_R R_1}\right)$

(12-9) $V_{out} = -(0.025\text{V})\ln\left(\dfrac{V_{in}}{I_{EBO} R_1}\right)$

(12-10) $V_{out} \approx -I_{EBO}R_F \text{antilog}_e\left(\dfrac{v_{in}}{25\text{mV}}\right)$

(12-11) $V_{out} = V_{in1} V_{in2}$

自测题

1. 为了制造一个基本仪表放大器，需要_____。
   - (a) 一个具有反馈回路的运算放大器
   - (b) 两个运算放大器和 7 个电阻
   - (c) 3 个运算放大器和 7 个电容器
   - (d) 3 个运算放大器和 7 个电阻
2. 典型地，仪表放大器有一个外部电阻，这个电阻用于_____。
   - (a) 建立输入阻抗
   - (b) 设置电压增益
   - (c) 设置电流增益
   - (d) 与设备连接
3. 仪表放大器主要用于_____。
   - (a) 高噪声环境　　(b) 医疗设备
   - (c) 测试仪器　　　(d) 滤波电路

4. 隔离放大器主要用于_____。
   (a) 远程、需隔离的单元
   (b) 从许多信号中隔离出一路信号的系统
   (c) 高电压和敏感设备的应用
   (d) 考虑人体安全的应用
   (e) 答案(c)和(d)

5. 基本隔离放大器的三个部分是_____。
   (a) 运算放大器、滤波器和电源
   (b) 输入、输出和耦合
   (c) 输入、输出和电源
   (d) 增益、衰减和失调

6. 大多数隔离放大器的电路通过_____连接。
   (a) 铜条
   (b) 变压器
   (c) 微波链路
   (d) 电流环

7. 允许隔离放大器放大在大噪声电压环境下的小信号电压的特性是它的_____。
   (a) CMRR
   (b) 高增益
   (c) 高输入电阻
   (d) 输入和输出之间的磁耦合

8. 术语 OTA 指_____。
   (a) 运算晶体管放大器
   (b) 运算变压器放大器
   (c) 运算跨导放大器
   (d) 输出跨导放大器

9. 在 OTA 中，跨导由_____控制。
   (a) 直流电源电压
   (b) 输入信号电压
   (c) 制造过程
   (d) 偏置电流

10. OTA 电路的电压增益_____设置。

(a) 由反馈电阻
(b) (仅仅)由跨导
(c) 由跨导和负载电阻
(d) 由偏置电流和电源电压

11. OTA 基本上是一个_____。
    (a) 电压-电流放大器
    (b) 电流-电压放大器
    (c) 电流-电流放大器
    (d) 电压-电压放大器

12. 对数放大器的工作原理基于_____。
    (a) 运算放大器的非线性工作
    (b) pn 结的对数特征
    (c) pn 结的反向击穿特性
    (d) RC 电路的对数充电和放电

13. 如果对数放大器的输入为 x，输出与_____成正比。
    (a) e^x
    (b) $\ln x$
    (c) $\log_{10} x$
    (d) $2.3 \log_{10} x$
    (e) 答案(a)和(c)
    (f) 答案(b)和(d)

14. 如果到反对数放大器的输入为 x，输出与_____成正比。
    (a) $e^{\ln x}$
    (b) e^x
    (c) $\ln x$
    (d) e^{-x}

15. 两个数乘积的对数等于_____。
    (a) 两个数的和
    (b) 每个数对数的和
    (c) 每个数对数的差
    (d) 每个数对数的比

故障检测测验

参考图 12-35。
- 如果 R_5 开路，
  1. 输出信号电压将_____。
     (a) 增大　　(b) 减小　　(c) 不变
- 如果运算放大器 3 的输出开路，
  2. 输出信号电压将_____。
     (a) 增大　　(b) 减小　　(c) 不变

参考图 12-36。
- 如果 R_G 开路，
  3. 电压增益将_____。
     (a) 增大　　(b) 减小　　(c) 不变
- 如果 R_G 的值大于指定值，
  4. 带宽将_____。
     (a) 增大　　(b) 减小　　(c) 不变

参考图 12-37a。

- 如果 18kΩ 的电阻短路，
  5. 电压增益将_____。
     (a) 增大　　(b) 减小　　(c) 不变
- 如果 150kΩ 的电阻短路，
  6. 输出信号电压将_____。
     (a) 增大　　(b) 减小　　(c) 不变
- 如果引脚 19 和 20 之间的电容器开路，
  7. 增益将_____。
     (a) 增大　　(b) 减小　　(c) 不变

参考图 12-38。
- 如果 R_{BIAS} 的值小于指定值，
  8. 输出电压将_____。
     (a) 增大　　(b) 减小　　(c) 不变
- 如果负直流电源电压减小(更少的负值)，
  9. 输出电压将_____。

　(a) 增大　　(b) 减小　　(c) 不变
● 如果正电源电压增大，

习题

12.1 节

1. 确定图 12-35 中仪表放大器配置的运算放大器 A1 和 A2 的电压增益。

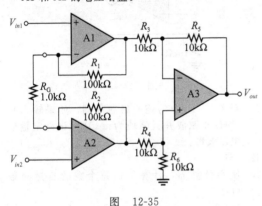

图　12-35

2. 找出图 12-35 中仪表放大器的总电压增益。

3. 将下面的电压加到图 12-35 中的仪表放大器，$V_{in1}=5\text{mV}$，$V_{in2}=10\text{mV}$，$V_{cm}=225\text{mV}$。试确定最终的输出电压。

4. 为了使图 12-35 中仪表放大器的增益为 1 000，R_G 的值必须为多少？

5. 图 12-36 中 AD622 仪表放大器的电压增益为多少？

6. 如果图 12-36 的电压增益设置为 10，试确定放大器的近似带宽。使用图 12-6 中的曲线。

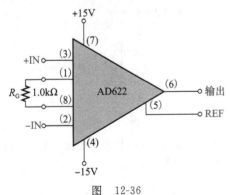

图　12-36

7. 为了使图 12-36 中运算放大器的增益大约为 24，需要做些什么？

8. 为了使图 12-36 中的电压增益为 20，试确定 R_G 的值。

12.2 节

9. 某个隔离放大器的输入部分电路的电压增益为 30，输出部分电路的增益设置为 10，器件的总电压增益为多少？

10. 跨导将_____。
　(a) 增大　　(b) 减小　　(c) 不变

10. 试确定图 12-37 中每个 3656KG 的总电压增益。

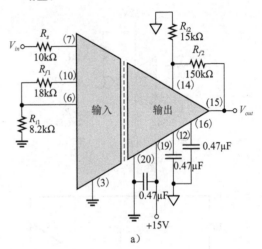

a)

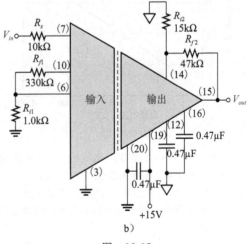

b)

图　12-37

11. 如图 12-37a 所示，仅通过改变输入部分电路的增益，说明你将如何改变放大器的整体电压增益使之约等于 100。

12. 如图 12-37b 所示，仅通过改变输出部分电路的增益，说明你将如何改变整体增益使之约等于 440。

13. 说明你将如何连接图 12-37 中的每个放大器以获得单位增益。

12.3 节

14. 某个 OTA 的输入电压为 10mV，输出电流为 $10\mu\text{A}$，跨导为多少？

15. 某个 OTA 的跨导为 5 000μS，负载电阻为 10kΩ。如果输入电压为 100mV，输出电流为多少？输出电压为多少？

16. 具有负载电阻的某个 OTA 的输出电压设置为 3.5V。如果它的跨导为 4 000μS，输入电压为 100mV，负载电阻的值为多少？

17. 确定图 12-38 中 OTA 的电压增益。假设图 12-39 中曲线的 $K=16\mu S/\mu A$。

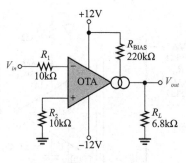

图　12-38

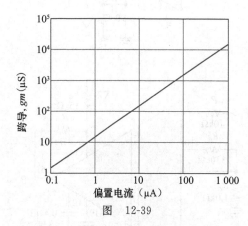

图　12-39

18. 如果将一个 10kΩ 的变阻器与图 12-38 中的偏置电阻相串联，最小和最大电压增益为多少？

19. 图 12-40 中 OTA 作为一个幅度调制电路。对给定输入波形，假设 $K=16\mu S/\mu A$，试确定输出电压。

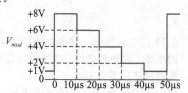

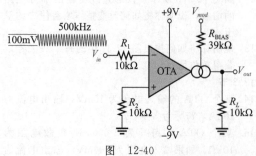

图　12-40

20. 对图 12-41 中的施密特触发器，试确定其触发点。

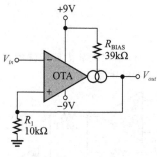

图　12-41

21. 对图 12-41 中的施密特触发器，如果输入是 1kHz 正弦波并且峰值为 ±10V，试确定输出电压波形。

12.4 节

22. 使用计算器，计算下面每个数的自然对数 (ln)：
    (a) 0.5 　　　　　　(b) 2
    (c) 50 　　　　　　(d) 130

23. 对于 $\log_{10}$ 重做习题 22。

24. 1.6 的反对数是多少？

25. 解释为什么对数放大器的输出限制到大于 0.7V。

26. 当输入电压为 3V 时，在反馈路径中有二极管的某个对数放大器的输出电压为多少？假设输入电阻为 82kΩ，反向漏电流为 100nA。

27. 试确定图 12-42 中放大器的输出电压。假设 $I_{EBO}=60nA$。

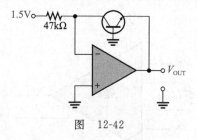

图　12-42

28. 试确定图 12-43 中放大器的输出电压。假设 $I_{EBO}=60nA$。

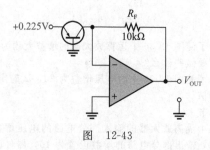

图　12-43

29. 信号压缩是对数放大器的一个应用。假设一个

最大电压值为 1V、最小电压值为 100mV 的音频信号加到图 12-42 中的对数放大器上。最大

输出电压和最小输出电压为多少？从这个结果中可得出什么结论？

MULTISIM 故障排除问题 [ⓜ MULTISIM]

30. 打开文件 P12-30 并确定故障。

31. 打开文件 P12-31 并确定故障。

32. 打开文件 P12-32 并确定故障。

33. 打开文件 P12-33 并确定故障。

各节测试题答案

12.1 节

1. 仪表放大器的主要作用是放大发生大共模电压上的小信号。关键特性是高输入阻抗、高 CMRR、低输出阻抗和低失调。

2. 需要 3 个运算放大器和 7 个电阻来构成一个基本的仪表放大器（见图 12-2）。

3. 增益由外部电阻 R_G 设置。

4. $A_v \approx 6$

5. 屏蔽保护驱动器可以减小漏电流并减小信号线与屏蔽层之间分布电容器的影响。

12.2 节

1. 隔离放大器用于医疗设备、电厂仪表、工业处理和自动化测试中。

2. 隔离放大器的两部分电路是输入部分和输出部分。

3. 两级电路通过变压器耦合连接。

4. 振荡器用作直流到交流的转换器，这样直流功率可以被交流耦合到输入部分电路和输出部分电路。

5. 第三个端把隔离电源送到输入和输出两侧。

12.3 节

1. OTA 代表运算跨导放大器。

2. 跨导随着偏置电流增大。

3. 假设偏置输入连接到电源电压，当电源电压增大时，电压增益增大，因为电源电压增大会增大偏置电流。

4. 当偏置电压减小时，增益减小。

12.4 节

1. 反馈回路中的二极管或晶体管提供指数（非线性）特性。

2. 基本对数放大器的输出限制为 pn 结的势垒电压（大约 0.7V）。

3. 输出电压由输入电压、输入电阻和射极-基极漏电流决定。

4. 反对数放大器中的晶体管与输入串联，而不是位于反馈回路中。

5. 乘法器由两个对数放大器、一个求和放大器、一个反对数放大器和一个反相放大器构成。

6. 在处理中每个信号被反相三次，第四次反相恢复了符号。

例题中实践练习答案

12-1　240Ω

12-2　令 $R_G = 1.1k\Omega$。

12-3　加入一个输出滤波电容器将减小纹波。

12-4　有多种可能的组合。这里给出一个：$R_{f1} = 10k\Omega$，$R_{i1} = 1.0k\Omega$，$R_{f2} = 10k\Omega$，$R_{i2} = 1.0k\Omega$。

12-5　$62.5\mu A$。注意，刻度是对数。

12-6　会。大约为 110。

12-7　$V_{out(max)} = 3.61V$；$V_{out(min)} = 1.76V$

12-8　$-0.167V$

12-9　$-0.193V$

12-10　$-4.4V$

自测题答案

1. (d)　2. (b)　3. (a)　4. (e)　5. (c)　6. (b)　7. (a)　8. (c)
9. (d)　10. (c)　11. (a)　12. (b)　13. (f)　14. (b)　15. (b)

故障检测测验答案

1. 增大　2. 减小　3. 减小　4. 增大　5. 减小　6. 减小　7. 不变　8. 增大　9. 减小　10. 增大

第13章
通 信 电 路

目标

- 描述基本的超外差式接收机
- 讨论线性乘法器的功能
- 讨论幅度调制的基本原理
- 讨论混频器的基本功能
- 描述 AM 解调
- 描述 IF 和音频放大器
- 描述频率调制
- 描述锁相环(PLL)
- 描述光纤

通信电子线路通常由很多系统组成,包括模拟(线性)电路和数字电路。从一点向另一相对较远距离的点传递信息的任何系统都可以定义为一个通信系统。通信系统的范畴包括无线电(广播、业余频道广播、民用波段广播、海底广播)、电视、电话、雷达、导航、卫星、数据(数字)和遥测。

许多通信系统使用幅度调制(AM)或者频率调制(FM)来发送信息。也有一些其他调制方法,比如脉冲调制、相位调制和频移键控调制(FSK)以及其他更专用的调制方法。不可避免地,本章所能涵盖的范围有限,主要介绍基本的 AM 和 FM 通信系统与电子线路以及光纤的相关知识。

13.1 基本接收机

在大多数类型的模拟通信系统中,基于超外差原理的接收机总是以一种或多种形式存在,同时也应用于标准广播电台、立体声和电视中。本节将对幅度调制和频率调制做一个基本的介绍,并对完整的 AM 和 FM 接收机对一个概述。

学完本节后,你应该掌握以下内容:

- 描述基本的超外差式接收机
  - 定义 AM 和 FM
  - 讨论 AM 接收机的主要功能模块
  - 讨论 FM 接收机的主要功能模块

13.1.1 幅度调制

幅度调制(AM)是利用在大气中传播的电磁波来发送音频信息(比如声音、音乐)的一种方法。在 AM 中,称为载波的具有某特定频率(f_c)的信号的幅度随着一个调制信号进行变化,该调制信号可以是音频信号,比如声音或者音乐,如图 13-1 所示。载波频率允许接收机调谐到一个特定的已知频率。所得到的 AM 波形包含载波频率、上边带频率(等于载波频率加上调制频率,$f_c + f_m$)和下边带频率(等于载波频率减去调制频率,$f_c - f_m$)。同时也存在这些频率的谐波频率。例如,如果用 1MHz 的载波去幅度调制一个 5kHz 的音频信号,那么 AM 波形中的频率分量有 1MHz(载波)、1MHz+5kHz=100 500Hz(上边带)和 1MHz−5kHz=99 500Hz(下边带)。

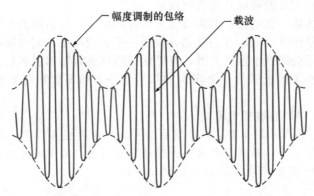

图 13-1 幅度调制信号的示例。在这个例子中,高频载波用来调制低频的正弦信号

AM 广播接收机的频带范围是 $540\sim1\,640\text{kHz}$。这意味着一个 AM 接收机可以调谐到上述频带范围内的某个特定载波频率。每个 AM 广播电台使用一个和本地区其他电台不一样的载波频率进行传输,这样就可以对接收机进行调谐来收听感兴趣的广播电台。

13.1.2 超外差式 AM 接收机

超外差式 AM 接收机的框图如图 13-2 所示。其中的接收机包含天线、射频(RF)放大器、混频器、本地振荡器(LO)、中频(IF)放大器、检波器、音频放大器和功率放大器,以及扬声器。

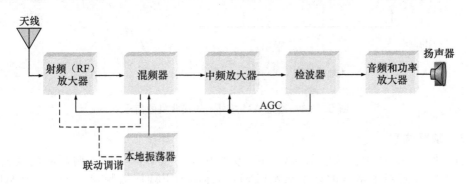

图 13-2 超外差式 AM 接收机的框图

天线 天线接收所有无线电信号,并将它们送给射频放大器。这些信号幅度非常小(通常只有几微伏)。

射频放大器 可以调整(调谐)该电路来选择接收和放大在 AM 广播频带内的任何一个频率。只有选择的频率和它的双边带频率可以通过该放大器。(有些 AM 接收机没有独立的射频放大级。)

本地振荡器 该电路用来产生一个比所选的 RF 频率高 455kHz 的稳定正弦波。

混频器 该电路接收两个输入,来自射频放大器输出的幅度调制的射频信号(如果没有射频放大器,则来自天线的接收信号)和本地振荡器的正弦输出。然后这两个信号通过一个叫做外差的非线性过程进行混合,产生一个和频与差频。例如,如果 RF 载波的频率是 $1\,000\text{kHz}$,本地振荡器的频率是 $1\,455\text{kHz}$,那么混频器的和频与差频分别是 $2\,455\text{kHz}$ 和 455kHz。这个差频总是 455kHz,不管射频载波频率是多少。

IF 放大器 输入到中频放大器的是 455kHz 的 AM 信号,它是原始 AM 载波信号的复制,除了频率被降到 455kHz 之外。该中频放大器可以显著提高该信号的电平。

检波器 该电路将调制信号(音频信号)从 455kHz 中频信号中恢复出来。在这里,不再需要中频，因此检波器的输出只含音频信号。

音频和功率放大器　该电路放大检波出来的音频信号，并驱动扬声器发出声音。

AGC　自动增益控制（AGC）在检波器外提供一个直流电平，它与接收到的信号的强度成正比。该电平被反馈回到中频放大器，有时反馈回到混频器和射频放大器中，来调整增益，因此使信号在整个系统保持一个固定的信号电平，而不管接受到的载波信号的强度如何。

系统例子 13-1　AM 接收机信号流

图 SE13-1 是一个 AM 超外差式接收机的信号流。接收机可以调谐到接收 AM 频带内的任何频率。射频放大器、混频器和本地振荡器同时调谐，使得本地振荡频率始终保持在比输入的射频信号频率高 455kHz。这叫做联动调谐。

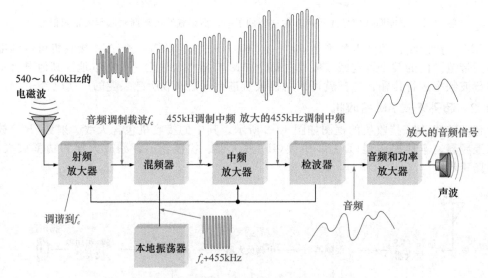

图 SE13-1　通过 AM 超外差式接收机的信号

13.1.3　频率调制

在这种调制方法中，调制信号（音频）改变载波的频率，与 AM 调制的幅度变化不一样。图 13-3 解释了基本的频率调制（FM）。标准的 FM 广播频带由 88～108MHz 的载波频率组成，比 AM 高很多。FM 接收机与 AM 接收机在很多方面类似，但也有不同。

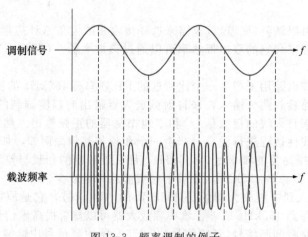

图 13-3　频率调制的例子

13.1.4 超外差式 FM 接收机

图 13-4 为超外差式 FM 接收机的框图。注意，框图中包含与 AM 接收机一致的射频放大器、混频器、本地振荡器和中频放大器。但是这些部分的工作频率要比 AM 系统中高很多。一个重要的差别是 FM 中的音频信号必须从已调制的中频信号中恢复。这通过限幅器、鉴别器和去加重网络来完成。

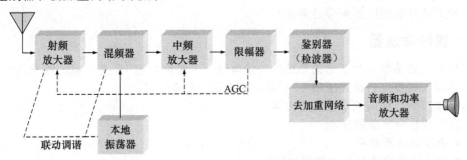

图 13-4　超外差式 FM 接收机框图

射频放大器　该电路必须能够放大介于 $88\sim108$MHz 之间的任何频率的信号。它具有高度选择性，使得它只能通过所选择的载波频率和包含音频的重要边带频率的信号。

本地振荡器　该电路产生比所选的 RF 频率高 10.7MHz 的正弦波信号。

混频器　该电路和 AM 接收机的混频器功能一样，除了此混频器的输出是 10.7MHz 的 FM 信号（与 FM 的载波频率无关）之外。

中频放大器　该电路放大 10.7MHz 的 FM 信号。

限幅器　限幅器去除 IF 放大器输出的 FM 信号幅值中那些不期望的变化，并产生一个在 10.7MHz 中频的固定幅度的 FM 信号。

鉴别器　该电路的功能和 AM 中检波器的功能等效，也经常称为检波器，而不是鉴别器。鉴别器从 FM 信号中恢复音频信号。

去加重网络　由于某些原因，在 FM 系统的发送端，较高的调制频率比较低的频率被放大得更多，这个过程叫做预加重。FM 接收机中的去加重电路就是将高频音频信号恢复到与低频信号关系合适的幅度。

音频和功率放大器　该电路与 AM 系统中的完全相同，当有双重 AM/FM 配置时，可以共享该电路。

系统例子 13-2　FM 接收机信号流

图 SE13-2 是一个 FM 超外差式接收机的信号流。接收机可以调谐到接收 FM 频带内

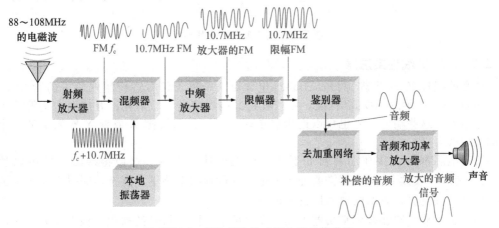

图 SE13-2　FM 超外差式接收机的信号流

的任何频率。射频放大器、混频器和本地振荡器同时调谐，使得本地振荡频率始终保持在比输入的射频信号频率高 10.7MHz。

13.1 节测试题

1. AM 和 FM 的含义是什么？
2. AM 和 FM 有什么区别？
3. AM 和 FM 标准的广播频带是多少？

13.2 线性乘法器

线性乘法器是很多类型通信系统的关键电路。本节将学习 IC 线性乘法器的基本原理。接下来的章节将重点讨论乘法器在 AM 和 FM 系统中的应用。

学完本节后，你应该掌握以下内容：
- 讨论线性乘法器的功能
  - 描述乘法器象限
  - 讨论线性乘法器的比例系数
  - 讨论线性乘法器的传输函数

13.2.1 乘法器象限

有单象限、两象限和四象限乘法器。象限区分指乘法器所能处理的输入极性组合的数量。象限的图形表示如图 13-5 所示。一个四象限乘法器能够接受 4 种可能的输入极性组合中的任何一种，并产生一个相应极性的输出。

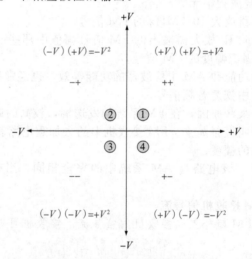

图 13-5　四象限极性及其乘积

13.2.2　AD532 线性乘法器

现在的线性 IC 乘法器(例如 AD532)包含对两个输入信号进行相乘所需的所有元件。参考如图 13-6 所示的 AD532 框图，可以看到：输入信号 X、Y 可以看成两个运算放大器的差分输入。这些输入信号也可以连接成单端模式，只需要把 X 或者 Y 输入中的一个信号端接地就可以。

所有电阻都是直接在芯片衬底上激光微调的薄膜元件。这使得乘法精度可以达到 ±1%。传统的线性 IC 乘法器需要外部电阻，这就导致电路更加复杂，同时会有更大的封装、更高的漏电流、更低的效率以及增加的噪声。

输入运算放大器连接到乘法器单元，在那里生成两个信号的乘积。根据输入信号的幅

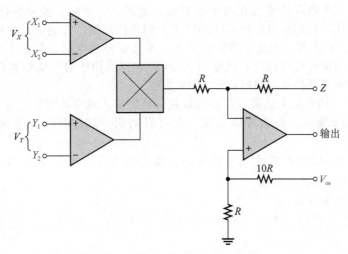

图 13-6 AD532 线性 IC 乘法器的框图

度、它们如何连接到反相输入端和同相输入端，就可以得到一个正的或负的输出。也注意输出运算放大器。另外，传统的线性乘法器经常需要外部运放。片上的输出运放能够提供低阻抗输出，这样允许乘法器驱动低阻抗负载。

13.2.3 传输函数和比例系数

线性乘法器的传输函数定义为给定输入信号下的输出信号。对于 AD532 来说，传输函数是

$$V_{out} = \frac{(X_1 - X_2)(Y_1 - Y_2)}{10\text{V}}$$

注意，传输函数分母中的 10V 值。这个值指设备的比例系数（Scale Factor，SF）。可以想象，乘以电压后会得到大的幅值，因此每个线性乘法器中的比例系数是为了允许更大的幅度输入。在有些地方会发现比例系数会用字母 K 来表示，K 是比例系数的倒数。对于 AD532 来说，$K = 0.1$，因此输出是输入信号乘积的 1/10。10V 的比例系数（$K = 0.1$）是线性乘法器的常用值。

13.2.4 将 AD532 连接成乘法器

图 13-7 是 14 引脚 DIP 封装中的 AD532 的引脚图。此外也有 20 引脚的封装。图 13-8 给出了如何将 AD532 连接成线性乘法器。首先可以看到 Z 输入连接到输出。参考图 13-6，可以看到这构成输出运放的反馈回路。

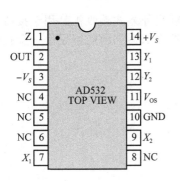

图 13-7 AD532 的 14 引脚 DIP 封装中的引脚图

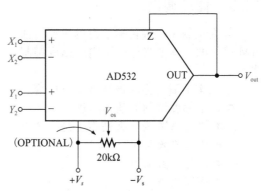

图 13-8 AD532 乘法器连接图

也注意，有一个电位计连接在两个电源输入之间，它中间的滑片连接到 V_{os} 输入端。这是一个可选连接，目的是对任何可能的输出失调进行补偿。在制造过程中，该器件通过激光微调来实现 0V 失调，因此在很多情况下，不需要补偿电路。为了更精确，所有输入都先接地，然后调整补偿电位计，使输出为 0V。它也可用于对系统中其他元件引入的失调进行补偿。当不需要补偿网络时，V_{os} 引脚接地。

AD532 是一个四象限乘法器，从而可以接受任何输入极性的组合。输入可以是单端输入，也可以是差分输入。输出可以是正，也可以是负。这些特性在下面的例子中进行说明。

例 13-1 假设 AD532 连成一个乘法器。输入信号为：$X_1＝3V$，$X_2＝1.4V$，$Y_1＝5.3V$，$Y_2＝1.8V$。求输出电压。

解： 求得输出电压为：

$$V_{out} = \frac{(X_1-X_2)(Y_1-Y_2)}{10V} = \frac{(3V-1.4V)\times(5.3V-1.8V)}{10V} = \frac{5.6V^2}{10V} = 560mV$$

实践练习

如果例 13-1 中的信号的极性都取反，求 V_{OUT}。

例 13-2 假设 AD532 连成一个乘法器，并且输入为单端形式。输入信号 $X_1＝4.15V$，$Y_1＝-1.51V$。求输出电压。

解： 求得输出电压为

$$V_{out} = \frac{(X_1-0V)(Y_1-0V)}{10V} = \frac{4.15V\times(-1.51V)}{10V} = \frac{-6.27V^2}{10V} = -627mV$$

实践练习

如果 Y_1 输入端接地，Y_2 加上 $-1.51V$ 信号，求 V_{OUT}。

13.2.5 其他乘法器应用

本章主要讨论 AM/FM 通信系统。在后面的章节中，你会看到在调制、解调和混频电路中，线性乘法器是一个重要的器件。在所有这些应用中，它都配置成乘法器，但是这些器件还有别的应用，尤其是在仪表中。AD532 也可以用于两象限分频器、平方电路、平方根电路、平方差电路。这些应用的完整讨论不在本书的范围内，关于这些电路的更多内容，可以查看 www.analog.com 上 AD532 的数据手册。

13.2 节测试题

1. 比较四象限乘法器和单象限乘法器在输入信号方面的差异。
2. SF 代表什么？AD532 的 SF 值是多少？
3. 线性乘法器的传输函数是如何定义的？

13.3 幅度调制

幅度调制是一种传输信息的重要方法。当然，AM 超外差式接收机是用于接收传输的 AM 信号的。本节将进一步定义幅度调制，并给出线性乘法器如何能够用作一个幅度调制器件。

学完本节后，你应该掌握以下内容：
- 讨论幅度调制的基本原理
  - 解释 AM 为什么基本上是一个乘法过程
  - 描述差频与和频
  - 讨论平衡调制
  - 描述频谱
  - 解释标准的 AM

在 13.1 节中已经知道，幅度调制是使一个给定频率的信号（载波）的幅度随另一个更低频率信号（调制信号）变化的过程。需要一个高频载波信号的原因是因为音频或其他频率相对较低的信号不能够通过实际大小的天线进行传输。标准幅度调制的基本概念如图 13-9 所示。

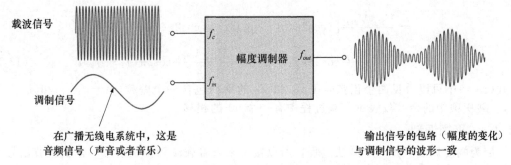

图 13-9　幅度调制的基本概念

13.3.1　乘法过程

如果将一个信号加到一个可变增益器件的输入端，则得到的输出是一个幅度调制信号，因为 $V_{out} = A_v V_{in}$。该输出电压是输入电压乘以电压增益。例如，如果一个放大器的增益随着某特定频率按正弦函数变化，并且所加入的输入信号是一个高频信号，那么输出信号也将是一个高频信号。但是，输出的信号幅度会随着增益的变化而变化，如图 13-10 所示。幅度调制基本上就是一个乘法过程（输入电压乘以一个可变增益）。

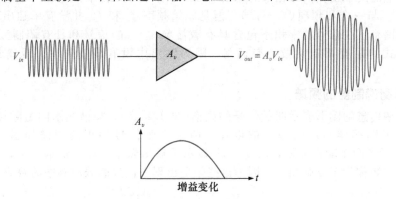

图 13-10　输入电压的幅度随增益变化而变化，是输入电压与电压增益的乘积

13.3.2　和频与差频

如果两个不同频率的正弦信号表达式相乘，结果中会有和频与差频项产生。由交流电路理论已经知道，一个正弦电压可以表示成：

$$v = V_p \sin 2\pi f t$$

式中，V_p 是峰值电压，f 是频率。两个不同的正弦信号可以表示为：

$$v_1 = V_{1(p)} \sin 2\pi f_1 t$$
$$v_2 = V_{2(p)} \sin 2\pi f_2 t$$

将这两个正弦波相乘得到，

$$v_1 v_2 = (V_{1(p)} \sin 2\pi f_1 t)(V_{2(p)} \sin 2\pi f_2 t)$$
$$= V_{1(p)} V_{2(p)} (\sin 2\pi f_1 t)(\sin 2\pi f_2 t)$$

由基本的三角函数恒等式，可以知道两个正弦函数的乘积，

$$(\sin A)(\sin B) = \frac{1}{2}[\cos(A - B) - \cos(A + B)]$$

把上述恒等式用到 $v_1 v_2$ 之前的公式中，

$$v_1 v_2 = \frac{V_{1(p)} V_{2(p)}}{2}[(\cos 2\pi f_1 t - 2\pi f_2 t) - (\cos 2\pi f_1 t + 2\pi f_2 t)]$$

$$= \frac{V_{1(p)} V_{2(p)}}{2}[(\cos 2\pi (f_1 - f_2)t) - (\cos 2\pi (f_1 + f_2)t)]$$

$$v_1 v_2 = \frac{V_{1(p)} V_{2(p)}}{2}\cos 2\pi (f_1 - f_2)t - \frac{V_{1(p)} V_{2(p)}}{2}\cos 2\pi (f_1 + f_2)t \tag{13-1}$$

从式(13-1)中可以看见两个正弦电压 V_1 和 V_2 的乘积包含一个差频 $(f_1 - f_2)$ 与和频 $(f_1 + f_2)$。乘积项中的余弦仅表示相乘过程中有一个 $90°$ 的相移。

13.3.3　平衡调制

因为幅度调制只是一个乘法过程，所以接下来来看载波和调制信号。正弦载波信号的表达式可以写成

$$v_c = V_{c(p)} \sin 2\pi f_c t$$

假设有一个正弦调制信号，它可以表示成

$$v_m = V_{m(p)} \sin 2\pi f_m t$$

把上述两式代入式(13-1)，

$$v_c v_m = \frac{V_{c(p)} V_{m(p)}}{2}\cos 2\pi (f_c - f_m)t - \frac{V_{c(p)} V_{m(p)}}{2}\cos 2\pi (f_c + f_m)t$$

上式中所表达的两个正弦信号相乘的输出信号可以由线性乘法器产生。可以看到有一个差频项 $(f_c - f_m)$ 与一个和频项 $(f_c + f_m)$，但是原始频率 f_c 和 f_m 并没有单独出现在表达式中。因此，两个正弦信号的乘积不包含具有载波频率 f_c 的信号和具有调制频率 f_m 的信号。这种形式的幅度调制叫做平衡调制，因为输出中没有载波频率。载波频率被抑制掉了。

13.3.4　平衡调制器的频谱

信号频率信息的图形表示叫做信号的频谱(见 1.2 节)。频谱显示的是频域上的电压，而不是如波形图那样显示时域上的电压。两个正弦信号乘积的频谱如图 13-11 所示。图 13-11a 显示了两个输入频率，图 13-11b 显示了输出频率。在通信术语中，和频称为上边带频率，差频称为下边带频率，因为这些频率出现在消失的载波频率的两边。

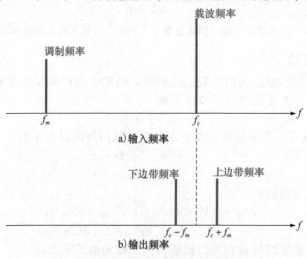

图 13-11　线性乘法器的输入和输出频谱

13.3.5 线性乘法器用作平衡调制器

如前所述，当载波信号和调制信号加到线性乘法器的输入端时，该乘法器就相当于一个平衡调制器，如图 13-12 所示。平衡调制器产生一个上边带频率和一个下边带频率，但是不产生载波频率。因为没有载波信号，所以平衡调制有时称作抑制载波调制。平衡调制用在某些类型的通信系统中，比如单边带系统，但是不适用于标准的 AM 广播系统。

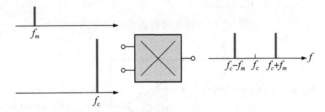

图 13-12　线性乘法器用作平衡调制器

例 13-3　求图 13-13 中平衡调制器的输出信号中所包含的频率。

解： 上边带频率为

$$f_c + f_m = 5\text{MHz} + 10\text{kHz} = 5.01\text{MHz}$$

下边带频率为

$$f_c - f_m = 5\text{MHz} - 10\text{kHz} = 4.99\text{MHz}$$

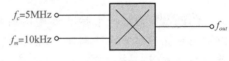

图 13-13　例 13-3 图

实践练习

解释使用相同的载波频率时，如何能够增加两个边带频率之间的差距。

13.3.6 标准的幅度调制

在标准的 AM 系统中，输出信号包含载波频率、和频和差频。标准的幅度调制频谱如图 13-14 所示。

标准幅度调制信号的表达式为：

$$V_{out} = V_{c(p)}^2 \sin 2\pi f_c t + \frac{V_{c(p)} V_{m(p)}}{2} \cos 2\pi (f_c - f_m) t - \frac{V_{c(p)} V_{m(p)}}{2} \cos 2\pi (f_c + f_m) t \quad (13\text{-}2)$$

从式 (13-2) 中可以看到，第一项是载波频率，其他两项是边带频率。下面来看载波频率是怎么包含在公式中的。

如果在调制信号与载波信号相乘之前将一个等于载波电压峰值的直流电压加到调制信号中，那么载波信号项就会出现在最后的结果中，如下面的步骤所示。将峰值载波电压加到调制信号中，你会得到如下表达式：

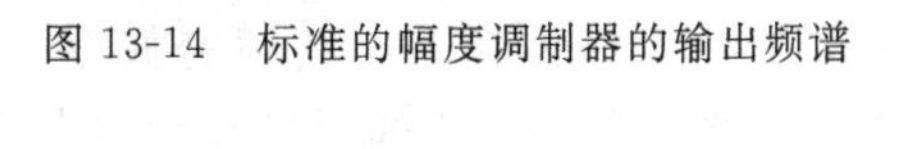

$$V_{c(p)} + V_{m(p)} \sin 2\pi f_m t$$

乘以载波信号，可得：

$$\begin{aligned} V_{out} &= (V_{c(p)} \sin 2\pi f_c t)(V_{c(p)} + V_{m(p)} \sin 2\pi f_m t) \\ &= \underbrace{V_{c(p)}^2 \sin 2\pi f_c t}_{\text{载波项}} + \underbrace{V_{c(p)} V_{m(p)} (\sin 2\pi f_c t)(\sin 2\pi f_m t)}_{\text{乘积项}} \end{aligned}$$

对乘积项应用三角函数恒等式，可得

$$V_{out} = V_{c(p)}^2 \sin 2\pi f_c t + \frac{V_{c(p)} V_{m(p)}}{2} \cos 2\pi (f_c - f_m) t - \frac{V_{c(p)} V_{m(p)}}{2} \cos 2\pi (f_c + f_m) t$$

该结果证明了乘法器的输出包含一个载波项和两个边带频率项。图 13-15 说明一个标准的幅度调制器如何通过一个加法电路串联一个线性乘法器来实现。图 13-16 给出了加法电路一种可能的实现方式。

图 13-14　标准的幅度调制器的输出频谱

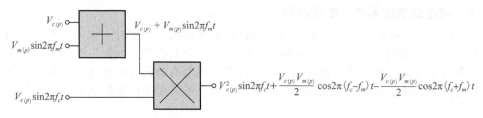

图 13-15　幅度调制器的基本框图

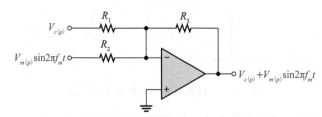

图 13-16　幅度调制器中加法电路的实现

例 13-4　通过一个标准幅度调制器，用一个 25kHz 的正弦信号去调制 1 200kHz 的载波频率，确定输出频谱。

解：下边带频率为

$$f_c - f_m = 1\,200\text{kHz} - 25\text{kHz} = 1\,175\text{kHz}$$

上边带频率为

$$f_c + f_m = 1\,200\text{kHz} + 25\text{kHz} = 1\,225\text{kHz}$$

输出包含载波频率和两个边带频率，如图 13-17 所示。

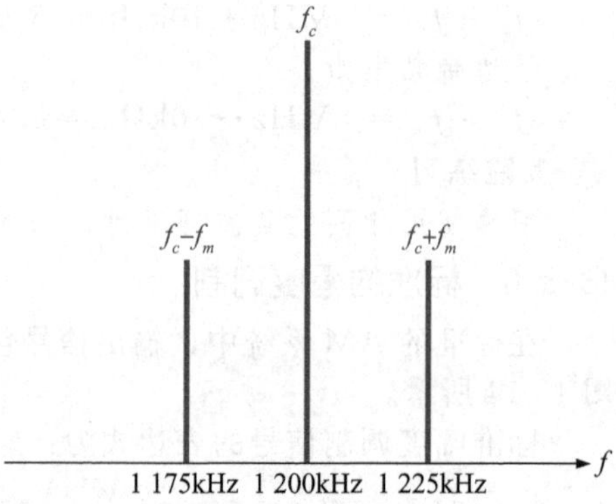

✎ **实践练习**

将这个例子的输出频谱和具有相同输入信号的平衡调制器的输出频谱进行比较。

图 13-17　例 13-17 图

13.3.7　声音和音乐的幅度调制

到此时为止，为了简化问题，考虑的调制信号是一个纯粹的正弦信号。如果你接收到的是音频范围内纯正弦信号调制的一个 AM 信号，那你只能从接收机的扬声器中听到单个音调。

一个声音或者音乐信号包含频率范围从 20Hz 到 20kHz 内的很多正弦分量，例如，用频率从 100Hz 到 10kHz 的声音或者音乐信号去幅度调制一个载波频率，其频谱如图 13-18 所示。与单频率调制信号情况中只有一个上边带频率和一个下边带频率不同，此时下边带和上边带分别对应声音或者音乐信号中的每个正弦分量的差频与和频。

图 13-18　声音或者音乐信号的频谱示意

13.3 节测试题

1. 什么是幅度调制？
2. 平衡调制和标准的 AM 的差异是什么？
3. 幅度调制中两个输入信号是什么？解释每个信号的作用。
4. 什么是上边带频率和下边带频率？
5. 怎样把一个平衡调制器变成一个标准的幅度调制器？

13.4 混频器

在本节中，你会看到13.1节讨论的接收机系统中的混频器可以用一个线性乘法器来实现。本节将会介绍正弦信号线性相乘的基本原理，和频与差频如何产生。差频是很多接收机系统工作的关键部分。

学完本节后，你应该掌握以下内容：

- 讨论混频器的基本功能
  - 解释为什么混频器是一个线性乘法器
  - 描述混频器中的频率和接收机的中频部分

混频器本质上是一个频率转换器，因为它把信号的频率从一个值转换成另一个值。接收机系统中的混频器把输入的已调制射频信号（有时是由一个射频放大器放大的，有时不是）和本地振荡器的信号进行混合而产生一个频率等于两个输入频率差值的调制信号。混频器也生成两个输入频率的和频。混频器的功能如图13-19所示。

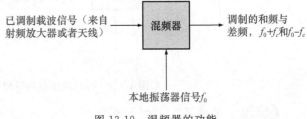

图13-19 混频器的功能

13.4.1 混频器是一个线性乘法器

在接收机应用中，混频器必须产生一个频率分量等于输入信号差频的输出。从13.3节的数学分析中可以看到如果两个正弦信号相乘，那么乘积会包含差频和和频。因此，混频器实际上是如图13-20所示的一个线性乘法器。

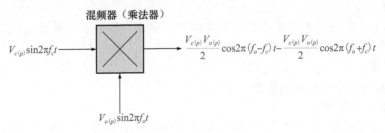

图13-20 混频器是线性乘法器

例 13-5 对于某乘法器，其中一个输入是峰值电压为5mV、频率为1 200kHz的正弦信号，另一个输入是一个峰值电压为10mV、频率为1 655kHz的正弦信号，求乘法器输出表达式。

解：两个输入的表达式为

$$v_1 = (5\text{mV})\sin2\pi(1\,200\text{kHz})t$$
$$v_2 = (10\text{mV})\sin2\pi(1\,655\text{kHz})t$$

相乘可得

$$v_1 v_2 = (5\text{mV})(10\text{mV})[\sin2\pi(1\,200\text{kHz})t][\sin2\pi(1\,655\text{kHz})t]$$

应用三角恒等式，$(\sin A)(\sin B) = (1/2)[\cos(A-B) - \cos(A+B)]$，

$$V_{out} = \frac{(5\text{mV})(10\text{mV})}{2}\cos2\pi(1\,655\text{kHz} - 1\,200\text{kHz})t$$

$$- \frac{(5\text{mV})(10\text{mV})}{2}\cos2\pi(1\,655\text{kHz} + 1\,200\text{kHz})t$$

$$V_{out} = (25\mu\text{V})\cos2\pi(455\text{kHz})t - (25\mu\text{V})\cos2\pi(2\,855\text{kHz})t$$

实践练习

本例中差频分量的峰值幅度和频率分别是多少？

在接收机系统中，来自混频器的和频与差频都输入到 IF（中频）放大器中。IF 放大器实际上是一个调谐放大器，用来对差频信号作出响应，而抑制和频信号。可以把接收机中的 IF 放大器看成一个带通滤波器加上一个放大器，因为它使用谐振电路来做频率选择。具体见图 13-21 所示。

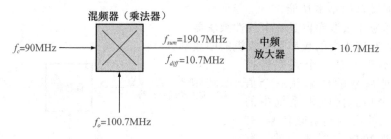

图 13-21　接收机中混频器频率和中频部分

例 13-6　根据图 13-22 中给出的条件，确定中频放大器的输出频率。

解：IF 放大器在它的输出端只产生差频信号。

$$f_{out} = f_{diff} = f_0 - f_c$$
$$= 1\,035\text{kHz} - 580\text{kHz}$$
$$= 455\text{kHz}$$

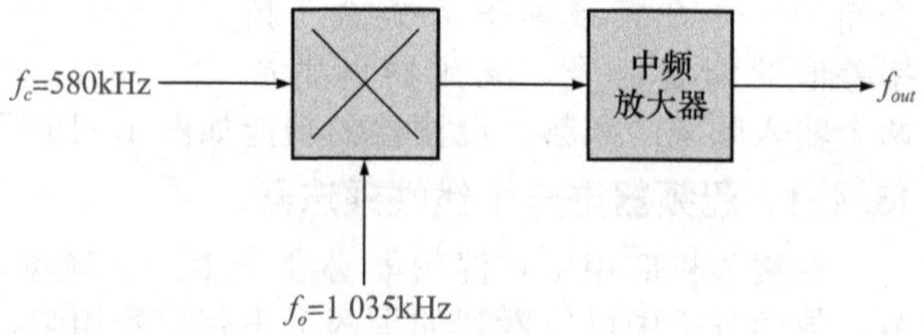

图 13-22　例 13-6 图

实践练习

根据 13.1 节中超外差式接收机的基本知识，如果 RF 信号频率变成 1 550kHz，那么 IF 的输出频率为多少？

13.4 节测试题

1. 超外差式接收机中混频器的作用是什么？
2. 混频器如何产生输出？
3. 如果一个混频器输入端有 1 000kHz 和 350kHz 两个信号，那么其输出端的频率是多少？

13.5　AM 解调

线性乘法器可以用来解调或者检测 AM 信号，以及用来实现 13.3 节讨论的调制过程。解调可以看成一个逆调制过程。解调的目的是得到原始的调制信号（标准 AM 接收机中的声音或者音乐）。虽然使用峰值包络检波的方法比较常见，但是 AM 接收机中的检波器可以使用乘法器来实现。

学完本节后，你应该掌握以下内容：

- 描述 AM 解调
  - 讨论基本的 AM 解调器
  - 讨论频谱

13.5.1　基本的 AM 解调器

AM 解调器可以利用一个线性乘法器串联一个低通滤波器来实现，如图 13-23 所示。滤波器的截止频率是给定应用中所要求的最高音频频率（比如 15kHz）。

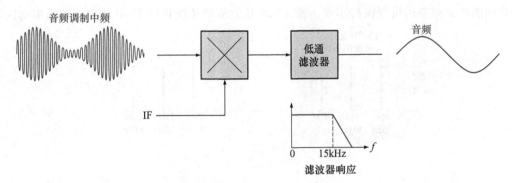

图 13-23　基本的 AM 解调器

13.5.2　频谱中的工作原理

假设接收到一个 10kHz 的单频信号调制的载波，并把它转换成 455kHz 的调制中频信号，如图 13-24 中的频谱所示。注意，上边带和下边带频率与载波和 IF 都相差 10kHz。

当中频放大器的调制输出信号与 IF 一起加到解调器时，会产生每个输入频率的和频与差频，如图 13-25 所示。只有 10kHz 的音频频率能够通过滤波器。这种 AM 检波器的一个缺点就是必须生成一个纯 IF 来与调制的 IF 进行混合。

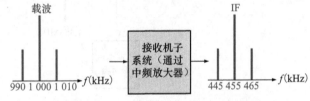

图 13-24　AM 信号转化成中频信号

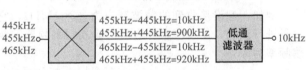

图 13-25　解调示例

13.5 节测试题

1. 线性乘法解调器中滤波器的作用是什么？
2. 如果一个 455kHz 的中频被一个 1kHz 的音频信号解调，则在解调器输出端上的频率是多少？

13.6　IF 和音频放大器

本节将介绍用于中频和音频的 IC 放大器。已经知道，通信接收机中的 IF 放大器对来自混频器的调制 IF 信号进行放大，然后将它加入到检波器中。从检测器中恢复出来的音频信号被加入到音频前置放大器，在那里经过放大后送到功率放大器，由功率放大器驱动扬声器发出声音。

学完本节后，你应该掌握以下内容：
- 描述 IF 和音频放大器
  - 讨论 IF 放大器的功能
  - 解释本地振荡器和混频器如何与 IF 放大器一起工作
  - 描述音频放大器的作用
  - 讨论 LM386 音频功率放大器

13.6.1　IF 放大器的基本功能

接收机中的 IF 放大器是一个调谐放大器，它的工作频率范围对于 AM 来说，是以 455kHz 为中心频率的指定带宽，而对于 FM 来说，带宽中心频率为 10.7MHz。IF 放大器是超外差式接收机一个重要的组成部分，因为它设定为工作在单谐振频率，这样在整个能接收到的载波频带内可以保持不变。图 13-26 从频率的角度说明了 IF 放大器的基本功能。

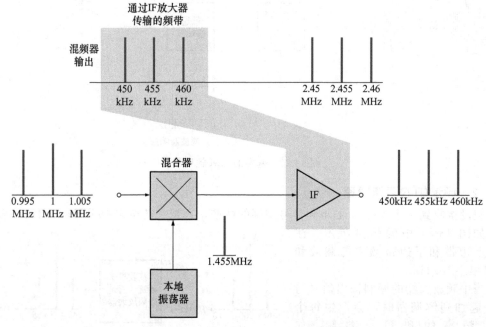

图 13-26　AM 接收机中 IF 放大器的基本功能

例如，假设接收到的载波频率为 $f_c = 1\text{MHz}$，它由一个最高频率为 $f_m = 5\text{kHz}$ 的音频信号进行调制，图 13-26 中给出了输入到混频器的频谱。对于这个频率，本地振荡器的振荡频率为

$$f_o = 1\text{MHz} + 455\text{kHz} = 1.455\text{MHz}$$

混频器产生了如下的和频与差频，如图 13-26 所示。

$$f_o + f_c = 1.455\text{MHz} + 1\text{MHz} = 2.455\text{MHz}$$
$$f_o - f_c = 1.455\text{MHz} - 1\text{MHz} = 455\text{kHZ}$$
$$f_o + (f_c + f_m) = 1.455\text{MHz} + 1.005\text{MHz} = 2.46\text{MHz}$$
$$f_o + (f_c - f_m) = 1.455\text{MHz} + 0.995\text{MHz} = 2.45\text{MHz}$$
$$f_o - (f_c + f_m) = 1.455\text{MHz} - 1.005\text{MHz} = 450\text{kHz}$$
$$f_o - (f_c - f_m) = 1.455\text{MHz} - 0.995\text{MHz} = 460\text{kHz}$$

因为 IF 放大器是一个频率选择电路，所以它只对 455kHz 和以 455kHz 为中心的 10kHz 带宽内的边带信号进行响应。因此所有混合器的输出频率都将被抑制，除了 455kHz 之外，最小到 450kHz 的所有下边带频率，以及最高到 460kHz 的所有上边带频率。该频谱就是音频调制的 IF。

13.6.2　基本的 IF 放大器

根据系统的不同虽然 IF 放大器的详细电路会而有差异，但它总会有一个调谐电路位于它的输入端或者输出端或同时位于输入端与输出端。图 13-27a 是一个在输入端和输出端具有调谐变压器的基本 IF 放大器。一般的频率响应曲线如图 13-27b 所示。

IF 放大器中的 AGC　IF 放大器可以用于 AM 和 FM 系统中。图 13-28 是用于 AM 接收机中的一个典型电路。这个系统为单调谐变压器耦合输出。AGC 输入通常是从 AM 接收机中的检波器上反馈回来的信号，用来使 IF 增益保持在一个固定大小，这样接收到的 RF 信号强度上的变化不会引起音频输出产生显著变化。会有很多原因使得信号强度发生变化，但是如果接收机是固定的，那么环境因素最为常见。如果接收机是移动的，那么在接收机端很多环境因素会影响到信号的强度。当 AGC 电压增大时，IF 增益减小；当 AGC 电压减少时，IF 增益增加。

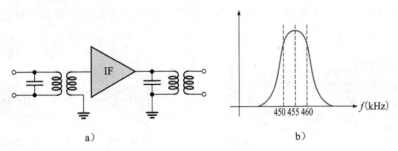

图 13-27 输入端和输出端具有调谐电路的基本 IF 放大器

系统说明 尽管图 13-27 所示的 IF 放大器中输入端和输出端是 LC 调谐电路，但是晶体滤波器被广泛使用。记住，晶体可以用一个串联或并联的 LC 谐振电路来建模。晶体滤波器的 Q 比分立的 LC 滤波器的 Q 要大得多，前者因此具有更好的选择性和更小的封装。

用于 IF 放大器前端的滤波器通常称为修平滤波器。在某些书籍上，这个术语被误理解成修平滤波器只用

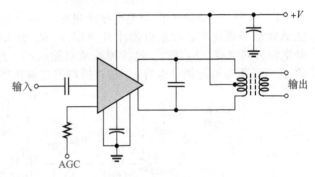

图 13-28 典型的 IF 放大器电路

于那些 IF 频率高于或者超过最高 RF 频率的系统中。事实上，并非如此。术语修平代表保护。IF 放大器前端的修平滤波器保护后级电路，比如混频器和接下来的信号处理子系统。

13.6.3 音频放大器

接收机系统中连接在检波器输出端的音频放大器用于为恢复的音频信号和音频功率提供放大来驱动扬声器，如图 13-29 所示。音频放大器的典型带宽为 3～15kHz，或更多地取决于系统的要求。高质量的音频系统会覆盖人耳的听觉范围，通常是 20Hz 到 20kHz。对于严格的语音通信来说，3kHz 的带宽是合理的，这是典型的电话系统带宽。现在可以获得各种性能的 IC 音频放大器。之前，5.7 节介绍了固定增益的 LM384 IC 功率放大器。这里选择多用途的 LM386。LM386 的数据手册详见 www.national.com。

图 13-29 接收系统的音频放大器

LM386 音频功率放大器 该器件是一个低功率音频功率放大器，能够给一个 8Ω 的扬声器提供几百毫瓦功率。LM386 可用于比声音频率更高的频率。它能够在 4～12V 之间的任何直流电源供电下工作，是那些电池供电的系统较好的选择。LM386 的引脚图如图 13-30a 所示。在增益引脚上没有外部连接时，其电压增益为 20，如图 13-30b 所示。在

引脚 1 和引脚 8 之间连接上一个 $10\mu F$ 的电容时，能够获得 200 的电压增益，如图 13-30c 所示。通过电阻(R_G)和串联连接在引脚 1 和引脚 8 之间的电容(C_G)可以获得 20～200 之间的电压增益，如图 13-30d 所示。这些外部器件和内部的增益设置电阻为并联连接。

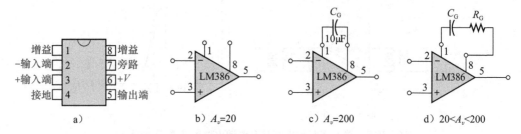

图 13-30　LM386 音频放大器的引脚图和增益连接

图 13-31 是 LM386 作为无线接收机中的功率放大器的一个典型应用。这里检波得到的 AM 信号通过声音控制电位计 R_1 和电阻 R_2 加入反相输入端。C_1 是输入耦合电容，C_2 是电源去耦电容。R_2 和 C_3 过滤掉检波器输出端上任何可能残留的 RF 和 IF 信号。R_3 和 C_6 在声音信号通过耦合电容 C_7 送往扬声器之前提供额外的过滤。

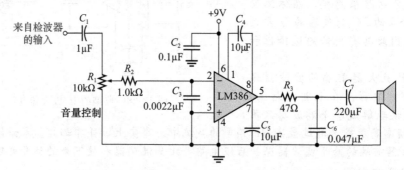

图 13-31　LM386 作为一个 AM 音频功率放大器

13.6 节测试题

1. AM 接收机中 IF 放大器的作用是什么？
2. AM IF 放大器的中心频率是多少？
3. 为什么 AM 接收机中 IF 放大器的带宽为 10 kHz？
4. 在接收机系统中，为什么音频放大器要放在检波器的后面？
5. 比较 IF 放大器和音频放大器的频率响应。

13.7　频率调制

已经知道调制是用信息信号改变载波信号参数的过程。在幅度调制中，幅度参数改变。在频率调制(FM)中，调制信号使得载波的频率在它的正常或者默认值附近上下波动。本节将对 FM 做一个基本介绍，并讨论 AM 和 FM 接收机的差别。

学完本节后，你应该掌握以下内容：

- 描述频率调制
  - 讨论压控振荡器
  - 解释频率解调

在频率调制(FM)信号中，载波频率根据调制信号增大或减少。在载波频率上下的偏移量取决于调制信号的幅度。频率偏移发生的速率取决于调制信号的频率。

图 13-32 给出了方波和正弦波调制的载波频率。当调制信号为其最大正幅值时，载波频率达到最大；当调制信号为其最大负幅值时，载波频率达到其最小值。

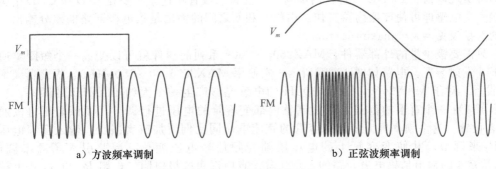

a）方波频率调制　　　　　　　　　b）正弦波频率调制

图 13-32　频率调制示例

13.7.1　基本的频率调制器

频率调制通过调制信号改变振荡器的频率来实现。压控振荡器（VCO）主要就用于该目的，如图 13-33 所示。

一般来讲，在 FM 中，采用可变电抗式的压控振荡器。可变电抗式 VCO 使用变容二极管作为压变电容，其电容随着调制电压 V_m 变化而变化，如图 13-34 所示。

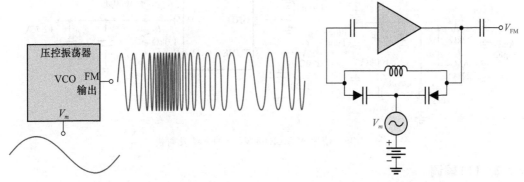

图 13-33　压控振荡器频率调制　　　　　图 13-34　基本的可变电抗式 VCO

系统说明　噪声是 VCO 中要考虑的问题。一个完美的振荡器应该有一个无穷小的窄频谱，但是这种器件没办法制造出来。噪声可能导致振荡器的幅度调制或者频率调制；记住，变容管是非线性器件，因此如果加上调制信号（噪声），就可能会发生调制。

噪声有很多来源，比如电力线和机械波动的谐波。还有可能是器件内部热振动或者闪光（$1/f$）噪声。可以采取一些补偿方法来限制噪声。基本的考虑因素，例如屏蔽线和维持合适的地线，都能降低噪声电平。振荡器应该与任何数字电路隔离，应该尽量使用独立的供电电源。同时，电源线的电容耦合也能减小噪声。

13.7.2　集成电路 FM 发射机

有很多集成电路低功耗 FM 发射机可用于便携式设备，比如无线电话和 FM 通信设备。一个能够用作 FM 发射机核心的 IC 是 MAXIM MAX2605～2609 系列的 VCO。这些复杂的电路有 158 个内部晶体管，但是在各种电路中很容易实现。

VCO 包含在一个 6 引脚的 SOT23 外壳中，因此很小，很容易在便携式和电池供电的设备中使用（V_{CC} 为 +2.7～+5.5V）。图 13-35 是这个系列 IC 的引脚图。零件号码的增加意味着更高的频率范围。该系列器件的工作频率为 45～650MHz。通过在 TUNE 引脚上加上一个直流电

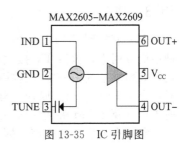

MAX2605-MAX2609

图 13-35　IC 引脚图

源即可实现调谐。TUNE 引脚在内部与一个变容二极管相连。只要在 IND 和 GND 引脚间外接一个电感即可使该振荡器工作。引脚 4 和 6 之间的输出是集电极开路的差分输出。具体的参数表见 www.maxim-ic.com。

只需要极少量的外部器件，MAX2605～2609 系列的器件就可以变成一个短距离通信的 FM 发射装置。电路如图 13-36 所示，它使用 MAX2606(70～150MHz)。振荡器频率由 L_1 设置。对于 MAX2606，一个 $430\mu H$ 的电感能够产生一个大约 100MHz 的频率。这个频率可以在一个有限的范围内通过调整内部变容管的电压进行调节，而该电压可以通过 R_1 来设置。这个频率根据内部变容管的直流电压同比例增加或者减少。输入音频电压通过 R_2 来调节，并使变容管上的电压跟随音频信号电压变化，因此引入了频率调制。MAX2606 的输出是集电极开路的，意味着没有内部集电极电阻。电阻 R_7 和 R_8 是上拉电阻，连接在差分放大器的集电极输出和 V_{cc} 之间。这些电阻为输出放大器提供直流偏置。如图 13-36 所示，输出功率很低(只是大约 $100\mu W$)，但是功率放大器可以很容易提高功率。

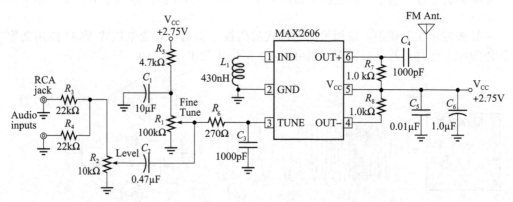

图 13-36　使用 MAX2606 VCO 的 FM 发射机

13.7.3　FM 解调

除了频率更高以外，标准的广播 FM 接收机基本上和 AM 接收机中从开始到 IF 放大器这部分系统一样。AM 接收机和 FM 接收机主要的不同是从调制的 IF 中恢复音频信号的方法不同。

解调 FM 信号的方法有很多种，包括斜率鉴频法、相移鉴频法、比率鉴频、象限鉴频和锁相环解调。其中的大多数方法在通信课程里面都有详细的介绍。但是，鉴于其在很多系统中的重要性，下一节将具体介绍锁相环(PLL)，包括 FM 解调。

13.7 节测试题

1. FM 信号如何携带信息？
2. VCO 表示什么？
3. 基于何种原因使得大多数 VCO 用在基于 FM 的系统中？

13.8　PLL

上一节提到了 PLL 作为一种解调 FM 信号的方法。除了 FM 解调之外，PLL 用于各种通信应用中，包括 TV 接收机、声调解码器、遥测接收机、调制解调器和数据同步器，这里只列举了其中一些。这些应用中的许多在电子通信课程中会涉及。事实上，有些书籍通篇介绍 PLL 的相关原理、分析和应用。本节主要介绍 PLL 的基本概念，同时对 PLL 如何工作以及在 FM 解调中如何使用给出一些直观的介绍。

学完本节后，你应该掌握以下内容：

● 描述锁相环(PLL)
  ■ 画出 PLL 的基本框图
  ■ 讨论相位鉴频器和描述它的作用
  ■ 说明 VCO 的作用
  ■ 说明低通滤波器的作用
  ■ 解释锁定范围以及捕获范围
  ■ 解释 PLL 如何用于 FM 解调器

13.8.1 基本的 PLL 概念

锁相环(PLL)是一个包括相位检测器、低通滤波器和压控振荡器(VCO)的反馈电路。某些 PLL 也在环中包括一个放大器,而有些应用中不使用滤波器。

PLL 能够对输入的信号进行锁定或者同步。当输入信号的相位发生变化时,意味着频率发生了变化,为了使 VCO 的频率和输入信号的频率保持一致,相位检测器的输出进行相应的增加或者减少。图 13-37 所示的就是基本的 PLL 框图。

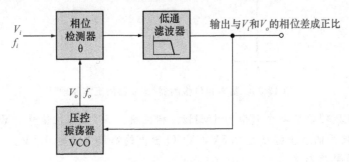

图 13-37 基本的 PLL 框图

PLL 的一般工作过程如下:相位检测器比较输入信号 V_i 和 VCO 信号 V_o 的相位差。当输入信号的频率 f_i 和 VCO 的频率 f_o 不同时,两个信号的相位角也不相等。相位检测器和滤波器的输出同这两个信号的相位差成正比。该比例电压反馈回 VCO,使其频率朝着输入信号的频率变化,直到两个频率相等。此时,PLL 锁住了输入信号的频率。如果 f_i 发生变化,相位差也发生了变化,使得 VCO 能够跟踪输入信号频率。

13.8.2 相位检测器

PLL 中的相位检测电路基本上就是一个线性乘法器。如下分析说明了在 PLL 中它是如何工作的。加入到相位检测器的输入信号 V_i 和 VCO 信号 V_o 可表示为

$$v_i = V_i \sin(2\pi f_i t + \theta_i)$$
$$v_o = V_o \sin(2\pi f_o t + \theta_o)$$

式中,θ_i 和 θ_o 是两个信号的相对相位角。相位检测器将这两个信号相乘,得到一个差频与和频,输出 V_d 如下所示:

$$v_d = V_i \sin(2\pi f_i t + \theta_i) \times V_o \sin(2\pi f_o t + \theta_o)$$
$$= \frac{V_i V_o}{2} \cos[(2\pi f_i t + \theta_i) - (2\pi f_o t + \theta_o)] - \frac{V_i V_o}{2} \cos[(2\pi f_i t + \theta_i) + (2\pi f_o t + \theta_o)]$$

当 PLL 锁住时,

$$f_i = f_o$$

同时,

$$2\pi f_i t = 2\pi f_o t$$

因此,检测器的输出电压为:

$$V_d = \frac{V_i V_o}{2}[\cos(\theta_i - \theta_o) - \cos(4\pi f_i t + \theta_i + \theta_o)]$$

上式中第二个余弦项是一个二次谐波，可通过一个低通滤波器进行滤除。滤波器输出的控制电压可表示为

$$V_c = \frac{V_i V_o}{2} \cos\theta_e \qquad (13\text{-}3)$$

式中，$\theta_e = \theta_i - \theta_o$，其中 θ_e 是相位误差。滤波器的输出电压与输入信号和 VCO 信号的相位差成正比，并用作 VCO 的控制电压。图 13-38 说明了这个原理。

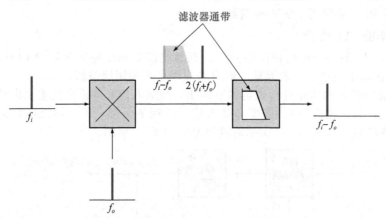

图 13-38　基本相位检测器/滤波器的工作原理

例 13-7　PLL 锁住了一个频率为 1MHz、相位角为 50°的输入信号。VCO 信号的相位角为 20°。输入信号的峰值幅度是 0.5V，VCO 输出的峰值幅度是 0.7V。

(a) VCO 频率是多少？

(b) 此刻，反馈给 VCO 的控制电压值是多少？

解：

(a) 因为 PLL 已经处于锁定状态，所以 $f_i = f_o = 1\text{MHz}$。

(b) $\theta_e = \theta_i - \theta_o = 50° - 20° = 30°$

$$V_c = \frac{V_i V_o}{2} \cos\theta_e = \frac{0.5\text{V} \times 0.7\text{V}}{2} \cos30° = (0.175\text{V})\cos30° = 0.152\text{V}$$

✎ **实践练习**

如果输入信号的相位角在某个时刻突然变成 30°，意味着频率发生了变化，那么这个瞬时 VCO 控制电压是多少？

13.8.3　压控振荡器

压控振荡器(VCO)有很多类型。一个 VCO 可以是 LC 或者晶体振荡器，如 13.7 节所示，也可以是一些 RC 振荡器或者多谐振荡器。不管是哪种类型，在 PLL 中的大多数 VCO 都基于可变电抗的原理，它使用变容二极管作为压变电容。

变容二极管的电容与反向偏置电压成反比。当反向偏置电压增加时，电容值减少；反之亦然。

在 PLL 中，反馈回 VCO 的控制电压作为反偏电压加到 VCO 内部的变容二极管上。RC 型振荡器的振荡频率和电容成反比，有如下关系：

$$f_o = \frac{1}{2\pi RC}$$

对于 LC 型振荡器，有

$$f_o = \frac{1}{2\pi \sqrt{LC}}$$

这些公式说明随着电容减少，频率增大；反之亦然。

随着反向电压(控制电压)增大，电容减少。因此，反馈回 VCO 的控制电压的增加会导致频率增加，反之亦然。VCO 的基本工作原理如图 13-39 所示。图 b 说明，在标称控制电压 $V_{c(nom)}$ 时，振荡器以其标称频率 $f_{o(nom)}$ 工作。在标称值上增加 V_c 会导致振荡器的频率增大，在标称值上减少 V_c 会导致振荡器的频率降低。当然，这种工作也是有限制的，即存在最小值和最大值点。VCO 的传输函数或者转换增益 K 通常表示为控制电压上每单位变化的特定频率偏移量。

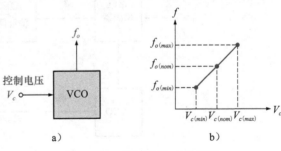

图 13-39　基本 VCO 工作原理

$$K = \frac{\Delta f_o}{\Delta V_c}$$

例 13-8 当某个 VCO 的控制电压从 0.5V 增加到 1V 时，其输出频率从 50kHz 变为 65kHz。那么其转换增益 K 为多少？

解:

$$K = \frac{\Delta f_0}{\Delta V_c} = \frac{65\text{kHz} - 50\text{kHz}}{1\text{V} - 0.5\text{V}} = \frac{15\text{kHZ}}{0.5\text{V}} = 30\text{kHz/V}$$

实践练习

如果某 VCO 的转换增益为 20kHz/V，那么其控制电压从 0.8V 变化到 0.5V 时，其产生的频率偏移量为多少？如果在 0.8V 时 VCO 频率是 250kHz，那么在 0.5V 时其频率是多少？

13.8.4　PLL 的基本工作原理

当 PLL 锁住时，输入频率 f_i 和 VCO 频率 f_o 相等。但是，它们之间总是会存在一个相位差，叫做静态相位误差。相位误差 θ_e 是让 PLL 保持锁住的参数。可以看到相位检测器出来的滤波电压和 θ_e 成正比(式(13-3))。这个电压控制 VCO 的频率，并总是能够保证 $f_o = f_i$。

图 13-40 给出了 PLL 和两个频率相同但相位差为 θ_e 的正弦信号。在这种情况下，PLL 是锁住的，并且 VCO 控制电压恒定。如果 f_i 降低，θ_e 增加到 θ_{e1}，如图 13-41 所示。相位检测器检测到 θ_e 增加，会使 VCO 的控制电压减少，因此减少 f_o 直到 $f_o = f_i$，并保持 PLL 处于锁住状态。如果 f_i 增加，θ_e 减少到 θ_{e1}，如图 13-42 所示。θ_e 减少导致 VCO 的控制电压增加，因此增加 f_o 直到 $f_o = f_i$，并保持 PLL 处于锁住状态。

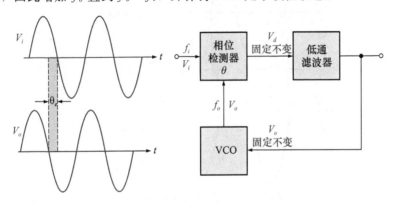

图 13-40　在静态条件下 PLL 锁住($f_o = f_i$ 和 θ_e 固定)

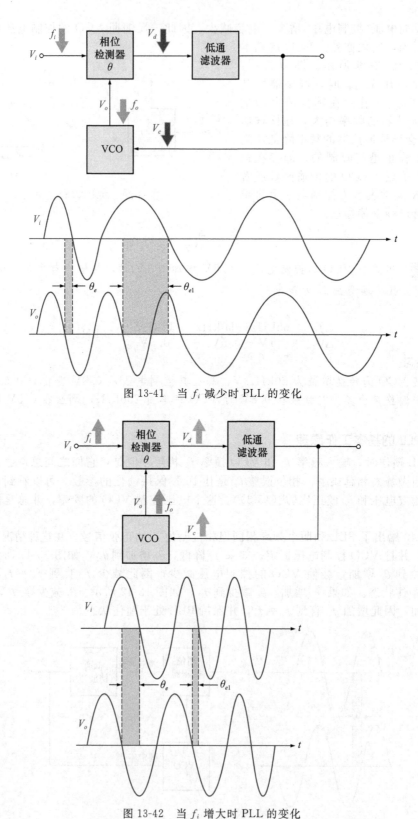

图 13-41   当 f_i 减少时 PLL 的变化

图 13-42   当 f_i 增大时 PLL 的变化

锁定范围   一旦 PLL 处于锁住状态，它会跟踪输入信号的频率变化。PLL 能保持锁住状态的频率变化范围称作锁定范围或者跟踪范围。同步范围的限制是 VCO 最大频率偏移量和相位检测器的输出限制。同步范围和低通滤波器的带宽无关，因为当 PLL 处于锁住状态时，差频 $f_i - f_o$ 是 0 或者一个很小的瞬时值，它恰好处于带宽之内。同步范围通常表示为 VCO 频率的百分比。

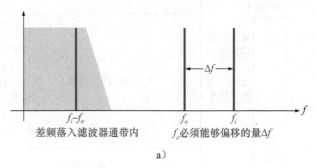

捕获范围 假设 PLL 未锁住，其所能够锁住输入信号的频率变化范围称为捕获范围。需要两个基本的条件来让 PLL 锁住。首先，差频 $f_i - f_o$ 必须足够小以落在滤波器的带宽内。这就意味着输入频率与 VCO 的标称频率的差距不能大于低通滤波器的带宽。其次，VCO 频率的最大偏移量 Δf_{max} 必须足够允许 f_o 增加到或者减少到等于 f_i 的值。这些条件如图 13-43 所示，当这些条件存在时，PLL 会使 VCO 频率趋向输入频率直到 $f_o = f_i$。

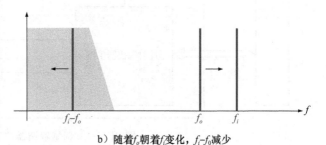

b）随着 f_o 朝着 f_i 变化，$f_i - f_o$ 减少

图 13-43 PLL 能够锁住的条件

系统例子 13-3 利用 FSK 调制解调器的数据通信系统

数字数据，包含一系列二进制位（1 和 0），可以通过电话线从一个设备发送到另一个设备。使用两个电压电平来表示两种位值：高电压电平（1）和低电压电平（0）。数据流由时间间隔组成，期间电压为固定的高电平或固定的低电平，并能够快速从一个电平转换为另一个电平。换句话说，数据流包含非常低的频率（固定电压期间）和非常高的频率（转换期间）。因为标准电话系统的带宽约为 3000Hz，所以它还是不能够在没有丢失大部分信息的情况下传输组成典型数据流的较低频和较高频。因为电话系统的带宽限制，所以有必要在传输之前对数字数据进行调整。其中一种方法就是使用频移键控（FSK），它是一种频率调制。

图 SE13-3 所示为一个将数字终端设备（DTE）接入电话网络的数据通信系统的简化框图。在通过电话线传输数据之前，用 FSK 对数字数据进行调制，在另一个 DTE 接收时用 FSK 对其解调。由于其基本功能就是调制和解调，所以称为调制解调器。虽然调制解调器还有很多相关功能，但是在本系统例子中，我们关注调制和解调电路。

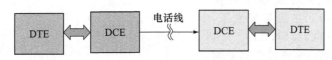

图 SE13-3 数据通信系统

FSK 调制解调器将数据终端设备和电话网络连接起来，使得数字数据能够通过常规的电话线进行发送和接收，因此允许 DTE 之间通信。图 SE13-3 给出了一个简单数据通信系统的框图，其中在电话线两端的调制解调器提供两个 DTE 之间的交互。

调制解调器（DCE）包含三个基本功能模块，如图 SE13-4 所示，FSK 调制解调电路、电话线接口电路以及计时和控制电路。双极性电源没有画出。虽然该系统应用的关注点是 FSK 调制解调器，但是我们还是简单了解一下各部分的内容，使你对整个系统功能有个直观的认识。

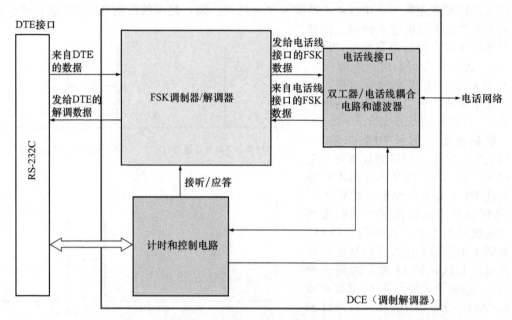

图 SE13-4　调制解调器的基本框图

电话线接口　该电路的主要目的是把电话线通过合适的阻抗匹配耦合到调制解调器上，并提供必要的滤波，适应全双工的数据传输。全双工本质上代表信息能够在一根电话线上同时双向传输。这允许连接到调制解调器的 DTE 能够同时接收和发送数据，并且两部分数据能够互不干扰。全双工通过在 300Hz 到 3kHz 的电话网络带宽上，给传输数据分配一个带宽，给接收数据分配另一个独立的带宽实现。

计时和控制电路　计时和控制电路的一个基本功能就是确定调制解调器的合适工作模式。两种模式是发起模式和应答模式。另一个功能是给 DTE 提供一个标准接口（比如 RS-232C）。RS-232C 标准规定了某些定义好的指令以及控制信号、数据信号，并为每个信号定义了电压电平。

频移键控(FSK)　FSK 是用来克服电话系统带宽限制的一种方法，它使得数据能够通过电话线进行发送。FSK 的基本思想是用电话带宽内两种不同频率的信号来表示 1 和 0。另外，电话带宽内的任何频率都是可听的。在发起模式下，一个全双工的 300 波特的调制解调器分配给 0 的标准频率是 1070Hz（称作空格），分配给 1 的是 1270Hz（称作记号）。在应答模式下，分别是 2025Hz(0) 和 2225Hz(1)。

图 SE13-5 所示的是通过调制解调器将一个数字数据流转化成 FSK 信号的例子。

a）数据流

b）对应的FSK信号（频率关系不精确）

图 SE13-5　FSK 数据例子

13.8 节测试题

1. 列出锁相环中的三个基本部件？
2. 在某些 PLL 中，除了测试题 1 中列出的三个部件外，还有哪些电路？
3. PLL 的基本功能是什么？
4. PLL 的锁相范围和捕获范围有什么差别？
5. 从本质上说，PLL 如何跟踪输入频率？

13.9 光纤

在很多类型的通信系统中，光纤正取代铜质电缆用来远距离传输信号。光纤用于有线电视、电话、电力设备公司等。

学完本节后，你应该掌握以下内容：

- 讨论光纤电缆
  - 描述信号如何通过光纤电缆进行传输
  - 定义光纤电缆的基本类型

与铜线使用电子脉冲来传输信息不同，光纤通过光纤电缆使用光脉冲传输信息，光纤直径和人头发相近，大约为 $100\mu m(0.01m)$。与铜线相比，光纤系统有着几方面的优势。这包括更快的速度、更高的信号容量、更远的传输距离（不用放大）、更小的干扰，以及更低的维护成本。

13.9.1 基本原理

当光入射进光纤电缆的一端时，它会在其内部来回反弹直到它到达另一端。光纤通常由具有高反射性的包层包着的纯玻璃或塑料制成，包层本质上相当于一个镜面，但实际上利用一种称为全内反射的物理现象来产生几乎无损的反射。可以把光纤电缆想象成镜子内部的传输线。随着光沿着光纤传输，它在包层上进行反射，实现无损失的传输。光纤电缆由纤芯（本身就是玻璃纤维）、包层（包裹光纤，并提供反射层）和外涂层（提供保护）组成。可以增加其他层来增强传输。光纤电缆的基本结构如图 13-44a 所示，光纤内部光的传输如图 13-44b 所示。不管光纤是直的还是弯曲的，光线都能够进行传输；但是当光纤弯曲角比较大时，光线损失也会比较高。

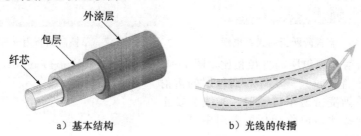

a）基本结构   b）光线的传播

图 13-44 光纤电缆的简化结构和工作原理

当光线进入光纤电缆时，它照到包层的反射平面上，形成一个角，称为入射角 θ_i。如果入射角大于一个称为临界角 θ_c 的参数，光线会以一个角度（称为反射角 θ_r）反射回进芯内，如图 13-45a 所示。入射角总是等于反射角。如果入射角小于临界角，光线会被折射进包层，造成能量的损失，如图 13-45b 所示，这称为散射。当光线沿着光纤电缆进行传播时，任何折射光线都代表一种损失或者衰减。光纤电缆内光线衰减的另一种原因是吸收，这是由于光子和芯内粒子的相互作用造成的。

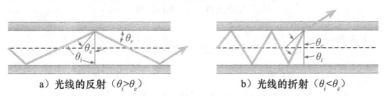

a）光线的反射（$\theta_i > \theta_c$）   b）光线的折射（$\theta_i < \theta_c$）

图 13-45 光纤电缆的临界角

纤芯材料和包层材料都有一个参数（叫做折射率），它决定临界角。临界角的定义如下

$$\theta_c = \arccos\left(\frac{n_2}{n_1}\right) \tag{13-4}$$

式中，n_1 是纤芯的折射率，n_2 是包层的折射率。

例 13-9 对于某光纤，其纤芯的折射率是 1.35，包层的折射率是 1.30，求其临界角。

解：

$$\theta_c = \arccos\left(\frac{n_2}{n_1}\right) = \arccos\left(\frac{1.30}{1.35}\right) = 15.6°$$

✎ **实践练习**

如果 $n_1 = 1.67$，$n_2 = 1.59$，求其临界角。

13.9.2　光传播模式

光纤电缆中的光传播模式有三种基本模式，分别是多模阶跃折射、单模阶跃折射和多模渐变折射。

多模阶跃折射　和包层的直径相比，图 13-46 所示光纤中纤芯直径较大。可以看到，从纤芯到包层的折射率有很大跳变，因此叫做阶跃。进入电缆的光线易于在芯内以多种光线或者模式传输。有些光线会直接穿过纤芯，有些会在内部来回反射前进。也有一些由于入射角较小而被散射出去，引起光能量的衰减。多模的结果就是，光会有时间分散性，也就是光不会同一时间到达电缆的另一端。

单模阶跃折射　图 13-47 所示光纤中纤芯直径较包层小得多。从纤芯到包层的折射率有很大跳变。进入电缆的光倾向于以单一光束或者模式穿过纤芯。这就导致了较小的衰减，和多模线缆相比没有时间分散性。

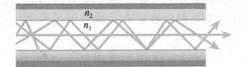

图 13-46　多模阶跃折射光纤电缆

图 13-47　单模阶跃折射光纤电缆

多模渐变折射　和包层的直径相比，图 13-48 所示光纤中纤芯直径较大。从纤芯到包层的折射率为渐变。沿着渐变折射率传输时，光线会发生较大的弯曲，导致比多模阶跃折射电缆中更小的衰减和时间分散性。

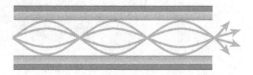

图 13-48　多模渐变折射光纤电缆

13.9.3　光纤数据通信链路

图 13-49 为一个简化的光纤数据通信链路。信号源提供要传输的电信号。电信号转化成光信号，并通过发送器耦合到光纤电缆上。在接收端，光信号从电缆耦合到接收器上，并转化成电信号。然后对该信号进行处理并连接到最终用户。

电信号调制光强度，产生一个携带电信号信息的光信号。然后，一个特殊的连接器把光信号耦合到光纤电缆中。在另一端，接收器解调光信号，把它重新转化为原始电信号。

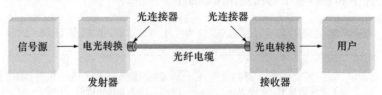

图 13-49　光纤通信链路的基本框图

系统说明　由于一些原因，有线和无线系统中都倾向于使用光纤系统。带宽当然是一个主要优势。光纤的全部带宽容量迄今还没有完全实现。光纤信号在需要重新激励之前，能够传输超过 60 英里，这是另一个优势。同时，光也不容易受到外部干扰源（例如 EMI、

RFI、闪电和电磁脉冲(EMP)等)干扰,因此数据不易损坏。信道间没有接地问题或短路问题,也没有串扰问题。

光纤的另一个优势是安全。在一个有线系统中,使用电磁感应技术,能够很容易窃取信息。无线数据也很容易偷窃。虽然光纤中的数据也会有安全漏洞,但是在没有检测的情况下比传统系统更难获取。

13.9 节测试题

1. 光纤一般由什么制成?
2. 通常光纤电缆的直径大约为多少?
3. 说出光纤电缆的三个基本部分。
4. 临界角和入射角之间的差别是什么?
5. 说出三种类型的光纤电缆。

小结

- 在幅度调制(AM)中,高频载波的幅度随着低频调制信号(通常是音频信号)而变化。
- 基本的超外差式 AM 接收机包含 RF 放大器(也不一定)、混频器、本地振荡器、IF(中频)放大器、AM 检波器、音频和功率放大器。
- 标准 AM 接收机中的 IF 是 455kHz。
- 接收机中的 AGC(自动增益控制)使信号的强度在接收机中保持不变,来补偿接收到信号的变化。
- 在频率调制(FM)中,载波信号的频率随着调制信号变化。
- 超外差式 FM 接收机本质上和 AM 接收机一样,除了它需要一个限幅器使 IF 幅度保持不变,一个不同类型的检波器或鉴别器,以及一个去加重网络。IF 是 10.7MHz。
- 四象限的线性乘法器能够处理任何电压极性组合的输入。
- 幅度调制基本上是一个乘法过程。
- 两个正弦信号相乘产生和频与差频。
- 平衡调制器的输出频谱包含上边带频率和下边带频率,但不包含载波频率。
- 标准幅度调制器的输出频谱包含上边带频率、下边带频率和载波频率。
- 在接收系统中,线性乘法器用作混频器。
- 混频器把 RF 信号转化为 IF 信号。无线电频率

在 AM 和 FM 带宽内变化。中频保持不变。
- 一种类型的 AM 解调器由一个乘法器后面连接一个低通滤波器组成。
- 音频和功率放大器放大检波器或者鉴别器的输出,并驱动扬声器。
- 压控振荡器(VCO)产生一个跟随控制电压变化的输出频率。它的工作原理基于可变电抗。
- 当调制信号接到控制电压输入端时,VCO 是一个基本的频率调制器。
- 锁相环(PLL)是一个反馈电路,包含相位检测器、低通滤波器、VCO,有时还包含一个放大器。
- PLL 的作用是锁住或者跟踪输入频率。
- 线性乘法器可以用作相位检测器。
- 调制解调器就是调制器/解调器。
- DTE 代表数字终端设备。
- DCE 代表数字通信设备。
- 光纤为光发射器件到光接收器件提供光通路。
- 光纤电缆的三个组成部分是纤芯、包层和外涂层。
- 光线在纤芯边界反弹,为了能够被反射,入射角必须大于临界角。如果入射角小于临界角,光线会被折射进入包层。
- 光纤的三种类型:多模阶跃折射、单模阶跃折射和多模渐变折射。

关键术语

本章中的关键术语以及其他楷体术语在书后的术语表中定义。

幅度调制(AM):低频信号调制高频信号(载波)幅度的一种通信方法。

平衡调制:一种幅度调制方法,其中载波被抑制,有时叫做抑制载波调制。

临界角:光纤电缆中发生全反射的角度。

光纤:通过光纤电缆使用光脉冲传输信息。

四象限乘法器:一种线性设备,它产生正比于两个输入电压乘积的输出电压。

频率调制(FM):低频信号调制高频信号频率的一种通信方法。

混频器:接收机系统将频率向下转换的器件。

调制解调器:一种器件,它能够把一种器件产生的信号转化成与另一种设备兼容的信号;调制器/解调器。

锁相环(PLL)：一种能够锁住或者跟踪输入信号频率的设备。

压控振荡器(VCO)：一种振荡器，它的输出频率随着输入控制电压变化。

重要公式

(13-1) $V_{OUT} = KV_X V_Y$　乘法器输出电压

(13-2) $v_1 v_2 + \dfrac{V_{1(p)} V_{2(p)}}{2} \cos 2\pi (f_1 - f_2) t - \dfrac{V_{1(p)} V_{2(p)}}{2} \cos 2\pi (f_1 + f_2) t$　和频与差频

(13-3) $V_{out} = V_{c(p)}^2 \sin 2\pi f_c t + \dfrac{V_{c(p)} V_{m(p)}}{2} \cos 2\pi (f_c -$

$f_m) t - \dfrac{V_{c(p)} V_{m(p)}}{2} \cos 2\pi (f_c + f_m) t$　标准 AM

(13-4) $\theta_c = \arccos \left(\dfrac{n_2}{n_1} \right)$　光纤电缆的临界角

自测题

1. 在幅度调制中，载波信号峰值所形成的形状叫做_____。
   - (a) 指数
   - (b) 包络
   - (c) 音频信号
   - (d) 上边带频率
2. _____不是 AM 超外差式接收机的组成部分。
   - (a) 混频器
   - (b) IF 放大器
   - (c) 直流恢复器
   - (d) 检波器
   - (e) 音频放大器
   - (f) 本地振荡器
3. 在 AM 接收机中，本地振荡器产生频率总是比输入 RF 的频率高_____。
   - (a) 10.7kHz
   - (b) 455MHz
   - (c) 10.7MHz
   - (d) 455kHz
4. FM 接收机的 IF 频率是_____。
   - (a) 在 88~108MHz 范围内
   - (b) 在 540~1640kHz 范围内
   - (c) 455kHz
   - (d) 高于 AM 接收机中的 IF
5. AM 和 FM 接收机中的检波器或者鉴别器_____。
   - (a) 检测来自混频器的差频
   - (b) 把 RF 变到 IF
   - (c) 恢复音频信号
   - (d) 保持恒定的 IF 幅度
6. 为了能够处理所有输入电压极性的组合，一个乘法器必须有_____。
   - (a) 四象限能力
   - (b) 三象限能力
   - (c) 四个输入
   - (d) 双电源电压
7. 乘法器的内部衰减叫做_____。
   - (a) 跨导
   - (b) 比例系数
   - (c) 衰减系数
8. 如果线性乘法器的输入 X_2 接地，输入 X_1 作为

_____工作。
   - (a) 差输入
   - (b) 差分输入
   - (c) 单端输入
   - (d) 平均输入
9. 幅度调制本质上是_____。
   - (a) 两路信号叠加
   - (b) 两路信号相乘
   - (c) 两路信号相减
   - (d) 非线性过程
10. 平衡调制的频谱包括_____。
   - (a) 和频
   - (b) 差频
   - (c) 载波频率
   - (d) 答案(a)、(b)、(c)
   - (e) 答案(a)、(b)
   - (f) 答案(b)、(c)
11. 接收机中的 IF 是_____。
   - (a) 本地振荡器频率和 RF 载波频率之和
   - (b) 本地振荡器频率
   - (c) 本地振荡器频率和 RF 载波频率之差
   - (d) 载波频率和音频频率之差
12. 当接收机从一个 RF 频率调谐到另一个时，_____。
   - (a) IF 改变等于 LO(本地振荡器)频率的量
   - (b) IF 保持不变
   - (c) LO 频率改变等于音频频率的量
   - (d) LO 和 IF 频率都改变
13. AM 检波器的输出直接输入到_____。
   - (a) IF 放大器
   - (b) 混频器
   - (c) 音频放大器
   - (d) 扬声器
14. 如果 VCO 的控制电压增加，那么输入频率_____。
   - (a) 减少
   - (b) 不变
   - (c) 增大
15. PLL 保持锁定是通过比较_____。
   - (a) 两路信号的相位

（b）两路信号的频率

（c）两路信号的幅度

16. 光纤中由于光子和芯粒子相互作用造成的衰减

叫做_____。

（a）散射　　　　（b）吸收

（c）包层　　　　（d）入射

故障检测测验

参考图 13-59。

● 如果 R_1 电位计的电阻是 20kΩ 而不是 10kΩ，

1. 输出信号范围将会_____。

（a）增大　　　（b）减少　　　（c）不变

● 如果 C_3 开路，

2. 低频输出信号电压将会_____。

（a）增大　　　（b）减少　　　（c）不变

3. 高频截止会_____。

（a）增大　　　（b）减少　　　（c）不变

● 如果 C_2 开路，

4. 放大器增益将会_____。

（a）增大　　　（b）减少　　　（c）不变

习题

13.1 节

1. 对图 13-50 中 AM 接收机框图进行标注。

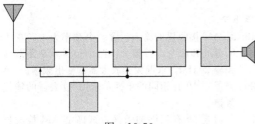

图 13-50

2. 对图 13-51 中 FM 接收机框图进行标注。

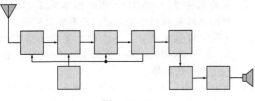

图 13-51

3. AM 接收机被调谐到 680kHz 的传输频率，本地振荡器(LO)频率是多少？

4. FM 接收机被调谐到 97.2MHz 的传输频率，本地振荡器(LO)频率是多少？

5. FM 接收机中的 LO 的频率为 101.9MHz，输入 RF 是多少？ IF 是多少？

13.2 节

6. 对于下列差分输入电压，计算 AD532 线性乘法器的输出。

（a）$X_1 = 2.75V$, $X_2 = -4.32V$, $Y_1 = 2.26V$, $Y_2 = 6.67V$

（b）$X_1 = -3.33V$, $X_2 = 9.31V$, $Y_1 = 4.42V$, $Y_2 = -5.15V$

（c）$X_1 = -2.75V$, $X_2 = -4.32V$, $Y_1 = 2.26V$, $Y_2 = -6.67V$

（d）$X_1 = -3.33V$, $X_2 = 9.31V$, $Y_1 = -4.42V$, $Y_2 = 5.15V$

7. 对于下列差分输入电压，计算 AD532 线性乘法器的输出。

（a）$X_1 = -6.22V$, $X_2 = -1.15V$, $Y_1 = 4.33V$, $Y_2 = -4.85V$

（b）$X_1 = 7.433V$, $X_2 = -5.55V$, $Y_1 = -4.86V$, $Y_2 = -9.11V$

（c）$X_1 = 11.6V$, $X_2 = 650mV$, $Y_1 = 880mV$, $Y_2 = 2.35V$

（d）$X_1 = -750mV$, $X_2 = 875mV$, $Y_1 = -12.2V$, $Y_2 = 4.66V$

8. 对于下列单端输入电压，计算 AD532 线性乘法器的输出，假设 X_2 和 Y_2 输入接地。

（a）$X = 18.6V$, $Y = 1.65V$

（b）$X = -2.44V$, $Y = 22.6V$

（c）$X = 12.1V$, $Y = -4.2V$

（d）$X = -750mV$, $Y = -44V$

9. 对于下列单端输入电压，计算 AD532 线性乘法器的输出，假设 X_1 和 Y_1 输入接地。

（a）$X = 450mV$, $Y = -15.5V$

（b）$X = -2.75V$, $Y = -15.4V$

（c）$X = -22.1V$, $Y = 800mV$

（d）$X = 40V$, $Y = 85mV$

13.3 节

10. 如果 100kHz 的信号和 30kHz 的信号输入到平衡调制器，那么输出的频率有哪些？

11. 图 13-52 中平衡调制器的输出端的频率有哪些？

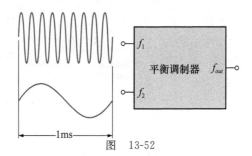

图 13-52

12. 如果 1000kHz 的信号和 3kHz 的信号输入到标准 AM 调制器，那么输出端的频率有哪些？

13. 图 13-53 中标准 AM 调制器输出端上的频率有哪些？

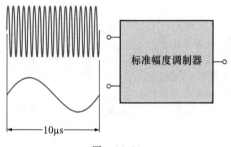

图 13-53

14. 图 13-54 是标准幅度调制器的输出频谱，求载波频率和调制频率。

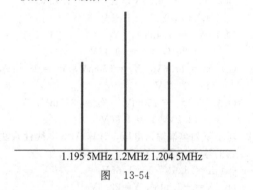

图 13-54

15. 图 13-55 是平衡调制器的输出频谱，求载波频率和调制频率。

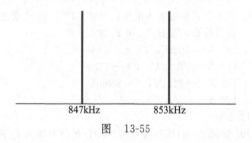

图 13-55

16. 一个频率范围为 300Hz 到 3kHz 的声音信号幅度调制一个 600kHz 的载波，求其频谱。

13.4 节

17. 乘法器的一个输入是峰值电压为 0.2V、频率为 2 200kHz 的正弦波，另一个输入是峰值电压为 0.15V、频率为 3 300kHz 的正弦波，求其输出表达式。

18. 对于图 13-56 中所示的频率，求 IF 放大器的输出频率。

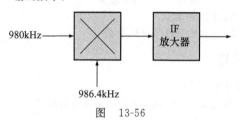

图 13-56

13.5 节

19. 某 AM 接收机的输入包含一个频率为 1 500kHz 的载波和两个边带频率，两个边带频率距载波频率 20kHz。求混频器放大器的输出频谱。

20. 与习题 19 有相同的条件，求 IF 放大器的输出频谱。

21. 与习题 19 有相同的条件，试确定 AM 检波器（解调器）的输出频谱。

13.6 节

22. 载波频率为 1.2MHz，调制频率为 8.5kHz，列出 AM 接收机中混频器的所有输出频率。

23. 在某 AM 接收机中，一个放大器的通带范围是 450~460kHz，另一个为 10~5 000Hz。识别这两个放大器。

24. 确定图 13-57 中音频功率放大器的最大和最小输出电压。

13.7 节

25. 解释 VCO 如何用作频率调制器。

26. FM 信号与 AM 信号有什么差别？

27. 解释在图 13-36 的 MAX2606 中，音频信号如何被频率调制？

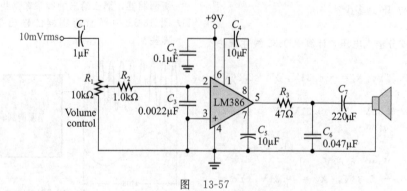

图 13-57

13.8 节

28. 对图 13-58 中的 PLL 模块进行标注。

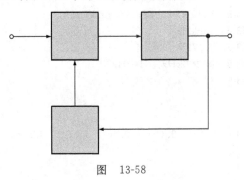

图　13-58

29. 如果 PLL 锁住了一个峰值电压为 250mV、频率为 10MHz、相位角为 30°的输入信号。VCO

信号的峰值电压为 400mV，相位角为 15°。

(a) VCO 频率是多少？

(b) 此时反馈到 VCO 的控制电压的值是多少？

30. 如果一个 VCO 的控制电压增加 0.5V 使得其输出频率增加 3.6kHz，那么其转换增益是多少？

31. 如果某 VCO 的转换增益为 1.5kHz/V，如果控制电压增加 0.67V，那么频率变化多少？

32. 说出 PLL 能够锁定的两个条件。

13.9 节

33. 某光纤的纤芯折射率是 1.43，包层折射率是 1.40，那么临界角是多少？

34. 某光纤的纤芯折射率是 1.55，包层折射率是 1.35。如果光束以 28.2°的角照进纤芯/包层边界，那么它会被反射还是会被折射？

各节测试题答案

13.1 节

1. AM 是幅度调制。FM 是频率调制。

2. 在 AM 中，调制信号改变载波的幅度。在 FM 中，调制信号改变载波的频率。

3. AM：540～1 640kHz；FM：88～108MHz。

13.2 节

1. 四象限乘法器能够处理正负输入的任何组合（4）。比如，单象限乘法器只能处理两个正输入。

2. SF 代表比例系数。AD532 的 SF=10V。

3. 线性乘法器的传输函数定义的一组给定输入下的输出。

13.3 节

1. 幅度调制是用调制信号来改变载波信号幅度的过程。

2. 平衡调制的输出没有载波频率，而标准 AM 有。

3. 载波信号就是被调制的信号，有足够高的传输频率。调制信号是包含信息的低频信号，根据其波形改变载波幅度。

4. 上边带频率是载波频率和调制频率的和，下边带频率是载波频率和调制频率的差。

5. 在混合载波信号前，把载波峰值电压和调制信号相加。

13.4 节

1. 混频器产生的信号代表输入载波频率和本地振荡器频率的差，这叫做中频。

2. 混频器乘以载波和本地振荡器信号。

3. 1 000kHz+350kHz=1 350kHz，
   1 000kHz−350kHz=650kHz

13.5 节

1. 滤波器滤除所有频率（除了音频之外）

2. 只有 1kHz

13.6 节

1. 放大来自混频器的 455kHz 的幅度调制中频。

2. IF 中心频率是 455kHz。

3. 10kHz 的带宽允许包含信息的上边带和下边带频率通过。

4. 音频放大器接在检波器后面，因为检波器是用来从来自调制 IF 信号中恢复音频的电路。

5. IF 的响应大约是 455kHz±5kHz。尽管很多放大器的带宽比这要小很多，但是典型音频放大器的最大带宽从十几赫兹到 15kHz。

13.7 节

1. FM 信号的频率变化包含信息。

2. VCO 是压控振荡器。

3. VCO 基于压变阻抗的原理。

13.8 节

1. 相位检测器、低通滤波器和 VCO。

2. 有时 PLL 在环内使用放大器。

3. PLL 锁住和跟踪可变的输入频率。

4. 锁相范围明确 PLL 没有失锁的情形下，锁住频率的变化范围。捕捉频率指 PLL 为了能锁住，输入频率与 VCO 的标称频率之间的差值。

5. PLL 检测输入信号和 VCO 信号的相位变化，来指示频率上的变化。正反馈使 VCO 频率随着输入频率变化。

13.9 节

1. 光纤由净玻璃或者塑料制成。

2. 光纤的直径大约是 100μm。

3. 光纤由纤芯、包层和保护外层组成。

4. 入射角是光束照在涂层表面的角度。如果入射角比临界角小，光发生折射而不是反射，光进入涂层，能量损失。

5. 多模阶跃折射、单模阶跃折射和多模渐变折射。

例题中实践练习答案

13-1 输出不变，$V_{out}=560\mathrm{mV}$。

13-2 627mV

13-3 用高频信号调制载波。

13-4 平衡调制器的输出有相同的边带频率，但没有载波频率。

13-5 $V_p=0.025\mathrm{mV}$，$f=455\mathrm{kHz}$

13-6 455kHz

13-7 0.172V

13-8 减少6kHz；244kHz

13-9 17.8°

自测题答案

1. (b)　2. (c)　3. (d)　4. (d)　5. (c)　6. (a)　7. (b)　8. (c)　9. (b)　10. (e)　11. (c)　12. (b)
13. (c)　14. (c)　15. (a)　16. (b)

故障检测测验答案

1. 不变　2. 不变　3. 增大　4. 不变

第14章
数据转换

目标

- 解释模拟开关并认识其类型
- 讨论采样保持放大器的工作原理
- 讨论模拟和数字量以及一般的接口考虑
- 描述数-模转换器(DAC)的工作原理
- 描述 A/D 转换
- 讨论模-数转换器(ADC)的工作原理
- 讨论 V/F 转换器和 F/V 转换器的基本原理
- DAC 和 ADC 的故障检修

数据转换电路使得模拟与数字系统之间的连接成为可能。自然界中的大多数事物基本上都以模拟形式出现。例如，声音是模拟的，时间是模拟的，温度和压力是模拟的，汽车的速度也是模拟的。这些量或其他量首先经过模拟(线性)电路进行感知或者测量，然后通常转化成数字形式，以便进行存储、处理或者显示。

此外，在一些应用中，以数字形式存在的信息必须转化成模拟形式。比如存储在 CD 中的数字音乐，在听到声音之前，数字信息会首先转化成原始的模拟形式。

本章介绍需要用到数据转化的应用中出现的一些基本类型的电路。

14.1 模拟开关

在一些需要用电来控制信号通断的电子系统中，模拟开关非常重要。模拟开关的主要应用包括信号选择、路径选择以及信号处理。模拟开关通常将场效应管作为基本开关元件。

学完本节后，你应该掌握以下内容：

- 解释模拟开关并认识其类型
  - 认识单刀单掷模拟开关
  - 认识单刀双掷模拟开关
  - 认识双刀单掷模拟开关
  - 描述 ADG1212 模拟开关 IC
  - 讨论多通道模拟开关

14.1.1 模拟开关类型

以功能原理来分类，模拟开关可以分为三种基本类型：

- 单刀单掷(SPST)模拟开关
- 单刀双掷(SPDT)模拟开关
- 双刀单掷(DPST)模拟开关

图 14-1 给出了这三种基本类型的模拟开关。大多数模拟开关采用 MOSFET 作为其开关装置。如图 14-1 所示，模拟开关包括一个控制单元和一条或者多条输入输出通路。这

些通路通常称为开关通道。

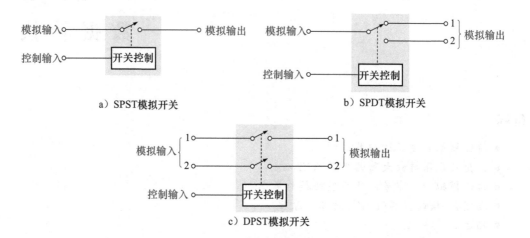

a）SPST模拟开关   b）SPDT模拟开关

c）DPST模拟开关

图 14-1 基本模拟开关类型

以 ADG1212 模拟开关为例。如图 14-2a 所示，ADG1212 集成电路包括 4 个独立工作的 SPST 开关，典型的封装如图 14-2b 所示。

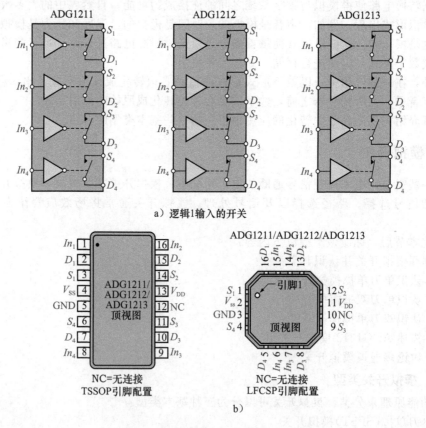

a）逻辑1输入的开关

NC=无连接
TSSOP引脚配置

NC=无连接
LFCSP引脚配置

b）

图 14-2 四 SPST 开关的 ADG12XX 系列

在该系列中，ADG1212 型号与其他两种器件之间的差别在于它们对于输入控制逻辑的响应不同。图 14-2a 说明了各个类型对高电平输入控制信号的响应。当控制信号为逻辑高电平时，ADG1212 中的开关闭合；当为逻辑低电平时，ADG1212 中的开关断开。

ADG1211 与之相反，高电平断开，低电平闭合。ADG1213 采用先断后通切换形式。开关 1、4 低电平断开高电平闭合，而开关 2、3 高电平断开低电平闭合。在多路复用器的应用中，开关 1 和 2、开关 3 和 4 的控制输入连接在一起。这意味着当有一个高电平输入时，一个开关闭合，而另一个开关断开。此系列器件采用 3V 的逻辑电平，其最小高电平为 2.0V，最大低电平为 0.8V。本系列开关的数据手册请参阅 www.analog.com。

例 14-1 对于图 14-3a 中的模拟开关，在如图所示的控制电压和模拟输入电压下，计算模拟开关的输出波形。假设控制电压为高电平时，开关闭合。

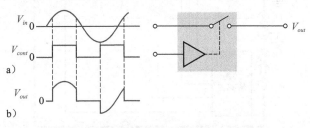

图 14-3 例 14-1 图

解： 当控制电压为高电平时，开关闭合，模拟输入通过电路直接到达输出。当控制电压为低电平时，开关断开，没有输出电压。电路的输出波形如图 14-3b 所示。

实践练习

如果控制电压的频率加倍，占空比保持不变，则图 14-3 中的输出波形如何变化？

14.1.2 多通道模拟开关

在数据采集系统中，当来自不同信号源的输入必须独立转换为数字形式来处理时，就需要使用多路复用技术。如图 14-4 所示的四通道系统中，每个模拟输入源占用一路独立的模拟开关。在这类应用中，所有模拟开关的输出连接在一起形成公共输出，在给定时间，只有一个开关是闭合的。如图 14-4 所示，公共开关输出连接到一个电压跟随器的输入端上。

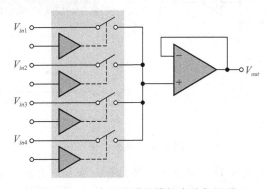

图 14-4 一个四通道的模拟多路复用器

如图 14-5 所示，AD9300 是一个 IC 模拟多路复用器。该器件包括 4 个由通路解码器控制的模拟开关。A_0、A_1 的输入决定 4 个开关中的哪个处于导通状态。如果 A_0、A_1 都为低电平，输入 In_1 被选通。如果 A_0 是高电平，A_1 是低电平，输入 In_2 被选通。如果 A_0 是低电平，A_1 是高电平，则输入 In_3 被选通。如果 A_0、A_1 都是高电平，输入 In_4 被选通。使能输入信号控制开关是否连通输出或者断开输出。当芯片没有启动时，输出为高阻态，允许多个设备连接一起。这个概念参见系统例子 14-1。AD9300 可应用在 4 路视频复用的应用中，包括视频通路、医疗图像、雷达系统，以及数据采集系统。AD9300 的数据手册详见 www.analog.com。

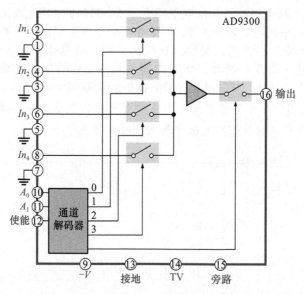

图 14-5　AD9300 模拟多路复用器

例 14-2 模拟多路复用器的控制输入和模拟输入如图 14-6 所示，画出该模拟多路复用器的输出波形。

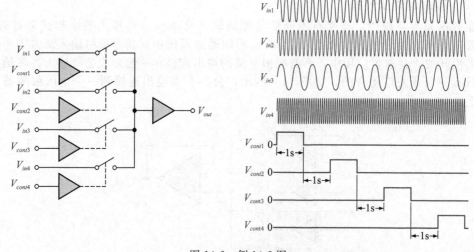

图 14-6　例 14-2 图

解： 当控制输入为高电平时，相应的开关闭合，输出即为其模拟输入电压。注意，一次只允许一个控制电压为高电平。开关的输入信号为不同频率的正弦信号。输出结果是不同频率的正弦信号序列，每个序列之间的时间间隔为 1 秒，如图 14-7 所示。

图 14-7　输出波形

✎ **实践练习**

当控制电压脉冲的时间间隔减小时，图 14-7 的输出波形如何变化？

系统例子 14-1 太阳能跟踪系统

本系统例子中的太阳能板控制系统所含的一些基本电路与第 4 章中介绍的一样。本系统中有 4 个太阳板需要控制，系统采用步进电动机而不是直流电动机。太阳能板安装在一个地平装置上，地平装置通过步进电动机驱动，在水平方向和垂直方向上追踪太阳，并通过电位计将位置延迟信息传递给控制器。控制电路控制每个太阳能板使其与太阳光线保持接近于 90°的角度。大型太阳能板通常需要地平装置，因为它能稳固装置，而且不需要太阳能板的安装高度达到离地间隙。图 SE14-1 说明了每个太阳能板的基本配置，包括步进电动机和位置电位计。

含有预设的太阳位置信息的数字控制器可以控制全部 8 个步进电动机。图 SE14-2 是控制电路的框图。我们主要关注模拟控制板，特别是 AD9300 模拟多路复用器（MUX）。AD9300 接收来自所有 4 个太阳能板的电位计的高度和仰角的电压信息，并将这些信号传递给模-数转换器，模-数转换器将模拟信号转换为数字信号来处理。

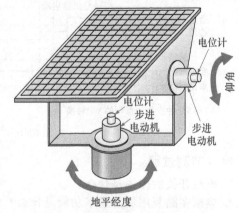

图 SE14-1 具有位置控制与水平和仰角传感器的太阳能板

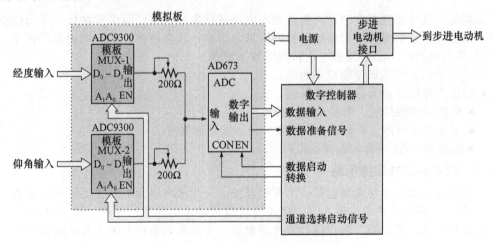

图 SE14-2 太阳能板控制系统框图

很显然，太阳能追踪系统在位置上只需要不时地调整来追踪太阳。在本系统中，控制器大多数时间处于空闲状态，但每 8 分钟激活一次，读取数据，然后调整所有追踪器。同时，数字控制器产生各种信号来读取数据。一个 MUX 启动，并将其中一个位置电位计上的数据放到输出线上。模-数转换器将数据转换为数字信号给数字控制器。控制器持续快速地为多路复用器产生选择和启动信号，读取 4 个经度和 4 个仰角位置信息，每次一个。信号被转成数字码，并用来和存储在数字控制器内存中代表当天时间的太阳板位置信息的角度作比较。根据计算，数字控制器把合适的控制信号发送给有关的步进电动机，从而调整太阳板来获得最大的太阳能产量。

图 SE14-3 是系统的时序图。如图 SE14-3 所示，控制器产生所有必要的时序信号来读取太阳板的位置信息。首先，一个模拟 MUX 启动，通过信号选址来选择读取哪个位置电位计，稍后，控制器调用模数转换器来转换信号。当模-数转换器完成转换之后，它发出准备信号给控制器，然后把数据传递给控制器。第二个 MUX 重复进行该过程。

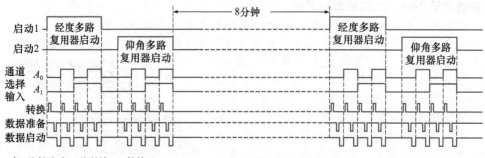

图 SE14-3　太阳跟踪序列时序图

14.1 节测试题

1. 模拟开关的作用是什么？
2. 模拟多路复用器的基本功能是什么？
3. 在图 SE14-2 中，两个 AD9300 的输出通过电位计连接到 ADC 的公共输入端。为什么这是一个有效连接？

14.2　采样保持放大器

采样保持放大器在某个时刻对模拟输入电压进行采样，在获得采样之后，将采样电压保持一段时间。采样保持过程将已采样的模拟电压在一段必要的时间长度内保持恒定，以便让模-数转换器（ADC）将模拟电压转换成数字形式。

学完本节后，你应该掌握以下内容：

● 讨论采样保持放大器的工作原理
  ■ 描述采样保持放大器的跟踪过程
  ■ 定义孔径时间、孔径抖动、采集时间、跌落和馈送
  ■ 描述 AD585 采样和保持放大器

14.2.1　基本的采样保持电路

一个基本的采样保持电路包括一个模拟开关、一个电容以及输入输出缓冲放大器，如图 14-8 所示。模拟开关通过输入缓冲放大器对模拟输入电压进行采样，电容（C_H）存储或保持已采样电压一段时间，输出缓冲放大器提供一个高输入阻抗来防止电容快速放电。

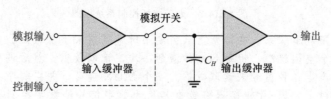

图 14-8　一个基本采样保持电路

如图 14-9 所示，一个相对狭窄的控制电压脉冲闭合模拟开关，并使电容持续充电达到输入电压。然后开关断开，由于通过运放输入端的放电通路阻抗非常高而使电容将在一段较长的时间内保持电压值不变。基本上，采样保持电路是将瞬时模拟输入电压转换成直流电压。

14.2.2　采样期间的跟踪过程

或许采样保持电路称为采样跟踪保持电路更为合适，因为事实上该电路在采样期间跟踪输入电压。如图 14-10 所示，当控制电压为高电平时，输出电压跟随输入电压；当控制电压变成低电平时，输出保持最后的电压不变，直到下一次采样开始。

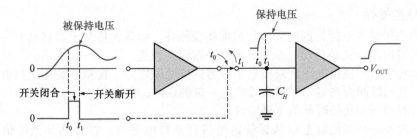

图 14-9　采样保持的基本过程

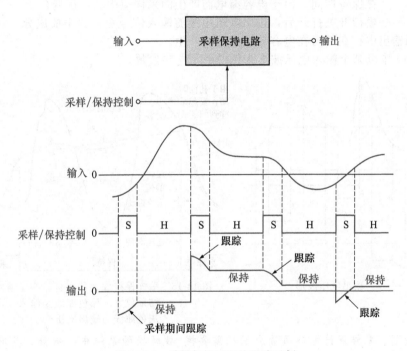

图 14-10　采样保持过程的跟踪示例

例 14-3 对于图 14-11 中的采样保持放大器，根据给出的输入电压和控制电压波形，画出该放大器的输出电压波形。

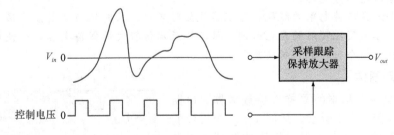

图 14-11　例 14-3 图

解：当控制电压为高电平时，模拟开关闭合，电路跟踪输入电压。当控制电压变为低电平时，模拟开关断开；最后的电压保持恒定，直到下一次控制电压变为高电平。结果如图 14-12 所示。

实践练习

如图 14-11 所示，如果控制电压的频率降低一半，画出输出电压波形。

14.2.3 性能指标

除了类似于第 6 章讨论的闭环运放的那些指标外，采样保持放大器还具有一些专门特性，包括孔径时间、孔径抖动、采集时间、跌落以及馈送。

- 孔径时间——控制电压从采样电平转为保持电平之后，模拟开关完全打开所需的时间。孔径时间会在有效采样点处产生一定的延时。
- 孔径抖动——孔径时间的不确定性。
- 采集时间——当控制电压从保持电平转到采样电平时，器件达到最终值所需要的时间。
- 跌落——在保持期间，由于电容漏电而产生的采样值中的电压变化。
- 馈送——模拟开关打开后，输出电压中跟随输入信号变化的组成成分。从开关的输入到输出中存在的内在电容导致馈送的产生。

图 14-13 中以某个输入电压波形为例说明了这些参数。

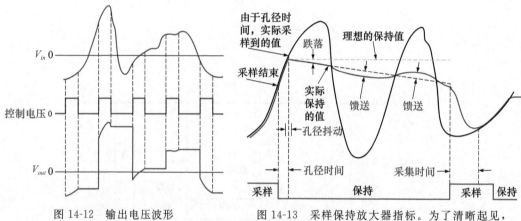

图 14-12　输出电压波形　　图 14-13　采样保持放大器指标。为了清晰起见，结果放大。黑色曲线是输入电压波形。灰色曲线为输出电压

系统说明　采样保持电路通常应用在需要模-数转换的系统中，例如，具有各种传感器输入的模拟数据采集系统。采样保持电路的采样时间主要是保持电容大小的函数。在短时间内，为了保持电容能够充分充电，保持电容需要较小电容值。另一方面，为了获得较长的精确保持时间，保持电容需要较大电容值。也即是说，一个具有短时充电、长时保持的采样保持电路是不可能的。

通过两个采样保持电路的级联，可以实现短时采样、长时保持的功能。第一级采用值较小的保持电容来实现较短的充电时间。第二级采用值较大的保持电容，以使电压保持时间较长。这样，两个目的都能够实现。

14.2.4 专用器件

AD585 是一个基本的采样保持放大器。电路和引脚分布如图 14-14 所示。从图 14-14 中可以看到，该器件包括一个由逻辑门控制的模拟开关和两个缓冲放大器。内部的保持电容值为 100pF。如果需要，可以在 7、8 引脚之间并联一个额外的电容。

建立采样/保持间隔的控制电压连接在引脚 14 和 13 或者引脚 12 和 13 之间。被采样的输入信号连接在引脚 2 上。消除失调电压的调零电位计连

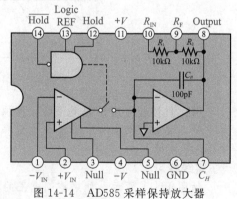

图 14-14　AD585 采样保持放大器

接在引脚 3 和 5 之间，在无外部反馈连接的情况下，通过引脚 1 或引脚 2 可以设置不同的器件总增益。两个典型的组态如图 14-15 所示。其他增益值可以通过外部电阻获得。AD585 的数据手册详见 www.analog.com。

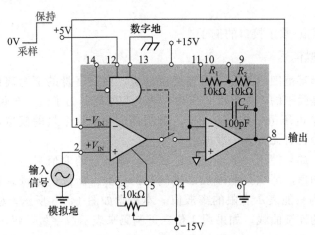

a）采样和保持，其中A_v=+1且具有可选的失调调零功能

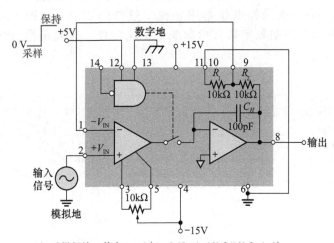

b）采样保持，其中A_v=+2（A_v=R_2/R_1+1=10kΩ/10kΩ+1=2）

图 14-15　AD585 采样保持放大器两种可能的电路图

14.2 节测试题

1. 采样保持放大器的基本功能是什么？
2. 参考采样保持放大器的输出，跌落是指什么？
3. 定义孔径时间。
4. 采集时间是什么？

14.3　模拟和数字接口

模拟量有时也称为真实量，因为自然界中大多数物理量都是模拟量。很多系统中都有模拟输入量，例如温度、速度、位置、压力，以及力。模拟量转换为数字形式用于处理和控制，因此了解模拟量和数字量之间的接口非常重要。本节与下一节假设大家对基本的二进制系统已经有了一定的熟悉程度。

学完本节后，你应该掌握以下内容：
- 讨论数字和模拟量以及一般的接口考虑因素
  - 描述模拟量
  - 描述数字量
  - 讨论真实模拟/数字接口的例子

14.3.1 数字和模拟信号

模拟量是指在给定范围内具有一组连续值的量，而数字量的值为离散值。自然界中，几乎所有可测量都是模拟的，如温度、压力、速度和时间。为了进一步说明数字量与模拟量的差别，来看一个电压值，它在 0～15V 范围内变化。这个量的模拟表示会取 0～15V 之间的所有值，其中会有无穷多个数据。

在数字表示中，如果使用一个 4 位二进制码，那么它的取值只有 16 个。如果需要表示 0～15 之间更多的值，那么只能增加二进制码的位数。所以模拟量具有非常高的精度，而数字量在某范围内只能表示有限的离散值。本概念如图 14-16 所示。模拟值即是在 0～15V 之间平滑变化的连续曲线，如果用 4 位二进制码来表示数字量，每一个离散的二进制值都表示曲线上的一个点。

在图 14-16 中，模拟曲线上的电压在时间轴上，每隔相同间隔就进行一次测量或者采样，一共 35 次。每一次采样电压都用 4 位二进制码表示，如图 14-16 所示。这时，我们就获得了一系列二进制数字来表示曲线上不同的点。这就是模-数（A/D）转换的基本思想。

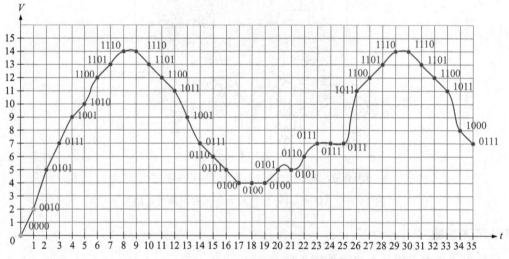

图 14-16　模拟曲线上的离散（数字）点

图 14-16 中模拟量曲线的近似能够通过已获得的数字量序列来重构。很明显，在重构过程中，误差是在所难免的。因为数字量只能表示特定值（本例中为 36 个值）并且是不连续的值。如图 14-17 所示，如果把所有 36 个点的数字值绘制出图形，就可以获得一条重构曲线。可以看到该曲线只是原始曲线的近似，因为相邻点之间的值是未知的。

为了连接数字和模拟世界，需要两个基本的过程。这就是模-数（A/D）和数-模（D/A）转换。通过称为模-数转换器（ADC）的专用集成电路可以实现模-数转换功能。ADC 将模拟信号转换成数字码序列，这些码被输入到计算机或者其他数字设备中进行处理。以下两个系统例子说明了这些转换过程的应用。

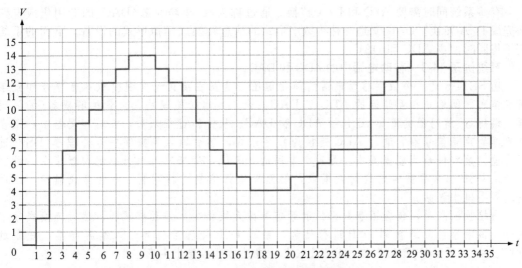

图 14-17 模拟曲线近似的数字重构

系统例子 14-2 电子恒温器

图 SE14-4 是一个基于数字控制的电子恒温器的简化框图。室内温度传感器产生一个与温度成比例的模拟电压。该电压经过线性放大器放大，然后被输入到模-数转换器（ADC）中。在模-数转换器中，它被转换成数字码，并周期性地被控制器采样。例如，假设室内温度是 67 ℉，对应于该温度的一个特定电压值呈现在 ADC 输入端，并被转换成一个 8 位二进制数 01000011。

数字控制器在内部将这个二进制数字与代表理想温度的二进制数字（例如，72 ℉时的01001000）进行比较。这个理想的温度值是预先从键盘输入并存储在存储器中的。比较结果显示，实际的室内温度低于理想温度，于是，控制器就指示单元控制电路将炉子打开，在炉子运行的同时，控制器通过 ADC 持续监测实际温度。当实际温度达到或超过理想的温度时，控制器就关闭炉子。本系统采用两重阈值（迟滞电路）来防止炉子过快地循环。

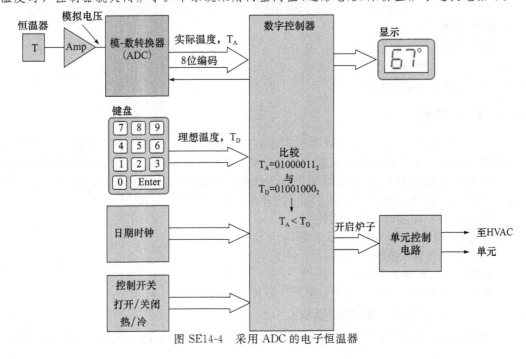

图 SE14-4 采用 ADC 的电子恒温器

有些系统同时需要 A/D 和 D/A 转换。通过称为数-模转换器(DAC)的专用集成电路来完成 D/A 转换。DAC 就是一种将数字形式的信息转换成模拟形式的设备。下面的系统例子将同时使用 ADC 和 DAC。

系统例子 14-3　移动电话中的 ADC 和 DAC

图 SE14-5 是一个数字移动电话的简化框图。这里主要讨论实现模拟声音信号和数字语音信息之间格式相互转换的 ADC 与 DAC。除了其他功能模块，声音编解码器(编解码器是编码器/解码器的简称)还包括 ADC 和 DAC。从传输过程来看，在编解码器中，来自传声器的声音信号首先通过 ADC 转换为数字形式，然后输入到数字信号处理器(DSP)进行处理。数字信号处理器基本上是一个专用的计算机，用来实时运行一组内置指令。数字信号从 DSP 出来后被传送到射频模块，射频模块将信号进行调制，并转变成射频，然后发送到手机中继站。

当接收消息时，包含语音数据的射频信号被天线获得，并且被解调，然后转换成数字信号。该数字信号连接到 DSP 进行处理，经过 DSP 处理后将其送入编解码器，并通过 DAC 转换成原始的声音信号，再经过放大，通过扬声器输出声音。

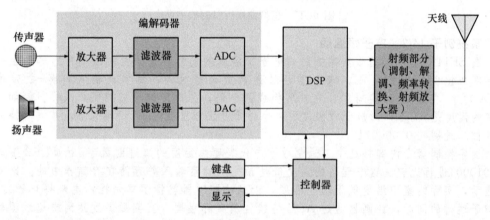

图 SE14-5　数字移动电话的简化框图

14.3 节测试题

1. 自然界中的量以什么形式存在？
2. 解释 A/D 转换的基本作用。
3. 解释 D/A 转换的基本作用。

14.4　D/A 转换

数-模转换器是一种将信息从数字形式转换为模拟形式的设备。D/A 转换是许多系统的重要组成部分。本节将介绍两种基本类型的数-模转换器(DAC)，并学习它们的性能特性。二进制权值输入 DAC 将在第 8 章中作为比例加法器的一个例子来进行介绍，在本节也将进行介绍。此外，还将介绍更为常用的 $R/2R$ 梯形 DAC。

学完本节后，你应该掌握以下内容：
- 描述数-模转换器(DAC)的工作原理
  - 描述二进制权值输入 DAC
  - 描述 $R/2R$ 梯形 DAC
  - 讨论分辨率、精度、线性、单调性和建立时间

14.4.1　二进制权值输入数-模转换器

二进制权值输入 DAC 使用一个电阻网络，电阻网络中的电阻值代表数字码输入位的

二进制权值。图 14-18 所示是一个 4 位的权值输入 DAC。根据输入电压电平，每个输入电阻上或者有电流流过，或者没有电流流过。如果输入电压为 0(二进制 0)，那么电流也为 0，如果电压为高电平(二进制 1)，那么此时的电流值大小取决于该输入电阻的值，由于各个输入电阻不同，因此每个输入电阻上的电流也不同，如 14-18 图中的电表所示。

因为在运放反相(—)输入端实际上没有电流，所以所有输入电流都相加然后流过电阻 R_F。因为反相输入端为 0(虚地)，所以 R_F 上面的压降就等于输出电压，即 $V_{OUT} = -I_F R_F$。注意，因为反相，所以 V_{OUT} 是负值。

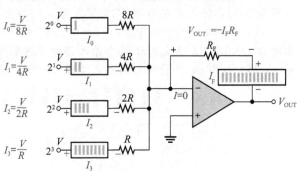

图 14-18　4 位二进制权值输入 DAC

选择输入电阻值使其与相应输入位的二进制权值成反比。最小值电阻 (R) 对应最高二进制权值输入 (2^3)。其他电阻为 R 的倍数(如 $2R$、$4R$、$8R$)，分别对应二进制权值 2^2、2^1、2^0。输入电流也与二进制权值成正比。因为所有电流的和都通过 R_F，所以输出电压也与二进制权值和成正比。

这种类型 DAC 的一个缺点是不同电阻值的数量。例如，一个 8 位转换器就需要 8 个不同的电阻，电阻值从 R 到 $128R$，以二进制权值步进。对于这个范围的电阻，如果要精确转换输入，电阻值容差要达到 $1/255$(小于 0.5%)，这就使得这种 DAC 的大规模生产变得非常困难。

例 14-4 对于如图 14-19a 所示的 DAC，如果图 14-19b 中表示 4 位二进制数的波形加到其输入端，求该 DAC 的输出波形。其中输入 D_0 为最低有效位。

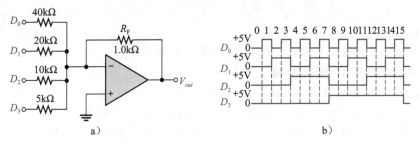

图 14-19　例 14-4 图

解：首先，计算每个权值输入的电流。因为运放反相(—)输入端为 0V(虚地)，并且数字 1 对应于 +5V，所以流过每个输入电阻的电流为 5V 除以每个电阻值。

$$I_0 = \frac{5V}{40k\Omega} = 0.125mA$$

$$I_1 = \frac{5V}{20k\Omega} = 0.25mA$$

$$I_2 = \frac{5V}{10k\Omega} = 0.5mA$$

$$I_3 = \frac{5V}{5k\Omega} = 1.0mA$$

因为运放反相输入端的输入电阻很大，所以上面没有电流流过。因此所有电流都流过反馈电阻 R_F。由于 R_F 的一端接地(虚地)，所以 R_F 上的压降就等于输出电压，该输出电压相对于虚地为负值。

$$V_{OUT(D0)} = 1.0k\Omega \times (-0.125mA) = -0.125V$$

$$V_{\mathrm{OUT}(D1)} = 1.0\mathrm{k}\Omega \times (-0.25\mathrm{mA}) = -0.25\mathrm{V}$$
$$V_{\mathrm{OUT}(D2)} = 1.0\mathrm{k}\Omega \times (-0.5\mathrm{mA}) = -0.5\mathrm{V}$$
$$V_{\mathrm{OUT}(D3)} = 1.0\mathrm{k}\Omega \times (-1.0\mathrm{mA}) = -1.0\mathrm{V}$$

从图 14-19b 可以看出，第一个二进制输入码为 0000，此时输出电压为 0V。下一个输入码是 0001，输出电压为－0.125V，再下一个为 0010，输出电压为－0.25V，再下一个为 0011，输出电压为－0.125V＋（－0.25V）＝－0.375V。每一个连续的二进制码都使输出增加－0.125V，因此对于这个输入端的二进制序列，它的输出为以－0.125V 为步进的从 0V 到－1.875V 的阶梯形波形，如图 14-20 所示。

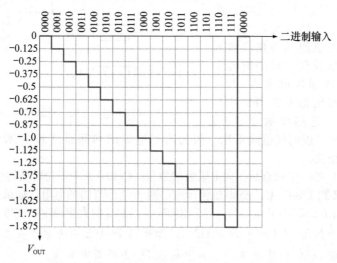

图 14-20　图 14-19 中的 DAC 的输出波形

✎ **实践练习**

如果反馈电阻变为 2.0kΩ，则该 DAC 的输出步进将变为多少？

14.4.2　$R/2R$ 梯形数-模转换器

另一种 D/A 转换器是 $R/2R$ 梯形数-模转换器，图 14-21 所示是一个 4 位的 $R/2R$ 梯形 DAC。与二进制权重输入 DAC 不同的是，它只需要两种电阻值。

首先，假设 D_3 的输入为高电平（＋5V），其他输入都为低电平（接地，0V），这就代表二进制码 1000。通过电路分析可以知道这可以化简成如图 14-22a 所示的等效电路。因为反相输入端虚地，所以基本上没有电流通过 $2R$ 的等效电阻。因此，流过 R_7 的所有电流（$I = 5V/2R$）都流过 R_F，并且输出电压为－5V。

图 14-22b 说明了当 D_2 为＋5V 且其他输入接地时的等效电路。这种情况代表二进制码 0100，如果从 R_8 往左边看过去，根据戴维南原理，可以得到 R 与一个 2.5V 的电源串联，如图 14-22b 所示⊖。结果表明，流过 R_F 的电流为 $I = -2.5V/2R$，得到输出电压为－2.5V。记住，运放反相输入端上没有电流，同时也没有电流流过与地相连的等效电阻，因为虚地，所以它上面的压降为 0。

图 14-22c 说明了当 D_1 为＋5V 且其他输入都接地时的情况。同上所述，从 R_8 往左看过去，根据戴维南定理，可以得到 R 与一个 1.25V 的电压串联。因此流过 R_F 的电流为 $I = -1.25V/2R$，得到输出电压为－1.25V。

图 14-22d 中，该等效电路表示当 D_0 为＋5V 且其他输入都接地时的情况，同理，从 R_8 进行戴维南等效，可以得到 R 与 0.625V 的电压串联，结果表明，流过 R_F 的电流为

⊖　1.3 节描述了戴维南等效电路以及如何戴维南化。

$I=-0.625\text{V}/2R$，得到输出电压为-0.625V。

注意，每一个连续的低位加权输入都使得输出电压减小一半，这样，输出电压与输入位的二进制权值成正比。

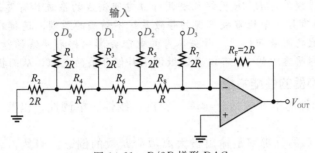

图 14-21　$R/2R$ 梯形 DAC

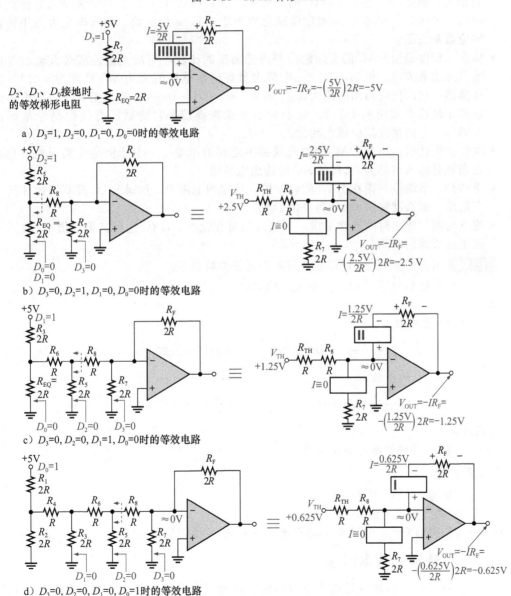

图 14-22　$R/2R$ 梯形 DAC 的分析

系统说明 在使用 $R/2R$ 梯形的系统中，几乎都会用到单片 IC。$R/2R$ 梯形中电阻的实际值并不会影响电路的精度，但是，电阻比率应尽可能匹配。与晶体管阵列能够提供比分立器件更好的匹配性一样，在单片 IC 上构造梯形网络可以提供 R 和 $2R$ 值之间更好的匹配。构造在相同衬底上的薄膜单片 $R/2R$ 网络比利用分立电阻制成的系统具有更优的性能。

$R/2R$ 网络中还有另一个经常被忽视的导致系统不精确的原因。连接在 $2R$ 输入电阻上的输入在参考电压和地之间来回切换。开关本身的电阻会影响梯形网络的精度。通过利用自动激光微调技术，梯形网络中的 $2R$ 可以通过微调来补偿开关的电阻，从而提高网络精度。

14.4.3 数-模转换器的性能指标

数-模转换器的性能指标包括分辨率、精度、线性、单调性，以及建立时间，以下将讨论这些指标。

- 分辨率。DAC 的分辨率是输出最大离散阶跃数的倒数。当然，分辨率也与输入位数相关。例如，一个 4 位 DAC 的分辨率就是 $1/(2^4-1)$，即 $1/15$，换成百分比就是 $(1/15) \times 100\% = 6.67\%$。离散阶跃总数为 2^n-1，n 为位数。分辨率也可以用转换的位数来表示。

- 精度。精度是指 DAC 的实际输出与理想输出的比较，用最大量程或最大输出电压的百分比来表示。例如，对于一个最大量程输出电压值为 10V、精度为 $\pm 0.1\%$ 的转换器，它的任何输出的最大误差为 $10V \times 0.001 = 10mV$。理想情况下，精度不应该差于最低有效位的 $\pm 1/2$。对于一个 8 位转换器，它的最低有效位是全量程的 0.39%，它的精度就应该大约为 $\pm 0.2\%$。

- 线性。线性误差指与 DAC 理想直线输出之间的偏差。一个特例是失调误差，它是指当所有输入位都为 0 时，DAC 的输出电压值。

- 单调性。单调性是指在 DAC 的整个输入位序列范围内，如果 DAC 没有漏掉任何一个阶跃，那么就称该 DAC 为单调 DAC。

- 建立时间。建立时间通常是指，当输入码有变化时，DAC 达到其最终值 $\pm 1/2$ LSB 范围内所需的时间。

例 14-5 计算下面两个 DAC 的分辨率，用百分数表示。

(a) 一个 8 位 DAC。　　(b) 一个 12 位 DAC。

解：

(a) 对于 8 位转换器，

$$\frac{1}{2^8-1} \times 100\% = \frac{1}{255} \times 100\% = 0.392\%$$

(b) 对于 12 位转换器，

$$\frac{1}{2^{12}-1} \times 100\% = \frac{1}{4\,095} \times 100\% = 0.024\,4\%$$

实践练习

求一个 18 位转换器的百分比分辨率。

14.4 节测试题

1. 二进制权值输入 DAC 的缺点是什么？
2. 4 位 DAC 的分辨率为多少？
3. 对于 $R/2R$ 梯形来说，与分立电路相比，单片 IC 的优势是什么？

14.5 A/D 转换的基本概念

顾名思义，模-数转换就是指将模拟量转换成数字形式的过程。当被测量必须以数字形式在计算机中处理、显示或存储时，就需要模-数转换。基本的 A/D 转换概念包括分辨率、转换时间、采样定理以及量化误差。

学完本节后，你应该掌握以下内容：

- 描述 A/D 转换
  - 定义分辨率
  - 解释转换时间
  - 讨论采样定理
  - 定义量化误差

14.5.1 分辨率

模–数转换器(ADC)将一个连续的模拟信号转换成一系列二进制数字。每个二进制数字代表某个转换时刻模拟信号的值。ADC 的分辨率可以用表示每个模拟信号值的位数(二进制)来表示。一个 4 位 ADC 能表示 16 个不同的模拟信号值，因为 $2^4 = 16$。同理，一个 8 位 ADC 能够表示 $2^8 = 256$ 个不同的模拟信号值，一个 12 位 ADC 能够表示 $2^{12} = 4\,096$ 个不同的模拟信号值。位数越多，转换的精度越高，分辨率也就越大，因为给定的模拟信号可以用更多的值来表示。

如图 14-23 所示，可以用图 14-23a 中的斜坡模拟电压来说明分辨率。对于图 14-23b 所示的 3 位分辨率的情形，用二进制数只能表示斜坡电压的 8 个值。通过这 8 个二进制值来重构斜坡电压将导致如图 14-23b 所示的阶跃近似。对于图 14-23c 所示的 4 位分辨率的情形，可以表示 16 个不同的值。D/A 转换器可以重构出更精确的 16 级近似信号，如图 14-23c 所示。图 14-23d 表示的是 5 位分辨率的情形，D/A 转换器可以重构出 32 级更加精确的的斜坡波形。

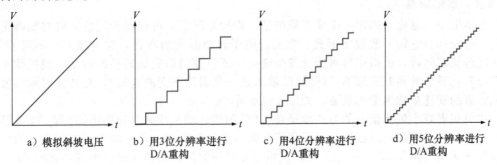

a) 模拟斜坡电压　　b) 用3位分辨率进行　　c) 用4位分辨率进行　　d) 用5位分辨率进行
　　　　　　　　　　D/A重构　　　　　　　D/A重构　　　　　　　D/A重构

图 14-23　分辨率对模拟信号重构的影响(以斜坡电压为例)

14.5.2 转换时间

除了分辨率之外，ADC 另一个重要的特性是转换时间。将一个模拟信号值转换成一个数字量并不能瞬时完成，这个过程需要一定的时间。转换时间可以从快速转换器的微秒级到慢速转换器的毫秒级。图 14-24 说明了转换时间的基本概念。如图 14-24 所示，在 t_0 时刻进行模拟电压值的转换，但直到 t_1 时刻才完成转换。

14.5.3 采样定理

在 A/D 转换中，模拟波形在固定点采样，然后将被采样的值转换为二进制数值。由于转换需要花费一定的时间，因此在一定的时间周

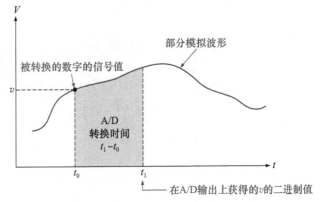

图 14-24　A/D 转换时间示意图

期内，模拟信号的采样数是有限的。例如，如果某 ADC 在 1ms 内完成一次转换，那么在一秒钟内它能进行 1000 次转换。也就是说，在一秒的间隔内，它可以将 1000 个不同的模拟值转换成数字形式。

为了表示模拟波形，最小的采样率必须大于模拟信号最大频率分量的两倍。这个最小采样频率称为奈奎斯特采样率。在奈奎斯特采样率下，一个周期内，一个模拟信号最少采样和转换两次，它建立了模拟信号的基频。经过 D/A 转换后，可以使用滤波器来获得原始信号的复制波形。显然，在模拟信号周期内转换的次数越多，得到模拟信号表示就越精确。图 14-25 说明了两种不同采样率下的情况。下面的波形是通过 D/A 重构的波形。

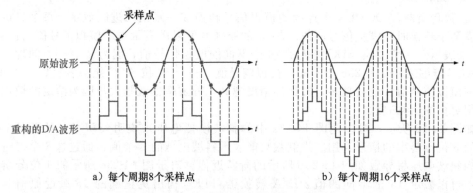

a）每个周期8个采样点 b）每个周期16个采样点

图 14-25 两种不同的采样率示意图

14.5.4 量化误差

在本书中，量化指确定一个模拟量的值。理想情况下，可以在给定的瞬时时刻确定一个值，并立即将它转换成数字形式。当然，由于转换时间的存在，这实际上是不可能的。因为在转换时间内，模拟信号可能会发生变化，所以在最后完成转换的时候，模拟信号的值已经与它开始转换时的值不一样（除非输入是一个固定不变的直流）。在转换时间内发生的模拟值的变化量称为量化误差，如图 14-26 所示。

避免或者减小量化误差的方式就是在 ADC 的输入端采用采样保持电路。在 14.2 节中已经知道，采样保持电路能够快速采集模拟输入值，然后在一定时间内保持不变。所以通过将采样保持电路与 ADC 一起使用，就可以在转换时间内保持采样值不变。此时 ADC 将一个固定值转换成数字形式，从而避免了量化误差。图 14-27 说明了这个基本的处理过程。与图 14-26 的转换过程进行比较，可以看到此时获得了更精确的重构波形。

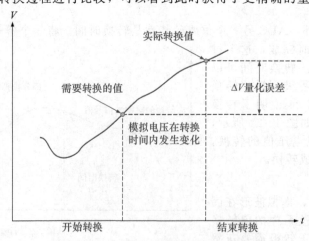

图 14-26 A/D 转换的量化误差示意图

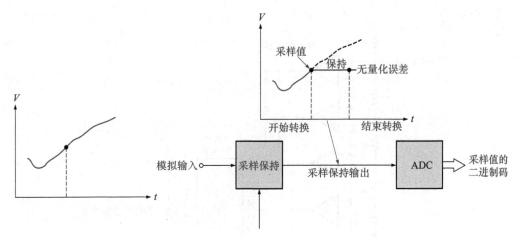

图 14-27 利用采样保持放大器来避免量化误差

14.5 节测试题

1. 什么是转换时间?
2. 根据采样定理,100Hz 正弦波形的最小采样率是多少?
3. 在 A/D 转换中,采样保持电路是如何避免量化误差的?

14.6 A/D 转换方法

了解了模-数转换的基本概念之后,下面将学习 A/D 转换的一些方法。这些方法包括 Flash(同步)型、阶梯式斜坡型、跟踪型、单斜率型、双斜率型,以及逐次逼近型。双斜率型和 Flash 型作为运放应用的一个例子在第 8 章讲述。其他内容在本节讲述和扩展。

学完本节后,你应该掌握以下内容:

- 讨论模-数转换器(ADC)的原理
  - 描述 Flash 型 ADC
  - 描述阶梯式斜坡型 ADC
  - 描述跟踪型 ADC
  - 描述单斜率型 ADC
  - 描述双斜率型 ADC
  - 描述逐次逼近型 ADC

14.6.1 Flash(同步)型模-数转换器

Flash(同步)型方法利用比较器来比较参考电压和模拟输入电压。对于给定的比较器,当输入电压大于参考电压时,会产生一个高电平输出。图 14-28 是使用 7 个比较器电路的 3 位转换器。当输入为全零时,则不需要比较器。这种类型的 4 位转换器需要 15 个比较器。一般来说,要转换成 n 位二进制码,则需要 2^n-1 个比较器。需要相当数量的比较器是 Flash 型 ADC 的一个缺点,它的主要优点是具有较快的转换时间。

每个比较器的参考电压由电阻分压网络确定。每个比较器的输出连接到一个优先级编码器的输入端。该编码器由启动输入端的脉冲进行采样,并在其输出端输出一个表示模拟输入值的 3 位二进制码。二进制码由具有高电平的最高阶输入确定。

采样率决定二进制码序列表示的 ADC 模拟输入的精度。在给定的单位时间内的采样次数越多,数字形式能够表示的精度就越高。

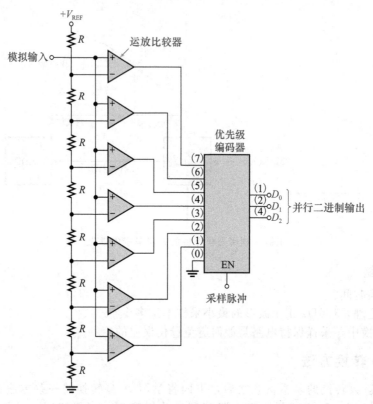

图 14-28　3 位 Flash 型 ADC

例 14-6 对于一个 3 位 Flash 型 ADC，其模拟输入信号和采样脉冲（编码器启动）如图 14-29 所示。求其二进制码输出。假设 $V_{REF} = +8V$。

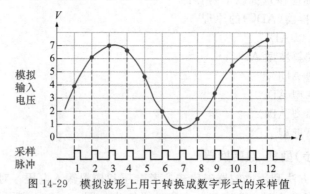

图 14-29　模拟波形上用于转换成数字形式的采样值

解： A/D 输出序列如下所示，相对于采样脉冲，波形如图 14-30 所示。

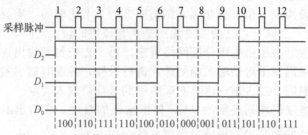

图 14-30　采样值的数字码输出。D_0 为最低有效位 LSB

如果图 14-29 中的模拟电压幅度减半，则 A/D 输出序列会如何变化？

14.6.2 阶梯式斜坡型模-数转换器

阶梯式斜坡型转换器也叫数字斜坡式转换器或计数型转换器。它通过一个 DAC 和一个二进制计数器来产生模拟输入的数字值。图 14-31 给出了这种类型转换器的图形。

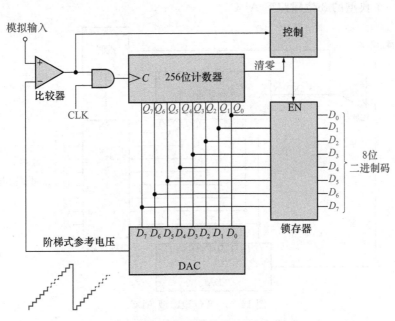

图 14-31　阶梯式斜坡型 ADC(8 位)

假设计数器从复位状态(全 0)开始，此时 DAC 输出结果为 0。当有模拟电压加入到输入端时，如果输入电压大于参考电压(DAC 的输出)，那么比较器就转换到高电平输出状态，并启动与门。计数器通过时钟脉冲驱动开始以二进制计数，并从 DAC 产生一个阶梯式参考电压。计数器持续计数，并在参考电压上逐次产生更大的阶跃。当阶梯式参考电压达到模拟输入电压时，比较器返回低电平状态，并禁用与门，因此关闭时钟脉冲并停止计数。此时计数器的二进制状态等于参考电压中的阶跃数。当然，这个二进制数就表示模拟输入的值。控制逻辑将该二进制数加载到锁存器中，并复位计数器，开始下一次采样计数。

阶梯式斜坡型方法的转换速度比 Flash 型要慢，因为当输入为最大值时(最坏情况)，计数器必须经过所有计数状态才能完成转换。对于一个 8 位转换器而言，这意味着需要最大的 256 个计数状态。图 14-32 给出了一个 4 位转换器的转换序列。可以看到，对于每一

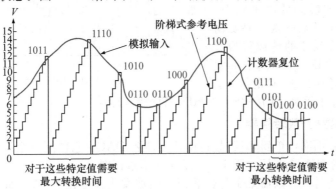

图 14-32　4 位转换的例子，其中给出了模拟输入和阶梯式参考电压

次采样，计数器都要从零开始计数，直到使得阶梯参考电压达到模拟输入电压。所以它的转换时间取决于模拟输入值的大小。

14.6.3　跟踪型模-数转换器

跟踪型方法采用双向计数器(一种可以向上或向下计数的计数器)，它的转换速度要比阶梯式方法快，因为它的计数器并不会在每次采样后重置，而是会跟踪模拟输入值。图 14-33 是一个典型的 8 位跟踪型 ADC。

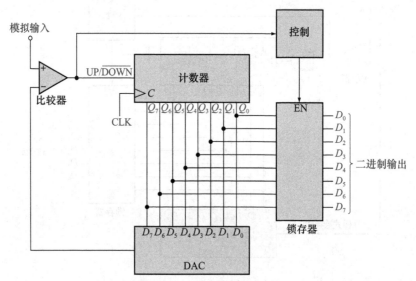

图 14-33　8 位跟踪型 ADC

只要 DAC 参考电压小于模拟输入，比较器输出电平就为高，使得计数器变为向上计数模式，从而会产生二进制计数序列。这也会在 DAC 输出端得到一个上升的阶梯式参考电压输入电压值，该参考电压会一直上升，直到等于输入电压值。

当参考电压等于输入电压时，比较器的输出转化到低电平，计数器转化为向下计数模式，使得计数器向下减 1。当模拟输入减小时，计数器就会开始向下下降，并有效跟踪输入。如果模拟输入增加，在比较发生后，计数器会向下降 1，然后重新开始向上计数。当输入保持恒定时，比较器发生一次比较，计数器下降一次。此时，参考电压小于输入电压，比较器输出又置为高电平，于是计数器就增加一次。只要计数器增加 1，参考电压就会大于输入电压，比较器转到低电平状态。这样计数器就向下计数一次。只要输入电压恒定，这个反复的计数行为就一直进行，使得 ADC 的输出波形就呈振荡形式。这是这种 ADC 的缺点。

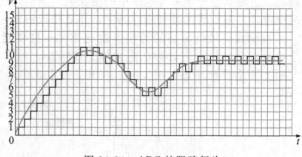

图 14-34　ADC 的跟踪行为

图 14-34 描述了该类型的一个 4 位 ADC 的跟踪行为。

14.6.4　单斜率型模-数转换器

与前两种型号不同，单斜率模-数转换器不需要 DAC。它使用一个线性斜坡电压发生器来产生恒定斜率的参考电压。图 14-35 是它的示意框图。

转换周期开始时，计数器处于复位状态，斜坡发生器输出为 0V。此时，模拟输入大于参考电压，使得比较器输出为高电平。该高电平可以启动计数器的时钟，并启动斜坡电

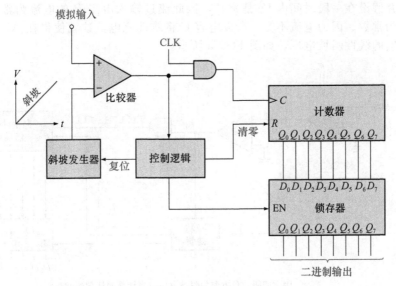

图 14-35 单斜率 ADC

压发生器。

假设斜坡电压的斜率为 1V/ms。斜坡电压会持续升高,直到它等于模拟输入值。然后斜坡电压复位,二进制计数值被逻辑控制器保存在锁存器中。假设在比较的时候,模拟输入为 2V,这意味着斜坡电压也是 2V,运行了 2ms 时间。因为比较器保持高电平状态已经有 2ms,所以有 200 个时钟脉冲已经通过逻辑门到达计数器(假设时钟频率是 100kHz)。在该比较的时刻,计数器的二进制状态就表示十进制的 200。经过适当的缩放和编码,该数字可以显示成 2.00V。数字电压表中就用到了这种概念。

14.6.5 双斜率型模-数转换器

双斜率型 ADC 的原理和单斜率型 ADC 相似,除了它同时采用可变斜率斜坡电压和固定斜率斜坡电压。这种类型的转换器在数字电压表中很常见。

斜坡电压发生器(积分器)A_1 用来实现双斜率特性。图 14-36 是一个双斜率型 ADC 的框图。

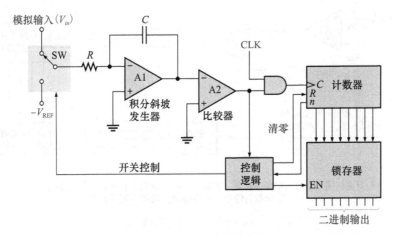

图 14-36 双斜率型 ADC

图 14-37 描述了双斜率型 ADC 的转换过程。假设计数器复位而且积分器的输出为 0。现在假设控制逻辑控制开关(SW)导通,输入端获得一个正的输入电压,由于 A_1 的反相输

入端虚地，并假设在一段时间内 V_{in} 是常数，因此流过输入电阻 R 的电流为常数，电容 C 上的电流也为常数。因为电流不变，所以电容 C 将线性充电，这就使得在 A_1 的输出端获得一个负方向的线性斜坡电压，如图 14-37a 所示。

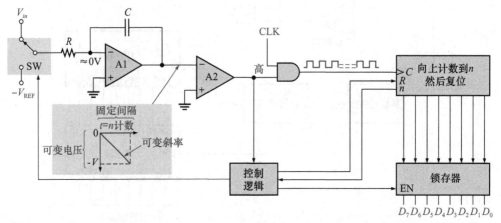

a）固定间隔、负方向的斜坡电压（当计数器计数到 n 时）

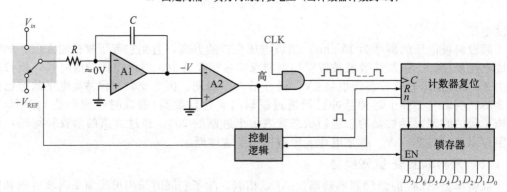

b）在固定间隔结束时，计数器发送脉冲给控制逻辑将开关切换到 $-V_{REF}$ 输入

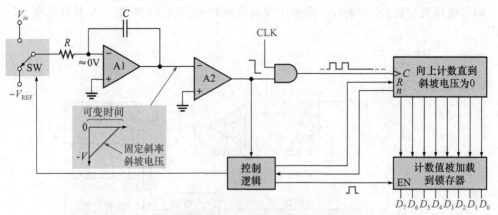

c）固定间隔、正方向的斜坡电压（当计数器再一次向上计数时）。当斜坡电压到达 0V 时，计数器停止，计数器输出被加载到锁存器中

图 14-37 双斜率转换

当计数器达到指定值时，计数器复位，控制逻辑通过开关使得 A_1 的输入端与负参考电压（$-V_{REF}$）相连，如图 14-37b 所示。此时，电容被充电到与输入模拟电压成正比的负电压值（$-V$）。

由于从 $-V_{REF}$ 获得了恒定电流，因此电容 C 呈线性放电，如图 14-37c 所示。线性放电过程使得在 A_1 的输出端产生一个从 $-V$ 开始的向正方向的斜坡电压，其斜率固定，并与充电电压无关。随着电容器不断放电，计数器从复位状态开始不断计数。电容放电到 0 所需的时间取决于初始电压($-V$，正比于 V_{in})，因为放电速率(即斜率)是恒定的。当积分器(A_1)输出电压达到 0 时，比较器(A_2)转换到低电平状态，并关闭计数器时钟，停止计数。然后二进制计数值锁定，完成一次转换。因为电容放电时间只取决于 $-V$，所以二进制计数值正比于 V_{in}，计数器记录这个时间间隔。

14.6.6 逐次逼近型模-数转换器

应用最为广泛的 A/D 转换器可能要数逐次逼近型模数转换器。除了 Flash 型转换器之外，逐次逼近型方法的转换速度要比其他各种类型的转换方法都快。对于任何模拟输入来说，它的转换时间都相同，并且是固定不变的。

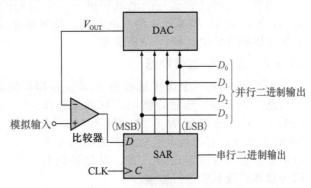

图 14-38 是一个 4 位逐次逼近型模-数转换器的基本框图。它包括一个 DAC、一个逐次逼近型寄存器(SAR)以及一个比较器。基本原理如下。从最高有效位(MSB)开始，每次启动一个 DAC 位。当某一位启动时，比较器就会产生一个输出，该输出指明模拟输入电压是否大于或小于

图 14-38 逐次逼近型模-数转换器

DAC 的输出。如果 DAC 的输出大于模拟输入，比较器的输出值就为低电平，使得寄存器中的这一位复位。反之，如果 DAC 的输出小于模拟输入，那么寄存器中的这一位就保持。该系统从最高有效位(MSB)开始操作，然后是次高有效位，依此类推。在 DAC 的所有位都试过后，就完成一次转换周期。

为了更好地理解逐次逼近型模-数转换器的工作原理，用一个 4 位转换的特殊例子来说明。图 14-39 是一个给定模拟输入电压(这里是 +5V)的逐步转换过程。假设 DAC 具有如下输出特性：对于 2^3 位(MSB)有 $V_{OUT} = 8V$，对于 2^2 位有 $V_{OUT} = 4V$，对于 2^1 位有 $V_{OUT} = 2V$，以及对于 2^0 位(LSB)有 $V_{OUT} = 1V$。

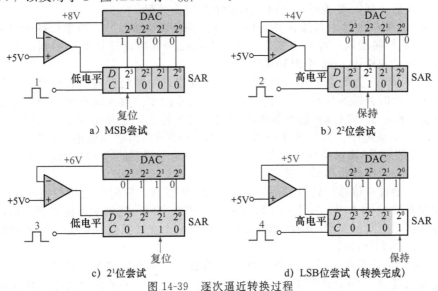

图 14-39 逐次逼近转换过程

图 14-39a 说明了转换过程的第一步，其中 MSB＝1。DAC 的输出为 8V。因为输出大于 5V 的模拟输入，所以比较器的输出为低电平，使得 SAR 中的 MSB 置 0。

图 14-39b 说明了转换过程的第二步，2^2 位等于 1。此时 DAC 的输出为 4V，因为输出小于 5V 的模拟输入，所以比较器的输出为高电平，使得 SAR 中的这一位保持。

图 14-39c 说明了转换过程的第三步，2^1 位等于 1。此时 DAC 的输出为 6V，因为在 2^1 和 2^2 位的输入都为 1，4V＋2V＝6V。因为这大于 5V 的模拟输入，所以比较器的输出为低电平，使得这一位置 0。

图 14-39d 说明了转换过程的第四步，2^0 位等于 1。此时 DAC 的输出为 5V，因为在 2^1 和 2^2 位的输入都为 1，4V＋1V＝5V。

随着 4 位都已尝试过，也就完成了一个周期的转换。此时，寄存器中的二进制码为 0101，它代表 5V 模拟输入的二进制值。接下来开始下一个周期的转换，重复上面的过程。在每个周期开始的时候，SAR 清零。

14.6.7 专用模-数转换器

ADC0804 是一个逐次逼近型 ADC。该器件的数据手册可参考 www.national.com 上的信息。图 14-40 是它的框图。它的工作电压是 ＋5V，分辨率为 8 位，转换时间为 100μs。此外，它还具有绝对单调性以及片上时钟发生器。数据输出为三态，因此可以与微处理器总线系统进行连接。

ADC0804 的详细逻辑图如图 14-41 所示，基本的工作原理如下。ADC0804 包含一个等效的 256 电阻 DAC 网络。逐次逼近逻辑将网络序列化来将模拟差分输入电压（$+V_{IN}-(-V_{IN})$）与电阻网络的输出电压进行匹配。首先测试 MSB。在经过 8 次比较（64 个时钟周期）之后，一个 8 位二进制码被输入到输出锁存器。中断（$\overline{INTR}$）输出变为低

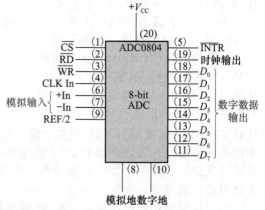

图 14-40 ADC0804 模-数转换器

电平。通过将 $\overline{INTR}$ 输出与写入（$\overline{WR}$）接口相连，并保持转换开始端（$\overline{CS}$）为低电平，芯片就进入自运行模式。为了保证在任何条件下都能正常启动，在上电周期内，$\overline{WR}$ 输入必须为低电平。此后，当 $\overline{CS}$ 变为低电平时，就会中断转换过程。

当 $\overline{WR}$ 变为低电平时，内部 SAR 和 8 位移位寄存器都将复位。只要 $\overline{CS}$ 和 $\overline{WR}$ 端都保持低电平，模-数转换器就一直处于复位状态。在 $\overline{CS}$ 或 $\overline{WR}$ 端进行从低电平到高电平的转换时，转换开始，并持续 1～8 个时钟周期。

当 $\overline{CS}$ 和 $\overline{WR}$ 输入为低电平时，设置"启动"触发器，中断触发器和 8 位寄存器复位。该高电平与下一个时钟脉冲相与，使得在"启动"触发器的复位输入端产生一个高电平。如果 $\overline{CS}$ 或 $\overline{WR}$ 变为高电平，"启动"触发器中的设置信号被移除，触发器复位。8 位移动寄存器的 D 输入端变为高电平，开始转换过程。如果 $\overline{CS}$ 和 $\overline{WR}$ 都仍然为低电平，"启动"触发器、8 位移位寄存器和 SAR 保持复位状态。该动作使得对于较宽的 $\overline{CS}$ 和 $\overline{WR}$ 输入，当其中一个变为高电平后，转换开始启动，并持续 8 个周期。

当高电平通过 8 位移位寄存器后，完成了 SAR 搜索，它将传递给控制输出锁存器的与门和触发器的 D 输入端。在下一个时钟脉冲，把数字码传递到三态输出锁存器，然后激活中断触发器。中断触发器的输出端被反相来提供一个在转换过程中为高电平而转换完成后为低电平的 $\overline{INTR}$ 输出。

当 $\overline{CS}$ 和 $\overline{RD}$ 都为低电平时，三态输出锁存器启动，输出码就加入到 $D_0\sim D_7$ 线上，然后中断触发器复位。当 $\overline{CS}$ 或 $\overline{RD}$ 输入返回高电平时，$D_0\sim D_7$ 的输出被禁用。中断触发器保

持复位状态。

其他集成模–数转换器见表 14-1。

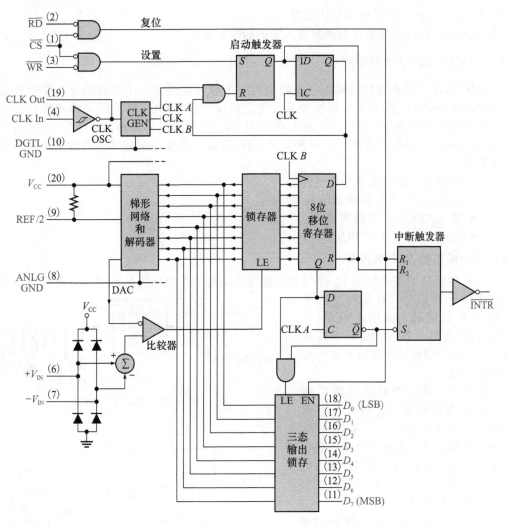

图 14-41　ADC0804 模–数转换器逻辑框图

表 14-1　几种常用的 ADC

器件	描述	分辨率	转换时间	电源电压
AD673[1]	逐次逼近型	8 位	$20\mu s$	+5V，−12V
AD9220[1]	逐次逼近型	12 位	100ns	+5V
ADC0802N[2]	逐次逼近型	8 位	$100\mu s$	+5V
ADC0803N[2]	逐次逼近型	8 位	$100\mu s$	+5V
HI7191[3]	$\Sigma-\Delta$	24 位	—	±5V
TLC5510[4]	Flash 转换	8 位	25ns	+5V
ADS1216[4]	$\Sigma-\Delta$	24 位	—	2.7～5.25V

[1]数据手册见 www.analog.com。

[2]数据手册见 www.national.com。

[3]数据手册见 www.intersil.com。

[4]数据手册见 www.it.com。

14.6节测试题

1. 最快的模-数转换方法是哪种？
2. 哪种 A/D 转换方法采用双向计数器？
3. 判断正误：逐次逼近型转换器具有固定的转换时间。

14.7 V/F 和 F/V 转换器

电压-频率转换器将模拟输入电压转换为一个脉冲流或者一个方波信号，并使模拟电压和脉冲流的频率之间有一个线性关系。与之相反，频率-电压转换器是将脉冲流转换成与其频率成正比的电压。实际上，在某些应用中，V/F 和 F/V 转换器可以作为 ADC 或者 DAC 来使用。在其他应用中，V/F 和 F/V 转换器通常用在如抗高噪声的数字传输和数字电压表中。

学完本节后，你应该掌握以下内容：

- 讨论 V/F 和 F/V 转换器的基本原理
  - 描述 AD650V/F 转换器
  - 讨论 V/F 和 F/V 应用

14.7.1 基本的 V/F 转换器

V/F 转换器的概念如图 14-42 所示。把输入端的模拟电压转化为频率与输入电压幅度成正比的脉冲信号。有几种方法来实现 V/F 转换器，例如，VCO（压控振荡器）就是一个熟悉的 V/F 转换器。本节将介绍相对普遍的电荷平衡 V/F 转换器。

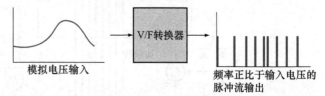

图 14-42 基本 V/F 概念

图 14-43 是一个基本电荷平衡 V/F 转换器的框图。它包含一个积分器、一个比较器、一个单触发器、一个电流源以及一个电子开关。输入电阻 R_{in}、积分电容 C_{int} 以及单触发定时电容 C_{os} 等元件的值基于设计的性能需求来进行选择。

V/F 转换器的基本工作原理如图 14-44 所示。一个正输入电压产生一个输入电流（$I_{in}=V_{in}/R_{in}$），它对电容 C_{int} 进行充电，如图 14-44a 所示。在该积分模式时，积分器的输出电压是一个向下的斜坡电压，如图 14-44a 所示。当积分器的输出端电压达到 0 时，比较器触发单触发器，单触发器产生一个固定宽度 t_{os} 的脉冲，并将 1mA 电流源切换转至积分器的输入端，启动复位模式。

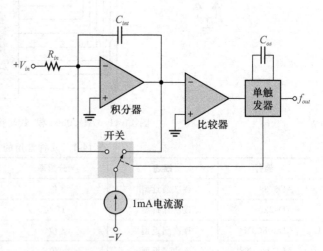

图 14-43 基本的电压-频率转换器

在复位模式期间，通过电容的电流与积分模式下的电流方向相反，如图 14-44b 所示。该电流在积分器的输出端产生一个上升斜坡，如图 14-44b 所示。当单触发器时间到来时，电流源又通过开关被切换到积分器的输出端，开始另一次积分模式。该过程重复进行。

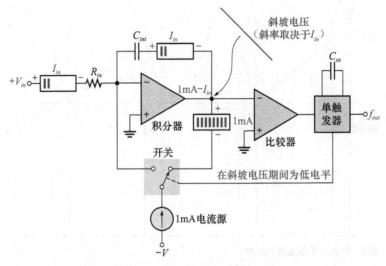

a）V/F转换器的积分模式

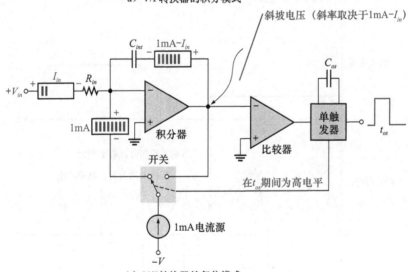

b）V/F转换器的复位模式

图 14-44　恒定输入电压下 V/F 转换器的基本原理

　　如果输入电压保持恒定，则积分器的输出波形如图 14-45a 所示，其中幅度和积分时间保持恒定。V/F 转换器的最终输出从单触发器中取出，如图 14-44 所示。只要输入电压不变，那么输出的脉冲流就具有固定不变的频率，如图 14-45b 所示。

　　当输入电压增加时　当输入电压 V_{in} 增加时，输入电流 I_{in} 也随之增加。并有关系式 $I_C = (V_C/t)C$，其中 V_C/t 是电容电压的斜率。如果电流增加，则 V_C/t 也增加，因为 C 为恒定值。对于 V/F 转换器而言，这就意味着如果输入电流 I_{in} 增加，那么在积分模式期间，积分器输出的斜率也会增加，这样就减小了最终输出电压的周期。同样，在复位模式期间，通过电容的相反方向的电流 $1mA - I_{in}$ 变小，因此使向上的斜坡电压的斜率减小，积分器输出电压的幅度也减小，如图 14-46 的波形图所示，其中，输入电压和输入电流从一个值跳变到另外一个值。注意，在复位期间，积分器电压向正方向的斜率变小，所以在 t_{os} 期间，它能到达的幅度也变小。记住，t_{os} 是不变的。注意，在积分期间，积分器电压向负方向的斜率增大，它将以更快的速度达到 0。这种输入电压增加的结果使得输出频率也增大，增大的量与输入电压的增大量成正比。所以，随着输入电压的变化，输出频率也成比例变化。

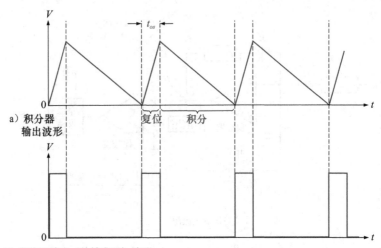

a）积分器
输出波形

b）最终的输出（单触发器）波形

图 14-45　恒定输入电压下 V/F 转换器的波形

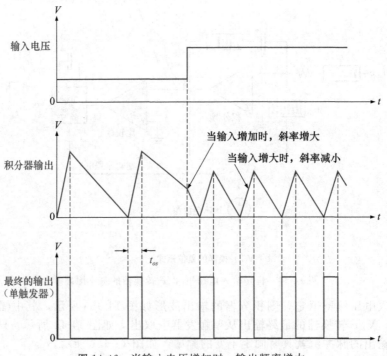

输入电压

积分器输出

当输入增加时，斜率增大

当输入增大时，斜率减小

最终的输出
（单触发器）

图 14-46　当输入电压增加时，输出频率增大

14.7.2　AD650 集成电路 V/F 转换器

　　AD650 是一个很好的 V/F 转换器，它的原理和刚刚讨论的基本器件很相似。AD650 的数据手册可参见 www.analog.com。最大的差别在于它的输出晶体管和比较器的阈值电压为 $-0.6V$，而不是接地，如图 14-47 所示。输入电阻、积分电容、单触发电容，以及输出上拉电阻都是外部元件，如图 14-47 所示。

　　外部元件的值决定该器件的工作特性。单触发器输出的脉冲宽度由下式决定：

$$t_{os} = C_{os}(6.8 \times 10^3 \, \text{s/F}) + 3 \times 10^{-7} \, \text{s} \tag{14-1}$$

在复位期间，积分器输出电压的增量为

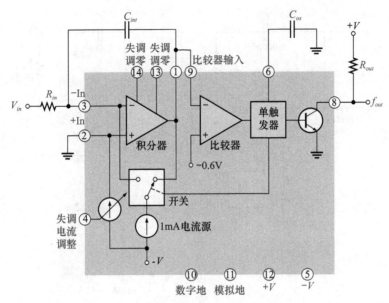

图 14-47 AD650 V/F 转换器

$$\Delta V = \frac{(1\mathrm{mA} - I_{in})t_{os}}{C_{int}} \tag{14-2}$$

积分器输出斜率向下持续的积分时间间隔为

$$t_{int} = \frac{\Delta V}{I_{in}/C_{int}} = \frac{t_{os}(1\mathrm{mA} - I_{in})/C_{int}}{I_{in}/C_{int}}$$

$$t_{int} = \left(\frac{1\mathrm{mA}}{I_{in}} - 1\right)t_{os} \tag{14-3}$$

总周期包含复位时间间隔加上积分时间间隔

$$T = t_{os} + t_{int} = t_{os} + \left(\frac{1\mathrm{mA}}{I_{in}} - 1\right)t_{os} = (1 + \frac{1\mathrm{mA}}{I_{in}} - 1)t_{os} = \left(\frac{1\mathrm{mA}}{I_{in}}\right)t_{os}$$

因此，输出频率为

$$f_{out} = \frac{I_{in}}{t_{os}(1\mathrm{mA})} \tag{14-4}$$

从式(14-4)可以得出，输出频率与输入电流成正比。因为 $I_{in} = V_{in}/R_{in}$，所以频率也与输入电压成正比，而与输入电阻成反比。同时，输出频率也与 t_{os} 成反比，t_{os} 取决于 C_{os}。

例 14-7 对于图 14-48 中的 AD650 V/F 转换器，当加上一个恒定的 5V 输入电压时，求其输出频率。

解：

$$t_{os} = C_{os}(6.8 \times 10^3\,\mathrm{s/F}) + 3 \times 10^{-7}\,\mathrm{s}$$

$$= 330\mathrm{pF} \times (6.8 \times 10^3\,\mathrm{s/F}) + 3 \times 10^{-7}\,\mathrm{s} = 2.5\,\mu\mathrm{s}$$

$$I_{in} = \frac{V_{in}}{R_{in}} = \frac{5\mathrm{V}}{10\mathrm{k}\Omega} = 500\,\mu\mathrm{A}$$

$$f_{out} = \frac{I_{in}}{t_{os}(1\mathrm{mA})} = \frac{500\,\mu\mathrm{A}}{2.5\,\mu\mathrm{s} \times 1\mathrm{mA}} = 200\mathrm{kHz}$$

实践练习

对于图 14-48 中的 V/F 转换器，当输入是一个最小峰值为 1V 且最大峰值为 6V 的三角波时，求该转换器的最大、最小输出频率？

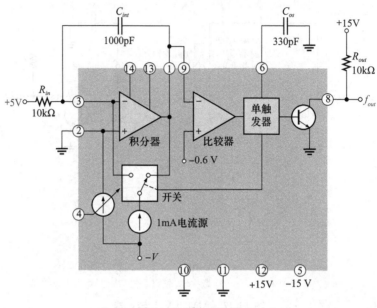

图 14-48 例 14-7 图

14.7.3 基本的 F/V 转换器

图 14-49 是一个基本的 F/V 转换器。其中的组成元件与图 14-43 中的电压-频率转换器中的相同，只是连接方式不一样。

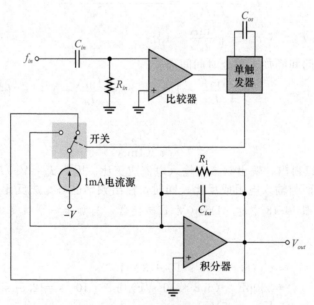

图 14-49 一个基本的 F/V 转换器

当比较器的输入端加上一个输入频率时，它触发单触发器产生一个由 C_{os} 决定的固定脉冲宽度(t_{os})。并将 1mA 电流源切换到积分器输入端，使 C_{int} 充电。在单触发器的脉冲时间间隔内，C_{int} 通过 R_1 放电。输入频率越高，单触发脉冲就越紧密，C_{int} 放电就越少。这使得积分器的输出随着输入频率的增大而增大，或随着输入频率的减小而减小。积分器的输出就是 F/V 转换器的最终输出电压。F/V 转换流程如图 14-50 中的波形所示。C_{int} 和 R_1 可以看作一个滤波器，用来平滑积分器输出电压的波动，如虚线所示。

图 14-51 中将 AD650 连接成为一个 F/V 转换器。将它与图 14-47 中的 V/F 转换器的连接进行比较。

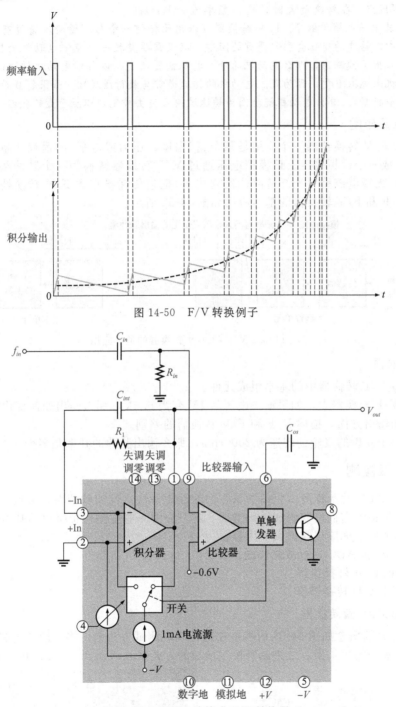

图 14-50 F/V 转换例子

图 14-51 AD650 连接成 F/V 转换器

系统说明 F/V 转换器经常用于旋转装置或者机器监控系统当中。以汽车上的转速计为例。定时齿轮装置或者飞轮用于产生基于引擎转速的脉冲。齿轮的齿数决定每转产生的脉冲数(ppr)。脉冲作为 F/V 转换器的输入,产生一个与之成正比的输出电压。然后通过 ADC 数字化,再送入汽车车载计算机进行处理。

　　例如，假设将一个 250 齿的飞轮用作计时装置，引擎转速的范围从空闲时的 800rpm 到最大时的 6000rpm。在空闲状态，飞轮每秒产生（800rpm÷60s/m）×（250ppr）＝3333 个脉冲（3.33KHz）。在转速最大时，输出频率为 25KHz。

　　这只是其中一个简单例子。F/V 转换器可以用于任何一个与测量旋转速度有关的系统中。在某些应用中，转速的变化会引起严重的问题。假设需要监控一个直流电动机的转速。如果电动机的转速超出了预测窗，那么电动机的外加电压就会改变，以补偿电动机转速的变化。这对于直流电动机来说很重要，因为直流电动机的转速通常与载荷成反比。如果将载荷全部移除（输送带或者链条折断），那么电动机就会因为转速过快而失去控制，以至于最终损毁。

14.7.4　遥感应用

　　V/F 和 F/V 转换器的一个应用是某个量（温度、压力或电平）的远程测量，这个量由传感器转化成一个模拟电压。该模拟电压通过 V/F 转换器转换为一个脉冲频率，然后通过某些方法（无线电链路、光纤链路、遥测技术）把它传递给包含 F/V 转换器的基本单元接收器。V/F 和 F/V 转换器的基本应用如图 14-52 所示。

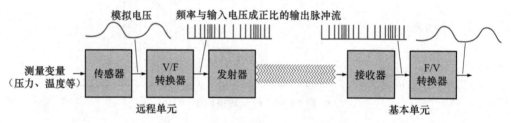

图 14-52　V/F 和 F/V 转换器的基本应用

14.7 节测试题

1. 列出典型 V/F 转换器中的基本组成元件。
2. 在一个 V/F 转换器中，如果输入电压从 1V 变为 6.5V，那么输出如何变化？
3. 从输入和输出方面，描述 V/F 和 F/V 转换器的差别。
4. 假设一个 150 齿的飞轮的转速为 2000rpm，那么输出脉冲的频率是多少？

14.8　故障检测

　　DAC 和 ADC 的基本测试包括测试它们的性能特性，例如单调性、失调、线性，以及增益，还包括检测它们的误码和丢码情况。本节介绍一些检测模拟接口的基本知识。

　　学完本节后，你应该掌握以下内容：

- 对 DAC 和 ADC 进行故障检测
  - 认识 D/A 转换错误
  - 认识 A/D 转换错误

14.8.1　测试数-模转换器

　　DAC 测试的概念如图 14-53 所示。在这种基本测试方法中，将一段二进制码序列作为输入，然后观测输出结果。二进制码按照增加的方式从 0 增加到 2^n-1，其中 n 是位数。

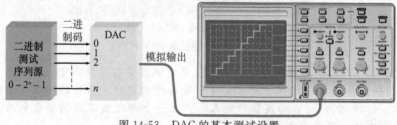

图 14-53　DAC 的基本测试设置

理想的输出结果应该是如图 14-53 所示的直线阶梯形状。随着二进制码的位数增加，分辨率也随着提高。也就是说，离散的阶梯数随之增加，输入结果接近直线线性斜坡。

14.8.2　D/A 转换错误

几种常见类型的 D/A 转换错误如图 14-54 所示，为了便于说明，采用 4 位转换。4 位转换可以产生 15 个离散阶梯。图 14-54 中的每张图包含一个理想的阶梯斜坡和错误的输出结果。

单调性　图 14-54a 中的阶梯反转说明了它的非单调性性能，这是一种非线性形式。在本例中，错误的发生是由于二进制码中 2^1 位的数字码被认为是恒定的 0。也就是说，这一位输入线存在短路使得它一直处于低电平。

微分非线性　图 14-54b 说明了微分非线性的情况，其中对于某输入码而言，实际阶梯幅度要比理想阶梯幅度低。本例中产生错误的原因可能是由于 2^2 位上的权值不够，这可能是由输入电阻故障引起的。所以，也可以看到如果某一位上的权值比其正常的权值要大，那么阶梯的幅度也会变得更高。

高增益或低增益　高增益或低增益产生的错误类型如图 14-54c 所示。在低增益的情况下，所有阶梯幅度都要比理想幅度小，而在高增益的情况下，所有阶梯幅度都要比理想幅度大。这些情形可能是由于运放电路的反馈电阻存在故障所引起的。

失调误差　失调误差如图 14-54d 所示。注意，当二进制码输入为 0000 时，输出电压非零。而且也可以看到对于转换中的所有阶梯，该失调量都相同。这种情况可能是由于运放故障引起的。

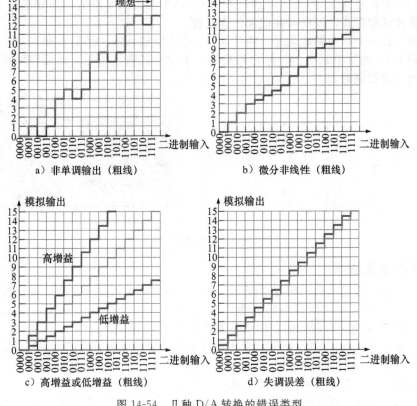

a) 非单调输出（粗线）　　b) 微分非线性（粗线）

c) 高增益或低增益（粗线）　　d) 失调误差（粗线）

图 14-54　几种 D/A 转换的错误类型

例 14-8 将一段 4 位二进制序列作为 DAC 的输入，输出结果如图 14-55 所示。请指出错误类型并给出确定故障的方法。

解： 从图 14-55 中看出，DAC 的输出是非单调的。通过分析输出结果可知，DAC 正在转换的二进制码序列应该是 0010，0011，0010，0011，0110，0111，0110，0111，1010，1011，1010，1011，1110，1111，1110，1111，与实际输入的二进制码不同。

显然，二进制码的 2^1 位（从右数第二个位置）一直被认为是高电平（即 1）。为了找到这个问题，首先监测该设备的位输入引脚。如果此处状态有改变，那么可以判断错误发生在内部，很可能是开路。如果外部引脚状态不改变，并且一直为高电平，那就首先查看是否是电路板上某个地方的焊桥使得该引脚与 +V 短路。如果没有发现问题，那么再断开 DAC 的输入与信号源的输出，并观察输出信号是否正确。如果还是没有任何结果，那么错误就可能发生在内部，比如内部与电压源发生了短路。

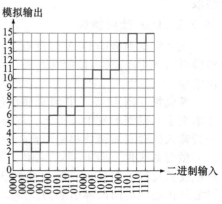

图 14-55　例 14-8 图

📝 **实践练习**

如果一段 4 位的二进制码序列加入 DAC 的输入，当 DAC 输入的最高有效位一直置为高电平时，画出 DAC 的输出波形。

14.8.3　测试模–数转换器

图 14-56 所示为 ADC 的测试方法。其中 DAC 作为测试电路的一部分来将 ADC 的输出重新转换回模拟形式，以便与测试输入作比较。

测试输入是一个线性斜坡信号，将它加入 ADC 的输入端。然后将得到的二进制输出序列加入到 DAC 测试单元中，并将它转换成一个阶梯式斜坡信号。然后将输入和输出的斜坡相比较以查看偏差。

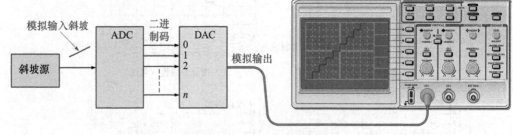

图 14-56　ADC 测试方法

14.8.4　A/D 转换错误

再次用 4 位转换过程来说明这个问题。首先假设测试输入是理想的线性斜坡。

丢码 图 14-57a 中的阶梯输出表明二进制码 1001 并没有出现在 ADC 的输出端。注意，1000 码持续了两个时间间隔，然后结果直接跳到了 1010。

例如，在 Flash ADC 中，如果某个比较器发生错误，那么就会产生丢码错误。

误码 图 14-57b 的阶梯输出表明有几个 ADC 的二进制码输出结果不正确。通过分析可以知道，本例中，2^1 位的线一直处于低电平状态。

失调 失调情况如图 14-57c 所示。在本例中，ADC 解释的模拟输入电压大于它的实际值。这种错误可能由比较器电路的错误所引起。

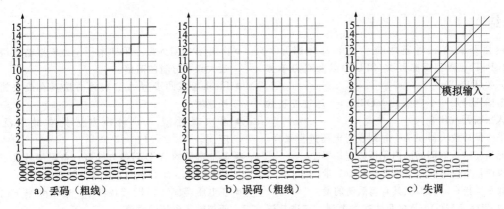

a）丢码（粗线）　　　　　b）误码（粗线）　　　　　c）失调

图 14-57　A/D 转换错误类型示意图

例 14-9　一个 4 位 Flash ADC 如图 14-58a 所示。利用图 14-56 中的方法来对其进行检测。得到的重构模拟输出结果如图 14-58b 所示，请指出错误类型及其可能的原因。

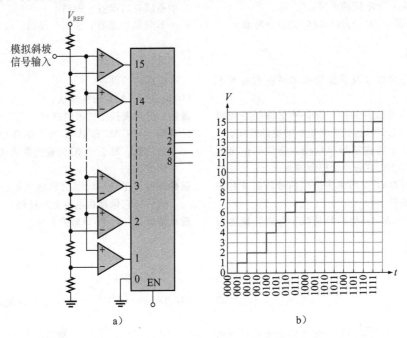

图 14-58　例 14-9 图

解：通过观察可知，ADC 输出的二进制码中丢失了 0011。这是一种丢码错误。最有可能是比较器 3 一直处于非工作状态(低电平)。

实践练习

同样采用图 14-56 的 ADC 测试方法，如果比较器 15 的输出一直处于高电平状态，那么重构的模拟输出会如何？

14.8 节测试题

1. 怎样检测 DAC 的非单调性？
2. 低增益会对 DAC 输出产生什么影响？
3. 说出 ADC 中两种类型的输出错误。

小结

- 模拟开关有三种基本类型：单刀单掷开关（SPST）、单刀双掷开关（SPDT）以及双刀单掷开关（DPST）。
- 模拟开关是一个典型的 MOSFET，通过控制输入来断开或闭合。
- 采样保持放大器在某一时刻点对电压进行采样，然后在一段时间间隔内保持该电压不变。
- 模拟量指在时间轴上具有连续值的量。
- 数字量指在时间轴上具有离散值的量。
- 数-模转换器（DAC）有两种基本类型：二进制权值输入数-模转换器和 $R/2R$ 梯形数-模转换器。
- $R/2R$ 梯形 DAC 比较容易实现，因为它只需要两种电阻值，而二进制权值输入 DAC 对于每个输入都需要一个不同的电阻。
- 模-数转换器（ADC）的位数决定它的分辨率。

- A/D 转换器的最小采样率至少为模拟输入信号最大频率分量的两倍。
- Flash 型或同步型 A/D 转换方法具有最快的转换速度。
- 逐次逼近型 A/D 转换方法具有最广泛的应用。
- 其他常见的 A/D 转换方法有：单斜率转换、双斜率转换、跟踪转换，以及计数转换。
- 在电压-频率（V/F）转换器中，输出频率正比于模拟输入电压的幅值。
- 在频率-电压（F/V）转换器中，输出电压幅值正比于输入频率。
- D/A 转换错误有：非单调性、微分非线性、低增益或者高增益、失调。
- A/D 转换错误有：丢码、误码，以及失调。

关键术语

本章中的关键术语以及其他楷体术语在书后的术语表中定义。

采集时间： 在模拟开关中，设备从保持状态切换到采样状态时，达到最终值所需要的时间。

模拟开关： 一个将模拟信号从输入连接到输出的半导体开关，它有一个控制输入。

模-数转换器（ADC）： 用来将模拟信号转换成数字码序列的设备。

数-模转换器（DAC）： 将信息从数字形式转换为模拟形式的设备。

Flash： 一种 A/D 转换方法。

量化： 确定模拟量的值的过程。

分辨率： 与 DAC 和 ADC 有关的参数，参与转换的位数。对于 DAC 为输出最大离散阶梯数的倒数。

采样保持： 在某一时刻获取输入量的一个瞬时值然后将它保存在电容上的过程。

逐次逼近： 一种 A/D 转换方法。

重要公式

V/F 转换器

(14-1) $t_{os} = C_{os}(6.8 \times 10^3 \, \text{s/F}) + 3 \times 10^{-7} \, \text{s}$　单触发器的时间

(14-2) $\Delta V = \dfrac{(1\text{mA} - I_{in}) t_{os}}{C_{int}}$　复位期间积分器输出

的增加量

(14-3) $t_{int} = \left(\dfrac{1\text{mA}}{I_{in}} - 1 \right) t_{os}$　积分时间间隔

(14-4) $f_{out} = \dfrac{I_{in}}{t_{os}(1\text{mA})}$　输出频率

自测题

1. 模拟开关_____。
   - (a) 可以将模拟信号转换为数字信号
   - (b) 可以导通或者断开模拟信号与输出的连接
   - (c) 存储某一点模拟电压的值
   - (d) 将两个或多个模拟信号集中到一根信号线上

2. 模拟多路复用器_____。
   - (a) 在输出端产生多个模拟电压的和
   - (b) 同时在输出端连接两个或多个模拟信号
   - (c) 顺序依次在输出端连接两个或多个模拟信号

   - (d) 顺序将两个或多个模拟信号分配到不同的输出端

3. 基本的采样保持电路包括_____。
   - (a) 模拟开关和一个放大器
   - (b) 模拟开关、一个电容，以及一个放大器
   - (c) 模拟多路复用器和一个电容
   - (d) 模拟开关、一个电容，以及输入输出缓冲放大器

4. 在一个采样/跟踪保持放大器中，_____。
   - (a) 电压在采样间隔的结束时保持

(b) 电压在采样间隔的开始时保持

(c) 在采样间隔期间平均电压保持

(d) 在采样间隔内，输出电压随着输入变化而变化

(e) 答案(a)和(d)

5. 在一个模拟开关中，孔径时间是指_____。

(a) 控制开关从保持状态切换为采样状态，开关完全断开所需要的时间

(b) 控制开关从采样状态切换为保持状态，开关完全闭合所需要的时间

(c) 控制开关从采样状态切换为保持状态，开关完全断开所需要的时间

(d) 控制开关从保持状态切换为采样状态，开关完全闭合所需要的时间

6. 在二进制权值输入数 - 模转换器（DAC）中，_____。

(a) 所有输入电阻值都相等

(b) 只需要两个输入电阻值

(c) 不同输入电阻值的个数与输入个数相同

7. 在一个 4 位二进制权值输入 DAC 中，如果最低值输入电阻是 $1.0\text{k}\Omega$，那么最高值输入电阻是_____。

(a) $2\text{k}\Omega$

(b) $4\text{k}\Omega$

(c) $8\text{k}\Omega$

(d) $16\text{k}\Omega$

8. $R/2R$ 梯形 DAC 的优点是_____。

(a) 精度更高

(b) 只使用两种电阻值

(c) 只使用一种电阻值

(d) 可以处理更多输入

9. 在 DAC 中，单调性是指_____。

(a) 精度为最低有效位的一半

(b) 输出端没有丢码

(c) 输出端有一个丢码

(d) 没有线性错误

10. 一个 8 位模 - 数转换器（ADC）可以表示_____。

(a) 模拟输入的 144 个离散值

(b) 模拟输入的 4096 个离散值

(c) 模拟输入的连续值

(d) 模拟输入的 256 个离散值

11. 模拟信号的最低采样频率至少是_____。

(a) 最大频率的两倍

(b) 最小频率的两倍

(c) 最大频率

(d) 最小频率

12. ADC 的量化误差主要是因为_____。

(a) 低分辨率

(b) 输入非线性

(c) 输出端丢码

(d) 转换时间内，输入电压发生变化

13. 量化误差可以通过_____来避免。

(a) 采用高分辨率的 ADC

(b) 在 ADC 中加入采样保持电路

(c) 缩短转换时间

(d) 采用 Flash 型 ADC

14. 具有最快转换时间的 ADC 的类型是_____。

(a) 双斜率型

(b) 单斜率型

(c) Flash 型

(d) 逐次逼近型

15. V/F 转换器的输出_____。

(a) 幅度正比于输入频率

(b) 是输入电压的数字表示

(c) 满足频率与输入电压的幅度成反比

(d) 满足频率与输入电压的幅度成正比

16. 不属于 V/F 转换器中的元器件是_____。

(a) 线性放大器

(b) 单触发器

(c) 积分器

(d) 比较器

故障检测测验

参见图 14-63a。

● 如果门输入引脚 12 一直置为高电平，

1. 输出电压将会_____。

(a) 增大　　(b) 减小　　(c) 不变

● 如果外部电容 $C_{H(\text{ext})}$ 开路，

2. 采样率将_____。

(a) 增大　　(b) 缩小　　(c) 不变

3. 器件保持采样值的能力将_____。

(a) 增加　　(b) 减弱　　(c) 不变

参见图 14-63b。

● 如果 $10\text{k}\Omega$ 的外部电阻开路，

4. 电压增益将_____。

(a) 增大　　(b) 减小　　(c) 不变

5. 失调电压补偿将会_____。

(a) 增大　　(b) 减小　　(c) 不变

参见图 14-65。

● 如果 $10\text{k}\Omega$ 的电阻开路，

6. 输出信号的电压幅度将_____。

(a) 增大　　(b) 减小　　(c) 不变

7. 放大器开环增益将_____。

（a）增大　　　（b）减小　　　（c）不变

参见图 14-69。

● 如果 R_1 的值比给定值要小，

8. 输出频率将_____。

（a）增大　　　（b）减小　　　（c）不变

● 如果 C_2 的值比给定值要大，

9. 输出频率将_____。

（a）增大　　　（b）减小　　　（c）不变

● 如果正直流电源电压增大，

10. 输出电压幅度将_____。

（a）增大　　　（b）减小　　　（c）不变

习题

14.1 节

1. 对于图 14-59a 中的模拟开关，如果输入波形分别是图 b、c 和 d，确定输出波形。

2. 对于图 14-60 中的四通道模拟复用器，输入波形和控制信号如图 14-60 所示，确定输出波形。假设模拟开关在高电平时闭合。

14.2 节

3. 对于图 14-61 中的采样跟踪保持放大器，模拟输入和控制电压波形如图 14-61 所示，确定输出电压波形。假设高电平时采样。

4. 当输入波形如图 14-62 所示时，重新计算习题 3。

5. 求图 14-63 中每个 AD585 采样保持放大器的增益。

14.3 节

6. 模拟信号如图 14-64 所示，采样间隔为 2ms，用 4 位二进制数序列来表示该波形。

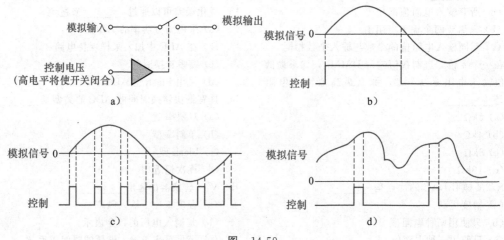

图　14-59

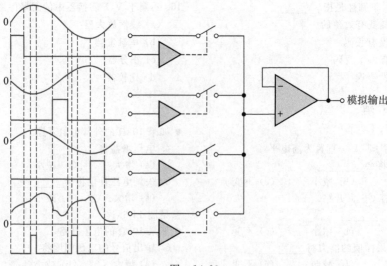

图　14-60

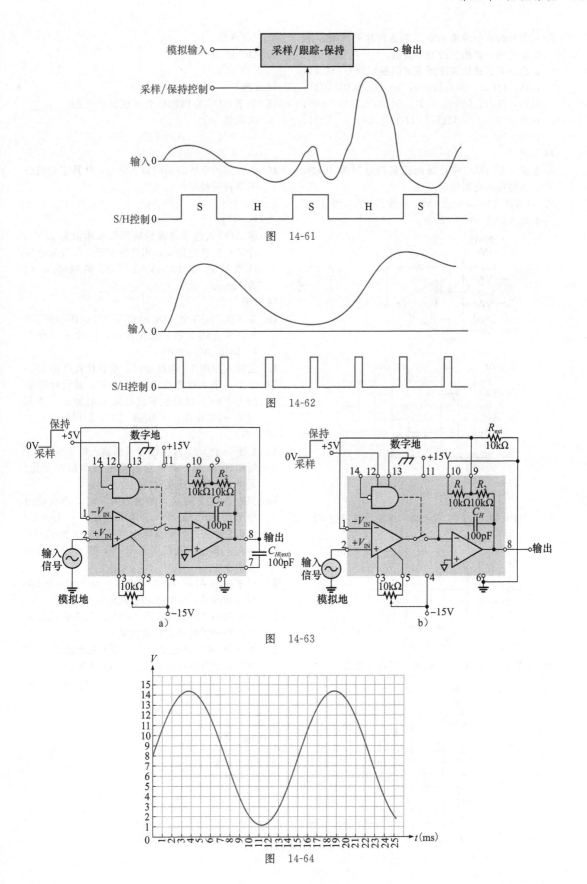

图 14-61

图 14-62

图 14-63

图 14-64

7. 对于习题 6 中求得的由二进制数序列所表示的模拟曲线，画出它的数字复制。

8. 画出如下二进制数序列表示的模拟信号：1111，1110，1101，1100，1010，1001，1000，0111，0110，0101，0100，0101，0110，0111，1000，1001，1010，1011，1100，1100，1011，1010，1010。

14.4 节

9. 在某 4 位 DAC 中，最低权重的电阻为 $10\text{k}\Omega$，求其他输入电阻值。

10. 计算图 14-65a 中的 DAC 的输出波形。假设它的输入如图 14-65b 所示。

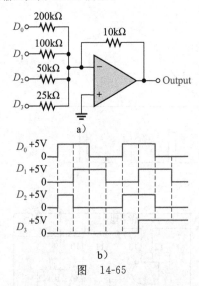

a)

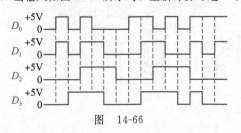

b)

图 14-65

11. 当输入如图 14-66 所示时，重新计算习题 10。

图 14-66

12. 计算如下 DAC 的分辨率，用百分比表示。

(a) 3 位

(b) 10 位

(c) 18 位

14.5 节

13. 如下 ADC 分别能够表示模拟信号的 _____ 离散值。

(a) 4 位   (b) 5 位

(a) 8 位   (a) 16 位

14. 正弦输入电压的周期如下所示，计算它们的奈奎斯特采样率：

(a) 10s   (b) 1ms

(a) $30\mu\text{s}$ (a) 1000ns

15. 某 ADC 通过采样保持输入的采样值为 3.2V，计算它的量化误差，用伏特表示。假设采样保持的跌落为 100mV/s，ADC 的转换时间为 10ms。

14.6 节

16. 某 3 位 Flash 型 ADC 的输入信号如图 14-67 所示，求它的二进制输出序列。假设采样率为 100kHz，$V_{\text{REF}} = 8\text{V}$。

17. 当输入如图 14-68 所示时，重新计算习题 16。

18. 对于一个 4 位逐次逼近型 ADC，最大梯度输出为 +8V。如果在其模拟输入端加上一个恒定的 +6V 电压，求 SAR 的二进制序列。

14.7 节

19. 如果一个 V/F 转换器的模拟输入电压从 0.5V 增加到 3.5V，那么它的输出频率如何变化？是增大、减小还是保持不变？

20. 假设当 V/F 转换器的输入为 0 时，没有输出信号（0Hz）。同样，当输入端加上一个 +2V 的恒定电压时，相应输出信号的频率为 1kHz。现在，假设输入跳变到 +4V，那么输出频率是多少？

21. 对于一个 AD650V/F 转换器，为产生一个 $5\mu\text{s}$ 宽度的脉冲，定时电容应取何值？

22. 对于如图 14-69 所示的 AD650，求复位间隔期间内积分器输出电压的增量。

23. 对于图 14-69 中的 AD650，输入电压如图 14-70 中阴影部分所示，求其最大和最小输出频率。

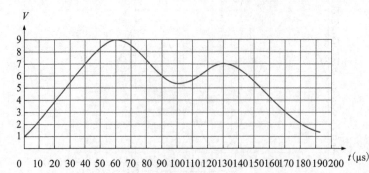

图 14-67

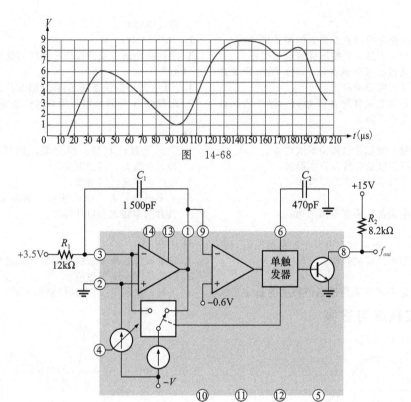

图 14-68

图 14-69

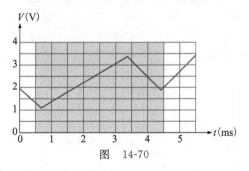

图 14-70

14.8 节

24. 一个 4 位 DAC 的最高有效位恒为 0，画出输入为连续二进制序列时的模拟输出波形。

25. 一个 4 位 DAC 的输入为连续二进制序列，输出波形如图 14-71 所示。请问这是什么错误？

26. 当 ADC 输入端加上一个特定模拟信号时，它生成下面一段二进制数序列：0000，0001，0010，0011，0100，0101，0110，0111，0110，0101，0100，0011，0010，0001，0000。

（a）通过 DAC 重构输入信号。

（b）如果 ADC 发生丢码，使二进制码 0111 丢失，请问重构的输出波形将怎样变化？

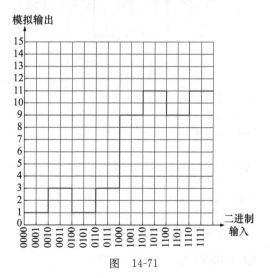

图 14-71

各节测试题答案

14.1 节

1. 通过电子方式来控制模拟开关的开合。

2. 模拟多路复用器按照时间顺序将多路模拟电压集中在一个共同的输出端。

3. 当芯片没有启动时，AD9300 的输出处于高阻状态，允许多个输出连在一起。

14.2 节

1. 采样保持电路保持特定点得到的模拟信号。

2. 跌落是由于电容漏电，使被保持电压减小。

3. 孔径时间是指在采样脉冲结束时，模拟开关达到完全打开所需要的时间。

4. 采集时间是指在采样脉冲开始时，器件达到最终值所需要的时间。

14.3 节

1. 自然界的量一般都是以模拟形式存在。

2. A/D 转换将模拟量转换为数字形式。

3. D/A 转换将数字量转换为模拟形式。

14.4 节

1. 每个输入电阻都需要有不同的值。

2. 6.67%

3. 在单片 IC 中，电阻比率可以更加精确匹配，并且开关电阻可以得到补偿。

14.5 节

1. 转换时间是指将被采样模拟值转换为数字形式所花的时间。

2. 大于 200Hz。

3. 在转换期间，采样保持电路保持被采样值恒定。

14.6 节

1. Flash 型是最快速的 A/D 转换方法。

2. 跟踪型 A/D 转换器采用双向计数器。

3. 对

14.7 节

1. V/F 元器件包括：积分器、比较器、单触发器、电流源，以及开关。

2. 输出频率成比例增加。

3. V/F 转换器有一个电压输入和频率输出。F/V 具有频率输入和电压输出。

4. 5.0kHz。

14.8 节

1. 非单调性是指波形中有阶梯反转现象。

2. 阶梯幅度小于理想值。

3. 丢码、误码以及失调（任意两个）

例题中实践练习答案

14-1 如图 14-72 所示。

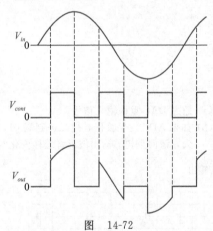

图　14-72

14-2 波形相同，只是更为紧密。

14-3 如图 14-73 所示。

14-4 0.25V

14-5 0.00038%

14-6 010, 011, 011, 011, 010, 001, 000, 000, 001, 010, 011, 011

14-7 $f_{min} = 40kHz$, $f_{max} = 240kHz$

14-8 如图 14-74 所示。

14-9 恒定的 15V 输出。

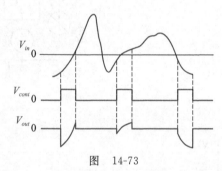

图　14-73

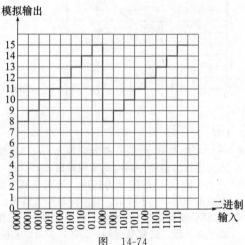

图　14-74

自测题答案

1.(b)　2.(c)　3.(d)　4.(e)　5.(c)　6.(c)　7.(c)

8.(b)　9.(b)　10.(d)　11.(a)　12.(d)　13.(b)　14.(c)

故障检测测验答案

1.减小　2.不变　3.减小　4.减小　5.不变　6.增大　7.不变　8.增大　9.减小　10.增大

第15章
测量和控制

目标

- 描述 rms-dc 转换器的基本原理
- 讨论利用自整角机测量角度
- 讨论三种类型的温度测量电路的原理
- 描述测量应变、压力和运动的方法
- 描述如何控制到负载的功率

本章将介绍几种测量基本物理量(例如角位置、温度、应变、压力和流量等)的传感器及其相关电路。

传感器是将物理参数转换成其他形式的一种器件。传感器可用在某一系统的输入端(传声器)或者输出端(扬声器)。对于电子测量系统,输入传感器将待测量(温度、湿度、流量、重量)转换成电参数(电压、电流、电阻、电容),电子设备或电子系统可以对这些电参数进行后续处理。

在很多系统中,传感器及其相关电路起着很重要的作用。角位置测量在机器人、雷达和工业机械控制中起着关键的作用。温度测量和压力测量系统用于监测槽罐以及管道中各种液体或气体的温度和压力,同时也用来测量汽车各部位的温度和压力。又如航空设计中应变测量对于测试某种材料在受压下的强度是很重要的。另外,本章还将介绍晶闸管整流器、双向晶闸管以及零电压开关,它们在功率控制应用中起着很重要的作用。

15.1 RMS-DC 转换器

有效值到直流(RMS-DC)转换器的一个很重要应用在于噪声测量,包括热噪声、晶体管噪声和开关连接噪声等。另一个应用在于测量机械信号,例如应变、振动、扩张以及收缩等。RMS-DC 转换器在低频、低占空比脉冲串的精确测量中也非常有用。

学完本节后,你应该掌握以下内容:

- 描述 RMS-DC 转换器的基本原理
  - 定义 RMS
  - 解释 rms-dc 转换过程
  - 列出 rms-dc 转换器中的基本电路
  - 讨论显式和隐式 rms-dc 转换器的差别
  - 给出 rms-dc 转换器的应用例子

15.1.1 RMS 定义

RMS 代表方均根,与交流信号的幅度有关。实际上,交流电压的 RMS 值等于在一个电阻上能够产生相同热量所需的直流电压值。因此,有时候 RMS 值也称为交流电压的有效值。例如,RMS 值为 1V 的交流电压与 1V 的直流电压在一个给定电阻上能够产生相同的热量。在数学上,RMS 值通过对信号的平方值取平均值后再开根号得到,数学表达式如下:

$$V_{rms} = \sqrt{\mathrm{avg}(V_{in}^2)} \tag{15-1}$$

15.1.2　RMS-DC 转换

RMS-DC 转换器是这样一种电路：它能够连续计算输入信号电压的平方值，然后对它求平均，再对结果取平方根。RMS-DC 转换器的输出是与输入信号的 RMS 值成比例的直流电压。15-1 的框图说明了基本的转换过程。

图 15-1　RMS-DC 转换过程

平方电路　平方电路一般是一个线性乘法器，信号加到两个输入端，如图 15-2 所示。线性乘法器在第 13 章中已经介绍过。

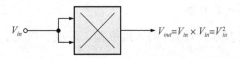

图 15-2　平方电路是一个线性乘法器

平均值电路　最简单的平均值电路是一个单极点低通滤波器作为运放电压跟随器的输入端，如图 15-3 所示。RC 滤波器只允许平方信号的直流分量（平均值）通过。上划线表示平均值。

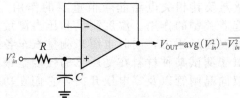

图 15-3　基本的平均值电路

平方根电路　平方根电路在运算放大器反馈回路中加上一个线性乘法器，如图 15-4 所示。注意，运算放大器的输出信号被加入到乘法器的两个输入端。

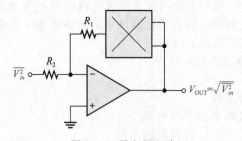

图 15-4　平方根电路

15.1.3　完整的 RMS-DC 转换器

图 15-5 所示将三个功能电路连接在一起组成一个 RMS-DC 转换器。这种组合经常称为显式 RMS-DC 转换器，因为它采用直接方法来确定有效值。

另一种实现 RMS-DC 转换的方法，有时也称作隐式方法，它利用反馈来实现平方根运算。基本电路如图 15-6 所示。第一个模块将输入电压平方后再除以输出电压，平均值电路产生最终的直流输出电压，该输出电压同时也反馈回到平方器/除法器电路。

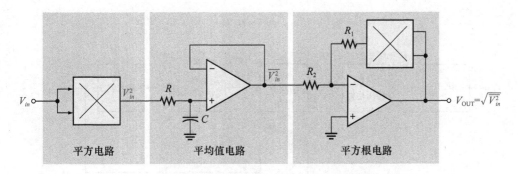

图 15-5 显式类型的 RMS-DC 转换器

通过电路的数学推导来描述可以更好地理解图 15-6 中电路的原理。平方器/除法器电路的输出为

$$\frac{V_{in}^2}{V_{OUT}}$$

电压跟随器的同相（＋）输入端的电压为

$$V_{in(NI)} = \frac{\overline{V_{in}^2}}{V_{OUT}}$$

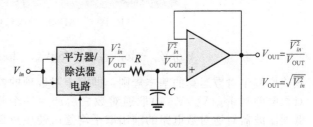

图 15-6 隐式类型的 RMS-DC 转换器

其中上划线表示平均值，最终输出电压为

$$V_{OUT} = \frac{\overline{V_{in}^2}}{V_{OUT}}$$

$$V_{OUT}^2 = \overline{V_{in}^2}$$

$$V_{OUT} = \sqrt{\overline{V_{in}^2}} \tag{15-2}$$

15.1.4　AD637 IC RMS-DC 转换器

作为一个专用 IC 器件，来看一下 AD637 RMS-DC 转换器，相关的数据手册可以在 www.analog.com 上查阅。该器件实质上是一个隐式类型的转换器，除了在输入端含有一个绝对值电路，以及它使用一个反相低通滤波器来求得平均值。记住，上划线符号代表平均值，如图 15-7 所示。平均值电容 C_{avg} 是一个外部器件，可以选择该电容值来实现在不同输入条件下达到最小平均误差的目的。

第一个模块中的绝对值电路就是一个全波整流器，将所有输入值中的

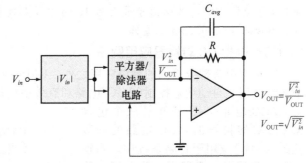

图 15-7 AD637 RMS-DC 转换器的基本框图

负值转换成正值，平方器/除法器电路实际上用对数电路和逆对数电路来实现，如图 15-8 所示。

注意，图 15-8 中的第二个模块通过对 V_{in} 取对数后乘以 2 来得到输入信号平方的对数。

$$2\log V_{in} = \log V_{in}^2$$

该式基于对数运算的基本规则，即变量的平方取对数等于变量取对数后再乘 2，第三个模块是一个减法器，它把输入信号平方后的对数减去输出电压的对数。

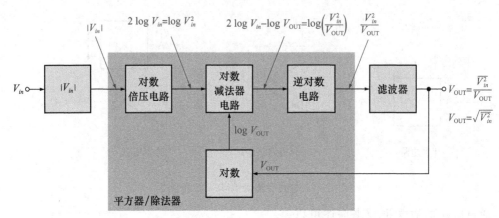

图 15-8　AD637 的内部功能模块

$$2\log V_{in} - \log V_{\text{OUT}} = \log V_{in}^2 - \log V_{\text{OUT}} = \log\left(\frac{V_{in}^2}{V_{\text{OUT}}}\right)$$

该式也基于对数运算的基本规则，即两个对数项的差值等于两项相除得到的商取对数。逆对数电路对 $\log(V_{in}^2/V_{\text{OUT}})$ 取逆对数之后产生一个等于 $\overline{V_{in}^2}/V_{\text{OUT}}$ 的输出，如图 15-8 所示。低通滤波器对逆对数电路的输出取平均值后便生成最终的输出。

　　系统说明　所有 AC-DC 转换器都会引入一些误差，这些误差来自不同的源。低频或者静态误差由失调误差、比例因子（增益）误差，以及非线性误差组成。静态误差仅适用于频率低于 1kHz 的波形。在现代的 AC-DC 转换器中，静态误差已经可以非常低。额定静态误差通常用一个常量加上一个读数的百分比来表示。例如，AD8436 的额定值为 ±10μV ± 读数的 0.5%。这意味着最大静态误差不会超过真实有效值的 0.5% 加上 10μV。

　　在更高的频率下，或者对于有更高谐波分量的复杂波形来说，会引入其他种类的误差。定义复杂波形的一种常用方式是它的波峰因子。波峰因子是指一个波形的峰值和它的有效值之间的比值。例如，直流信号的波峰因子为 1，纯粹的正弦信号或者全波整流正弦信号的波峰因子为 1.414。一般来说，波峰因子越高，谐波成分就越高。当试图转换高幅度低占空比的脉冲串时尤其需要注意这点。高幅度会导致过载问题，同时低占空比需要高分辨率。AD8436 对波峰因子最大为 10 的信号都能进行精确转换。AD8436 的数据手册可以在 www.analog.com 上查阅。

15.1.5　RMS-DC 转换器应用例子

　　除了在引言部分提到的测量应用之外，RMS-DC 转换器也使用在各种系统应用中。两个典型应用是自动增益控制（AGC）电路和有效值电压表。下面分别来看一下这两种应用。

　　AGC 电路　图 15-9 是一个包含 RMS-DC 转换器的 AGC 电路的一般框图。AGC 应用于音频系统中，当输入信号电平在一定范围内变化时，输出信号的幅度可以保持恒定。AGC 也用在信号发生器中，当波形、占空比和频率变化时可以保持输出幅度恒定。

　　RMS 电压表　图 15-10 给出了 RMS 电压表中的 RMS-DC 转换器。RMS-DC 转换器生成一个等效于输入信号有效值的直流输出。然后该直流值被 ADC 转换成数字形式并显示出来。

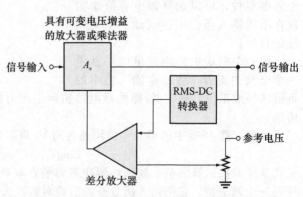

图 15-9　使用 RMS-DC 转换器的简化 AGC 电路

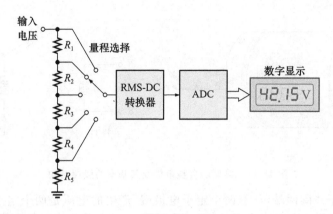

图 15-10 简化的 RMS 电压表

15.1 节测试题

1. RMS-DC 转换器的基本作用是什么?
2. RMS-DC 转换器内部执行的三个功能是什么?

15.2 角度测量

在很多应用中,需要测量轴承以及其他机械装置中的角位置并把测量值转变为电信号进行处理或显示。这种机电转换的例子可以在雷达和卫星天线、风向标、太阳能系统,包括机器人的工业机械,以及军火控制系统在内的系统中找到。本节将介绍用于连接角位置传感器的电路,这种电路也称为自整角机。一般来说,传感器是将某一物理参数从一种形式转换为另一种形式的器件。在深入了解角测量电路之前,首先简要介绍一下自整角机作为背景知识。

学完本节后,你应该掌握以下内容:

- 讨论利用自整角机进行角度测量
  - 定义自整角机以及解释它的基本原理
  - 定义旋转变压器以及解释它的基本原理
  - 讨论自整角机到数字转换器和旋转变压器到数字转换器
  - 描述 RDC 的基本原理
  - 说明如何用数字码来表示角度
  - 讨论 RDC 的应用

15.2.1 自整角机

自整角机是一种机电传感器,用于轴承角测量以及定位等。有几种不同类型的自整角机,但基本上都可以看做一种旋转变压器。从外观上看,自整角机类似一个小的交流电动机,如图 15-11a 所示,直径范围从大约 0.5 英寸到 4 英寸。

基本的自整角机由转子组成,它能够在固定的定子装置上进行旋转。轴承连接转子,当轴承旋转的时候,转子也跟着旋转。在大多数自整角机中,有一个转子线圈和三个定子线圈。定子线圈按照如图 15-11b 所示的方式连接,围绕着定子分别成 120°角。定子线圈被引出到外罩另一端的终端模块上。

自整角机电压 当一个参考正弦电压被加在转子线圈两端时,任意定子线圈两端产生的电压与转子线圈和定子线圈之间的角度(θ)的正弦成比例。角度 θ 与轴承位置相关。

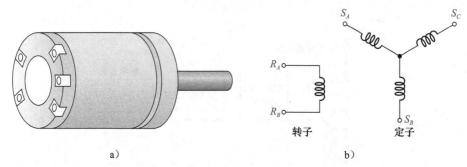

图 15-11　典型的自整角机及其基本的线圈结构

　　任意两个定子线圈两端(任意两个定子电极端)产生的电压是两个定子电压的和或差。这三个电压称作自整角机格式电压，如图 15-12 所示，由基本的三角恒等式推导得到。一个重要的性质是这三个自整角机格式电压中的任意一个都是轴承角 θ 的函数，可以用来确定任意时刻的角位置。随着轴承旋转，格式电压按比例发生改变。

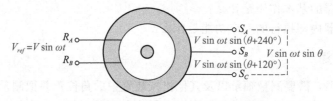

图 15-12　当转子加入参考电压后产生的自整角机格式电压

15.2.2　旋转变压器

　　旋转变压器是一种特殊类型的自整角机，经常用于旋转系统中来感知角度位置。旋转变压器不同于常规自整角机的地方在于它的两个定子线圈之间的角度是 90°，而不是 120°。一个简单的旋转变压器的基本线圈配置如图 15-13 所示。

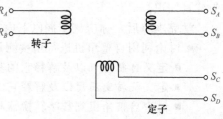

图 15-13　简单的旋转变压器的线圈配置

　　旋转变压器电压　如果在转子线圈两端加上一个参考正弦电压，那么定子线圈两端产生的电压如图 15-14 所示。这些电压是轴承角度 θ 的函数，称为旋转变压器格式电压。其中一个电压与 θ 的正弦成比例，另一个电压与 θ 的余弦成比例，可以看到标准的自整角机是三端输出，而旋转变压器是四端输出。

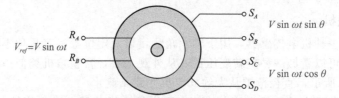

图 15-14　当转子加入参考电压后产生的旋转变压器格式电压

15.2.3　自整角机-数字和旋转变压器-数字转换器的基本原理

　　自整角机-数字转换器(SDC)和旋转变压器-数字转换器(RDC)是将来自自整角机或者旋转变压器的格式电压转换成数字形式的电子电路。这些器件可以看做一种特殊形式的模-数转换器。

　　SDC 和 RDC，内部都以旋转变压器格式电压的形式进行工作。因此，自整角机的输出格式电压必须首先通过一种称为 Scott-T 变压器的专用变压器转换为旋转变压器格式，如图 15-15 所示。

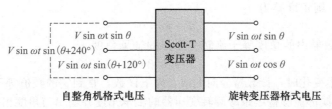

图 15-15　Scott-T 变压器的输入和输出

某些 SDC 拥有内部的 Scott-T 变压器，但是另外一些则需要独立的变压器。除了变压器之外，SDC 与 RDC 的工作原理和内部电路是相同的。接下来以 RDC 为例进行讨论。一个跟踪型的 RDC 的简化框图如 15-16 所示。

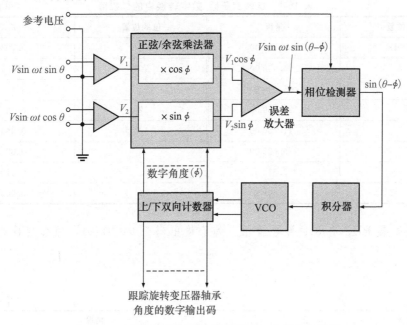

图 15-16　旋转变压器-数字转换器(RDC)的简化框图

两个旋转变压器格式电压 $V_1 = V\sin\omega t\sin\theta$ 和 $V_2 = V\sin\omega t\ \cos\theta$，都加到 RDC 的输入端，如图 15-16 所示(θ 代表旋转变压器当前的轴承角)。这些旋转变压器电压通过缓冲器到达专用乘法电路。假设上/下双向计数器的当前状态代表一些角度 ϕ。表示 ϕ 的数字码与旋转变压器电压一起加到乘法器电路。余弦乘法器将 ϕ 的余弦分量乘以旋转变压器电压 V_1，正弦乘法器将 ϕ 的正弦分量乘以旋转变压器电压 V_2。余弦乘法器的输出为

$$V_1\cos\phi = V\sin\omega t\sin\theta\cos\phi$$

正弦乘法器的输出为

$$V_2\sin\phi = V\sin\omega t\cos\theta\sin\phi$$

这两个电压通过误差放大器相减后得到下面的误差电压

$$V\sin\omega t\sin\theta\cos\phi - V\sin\omega t\cos\theta\sin\phi = V\sin\omega t(\sin\theta\cos\phi - \cos\theta\sin\phi)$$

通过基本的三角恒等式可以将误差电压表达式简化为

$$V\sin\omega t\sin(\theta - \phi)$$

相位检测器产生一个与 $\sin(\theta - \phi)$ 成比例的直流误差电压，该电压加入到积分器。积分器的输出驱动压控振荡器(VCO)，为上/下双向计数器提供时钟脉冲。当计数器的值和

当前轴承角 θ 的值相等时，有 $\theta = \phi$，那么

$$\sin(\theta - \phi) = 0$$

如果该正弦为 0，则角度差为 0°。

$$\theta - \phi = 0°$$

此时，存储在计数器中的角度等于旋转变压器的轴承角度。

$$\phi = \theta$$

当轴承角发生变化时，计数器会向上或者向下计数，直到它的数值等于新的轴承角。因此 RDC 在任何时候都能够持续跟踪旋转变压器的轴承角度并输出与角度相等的数字输出码。

15.2.4　角度的数字码表示

对于字长达到 16 位的情况，可以用表 15-1 所示的方法来将角度表示成数字码，这也是最常见的方法。任意位上的 1 表示包含对应的角度，0 表示没有包含对应的角度。

表 15-1　旋转变压器-数字转换中的位权值　　　　　　（单位：度）

位的位置	角度	位的位置	角度
1(MSB)	180.000 00	9	0.703 13
2	90.000 00	10	0.351 56
3	45.000 00	11	0.175 78
4	22.500 00	12	0.087 90
5	11.250 00	13	0.043 95
6	5.625 00	14	0.021 97
7	2.812 50	15	0.010 99
8	1.406 25	16	0.005 49

例 15-1 某 RDC 有 8 位数字输出。如果输出码为 01001101，那么测量到的角度为多大？

解：

（单位：度）

位的位置	位	角度
1	0	0
2	1	90.000 00
3	0	0
4	0	0
5	1	11.250 00
6	1	5.625 00
7	0	0
8	1	1.406 25

为了得到所表示的角度，将所有包含的角度（在输出码中存在 1 的地方）相加。

$$90.000\,00° + 11.250\,00° + 5.625\,00° + 1.406\,25° = 108°$$

虽然在计算中给出了更多的数字来说明过程，但结果可以四舍五入表示。

实践练习

有一个 12 位的 RDC，当它的输出码为 100000100001 时，测量得到的轴承角度为多大？

15.2.5 专用旋转变压器-数字转换器

为了说明一种典型的 IC 器件，来看一下 AD2S90，它是一种 12 位转换器，AD2S90 的数据手册可以在 www.analog.com 上查阅，器件的框图如图 15-17 所示。可以看到除了一些额外增加的电路以外，它和图 15-16 所示的通用 RDC 基本相同。额外的电路包括锁存器以及为了实现控制数据传输和与其他数字系统进行交互的串行接口。这些额外电路并不影响转换过程。

额外的输出包括表示旋转变压器轴承旋转方向的 DIR 输出，与输入角度的变化率成正比的速度输出。

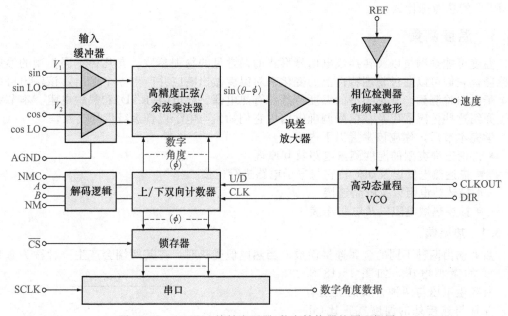

图 15-17　AD2S90 旋转变压器-数字转换器的原理框图

系统例子 15-1　风向系统

风向测量是一类 RDC 应用的实例。如图 SE15-1 所示，风向标固定在旋转变压器的轴承上。当风向标旋转到与风向一致时，旋转变压器的轴承旋转并且它的角度代表了风向。旋转变压器的输出加到 RDC 上，最终得到代表风向的数字输出码，并进行数字显示。

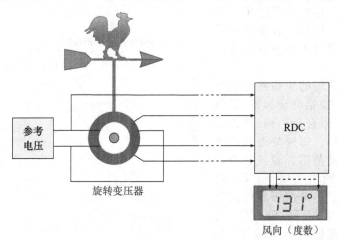

图 SE15-1　风向系统

一类更加复杂的测风系统包括测量风速的仪器。基本上来讲，一种类似于螺旋桨的流速计，其中当叶片旋转经过磁传感器时，会产生一系列脉冲，风速越快，则叶片旋转越快，单位时间内产生的脉冲也就越多。第 14 章曾介绍过 AD650 频率-电压转换器。可以知道这是一种简单的测量风速的方法。你可以仔细考虑一下如何实现这个系统。

15.2 节测试题

1. 可以将机械轴承位置转换成电信号的传感器叫什么？
2. RDC 接受何种类型的输入？
3. RDC 产生何种类型的输出？
4. RDC 的功能是什么？

15.3 温度测量

温度可能是测量以及转换成电信号形式的最常见的物理参数。有几种不同类型的温度传感器，它们可以通过物理特性上的变化来对温度做出响应并产生一个输出，该输出可以被电子电路检测到。常见类型的温度传感器有热电偶、热电阻(RTD)和热敏电阻。本节将分别介绍这些传感器以及在信号调理电路中它们如何与电子设备进行信号交互。

学完本节后，你应该掌握以下内容：

- 讨论三种类型的温度测量电路及其原理
  - 描述热电偶以及如何将它与电子电路进行连接
  - 描述热电阻以及电路连接
  - 描述热敏电阻以及电路连接

15.3.1 热电偶

热电偶由两种不同的金属连接而成。当热电偶受热时，在其两端会产生一种称为塞贝克电压的微小电压，如图 15-18 所示。所产生电压与两种金属的类型有关，并且与连接处的温度成正比（正温度系数）；但是，该电压值通常都远小于 100mV。在热电偶测量中，测量系统通常使用仪表用放大器来避免噪声。热电偶的电压与温度特性在某种程度上为非线性，但这种非线性可以预测。热电偶广泛用于一些特定的行业中，因为它有很宽的温度测量范围，并可以用来测量非常高的温度。

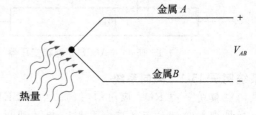

图 15-18 热电偶受热时产生与温度成正比变化的电压

商用热电偶使用的一些常见金属组合为镍铬合金-镍铝合金、铁-镍铜合金、镍铬合金-铝合金、钨-铼合金和铂－10% Rh/Pt。每种类型的热电偶都有不同的温度范围、温度系数以及电压特性，分别用字母 K、J、E、W、和 S 来表示。热电偶可覆盖的整个温度范围从－250°C 到 2000°C。每种类型覆盖这个范围的不同部分，如图 15-19 所示。

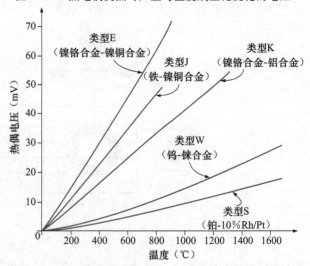

图 15-19 一些常见热电偶在以 0°C 作为参考温度时的输出

热电偶与电路的连接 当将一个热电偶连接到信号调理电路中时，如图 15-20 所示，

如果热电偶接线和由不同金属制成
的电路电极进行连接，那么两者之
间会形成一个不期望的热电偶。这
个不期望的热电偶结在某些参考书
中有时也称为冷接点，因为它一般
比由热电偶测量的温度要低很多。
这些不期望的热电偶可能会对电路
感应到的总电压产生不可预见的影
响，因为不期望的热电偶产生的电
压与测量到的热电偶电压相反，它
的值取决于周围环境温度。

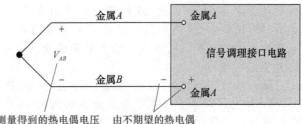

图 15-20　在热电偶到电路的接口上形成一个不期望的热电偶

热电偶与电路的连接例子 如图 15-21 所示，在本例中使用了一个铜/镍铜合金热电偶（为 T 类型）来测量工业温室里面的温度。铜热电偶接线连接到电路板的铜电极上，镍铜合金接线也连接到电路板的铜电极上。铜到铜的连接没有问题，因为两者金属相同。镍铜合金到铜的连接相当于不期望的热电偶，它会产生一个电压，该电压与真正的热电偶电压反向，因为金属不一样。

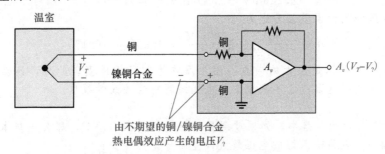

图 15-21　简化的温度测量电路，在镍铜合金接线和铜电极的结上有一个不期望的热电偶

因为这个不期望的热电偶连接不是在固定的温度下，所以它的影响不可预计，并且它会在测量的温度中引入误差。消除不期望热电偶效应的一种方法是加上一个已知固定温度（通常为 0℃）下的参考热电偶。图 15-22 中可以看到它使用了一个参考热电偶，它固定在一个已知的温度下，此时，因为到电路电极的两个接点都是铜对铜，所以在电路电极上不期望的热电偶被消除。参考热电偶产生的电压是一个已知的常数，可以在电路中进行补偿。

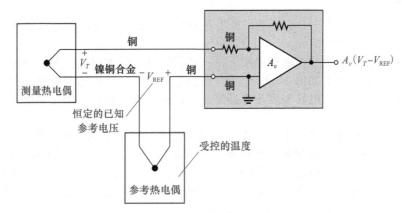

图 15-22　在温度测量电路中使用一个参考热电偶

例 15-2 假设图 15-21 中的热电偶正在测量工业炉中 200°C 的温度。电路板所处位置的环境温度会从 15°C 到 35°C 变化。使用表 15-2 的 T 类型（铜/镍铜合金）热电偶，求在极端环境温度条件下电路输入端的电压。电路输入端上电压的最大误差百分比为多少？

解： 从表 15-2 中可以知道，测量热电偶产生 9.286mV 电压，为了求得不期望的热电偶在 15°C 时产生的电压，必须对表 15-2 中的数据进行插值。因为 15°C 是 100°C 的 15%，所以通过线性插值得到下面的电压：

表 15-2　类型 T 热电偶电压

温度（单位°C）	输出（单位：mV）
−200	−5.603
−100	−3.378
0	0.000
+100	4.277
+200	9.286
+300	14.860
+400	20.869

$$0.15 \times 4.277\text{mV} = 0.642\text{mV}$$

因为 35°C 是 100°C 的 35%，所以电压为

$$0.35 \times 4.277\text{mV} = 1.497\text{mV}$$

在 15°C 时电路输入端的电压为

$$9.286\text{mV} - 0.642\text{mV} = 8.644\text{mV}$$

在 35°C 时电路输入端的电压为

$$9.286\text{mV} - 1.497\text{mV} = 7.789\text{mV}$$

电路输入端电压的最大误差百分比为

$$\left(\frac{9.286\text{mV} - 7.789\text{mV}}{9.286\text{mV}} \right) \times 100\% = 16.1\%$$

你永远不可能确定具体是多大的误差，因为没法控制环境温度。此外，线性插值可能正确，也可能不正确，这取决于不期望的热电偶温度特性的线性程度。

实践练习

在图 15-21 所示的电路中，如果被测量的温度上升到 300°C，那么在与本例中相同的环境温度范围下，电路输入端的电压最大误差百分比为多少？

例 15-3 参考图 15-22 中的热电偶电路，假设热电偶测量 200°C 的温度。同样，电路板所处位置的环境温度会从 15°C 到 35°C 之间变化。参考热电偶所处位置为精确 0°C。求极端温度条件下电路输入端的电压。

解： 从例 15-2 中的表 15-2 可以得到 0°C 时热电偶电压为 0V。因为参考热电偶在 0°C 时不会产生电压，并且与环境温度完全无关，所以在给定的环境温度范围内不期望的热电偶结不会对测量电压产生误差。因此，在两个极端温度条件下，电路输入端之间的电压等于测量热电偶电压，为 9.286mV。

实践练习

如果参考热电偶放在 −100°C 下，而不是 0°C，测量热电偶在 400°C 温度下，那么电路输入端的电压为多少？

补偿　将参考热电偶放在固定温度下（一般需要冰浴）成本很高。另一种补偿不期望的热电偶效应的方法是加上如图 15-23 所示的补偿电路，这有时也称为冷接点补偿。补偿电路由一个电阻和一个集成电路温度传感器组成，该传感器具有和不期望热电偶匹配的温度系数。

温度传感器中的电流源产生一个电流，该电流在补偿电阻 R_c 两端产生一个压降 V_c。调整该电阻使得该压降与不期望的热电偶在给定温度下产生的电压大小相等，方向相反。当环境温度发生变化时，电流成比例变化，使得补偿电阻上的电压总是近似等于不期望热电偶的电压。因为补偿电压 V_c 在极性上与不期望的热电偶电压相反，所以不期望的电压实际上被消除。

图 15-23 的电路中所示的功能再加上其他一些功能都可以在 IC 封装中得到，这些混

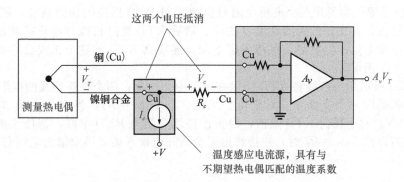

图 15-23 对不期望热电偶效应进行补偿的简化电路

合后的模块称为热电偶信号调理器。AD8496、1B51、3B47 都是该类型的电路。它们用来实现热电偶和各种电子系统之间的连接，以及提供增益、补偿、隔离、共模抑制等功能。这三种信号调理器的数据手册可以在 www. analog. com 上查阅。

系统说明　在某些系统中，有必要测量体积较小材料的温度。这就提出了一些特殊的挑战。假设用热电偶测量某测试管道中液体的温度，因为热电偶本身有质量，所以给热电偶加热意味着液体本身的温度会下降。另外热量沿着热电偶的线端传递，也会有一部分耗散在空气中。这称为热电偶分流效应。在这两种情况中，液体体积越小，它与热电偶之间的温差就越大，对测量精度的影响就越大。

通过选取线端更细的热电偶可以抑制热电偶分流效应。线端越细，则液体与外界空气连接处的温差梯度越陡峭。遗憾的是，更细的线端也会带来其他一系列问题。线端越细，则阻抗越高，这意味着对噪声更加敏感。一种可能的解决方案是使用热电偶扩展线与测量设备进行连接。扩展线有更低的阻抗，因此它对噪声有更好的隔离作用。

15.3.2 热电阻

第二种主要的温度传感器是热电阻(RTD)。RTD 是一种电阻性器件，其阻抗会随着温度发生变化(正温度系数)。RTD 比热电偶的线性要好。RTD 的结构或者是线绕式或者是由金属薄膜技术制成。最常见的 RTD 由铂、镍或镍合金制成。铂 RTD 传感器是可得到的最精确的温度传感器。它能达到 ± 0.02℃的精度，但必须进行精确的信号处理。它也能覆盖相当宽的温度测量范围，典型的范围为 $-200 \sim 850$℃。

一般来讲，RTD 以两种方式来感应温度。第一种如图 15-24a 所示，RTD 由一个很小的电流源来驱动，因为电流固定不变，所以它两端的电压变化与它由温度引起的电阻变化成比例(根据欧姆定理)。第二种如图 15-24b 所示，RTD 连接在一个 3 线电桥电路中，电桥输出电压用来感应 RTD 电阻的变化，即温度的变化。

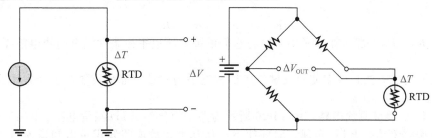

a) 温度的变化ΔT在RTD两端产生一个
电压变化ΔV，当电流恒定时，电压的
变化量与RTD电阻的变化量成比例

b) 温度的变化ΔT使得电桥输出电压产生一个
变化ΔV，该变化与RTD电阻的变化成比例

图 15-24　温度测量电路中采用 RTD 的基本方法

3 线电桥原理 为了让三个电桥电阻避免遭受与 RTD 感应的相同温度，RTD 通常放置在远处的位置，并在该位置测量温度变化。然后 RTD 通过长线与电桥的其他部分进行连接。三个电桥电阻的阻值必须保持固定不变。连接到 RTD 的这个长线会存在可能影响电桥精确工作的阻值。

图 15-25a 所示用两条线将 RTD 连接在电桥中。注意，两个长连接线的电阻都和 RTD 一样接在电桥的同一个支路中。对于电桥来说，如果 $R_1 = R_2$，当 $R_{RTD} = R_3$ 时，电桥平衡，$V_{OUT} = 0V$。对于任何 RTD 阻值，因为连接线电阻与 RTD 串联，都位于电桥的同一个支路中，所以当 $R_{RTD} = R_3$ 时，连接线电阻会破坏电桥平衡，导致输出电压有一个误差。

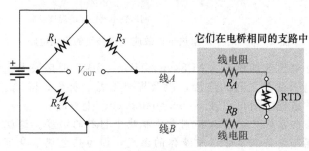

a）两线电桥连接

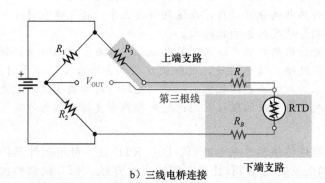

b）三线电桥连接

图 15-25   RTD 电路中，2 线和 3 线电桥连接的比较

图 15-25b 所示的 3 线连接方式克服了连线电阻问题。通过将第三根线连接到 RTD 的一端，如图 15-25b 所示，线 A 的电阻与 R_3 接在电桥的相同支路上，线 B 的电阻连接在与 RTD 相同的电桥支路上。因为两个线电阻放在电桥相对的支路上，所以如果两个线电阻相同（相同类型线的长度相等），那么它们的影响会互相抵消。第三根线的电阻不会产生影响，因为电桥的输出端开路或连接在高阻抗的两端，所以上面没有电流流过。平衡条件为：

$$R_{RTD} + R_B = R_3 + R_A$$

如果 $R_A = R_B$，那么在式子中可以将它们消掉，所以平衡条件完全与线电阻无关。

$$R_{RTD} = R_3$$

此处描述的方法在许多使用灵敏传感器和电桥的测量中都很重要，也经常用在应变计测量中（在 15.4 节中描述）。

基本 RTD 温度测量电路 图 15-26 所示为两个简化的 RTD 测量电路。图 15-26a 所示电路由恒流源驱动的 RTD 实现。原理如下：从基本运放电路知识可以知道流过反馈路径的电流和输入电流相等，因为运放的输入阻抗理想情况下无穷大。因为反相输入端为虚地，所以流过 RTD 的固定电流由固定的输入电压 V_{IN} 和输入电阻 R_1 来设置。RTD 位于反馈通路上，因此运放的输出电压等于 RTD 两端的电压。因为 RTD 上的电流保持不变，所以当 RTD 的电阻随温度变化时，RTD 两端的电压也随之变化。

图 15-26b 所示的基本电路中使用一个仪表用放大器来放大 3 线电桥电路两端的电压。RTD 组成电桥的一个支路；当它的电阻随着温度变化时，电桥输出电压也相应地变化。在某些参考温度，例如 0℃ 时，调节电桥使之平衡($V_{OUT}=0V$)。这意味着选择 R_3 使之等于 RTD 在该参考温度时的电阻值。

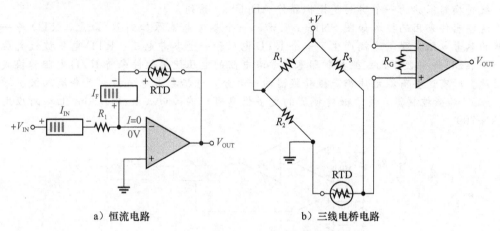

a）恒流电路　　　　　　b）三线电桥电路

图 15-26　基本的 RTD 温度测量电路

例 15-4　图 15-27 所示的 RTD 电路中，如果 RTD 在所测量温度时的电阻为 1320Ω，求仪表用放大器的输出电压。

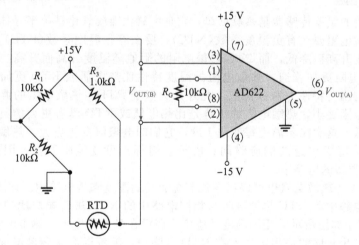

图 15-27　例 15-4 图

解：电桥输出电压为

$$V_{OUT(B)} = \left(\frac{R_{RTD}}{R_3 + R_{RTD}}\right)15V - \left(\frac{R_2}{R_1 + R_2}\right)15V = \left(\frac{1320\Omega}{2320\Omega}\right)15V - \left(\frac{10k\Omega}{20k\Omega}\right)15V$$
$$= 8.53V - 7.5V = 1.03V$$

从式(12-3)可得 AD622 仪表用放大器的电压增益为

$$R_G = \frac{50.5k\Omega}{A_v - 1}$$

$$A_v = \frac{50.5k\Omega}{R_G} + 1 = 5.05 + 1 = 6.05$$

放大器的输出电压为

$$V_{OUT(A)} = 6.05 \times 1.03V = 6.23V$$

✎ 实践练习

在 25℃ 时图 15-27 中的 RTD 标称电阻必须为多少才能使电桥平衡？当电桥平衡时，放大器输出电压为多少？

系统说明　根据应用需要，在某些现代系统中使用专用 RTD 转换器 IC，称为微转换器。微转换器家族的一个实例是模拟器件 ADuC8xx 系列。

这些器件采用的技术如图 SN15-1 所示，一个参考电流源加到 RTD 上，RTD 与一个精确的参考电阻串联。这就产生了一个 RTD 电压和一个参考电压。RTD 电压被放大后通过一个 ADC 进行数字化。微控制器基于参考电阻的电压使用软件来将 RTD 电阻转换成一个温度。所有这些有源元件都是微转换器的一部分，包括参考电流源、差分输入级、增益级、ADC 和微控制器。关于微转换器的更多信息可以在 www.analog.com 上参阅应用说明 AN-709。

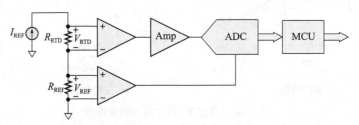

图 SN15-1　RTD 转换器的框图

15.3.3　热敏电阻

第三种主要的温度传感器是热敏电阻，它是由氧化镍或氧化钴等半导体材料制成的电阻性器件。热敏电阻要么有负温度系数（NTC），要么有正温度系数（PTC）。NTC 热敏电阻的阻值随温度升高而降低，而 PTC 热敏电阻的阻值随温度升高而升高。在这两种类型中，NTC 热敏电阻更加普遍。热敏电阻的温度特性比热电偶或 RTD 更加非线性。实际上，热敏电阻的温度特性为对数函数。此外，类似于 RTD，热敏电阻的温度范围比热电偶的温度测量范围更小。热敏电阻的优势是比热电偶或 RTD 具有更大的灵敏度，一般来讲，成本也较低。这意味着温度每变化 1 度，它们的电阻值变化更大。热敏电阻的热质量也更低，这意味着更快速的响应时间。由于它们都是可变电阻器件，因此热敏电阻和 RTD 可以用在类似的电路中。

类似于 RTD，热敏电阻也可以用在恒流源驱动的配置和桥电路中。在图 15-28 中，恒流运算放大器电路中的 NTC 热敏电阻与相同电路中的 RTD 进行响应比较。NTC 热敏电阻和 RTD 都置于如图所示的相同温度环境中。假设在参考温度下，热敏电阻和 RTD 有相同的电阻，并产生相同的输出电压。在 RTD 电路中，随着温度从参考温度开始升高，运

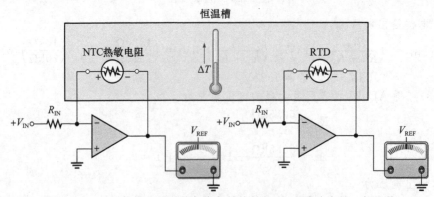

图 15-28　NTC 热敏电阻电路与类似结构的 RTD 电路响应的一般比较

算放大器的输出电压从参考电压值开始升高，因为 RTD 的电阻随温度升高而增大。在 NTC 热敏电阻电路中，随着温度升高，运算放大器的输出电压从参考值开始降低，因为热敏电阻的负温度系数的性质，热敏电阻的电阻随温度升高而降低。另外，对于相同的温度变化，由于热敏电阻对温度有更高的灵敏度，因此热敏电阻电路输出电压的变化量大于 RTD 电路输出电压的变化量。

  系统说明 热敏电阻可应用于各种系统中，例如在汽车系统中温度监控至关重要。在典型的汽车系统中，热敏电阻监控冷却剂温度、乘客座位气温、外界温度、变速液的温度等。如果汽车上配备了液晶显示器(LCD)，你会发现热敏电阻用来监控温度并改变显示器的驱动电流，在 LCD 模块中使用的流体对温度十分敏感，在较高温度下相对较低温度下的对比度显示效果更好。这意味着如果利用恒压来驱动 LCD 模块，它的显示效果会依据当前室温变得时好时坏。热敏电阻也常用在移动设备的电源电路中，在不降低效率的前提下保持一个比较好的显示效果。它可以在寒冷的气候中提供比较高的驱动电流；在比较温暖的环境下提供比较低的、更高效率的电流。在所有电池供电的设备中，效率永远是值得关注的问题。

15.3 节测试题

1. 什么是热电偶？
2. 如何用热电偶来测量温度？
3. RTD 是什么？它与热电偶的工作原理有何不同？
4. RTD 和热敏电阻在工作原理上最主要的差别是什么？
5. 在本节介绍的三种类型的器件中，哪一种最适合用来测量极高的温度？
6. 举出热敏电阻在汽车中的三种应用。

15.4 应变测量、压力测量和运动测量

  本节将讨论三种与力相关的参数(应变、压力和运动)的测量方法。许多应用都需要测量这三种参数。此外，其他参数(例如液体的流速)也可以间接通过测量应变、压力或者运动而得到。

  学完本节后，你应该掌握以下内容：

- 描述应变、压力和运动测量的方法
  - 解释应变计如何工作
  - 讨论应变计电路
  - 解释压力传感器如何工作
  - 讨论压力测量电路
  - 列出几种压力传感器应用
  - 解释位移传感器、速度传感器以及加速度传感器

15.4.1 应变计

  应变是由于作用在材料上面的力量产生的材料变形，或者扩张或者压缩。例如，金属杆或金属棒当加上一个合适的力时，它会稍稍变长，如图 15-29a 所示。此外，如果金属盘弯曲，那么上表面会有一个膨胀，称为拉伸应变，下表面会有一个压缩，称为压缩应变，如图 15-29b 所示。

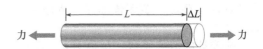

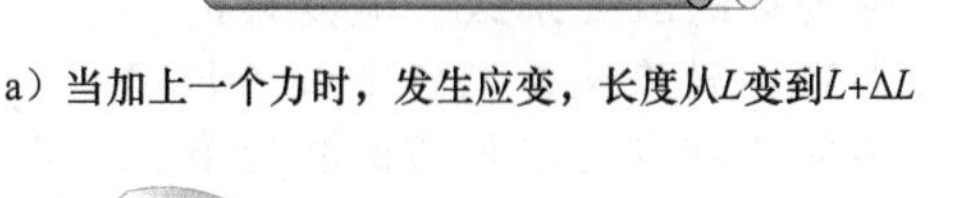

a) 当加上一个力时，发生应变，长度从 L 变到 $L+\Delta L$

b) 当平板发生弯曲时，发生应变，上表面扩张，下表面压缩

图 15-29 应变例子

应变计的原理是：如果材料的长度增加，它的电阻值增大；如果长度缩短，它的电阻值减小。这可以用下面的式子表示(回顾 DC/AC 电路课程)。

$$R = \frac{\rho L}{A} \tag{15-3}$$

这个式子说明：对于一种材料，比如一段线，它的电阻值与电阻率(ρ)和长度(L)成正比，和横截面积(A)成反比。

应变计基本上是一个长而薄的电阻性材料条，它黏合在需要测量应变的物体的表面，比如放在测试的飞机机翼或尾翼上。当一个力作用在物体上引起微微的拉伸时，应变计也按比例拉长，电阻值增大。大多数应变计以类似于图 15-30a 所示的形式来实现小区域范围内有足够电阻值的长度。然后如图 15-30b 所示将它沿着应变线方向放置。

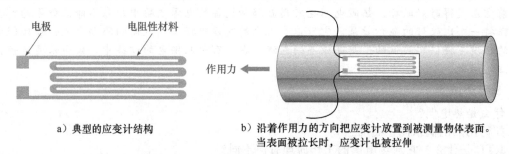

a) 典型的应变计结构　　　　　b) 沿着作用力的方向把应变计放置到被测量物体表面。
当表面被拉长时，应变计也被拉伸

图 15-30　一个简单的应变计和它的放置方式

系统说明　如图 15-30 所示，应变计沿着会引起应变的作用力方向进行安装。理想情况下，应变计的电阻只随应变变化而变化，但在实际情况中，待测材料由于温度变化也会发生形变(热膨胀)。在应变计的设计中，对应变计材料进行处理来对应变计将要使用的同种材料的热膨胀做出补偿，以减小温度敏感性。补偿后的应变计可以降低热敏感性，但不能完全消除其影响。

另外一种对热膨胀效应进行补偿的方法是使用平衡应变计。平衡应变计放置方向与应变方向成直角，如图 SN15-2 所示。这意味着作用力对于平衡应变计基本没有影响。但由于材料在温度作用下会向所有方向扩张或收缩，热膨胀作用导致的阻值变化对于平衡应变计和工作应变计是相同的，因此就得到一个受热膨胀影响的参考值，利用这个参考值就可以消除误差。

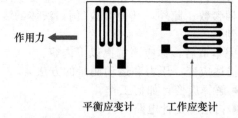

图 SN15-2　通过使用一个平衡应变计对温度进行补偿

应变计的应变系数　应变计的一个重要特性是应变系数(GF)，GF 定义为沿应变轴方向电阻值的相对变化与长度的相对变化之比。对于金属应变计，GF 一般约为 2。应变系数的概念在图 15-31 中说明，并可以用式(15-4)表示，其中 R 为标称电阻，ΔR 为由应变引起的电阻变化。长度的相对变化($\Delta L/L$)用应变(ε)来表示，

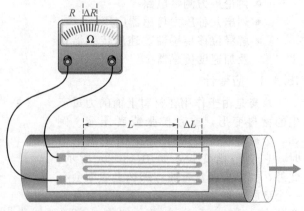

图 15-31　应变系数的说明。欧姆表符号并不表示测量 ΔR 的实际方法

一般表示为百万分率，称为微应变($\mu\varepsilon$)。

$$GF = \frac{\Delta R/R}{\Delta L/L} \tag{15-4}$$

例 15-5 某被测材料承受百万分之 5($5\mu\varepsilon$)的应变。应变计的标称(没有应变时)电阻值为 320Ω，应变系数为 2.0，求应变计中电阻变化量。

解：

$$GF = \frac{\Delta R/R}{\Delta L/L} = \frac{\Delta R/R}{\varepsilon}$$

$$\Delta R = GF \cdot R \cdot \varepsilon = 2.0 \times 320\Omega \times 5 \times 10^{-6} = 3.2m\Omega$$

实践练习

如果本例中的应变为 $8\mu\varepsilon$，则电阻有多大变化？

15.4.2 基本的应变计电路

因为当应变计感应量发生变化时，其电阻值会发生一个微弱变化，所以它通常用于与 RTD 类似的电路中。基本的差别是应变计测量应变，而不是温度。因此，应变计一般用在电桥电路中，或者用在恒流源驱动的电路中，如图 15-32 所示。它们的应用方式与 RTD 和热敏电阻相同。1B31 是应变计信号调理器的例子。它的数据手册见网站 www.analog.com。

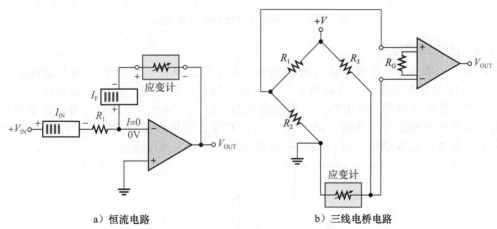

a) 恒流电路　　　　　　　　b) 三线电桥电路

图 15-32　基本的应变测量电路

15.4.3 压力传感器

压力传感器是其电阻变化与压力变化成正比的器件。一般来讲，压力感应可以使用依附在一个柔软膜片上的应变计来完成，如图 15-33a 所示。图 15-33b 为一个没有承受净压力的膜片。当膜片一边存在一个正的净压力时，如图 15-33c 所示，会向上推膜片，它的表面也产生扩张。该扩张会使应变计被拉伸，因此电阻值增大。

a) 基本的压力计结构　　b) 当膜片上没有净压力时，应变计　c) 净压力使得膜片扩张，应变计
　　　　　　　　　　　　电阻为其标称值（侧面图）　　　　被拉伸，因此电阻增大

图 15-33　包含黏合在柔软膜片上的应变计的简化压力传感器

　　一般使用黏合在不锈钢膜片上的箔应变计或者在一个硅膜片中集成半导体应变计（电阻）来制造压力传感器。对于这两种方法，基本原理一样。

　　根据压力测量，压力传感器有三种基本的配置。绝对压力传感器测量相对于真空所加的压力，如图 15-34a 所示。标准（gage）压力传感器测量相对于周边（环境压力）所加的压力，如图 15-34b 所示。差分压力传感器测量所加的两个压力的差值，如图 15-34c 所示。一些传感器电路包括电桥完整电路和运放，并将它们与传感器一起封装在一起，如图 15-35 所示。

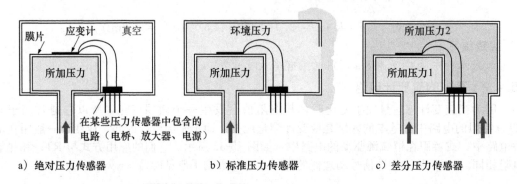

a）绝对压力传感器　　　　　b）标准压力传感器　　　　　c）差分压力传感器

图 15-34　三种基本类型的压力传感器

15.4.4　压力测量电路

　　因为压力传感器的电阻随着被测量的变化而变化，所以它通常位于电桥电路中，如图 15-35a 中的基本运放电桥式电路所示。在某些情况中，会把完整电路造到传感器封装中，而在其他有些情况下，电路位于传感器外部。图 15-35b～d 中的符号有时用来表示具有放大输出的完整压力传感器。图 15-35b 中的符号表示绝对压力传感器，图 15-35c 中的符号表示标准压力传感器，图 15-35d 中的符号表示差分压力传感器。

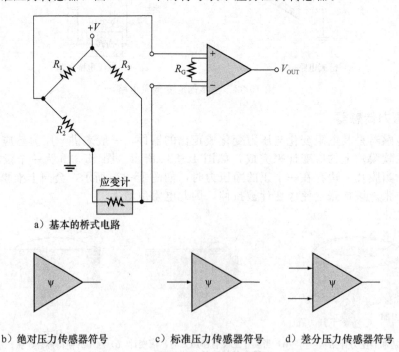

a）基本的桥式电路

b）绝对压力传感器符号　　　c）标准压力传感器符号　　　d）差分压力传感器符号

图 15-35　基本的压力传感器电路和符号

流速测量 测量液体流过管道的流速的一种常见方法是差分压力方法。一个限流设备,如文丘里(Venturi)管(或其他类型的限流设备,如限流孔)放在需要监测流速的管道中。文丘里管是一段较窄的管道,如图 15-36 所示。虽然液体流过较窄通道时的流速增大,但是每分钟流过管道的流量是固定不变的。

因为液体流过受限区域时流速增大,所以压力也增大。如果在较宽的地方和较窄的地方都对压力进行测量,那么可以确定流速,因为流速与差分压力的平方根成正比,如图 15-36 所示。

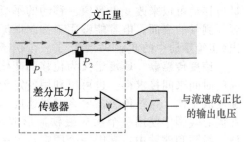

压力传感器应用 压力传感器用于任何需要测量材料压力的场合中。在医疗应用中,压力传感器用于血压测量;在飞机中,压力传感器用于测量高度压力、舱内压力和水压。在汽车中,压力传感器用于测量燃油流动、油压、制动系统压力、管道压力,以及转向系统压力,还有其他一些应用。

图 15-36 流速测量的基本方法

15.4.5 运动测量电路

位移传感器 位移用来表示身体或点的位置变化。角度位移指能够用度或弧度来测量的旋转。位移传感器要么是接触式的要么是非接触式的。

接触式传感器一般用具有耦合器件的感应轴来跟随被测量的位置。线性可变差分变压器(LVDT)就是一种接触式位移传感器,它能够将电感的变化与位移相关联。感应轴连接到专用绕组变压器中的一个移动磁心上。典型的 LVDT 如图 15-37 所示。变压器的一次绕组接入被测系统中,它位于两个相同的二次绕组之间。一次绕组由交流(一般频率范围为 $1 \sim 5 \text{kHz}$)激励。当磁心位于中心时,两个二次绕组上生成的电压相等。当磁心离开中心位置时,其中一个二次绕组上的电压要大于另一个上的电压。对于图 15-37 所示的解调电路,当磁心通过中心位置时,输出的极性发生改变。该传感器有很好的灵敏度、线性度和可重复性。

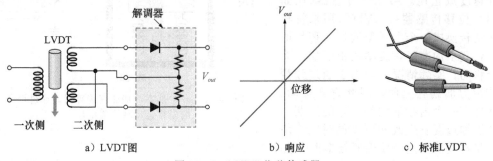

a) LVDT图   b) 响应   c) 标准LVDT

图 15-37 LVDT 位移传感器

非接触式位移传感器包括光学和电容传感器。可以通过对光电池进行排列来观察通过要测量的编码盘上小孔的光线,或者来对要测量的表面上的边缘进行计数。光学系统速度很快,但包括背景光源等噪声会在光学传感器上产生干扰信号。如果噪声会产生问题,那么在系统中加入迟滞环节非常有用(见 8.1 节)。

光纤传感器是用于近距离测量的非常好的近程检测器。反射性传感器使用两个光纤束,一个用于发射光,另一个用于从反射面上接收光,如图 15-38 所示。光能够在光纤中几乎没有明显衰减地进行传输。当它离开发射光纤后,它在目标上形成一个斑点,它与距离的平方成

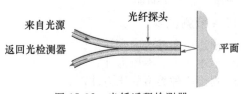

图 15-38 光纤近程检测器

反比。接收光纤对准斑点，并将反射光收集到光传感器。由接收光纤检测到的光强度取决于光纤的物理尺寸和排列以及到斑点和反射面的距离，但是这种技术能够对接近 1 微英寸的距离作出响应。主要的缺点是动态范围有限。

电容性传感器可以做成非常灵敏的位移传感器或近程传感器。对电容中其中一个平板进行移动可以来改变电容值。移动的平板可以是任何金属表面，如电容性麦克风的膜片或者要测量的表面。电容能够用来控制谐振电路的频率来将该电容变化转换为有用的电子输出（实验手册中的实验 37 给出了一个例子）。

速度传感器　速度定义为位移的变化速率，它可以通过位移传感器和测量两个位置之间的时间来间接求得。也可以利用特定传感器来直接测量速度，这种传感器的输出与被测速度成正比。这些传感器要么对线速度作出响应，要么对角速度作出响应。线速度传感器在同心线圈中使用一个永久磁铁，形成一个简单的电动机，产生一个与速度成正比的电压。线圈和磁铁中，其中一个固定，另一个相对于固定的元件进行移动。从线圈中取出输出信号。

有各种各样的传感器来测量角速度。转速计是一类角速度传感器，它能够产生一个直流或交流电压输出。直流转速计基本上是一个小型的发电机，里面的线圈在一个固定不变的磁场中旋转。当线圈在固定不变的磁场中旋转时，线圈上会产生一个电压。所产生电压的平均值与旋转速度成正比，而极性反映了旋转方向，这是直流转速计的优点。交流转速计可以设计成发电机，能够得到频率与旋转速度成正比的输出。

另外一种测量角速度的方法是在一个光敏元件上旋转一个遮光器。遮光器会干扰光源到达光电池，使得光电池的输出以与旋转速度成正比的速率变化。

加速度传感器　加速度通常用安装在一个合适容器内的弹簧支撑的震动块来测量，如图 15-39 所示。用一个减震器来实现阻尼，它是一个减小振动的机械装置。盒子和震动块之间的相对运动与加速度成正比。第二个传感器（比如电阻性位移传感器或 LVDT）用来将相对运动转换成一个电子量输出。理想情况下，盒子加速时，震动块由于惯性而不会移动；实际情况下，由于通过弹簧有作用力加到它上面，因此它会移动。加速计有一个内在的频率，它的周期小于所测加速度发生改变所需的时间。用来测量振动的加速计使用的频率也应该小于这个内在频率。

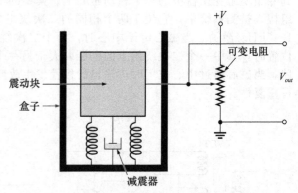

图 15-39　一个基本的加速度传感器。通过可变电阻将运动转换成电压

使用 LVDT 基本原理的加速计可以构造成来测量振动。震动块由周围用线圈环绕的磁铁制成。线圈上产生的电压是加速度的函数。

另一种加速计使用一个与震动块接触的压电晶体。晶体对震动块的加速度产生的作用力作出响应并产生一个输出电压。压电晶体尺寸很小，并有一个非常高的内在频率；它能够用来测量高频振动。压电晶体的缺点是输出非常小，晶体的阻抗很高，使得它很容易由于噪声而产生问题。

15.4 节测试题

1. 描述一个基本应变计。
2. 描述一个基本压力计。
3. 列出三种类型的压力计。
4. (a) LVDT 是什么？(b) 它可以测量什么？

15.5 功率控制

电子电路的一个有用应用是控制负载上的功率。本节将学习在功率控制应用中两种广泛使用的器件，晶闸管整流器(SCR)和双向晶闸管(triac)。这些器件属于晶闸管类型的器件，广泛用于电动机工业控制、加热器、相位控制和其他许多应用中。可以认为晶闸管是一种电子开关，能够快速打开和关闭流向负载的大电流。集成电路经常用来确定何时打开和关闭 SCR 或双向晶闸管。

学完本节后，你应该掌握以下内容：

- 描述如何控制负载上的功率
  - 描述 SCR 和双向晶闸管
  - 解释如何打开和关闭 SCR
  - 解释零电压开关
  - 定义微控制器

15.5.1 晶闸管整流器

晶闸管是一种半导体开关，由四层或多层交替的 $pnpn$ 材料组成。有几种不同类型的晶闸管，类型主要取决于层数和每层的特定连接。对于一个四层晶闸管，当从第 1、2 和 4 层进行连接时，就形成一种称为 SCR(晶闸管整流器)的闸二极管形式。这是晶闸管家族中最重要的器件之一，因为它相当于一个能够在需要时打开的二极管。SCR 的基本结构和电路符号如图 15-40 所示。对于 SCR，三个连接分别为阳极(A)、阴极(K)和栅极(G)。

当栅极电流为 0 时，SCR 的特性曲线如图 15-41a 所示。特性曲线中有 4 个区域。反向特性(第三象限中的曲线)与一般二极管相同，包含一个反向阻断区域和一个反向雪崩区域。反向阻断区域等效于一个断开的开关。加到 SCR 上使它能够进入雪崩区域的反向电压一般为几百伏或者更高。SCR 一般不工作在反向雪崩区域。

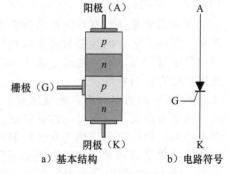

图 15-40　晶闸管整流器(SCR)

正向特性(画在第一象限)分成两部分。第一部分是正向阻断区域，其中 SCR 基本截止，阳极和阴极之间阻抗非常高，近似相当于一个断开的开关。第二个区域为正向导通区域，其中产生阳极电流，如一般的二极管一样。为了让 SCR 进入这个区域，必须超过正向击穿电压 $V_{BR(F)}$。当 SCR 工作在正向导通区域时，阳极和阴极之间近似为一个闭合的开关。可以看到它与一般二极管特性(见图 2-10)具有相似性，除了正向阻断区域之外。

打开 SCR　有两种方法让 SCR 进入正向导通区域。在这两种情况下，阳极到阴极必须正向偏置，即阳极相对于阴极必须为正。第一种方法已经提到过，它要求加上一个超过正向击穿电压 $V_{BR(F)}$ 的正向电压。击穿电压触发通常不常用。第二种方法需要在栅极上加上一个正的脉冲电流(触发)。这个脉冲使正向击穿电压减小，如图 15-41b 所示，并使得 SCR 导通。栅极电流越大，$V_{BR(F)}$ 越小。这是打开 SCR 的一般常用方法。

一旦 SCR 打开，栅极就失去了控制。结果是 SCR 被锁住，只要阳极电流一直维持，SCR 将继续相当于一个闭合的开关。当阳极电流下降到小于一个称为保持电流的值时，SCR 会离开导通区域。保持电流如图 15-41 所示。

关闭 SCR　两种关闭 SCR 的基本方式是阳极电流中断和强制换流。通过断开阳极电路中的通路可以中断阳极电流，这会导致阳极电流变为 0，从而关闭 SCR。中断阳极电流一种常用的自动方法是将 SCR 连接在一个交流电路中。交流波形的负半周会使 SCR 闭合。

强制换流方法要求立刻加上一个与正向导通方向相反的强制电流流过 SCR，这使得正

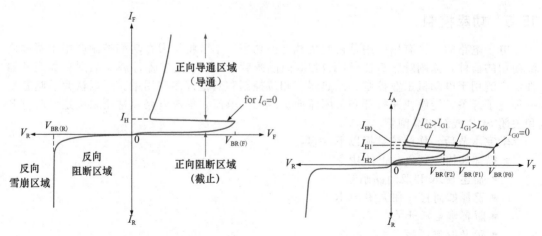

a）当I_G=0时，必须大于$V_{BR(F)}$才能进入导通区域　　b）I_G控制SCR能够导通所需要的$V_{BR(F)}$值

图 15-41　SCR 特性曲线

向电流会下降到小于保持电流。这可以用各种不同的电路来实现。可能最简单的方法是自动打开或关闭一个以反方向连接在 SCR 两端的充好电的电容。

15.5.2　双向晶闸管

双向晶闸管是具有双向通电流能力的晶闸管，因此是一个交流功率控制器件。虽然它是一个器件，但它的性能与两个以相反方向并联在一起却共用一个栅极的 SCR 性能等效。双向晶闸管的基本特性曲线如图 15-42 所示。因为双向晶闸管类似于两个背靠背的 SCR，所以它没有反向特性。

同 SCR 的情况一样，栅极触发是断开双向晶闸管的常用方法。双向晶闸管的栅极上所加的电流启动了前面讨论的锁机制。一旦导通启动，双向晶闸管会在两个极性的其中一个上导通，因此它可以作为交流控制器。可以触发双向晶闸管使得只有在部分交流周期内向负载提供交流功率。这可以使晶闸管能够向负载提供更多或更少的功率，而这取决于触发点。图 15-43 给出了基本的工作原理。

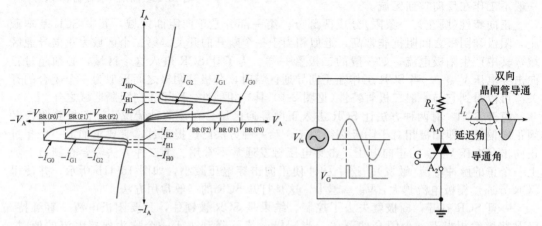

图 15-42　双向晶闸管特性曲线　　　　图 15-43　基本双向晶闸管的相位控制。栅极触发的
　　　　　　　　　　　　　　　　　　　　　　　　　时间决定能够通向负载的交流周期部分

15.5.3　零电压开关

当 SCR 或双向晶闸管在交流周期内处于断开状态时，触发它们会产生一个问题：由于开关的暂态过程，会产生 RFI（射频干扰）。例如，如果 SCR 或双向晶闸管在交流周期

接近峰值的时候突然打开，则会有一个瞬间冲击电流流过负载。当电压或电流有一个瞬间转换时，会产生许多高频分量。这些高频分量会进入敏感电路中，产生严重的干扰，甚至会产生崩溃。当 SCR 或双向晶闸管两端电压为 0 时，打开 SCR 或双向晶闸管可以避免电流的突然增加，因为电流会与交流电压同时增加。零电压开关也可以阻止使负载缩短寿命的热冲击，而这取决于负载的类型。

并不是所有应用都能使用零电压开关，但如果可以，那么可以大大减小噪声问题。例如，负载可能是一个电阻性加热器件，电源在交流的几个周期内打开，然后几个周期内关掉来维持一个特定的温度。零电压开关利用一个感应电路来确定什么时候打开电源。零电压开关的概念如图 15-44 所示。

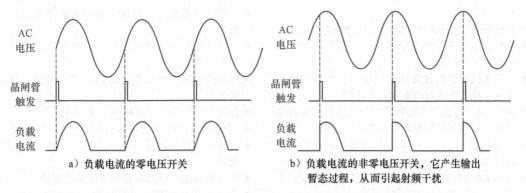

a）负载电流的零电压开关　　b）负载电流的非零电压开关，它产生输出暂态过程，从而引起射频干扰

图 15-44　负载功率的零电压开关和非零电压开关的比较

当交流波形在正方向跨越零坐标轴时能够产生触发脉冲的一个基本电路如图 15-45 所示。电阻 R_1 以及二极管 D_1 和 D_2 防止比较器的输入超过电压摆幅。比较器的输出电压电平是一个方波。C_1 和 R_2 组成一个差分电路来将该方波输出转换成触发脉冲。二极管 D_3 限制输出只有正触发。

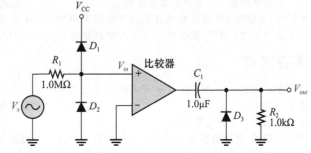

图 15-45　当交流波形在正方向跨越零坐标轴时能够产生触发脉冲的一个电路

15.5.4　微控制器

SCR 和双向晶闸管经常用于有许多额外要求的系统中。例如，像洗衣机一样的基本系统可能需要有定时功能、速度或转速调整，电动机保护、序列产生、显示控制等。像这类系统可以用一类称为微控制器的专用计算机来进行控制。微控制器是一个简单集成电路，具有各种微处理器所具备的基本特点，以及具有专门的输入/输出(I/O)电路、ADC(模-数转换器)、计数器、定时器、振荡器、存储器以及其他特性。微控制器可以配置成一个专用系统来实现一种低成本的方法，用这种方法可以替换为 SCR 或双向晶闸管提供触发的传统方法。

一种专用微控制器是德州仪器生产的 MSP430。数据手册可在 www.ti.com 上查阅。MSP430 是一种采用 RISC 指令集的低成本 16 位控制器。它能在超低功耗下高速运行。它可以执行小型系统中需要的所有控制功能，还能直接驱动小型双向晶闸管和 SCR 的栅极。可以为 MSP430 构建一个过零输入。实际上，与图 15-45 所示相同的输入保护电路与 MSP430 其中的一个输入端口相连。

15.5 节测试题

1. 从向负载传递功率的意义上来说，SCR 和双向晶闸管有何不同？

2. 解释零电压开关的基本功能。

3. 在何种类型的系统中你可能会找到 SCR 或者双向晶闸管？

小结

- RMS-DC 转换器实现三个基本功能：平方、取平均值、取平方根。
- 平方一般通过线性乘法器实现。
- 简单的平均值电路是一个低通滤波器，只允许输入信号的直流分量通过。
- 平方根电路在运算放大器反馈回路中使用一个线性乘法器。
- 自整角机是一种有三个定子线圈的轴承角传感器。
- 旋转变压器是一类自整角机，它最简单的形式有两个定子线圈。
- 自整角机或者旋转变压器的输出电压称为格式电压，格式电压与轴承角成正比。
- 旋转变压器-数字转换器(RDC)将旋转变压器格式电压转换到代表轴承角位置的数字码。
- 热电偶是一类由两种不同金属连接而成的温度传感器。
- 当热电偶的连接点受热时，连接点处便会产生电压，电压值正比于温度。
- 热电偶能用来测量非常高的温度。
- 热电阻(RTD)是一种阻值随着温度直接发生改变的温度传感器，它有正温度系数。
- RTD 通常用于桥式电路或者恒流源驱动的电路来测量温度，RTD 比热电偶有更有限的温度测

量范围。

- 热敏电阻是一种阻值随温度发生改变的温度传感器。它有正温度系数(PTC)或者负温度系数(NTC)，但 NTC 热敏电阻更为常用。
- 热敏电阻比 RTD 和热电偶更加灵敏，但它的测温范围很有限。
- 应变计是基于材料长度拉伸时电阻增加的特性制造的。
- 应变计的应变系数是阻抗的变化率与拉伸长度的变化率的比值。
- 压力传感器是将应变计黏贴在柔性薄膜上而制成的。
- 绝对压力传感器测量相对于真空的压力。
- 标准压力传感器测量相对于外界环境压力的压力。
- 差分压力传感器测量相对于另外一种压力的一个压力。
- 液体的流速可以用差分压力传感器测量。
- 零电压开关在交流电压通过零点时产生脉冲，用于触发功率控制中使用的晶闸管。
- 运动测量电路包括 LVDT 位移传感器、速度传感器和加速度传感器。
- SCR 和双向晶闸管是两种用于功率控制电路中的晶闸管。

关键术语

本章中的关键术语以及其他楷体术语在书后的术语表中定义。

旋转变压器：一种自整角机。

旋转变压器-数字转换器(RDC)：一种将旋转变压器电压转换为表示转子轴承角位置的数字形式的电子电路。

有效值(rms)：和在一个电阻上产生相同热量的直流电压值相对应的交流电压值。

热电阻：一种阻抗值与温度成正比的温度传感器。

传感器：将某一物理参数转换为电参数的器件。

晶闸管整流器(SCR)：一种三端晶闸管。当触发导通后，导通电流可以一直保持直到阳极电流低于某个值。

应变计：一种由电阻材料组成的传感器，当受到压力作用拉伸或压缩时，电阻值也会成比例

地变化。

自整角机：一种用于轴承角度测量与控制的机电传感器。

自整角机-数字转换器(SDC)：一种将自整角机电压转换为表示转子轴承角位置的数字形式的电路。

热敏电阻：电阻值随温度变化的一种温度传感器。它有正温度系数(PTC)或负温度系数(NTC)。

热电偶：由两类不同金属材料接合而成的一种温度传感器，产生的电压值正比于温度。

晶闸管：一类四层($pnpn$)半导体器件。

双向晶闸管：一种三端晶闸管，当正确激活后能够在两个方向上导通电流。

零电压开关：在交流电压过零时打开负载功率以减小射频噪声的过程。

重要公式

$(15\text{-}1) V_{rms} = \sqrt{\text{avg}(V_{in}^2)}$ 有效值

$(15\text{-}2) V_{OUT} = \sqrt{V_{in}^2}$ RMS-DC 转换器的输出

$(15\text{-}3) R = \dfrac{\rho L}{A}$ 材料的电阻

$(15\text{-}4) \text{GF} = \dfrac{\Delta R/R}{\Delta L/L}$ 应变计的应变系数

自测题

1. 交流信号的有效(rms)值等于_____。
   - (a) 峰值
   - (b) 产生相同热效应的直流值
   - (c) 平均值的平方根
   - (d) 答案(b)和(c)

2. 显式 RMS-DC 转换器包含_____。
   - (a) 平方电路
   - (b) 平均值电路
   - (c) 平方根电路
   - (d) 平方/除法器电路
   - (e) 以上所有
   - (f) 只有答案(a)、(b)和(c)

3. 自整角机产生_____。
   - (a) 三种格式电压
   - (b) 两种格式电压
   - (c) 一种格式电压
   - (d) 一个参考电压

4. 旋转变压器产生_____。
   - (a) 三种格式电压
   - (b) 两种格式电压
   - (c) 一种格式电压
   - (d) 以上都不是

5. Scott-T 变压器用于_____。
   - (a) 将参考电压耦合到自整角机或旋转变压器中
   - (b) 将旋转变压器格式电压转换为自整角机格式电压
   - (c) 将自整角机格式电压转换为旋转变压器格式电压
   - (d) 将转子线圈和定子线圈隔离开来

6. RDC 的输出为_____。
   - (a) 幅度正比于旋转变压器轴承角位置的正弦波
   - (b) 表示定子外罩角位置的数字码
   - (c) 表示旋转变压器轴承角位置的数字码
   - (d) 频率正比于旋转变压器轴承角位置的正弦波

7. 热电偶_____。
   - (a) 温度发生变化时，电阻也会发生变化
   - (b) 温度发生变化时，电压也会发生变化
   - (c) 由两种不同种类的金属组成
   - (d) 答案(b)和(c)

8. 在热电偶电路中，热电偶的每根线都连接到铜电路板的电极上，_____。
   - (a) 产生不期望的热电偶
   - (b) 需要进行补偿
   - (c) 必须使用参考热电偶
   - (d) 答案(a)、(b)和(c)

   - (e) 答案(a)和(c)

9. 热电偶信号调理器用来提供_____。
   - (a) 增益
   - (b) 补偿
   - (c) 隔离
   - (d) 共模抑制
   - (e) 以上所有答案

10. RTD _____。
    - (a) 当温度改变时，电阻也会发生改变
    - (b) 有负温度系数
    - (c) 比热电偶有更宽的温度测量范围
    - (d) 以上所有答案

11. 三线桥式电路的作用是为了消除_____。
    - (a) RTD 的非线性
    - (b) RTD 电路中线电阻引入的影响
    - (c) RTD 电阻中产生的噪声
    - (d) 以上都不是

12. 热敏电阻_____。
    - (a) 不如 RTD 灵敏
    - (b) 比热电偶有更大的温度测量范围
    - (c) 对于温度变化的响应呈对数关系
    - (d) 比 RTD 有更好的线性响应

13. RTD 和热敏电阻都用于_____。
    - (a) 阻抗测量电路
    - (b) 温度测量电路
    - (c) 桥式电路
    - (d) 恒流源驱动电路
    - (e) 答案(a)、(c)和(d)
    - (f) 只有答案(b)和(c)

14. 应变计长度增加时_____。
    - (a) 产生更大的电压
    - (b) 其电阻增大
    - (c) 其电阻减小
    - (d) 使电路开路

15. 应变系数越高代表应变计_____。
    - (a) 对长度变化的敏感性越低
    - (b) 对长度变化的敏感性越高
    - (c) 有更高的电阻值
    - (d) 由物理尺寸更大的导体制成

16. 许多类型的压力传感器由_____制成。
    - (a) 热敏电阻
    - (b) RTD
    - (c) 应变计
    - (d) 以上皆不是

17. 标准压力相对于_____进行测量。
    - (a) 外界环境压力
    - (b) 真空
    - (c) 某参考压力

18. 液体的流速能够通过_____进行测量。
    (a) 细绳
    (b) 温度传感器
    (c) 绝对压力传感器
    (d) 差分压力传感器
19. 零电压开关通常用于_____。
    (a) 确定热电偶电压
    (b) SCR 和双向晶闸管的功率控制电路中

    (c) 平衡桥电路中
    (d) 产生 RFI
20. 负载的非零功率开关的一个主要缺点
    是_____。
    (a) 效率低
    (b) 可能会对晶闸管产生损害
    (c) 产生 RF 噪声

故障检测测验

参考图 15-46。
● 如果 220kΩ 电阻开路，
  1. 闭环增益将会_____。
    (a) 增大　　　　(b) 减小
    (c) 不变
参考图 15-47。
● 如果电桥达到平衡，并且直流电源电压断开，
  2. 输出电压将会_____。
    (a) 增大　　　　(b) 减小
    (c) 不变
● 如果 RTD 开路，
  3. 输出端上的电压幅度将会_____。
    (a) 增大　　　　(b) 减小
    (c) 不变
参考图 15-49。
● 如果 R_G 比指定值大，
  4. 放大输出电压将会_____。
    (a) 增大　　　　(b) 减小
    (c) 不变
  5. 电桥输出电压将会_____。
    (a) 增大　　　　(b) 减小
    (c) 不变
参考图 15-51。
● 如果 SCR 的栅极开路，并且输入没有超过截止电压。

  6. 输出电压将会_____。
    (a) 增大　　　　(b) 减小
    (c) 不变
● 如果 R 开路，
  7. 输出电压将会_____。
    (a) 增大　　　　(b) 减小
    (c) 不变
● 如果栅极触发电压 V_G 幅度增加，
  8. 输出电压将会_____。
    (a) 增大　　　　(b) 减小
    (c) 不变
参考图 15-52。
● 如果输入电压幅度增大，
  9. 输出电压将会_____。
    (a) 增大　　　　(b) 减小
    (c) 不变
● 如果 D_3 开路，
  10. 正触发的幅值将会_____。
    (a) 增大　　　　(b) 减小
    (c) 不变
● 如果 D_3 反向，
  11. 正触发的幅值将会_____。
    (a) 增大　　　　(b) 减小
    (c) 不变

习题

15.1 节

1. 一个 5V 直流电压加在 1.0kΩ 的电阻上，为了在 1.0kΩ 的电阻上产生的功率与直流电压产生的功率相同，则正弦电压的有效值应为多少？
2. 根据有效值的基本定义，确定幅度为 ±1V 的对称方波的有效值。

15.2 节

3. 某 RDC 有 8 位的数字输出，如果输出码为 10000111，那么测量的角度是多少？
4. 当输出码为 00010101 时，重复习题 3。
5. 在 AD2S90 RDC 中，锁存器保存的数字码有多少位？

6. 解释 AD2S90 RDC 的方向输出和速度输出。

15.3 节

7. 三个相同的热电偶分别放置在不同的温度中：热电偶 A 放置在 450℃ 温度中，热电偶 B 放置在 420℃ 温度中，热电偶 C 放置在 1200℃ 温度中，哪一个热电偶的输出电压最大？
8. 假设有两种热电偶，一种是 K 型，另一种是 T 型，可以从字母名称中得知什么信息？
9. 确定图 15-46 中运算放大器的输出电压，如果此时热电偶的测量温度为 400℃，电路自身置于 25℃ 的环境中。参考表 15-2。
10. 如果习题 9 中的电路得到正确补偿，则输出电压又是多少？

11. 在图 15-47 所示的桥式电路中, 如果与 RTD 两端相连的导线电阻都为 10Ω, 则 RTD 的电阻值为多少时桥式电路达到平衡?

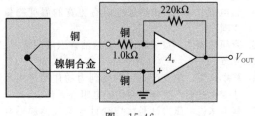

图 15-46

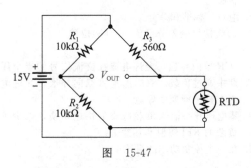

图 15-47

12. 在图 15-48 所示的桥式电路中, 如果与 RTD 两端相连的导线电阻都为 10Ω, 则 RTD 的电阻值为多少时桥式电路达到平衡?

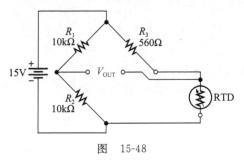

图 15-48

13. 解释习题 11 和习题 12 中结果的差别。

14. 确定图 15-49 中仪表用放大器的输出电压, 如果 RTD 在其所测温度下的电阻为 697Ω。

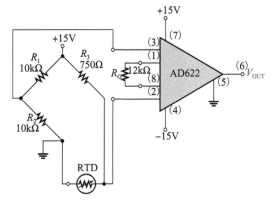

图 15-49

15.4 节

15. 某一待测材料受到的应变为 3/10 000, 应变计的标称电阻为 600Ω, 应变系数为 2.5。求应变计的电阻变化值。

16. 解释应变计如何用来测量压力。

17. 识别和比较如图 15-50 所示的三种符号。

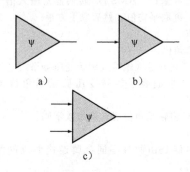

图 15-50

15.5 节

18. 说出两种使 SCR 进入正向导通区域的方法。

19. 对于如图 15-51 所示的电路, 在如图 15-51 所示的输入下, 画出 V_R 的波形。

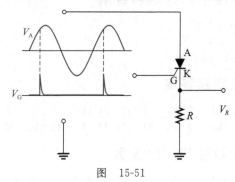

图 15-51

20. 对于如图 15-52 所示的电路, 画出比较器的输出波形, 以及电路的输出波形。假设输入正弦电压的有效值为 115V, 比较器的电压和电源电压为 ±10V。

21. 如果想在输入波形的负斜率上产生正触发, 则需要对图 15-52 中所示的电路做出怎样的改变?

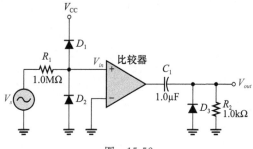

图 15-52

各节测试题答案

15.1 节
1. RMS-DC 转换器产生一个等于输入交流电压有效值的直流电压。
2. 从内部来讲，RMS-DC 转换器对输入信号先平方，再取平均值，然后取平方根。

15.2 节
1. 自整角机。
2. RDC 在其输入端接收旋转变压器格式电压。
3. RDC 生成表示旋转变压器轴承角位置的数字码。
4. RDC 将轴承角位置转换为数字码。

15.3 节
1. 热电偶是由两种不同金属连接而成的温度传感器。
2. 两种金属的连接处产生正比于温度的电压。
3. RTD 是一个电阻式温度检测器，其电阻值与温度成比例。而热电偶产生一个电压。
4. RTD 有正温度系数，热敏电阻要么有正温度系

数要么有负温度系数。
5. 热电偶比 RTD 和热敏电阻有更宽的温度测量范围。
6. 冷却剂温度、空气温度、变速液体温度测量。

15.4 节
1. 基本来说，应变计是一种受到力的作用产生尺寸变化进而产生电阻变化的电阻性元件。
2. 基本来说，压力计是将应变计与柔性薄膜贴合制成的。
3. 绝对、标准和差分。
4. (a)线性可变差分变压器 (b)位移

15.5 节
1. SCR 单向导通，允许电流在交流信号的半个周期中通过负载。双向晶闸管双向导通，允许电流在整个周期中导通。
2. 零电压开关消除负载电流的快速切换，减少了负载的 RFI 辐射和热冲击。
3. 在一个控制功率的系统中。

例题中实践练习答案

15-1　183°
15-2　10.1%
15-3　24.247mV
15-4　1.0kΩ；0V
15-5　5.12mΩ

自测题答案

1.(b)　2.(f)　3.(a)　4.(b)　5.(c)　6.(c)　7.(d)　8.(d)　9.(e)　10.(a)
11.(b)　12.(c)　13.(e)　14.(b)　15.(b)　16.(c)　17.(a)　18.(d)　19.(b)　20.(c)

故障检测测验答案

1. 增大　2. 不变　3. 增大　4. 减小　5. 不变　6. 减小
7. 减小　8. 不变　9. 不变　10. 不变　11. 减小

部分公式的推导

式(3-9)

发射结 pn 结的肖克利(Shockley)方程为

$$I_E = I_R(e^{VQ/kT} - 1)$$

式中，I_E＝发射结的正向总电流；

I_R＝反向饱和电流；

V＝耗尽区两端的电压；

Q＝电子电荷；

k＝玻尔兹曼常数；

T＝绝对温度。

在室温下，$Q/kT \approx 40$，因此有

$$I_E = I_R(e^{40V} - 1)$$

取微分，

$$\frac{dI_E}{dV} = 40 I_R e^{40V}$$

因为 $I_R e^{40V} = I_E + I_R$，所以

$$\frac{dI_E}{dV} = 40(I_E + I_R)$$

假设 $I_R \ll I_E$，那么

$$\frac{dI_E}{dV} \approx 40 I_E$$

发射结的交流电阻 r_e' 可以表示成 dV/dI_E。

$$r_e' = \frac{dV}{dI_E} \approx \frac{1}{40 I_E} \approx \frac{25mV}{I_E}$$

式(4-10)

CD 放大器的增益为：

$$A_v = \frac{R_s}{r_s'} + R_s$$

用 $1/g_m$ 替换 r_s' 后可得：

$$A_v = \frac{R_s}{\dfrac{1}{g_m} + R_s} = \frac{g_m R_s}{1 + g_m R_s}$$

式(7-4)

式(7-2)中的开环增益式子可以用复数表示法表示成

$$A_{ol} = \frac{A_{ol(mid)}}{1 + jf/f_{c(ol)}}$$

将上式代入方程 $A_{cl} = A_{ol}/(1 + BA_{ol})$，可以得到总闭环增益式子。

$$A_{cl} = \frac{A_{ol(mid)}/(1 + jf/f_{c(ol)})}{1 + BA_{ol(mid)}/(1 + jf/f_{c(ol)})}$$

分子和分母都乘以 $1+\mathrm{j}f/f_{c(ol)}$ 可得

$$A_{cl} = \frac{A_{ol(mid)}}{1 + BA_{ol(mid)} + \mathrm{j}f/f_{c(ol)}}$$

分子和分母除以 $1+BA_{ol(mid)}$ 得到

$$A_{cl} = \frac{A_{ol(mid)}/(1+BA_{ol(mid)})}{1 + \mathrm{j}[f/(f_{c(ol)}(1+BA_{ol(mid)}))]}$$

上式与第一个方程有相同的形式，

$$A_{cl} = \frac{A_{cl(mid)}}{1 + \mathrm{j}f/f_{c(cl)}}$$

其中，$f_{c(cl)}$ 是闭环截止频率，因此有

$$f_{c(cl)} = f_{c(ol)}(1 + BA_{ol(mid)})$$

式(9-7)

中心频率方程为

$$f_0 = \frac{1}{2\pi\sqrt{(R_1\|R_3)R_2C_1C_2}}$$

用 C 替换 C_1 和 C_2，将 $R_1\|R_3$ 重新写成积除以和的形式，可得

$$f_0 = \frac{1}{2\pi C\sqrt{\left(\dfrac{R_1R_3}{R_1+R_3}\right)R_2}}$$

重新整理，可得

$$f_0 = \frac{1}{2\pi C}\sqrt{\left(\frac{R_1+R_3}{R_1R_2R_3}\right)}$$

式(10-1)

$$\begin{aligned}
\frac{V_{out}}{V_{in}} &= \frac{R(-\mathrm{j}X)/(R-\mathrm{j}X)}{(R-\mathrm{j}X) + R(-\mathrm{j}X)/(R-\mathrm{j}X)} \\
&= \frac{R(-\mathrm{j}X)}{(R-\mathrm{j}X)^2 - \mathrm{j}RX}
\end{aligned}$$

分子和分母乘以 j，可得

$$\begin{aligned}
\frac{V_{out}}{V_{in}} &= \frac{RX}{\mathrm{j}(R-\mathrm{j}X)^2 + RX} \\
&= \frac{RX}{RX + \mathrm{j}(R^2 - \mathrm{j}2RX - X^2)} \\
&= \frac{RX}{RX + \mathrm{j}R^2 + 2RX - \mathrm{j}X^2} \\
\frac{V_{out}}{V_{in}} &= \frac{RX}{3RX + \mathrm{j}(R^2 - X^2)}
\end{aligned}$$

对于 $0°$ 相角，可能没有 j 项。在交流理论的复数中可以知道非零角度与一个含有 j 项的复数相关，因此，在 f_r 时，j 项为 0。

$$R^2 - X^2 = 0$$

因此，

$$\frac{V_{out}}{V_{in}} = \frac{RX}{3RX}$$

消去 R 可得

$$\frac{V_{out}}{V_{in}} = \frac{1}{3}$$

式(10-2)

根据式(10-1)的推导，可得

$$R^2 - X^2 = 0$$
$$R^2 = X^2$$
$$R = X$$

因为 $X = \dfrac{1}{2\pi f_r C}$ ，所以

$$R = \frac{1}{2\pi f_r C}$$
$$f_r = \frac{1}{2\pi RC}$$

式(10-3)和式(10-4)

移相振荡器中的反馈网络由 3 个 RC 级组成，如图 A-1 所示。对于如图 A-1 所示的回路，使用网孔分析方法推导出衰减系数的表达式。所有电阻值都相等，所有电容值相等。

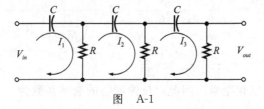

图　A-1

$$(R - j1/2\pi fC)I_1 - RI_2 + 0I3 = V_{in}$$
$$-RI_1 + (2R - j1/2\pi fC)I_2 - RI_3 = 0$$
$$0I_1 - RI_2 + (2R - j1/2\pi fC)I_3 = 0$$

为了得到 V_{out}，必须利用行列式求解 I_3：

$$I_3 = \frac{\begin{vmatrix} (R - j1/2\pi fC) & -R & V_{in} \\ -R & (2R - j1/2\pi fC) & 0 \\ 0 & -R & 0 \end{vmatrix}}{\begin{vmatrix} (R - j1/2\pi fC) & -R & 0 \\ -R & (2R - j1/2\pi fC) & -R \\ 0 & -R & (2R - j1/2\pi fC) \end{vmatrix}}$$

$$I_3 = \frac{R^2 V_{in}}{(R - j1/2\pi fC)(2R - j1/2\pi fC)^2 - R^2(2R - j1/2\pi fC) - R^2(R - 1/2\pi fC)}$$

$$\frac{V_{out}}{V_{in}} = \frac{RI_3}{V_{in}}$$

$$= \frac{R^3}{(R - j1/2\pi fC)(2R - j1/2\pi fC)^2 - R^3(2 - j1/2\pi fRC) - R^3(1 - 1/2\pi fRC)}$$

$$= \frac{R^3}{R^3(1 - j1/2\pi fRC)(2 - j1/2\pi fRC)^2 - R^3\left[(2 - j1/2\pi fRC) - (1 - j1/2\pi fRC)\right]}$$

$$= \frac{R^3}{R^3(1 - j1/2\pi fRC)(2 - j1/2\pi fRC)^2 - R^3(3 - j1/2\pi fRC)}$$

$$= \frac{1}{(1 - j1/2\pi fRC)(2 - j1/2\pi fRC)^2 - (3 - j1/2\pi fRC)}$$

展开并分别合并实数项和 j 项，

$$\frac{V_{out}}{V_{in}} = \frac{1}{\left(1 - \frac{5}{4\pi^2 f^2 R^2 C^2}\right) - j\left(\frac{6}{2\pi fRC} - \frac{1}{(2\pi f)^3 R^3 C^3}\right)}$$

对于移相放大器中的振荡，通过 RC 网络的相移必须等于 $180°$。对于存在这个条件，j 项在振荡频率 f_r 时必须为 0。

$$\frac{6}{2\pi f_r RC} - \frac{1}{(2\pi f_r)^3 R^3 C^3} = 0$$

$$\frac{6(2\pi)^2 f_r^2 R^2 C^2 - 1}{(2\pi)^3 f_r^3 R^3 C^3} = 0$$

$$6(2\pi)^2 f_r^2 R^2 C^2 - 1 = 0$$

$$f_r^2 = \frac{1}{6(2\pi)^2 R^2 C^2}$$

$$f_r = \frac{1}{2\pi\sqrt{6}RC}$$

因为 j 项为 0，所以

$$\frac{V_{out}}{V_{in}} = \frac{1}{1 - \frac{5}{4\pi^2 f_r^2 R^2 C^2}} = \frac{1}{1 - \frac{5}{\left(\frac{1}{\sqrt{6}RC}\right)^2 R^2 C^2}}$$

$$= \frac{1}{1 - 30} = -\frac{1}{29}$$

存在负号是因为 $180°$ 的反相结果。因此，反馈网络的衰减系数为

$$B = \frac{1}{29}$$

式(12-1)

上面运放的输出电压记为 V_{out1}，下面运放的输出电压记为 V_{out2}。根据欧姆定律，这两个电压的差值在两个反馈电阻 R 以及 R_G 上产生一个电流。

$$i = \frac{V_{out1} - V_{out2}}{2R + R_G}$$

由于存在负反馈，理想情况下，输入电压就是 R_G 两端的电压（在运放输入端没有电压降）。根据欧姆定律，可得

$$i = \frac{V_{in1} - V_{in2}}{R_G}$$

反馈电阻(R)上的电流和增益电阻(R_G)上的电流相等，因为运放输入（理想）上没有电流。对该电流列出方程有

$$\frac{V_{out1} - V_{out2}}{R_G + 2R} = \frac{V_{in1} - V_{in2}}{R_G}$$

第三个运放是一个单位增益差分放大器，其输出为

$$V_{out} = -(V_{out1} - V_{out2})$$

将该结果代入前面的式子，有

$$\frac{-V_{out}}{R_G + 2R} = \frac{V_{in1} - V_{in2}}{R_G}$$

重新整理，改变符号，并化简，有

$$V_{out} = \left(1 + \frac{2R}{R_G}\right)(V_{in2} - V_{in1})$$

奇数编号习题的答案

第 1 章

1. $45.4\mu S$

3. 答案随使用的三角不同而变化。对于 100mV 的变化，所使用的电阻为 $\dfrac{\Delta V}{\Delta I}=\dfrac{0.75-0.65V}{8-3.2mA}\approx21\Omega$

5. (a) $V_p=100V$，$V_{avg}=63.7V$，$\omega=200rad/s$
   (b) 79.6V

7. 37kHz

9. 1.11

11. 奇次谐波

13. $1.0k\Omega$ 负载两端电压 $=1.65V$；
    $2.7k\Omega$ 负载两端电压 $=3.25V$；
    $3.6k\Omega$ 负载两端电压 $=3.79V$；

15. 见图 ANS-1。

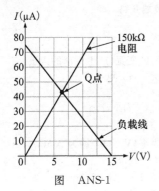

图　ANS-1

17. 见图 ANS-2。

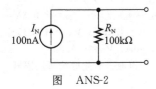

图　ANS-2

19. 4.0V

21. 51dB

23. $-60dB$

25. (a) $-10dB$　(b) 10V

27. 电源是每个通道共用的，因此它不是问题。将放大器输入端上的通道反转，如果通道 2 仍然不能工作，则问题最有可能是放大器或通道的扬声器。扬声器可以通过将它反转来进行测试。

　　如果第一次测试做完后，问题改变了通道，那么问题是在放大器输入端前面，可能是 A_2 传声器或连线上有问题，包括传声器上的电池连线。将 SW 切换到 B 传声器进行测试，如果修正了问题，那么检查 A_2 传声器；否则寻找到开关的连接以及检查开关本身。

29. 使用防静电手腕带（如果可能，使用防静电工作台）。

第 2 章

1. 见图 ANS-3。

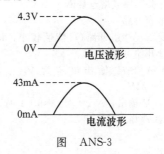

图　ANS-3

3. (a) 全波整流器　(b) 28.3V（总）
   (c) 14.1V（中间抽头是参考端）
   (d) 见图 ANS-4（失调近似）
   (e) 13.4mA（失调近似）
   (f) 28.3V（理想近似）

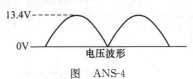

图　ANS-4

5. $V_p=50V/0.637=78.5V$；PIV$=78.5V$

7. $60\mu V$

9. 11.94V

11. 9.06V

13. 见图 ANS-5。

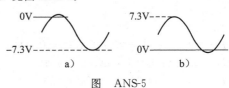

图　ANS-5

15. 见图 ANS-6。

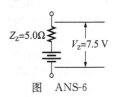

图　ANS-6

17. 2.6%

19. 2.0V。注意，因为输出是对数，25pF 是 20pF 和 30pF 之间线性距离的 70%。

21. 2.0V

23. 暗电流

25. $V_{RRM} = 400V$

27. 如果电容在电路中，DMM1 正确，但 DMM2 读的是整流平均电压，而不是它应该显示的峰值电压。DMM3 上没有电压，表明在电桥和输出之间开路。最可能的原因是电桥和滤波电容之间的输出线上存在开路。

29. (a) 读数正确

(b) 齐纳二极管开路

(c) 开关开路或熔丝烧断

(d) 电容开路

(e) 变压器绕组开路(可能性较小，但比二极管开路可能性大)

31. 见图 ANS-7。输出电压为 $V_{OUT1} = 6.8V$，$V_{OUT2} = 24V$。

33. 根据 24V 输出，$N_{pri} : N_{sec} = 5 : 1$ 的匝数比是合理的选择。

35. D_2 开路。

37. C_1 短路。

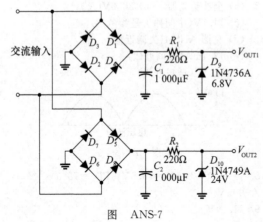

图 ANS-7

第 3 章

1. 5.29mA

3. 29.4mA

5. $I_B = 0.276mA$；$I_C = 27.7mA$；$V_C = 15.1V$

7. $I_B = 13.6\mu A$；$I_C = 3.4mA$；$V_C = 6.6V$

9. $I_C = 3.67mA$(饱和电流)；$V_{CE} = 0.1V$

11. (a) 减小(到 0)　(b) 保持相同

(c) 增大　(d) 增大　(e) 增大

13. $I_C \approx I_E = 0.92mA$；$V_{CE} = 8.34V$

15. $I_{C(sat)} = 5.52mA$；$V_{CE(cutoff)} = 15V$

17. $P = 36.2mA \times 9.23V = 334mW$

19. (a) $I_C = 36.2mA$；$V_{CE} = 7.1V$

(b) $P_{RC} = 432mW$

(c) $P_D = 256mW$

21. $V_B = 2.64V$；$V_E = 1.94V$；$V_C = 10.0V$

23. $A_{v(max)} = 123$；$A_{v(min)} = 2.9$

25. $R_{in(tot)} = 5.44k\Omega$；$A_i = 5.44$

27. $I_{c(sat)(ac)} = 32.1mA$；$V_{ce(cutoff)(ac)} = 13.0V$

29. 低输入电阻

31. 45Ω

33. $I_{C(sat)(Q1)} = 1.19mA$；$I_{C(sat)(Q2)} \approx 10mA$

35. 见图 ANS-8。

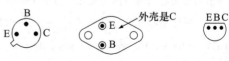

图　ANS-8

37. 正探头在发射极，负探头在基极，读数为开路(或非常大的电阻)。接线反过来，则读数非常小。

39. (a) 27.8　(b) 109

41. C_1 开路。

43. R_1 短路。

45. 集电极端开路。

第 4 章

1. JFET

3. (a) 耗尽区变宽(产生更窄的沟道)

(b) 增大　(c) 更小

5. +5.0V

7. (a) 10mA　(b) 4GΩ

(c) R_{IN} 下降

9. (a) 约为 +4V　(b) 约为 2.5mA

(c) 约为 +15.8V

11. (a) +2.1V　(b) 2.1mA

(c) +5.97V

13. (a) $V_{DS} = +6.3V$；$V_{GS} = -1.0V$

(b) $V_{DS} = +7.29V$；$V_{GS} = -0.3V$

(c) $V_{DS} = -1.65V$；$V_{GS} = +2.35V$

15. $I_D = 0.51mA$；$V_D = +6.86V$

17. 栅极与沟道被二氧化硅绝缘层隔开。

19. +3V

21. (a) 因为 $V_{GS} > V_{GS(th)}$，所以器件导通。

(b) 因为 $V_{GS} < V_{GS(th)}$，所以器件截止。

23. 见图 ANS-9。

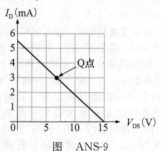

图　ANS-9

25. $A_v = -21.9$

27. $A_{v(min)} = 0.64$；$A_{v(max)} = 0.9$

29. Q_1 或 Q_2 开路，R_E 开路，没有负电源电压，晶体管之间的通路开路。

31. 0.953mA

33. (a) $I_D = 4.85mA$；$V_{DS} = 9.3V$；
    (b) $A_v = -3.5V$

35. 与信号串联的电阻，可以说明 FET 部分与理想之间的偏差。

37. 在 CMOS 开关中，晶体管串联，其中一个总截止。这意味着开关几乎不从电源获得电流，除了在变换状态的短暂时刻。

39. R_L 短路。

41. Q_2 栅极开路。

43. D_1 短路。

第 5 章

1. $A_{v(overall)} = 38.4$；$R_{in} \approx 1.0M\Omega$；$R_{out} = 2.7k\Omega$

3. $A_{v(overall)} = 812$；$A'_{v(overall)} = 58.2dB$

5. (a) 见图 ANS-10。
   (b) $A_{v(overall)} = 6000$
   (c) $A_{v(overall)} = 3600$

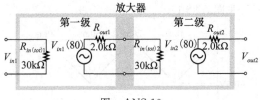

图　ANS-10

7. 因为第二级的输入电阻增大，所以增益也将增大。

9. 防止反射影响信号。

11. 输入信号增大将使得它在负载线的更大范围内移动。在上端，跨导更大，因此增益更高。在下端，刚好相反。总体影响是失真变大。

13. $10k\Omega$

15. 见图 ANS-11。

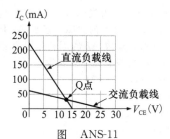

图　ANS-11

17. $Q = 79$；$A_{v(NL)} = 415$；$BW = 5.75kHz$

19. (a) $I_{C(Q2)} = 5.3mA$；$V_{B(Q3)} = +0.7V$；
    $I_{C(Q3)} = 120mA$；$V_{E(Q3)} = 0V$
    (b) 0.25W

21. 见图 ANS-12。

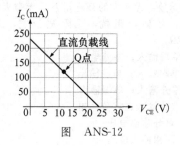

图　ANS-12

23. (a) 没有
    (b) 增益增大到 101
    (c) 没有明显影响

25. (a) $I_{CQ} = 68.4mA$；$V_{CEQ} = 5.14V$
    (b) $A_v = 11.7$；$A_p = 263$

27. 变化如图 ANS-13 所示。优点是负载电阻以地为参考点。

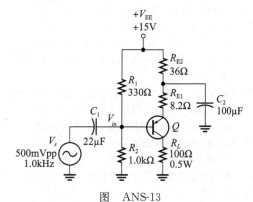

图　ANS-13

29. (a) $V_{B(Q1)} = +0.7V$；$V_{B(Q2)} = -0.7V$；
    $V_E = 0V$；$I_{CQ} = 8.3mA$；$V_{CEQ(Q1)} = +9V$；
    $V_{CEQ(Q2)} = -9V$
    (b) 0.5W

31. (a) $V_{B(Q1)} = +8.2V$；$V_{B(Q2)} = +6.8V$；
    $V_E = 7.5V$；$I_{CQ} = 6.8mA$；
    $V_{CEQ(Q1)} = +7.5V$；
    $V_{CEQ(Q2)} = -7.5V$
    (b) 167mW

33. (a) C_1 开路或者 C_2 开路
    (b) 电源关闭，R_1 开路，Q_1 基极与地短路
    (c) Q_1 集电极到发射极短路
    (d) 一个或两个二极管短路

35. $C = 1.76nF$，串联

37. 2W

39. R_2 开路

41. R_F 短路

43. D_1 短路

45. C_4 开路

第 6 章

1. 实际运放：高开环增益，高输入阻抗，低输出

阻抗，带宽宽，高 CMRR

理想运放：无穷大的开环增益，无穷大的输入阻抗，零输出阻抗，无限宽带宽，无穷大 CMRR。

3. (a) 单端输入；差分输出

(b) 单端输入；单端输出

(c) 差分输入；单端输出

(d) 差分输入；差分输出

5. V1：差分输出电压

V2：同相输入电压

V3：单端输出电压

V4：差分输入电压

A1：偏置电流

7. $8.1\mu A$

9. 107.96dB

11. 0.3

13. $40\mu s$

15. $V_f=49.5mV$，B=0.0099

17. (a) 11　(b) 101　(c) 47.81　(d) 23

19. (a) 1.0　(b) −1.0　(c) 22.3　(d) −10

21. (a) 0.45mA　(b) 0.45mA　(c) −10V

(d) −10

23. (a) $Z_{in(VF)}=1.32\times10^{12}\Omega$；$Z_{out(VF)}=0.455m\Omega$

(b) $Z_{in(VF)}=5\times10^{11}\Omega$；$Z_{out(VF)}=0.6m\Omega$

(c) $Z_{in(VF)}=40000M\Omega$；$Z_{out(VF)}=1.5m\Omega$

25. (a) R_1 开路或运放故障

(b) R_2 开路

27. 闭环增益将变为固定的 −100。

29. R_E 短路

31. R_i 短路

33. R_L 短路

第7章

1. 70dB

3. $1.67k\Omega$

5. (a) 79603　(b) 56569　(c) 7960　(d) 80

7.

9. (a) 0dB/十倍频程

(b) −20dB/十倍频程

(c) −40dB/十倍频程

(d) −60dB/十倍频程

11. (a) 29.8dB；闭环

(b) 23.9dB；闭环

(c) 0dB；闭环

13. 21.14Hz

15. 电路(b)有更小的带宽(97.5kHz)

17. (a)150°　(b)120°　(c)60°　(d)0°　(e)−30°

19. (a)不稳定　(b)稳定　(c)临界稳定

21. 25Hz

第8章

1. 24V，有失真

3. $V_{UTP}=+2.77V$；$V_{LTP}=−2.77V$

5. 见图 ANS-14。

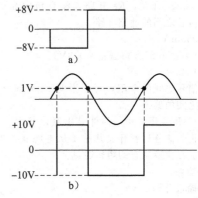

图　ANS-14

7. +8.57V 和 −0.968V

9. (a) −2.5V　(b) −3.52V

11. $110k\Omega$

13. $V_{OUT}=−3.57V$；$I_f=−357\mu A$

15. $−4.46mV/\mu s$

17. 1mA

19. 见图 ANS-15。

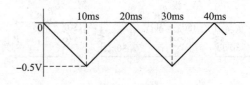

图　ANS-15

21. 见图 ANS-16。

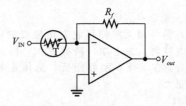

图　ANS-16

23. 输出不正确，因为当输入低于 +2V 时，输出也应该为高。可能的故障：运放 A2 坏，二极管 D_2 开路，运放 A2 的同相端没有正确设在 +2V，或 V_{in} 没有到达反相端。

25. 输出不正确，R_2 开路

27. R_2 开路

29. R_1 短路

31. D_1 开路

33. R_f 开路

第9章

1. (a)带通　(b)高通　(c)低通　(d)带阻

3. 48.2Hz，不能

5. 700Hz, 5.05

7. (a) 1, 没有巴特沃斯滤波器
   (b) 1.44, 近似巴特沃斯
   (c) 第一级: 1.67
       第二级: 1.67
       不是巴特沃斯

9. (a) 切比雪夫 (b) 巴特沃斯
   (c) 贝塞尔 (d) 巴特沃斯

11. 190Hz

13. 加上另一个相同级, 并将第一级的反馈电阻比例变为 0.068, 第二级的变为 0.586, 第三级的变为 1.482。

15. 将滤波器网络中电阻和电容的位置互换。

17. (a) 减小 R_1 和 R_2 或 C_1 和 C_2。
    (b) 增大 R_3 或减小 R_4。

19. (a) $f_0=4.95$kHz, BW$=3.84$kHz
    (b) $f_0=449$Hz, BW$=96.5$Hz
    (c) $f_0=15.9$kHz, BW$=838$Hz

21. 将低通和高通输出与两个输入的加法器相加。

23. C_1 开路

25. R_1 短路

27. R_{A2} 短路

29. R_6 开路

第 10 章

1. 振荡器不需要输入(除了直流电源之外)。

3. $\frac{1}{75}$

5. 733mV

7. 50kΩ

9. 2.34kΩ

11. 136kΩ; 691Hz

13. $A_v=10$

15. 将 R_1 变为 3.54kΩ

17. $R_4=65.8$kΩ, $R_5=47$kΩ

19. 3.33V; 6.67V

21. 0.0076μF

23. 13.6ms

25. 0.01μF; 9.1kΩ

27. D_1 短路

29. R_2 开路

第 11 章

1. 0.033%

3. 1.01%

5. 见图 ANS-17。

7. 8.5V

9. 9.57V

11. 500mA

13. 10mA

15. $I_{L(max)}=250$mA, $P_{R1}=6.25$W

17. 40%

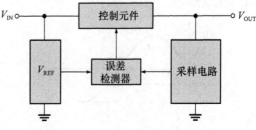

图 ANS-17

19. 减小

21. 14.25V

23. 1.3mA

25. 2.8Ω

27. $R_{lim}=0.35$Ω

29. 见图 ANS-18。

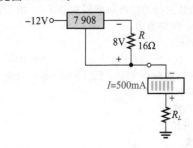

图 ANS-18

31. D_1 开路

33. R_1 短路

35. R_1 开路

第 12 章

1. $A_{v(1)}=A_{v(2)} 101$

3. 1.005V

5. 51.5

7. 将 R_G 变为 2.2kΩ

9. 300

11. 将 18kΩ 电阻改为 68kΩ。

13. 将输出(引脚 15)直接连接到引脚 4, 并将引脚 6 直接连接到引脚 10, 使 $R_F=0$。

15. 500μA, 5V

17. $A_v\approx11.2$

19. 见图 ANS-19。

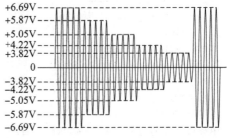

图 ANS-19

21. 见图 ANS-20。

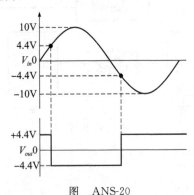

图　ANS-20

23. (a) −0.301　(b) 0.301
(c) 1.699　(d) 2.114

25. 对数放大器的输出被限制在 0.7V，由于晶体管 pn 结的原因。

27. −157mV

29. $V_{out(max)} = -147\text{mV}$，$V_{out(min)} = -89.2\text{mV}$；1V 输入峰值减小 85%，而 100mV 输入峰值只减小 10%。

31. R_1 开路。

33. R_G 开路。

第 13 章

1. 见图 ANS-21。

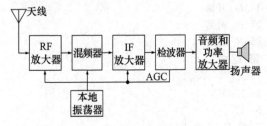

图　ANS-21

3. 1 135kHz

5. RF：91.2MHz，IF：10.7MHz

7. (a) −4.65V　(b) 5.52V
(c) −1.61V　(d) 2.74V

9. (a) −698mV　(b) 4.24V
(c) −1.77V　(d) 340mV

11. $f_{diff} = 8\text{kHz}$，$f_{sum} = 10\text{kHz}$

13. $f_{diff} = 1.7\text{MHz}$，$f_{sum} = 1.9\text{MHz}$，$f_1 = 1.8\text{MHz}$

15. $f_c = 850\text{kHz}$，$f_m = 3\text{kHz}$

17. $V_{out} = 15\text{mV}\cos[(1100\text{kHz})2\pi t]$
　　　　$-15\text{mV}\cos[(5500\text{kHz})2\pi t]$

19. 见图 ANS-22。

21. 见图 ANS-23。

23. 中频放大器的通带为 450～460kHz。音频/功率放大器的通带为 10～5 000Hz。

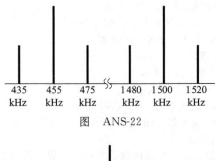

图　ANS-22

图　ANS-23

25. 调制输入信号被加到 VCO 的控制端。随着输入信号幅度变化，VCO 的输出频率也成比例变化。

27. 音频信号改变内部变容二极管上的电压，使得 VCO 输出频率发生变化

29. (a) 10MHz　(b) 48.3mV

31. 1 005Hz

33. 11.8°

第 14 章

1. 见图 ANS-24。

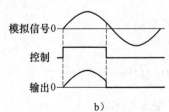

b)

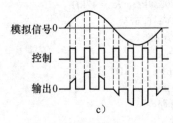

c)

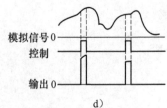

d)

图　ANS-24

3. 见图 ANS-25。

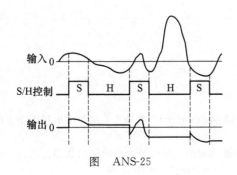

图 ANS-25

5. (a) 1 (b) 3

7. 见图 ANS-26。

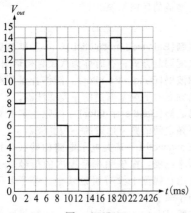

图 ANS-26

9. $5k\Omega$, $2.5k\Omega$, $1.25k\Omega$

11.

D_3	D_2	D_1	D_0	V_{OUT}
0	0	0	0	0V
0	0	1	1	$-0.50V + (-0.25V) = -0.75V$
1	0	0	0	$-2.00V$
1	1	1	1	$-2.00V + (-1.00V) + (-0.50V) + (-0.25V) = -3.75V$
1	1	1	0	$-2.00V + (-1.00V) + (-0.50V) = -3.50V$
0	1	0	0	$-100V$
0	0	0	0	0V
0	0	0	1	$-0.25V$
1	0	1	1	$-2.00V + (-0.50V) + (-0.25V) = -2.75V$
1	1	1	0	$-2.00V + (-1.00V) + (-0.50V) = -3.50V$
1	1	0	1	$-2.00V + (-1.00V) + (-0.25V) = -3.25V$
0	1	0	0	$-1.00V$

（续）

D_3	D_2	D_1	D_0	V_{OUT}
1	0	1	1	$-2.00V + (-0.50V) + (-0.25V) = -2.75V$
0	0	0	1	$-0.25V$
0	0	1	1	$-0.50 + (-0.25V) = -0.75V$

13. (a) 16 (b) 32 (c) 256 (d) 65 536

15. 1mV

17.

采样时间(μS)	二进制输出	采样时间(μS)	二进制输出
0	000	110	011
10	000	120	110
20	001	130	111
30	100	140	111
40	110	150	111
50	101	160	111
60	100	170	111
70	011	180	111
80	010	190	111
90	001	200	100
100	001		

19. f_{out} 增大

21. 691pF（使用标准的 680pF）

23. $f_{out(min)} = 26.2kHz$, $f_{out(max)} = 80.9 kHz$

25. D_0(LSB)始终为高电平, D_2 始终为低电平。

第 15 章

1. 5V

3. 189.84°

5. 12 位

7. 热电偶 C

9. $-4.36V$

11. 540Ω

13. 在 3 线电桥中，线电阻的影响被消除。

15. $\Delta R = 4.5m\Omega$

17. (a) 绝对压力传感器 (b) 标准压力传感器
(c) 差分压力传感器

19. 见图 ANS-27。

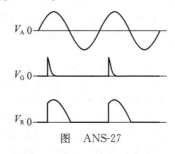

图 ANS-27

21. 比较器输入反转。

术 语 表

A

交流 β（ac beta, β_{ac}）　双极结型晶体管中集电极电流变化与相应的基极电流变化的比值。

精度（Accuracy）　与 DAC 和 ADC 相关，实际输出值和期望输出值的比较，用百分比表示。

采集时间（Acquisition time）　在模拟开关中，当从保持切换到采样时，器件达到其最终值所需要的时间。

交流电阻（ac resistance）　对于给定器件，电压上的一个微小变化除以电流上的相应变化之比，也称为动态、小信号或体电阻。

有源滤波器（Active filter）　一个频率选择电路，由诸如晶体管或运放与电抗等有源元器件耦合而组成。

A/D 转换（A/D conversion）　将模拟形式的信息转换成数字形式的过程。

放大（Amplification）　利用较小的输入信号作为"模式"产生更大的电压、电流或功率的过程。

放大器（Amplifier）　具有放大能力的电子电路，并专为这个目而设计的电路。

幅度调制（Amplitude modulation, AM）　用低频信号调制（改变）高频信号（载波）幅度的通信方法。

模拟信号（Analog signal）　在一定范围内能够连续取值的信号。

模拟开关（Analog switch）　一种半导体开关，通过控制输入将模拟信号从输入连接到输出。

模-数转换器（Analog-to-digital converter, ADC）　一种用来将模拟信号转换为数字码序列的器件。

阳极（Anode）　（半导体二极管定义）半导体二极管的一个端子。当正向偏置时，它相对于另一个端子为正。

逆对数（Antilog）　对应于一个给定对数的数字。

孔径抖动（Aperture jitter）　在模拟开关中，孔径时间的不确定性。

孔径时间（Aperture time）　在模拟开关中，从采样变为保持后模拟开关完全打开所需要的时间。

阿姆斯特朗振荡器（Armstrong oscillator）　一类 LC 反馈振荡器，在反馈回路中使用变压器耦合。

非稳态（Astable）　不稳定状态；一类振荡器。

非稳态多谐振荡器（Astable multivibrator）　一种能够作为振荡器工作并能产生脉冲波形的电路。

衰减（Attenuation）　在功率、电流或电压大小上的减小。

音频（Audio）　可以被人耳听到的频率范围。一般在 20Hz 到 20kHz 之间。

自动增益控制（Automatic gain control, AGC）　一种能够对较大信号减小增益而对较小信号提高增益的反馈系统。

B

平衡调制（Balanced modulation）　一种抑制载波的幅度调制方式；有时称为载波抑制调制。

带通滤波器（Band-pass filter）　能够让某低频和某高频之间的频率通过的一类滤波器。

带阻滤波器（Band-stop filter）　能阻止某低频和某高频之间的频率通过的一类滤波器。

带宽（Bandwidth）　某类电子电路的特征，指有用频率范围，在该频率范围内的信号从输入到输出在幅度上没有明显减小。等于上限截止频率减去下限截止频率。

势垒电势（Barrier potential）　pn 结耗尽区两端的内在电压。

基区（Base）　双极结型晶体管中的一个半导体区域。

基极偏置（Base bias）　在 BJT 的基极和 V_{CC} 之间接有单个电阻的一种偏置方式。

贝赛尔（Bessel）　一种具有线性相位特性且衰减速度小于 -20dB/十倍频程的滤波器响应。

偏置（Bias）　为了让二极管或其他电子器件处于合适的工作模式向它们加上直流电压。

双极（Bipolar）　以两个 pn 结为特征。

双极结型晶体管（Bipolar junction transistor, BJT）　由三个掺杂半导体区域构成的晶体管，这三个区域用两个 pn 结来分隔。

限制（Bounding）　限制放大器或其他电路输出范围的过程。

巴特沃斯（Butterworth）　一种以平坦带通以及 -20dB/十倍频程衰减为特征的滤波器。

旁路电容（Bypass capacitor）　并联在一个电阻两端的电容，来为交流信号提供一条低阻抗通路。

C

载波（Carrier）　在 AM、FM 和其他通信系统中运载调制信息的高频信号。

共源共栅放大器（Cascode amplifier）　共源放大器和共栅放大器串联连接在一起组成的放大器。

阴极(Cathode) （半导体二极管定义)二极管的一个端子，在正向偏置下，相对于另一个端子而言为负。

中间抽头(Center tap, CT) 从变压器二次绕组的中间给出的连接。

特性曲线(Characteristic curve) 表示一个器件中两个变量之间关系的曲线。对大多数电子器件来说，特性曲线指电流 I 和电压 V 之间关系的曲线。

切比雪夫(Chebyshev) 一类以带通上的纹波且衰减速度大于 $-20\text{dB}/$ 十倍频程为特征的滤波器。

C_{iss} 从 FET 栅极看进去的共源输入电容。

钳位器(Clamper) 将直流电平加到交流信号中的电路；直流还原器。

Clapp 振荡器(Clapp oscillator) 考毕兹振荡器的一个变种，在反馈电路中加上一个与电感串联的电容。

A 类(Class A) 整个输入信号周期内都导通的放大电路。

AB 类(Class AB) 偏置成微导通的放大器。Q 点稍微高于截止区。

B 类(Class B) Q 点位于截止区的放大器。使得输出电流只在输入信号的半个周期内变化。

闭环(Closed-loop) 一种放大器组态，输出通过反馈电路连接回输入端。

闭环电压增益(Closed-loop voltage gain) 具有负反馈的放大器的净电压增益。

同轴电缆(Coax) 一种传输线，主要用于高频，其中心导体被管状导电屏蔽层包围。

冷接点(Cold junction) 置于固定温度下的参考热电偶，用于热电偶电路的补偿。

集电区(Collector) BJT 中的一个半导体区域。

集电极特性曲线(Collector characteristic curves) 一组集电极 $I\text{-}V$ 曲线，表示在给定基极电流下，I_C 随 V_{CE} 变化情况。

集电极反馈偏置(Collector feedback bias) 在 CE 和 CB 放大器中使用的一种偏置方式，在 BJT 的基极和集电极之间接上单个电阻。

考毕兹振荡器(Colpitts oscillator) 在反馈电路中使用两个串联电容的一类 LC 反馈式振荡器。

共基极(CB)(Common-base (CB)) 以基极为交流信号的公共端(地)的 BJT 放大器组态。

共集电极(Common-collector, CC) 以集电极为交流信号的公共端(地)的 BJT 放大器组态。

共漏极(Common-drain, CD) 以漏极为交流信号的接地端的 FET 放大器组态。

共发射极(Common-emitter, CE) 以发射极为交流信号的公共端(地)的 BJT 放大器组态。

共栅极(Common-gate, CG)) 以栅极为交流信号的接地端的 FET 放大器组态。

共模(Common mode) 以在运放两个输入端上具有相同信号为特征的状态。

共模输入阻抗(Common-mode input impedance) 每个输入端和地之间的交流电阻。

共模输入电压范围(Common-mode input voltage range) 在不产生限幅或其他输出失真的前提下能够加到两个输入端上的输入电压范围。

共模抑制比(Common-mode rejection ratio, CMRR) 开环增益与共模增益的比值；运放抑制共模信号能力的度量。

共源极(Common-source, CS) 以源极为接地端的 FET 放大器组态。

比较器(Comparator) 对两个输入电压进行比较，并输出两种状态之一，来表示两个输入的大小关系。

补偿(Compensation) 改善放大器衰减率来保证稳定性的过程。

互补对称晶体管(Complementary symmetry transistors) npn/pnp BJT 匹配对或 n 沟道/p 沟道 FET 匹配对。

传导电子(Conduction electron) 从父原子的价带中脱离出来的电子，能够从一个原子自由移动到另一个原子。也称为自由电子。

恒流区(Constant-current region) FET 漏极特性曲线上的一个区域，其中漏极电流与漏源电压无关。

恒流源(Constant-current source) 不管负载电阻如何变化，能够提供恒定负载电流的电路。

耦合电容(Coupling capacitor) 与交流信号串联的电容，用来阻碍直流电压。

共价键(Covalent bond) 一种原子共享电子对的化学键。

临界角(Critical angle) 在光纤电缆中，发生全反射时必须大于的角度。

截止频率(Critical frequency) 定义滤波器通带边界的频率。

交越失真(Crossover distortion) 当每个晶体管从截止状态转为导通状态时出现在 B 类推挽放大器输出上的失真。

晶体(Crystal) 原子组成固体材料的模式或排列。

镜像电流源(Current mirror) 使用匹配二极管结来组成电流源的电路。二极管结中的电流是另一个结上匹配电流的反映(它通常是晶体管发射结的电流)。镜像电流源通常用来偏置推挽放大器。

电流－电压转换器(Current-to-voltage converter) 一个将可变输入电流转换为成正比的输出电压的电路。

截止(Cutoff) 晶体管的非导通状态。

周期(Cycle)　一个波形在另一个相同模式发生之前的完整数值序列。

D

D/A 转换(D/A conversion)　将数字码序列转换成模拟形式的过程。

阻尼系数(Damping factor, DF)　确定滤波器响应类型的特性。

dBm(dBm)　以 1mW 为参考的分贝功率大小（见分贝）。

直流 β(dc beta, β_{DC})　双极结型晶体管中集电极电流与基极电流之比。

分贝(Decibel)　一个无量纲的量，是电压对数的 20 倍，或功率对数的 10 倍。

去耦网络(Decoupling network)　一个低通滤波器，来为高频信号提供一条到地的低阻抗通道。

解调(Demodulation)　信息信号从 IF 载波中恢复出来的过程；调制的反转。

耗尽型(Depletion mode)　在零栅极电压时导通，然后被栅极电压关闭的一类 FET。所有 JFET 和部分 MOSFET 属于耗尽型器件。

耗尽区(Depletion region)　pn 结两端接近 pn 结的区域，上面没有多数载流子。

差分放大器（差放）(Differential amplifier (diff-amp))　输出电压与两个输入电压差值成正比的放大器。

差分输入阻抗(Differential input impedance)　反相输入端和同相输入端之间的总电阻。

差分模式(Differential mode)　运放的输入状态，其中两个输入端上的信号极性相反。

微分器(Differentiator)　输出与输入反相，并且输出是输入函数变化率的电路。

数字信号(Digital signal)　具有离散电平的非连续信号。

数-模转换器(Digital-to-analog converter, DAC)　将数字形式的信息转换成模拟形式的器件。

二极管(Diode)　一种具有单向导电性的电子器件。

分立元件(Discrete device)　必须与其他元件组合在一个来形成完整功能电路的独立电子元件。

鉴频器(Discriminator)　一类 FM 解调器。

域(Domain)　分配给独立变量的值。例如，频率和时间通常用作输出信号的独立变量。

掺杂(Doping)　为了控制导电性能而将杂质加入到本征半导体材料的过程。

漏极(Drain)　场效应管三个电极中的一个；它是沟道的一端。

跌落(Droop)　模拟开关中，在保持期间采样值的变化。

动态发射极电阻(Dynamic emitter resistance, r'_e)　发射极的交流电阻；由发射极电流决定。

E

效率(Efficiency，功率(power))　提供给负载的信号功率与直流功率之比。

场致发光(Electroluminescence)　半导体中电子复合而产生光能量的过程。

电子(Electron)　物质中基本的负电荷粒子。

静电放电(Electrostatic discharge, ESD)　高压通过绝缘通路放电。经常会损坏一个器件。

发射区(Emitter)　BJT 三个半导体区域中的一个。

发射极偏置(Emitter bias)　一种需要两个电源的非常稳定的偏置方法，发射极通过一个电阻连接到电源；另一个电阻连接在基极和地之间。

能量(Energy)　做功的能力。

增强型(Enhancement mode)　一种 MOSFET，它的沟道通过在栅极上加电压来形成。

F

反馈振荡器(Feedback oscillator)　一类振荡器，它将一部分输出信号以同相方式返回输入端，使输出信号增强。

前馈(Feedforward)　运放电路中的频率补偿方法。

馈送(Feedthrough)　模拟开关中，当开关断开后，输出电压跟随输入电压变化的部分。

光纤(Fiber optics)　使用光脉冲通过光纤电缆来传送信息。

场效应管(Field-effect transistor, FET)　一种电压控制器件，其中栅极端的电压控制流过器件的电流。

滤波器(Filter)　能够让特定频率通过而抑制其他频率的电子电路。

Flash(Flash)　A/D 转换的一种方法。

悬空点(Floating point)　电路中没有连接到地或物理电压的点。

折返式限流(Fold-back current limiting)　稳压器中的一种限流方法。

四象限乘法器(Four-quadrant multiplier)　输出电压与两个输入电压的乘积成正比的一种线性器件。

正向偏置(Forward bias)　pn 结导通电流的状态。

频率(Frequency)　对于周期波形，每单位时间内重复的次数。

频率调制(Frequency modulation, FM)　用低频信号调制(改变)高频信号频率的通信方法。

全波整流器(Full-wave rectifier)　将交流变化的正弦波转换成脉动直流的电路，对于输入信号的每个周期，该直流由正弦波的两个半周波形组成。

G

应变系数(Gage factor, GF)　沿应变轴方向电阻的变化率与长度变化率的比值。

增益(Gain)　输出与输入的比值(例如，电压增益是输出电压与输入电压之比)；放大值。

栅极(Gate)　FET 晶体管三个电极中的一个电极。加在栅极上的电压控制漏极电流。

锗(Germanium)　一种半导体材料。

H

半波整流器(Half-wave rectifier)　一种将交流正弦波转化成脉动直流的电路，在输入信号的每个周期内，该直流由正弦波的半周波形组成。

谐波(Harmonics)　包含在复合波形中的频率，是基波频率的整数倍。

哈特莱振荡器(Hartley oscillator)　在反馈电路中使用两个串联电感的一类 LC 反馈式振荡器。

高通滤波器(High-pass filter)　能够让高于某个特定频率的高频通过而低频被抑制的滤波器。

空穴(Hole)　半导体结构中原子价带中一个电子的缺失。相当于正电荷粒子。

迟滞(Hysteresis)　允许电路在一个电压水平时从一种状态切换到另一种状态，而在另一个更低的电压水平时切换回到原始状态的特性。

I

I_{DSS}　FET 中当 $V_{GS} = 0V$ 时的漏电流。对于 JFET，这是允许的最大电流。

I_{GSS}　FET 中的栅极反向电流。该值基于特定的栅源电压。

输入偏置电流(Input bias current)　为了能够使器件正常工作，运放输入端上所需要的平均直流电流。

输入失调电压(Input offset voltage，Vos)　为了使运放差分输出为 0V，其输入端之间必须加上的差分直流电压。

输入失调电压漂移(Input offset voltage drift)　对于温度变化 1℃，输入失调电压会发生多大变化的度量参数。

仪表用放大器(Instrumentation amplifier)　一种差分电压增益器件，它能够放大存在于两个输入端上的电压差值。

绝缘栅双极型晶体管(Insulated gate bipolar transistor)　一种相当于电压控制的 BJT 的晶体管。

集成电路(Intergrated circuit，IC)　一类将所有元器件都建造在单一硅芯片上的电路。

积分器(Integrator)　输出与输入反相，并且输出近似于输入函数曲线下面积的一类电路。

中频(Intermediate frequency)　低于 RF 的一个固定频率，由 RF 信号和一个振荡器频率混合后得到。

本征(纯净)(Intrinsic(pure))　本征半导体是其电荷浓度与纯净晶体相同，并且自由电子数量

很少的半导体。

反相放大器(Inverting amplifier)　运放的一种闭环组态，其中输入信号加到反相输入端。

离子(Ion)　得到或失去一个或多个价电子，从而具有净的正、负电荷的原子或一组原子。

隔离放大器(Isolation amplifier)　一种放大器，其输出级和输入级在电气上没有连接。

J

结型场效应管(Junction field-effect transistor，JFET)　一类 FET，pn 结以反偏状态工作来控制沟道中的电流。它是一种耗尽型器件。

L

大信号(Large-signal)　在放大器负载线的较大范围上工作的信号。

发光二极管(Light-emitting diode，LED)　一类二极管，当它正向偏置时能够发光。

限幅器(Limiter)　能够将大于或小于指定电平的波形部分去掉的电路；也叫削波器。

线性元件(Linear component)　电流的增加量与所加电压成正比的元件。

线性(Linearity)　变量的关系特征是直线关系。线性误差指与 DAC 理想直线输出的偏差。

线性稳压器(Linear regulator)　一种稳压器，它的控制元件工作在线性区。

线路(输入)调整率(Line regulation)　给定输入电压变化量时，输出电压的变化量，一般用百分比表示。

负载线(Load line)　画在电流与电压关系图中的一条直线，表示外部电路所有可能的工作点。

负载调整率(Load regulation)　给定负载电流变化量时，输出电压的变化量，一般用百分比表示。

对数(Logarithm)　一个指数；某个变量的对数是一个指数，称为底数的给定数字必须自乘该指数次才能与该变量相等。

环路增益(Loop gain)　运放开环增益乘以反馈网络的衰减系数。

低通滤波器(Low-pass filter)　一类滤波器，允许低于某个频率的频率通过，而抑制其他频率。

M

均值(Mean)　平均值。

微控制器(Microcontroller)　用于控制功能的专用微处理器。

混频器(Mixer)　一种非线性电路，它将两个信号混合并产生和频与差频；是接收机系统中将频率降低的一种器件。

调制解调器(Modem)　一种器件，它能够把一种类型器件产生的信号转化成与另一种类型设备兼容的信号。调制器/解调器。

调制(Modulation) 包含信息的信号用来改变一个称为载波的高频信号的幅度、频率或相位的过程。

单稳态(Monostable) 只有一个稳定状态。

单调性(Monotonicity) 与 DAC 有关，当输入是完整的二进制序列码时，输出上存在所有的阶梯。

MOSFET 金属-氧化物半导体场效应管；两种主要 FET 类型中的一种。它使用 SiO_2 层来将栅极和沟道绝缘。MOSFET 要么是耗尽型，要么是增强型。

N

自然对数(Natural logarithm) 一个指数，底数 e (e=2.718 28)必须自乘该指数次才能等于给定值。

负反馈(Negative feedback) 将输出的一部分返回输入端的过程，来消除输入端上可能发生的变化。

中和(Neutralization) 通过加入负反馈来抵消放大器内部电容引起的正反馈，从而防止不期望的振荡的方法。

噪声(Noise) 一种不希望的电压波动或电流波动。

同相放大器(Noninverting amplifier) 一种运放闭环组态，其中输入信号加到同相端。

非单调性(Nonmonotonicity) 与 DAC 有关，当输入完整的二进制序列码时，输出端有阶梯缺失或翻转。

诺顿定理(Norton's theorem) 一个等效电路，它能够用一个电流源和一个并联的电阻替换一个复杂二端口线性网络。

奈奎斯特采样率(Nyquist rate) 在采样定理中，对于 A/D 转换，模拟电压的最小采样率。它必须大于输入信号最大频率分量的两倍。

O

可变电阻区(Ohmic region) FET 漏极曲线上当 V_{DS} 较小时的一个区域，其中沟道电阻随栅极电压变化而变化；在该区域，FET 相当于电压控制的电阻。

单稳态触发器(One-shot) 单稳态多谐振荡器，在每个触发脉冲下能产生单个脉冲。

开环(Open-loop) 运放没有反馈时的工作状态。

开环电压增益(Open-loop voltage gain) 放大器没有外部反馈时的内在增益。

运算放大器(运放)(Operational amplifier(op-amp)) 一类具有高电压增益、高输入阻抗、低输出阻抗以及良好共模信号抑制能力的放大器。

运算互导放大器(Operational transconductance amplifier) 输出电流是输入电压乘以增益的

放大器。

阶数(Order) 滤波器中极点的个数。

振荡器(Oscillator) 工作在正反馈状态并且在没有外部输入信号的情况下能够产生一个时变输出信号的电子电路。

输出阻抗(Output impedance) 从运放输出端看进去的交流电阻。

P

通带(Passband) 以最小衰减被允许通过一个滤波器的频率范围。

峰值检测器(Peak detector) 用来检测输入电压的峰值并在电容上保存该峰值的电路。

周期(Period, T) 重复波形一次循环的时间。

周期性(Periodic) 以固定时间间隔重复的波形。

相角(Phase angle) （以弧度为单位）一个波形从相同频率的参考波形转变来所经历的一部分周期。

锁相环(Phase-locked loop, PLL) 能够锁定和跟踪输入信号频率的器件。

相位裕量(Phase margin) 经过放大器后的总相移与 180°之间的差值；在不稳定之前允许的额外相移。

相移(Phase shift) 一个时变函数与一个参考值之间的相对角度位移。

移相振荡器(Phase-shift oscillator) 一类反馈式正弦波振荡器，它在反馈回路中使用三个 RC 网络。

光敏二极管(Photodiode) 反向电阻随入射光线变化的二极管。

压电效应(Piezoelectric effect) 晶体的一种特性，其中变化的机械压力会在晶体两端产生一个一定频率的电压。

夹断电压(Pinch-off voltage) FET 中当栅源电压为 0 时，漏极电流成为恒定时的漏源电压值。

***pn* 结**(PN junction) n 型材料和 p 型材料之间的边界。

极点(Pole) 包含一个电阻和一个电容的网络，并导致滤波器有一20dB/十倍频程的衰减。

正反馈(Positive feedback) 输出电压的一部分以同相方式返回输入端的工作状态。

功率增益(Power gain) 传输给负载的功率与放大器的输入功率之间的比值。

电源(Power supply) 一种器件，它能够将交流电压或直流电压转换成适用于各种应用中给电子设备供电的电压或电流。最常见的形式是将交流转换成恒定的直流电压。

可编程增益放大器(programmable gain amplifier, PGA) 增益可以通过数字输入进行选择的一类运放。一个 PGA 可能有很多通道。一般来讲，用微控制器或计算机来选择通道并用数字信号来设置增益。

推挽(Push-pull) 一种具有两个晶体管的 B 类放大器,其中一个晶体管在其中半周导通,另一个晶体管在另外半周导通。

Q

品质因数(Quality factor, Q) 一个无量纲的数字,它是一个周期内存储的最大能量与一个周期内消耗的能量之间的比值。带通滤波器的中心频率与其带宽之间的比值。

量化(Quantization) 模拟量的值的确定。

量化误差(Quantization error) 在 A/D 转换期间,由于模拟电压变化产生的误差。

量化(Quantizing) 给采样数据分配数字的过程。

静态点(Quiescent point) 当电路中没有信号时负载线上表示电流和电压工作状态的点(也称为 Q 点)。它是器件特性曲线和负载线的交点。

R

射频干扰(Radio frequency interference, RFI) 当高值电流和电压快速断开和闭合时产生的高频,会在其他电路中产生不期望的信号。

$r_{DS(on)}$ 当 FET 完全导通以及漏极和源极之间只有很小电压时,在漏极和源极之间测得的沟道电阻。

复合(Recombination) 在导带中的自由电子落入原子价带内的空穴中的过程。

整流器(Rectifier) 将交流转换为脉动直流的电子电路。

稳压器(Regulator) 连接在整流器的输出端,并且不管输入、负载电流或温度如何变化,都能够维持固定输出电压的电子电路。

弛豫振荡器(Relaxation oscillator) 一种使用 RC 定时电路来产生非正弦波的振荡器。

热电阻(Resistance temperature detector, RTD) 一种电阻与温度成正比的温度传感器。

分辨率(Resolution) 与 DAC 或 ADC 有关,转换中所涉及的位数。此外,对于 DAC,它是输出中离散阶梯总数的倒数。

旋转变压器(Resolver) 一类自整角机。

旋转变压器到数字转换器(Resolver-to-digital converter, RDC) 将旋转变压器电压转换成代表转子轴承角度位置的数字形式的电子电路。

反向偏置(Reverse bias) pn 结阻碍电流的工作状态。

纹波电压(Ripple voltage) 滤波整流器输出上的直流电压中的小变动,它由滤波电容的细微充电和放电行为引起。

衰减(Roll-off) 滤波器在截止频率以上或截止频率以下区域增益减小的速率。

有效值(Root mean square, RMS) 和在一个电阻上产生相同热量的直流电压值相对应的交流电压值。

转子(Rotor) 自整角机安装在轴承或转动轴上的部分。

S

采样和保持(Sample-and-hold) 在指定时间点取出变量瞬时值并将它存储在电容上的过程。

采样(Sampling) 将模拟波形切成时隙来近似原始波形的过程。

饱和(Saturation) BJT 的一种工作状态,其中集电极电流达到最大值,并与基极电流无关。

施密特触发器(Schmitt trigger) 具有迟滞特性的比较器。

半导体(Semiconductor) 导电值在导体和绝缘体之间的一种材料。比如硅和锗。

建立时间(Settling time) DAC 达到其最终值 ±1/2 最低有效位范围内所需的时间。

Shell 一个能量带,其中电子围绕原子核转。

信号压缩(Signal compression) 将信号电压的幅度缩小的过程。

硅(Silicon) 一种用于二极管和晶体管的半导体材料。

晶闸管整流器(Silicon-controlled rectifier, SCR) 一种三端晶闸管。当触发导通后,导通电流可以一直保持直到阳极电流低于某个值。

单端模式(Single-ended mode) 运放的一种输入状态,其中一个输入端接地,信号电压只加到另一个输入端上。

趋肤效应(Skin effect) 在高频时,引起电流流到导体外表面的现象。

转换速率(Slew rate) 运放在响应阶跃输入时,其输出电压的变化率。

源极(Source) 场效应晶体管三个电极中的一个;它是沟道的一端。

频谱(Spectrum) 信号幅度与频率的关系图。

稳定性(Stability) 放大器没有发生振荡的工作状态。

级(Stage) 多级放大器中放大信号的每个晶体管。

驻波(Standing wave) 在传输线上由入射波和反射波相互作用形成的稳定波。

定子(Stator) 自整角机固定的部分。定子线圈在定子上。

应变(Strain) 材料由于加在它上面的压力而产生的拉伸或压缩。

应变计(Strain gage) 一个由电阻性材料制成的可变电阻,该材料由于压力引起的伸长或缩短会产生一个相应的电阻变化。

逐次逼近(Successive approximation) 一种 A/D 转换方法。

加法放大器(Summing amplifier) 具有多个输入的放大器，它的输出电压与输入电压的代数和的幅值成正比。

开关(Switch) 断开或闭合电流通路的电子或电力设备。

开关型稳压器(Switching regulator) 控制元件是开关器件的一种稳压器。

自整角机(Synchro) 一种用于测量和控制轴承角度的机电传感器。

自整角机到数字转换器(Synchro-to-digital converter, SDC) 将自整角机电压转换成代表转子轴承角度位置的数字形式的电子电路。

T

电极(Terminal) 电子器件上的一个外部连接点。

热过载(Thermal overload) 整流器中由于电流过大使得内部功耗超过最大值的工作状态。

热敏电阻(Thermistor) 一种阻值与温度成正比的温度传感器。热敏电阻要么有正温度系数，要么有负温度系数。

热电偶(Thermocouple) 一种温度传感器，由两种不同的金属结组成，产生的电压与温度成正比。

戴维南定理(Thevinen's theorem) 将一个复杂的二端口线性电路化简成一个等效电压源和一个等效电阻串联电路的电路定理。

晶闸管(Thyristor) 一类四层（*pnpn*）半导体器件。比如晶闸管整流器。

跨导(Transconductance) 输出电流与输入电压的比值；FET 的增益；漏极电流变化与栅源电压变化的比值；单位为西门子。

传感器(Transducer) 将物理量从一种形式转换成另一种形式的器件。例如：传声器将声音转换成电压。

传输曲线(Transfer curve) 在给定输入下，电路或系统的输出曲线。

晶体管(Transistor) 一种半导体器件，用来实现电子信号的放大和开关功能。

双向晶闸管(Triac) 能够在两个方向上导通电流的三端晶闸管。

微调(Trim) 精确调整一个值。

U

未补偿运放(Uncompensated op-amp) 具有多个截止频率的运放。

V

价电子(Valence electron) 处于原子最外层轨道上的电子。

变容二极管(Varactor) 用作电容随电压变化的二极管。

矢量(Vector) 同时具有大小和方向的量。

$V_{GS(off)}$ 刚好能够关闭一个 FET 时栅极和源极之间所加的电压。精确的点是任意的，某些厂商使用一种特定的小电流来确定它。

压控振荡器(Voltage-controlled oscillator) 一类弛豫振荡器，它的频率可以通过一个可变的直流电压来改变。也称为 VCO。

分压式偏置(Voltage-divider bias) 一种非常稳定的偏置方式，在 V_{CC} 和地之间接有一个分压器。分压器的输出提供 BJT 的基极偏置电流。

电压跟随器(Voltage-follower) 一个增益为 1 的闭环、同相运放。

稳压(Voltage regulation) 不管输入电压或负载如何变化，保持输出电压固定不变的过程。

电压−电流转换器(Voltage-to-current converter) 一个将可变的输入电压成比例转换成输出电流的电路。

W

文氏电桥振荡器(Wien-bridge oscillator) 在反馈回路中使用 *RC* 超前-滞后网络的一类反馈式正弦波振荡器。

Z

齐纳二极管(Zener diode) 一类工作在反向击穿区域（称为齐纳击穿）的二极管，它能够实现稳压。

零电压开关(Zero-voltage switching) 在交流电压跨越零伏时向负载打开功率传输来最小化射频噪声的过程。